普通高等教育新工科人才培养"十四五"规划教材

地下工程防灾减灾

黄麟淇　编著

中南大学出版社
www.csupress.com.cn

·长沙·

图书在版编目(CIP)数据

地下工程防灾减灾／黄麟淇编著. —长沙：中南
大学出版社，2023.1

普通高等教育新工科人才培养"十四五"规划教材
ISBN 978-7-5487-5162-5

Ⅰ.①地… Ⅱ.①黄… Ⅲ.①城市空间－地下建筑物
－防灾－高等学校－教材 Ⅳ.①TU984.11

中国版本图书馆 CIP 数据核字(2022)第 207339 号

地下工程防灾减灾
DIXIA GONGCHENG FANGZAI JIANZAI

黄麟淇 编著

□出 版 人	吴湘华			
□责任编辑	伍华进			
□责任印制	李月腾			
□出版发行	中南大学出版社			
	社址：长沙市麓山南路		邮编：410083	
	发行科电话：0731-88876770		传真：0731-88710482	
□印　　装	湖南省汇昌印务有限公司			

□开　　本	787 mm×1092 mm 1/16	□印张 29.5	□字数 771 千字
□版　　次	2023 年 1 月第 1 版	□印次 2023 年 1 月第 1 次印刷	
□书　　号	ISBN 978-7-5487-5162-5		
□定　　价	78.00 元		

内容简介

本教材是普通高等教育新工科人才培养"十四五"规划教材。共分 10 章，分别介绍地下工程防灾减灾导论、地下空间火灾与预防、地下空间水灾及防治、地下空间防爆与防恐、地下工程岩体的性质和分类、地下工程施工灾害与支护、深基坑工程灾害与防控、地震灾害与地下结构抗震、地下空间有毒有害气体防控和核废料深地处置与应急监测等内容。

本书内容全面、资料详实、重视实践，可读性强，可供从事地下工程设计施工、防灾减灾、安全防控等专业技术人员参考，也可作为高等院校城市地下空间工程、安全工程、采矿工程和土木工程的教材或教学参考书。

前　言

人类从古代社会起就开始了对地下空间的探索，从唐代洛阳之地下粮仓到安徽亳县曹操地下运兵道，以及 3000 万~4000 万西北人民居住的下沉式窑洞，都深刻体现了古代劳动人民对地下空间运用的智慧，见证了地下工程在华夏文明发展和演变中的重要作用。

随着矿产资源开采和城市地下空间向纵深发展的必然趋势，"十三五"规划中提出了向地球深部进军的战略，地下工程的合理规范设计、安全高效施工、环保舒适运营和在此过程中的各类灾害的防控将会越发重要。本教材全面介绍了地下工程施工与运营阶段的防火、防洪、防爆、防恐、抗震、防有毒气体等相关技术和地下工程设计与施工阶段所需了解的地下岩体性质、岩体失稳灾害、地下工程开挖和支护方法，以及地下工程从业者面临的核废料深地处置与应急监测等内容，结合科研实践和前沿技术，补充了很多新理论、新技术。

本教材内容丰富，信息量大，兼具专业性和科普性，理论与实践并重，注重培养学生解决实际工程技术问题的能力。希望能够为初涉地下工程专业或行业的同学及从业者普及专业知识、启迪创新思维。

本书的出版得到了中南大学教材资助项目和中南大学资源与安全工程学院的大力支持，参加编写的人员有周清龙、靳锦、王少锋、彭思宇、陈祉颖、梁丽莎、周亚楠、陈江湛、司雪峰、赵华涛、朱泉企、赵宇喆、王佳军、闫景一、赵云阁、李明洁、郑思将、吴记、吴欣、刘茂林、王钊炜，李夕兵教授对全书进行了审阅，中南大学出版社的伍华进编辑也对本书的完善提出了大量宝贵意见和建议，在此深表感谢！本教材在编写过程中，参阅了许多学者的著作，并借鉴了其中的一些成果，在此对所有作者表示诚挚的谢意！

由于时间仓促和水平所限，如有不足之处，希望同行专家及阅读本书的读者提出批评意见和建议，以便在再版中得到改正和完善。

黄麟淇

2022 年 12 月于长沙

目　录

第1章　地下工程防灾减灾导论

地下工程指为开发、利用、获取地下空间或物产资源而深入地面以下所进行的土木工程。本书所指地下工程广义上包括地下工业、交通、市政、军事建筑物以及矿井等地下构筑物在内的全部工程结构物，如地下房屋、地下铁道、公路隧道、水下隧道、地下共同沟和矿井巷道等。地下工程的开发从利用资源环境优势解决人类生存问题，到与地面建筑紧密相连，成为人类生产生活的重

扫码查看本章彩图

要组成部分，已经在扩大城市容量、缓解交通压力、改善生态环境、提高综合防灾抗毁能力等方面展现出巨大潜力。与此同时，地下工程灾害问题也日益显露，随着其功能作用的复杂化、重要化，灾害可能造成的损失日益增大。科学认识灾害，构建防灾减灾思维，针对地下工程特点，对不同类型的灾害提出并实施系统的防灾减灾方法与措施，从而降低灾害损失，已经成为地下工程开发建设与运营中不可忽视的一环。本章将从地下工程的历史与发展开始，结合灾害的概念与属性，依据地下工程的特点阐述地下工程常见灾害及防灾减灾方法与措施。

1.1　地下工程概况

1.1.1　地下工程发展历史

数千年来人类不断认识世界、改造世界，一直以有目的地开发利用地下资源来满足各种生活需求，从人类文明历史发展的角度可以探寻地下资源利用与工程发展的历史沿革。按照社会的发展、劳动分工的变化、耕作方式的演进、科学技术的变革等，可将人类对地下空间利用史划分为五个时代。

1.1.1.1　第一时代：远古时期(古人类出现至公元前3000年)

相比于野外露天场所，天然洞穴更能防灾减灾从而改善生存条件。早在几十万年前，原始人类就开始利用天然地下空间及岩体洞穴作为栖息场所来防寒暑、避风雨或是躲避野兽的攻击。考古资料表明，中国、法国、日本、北非和中东等地都存在古人类利用洞穴作为居所的现象。约3万年前，旧石器时代晚期智人——"山顶洞人"就居住在中国北京市周口店龙骨山的天然溶洞之中，图1-1展示了山顶洞穴场景。溶洞分为洞口、上室、下室和下窖共四部分，它们有各自的功能分区。洞口是宰杀猎物的场所，上室是居住地，下室是葬地，下窖的天然"陷阱"内发现了许多完整的动物骨架。著名的拉斯科洞穴壁画位于法国韦泽尔峡谷，它反映了距今约1.6万年的原始人类生活、狩猎的情景以及它们民族的人物画像，其精美程度使其有"史前卢浮宫"之称。拉斯科洞穴由主洞、后洞、边洞三部分和一条长长的、宽狭不等的通道组成，图1-2展示了拉斯科洞穴的构造。

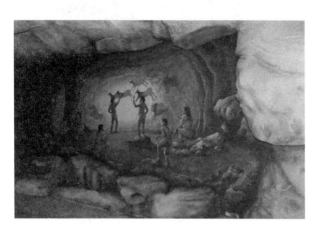

图1-1　北京周口店山顶洞穴场景

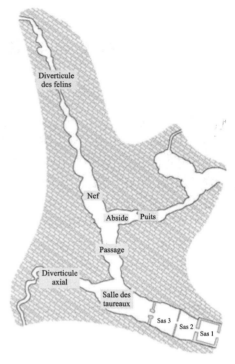

图1-2　法国拉斯科洞穴构造

1.1.1.2　第二时代：古代时期(公元前3000年至公元5世纪)

随着世界进入铜器和铁器时代，劳动工具的进步和生产关系的改变推动了生产力的发展，城市逐渐形成，出现了古埃及、古希腊、古罗马及古代中国的高度文明，地面建筑蓬勃发展。人类从单纯利用地下空间改善生存条件，开始走向规模较小、深度较浅的地下工程开发来满足自身的多种需求。

该时期的地下工程多服务于地面城市生活，如国外最早的典型地下工程埃及采矿工程，地下物产资源的开发推动了城市的发展与壮大；罗马下水道排出了城市的污水，减少了城市恶臭和疾病频发问题，并缓解了内涝灾害，图1-3展示了至今仍保留的古罗马城市下水道；古巴比伦王国修建横断幼发拉底河的水底隧道，长达1 km的行人通道连接了宫殿和寺院。我国从夏、商、西周起由原始氏族社会进入奴隶制社会。河南郑州发掘出炼铁和制陶器的作坊，附近发现了从事手工业的奴隶的居所——半穴居遗址。公元前208年建成的秦始皇陵是我国历史上最大的地下陵墓工程，被称为人类历史上的第八大奇迹，此外，长沙马王堆汉墓、保定中山靖王墓等墓室建造水平和技巧也令人叹为观止。被称作中国古代三大工程之一的坎儿井是吐鲁番盆地利用地面坡度引用地下水的一种独具特色的地下水利灌溉系统，新疆境内的坎儿井全长5400 km，距今已有2000多年的历史，图1-4展示了新疆坎儿井的原理。

图 1-3　古罗马城市下水道

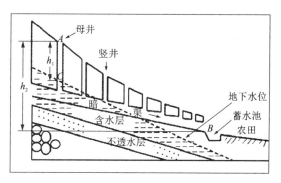

图 1-4　新疆坎儿井原理示意图

1.1.1.3　第三时代：中世纪时期(公元 5 世纪至 14 世纪)

欧洲在此期间经历了千年文化低潮，地下工程的开发也处于停滞状态。而我国正是封建社会发展的高峰时期，也是中国古代建筑发展的成熟时期。这一时期，我国的地下工程多是建造陵墓和满足宗教建筑的一些特殊要求，或是用于屯兵和储粮来抵御兵灾和饥荒，主要都是利用了地下低温、低氧、隔热、防潮的特点。王祯在《农书》中有记载："夫穴地为窖，小可数斗，大至数百斗，先令柴末，烧投其土焦燥，然后用以糠隐粟于内。"至隋唐时期地下粮库的建造技术基本成熟，修建了许多大型的地下粮库，如含嘉仓、洛口仓和回洛仓，这 3 座粮仓几乎囊括了全国一半以上的粮食，是名副其实的"国家粮仓"，图 1-5 和图 1-6 分别展示了回洛仓遗址及其内部复原示意图。魏晋南北朝时期，石工技术日渐成熟，各地相继建成大量的宗教石窟，如著名的敦煌莫高窟、龙门石窟、云冈石窟以及甘肃麦积山和河北邯郸响堂山石窟等，这些石窟规模宏大、建造技术精湛，大部分至今仍然保存完好。《水经注疏》记载，永宁寺其地为三国时魏人曹爽的故宅，"经始之日，于寺院西南隅，得爽窟室，下入地可丈许，地壁悉累方石砌之，石作细密，都无所毁"。

图 1-5　隋唐时期的"国家粮仓"回洛仓遗址

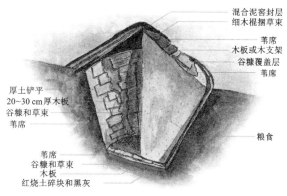

图 1-6　回洛仓内部复原示意图

1.1.1.4　第四时代：近代时期(公元 14 世纪至 20 世纪初)

从 15 世纪开始，欧洲文艺复兴与产业革命使其科学技术开始在世界范围内领先。18 世纪中后期开始欧洲第一次工业革命，使人类产生了新的社会大分工——工业从农业中分离出来。以英国、法国、德国等为代表的国家城市化进程加速，随之产生了一系列城市问题，诸如供、排水设施缺乏导致疾病流行，城市煤气管道和输电线路铺设问题，汽车兴起对原有道路路面提出了更高要求等，改造城市基础设施已成为城市发展的迫切需求。炸药、蒸汽机等发明为城市地下空间的开发利用提供了技术支持，工业化较早的国家，都加强了城市基础设施的建设，揭开了近现代城市地下工程的序幕。

英国伦敦作为当时世界上最伟大的城市之一，1613年建成地下下水道；1843年建成越河隧道；1853年建成世界上第一条靠气力输送的城市地下管道邮政系统；1861年在新建卡里库大街地下设置了一条宽12英尺、高7.6英尺的半圆形地下管道，管道内布设了煤气、上水管、下水管以及引入居民家中的各种管线，建成了世界上第一条共同沟，图1-7展示了该共同沟的剖面图；1863年建成世界上第一条城市地下铁道，图1-8展示了英国国王十字车站明挖施工的场景。其中，共同沟的雏形是1833年法国巴黎针对城市卫生状况建成的大规模的上、下水管道系统，并在后来敷设了通信线路。同时期，穿越阿尔卑斯山连接法国和意大利的长12.8 km的公路隧道开通。

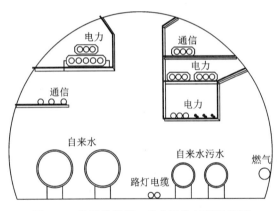

图1-7　英国伦敦第一条共同沟剖面示意图

图1-8　英国国王十字车站明挖施工素描画

1.1.1.5　第五时代：现代时期(公元20世纪早期至今)

19世纪末第二次工业革命开始，深刻的社会变革对欧美等国家的城市建设产生了巨大的影响。两次世界大战先后爆发，自然灾害和人为灾害无情地吞噬着人类文明成果，计算机问世推动信息革命改变了人类传统生活方式，迅速便捷的全方位的交流推动了科学技术的日新月异，社会生产力水平不断提高并迅速向前发展。然而第二次世界大战后，世界进入相对和平发展时期，随着全球人口的膨胀和城市化水平的迅速提高，私人汽车量产普及、城市工业高度聚集等因素造成交通拥挤、环境恶化、生态破坏等严重问题，城市生存空间和市政基础设施亟待改善。为了解决这些问题，人们越来越多地将目光转入地下，开始重视地下资源。社会生产力的极大提高和经济规模的空前扩大也对城市地下空间的开发起到了巨大的推动作用。

1.地下交通设施

伦敦地铁建设和运营的成功引来世界许多大城市的效仿，如纽约、芝加哥、布达佩斯、巴黎、柏林、东京、大阪及莫斯科等 20 个城市相继修建了地铁，第二次世界大战以后地铁建设进入了高速发展时期，中国城市轨道交通也随着改革开放迅速发展。1969 年，我国自行设计和施工的第一条地铁北京地铁 1 号线一期工程建成并开始试运营，结束了中国没有地铁的历史；1970 年，我国第一条采用盾构法施工的隧道上海打浦路越江水底公路隧道建成。截至 2021 年 12 月 31 日，全球共有 62 个国家和地区的 188 座城市开通了地铁，总里程达 18952.29 km。图 1-9 显示了从 1860 年到 2020 年，世界各地区地铁城市的增长模式，以及截至 2020 年 7 月世界各地区地铁里程增长和世界地铁里程前十的城市，2020 年中国已有 6 个城市跻身世界城市地铁里程排名前十。

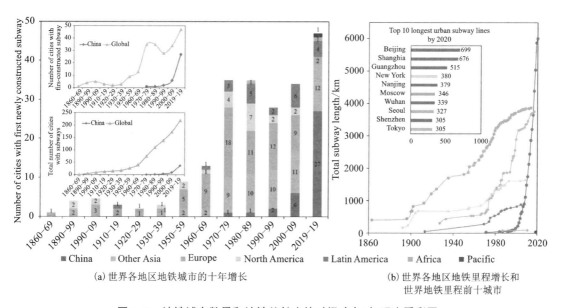

(a) 世界各地区地铁城市的十年增长 (b) 世界各地区地铁里程增长和
世界地铁里程前十城市

图 1-9 地铁城市数量和地铁总长度的时间动态(扫码查看彩图)

2. 地下综合管廊

实践证明，以共同沟的形式来收容各种市政管线有利于市政管线的更新与维修，也便于拆换和增设，能提供长期经济效益和创造高效服务能力。这种城市综合管廊的建设是实现城市基础设施现代化的主要途径之一，目前已在世界各大城市推广。到 21 世纪初，巴黎市区及郊区的共同沟总长已达 2100 km，堪称世界城市综合管廊里程之首；伦敦市区已建成 22 条综合管廊；日本自 1926 年在东京千代田建成第一条综合管廊后又兴建了超过 600 km 的综合管廊，在当时亚洲地区名列第一。

1994 年，中国的第一条综合管廊建于上海浦东新区张杨路，长 11.125 km，采用由两个间隔组成的矩形横截面形式，内有电力、电信、供水和燃气管道。为进一步推进城市综合管廊工程建设进程，自 2013 年起国家陆续发布相关政策及指导意见，积极部署、引导综合管廊建设工作的开展，到 2019 年底，中国城市地下综合管廊长度达到 4679.58 km。图 1-10 为中国部分省份地下综合管廊长度(2019 年排名前十)。

3. 地下综合体

地下综合体的前身是地下商业街，国外地下商业街的建设起源于日本 1930 年开始建造

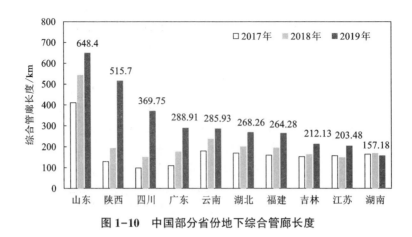

图 1-10　中国部分省份地下综合管廊长度

的第一条地下商业街，20 世纪 50 年代地下商业街开始有较大发展。世界各国开始对城市地下空间进行综合利用，修建了大量的地下存储库、地下停车场、地下商业街、地下文娱体育设施和用地下管线等连接为一体的地下综合建筑体，这在缓解城市用地紧张问题和城市现代化建设过程中起着越来越重要的作用。

　　21 世纪以后，在城市大范围扩容和再开发的推动下，地下综合体进入高速发展期。我国不少城市地下综合体建设规模和发展速度已经超过许多世界同类城市，像北京、上海、天津等城市都建有不同数量、规模的地下综合体。表 1-1 展示了我国部分城市的部分地下综合体建设规模。

表 1-1　我国部分城市的部分地下综合体建设规模

名称	建筑面积/万 m²	开发层数	所在城市
天津于家堡金融区	400	地下 3 层	天津
江北新区中心区	148	地下 7 层	南京
西安幸福林带	92	地下 3 层	西安
北京 CBD 核心区	52	地下 5 层	北京
北京中关村西区	50	地下 3 层	北京
珠江新城核心区	44	地下 3 层	广州
南京新街口地下综合体	40	地下 3 层	南京
上海日月光中心	31	地下 4 层	上海
苏州太湖新城核心区	30.6	地下 3 层	苏州
万宝商圈	19.5	地下 3 层	福州

1.1.2　地下工程分类

地下工程类型各异，工程特点、设计、施工方法和施工组织也不相同。下面介绍几种常见的地下工程分类方法。

1. 按使用功能分类

1）地下交通工程

地下交通工程是指为各类交通运输服务的地下工程，包括铁路和公路隧道、城市地下铁道、运河隧道和水底隧道，以及相应的配套建(构)筑物和人行地道等。

2）地下民用工程

地下民用工程是指主要用于非生产的地下工程，如地下商业街、地下车库、地下影剧院、地下餐厅、地下游乐场、地下医院、地下住宅等。

3）地下基础设施工程

地下基础设施工程包括城市给排水管道、热力和电力管道、输油和煤气管道、通信电缆，以及一些综合性的市政隧道等，如城市地下自来水厂、地下污水处理厂及动力电缆、通信电缆和给排水管道的共同沟。

4）地下采矿工程

地下采矿工程是指为采矿服务的各种地下工程，包括各种矿井(竖井和斜井)、水平巷道和作业坑道等；同时包括各种矿体采掘后形成的洞穴，这类洞穴有些未被利用，常被水、土淤填，这类洞穴可用来储藏核废料或其他物资。

5）地下工业工程

地下工业工程是指主要用于工业生产或为工业生产服务的各类地下工程，包括地下工厂(车间)、地下仓库、地下油库、地下粮库、地下冷库，以及火电站、水电站、核电站的地下厂房等。

6）地下军事工程

地下军事工程指用于军事用途的各类地下工程，包括各种永备和野战工事、屯兵和作战坑道、地下军事指挥所、人员或装备掩蔽部、飞机和舰艇洞库、军用油库、导弹发射井，以及军火、炸药和各种军用物资仓库等。

2. 按所处的地质条件分类

地下工程按所处的地质条件分为地下岩体工程和地下土体工程。地下岩体工程包括在岩体中修建的地下洞室，以及利用已有的天然溶洞、经过加固和改造的废旧矿坑筑成的各种地下工程。地下土体工程包括在土层中采用明挖法施工的浅埋通道和地下室，以及在深层土体中采用暗挖法施工的深埋通道和地下工程。当洞室下部为岩石，上部为土体时，根据其周围应力特点及防排水要求，也宜将其归为地下土体工程进行设计。

3. 按是否附建于地面工程分类

按是否附建于地面工程分类，当地下工程独立地修建在地层内，在其直接上方不存在其他地面建筑物的，称为单建式地下工程；依附于地面建筑而修建的地下建筑物，如各种高层建筑的地下室部分，就属于附建式地下建筑。

4. 按断面形状和洞室底板情况分类

地下工程按断面形状可分为圆形或椭圆形、直墙拱顶形、曲墙拱顶形；按洞室底板情况可分为平底式和仰拱式。

除上述分类以外，还可按埋置深度分为深埋地下工程和浅埋地下工程。这些分类的因素中，工程所在位置、地层的性质、洞室的体型和埋置深度等，实质上又是由地下工程的用途决定的；而工程所在位置、地层性质、洞室体型和埋置深度等不同，对地下工程所赋予的条件和影响也截然不同。

1.1.3 地下工程的发展

从地下工程发展历史沿革可见，人类开发利用地下空间已有上万年的历史。从人类利用地下空间穴居抵御自然威胁，到文明黎明时代地下水道为城市生活排污、排水，到封建王朝的地下粮仓、兵仓抵御天灾人祸，过去由于生产力水平低下和认知能力的限制，人类对地下空间的开发利用基本上处于"自发"阶段，但是人们已经认识到了地下空间在扩展空间、节约能源、食品储藏和防御等方面的巨大优势。近代城市规模扩大，"迫使"全球少数大城市开始进行地铁和地下管线等基础设施的建设，文艺复兴和工业革命为此提供了有力的支撑。进入20世纪后，城市交通拥挤、环境恶化、生态破坏等问题加剧。伴随着科学技术进步、社会生产力极大提高和经济规模的空前扩大，人们在思考城市问题本质的过程中逐渐认识到地下空间的开发利用对城市发展的重要性，人类进入"自觉的"大规模的地下空间开发利用的时代，并呈现出深层化、综合化、网络化的发展趋势。

地下空间的开发利用始于没有地面遮蔽的天然利用，到辅助地面城市运作，到不得不为城市问题提供解决方案，最后朝着"以人为本"和"生态化"的方向发展，城市地下工程已经是城市建设的有机组成部分，与地面建筑紧密相连成为不可分割的整体。多年的实践已经证明，城市地下工程在扩大城市容量、缓解城市交通压力、改善城市生态环境、提高城市综合防灾抗毁能力等方面具有巨大的潜力。

21世纪以来，我国的地下工程迅猛发展，地下工程呈现出微变形、小间距、大断面、大埋深、高精度、长距离和超大规模等特点，地下隧道、地下车站、地下综合体等重点地下工程建设飞速发展，空间资源的集约复合利用已经被视作支撑现代化持续发展的标准范式。我国地下工程越来越多地体现出多样性、综合性、大型性、复杂性、创新性等现代化的特征。

1. 多样性

目前，我国建设规划的地下工程几乎涵盖了生产生活的各个行业领域。公路隧道、轨道交通隧道等地下交通工程为出行提供了服务；输水隧道、排水隧道、电力隧道、综合管廊等地下市政工程为生活和生产活动提供了基本保障；地下空间综合体、地下停车场、地下商场、地下酒店、地下博物馆等为物质和精神生活提供了便利；地下仓储、地下油气管道、跨流域引水隧道、地下军事工程、人防工程等在国家战略和军事层面提供了服务。

2. 综合性

当我国许多城市中心的地下空间成为稀缺资源，交通、市政、商业等都在同一区域有建设发展的规划，能够融合多种使用功能的地下空间综合体便应运而生。北京中关村地下综合体、上海五角场地下综合体、上海虹桥综合交通枢纽、广州珠江新城地下综合体、深圳前海综合交通枢纽、武汉光谷广场综合体、杭州未来科技城地下综合体等，都是能够辐射整个区域的标志性工程。上海五角场地下综合体采用"两站一区间"的开发方式，结合轨道交通10号线综合开发大体量的地下空间，包括地下通道和大量购物、休闲、娱乐设施等，如图1-11(a)所示。光谷广场是湖北省武汉市境内的交通广场，位于珞瑜发展轴的珞瑜组团中部，倚立"中国·光谷"入口处，是主城区与东湖国家自主创新示范区联系的重要节点和通道，如图1-11(b)所示。

(a) 上海五角场

(b) 武汉光谷广场

图 1-11　地下综合体

3. 大型性

随着经济水平的提高和建设技术的进步，我国的地下工程逐渐朝着大型化的方向发展。目前，我国已经成功修建的最长隧道是 85 km 的大伙房输水隧道，最长的铁路隧道是 32 km 的新关角隧道，最长的公路隧道是 18 km 的秦岭终南山隧道。在铁路隧道方面，我国已建成了 9 座 20 km 以上的隧道，在建长度超过 20 km 的隧道有 6 座。已建和在建的长度超过 20 km 的铁路隧道见表 1-2。

表 1-2　我国已建和在建的长度超过 20 km 的铁路隧道

隧道名称	隧道长度/km	隧道名称	隧道长度/km
新关角隧道	32. 645	南吕梁山隧道	23. 443
西秦岭隧道	28. 236	高黎贡山隧道	34. 5
太行山隧道	27. 839	当金山隧道	20. 1
中天山隧道	22. 449	小相岭隧道	21. 755
乌鞘岭隧道	20. 05	云屯堡隧道	22. 923
吕梁山隧道	20. 785	平安隧道	28. 426
燕山隧道	21. 153	崤山隧道	22. 77
青云山隧道	22. 06		

除了上述已建和在建的特长隧道，我国还规划了 23 座 20 km 以上的待建交通隧道，数量上超过了已建和在建的 20 km 级交通隧道的总和。我国已经完全掌握 20 km 级交通隧道的修建技术，正在向着修建 30 km 级以上特长交通隧道发展。近年来建设的隧道规模不仅体现在长度上，隧道的断面尺寸也越来越大，如济南下穿黄河的济泺路隧道直径 15. 2 m，武汉下穿长江的三阳路隧道直径也达到 15. 2 m，香港屯门至赤鱲角的隧道直径达到 17. 6 m，堪称世界之最。在沉管隧道方面，2017 年 7 月 7 日全线贯通的港珠澳大桥海底隧道是世界上最长、埋入海底最深、单个沉管体量最大的公路沉管隧道，多项修建技术引领全球。在地下空间工程

方面，深圳前海综合交通枢纽建筑面积为 216 万 m^2，地下深度达到 32.5 m，如图 1-12 所示。同时，上盖配套建筑开发，是集商务办公、商业、公寓、酒店等多种业态为一体的城市综合体，全面建成后将是世界第二大综合交通枢纽。

图 1-12　深圳前海综合交通枢纽(扫码查看彩图)

4. 复杂性

我国幅员辽阔、地质条件多样，包括软弱地层、坚硬土层、可液化土层等。地下工程在建造时可能遇到不均质地层，强透水层的建设区域也各不相同。城市地下工程的建造不可避免地要邻近或穿越既有建筑物、道路立交桥桩基础、既有隧道、地下管线等，当邻近或下穿居民区、医院、学校等时，会面临减振、降噪等环境要求。

在山区，近年来大量建设的调水工程输水隧洞面临的一大复杂性难题是大埋深。调水工程受地形、地质条件等因素影响，往往需要兴建大量埋深大、距离长的输水隧洞，我国已建和在建的主要大型跨流域调水深埋输水隧洞见表 1-3。受选线限制，大量长距离输水隧洞在建设过程中，将不可避免地需要穿越具有复杂地质构造的山岭地区，面临着自然环境恶劣、地震烈度高、不良地质多发等不利因素。如在建的滇中引水、引汉济渭等长距离调水工程，隧洞埋深超千米，穿越多个复杂地质单元，面临着断层破碎带、岩性不整合接触带、局部软岩、喀斯特、高地应力岩爆、瓦斯地层及地下涌水等问题，工程地质条件相当复杂。除此之外，车站结构也面临埋深大的技术挑战。京张高铁八达岭长城车站最大埋深达 102 m，是目前国内埋深最大的高铁车站，车站主洞数量多、洞形复杂、交叉节点密集，作为暗挖洞群车站，建设条件相当复杂。

表 1-3　我国已建的主要大型跨流域调水工程深埋输水隧洞

隧洞名称	地点	长度/km	最大埋深/m
引大济湟总干渠引水隧洞	青海	24.2	1070
引大入秦盘道岭隧洞	甘肃	15.7	404

续表1-3

隧洞名称	地点	长度/km	最大埋深/m
引洮供水 7 号隧洞	甘肃	17.3	368
引黄入晋南干线 7 号隧洞	山西	41.0	380
中部引黄总干线 3 号隧洞	山西	50.9	610
引汉济渭秦岭隧洞	陕西	18.3	2012
掌鸠河引水供水工程上公山隧洞	云南	13.8	368
滇中引水香炉山隧洞	云南	62.6	1450

调蓄隧道是海绵城市系统的重要组成部分，主要作用之一是在雨洪来临时汇集和储存雨水，雨洪过后将水排出，防止城市发生内涝。在建的上海苏州河深层排水调蓄隧道设计采用盾构法建设，隧道结构埋深较大，进入承压水层，施工时采取降压措施将对隧道产生较大影响。另外，由于隧道埋深较大，运营期雨水注满时，隧道内将产生很高的内水压力，造成隧道环向轴力减小、弯矩和变形增大，存在防水失效发生渗漏甚至结构破坏的风险。可见，在上海软土地区建设深层调蓄隧道工程时，从施工和运营两个方面体现出双重复杂性。

5. 创新性

地下结构的建造方法多种多样，随着工程经验的积累和建设技术的进步，越来越多的施工方法被开发了出来。例如，传统的盾构隧道一般为圆形断面，近年来为了达到节约地下空间、适应地层条件等目的，国内建造了类矩形断面、马蹄形断面的盾构隧道，体现了显著的创新性。矩形盾构法隧道首次在国内应用是上海虹桥临空园区两地下停车场的连接通道工程，如图 1-13(a) 所示。该矩形盾构隧道的建设创造性地解决了世界上同类工程中高宽比仅为 0.5 这一最"扁"矩形断面带来的管片接头承载力要求高、拼装空间狭小等一系列难题。另外，马蹄形盾构隧道是近年来我国隧道领域的又一创新。蒙华铁路白城隧道为解决工程地质中土质松软、脆弱，施工安全风险性大等问题，采用异形盾构法施工代替传统的矿山法施工，如图 1-13(b) 所示。其开挖方式除了可以适应特殊工程地质外，还节约了地下空间资源，较圆形截面减少了 10%～15% 的开挖量，提高了隧道空间利用率、降低了施工成本和缩短了工期。除上述隧道外，其他地下结构在建设过程中也遇到了大量前所未见的难题，如青藏铁路昆仑山隧道面临多年冻土和局部冻融围岩的问题，上海辰山植物园地下空间结构一侧临空问题，深圳地铁车公庙站与上跨立交桥合建问题，等等。针对上述场地和结构难题，工程人员提出了一系列解决方案并顺利执行，体现出显著的工程创新性。

地下空间开发与我国国家发展战略一致。《"十三五"国家科技创新规划》面向 2030 年"深度"布局，专项规划中提到要构筑国家先发优势，围绕"深海、深地、深空、深蓝"，发展保障国家安全和战略利益的技术体系。"深地"包括城市空间安全利用、减灾防灾、深部资源开采等方面的内容。之后，《中华人民共和国国民经济和社会发展第十四个五年规划和 2035 年远景目标纲要》(以下简称《规划和纲要》)明确提出，"统筹推进传统基础设施和新型基础设施建设，打造系统完备、高效实用、智能绿色、安全可靠的现代化基础设施体系"，释放出中国全面部署数字化、智能化体系的明显信号。当前，全球的焦点是应对气候变化。《规划和纲要》也为应对气候变化制定了明确的时间表：2030 年前实现"碳达峰"，争取 2060 年前实

(a)上海虹桥连接通道矩形断面掘进　　　　(b)蒙华铁路白城隧道马蹄形断面掘进

图1-13　复杂断面隧道掘进

现"碳中和"。为减少碳排放，地下空间可以多层、深层开发，容纳目前地面大量设施，释放地面空间，创造绿色生态环境。同时，通过低碳高效长寿命地下结构的建造，尽量减少建设过程中的浪费，确保基础设施全生命周期的低碳化是未来地下工程发展的必由之路。

长远来看，中国地下空间的开发利用将进入"超深、超敏感"阶段，走向"一体化、生态化、智能化"。"超深"除了指大埋深外，还包括更深化的地下工程开发——具有微变形、小间距、大断面、大埋深、高精度、长距离和超大规模等特征。"超敏感"，源于地下空间资源的集约复合利用，当地下工程越复杂、越密集，承担的运营功能越多时，其开发和运营都会受到周围环境的影响，这种影响会更敏感、更复杂。地下工程的发展需要把握好未来城市发展的方向，综合考虑地下空间与城市各功能系统的特点，并结合城市自身特点进行地下工程开发的长远规划，做到与地面规划的协调性与系统性，形成完整体系，地上地下"一体化"发展。"生态化"除了指充分利用地下环境优势，实现资源合理利用，实现节能减排外，还包括将地下工程系统与生态环境系统耦合优化，将自然生态有机循环机理融入地下工程的建设中，同时增强地上、地面的防灾减灾能力。"智能化"指地下工程将在设计、施工、监测、运维的全生命周期中集合人工智能、物联网等新一代前沿技术，实现地下工程精细化、数字化、智能化及信息化。

与此同时，保证地下工程施工与运营的安全、科学防灾减灾是地下工程规划设计中的重要环节。"超深、超敏感"一方面增加了灾害发生的频率，另一方面扩大了灾害的影响，加剧了灾害的连锁反应，这对不断提高地下工程的防灾减灾能力提出了更高的要求。除了传统的工程性防灾减灾外，地下工程的"生态化"和"智能化"也是进一步提升防灾减灾能力的方式，"生态化"的设计需要发挥地下工程的灾害协调能力，如打造海绵城市等；而"智能化"通过地下空间信息的共建共享，构建可视化地下空间信息平台。对复杂地质灾害的预警与控制，是地下工程安全建设的有力保障。

1.2 灾害定义、分类及属性

1.2.1 灾害定义与分类

1. 灾害的定义与形成

为了实现地下工程防灾减灾，首先必须阐述灾害的概念。对于灾害，不同的观点或组织有不同的解释。在中国古代，灾原指自然发生的火灾，《左传·宣公十六年》中这样描述："人火曰火，天火曰灾。"后灾泛指水、火、荒、旱等造成的祸害。《现代汉语词典（第七版）》定义灾害为"自然现象和人类行为对人和动植物以及生存环境造成的一定规模的祸害，如旱、涝、虫、雹、地震、海啸、火山爆发、战争、瘟疫等"。世界卫生组织定义灾害为任何引起人员伤亡、经济损失的恶性事件，当其超出社区承受能力而必须向外界求援时称为灾害。联合国"国际减轻自然灾害十年"定义灾害为自然发生或人为产生、对人类社会具有危害后果的事件或现象。综上，可以看出判断某种现象是否为灾害，主要看它是否造成了人员伤亡和财产损失，同时灾害的源头可以是自然现象或人类行为。而国际组织的定义从其职能出发，还体现出了是否需要援助的条件。结合社会发展和人类需求的提高，这里我们定义灾害为由于自然或人为原因对自然生态环境和人类社会物质及精神文明建设等造成危害的事件。

灾害的形成有三个重要条件，即灾害源（也称致灾因子）、灾害载体和承灾体。灾害的发生，既要有诱因即灾害源，又要有承灾体即人类社会，从诱因传递到危害形成的中间环节即为灾害载体。例如每年都会发生多次陨石撞击地球，大部分陨石坠入大海，未造成任何损失，则不是灾害；但如果陨石坠落在人类聚居的地区，将可能造成生命财产损失，构成灾害事件。

2. 灾害的分类

认识掌握灾害的分类，有助于对灾害现象、形成环境及产生灾害的各种因素进行概括，以便反映灾害的特征及其作用的某些规律，从而合理地运用防灾减灾方法。灾害的种类很多，分类方法也不同。

1）根据灾害形成的原因分为自然灾害和人为灾害

自然灾害是给人类生存和发展带来危害的自然现象，可分为地质灾害、气象灾害、生物灾害和天文灾害等。其中，地质灾害包括地震、火山爆发、山崩、滑坡、泥石流、地面沉陷等；气象灾害包括暴雨、洪涝、冰雹、雷电、龙卷风等；生物灾害包括病虫害、急性传染病等；天文灾害包括天体撞击、太阳活动异常等。

人为灾害是由于人类社会行为失调或失控而产生的危害，可分为生态环境灾害、工程事故灾害、政治社会灾害等。其中，生态环境灾害包括大气污染、温室效应、气候异常、人口膨胀等；工程事故灾害包括工程塌方、爆炸、人为火灾、有毒有害物失控、交通事故等；政治社会灾害包括战争、社会暴力与动乱等。

自然灾害是产生于自然界，通常非人力所能抗拒，不以人的意志为转移的灾害，其防灾减灾通常会采用预测预报的手段。人为灾害产生于人类社会本身，是由于人的主客观原因和社会行为的失调、失控而给人类带来的危害，通常可以通过规范行为而降低发生频率。事实上，自然灾害和人为灾害往往不能一概而论，如人为原因造成生态环境破坏及温室效应等，从而导致暴雨、台风等极端天气事件频发；而自然灾害的不可控制也可能造成经济萧条而导致社会动乱及金融危机等。

2）根据灾害发生的过程及其特点分为突变型、发展型、持续型和演变型

突变型灾害包括地震、泥石流、燃气爆炸等，其发生往往缺乏先兆且历时较短，但破坏性巨大。

发展型灾害包括暴雨、台风、洪水等，与突变型相比有一定先兆，通常是某种正常自然过程积累的结果，发展较迅速且过程具有一定的可估计性。

持续型灾害包括旱灾、涝灾、传染病等，持续时间较长，可由几天到半年甚至几年。

演变型灾害包括沙漠化、水土流失、冻土、海水侵入、地面下沉、海面上升及区域气候干旱化等，通常是长期自然过程的累积，其进程缓慢，不易引起重视并立刻采取措施，一旦打破平衡则难以控制和减轻。

突变型和发展型灾害发作迅速且缺少征兆，对人类和动物的生命危害最大，两者可合称为骤发性灾害。持续型灾害持续的时间长，影响范围较大，常常造成持续经济损失。演变型灾害通常破坏生存环境且几乎无法纠正，长期潜在损失最大。

3）根据灾害发生的时间次序分为原生灾害、次生灾害和衍生灾害

灾害发生往往是相互关联的，形成一个灾害链。原生灾害是灾害链中最早发生、起主导作用的灾害。由原生灾害所诱发的其他灾害称为次生灾害。衍生灾害则是指灾害发生后一定时间内造成人们生存条件和社会环境变化而产生的危害。例如，地震直接导致的房屋倒塌、人员伤亡等属于原生灾害；而地震所引发的洪水、海啸、滑坡等属于次生灾害；地震过后，社会秩序混乱、经济发展停滞、幸存者心理疾病等则是衍生灾害。

4）根据主要的灾害载体分为火灾、水灾、风灾、岩土体结构灾害等

不同的灾害载体有不同的特点和危害作用方式，而工程防灾减灾通常根据不同的灾害载体采取针对性的措施，因此有必要根据主要的灾害载体划分灾害。这种灾害的划分方式虽然系统性不强，但对工程防灾减灾思路有指导意义。

火灾是指在时间和空间上失去控制的火在其蔓延发展过程中给人类的生命财产造成损失的一种灾害性的燃烧现象。火灾可能是天灾，如火山爆发、雷火，也可能是人祸，如纵火、爆炸、电火花等。火灾通常伴随着高温、氧气耗尽、有毒有害气体释放且极易蔓延，可严重威胁人的生命安全并导致结构物破坏等。

同样，当水在时间和空间上失去控制时可导致水灾，它可能来源于暴雨、海啸、储水结构破坏等。水灾的致灾性主要源于其流动性、冲刷性、窒息性和导电性等。

风灾，指暴风、台风或飓风过境造成的灾害。由于风灾的可预测性和人的机动性，通常较少造成人员伤亡，而主要破坏房屋、车辆、农作物以及通信设施、电力设施等，因此地面工程不可忽略抗风措施。

岩土体或工程结构灾害，是岩土体或工程结构整体性遭到破坏而导致的灾害，如地震或战争引起的隧洞坍塌、边坡失稳等。由于岩土体或工程结构密度大、体积大，当其危害不受控制时，通常具有极大的惯性力，从而威胁生命安全。对这类灾害的预防与控制，通常采用加固或者使用特殊的材料吸收能量等方式。

1.2.2　灾害的特性与危害

1. 灾害的特性

1) 危害性

危害性是灾害的本质特性。灾害对人类生命财产、生存环境、精神文明等产生严重危害，破坏巨大，通常在本系统内部无法承受而需要外界的援助。

2) 突发性

灾害的发生、发展是随机的。任何灾害事件都是诸多风险因素共同作用的结果，每个因素作用的时间、地点、方向、强度等都必须满足一定的条件才能导致灾害的发生，同时每个因素本身就是偶然的。随着科学技术的发展与社会进步，虽然部分灾害可以超前预报，但大部分灾害还不可预报或难以精确预报，即灾害缺乏先兆，具有突发性，例如地震、泥石流、爆炸和恐怖袭击等。

3) 永久性

无论是自然界的地震、台风、洪水等，还是人类社会领域的战争、瘟疫、冲突、生产和工程事故等，都会一直存在且不会停止。自然界的物质运动与社会发展规律都是由事物内部的因素所决定，由超越人们的主观意识而存在的客观规律决定，它们独立于人的意识之外，客观且永久存在。

4) 反复性

任何事物之间都互相联系、互相依存、互相制约，都处在变化之中。同样，各种灾害按照自身确定或不确定的规律也将长期且反复地发生，相互影响和诱发。

5) 广泛性

各种灾害在全世界广泛分布，相对地，某种灾害又具有一定的区域性。例如，地震成因决定了超大地震往往发生在板块运动剧烈的地域。不同地区具有不同的自然环境和经济条件，会有不同的主要灾害类型、成因、特点及影响。

6) 群发性

灾害之间的连锁反应，导致灾害分布具有时间和区间上的群发性。许多灾害往往在某一时间段或某一区域相对集中出现，形成群发性的局面。

事实上，灾害的类型多样，发生频繁，破坏形式繁多，是一个庞大的系统，除上述特性外，还具有区域性、多因性、潜在性、周期性、季节性、阶段性、共生性和伴生性等特征。

2. 灾害的危害

在经济发达、科学技术先进的现代社会，各种自然灾害和人为灾害仍然在全球肆虐，威胁人类的生存和发展。它们的危害和破坏方式复杂多样，但概括起来主要表现在以下三个方面。

1) 威胁人类生命和健康、影响人类正常生活或造成精神创伤

人作为最终的承灾体，无论是自然灾害还是人为灾害都可能直接危害人类，这种危害不仅使人的生命与健康受到威胁，同时还包括受灾过后是否能恢复正常生活，包括物质条件、社会职能和精神上的正常生活。

2) 破坏公共设施和损害公私财产，造成严重的经济损失

承灾体除了人外，还包括人们创造的物质财富，包括房屋、公路、铁路、桥梁、隧道、水

利工程设施、电力工程设施、通信设施、城市公共设施以及家庭财产等,对其造成严重破坏,从而造成巨大的直接经济损失。

3)破坏生态环境或经济稳定,威胁社会可持续发展

随着世界人口急剧增长和社会经济迅速发展,资源危机和环境恶化问题日益突出,环境恶化可以导致自然灾害频发,社会动荡则导致人为灾害增多,这些灾害的增多又反过来进一步使生态环境恶化、经济发展减缓甚至停滞。

1.2.3 国内外主要灾害概述

1.2.3.1 全球自然灾害概述

2020年10月,联合国防灾减灾署(UNDRR)为纪念"国际减灾日"(10月13日)发布了《2000—2019年灾害造成的人类损失》报告,证实极端天气事件在21世纪主导着灾害的格局。统计数据显示(图1-14),1980年至1999年这20年间,全球有4212起灾害与自然灾害有关,造成约119万人死亡,32.5亿人受到影响,经济损失约1.63万亿美元。而在过去的20年里,即2000年至2019年,这一数字急剧增长,全球共发生7348起重大灾害,造成123万人死亡,42亿人受到影响(许多人不止一次受到灾害影响),全球经济损失约2.97万亿美元,每年平均因灾死亡人数约为6万人。

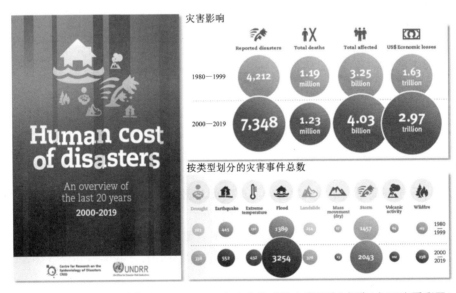

图1-14 联合国防灾减灾署《2000—2019年灾害造成的人类损失》报告(扫码查看彩图)

图1-14还列出了按类型划分的灾害事件总数统计,表明21世纪全球平均气温比前工业化时期高出1.1℃,包括热浪、干旱、洪水、冬季风暴、飓风和野火在内的极端天气事件发生频率越来越高。虽然科技的进步使人类在预警、防灾和救灾方面取得了显著进步,从而减少了单一灾害事件下的生命损失,但灾害风险的系统性日益增强,尤其是灾害事件的重叠以及风险驱动因素之间的相互作用,使人类需要进一步加强灾害风险治理。这些因素包括贫困、气候变化、空气污染、易受灾害地区的人口增长、城市化进程加剧和生物多样性的丧失等。为了实现可持续发展目标,减少受灾害影响的人数、经济损失和对关键基础设施的破坏,科

学认识致灾规律，有效降低灾害风险至关重要。人类对自然规律的认知没有止境，防灾减灾、抗灾救灾是人类生存发展的永恒课题。

1.2.3.2　中国灾害概况

我国灾害的总体特点是发生频率高、种类多、危害大。图 1-15 给出了 2000—2019 年世界各个国家或地区报告的灾害数量，可以看出就自然灾害而言，我国是世界上自然灾害最严重的国家之一，这是由我国特有的自然地理环境决定的，并与社会、经济发展状况密切相关。我国土地辽阔且具有极大的异质性。我国东临世界上最大的台风源——太平洋，西部为世界上地势最高的青藏高原，陆海大气系统相互作用关系复杂，天气多变；地势西高东低且梯度大，降雨时空分布不均，洪、涝、旱灾严重；位于地壳活动剧烈的太平洋与欧亚大陆地震带之间，地震等地质灾害频发；西北是塔克拉玛干等大沙漠，风沙威胁东部大城市；西北部的黄土高原泥沙淤塞江河水库，造成直接或潜伏的洪涝灾害。我国人口密度相对较高，且人口主要分布在沿海及东部平原、丘陵地区，这些地区气象灾害、海洋灾害、洪水灾害和地震灾害都十分严重；许多地区城市化进程较快，城市作为人类经济、文化、政治、科技信息的中心，具有"人口集中、建筑集中、生产集中、财富集中"的特点，一旦发生灾害将损失巨大。

图 1-15　世界各个国家或地区报告的灾害数量（2000—2019 年）

从应急管理部发布的 2021 年全国十大自然灾害中可以看到，超过 1/2 的自然灾害为水灾，如表 1-4 所示。

表 1-4　2021 年全国十大自然灾害

灾害名称	时间	受灾人数/万人	直接经济损失/亿元
河南特大暴雨灾害	7 月中下旬	1478.6	1200.6
黄河中下游严重秋汛	9 月	666.8	153.4
山西暴雨洪涝灾害	7 月中下旬	61.2	82.8

续表1-4

灾害名称	时间	受灾人数/万人	直接经济损失/亿元
湖北暴雨洪涝灾害	8月上中旬	158	31.2
江苏南通等地风雹灾害	4月30日	2.7	1.6
陕西暴雨洪涝灾害	8月中下旬	107.2	91.8
东北华北局地雪灾	11月上旬	35.1	69.4
云南漾濞6.4级地震	5月21日	16.5	33.2
第6号台风"烟花"	7月25日	482	132
青海玛多7.4级地震	5月22日	11.3	41

火灾同样也是我国灾害的主要类型。生产作业火灾易致人员伤亡，根据我国应急管理部消防救援局发布的2021年全国消防救援队伍接处警与火灾情况报告，全国消防救援队伍共接报火灾74.8万起，死亡1987人，受伤2225人，直接财产损失67.5亿元，与2020年相比，起数和伤亡人数、损失分别上升了9.7%、24.1%和28.4%，从图1-16的火灾直接原因统计中可以看出电气仍是引发火灾的首要原因。

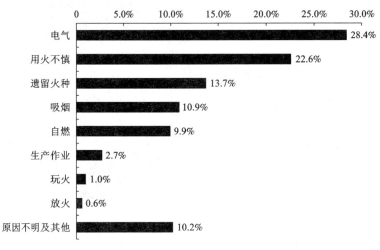

图1-16　2021年全国火灾直接原因统计

我国城市主要灾害中除了水灾与火灾外，还包括地震、气象灾害、地质灾害等，其他还包括城市生物灾害、交通事故、化学灾害、生产事故、恐怖事件等。

1.2.3.3　城市灾害特点

城市灾害特指城市系统或其子系统为承灾体的灾害。城市灾害并非一种特殊类型的灾害，但由于城市"人口集中、建筑集中、生产集中、财富集中"等特点，其是防灾减灾工作重点区域。这里特别阐述城市灾害除具有灾害一般特性之外的特点。

1)灾害源种类复杂

有许多灾害源可能诱发城市灾害，包括工业事故、交通事故、工程质量事故、建设性破坏、人为破坏等。其中，人为破坏等灾害在城市发生的概率远高于非城市地区。随着城市的发展，衍生出了新的灾害源，如超高层建筑、大型公共建筑、地下空间利用、天然气生产和使用、核技术利用中存在的致灾隐患等。

2）灾害蔓延与衍生速度快

由于城市交通发达，人员密度和流动性大，城市各个体系之间密不可分，易产生次生灾害，各种灾害易通过灾害载体形成灾害链在城市迅速蔓延。

3）强度和广度大

城市人口密集、建筑密集，经济发达，因此城市灾害往往具有较大的强度和广度，相同等级的灾害事故所造成的损失通常与人口、经济的密集程度成正比。

4）后果严重，恢复期长

城市供水、供电、供油、供气等生命线工程，城市重要基础设施、重要政治文化设施等，若遭受灾害，则损失惨重、后果严重，甚至可能会危及社会稳定。

1.2.3.4　矿山灾害

矿山灾害是指在矿床开采活动中，大量采掘导致井巷破坏和岩土体变形以及矿区地质、水文条件与自然环境发生严重变化而产生的危害人类生命财产安全、破坏采矿工程设备和矿区资源环境、影响生产安全的灾害。常见的矿山灾害包括矿井突水、瓦斯爆炸、采空区塌陷、崩塌、滑坡、泥石流、水土流失、土地盐碱化、废料污染、煤层自燃、尾矿库溃坝、矿震等。

据国家矿山安全监察局统计，2021 年全国矿山共发生事故 356 起、死亡 503 人，同比分别下降 16% 和 12.7%。其中，煤矿事故 91 起、死亡 178 人，非煤矿山事故 265 起、死亡 325 人。图 1-17 为 2016—2021 年全国煤矿事故总量及死亡人数，总体来看全国矿山安全生产形势稳定向好。

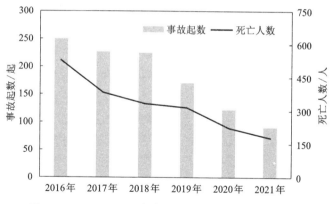

图 1-17　2016—2021 年全国煤矿事故总量及死亡人数

然而，几十年持续的大规模资源开采使得我国浅部矿产资源已趋于枯竭，未来我国矿产资源开发将全面进入第二深度空间（1000~2000 m）范围内的深部矿床。进入深部开采环境的矿山，首先，将面临高地应力、高地温问题，易发生较大的工程灾害，也会严重影响矿山的规模化安全生产。金属矿山深部开采中高应力与爆破开挖将诱发高能级岩爆与矿震、大面积采空区失稳、冒顶和片帮等动力灾害问题，且难以精准预测与有效防治。其次，岩层温度随深

度以 $(10\sim40)$ ℃/km 的速率增加，深井的高温环境条件会严重影响工人的劳动生产率。高地应力、高温诱发的灾害的精准预测与有效防控对提高矿山工程防灾减灾能力提出更高的要求。

1.3 地下工程防灾减灾

1.3.1 地下工程的特点

1. 地下工程防灾特点

科学防灾减灾需要全面认识灾害形成的基本条件，本书主要研究的承灾体为地下工程，全面认识地下工程的特点有助于针对性地开展工程防灾减灾。地下工程的特点主要体现在地下环境的以下方面：

1）封闭性

在地下，很难接触到太阳光线，自然风等对其影响甚微。地面建筑防灾减灾设计中抗风能力是重点，而地下工程由于其封闭性，可以较好地抵御台风、风沙等灾害。

2）热稳定性

地下工程无阳光的直接照射，同时大地对温度的保持能力较强，使得地下空间具有较好的热稳定性。地下工程在免受持续高温灾害或雨雪冰冻灾害的同时，可以很好地减少采暖和降温所消耗的能源。

3）防护性

地下工程特有的防护性能体现在防自然腐蚀、防震、抗电磁干扰、防辐射等方面。因其免受太阳光线、自然风以及其他自然灾害的直接影响，腐蚀的范围大幅度减小。特有的土壤屏蔽大大削弱了电磁干扰及辐射方面的作用。相比地上工程，地下工程有更好的抗震性，且结构不易坍塌，适合建设人防工程、核工程等。

2. 地下工程的易灾特点

地下工程的外围是土壤或岩石，没有外部空间，只有内部空间，一方面，它对很多灾害的防御能力远远高于地面建筑；另一方面，当地下工程内部发生灾害时，所造成的危害将超过地面同类事件。因此，人类在紧密结合地下工程的特点最大程度上利用其便利城市生活的同时，既要充分利用它来抵御自然灾害和战争灾害，使其在战时物资、人员的保护中发挥作用，又要重视地下工程内部的易灾特点，分析并采取措施应对，将灾害的损失降到最低。地下工程的易灾特点包括：

1）封闭性和容积的限制

封闭性使得地下工程抵御外部灾害的能力一般强于地面建筑，但是抵御内部灾害的能力很弱。封闭性和容积限制使地下工程与地面结构的互通性差，一旦灾害发生则难以控制，很容易在狭小而封闭的空间内迅速扩散，具有排烟困难、疏散困难、救援困难等主要缺点。

2）进出通道的限制

地下工程中人、物的出入口通道有限，尤其是在一些特大城市，地铁承担着重要的交通功能，人流量大，人口密度大，而出入口少。当灾害发生时，地下空间的开口部迅速过度集中，易导致堵塞、踩踏等事故，加剧灾害损失。

3）自然采光、眺望、方向感的限制

由于地下工程全部或部分设在地下，外壁表面几乎都被土覆盖，供给自然光和向屋外眺望受到限制，同时方向感受限。当灾害发生电力系统受损时，电力光纤和无线通信信号可能消失，同时昏暗环境会增加人的心理紧张情绪，容易造成恐慌，不利于组织疏散。

4）地势低的限制

地下空间的高程低于地面，人员疏散方向为从低高程点疏散到高高程点，这种自下而上的疏散方式比从地上建筑物内向下疏散的方式要更加耗时耗力，增加了避灾救灾难度。火灾发生时或空间内部有害气体泄露时，疏散方向与热气流、烟和有害气体的自然流动方向相同，进一步缩短了内部人员疏散和逃生时间。当地表发生水灾时，地表水会向地下涌入、渗漏，加之地下工程的封闭性和容积限制，可能迅速淹没地下工程。

1.3.2　地下工程防灾减灾思路

长期以来，灾害伴随着人类的出现而产生，随着人类文明的发展和科学技术的进步，人类在与灾害的斗争中形成和发展了较为系统的防灾减灾体系。防灾减灾工程通过研究灾害的发生、成因、特点、特性、分类等成灾机理从而形成灾害的预防、预报、监测、对策以及灾后救助、救济、评估、重建等方法，从而改变灾害发生的频率、缩小灾害的影响范围、降低灾害的破坏程度，达到减轻灾害危害的目的。灾害的形成包括三个基本条件，即灾害源、灾害载体和承灾体。防灾减灾的基本原理就是改变形成灾害的基本条件。

1）消除灾害源或降低灾害的强度。

灾害根据灾害源的形成可划分为自然灾害和人为灾害。因此，消除灾害源或降低灾害强度的方法通常用于减少人为灾害的损失，面对不以人的意志为转移的自然灾害，通常是无能为力的。人为灾害可以通过分析其具体的成因，对人的行为进行规范等来消除灾害源或降低灾害强度，如建立工程操作规范、开展防灾减灾教育、控制烟尘和二氧化碳的排放量从而防止全球气温上升等。

2）改变灾害载体的能量和蔓延渠道。

根据灾害载体的分类，针对其特点采取相关措施。例如，用通风排烟系统及时将有毒有害气体排出地下工程；用分洪、滞洪的方法减少洪水流量和控制流向以减轻洪灾等；用自动洒水系统减缓火势。

3）对受灾体采取避防与保护性措施。

通过及时的灾害监测和预报，及时组织人员疏散，配合合理设计的疏散通道或对建筑工程设置阻断隔离门等，保护或撤离受灾体。

灾害的发生存在复杂的因果关系，是一个复杂的系统。基于防灾减灾的基本原理，地下工程防灾减灾的各项措施和对策也必须相互衔接、紧密配合，形成一个由多种防灾减灾措施组成的有机整体和防灾减灾系统工程，包括下述多个环节：

1）灾害监测。

灾害监测是指运用各种观察、测量手段，对灾害孕育、发生、发展的全过程相关因素进行观察和监测。监测工作的直接目的是取得这些因素变化的资料，通过认识灾害的发展规律进行评估与预报，如通过监测地下岩体运动和应力变化可以预测地震。灾害监测系统主要起到灾前预测、灾中跟踪、灾后评估以及提出减灾决策方案等作用。灾前预测，即对潜在灾害包括发生时间、范围、规模等进行预测，从而指导防灾措施的实施；灾中跟踪，即随时监测各种灾害，快速、准确地提供如洪水、干旱、地震等的重大灾害灾情信息，为紧急救援提供帮助；灾后评估，即在灾害发生后进行准确的评估，从而作为指导灾后重建的主要依据。

2）灾害预报。

灾害预报是指根据灾害的周期性与重复性规律、灾害发展趋势、致灾源的形成、灾害载体的运移规律、灾害链的形成规律、孕灾环境的变化和动态监测资料等，对灾害发生的可能性、时间、地点、强度、影响范围和可能造成的危害程度进行预测和通报。不同灾种有不同的预报模式，一般分为长期预报、中期预报和短期预报。如地质灾害预报中，长期预报是指对5年以上的地质灾害危险性的预报，包括地质灾害区划和易发区的圈定；中期预报是指对几个月到5年内可能发生的地质灾害的预报；短期预报是指对几天到几个月内可能发生的地质灾害的预报。针对不同的灾害类型期限的划分会有明显的区别，如气象灾害预报中短期预报指对未来24~48 h的预报；中期预报指对未来3~15 d的预报；长期预报指的是对未来1个月到1年的预报。

3）防灾。

防灾是指在灾害发生前采取一定的措施防止灾害的发生。防灾的主要措施有规划性防灾、工程性防灾、技术性防灾、转移性防灾和非工程性防灾等。规划性防灾是指在进行设计规划和工程选址时，配合灾害监测和预报数据，尽量避开灾害的频发区。工程性防灾是指在进行工程建设时，充分考虑灾害因子的影响程度进行设防，包括工程加固以及建设避灾空地、避难工程和避灾通道等。技术性防灾是指运用科学技术手段来抵御灾害的危害，例如在工程中采用隔震、耗能减震和振动控制技术避震，采用隔热材料保护工程结构等。转移性防灾是指在灾害预报和预警的前提下，将人和财物等转移到安全的地方，其依赖于灾害的成功预报。非工程性防灾是指通过灾害知识教育、灾害与防灾立法、完善防灾响应组织等手段来防灾。

4）抗灾。

抗灾是指根据长期或中期预报，采取必要的专门的工程加固和备灾预案的适当行动，是人类面对自然灾害的挑战做出的反应，如修建大坝、抗滑坡和泥石流等工程性措施，主要包括工程结构的抗灾与工程结构在受灾时的监测与加固。

5）救灾。

救灾是在灾害发生后采取的紧急减灾措施，从指挥运筹到队伍组织，从抢救到医疗，从物资供应到生命线工程的维护，形成严密的系统。救灾需要周密计划、严密组织，其效果取决于救灾预案的科学性、严密性和有效性。

1.3.3 地下工程常见灾害的防灾减灾

地下工程在施工和运营期间可能发生的主要灾害同样可分为自然灾害和人为灾害。自然灾害主要有洪涝、地震、滑坡等；人为灾害主要有交通事故、火灾、泄毒、化学爆炸、环境污染、工程施工事故和运营事故等。大的灾害往往同时伴随一种或几种次生灾害，如大的地震往往伴随着大范围火灾、暴雨；核武器爆炸将引起火灾、放射性灾害。对资源的过度开采、违反客观规律的大型工程活动，也会导致灾害频率增加，例如泥石流、滑坡、局部地表沉陷等地质灾害大都与不合理采矿有关。

1.3.3.1 地下工程火灾

人类将火进行控制和利用，是文明进步的重要标志。在《吕氏春秋》中有"火，善用之则为福，不善用之则为祸"的说法。火灾正是指在时间和空间上失去控制的燃烧所造成的灾害。火灾一般具有突发性、多变性、瞬时性，是生活中最为常见的灾种之一。

1. 火灾的危害

火灾对人的生命安全产生严重的威胁，主要体现在以下几个方面：

(1)高温。火焰产生的热空气，能引起人体烧伤、热虚脱、脱水、呼吸不畅，甚至毛细血管破裂以致血液不能循环，最终导致脑神经中枢破坏而死亡。另外，地下工程结构受热强度下降后容易倒塌伤人，且周围无外部空间向上使人疏散。

(2)耗氧。氧气一般占大气中所有气体成分的21%，如果氧气浓度过低，人体就会产生各种反应，包括肌肉功能减退、产生幻觉，甚至窒息死亡。另外，火灾产生大量二氧化碳，虽然本身并无毒性，但会降低空气中氧含量，对生命造成威胁。

(3)毒气。燃烧产生的有害气体会对人体呼吸器官或感觉器官造成伤害，使人窒息或昏迷，如一氧化碳、二氧化氮、硫化氢等，同时这些气体的流动方向与人的逃生方向一致，增加了吸入风险。

(4)粉尘。粉尘由微小固体颗粒组成，大量吸入会使人呼吸困难、心率加快、判断力下降，造成心理恐慌。同时，粉尘降低了能见度，隐蔽了逃生线路，且地下无自然光，人的方向感弱，恶化了人员疏散条件。

2. 火灾的原因

引发火灾的原因很多，包括以下几方面：

(1)生活和生产用火不慎，如吸烟、炊事用火、灯火照明、炽热炉渣处理不当等不慎。

(2)违反生产安全制度，如在易燃易爆的车间内动用明火，引起爆炸起火；在用电、气焊焊接和切割时，没有采取相应的防火措施而酿成火灾。

(3)电气设备设计、安装、使用及维修不当，如电气设备超负荷，电气线路接触不良，电气线路短路，在易燃易爆的车间内使用非防爆型的电动机、灯具、开关等。

(4)爆炸。火药爆炸、化学危险品爆炸、可燃粉尘纤维爆炸、可燃气体爆炸、可燃与易燃液体蒸汽爆炸，以及某些生产、电气设备爆炸，往往造成火灾。

此外，还有人为纵火或恐怖袭击、列车故障或管理不善引发铁路隧道火灾等。

3. 火灾的防灾减灾

燃烧作为一种放热、发光的化学反应，须同时具备三个条件，即可燃物、助燃物和着火源。可燃物是能够与空气中的氧或其他氧化剂发生剧烈化学反应的物质；助燃物是能够帮助和支持燃烧的物质，如空气、氧或氧化剂等；着火源指能够引起可燃物燃烧的热能源，如明火、高温物体等。可燃物、助燃物和着火源是构成燃烧的三个"质"的要素，但只有当它们都达到一定的"量"时，燃烧才会在时间和空间上失去控制，形成火灾。火灾的防灾减灾包括防火和灭火两个方面，其基本原理都是根据物质燃烧的条件，阻止燃烧三要素同时大量存在及互相作用，包括以下几个方面：

(1)控制可燃物。用非燃或难燃材料替代易燃或可燃材料；用防火涂料刷涂可燃材料，改变其燃烧性能；采取局部通风或全部通风的方法，降低可燃气体、蒸汽或粉尘的浓度。

(2)隔绝助燃物。使可燃性气体、液体、固体不与空气、氧气或其他氧化剂等助燃物接触。

（3）消除着火源。严格控制明火、电火，以及防止静电、雷击引起火灾。

（4）阻止火势蔓延。防止火焰或火星等火源窜入有燃烧、爆炸危险的设备、管道或空间，或阻止火焰在设备和管道中扩展，或者把燃烧限制在一定范围不致向外扩散。

通过火灾的特点和形成条件，可以导出火灾防灾减灾的基本思路，从而大致提出地下工程火灾防治措施：使用阻燃建筑材料；设置防火分区，避免灾害扩大，同时确保疏散路线畅通安全；设置智能化火灾警报与火灾通信设施以便及时发现火灾，并建立互联互通的传输系统；配置可远距离手动操作的自动灭火装置，以便早期灭火；在避难通道和临时避难所设置照明、信息传递等逃灾引导设施；设置内部高效换气设备系统，以便及时灭烟、排烟、消烟；制订救助、援助的消防对策；建立防灾技能培训与设备维修管理等制度；等等。

同时，要充分考虑地下空间的封闭性和开口部的限制，保证通风，在关键口部建立强度足够的防火门，加宽疏散通道保证足够的向上疏散时间；考虑地下无自然采光情况，设置更多的应急照明和指引；设置阈值更低的灭火系统响应条件，安装、放置更多的灭火防毒工具等。

1.3.3.2　地下工程水灾

如前文所述，全世界范围内，洪灾一直是最常见的且需要重点防御的自然灾害之一。所谓水往低处流，目前在我国的江河流域内有多个大中城市的高程处于江河洪水的水位之下，江河溃堤、城市内涝等灾害不容忽视。此外，沿海城市还要面临风暴、潮汐的威胁。

1. 水灾的危害

在地下工程长达 50 年或更长的运营期内，局部气象、水文和地下水环境等因素的较大变化主要对地下工程产生短期和长期两种时效的不利影响。短期地，当地表水体或暴雨引起城市洪灾时，地下工程会发生口部灌水，大量水体瞬间涌入地下，波及整个相连通的地下工程，造成地下运营系统暂时瘫痪，这类问题具有很强的突发性，可能造成较大的人员伤亡或财产损失；长期不利影响是指地下工程时刻受到地下水的渗漏浸泡危害，工程衬砌长期被饱和土所包围，在防水质量不高的部位同样会渗入地下水，严重时甚至会引起结构破坏，造成地面沉陷，影响邻近地面建筑物的安全。水对地下工程的危害又可以分为对地下工程结构、工程施工以及地下工程设备使用功能的影响。

地下水对地下工程结构的危害，一方面，包括对围护结构的吸湿作用、毛细作用、侵蚀作用、渗透作用、冻融作用等。地下工程中砖、石、混凝土等建筑材料都是非均质的多孔材料，在空气和水中都有很强的吸湿作用，同时水会沿着岩土体或工程材料中的毛细管上升，引起潮气上升。当地下工程埋得越深，地下水位越高，渗透压就越大，地下水的渗透作用也就越严重。这些构筑物长期处于潮湿状态，配合各种酸、盐及有害气体发生碳酸性侵蚀、溶出性侵蚀、硫酸盐侵蚀等。严寒地区工程结构含水时，特别是砖砌体、不致密的混凝土，经过多次冻融循环很容易被破坏。另一方面，地下水位变化对地下工程可产生浮力、潜蚀作用，影响地下结构耐久性和地基强度。地下水位骤然上升，浮力增大，可能使地下工程结构的受力变化发生断裂破坏；当地下工程采取排水措施降低地下水位时，又容易引起潜蚀作用，导致地基失稳，引起地表塌陷等。即使水位变化不足以导致结构突然破坏，但若结构长期处在湿润和干燥交替更迭状态之中，同样会降低结构的耐久性。

地下工程施工也常常受到地下水威胁。在地下水位以下开挖基坑、地下室、竖井、地道，穿过含水地层时，地下水可能渗入基坑或洞内。基坑内降水开挖后若地下水携带淤泥质土、砂质粉土和粉细砂等细粒土从基坑挡土结构的背部流入，易造成基坑失稳垮塌、地面下陷和周围建筑物沉降倾斜、地下管线断裂等灾害事故。当基坑内外侧的地下水位差较大，且基坑下部有承压水层时，易产生突涌、管涌等现象。施工中必须采取降低地下水位，深基坑降水以使软弱土层产生固结下沉，引起基坑周围一定范围和不同程度的工程环境变化。严重者将使基坑附近建筑产生位移、沉降和破坏等。

地下水同时影响地下工程内部设备及其使用功能。从混凝土衬砌的施工缝、变形裂缝、混凝土孔隙等通道渗进地下工程的地下水将使洞内通信、供电、照明等设备处于潮湿环境而发生霉变锈蚀。在寒冷地区，水悬挂在拱部成冰溜，贴附在边墙上成冰柱，积聚在道床上成冰丘，都可能危及行车安全等。

2. 水灾的原因

地下空间水灾事故，通常包括以下四个方面原因：

（1）防水层质量不过关，包括材料、施工、设计等方面的问题。材料在生产、运输、储藏的过程中未满足质量控制的要求，导致无法达到防水使用年限；或是在地下工程的设计和建造过程中，未严格按照防水工程的相关设计规范进行。

（2）地下工程自身结构变异。复杂的地下环境中，导致结构变异的因素很多，结构会出现诸如变形、开裂、移位、混凝土剥落等现象，从而导致防水体系失效。例如，围岩的流动性会致使后期的围岩应力在长期的调整过程中挤压防水板，较大的温差会使得结构面临强烈的冻胀力。

（3）自然因素和外部环境影响。其包括腐蚀性介质、微生物腐蚀、力场破坏作用和高分子有机材料降解以及暴雨海啸导致洪涝灾害等。

（4）使用、维护和管理不当。当排水系统出现堵塞、排流不畅等情况时，若维护不善，将会使水压长期积累，从而破坏防水结构，因此需要定期维修和养护。

3. 水灾的防灾减灾

地下工程防水应遵循"防、排、截、堵相结合，因地制宜，综合治理"的原则。"防"指工程结构自防水或采用附加防水层等防水设施，使工程具有一定防水抗渗的能力。"排"指采用自流排水或机械排水的方法，将积水及时排走，降低水头压力。"截"指在工程周围设置排水沟、截洪沟、导排水系统，将地表水、地下水流经通道截断，防止和减少雨水下渗，减少地下裂隙水进入。"堵"指在围岩有裂隙水时，采用注浆、充填和防水抹面等方法堵住孔洞和裂隙。地下工程防水要体现综合设防原则，必须贯穿勘察、设计、施工和维修及选材的各个环节，灵活比选各类方法，以达到不同等级地下工程的防水要求。

从长远来看，如果能在深层地下建筑建成大规模的贮水系统，则不但可以将这些多余的水贮存起来，有效地减轻地面洪水压力，还可以利用这些贮存起来的水解决城市枯水期缺水的问题。

1.3.3.3 地下工程地震灾害

地下工程通常被认为是一种抗震性能相对于地面建筑较好的结构，但在强烈地震区、地震断裂带或地质构造特殊的条件下，其仍然受到地震破坏的威胁，地震引发的次生灾害通常也波及面广、影响大。另外，地下工程通常同时承担着城市人防设施的功能，维持其抗震能力有利于其在战争时期发挥重要作用。

1.地震的危害

地震不但破坏地下工程主体，导致结构出现裂缝、错位甚至塌落，使其无法安全和正常使用，并损坏附属设施，还可能带来次生灾害，如引起火灾，导致涌水、有毒物质泄漏等。这里以地震带来的原生灾害，即一次性灾害为防御对象进行阐述，不讨论次生灾害。对于地震引起的次生灾害，往往可以通过对结构的有效设计防止原生灾害，进而抑制或减轻次生灾害的发生。

地下工程易遭地震破坏的部位和设施包括地下工程出入口、转弯处和拐角处以及内部设施设备等。出入口包括头颈部地段和出入口通道两部分，是地下工程的门户和咽喉。地下工程出入口一般处于不稳定的松散堆积体中，在地震力作用下易塌方。工程的转弯处和拐角处结构形式变化较多，刚度不一，在地震作用下，极易发生应力集中破坏。此外，防护门在强震作用下也会发生变形或脱离轨道，影响正常开启。地震发生后内部设施设备容易受到碰撞损坏或者火灾、电气短路等破坏。

2.地震的原因

地震是常见的自然灾害，是地壳运动在某些阶段发生急剧变化时的一种自然现象，我国地处世界上环太平洋地震带和欧亚地震带两个主要地震带之间，是一个多地震国家，建在地震带上的工程应加强防范。

天然地震约占全世界地震的95%以上，此外还有一些人为诱发的地震，包括由地下岩洞或矿井顶部塌陷而引起的地震，称为塌陷地震；水库蓄水以后由于局部地壳受力状态的改变，水体荷载产生的压应力和剪应力破坏地壳应力平衡，引起断层错动，产生的水库地震。另外，工业爆破、地下核爆炸、炸药爆破等各种爆炸释放能量引起的地面震动称为爆炸地震；由油田注水或矿井中进行高压注水等活动而引发的地震称为油田注水地震。

3.地震的防灾减灾

根据目前的科学技术发展水平，只能采取措施降低地震灾害的程度，并不能完全消除地震。根据地震发生过程，可以分为地震前、地震中和地震后，相应的防灾减灾思路与对策可以分为震前预防、震中应急避震和震后救灾与重建。

震前预防主要是根据地震活动性对地震进行研究，并结合地区特点，采取健全法律法规、防灾规划，做好地震应急预案和进行震害保险等非工程措施；从技术上进行工程抗震研究，可以采取加强监测预报、提高结构抗震能力和转移分散地震能量等工程措施。地震发生过程中，采用有效的应急避险方法可以有效地减少人员伤亡。震后救灾与重建是避免次生灾害发生的最有效途径。震前预防、震中应急避震和震后救灾与重建三者有机结合综合防灾，才能实现防灾减灾的目标。

地震防灾减灾工程措施主要包括在重视勘测设计的同时提高地下工程的结构强度，以及采取抗震减震措施。

(1)重视勘测设计，提高地下工程的结构强度。查明地下工程所遇断层的近期活动性、活动方式与活动程度等数据，推断工程使用期间断层是否有突发活动，根据情况提高地下工程的结构强度。地下工程的主体结构应尽量避开断层，也不要横跨断层。隧道等地下工程进出口段应尽量避开断裂破碎带、风化卸荷带、滑坡体和饱和砂土地区，并采用钢筋混凝土衬砌、锚喷支护等措施加固。傍山隧道等地下工程应靠向山体内部，保持较厚的外侧盖层，洞线应选择在地下水位以上，尤其应回避大的阻水断裂带和饱和砂土区，洞线应避免与最大土压力方向一致，避免发生岩爆和诱发地震。对应力集中部位采取防震加固措施，如通道转弯拐角处可采用钢纤维混凝土等既有足够强度又有较强变形能力的材料，能较好地吸收地震能量，避免发生脆性破坏。

（2）采取抗震减震措施。地震灾害造成损失的主要根源是建筑物的破坏与倒塌。因此，对于地下工程及其设施设备，只要采取抗震加固措施，就会大大减少地震灾害的损失。对于新建地下工程，要严格执行所在地区的抗震设防烈度标准，达到"小震不坏、中震可修、大震不倒"的设防目标。我国《地下结构抗震设计标准》（GB/T 51336—2018）明确地下结构体系复杂、结构平面不规则，或者施工工法、结构形式、地基基础、荷载发生较大变化处的不同结构单元之间，宜根据实际需要设置变形缝。地下结构刚度突变、结构开洞处等薄弱部分应加强抗震构造措施，同时可采用隔震和消能减震措施减轻地震灾害。

1.3.3.4　地下工程爆炸灾害

防止爆炸灾害也是地下工程防灾减灾的重要内容之一，爆炸灾害可能源自军事打击、恐怖袭击、矿山的生产爆破、煤矿的瓦斯爆炸、化工过程爆炸、粉尘爆炸、施工爆破设计控制不当以及其他意外等。地下工程发展进程迅速、人口密度大的超级城市，爆炸灾害影响范围更大，危害性更为突出。爆炸灾害的表现形式多种多样，如爆炸冲击波、地震波、爆炸产物的撞击、爆炸有害气体的污染等，其中最直接也是最主要的危害为爆炸的冲击作用。爆炸灾害的直接危害对象为工程结构和人的生命财产。

1. 爆炸的危害

（1）冲击波。冲击波是爆炸瞬间形成的高温火球猛烈向外膨胀、压缩周围空气形成的高压气浪，造成对附近建筑物的破坏。冲击波以超音速向四周传播，随着距离的增加，传播速度逐渐减慢，然而地下工程内部的爆炸由于其容积限制和封闭性，会进一步形成能量聚集，严重危害内部的人员与设施安全。

（2）碎片冲击。其是各种碎片飞散而造成的伤害，飞散距离可达 $100\sim500$ m。

（3）震荡作用。爆炸使物体产生震荡，造成建筑物松散、开裂。地下工程通常出入口有限且其本身为工程薄弱点，一旦发生坍塌、封堵，则增加了疏散和救援行动的难度。

（4）造成二次事故。如地铁隧道受到爆炸的冲击，导致轨道变形，如果未能及时进行信息传递，停止沿线列车的运营，则可能发生地铁列车撞毁等事故。

（5）爆炸引起火灾。爆炸发生后，爆炸气体产物的扩散只发生在极短的瞬间，虽然对一般可燃物来说不足以造成起火燃烧，但是遗留的大量热和残余火苗，会把从被破坏的设备内部不断流出的可燃气体或可以燃烧液体的蒸汽点燃，也可能把其他易燃物点燃，引起大面积火灾。

（6）造成中毒和环境污染。在实际生产中，许多物质不仅可燃而且有毒或者燃烧产物有毒，发生爆炸事故时，会使大量有毒物质外泄，造成人员中毒和环境污染，在受容积限制和封闭的地下工程中危害加剧。

2. 爆炸的原因与防灾减灾

（1）物理性爆炸。这种爆炸是由物理变化引起的，物质因状态或压力发生突变而形成爆炸的现象称为物理性爆炸，爆炸前后物质的性质及化学成分均不改变，例如容器内液体过热气化引起的爆炸，锅炉的爆炸，压缩气体、液化气体超压引起的爆炸，等等。强火花放电或高压电流通过细金属丝所引起的爆炸也是一种物理爆炸。强放电时能量在极短时间内释放出来，使放电区达到巨大的能量密度和数万度的高温，导致放电区的空气压力急剧升高，并在周围形成很强的冲击波。对于物理性爆炸的防灾减灾，一方面要对压力容器进行实时监控，定期检查安全阀；另一方面要对电路进行定期维护和检修，防止电路老化等。

（2）化学性爆炸。由于物质发生极迅速的化学反应，产生高温、高压而引起的爆炸称为化学性爆炸。化学性爆炸发生前后物质的性质和成分均发生了根本的变化。化学性爆炸一般可以分为人为纵爆，以及生产操作不当或工艺不稳定而引起的爆炸。对于人为纵爆，可以通过设置合理的安检措施加以预防；对于易发生爆炸的生产性活动，应加强对易燃易爆物品的监控和管制。

无论是物理性爆炸，还是化学性爆炸，在进行地下工程设计、施工时都应该在设置燃气管道、燃气管和燃气炉的部位采取相应的抗燃爆措施，安装燃气浓度报警装置等。结构设计应考虑爆炸部位一旦发生燃爆，一面墙或一隅倒塌时，不会造成整个工程结构的连续倒塌；同时结合火灾和有毒有害气体设置相应的防灾减灾措施。

1.3.3.5　地下工程施工灾害

地下工程使用功能及水文地质条件的差异，使其施工方法和施工技术多种多样且十分复杂。地下工程施工与地面建筑施工的方法不同，各具特点。在岩石等坚硬地层中修建隧道等地下工程的方法主要为明挖法、矿山法（又称钻爆法）、TBM法等；在软土地层中地下工程施工方法主要有明挖法、浅埋暗挖法、盖挖法、沉井法、沉管法、盾构法、顶管法、微型管道顶推技术等。近年来，地下工程向着断面形式使用功能复杂，地下工程的新材料、新工艺、新设备、新技术不断涌现，合理选择施工方法可以避免灾害造成的损失，达到事半功倍的效果；反之，施工不当，灾害事故频繁发生，则事倍功半。下面介绍施工灾害常见原因与措施。

（1）地下地质条件具有隐蔽性。由于地质条件的复杂性及勘察手段的局限性，在地层开挖之前，很难确切了解地层构造特征、岩体强度、完整程度、自稳能力、地应力场分布、地下水状态、有无有害气体、喀斯特及岩洞等地质条件，也不知场地范围内是否存在旧基础和桩基、旧河道、河底沉船或未引爆炮弹及航空炸弹等障碍物。因此，开工前可使用探地雷达或超声波进行检测，也可同时采用水平超前钻孔、小导坑超前勘察等技术。根据确切的地质参数修改支护设计，修改施工方法，针对可能遇到的障碍物及灾害地质特征，制订专项施工方案，才能保证工程顺利进行。地下工程一旦竣工，只能看到它的表观状态，其内部及结构层背后的状态是隐蔽的，建成后难于修改和撤除，因此要确保工程质量，不留隐患。

（2）场地拥挤，作业空间狭小。城市建筑物密集，地下管线密如蛛网，经常出现基坑开挖边线靠近道路红线与建筑物基础，无施工临时设施用地，材料设备进出困难等问题。在此情况下，基坑出现变形或垮塌会对周围建、构筑物产生很大威胁。地下工程暗挖法施工要在一定埋深岩土介质中完成，受造价影响，地下空间作业面狭小，与地面连通出入口少。对此，开挖渣土要及时外运，建筑材料、设备和新鲜空气要及时运到工作面，施工机械活动范围要有严格限制，运输工具要严格遵守限界，否则，设备相互碰撞会造成各类伤亡事故。

（3）围岩与支护力学行为随工况动态变化。地下工程施工过程中，每一步开挖、每一道支撑架设或撤除、每一次注浆及降水、每一段衬砌浇灌，都将引起围岩初始应力状态变化，支护及衬砌应力路径改变，内力与变形受时空效应影响不断变化。通过现场观察和仪表监测，一旦应力及变形达到结构构件与整个体系允许界限，要及时修改支护措施和施工方案，才可避免工程灾害事故。

（4）作业环境与施工条件差。地下工程在围岩介质包围的空间施工，所处环境恶劣，黑暗、潮湿、粉尘、噪声、振动、超大气压等问题严重；有时存在瓦斯等可爆燃气体和地下高承压暗河，还有危石掉落、支架倾覆等危险。为此，地下工程施工要加强安全教育，加强劳动保护，防止职业病。

参考文献

[1] 郑韬凯. 中国最早室内环境设计在"山顶洞"[J]. 环境与生活，2017(7)：64-65.

[2] 武子栋，何媛. 古代地下空间利用历史回顾与启示[J]. 建材与装饰，2019(16)：80-81.

[3] 阿不都沙拉木加热，依不拉依木. 古代吐鲁番坎儿井水利工程技术方法探讨[J]. 安徽农业科学，2013，41(3)：1301-1304.

[4] 王炬. 洛阳隋代回洛仓遗址[J]. 大众考古，2015(4)：14-15.

[5] 山羊文化观察. 河南洛阳发现天下第一粮仓[J/OL]. 2022，https：//baijiahao. baidu. com/s？id=1726801477651322077.

[6] 李夕兵，冯涛. 岩石地下建筑工程[M]. 长沙：中南工业大学出版社，1999.

[7] WANG T, TAN L, XIE S, et al. Development and applications of common utility tunnels in China[J]. Tunn Undergr Space Technol, 2018, 76：92-106.

[8] 李鹏. 面向生态城市的地下空间规划与设计研究及实践[D]. 上海：同济大学，2008.

[9] 韩宝明，李亚为，鲁放，等. 2021年世界城市轨道交通运营统计与分析综述[J]. 都市快轨交通，2022，35(1)：5-11.

[10] MAO R, BAO Y, DUAN H, et al. Global urban subway development, construction material stocks, and embodied carbon emissions[J]. Humanities and Social Sciences Communications, 2021, 8：83.

[11] 智研咨询. 中国城市地下综合管廊分类、政策、发展阶段、建设长度及发展建议分析[J/OL]. 2022，https：//www. chyxx. com/industry/202102/928325. html.

[12] 廖康君，谢俊燕. 我国城市地下综合体的现状及发展探索[J]. 居业，2022，14(2)：195-197.

[13] 张庆贺. 地下工程[M]. 上海：同济大学出版社，2005.

[14] 门玉明. 地下建筑工程[M]. 北京：冶金工业出版社，2014.

[15] 孙巍，燕晓. 现在地下抗震性能分析与研究[M]. 北京：中国建筑工业出版社，2020.

[16] 陈湘生，付艳斌，陈曦，等. 地下空间施工技术进展及数智化技术现状[J]. 中国公路学报，2022，35(1)：1-12.

[17] 李耀庄. 防灾减灾工程学[M]. 武汉：武汉大学出版社，2014.

[18] 李新乐. 工程灾害与防灾减灾[M]. 北京：中国建筑工业出版社，2012.

[19] 王茹. 土木工程防灾减灾学[M]. 北京：中国建材工业出版社，2008.

[20] JORIS VAN LOENHOUT R B, DENIS MCCLEAN, Human Cost of Disasters[R]. New York：the United Nations Office for Disaster Risk Reduction （UNDRR）, the Institute of Health and Society （UCLouvain）, 2020.

[21] 中华人民共和国应急管理部. 2021年全国十大自然灾害[J/OL]. 2022，https：//www. mem. gov. cn/xw/yjglbgzdt/202201/t20220123_407199. shtml.

[22] 肖方. 2021年全国消防救援队伍处置警情创新高[J]. 中国消防，2022(1)：12-13.

[23] 国家矿山安全监察局. 2021年全国矿山安全生产事故情况[J/OL]. 2022，https：//www. chinamine-safety. gov. cn/zfxxgk/fdzdgknr/sgcc/202202/t20220223_408504. shtml.

[24] 李夕兵，周健，王少锋，等. 深部固体资源开采评述与探索[J]. 中国有色金属学报，2017，27(6)：

1236-1262.

［25］李夕兵，黄麟淇，周健，等. 硬岩矿山开采技术回顾与展望［J］. 中国有色金属学报，2019，29（9）：1828-1847.

［26］马桂军，赵志峰，叶帅华. 地下工程概论［M］. 北京：人民交通出版社，2016.

［27］周云. 土木工程防灾减灾学［M］. 广州：华南理工大学出版社，2002.

［28］张庆贺，廖少明，胡向东. 隧道与地下工程灾害防护［M］. 北京：人民交通出版社，2009.

第2章　地下工程岩体的性质和分类

地下工程建设中，多数灾害与围岩体的变形和破坏有关。而岩体的变形、破坏与岩体本身的特性和岩体所处的地质环境密不可分。一方面，岩体本身的特性取决于组成岩体的岩石和结构面的特征，如岩石的成因、物理力学特性，以及裂隙、节理等结构面影响下的岩体综合质量特征等。另一方面，岩体所处的地质环境也是影响岩体变形、破坏的主要因素，其中地应力作为工程岩体发生变形、破坏的根本作用力，是地下工程中最被关注的地质环境因素。当工程岩体在所处的地质环境(尤其是地应力环境)的作用下，受到人类工程活动的扰动，就易引发潜在的工程灾害。因而，本章将详细介绍岩石的物理力学性质、岩体分级和地应力测量等基础的概念、理论和方法，为地下工程防灾减灾作基础知识的铺垫。

2.1　岩石物理力学性质

2.1.1　岩石的地质成因

地球处于不断运动之中，其内部运动也是多种多样的。单就岩石的形成过程而言，地球(特别是地壳和上地幔)主要存在以下三种成岩过程：

(1)火成过程：深部熔化的物质(岩浆)在地下或喷出地表结晶和固化的过程。

(2)沉积过程：岩石经过风、流水和冰川等的破坏、搬运及在某些低洼地方沉积下来的过程。火山喷发物、有机物、宇宙物质和水溶解物经过搬运或原地沉积也属于沉积过程。

(3)变质过程：岩石在基本处于固体状态下，受到温度、压力及化学活动性流体的作用，发生矿物成分、化学成分、岩石结构与构造变化的地质作用。

由以上三种成岩过程形成的岩石，分别称为岩浆岩(火成岩)、沉积岩、变质岩。

1. 岩浆岩

岩浆岩亦称火成岩，它是来自地球内部的熔融物质在不同地质条件下冷凝固结，或当熔浆由火山通道喷溢出地表凝固形成的岩石。岩浆岩化学成分复杂，主要为 SiO_2、TiO_2、Al_2O_3、FeO、MgO、MnO、CaO、K_2O、NaO 等。岩浆活动和冷凝成岩的全过程称为岩浆作用，分为侵入作用和喷出作用。侵入作用是上升的岩浆在地表以下一定深度冷凝结晶的过程；喷出作用是指岩浆喷溢出地表冷却成为岩石的作用。进一步地，根据形成的地质环境可将岩浆岩分为三大类，即深成岩、浅成岩和喷出岩，每一类中又可根据成分不同划分出不同的演化类型，其在结构上有较大的差异，这种差异往往通过岩石的力学性质反映出来。

深成岩，是岩浆在地下深处(>3000 m)缓慢冷却、凝固而生成的全晶质粗粒岩石，矿物颗粒均匀，多为粗-中粒状结构，致密坚硬，孔隙少，强度高，透水性较弱，抗水性较强，所以深成岩体的工程地质性质一般较好。

浅成岩，其产出特点介于深成岩与喷出岩之间，是侵入岩的一种，最主要的特征是有细粒或斑状、似斑状结构，抗风化性能较深成岩强，透水性和强度根据不同的岩石结构变化较大，特别是脉岩类，岩体小，且穿插于不同的岩石中，易风化，导致工程岩体强度降低，透水性增强。

喷出岩，是岩浆喷出地表冷凝而成的火成岩，包括各种熔岩及火山碎屑岩。喷出岩由于冷却快，多形成细粒至玻璃质岩石，常具斑状结构、气孔结构、流纹构造和原生裂隙，透水性较强，对工程整体稳定性影响较大。

岩浆岩具有较高的强度，可作为各种建筑良好的地基及天然建筑石料。但各类岩石的工程性质差异很大，如深成岩矿物晶粒粗大均匀、孔隙率小、裂隙不发育、岩块大、整体稳定性好，但这类岩石往往由多种矿物结晶组成，特别是长石类、云母类矿物，抗风化能力较差。

2. 沉积岩

沉积岩是在地表常温、常压条件下，由风化物质、火山碎屑、有机物经搬运、沉积和成岩作用形成的层状岩石。其中，沉积物包含陆地、海洋中的松散碎屑物，如砾石、砂、黏土、灰泥、生物残骸等，主要是母岩风化的产物，其次是火山喷发物、有机物等。

沉积岩在地壳表层分布广泛，覆盖了大陆面积的75%和几乎全部的海洋地壳面积。最常见的沉积岩包括碎屑岩、黏土岩、化学岩及生物化学岩。

在地下工程常见的沉积岩中，碎屑岩的工程地质性质一般较好，但其胶结物的成分和胶结类型对岩石的工程地质特征影响显著，如硅质基底式胶结的岩石比泥质接触式胶结的岩石强度高、孔隙率小、透水性弱。此外，碎屑的成分、粒度、级配对工程性质也有一定的影响，如石英质的砂岩和砾岩优于长石质的砂岩。

黏土岩抗压强度和抗剪强度低，受力后变形量大，浸水后易软化、泥化；若蒙脱石含量较高，其还具有明显的膨胀性。这种岩石对地下工程及边坡的稳定都极为不利，但其透水性弱，可作为隔水层和防渗层。

化学岩和生物化学岩抗水性弱，常具有不同程度的可溶性。成分为硅质的化学岩的强度较高，但性脆易裂，整体性差。碳酸盐类岩石如石灰岩、白云岩等具中等强度，一般能满足工程设计要求，但存在于其中的各种不同形态的喀斯特溶洞，往往成为集中渗漏的通道。易溶的石膏、盐岩等化学岩，往往以夹层或透镜体存在于其他沉积岩中，质软，浸水易溶解，常常导致地下工程及边坡失稳。

各类沉积岩都具有成层分布的规律，存在各向异性特征，多数情况下层理面控制着岩石工程的稳定性，尤以软弱层理导致的工程灾害较为突出。

3. 变质岩

岩浆岩或沉积岩在温度、压力发生改变以及物质组分加入或带出的条件下，矿物成分、化学成分以及结构构造发生变化而形成的岩石称为变质岩。通常，由岩浆岩经变质作用形成的变质岩称为正变质岩，由沉积岩经变质作用形成的变质岩称为副变质岩。

变质岩在地壳分布广泛，约占大陆面积的18%，存在于前震旦纪至新生代的各个地质时期。特别是占整个地质历史五分之四的前寒武纪地层，绝大部分由变质岩组成。变质岩构成的结晶基底广泛分布于世界各地，常呈区域性大面积出露，如我国辽宁、山东、河北、山西、内蒙古等地。古生代以后形成的变质岩，在我国不同省、自治区的山系也有广泛分布，如天山、祁连山、大兴安岭，以及青藏高原、横断山脉、东南沿海等地。

变质岩的工程性质往往与原岩的性质相似或相近。一般情况下，由于原岩矿物成分在高温高压下重结晶，岩石的力学强度较变质前相对增高。但是，如果在变质过程中形成某些变质矿物，如滑石、绿泥石、绢云母等，则其力学强度(特别是抗剪强度)会相对降低，抗风化能力变差。动力变质作用形成的变质岩(包括碎裂岩、断层角砾岩等)的力学强度和抗水性均较差。

总体上变质岩的工程稳定性优于沉积岩，尤其是深变质的岩体，但变质岩的片理构造(包括板状、千枚状、片状及片麻状构造)使岩石呈现各向异性特征，工程中应注意其在垂直及平行于片理构造方向上的岩石力学性质的变化。

2.1.2　岩石物理性质

岩石是由固相、液相和气相物质组成的矿物集合体，岩石的物理性质是指因岩石的三相物质相对比例不同所表现的不同物理状态，由岩石的矿物组分和结构决定。物理性质指标主要包括岩石的密度、相对密度、孔隙比、含水率、吸水率等。

1. 岩石密度

岩石密度是指单位体积岩石的质量，通常用岩石试件质量与体积之比表示，主要包括天然密度、饱和密度和干密度。三相物质在岩石中所占的比例、矿物岩屑的成分等因素都会影响岩石的密度。

天然密度是指岩石在天然状态下单位体积的质量，即

$$\rho_0 = \frac{m}{V} \qquad (2-1)$$

式中：ρ_0 为岩石的天然密度，g/cm^3；m 为岩石的质量，g；V 为岩石的体积，cm^3。

饱和密度是指岩石在饱和状态下单位体积的质量，即

$$\rho_{sat} = \frac{m_{sat}}{V} \qquad (2-2)$$

式中：ρ_{sat} 为岩石的饱和密度，g/cm^3；m_{sat} 为岩石强制饱和后的质量，g。

干密度是指岩石在干燥状态下单位体积的质量，即

$$\rho_d = \frac{m_s}{V} \qquad (2-3)$$

式中：ρ_d 为岩石的干密度，g/cm^3；m_s 为岩石固相颗粒的质量，g。

相对密度是指岩石固相颗粒的质量与同体积纯蒸馏水在 4℃ 时的质量之比，即

$$d = \frac{m_s}{V_s \rho_{w,\,4℃}} = \frac{\rho_s}{\rho_{w,\,4℃}} \qquad (2-4)$$

式中：d 为岩石的相对密度；$\rho_{w,\,4℃}$ 为 4℃ 时纯蒸馏水的密度，g/cm^3。

岩石密度可采用量积法、水中称重法或密封法(蜡封法)进行测定。量积法使用于规则岩石试件密度的测定；水中称重法适用于遇水崩解、溶解和干缩湿胀外的其他岩石，可用于同一试件的多种物理性质指标测定，并且各测试指标之间具有相关性；密封法适用于不能用量积法或水中称重法测定的岩石。测定天然密度时，应在岩样开封后，保持天然湿度条件下，立即加工试件并称重；测定饱和密度时，先将试件烘干至恒重，然后采用煮沸法或真空抽气法对试件进行强制饱和，取出试件并用湿毛巾擦拭表面水分后称重；测定干密度时，应将试件置于烘箱内，在温度 105~110℃ 下烘 24 h。取出试件，放入干燥器内冷却至室温，再称试

件质量。每组干密度试件数量不得少于 3 个，每组天然密度和饱和密度试件数量不少于 5 个。

2. 岩石的孔隙性

岩石的孔隙性是指天然岩石中包含孔洞和裂隙的程度及状态的特性，反映岩石孔洞、裂隙的发育程度，通常采用孔隙比 e 和孔隙率 n 表示。

孔隙比是指岩石中孔隙体积 V_V 与固相颗粒体积 V_s 之比，即

$$e = \frac{V_V}{V_s} \tag{2-5}$$

孔隙率是指岩石中孔隙体积 V_V 与岩石总体积 V 之比，以百分数表示，即

$$n = \frac{V_V}{V} \times 100\% = \left(1 - \frac{\rho_d}{\rho_s}\right) \times 100\% \tag{2-6}$$

根据岩石的三相比例关系，孔隙比 e 与孔隙率 n 有如下关系：

$$e = \frac{n}{1-n} \tag{2-7}$$

3. 岩石的水理性

岩石的水理性是指岩石与水相互作用时所表现出来的性质，包括岩石的含水率、吸水性、软化性、崩解性等。

1) 岩石的含水率

含水率是指岩石在温度 $105 \sim 110℃$ 下烘至恒量时所失去水的质量与岩石固相颗粒的质量之比，以百分数表示，即

$$\omega = \frac{m_w}{m_s} \times 100\% \tag{2-8}$$

式中：ω 为岩石含水率，%；m_w 为岩石烘干后所失去水的质量，g。

岩石含水率的大小取决于岩石中孔隙率、细微裂隙的连通情况以及亲水性矿物的含量。在软岩工程中，由于组成软岩的矿物成分中往往含有较多的亲水性黏土矿物，遇水易软化，对岩石的变形和强度有显著影响。

2) 岩石的吸水性

岩石的吸水性是指岩石在一定条件下吸收水分的能力，常用吸水率、饱和吸水率和饱和水系数表示，可采用水中称重法测定。

吸水率是指岩石在大气压力和室温条件下吸入水的质量与岩石固相颗粒的质量之比，以百分数表示，即

$$\omega_a = \frac{m_a - m_s}{m_s} \times 100\% \tag{2-9}$$

式中：ω_a 为岩石吸水率，%；$m_a - m_s$ 为浸水 48 h 后岩石的质量，g。

岩石的吸水率取决于岩石孔隙的数量、大小、闭合程度和分布情况，同时也受岩石成因、地质年代及岩性的影响。通常，岩石中的孔隙越大、数量越多、连通性越好，则岩石吸水率越大、力学性质越差。

饱和吸水率是指岩石在强制饱和条件下的最大吸水量与岩石固相颗粒的质量之比，以百分数表示，即

$$\omega_{\text{sat}} = \frac{m_{\text{sat}} - m_{\text{s}}}{m_{\text{s}}} \times 100\% \tag{2-10}$$

式中：ω_{sat} 为岩石饱和吸水率，%；m_{sat} 为强制饱和后岩石的质量，g。

3）岩石的软化性

岩石的软化性是指岩石浸水后强度降低的性质，取决于岩石的矿物成分、联络特性和微裂隙发育程度，常用软化系数表示。软化系数定义为岩石饱和单轴抗压强度与其干燥单轴抗压强度之比，即

$$\eta = \frac{\sigma_{\text{sc}}}{\sigma_{\text{dc}}} \tag{2-11}$$

式中：η 为岩石软化系数；σ_{sc} 为岩石饱和单轴抗压强度，MPa；σ_{dc} 为岩石干燥单轴抗压强度，MPa。

理论上软化系数总是小于 1，软化系数大于 1 均为岩石不均一性所导致。当软化系数等于或小于 0.75 时，岩石属于软化岩石。一般情况下，未风化的岩浆岩和某些变质岩软化系数较大并接近 1；泥岩、泥质或含泥质砂岩、砾岩和泥灰岩等沉积岩的软化系数为 0.4~0.6，甚至更低。

地下工程中，岩石的软化系数间接反映岩石抗水性、抗风化性、抗冻能力，对评价隧洞围岩稳定性等具有重要意义。用作天然建筑材料的岩石，软化系数应大于 0.75。

4）岩石的崩解性

岩石的崩解性是指岩石与水相互作用时失去黏结力，岩石崩散、解体后，完全丧失强度变成松散物质的性质，可溶盐和泥质胶结的沉积岩容易崩解，常用耐崩解性指数 I_{d} 表示。

耐崩解性指数是指岩石在经过干燥和浸水循环后残留试件烘干质量与原件烘干质量之比，以百分数表示。

$$I_{\text{d2}} = \frac{m_{\text{r}}}{m_{\text{s}}} \times 100\% \tag{2-12}$$

式中：I_{d2} 为两次循环试验求得的耐崩解性指数，%；m_{s} 为试验前岩石的烘干质量，g；m_{r} 为残留试件的烘干质量，g。

2.1.3　岩石的力学强度特性

岩石强度是指岩石在外荷载作用下，达到破坏时所承受的最大应力，反映岩石抵抗外力作用的能力。由于地下工程建（构）筑物结构形式的不同，岩石所赋存的应力状态呈现出一维、二维和三维状态，如图 2-1 所示。不同应力状态下岩石的强度特性和破坏形式也不相同。这里将具体介绍岩石的几种典型强度特性，包括单轴抗压强度、抗拉强度、抗剪强度、三轴抗压强度等。

1. 岩石单轴抗压强度

1）单轴抗压强度定义

岩石单轴抗压强度是指岩石试件在无侧限条件下，受轴向压力作用至破坏时，单位面积所承受的最大荷载，即

$$\sigma_{\text{c}} = \frac{P}{A} \tag{2-13}$$

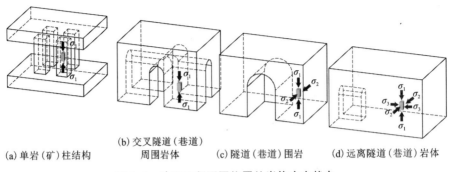

(a) 单岩(矿)柱结构　　(b) 交叉隧道(巷道)　　(c) 隧道(巷道)围岩　　(d) 远离隧道(巷道)岩体
　　　　　　　　　　　　周围岩体

图 2-1　地下工程不同位置处岩体应力状态

式中：σ_c 为岩石单轴抗压强度，MPa；P 为岩石破坏时的荷载，N；A 为试件截面面积，mm²。

根据岩石含水状态不同，可分为天然单轴抗压强度、饱和单轴抗压强度和干燥单轴抗压强度。

2）单轴抗压强度测试方法

测定岩石的单轴抗压强度可参考很多标准，如《工程岩体试验方法标准》（GB/T 50266—2013）、《水利水电工程岩石试验规程》（SL/T 264—2020）、《公路工程岩石试验规程》（JTG E 41—2005）等。如图 2-2 所示，可采用直接压坏试件的方法求取岩石单轴抗压强度，也可在岩石单轴压缩变形试验时同步测定。

3）试件尺寸及要求

试件可用钻孔岩芯或岩块制备，在采取、运输和制备过程中应避免产生裂缝。试件尺寸要求：采用圆柱体试件时直径宜为 48~54 mm，应大于岩石中最大颗粒直径的 10 倍，高度与直径之比宜为 2.0~2.5；采用立方体试件时边长为（70±2）mm。试件精度要求：试件两端面不平行度误差不得大于 0.05 mm；沿试件高度、直径的误差不得大于 0.3 mm；端面应垂直于试件轴线，且偏差不大于 0.25°。试件含水状态可根据需要选择天然含水状态、烘干状态、饱和状态或其他状态。

当为天然含水状态的试件时，应在拆除密封后立即制备，并测定其天然含水率。当为烘干状态的试件时，应将试件放入烘箱，在 105~110℃ 的恒温下烘 24 h 后，取出放入干燥器内冷却至室温。当为饱和状态的试件时，可按自由浸水法、煮沸法、真空抽气法等方法进行试件饱和。

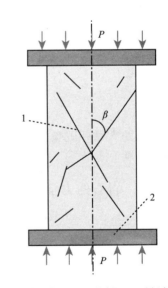

1—试件破坏面；2—垫板；β—破坏角。

图 2-2　岩石单轴抗压强度试验示意图

当采用自由浸水法饱和时，应将试件放入水槽，先注水至试件高度的 1/4 处，以后每隔 2 h 分别注水至试件高度的 1/2 和 3/4 处，6 h 后全部浸没试件；试件在水中自由吸水 48 h 后取出，并用湿毛巾擦拭表面水分。当采用煮沸法饱和试件时，煮沸容器内的水面应始终高于试件，煮沸时间不得少于 6 h；经煮沸的试件应放置在原容器中冷却至室温，取出并用湿毛巾擦拭表面。当采用真空抽气法饱和试件时，饱和试件容器内的水面应高于试件，真空压力表读数宜为当地大气压值；抽气直至无气泡逸出为止，但抽气时间不得少于 4 h；经真空抽气的试件，应放置在原容器中，在大气压力下静置 4 h，取出并用湿毛巾擦拭表面。

测试用试件数量要求为：同一含水状态和同一加载方向下，每组试件的数量应不少于 3 个。

4）试件描述

制样后对试件进行描述，包括岩石名称、颜色、矿物成分、结构、构造、风化程度、胶结物性质等，加载方向和岩石试件层理、节理、裂隙的关系，含水状态及所使用的方法，试件加工过程中出现的问题。

5）主要仪器和设备

岩石单轴抗压强度测试全过程主要用到的仪器包括钻石机、切石机、磨石机等；游标卡尺（量程为 0~200 mm，最小分度值为 0.01 mm）、天平（称量大于 500 g）；烘箱、干燥箱、水槽、煮沸容器等；核心测试仪器为刚性材料试验机或者伺服试验机，如图 2-3 所示。

6）试验注意事项

（1）试验中，可根据岩石强度的高低设定加载速度的上限或下限。对软弱岩石，加载速度视情况再适当降低，一般可设为 0.2~0.5 MPa/s。

（2）试件端部与承压板间的摩擦力将产生"端部效应"，使试件呈圆锥状破坏，可采用磨平试件端部并涂抹润滑剂的方法降低"端部效应"的影响。

（3）试验机机架应具有足够的刚性和试验空间，以便进行各种试验。

（4）上、下压板的中心线与机架的中心线重合。

图 2-3　伺服试验机

2. 岩石三轴抗压强度

1）三轴抗压强度定义

与单轴压缩试验相比，在三轴压缩试验中试件除受轴向荷载外，还受侧向荷载作用。岩石三轴抗压强度是岩石在三向荷载作用下，试件破坏时所承受的最大轴向应力，常用下式表示最大主应力与中间主应力、最小主应力的关系，即

$$\sigma_1 = (\sigma_2, \sigma_3) \qquad (2-14)$$

式中：σ_1、σ_2、σ_3 分别为最大主应力、中间主应力和最小主应力，MPa。

同时，也可表述为剪应力与正应力的关系，即

$$\tau = f(\sigma_n) \qquad (2-15)$$

式中：σ_n 为作用在某个面上的正应力，MPa。

2）测试方法

岩石三轴抗压强度测试根据施加围压状态的不同，可分成常规（假）三轴试验和真三轴试验。二者的区别在于真三轴试验的两个水平方向施加的压力不等（$\sigma_1 > \sigma_2 > \sigma_3$），而常规三轴

试验是相等的围压($\sigma_1 > \sigma_2 = \sigma_3$)。由于常规三轴试验要比真三轴试验可操作性更强,其已成为岩石力学中最常用的试验方法之一。岩石常规三轴试验仪器设备最早于1911年由Karman研制,后一直广为流行。我国的三轴试验装备始于1964年的长江-500型试验机,至今该类试验机技术已达到国际同等成熟水平。图2-4是常规伺服三轴试验机及其施加三向压力的装置示意图,试件通常由热缩管密封,放入围压室内,围压是通过液体施加在试件上。通常常规三轴试验的围压按照工程的要求或者研究的应力范围确定,一般将围压按等比级数或等差级数设定为5级,试验先同步施加轴压和围压,当施加到预定的围压之后,使围压保持稳定,再施加轴压直至岩石试件破坏。

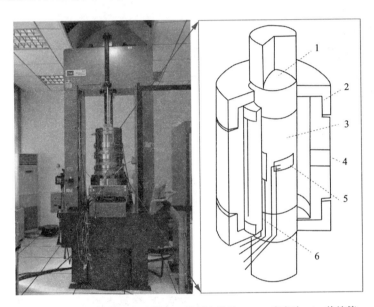

1—球头;2—上下端帽;3—试件;4—液压室进油口;5—应变片;6—热缩管。

图2-4 常规三轴试验机及装置示意图

3)破坏类型

受侧压力的影响,岩石的常规三轴压缩破坏模式比单轴压缩状态下更为复杂。一般情况下,岩石试件在低围压作用下,其破坏形式主要表现为劈裂破坏,这一破坏形式与单轴压缩破坏很接近。当在中等围压的作用下时,试件主要表现为斜面剪切破坏,其剪切破坏面与最大主应力作用面的夹角通常为$45° + \varphi/2$(φ为岩石的内摩擦角);而当在高围压状态下时,试件会出现塑性流动破坏,不出现宏观上的破坏端面而呈现腰鼓形。

4)莫尔应力圆

在进行常规三轴试验时,通过不同的侧压力和垂向压力组合,可以得到不同σ_3与σ_1组合下的莫尔应力圆。通过绘制不同莫尔应力圆的包络线,即可求得莫尔应力圆的包络线,即岩石的抗剪强度曲线,如图2-5所示。

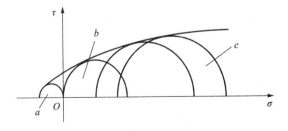

a—单轴抗拉强度;b—单轴抗压强度;c—三轴压缩强度。

图2-5 莫尔应力圆包络线

5）岩石真三轴试验

为了模拟深部任意岩体应力状态，要求能在 3 个主应力均不等的条件下试验，以测定岩石的强度和变形特征，从而在常规三轴试验机的基础上发展了岩石的真三轴试验机。近年来，随着试验装备技术的快速发展，在真三轴系统上基本实现了伺服静态加载、伺服扰动加载、体变测量、端部摩擦效应消减、加载应力空白角消除等关键技术革新，从而能获得真三轴加载条件下岩石的应力−应变曲线。真三轴试验机已逐渐在国内众多科研院所普及，如图 2-6 所示。但由于真三轴试验系统结构和操作的复杂性，国内目前尚未形成统一的真三轴试验规程，且真三轴试验系统更多地用于具有特殊要求的工程和研究。

（a）岩石真三轴电液伺服诱变（扰动）试验机

（b）Lavender 508 岩石真三轴试验机

图 2-6 岩石真三轴试验系统

相比于常规三轴试验系统，真三轴试验研究的一个重要内容就是中间主应力效应。岩石的中间主应力效应已经被大量的试验所证实，并被认为是岩石的一个重要特性。

3. 岩石抗拉强度

岩石抗拉强度是指岩石试件在拉伸荷载作用下达到破坏时所能承受的最大拉应力。岩石的抗拉强度试验分为直接拉伸试验和间接拉伸试验。目前，针对测量岩石拉伸强度和变形的研究，应用较多的是以巴西圆盘劈裂法为主的间接拉伸方法，由于试件加工难度等原因，直接拉伸法在岩石试验中使用得相对较少。

1）巴西圆盘劈裂法

1943 年，巴西学者 Carneiro 和日本学者 Akazawa 提出了用于测试抗拉强度的试验方法。巴西圆盘劈裂测试通过垫条对圆柱体试件施加径向线荷载直至破坏，加载示意图如图 2-7 所示。

试验试件为圆柱体试件，直径宜为 48~54 mm，试件厚度宜为直径的 0.5~1.0 倍，并应大于岩石中最大颗粒直径的 10 倍。按照

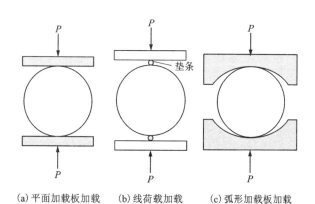
（a）平面加载板加载 （b）线荷载加载 （c）弧形加载板加载

图 2-7 典型的巴西圆盘劈裂试验加载方式

图 2-7，加载方式主要分为平面加载板加载，钢垫条线荷载加载和弧形加载板加载三类。不同端部加载条件对试件的抗拉强度有一定的影响。例如，当设置垫条进行测试时，垫条可采用直径为 4 mm 左右的钢丝或胶木棍，其长度大于试件厚度。垫条的硬度与岩石试件硬度相匹配，垫条硬度过大，易贯入试件；垫条硬度过低，自身将严重变形。

岩石抗拉强度计算如下式：

$$\sigma_{t} = \frac{2P}{\pi D t} \tag{2-16}$$

式中：σ_{t} 为岩石抗拉强度，MPa；P 为岩石受拉破坏时的最大荷载，N；t 为试件的厚度，mm；D 为试件的直径，mm。

图 2-8 为巴西圆盘劈裂测试下的试件应力状态与破坏模式。在圆盘上下加载边缘处，沿加载方向的 σ_{y} 和垂直于加载方向的 σ_{x} 均为压应力；离开边缘后，沿加载方向的 σ_{y} 仍为压应力，但应力值比边缘处显著减小，并趋于均匀化；垂直于加载方向的 σ_{x} 变成拉应力，并趋于均一分布。拉应力 σ_{x} 达到岩石抗拉强度，试件开始破坏；试件沿加载方向劈裂破坏，理论上破坏是从试件中心开始，沿加载直径方向逐渐扩展至试件两端。

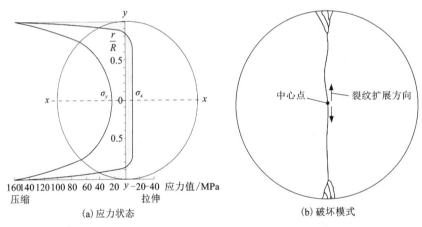

(a) 应力状态　　　　　　　　　(b) 破坏模式

图 2-8　巴西圆盘劈裂测试下的试件应力状态与破坏模式

2）直接拉伸法

直接拉伸法是将制备的岩石试件置于专用夹具中，通过试验机对试件施加轴向拉力直至破坏。由于目前还没有统一的试验标准，不少学者利用不同的拉伸装置与不同形状的试件开展了众多研究。拉伸试件主要有 3 种形状，包括哑铃形、圆柱形和狗骨头形，如图 2-9 所示。其中，哑铃形由 Hoek 首次提出，但加工比较困难，且结果也不是特别理想，用得较少，多用于混凝土试件的单轴拉

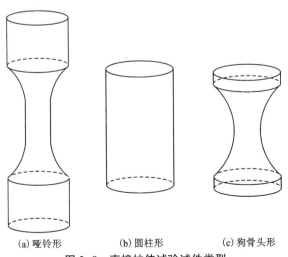

(a) 哑铃形　　　　(b) 圆柱形　　　　(c) 狗骨头形

图 2-9　直接拉伸试验试件类型

伸测试；圆柱形由 ISRM 推荐使用，用得最多，但研究表明大多试件的断裂位置都在试件的黏结处附近，与期望的断裂位置有一定的差别。狗骨头形，试件中部直径渐变，多数情况下试件能从中部断裂，但试件的加工最为困难，成本高昂。

直接拉伸状态下，试验时施加的拉力作用方向必须与岩石试件轴向重合，夹具应保证安全、可靠，且具有防止偏心荷载造成试验失败的能力。岩石抗拉强度按下式计算：

$$\sigma_{\mathrm{t}} = \frac{P_{\mathrm{t}}}{A} \tag{2-17}$$

式中：P_{t} 为岩石受拉破坏时的最大拉力，N；A 为与施加拉力相垂直且试件发生断裂处的横截面面积，mm^2。

4. 岩石抗剪强度

岩石的抗剪强度是指岩石在一定的应力条件下所能抵抗的最大剪应力，通常用 τ 表示。该强度与岩石的抗压、抗拉强度不同，属于在复杂应力作用下的强度，且随法向应力的变化而变化。因此，岩石的抗剪强度不能仅采用一块试件的试验值表述，而是需要用一组岩石试件在不同的法向应力作用下的试验结果来描述。因此，岩石的抗剪强度一般式可用以下函数表示：

$$\tau = f(\sigma) \tag{2-18}$$

根据岩石剪切试验的结果，常用直线的形式描述某种岩石的抗剪强度：

$$\tau = \sigma \tan \varphi + c \tag{2-19}$$

式中：σ 为岩石破坏面上的正应力，MPa；φ 为岩石的内摩擦角，($^\circ$)；c 为岩石的内聚力，MPa。

常用的岩石抗剪强度测试方法有直接剪切试验和变角板剪切试验。其中，直接剪切试验即对 5 个以上的试件施加不同的法向荷载，用平推法施加水平剪切力，参见图 2-10(a)，直至试件被剪坏，计算抗剪强度。变角板剪切试验通常可采用具有不同 α 值的夹具进行，一般 α 角度为 $30^\circ \sim 70^\circ$（以采用较大的角度为好），参见图 2-10(b)。这种具有角度 α 的剪切试验可在单向压缩试验机上进行，并求得所施加的极限荷载。作用在剪切面上的正应力 σ，和剪应力 τ 与角度 α 的大小有关，可按下式求得：

$$\begin{cases} \sigma = \dfrac{P}{A}(\cos \alpha + f \sin \alpha) \\[2mm] \tau = \dfrac{P}{A}(\sin \alpha - f \cos \alpha) \end{cases} \tag{2-20}$$

式中：A 为剪切破裂面的面积，mm^2；f 为岩石的内摩擦角，($^\circ$)。

按上述测试，得到相应的 σ 及 τ 值就可以在 σ-τ 坐标系统作出它们的关系曲线，如图 2-11(a)所示，岩石的抗剪强度关系曲线严格意义上是一条弧形曲线，由于它是通过试验而求得，因此很难用一个明确的数学公式加以表述。而在工程中，为了使用方便，通常将其在一个应力段内简化成直线形式，如图 2-11(b)所示，图中 φ 为岩石的内摩擦角，c 为岩石的内聚力，这样就可得到具体的内聚力和内摩擦角参数。

从严格的意义上来说，抗剪的试验方法存在一定的弊端。首先，从试验的结果看，岩石试件的破坏被强制规定于某个平面上，它的破坏并不能真正反映岩石的实际情况；其次，在试验时剪切破坏面上的应力状态极为复杂。因此，虽然《工程岩体试验方法标准》中也将其推

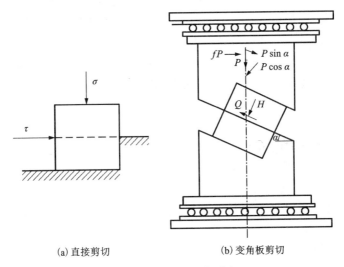

(a) 直接剪切　　　　(b) 变角板剪切

图 2-10　抗剪强度测试

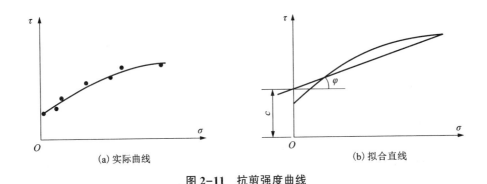

(a) 实际曲线　　　　(b) 拟合直线

图 2-11　抗剪强度曲线

荐为试验方法之一，但是作为抗剪强度的试验，目前最合理的还是通过常规三向压缩应力试验来求得强度。

2.2　岩体分级

岩体是指在一定工程范围内，由包含软弱结构面的各类岩石所组成的具有不连续性、非均质性和各向异性的地质体。工程岩体是指岩石工程影响范围内的岩体，包括地下工程岩体、边坡岩体、大坝基岩等。工程岩体的分级是为一定的具体工程服务，根据岩体特性进行试验，得出相应的设计计算指标或参数，以便使工程建设达到经济、合理、安全的目的。

通过分级，能概括地反映各类工程岩体的质量，预测可能出现的岩体力学问题，为工程设计、支护方案和施工方法的选择等提供参数和依据，同时便于施工方法的总结、交流、推广，以及行业内技术改革和管理。

分类原则：(1)有明确的类级和适用对象；(2)根据适用对象，选择考虑因素；(3)有定量的指标；(4)类级一般分为多级；(5)分类方法简单明了、数字便于记忆和应用。

分类影响因素：(1)岩石质量；(2)岩体的完整性、密集度、切割度、连续性等；(3)岩体结构面产状与岩体工程的相对空间位置关系等；(4)地下水；(5)地应力；(6)自稳时间和位移率等。

20世纪50年代以来，岩体分级受到了国内外学者的高度重视。以评价岩体稳定性和确定支护方式为主要目标，先后出现了数十种岩体分级方法，如普氏分级、太沙基分级、岩体结构分级、RQD、Q指标、RMR、IRMR、RMS、SMR、BQ、GSI、RMI等分级方法。本节将详细介绍最早的普氏分级方法，国内外影响力较大的RMR分级方法，以及我国工程岩体分级方法(BQ方法)。

2.2.1 普氏分级

1926年，俄罗斯学者(M. M. Ярогольцконов)建立了一种坚固性的概念，认为坚固性是凿岩性、爆破性及采掘性的综合，也是岩石物理力学性质的概括体现。岩石坚固性在各种方式的破坏中的表现是趋于一致的，即硬度、强度、凿岩性、爆破性是一致的。普氏系数又称岩石的坚固性系数、紧固系数，数值是岩石或土壤的单轴抗压强度极限的1/100，记作f，为无量纲，即

$$f = \frac{\sigma_c}{100} \tag{2-21}$$

根据岩石的f系数可把岩石分成10级(见表2-1)，等级越高的岩石越容易破碎。为了方便使用，又在第Ⅲ、Ⅳ、Ⅴ、Ⅵ、Ⅶ级的中间加入了半级。考虑到生产中不会大量遇到抗压强度大于200 MPa的岩石，故把凡是抗压强度大于200 MPa的岩石都归入Ⅰ级。

表2-1 按坚固性系数对岩石分级表

岩石级别	坚固程度	代表性岩石	f
Ⅰ	最坚固	最坚固、致密有韧性的石英岩、玄武岩和其他各种特别坚固的岩石	20
Ⅱ	很坚固	很坚固的花岗岩、石英斑岩、硅质片岩，比较坚固的石英岩，最坚固的砂岩和石灰岩	15
Ⅲ	坚固	致密的花岗岩，很坚固的砂岩和石灰岩，石英矿脉，坚固的砾岩，很坚固的铁矿石	10
Ⅲa	坚固	坚固的砂岩、石灰岩、大理岩、白云岩、黄铁矿，不坚固的花岗岩	8
Ⅳ	比较坚固	一般砂岩、铁矿石	6
Ⅳa	比较坚固	砂质页岩，页岩质砂岩	5
Ⅴ	中等坚固	坚固的泥质页岩，不坚固的砂岩和石灰岩，软砾岩	4
Ⅴa	中等坚固	各种不坚固的页岩，致密的泥灰岩	3
Ⅵ	比较软	软弱页岩，很软的石灰岩，盐岩，石膏，无烟煤	2
Ⅵa	比较软	破碎的页岩，黏结成块的砾岩、碎石	1.5
Ⅶ	软	软致密黏土，较软的烟煤，坚固的冲击土层	1
Ⅶa	软	软砂质黏土、砾石、黄土	0.8

续表2-1

岩石级别	坚固程度	代表性岩石	f
Ⅷ	土状	泥煤，软砂质土壤，湿砂	0.6
Ⅸ	松散状	砂，山砾堆积，细砾石，松土	0.5
Ⅹ	流沙状	流沙，沼泽土壤，含水黄土及其他含水土壤	0.3

该方法的优点是指标单一，分类方法简单易行。其缺点是只反映了岩石开挖的难易程度，不能反映围岩维护的难易程度；由于定级的标准以岩块强度为基础，不能说明岩体的完整性和稳定性等特征，因而不能指导巷道支护设计；由于分类等级较多，使用起来很不方便。

2.2.2 岩体地质力学分级

1976年，宾尼亚夫斯基(Z. T. Bieniawski)提出了RMR(rock mass rating)分级方法，其分类指标由岩块强度 R_1、RQD值 R_2、节理间距 R_3、节理状态 R_4、地下水状态 R_5、节理方向 R_6 组成。分类时，根据各类参数的实测资料，按照标准分别评分；然后将各类参数的评分值相加得到岩体质量总分RMR值，即

$$RMR = R_1 + R_2 + R_3 + R_4 + R_5 + R_6 \tag{2-22}$$

该方法给出了5个主要参数对应的评分值($R_1 \sim R_5$)，将5种因素的赋值求和，扣除节理修正值(R_6)，得到RMR评分值。最后，用修正后的RMR值将岩体分级。

1)岩块强度 R_1

在岩石力学中，"岩石"一词是岩块和岩体的总称。岩块是指因地质构造因素割裂而成的不连续块体，是岩体的组成单元。实验室试验用的岩样就是岩块。岩体是指包括地质结构的地质体的一部分。虽然岩块和岩体具有相同的地质历史环境，经历过同样的地质构造作用，但它们的性质是有区别的。反映在强度方面，岩块的强度取决于构成岩石的矿物和颗粒之间的联结力和微裂隙的影响；而对岩体强度起控制作用的则是岩体中的结构面和构造特征。岩块强度包括抗压、抗拉、抗剪强度及岩石破坏、断裂的机理和强度准则。室内常用压力机、直剪仪、扭转仪及三轴仪，现场常做直剪试验和三轴试验，来确定岩块强度参数。这里对岩体分级用的岩块强度参数可用点荷载强度或单轴抗压强度表示，对强度较低的岩石宜用单轴抗压强度。

2)岩石质量指标(RQD) R_2

岩石质量指标(RQD)是由美国人迪尔(Deer)提出，被广泛地应用于评价岩体的完整性，并作为岩石质量分级的一项重要指标。其定义是每次进尺中等于或大于10 cm的柱状岩芯的累计长度与每个钻进回次进尺之比(以百分数表示)，即

$$RQD = \frac{每次进尺中等于或大于10\ cm\ 的柱状岩芯的累计长度}{每个钻井回次进尺} \times 100\% \tag{2-23}$$

(1)RQD应用的前提和条件。

应用RQD这一定量指标是有严格规定的：①钻孔孔径应取得直径不小于50 mm的岩芯；②应使用双层单动岩芯管取芯。由此可见，应用RQD值评价岩体完整程度，是在有特定的两个前提条件下进行的。而在地下工程勘察过程中往往需使用直径54 mm以上的金刚石钻头，

并采用双层单动岩芯管取芯，目的就是要保证岩芯采取率，减少岩芯的磨损，尽可能地使取出的岩芯保持原始结构状态。只有这样，才能真实反映岩体完整程度，这也就是 RQD 计算的出发点。

（2）RQD 应用的局限性。

从 RQD 的定义上看出，RQD 是将完整程度分为大于 10 cm 和小于 10 cm 的两级，仅就这一点来说，是不能客观地反映岩体的完整程度的。例如，RQD 只是把凡大于 10 cm 长的岩芯笼统地混合累计，而无法反映到底是多大的长度级，使得 RQD 对岩体完整程度的评价抽象化，很难具体地反映出岩体的实际完整程度。例如，RQD 为 90% 的岩芯，其块度可以是大于 10 cm 的任意尺寸，可以是 10~20 cm，也可以是大于 60 cm，二者 RQD 值是相同的，但其完整性显然有极大的差异。

因此，RQD 本身对评价岩石质量、岩体完整性存在明显的局限性。

3）节理间距 R_3

节理也称为裂隙，是岩体受力断裂后两侧岩块没有显著位移的小型断裂结构，通俗来讲，可理解为岩石露头上所见的裂缝，或称为岩石的裂缝。节理间距就是节理间法线上的间距。在实际测量中，测线通常不与间断面正交，因此按截距求得的间距是伪间距 S。如图 2-12 和图 2-13 所示，其真实间距为

$$S' = S \times \cos \theta \tag{2-24}$$

图 2-12　实际测量的间距图

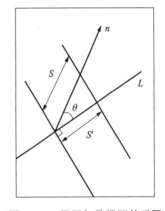

图 2-13　间距与伪间距关系图

4）节理状态 R_4

节理状态包括产状、粗糙度、是否风化等。风化程度越高，岩体越破碎，强度越低。RMR 岩体分级方法将节理状态分为 5 类，对应不同的评分值，包括节理面很粗糙、不连续，张开宽度为零，未风化；节理面稍粗糙，张开宽度小于 1 mm，微风化；节理面稍粗糙，张开宽度小于 1 mm，强风化；镜面或夹泥厚度小于 5 mm，或张开宽度在 1~5 mm，节理连续；夹泥厚度大于 5 mm 或张开宽度大于 5 mm，节理连续。

5）地下水状态 R_5

地下水是指赋存于地面以下岩石空隙中的水，狭义上是指地下水面以下饱和含水层中的水。在国家标准《水文地质术语》（GB/T 14157—1993）中，地下水是指埋藏在地表以下各种

形式的重力水。地下水主要的影响有渗流，软化，膨胀，静、动水压力等，在 RMR 岩体分级中，地下水状态可按每 10 m 长的隧道涌水量或按裂隙水压力与最大主应力比值分为干燥、潮湿、湿、可形成水滴、可形成水流 5 种状态。

6）节理产状 R_6

节理的产状可用走向、倾向和倾角进行描述。因为节理产状对地下工程稳定性影响较大，故应根据节理、裂隙的产状变化对 RMR 值加以修正。节理产状对地下工程稳定性的影响可分为非常有利、有利、一般、不利、非常不利。同时对于不同的实际工程（如隧道、地基、边坡等），各种影响条件下的修正值不同。RMR 指标取值及岩体分级表如表 2-2 所示。

表 2-2　RMR 指标取值及岩体分级表

1. 指标参数和评分

指标		指标取值及评分值						
完整岩石强度	点荷载强度	>10	4~10	2~4	1~2	对强度较低的岩石宜用单轴抗压强度		
	单轴抗压强度	>250	100~250	50~100	25~50	5~25	1~5	<1
评分值		15	12	7	4	2	1	0
岩石质量指标 RQD/%		90~100	75~90	50~75	25~50	<25		
评分值		20	17	13	8	3		
节理间距/cm		>200	60~200	20~60	6~20	<6		
评分值		20	15	10	8	5		
节理状态		节理面很粗糙、不连续，张开宽度为零，未风化	节理面稍粗糙，张开宽度小于 1 mm，微风化	节理面稍粗糙，张开宽度小于 1 mm，强风化	镜面或夹泥厚度小于 5 mm，或张开宽度在 1~5 mm，节理连续	夹泥厚度大于 5 mm 或张开宽度大于 5 mm，节理连续		
评分值		30	25	20	10	0		
地下水状态	每 10 m 长的隧道涌水量 /(L·min⁻¹)	0	<10	10~25	25~125	≥125		
	裂隙水压力与最大主应力比值	0	<0.1	0.1~0.2	0.2~0.5	≥0.5		
	表现状态	完全干燥	潮湿	湿	可形成水滴	可形成水流		
评分值		15	10	7	4	0		

续表2-2

2. 按节理产状修正评分值					
节理走向和倾向	非常有利	有利	一般	不利	非常不利
评分值 隧道	0	-2	-5	-10	-12
地基	0	-2	-7	-15	-25
边坡	0	-5	-25	-50	-60

3. 按总评分确定岩体级别					
评分值	100~81	80~61	60~41	40~21	≤20
分级	I	II	III	IV	V
质量描述	非常好	好	一般	差	非常差

4. 岩体质量评价					
分级	I	II	III	IV	V
平均稳定时间	15 m 跨度 20 年	10 m 跨度 1 年	5 m 跨度 1 周	2.5 m 跨度 10 h	1 m 跨度 30 min
岩体内聚力/kPa	≥400	300~400	200~300	100~200	<100
岩体内摩擦角/(°)	≥45	35~45	25~35	15~25	<15

其中,节理产状对地下工程稳定性的影响可参照表2-3进行定义。

表2-3　节理产状对地下工程稳定性的影响

走向与地下工程轴线垂直				走向与地下工程轴线平行		与走向无关
沿倾向掘进		反倾向掘进		倾角 20°~45°	倾角 45°~90°	倾角 0°~20°
倾角 45°~90°	倾角 20°~45°	倾角 45°~90°	倾角 20°~45°			
非常有利	有利	一般	不利	一般	非常不利	不利

RMR 分级主要应用于坚硬节理岩体的地下工程,使用简便,在大多数场合下岩体评分值较为合理,但在处理造成挤压、膨胀和涌水的极软弱岩体问题时,此分级方法的适用性一般。使用 RMR 岩体分级方法时,应注意如下两个问题:①岩体假定为完全干燥时,地下水状态的评分值为 10(1976 版)或 15(1979 版),但只要存在岩体孔隙水压力,都应在稳定性分析中加以考虑;②虽然节理方向在非常有利的条件时修正值为 0,但节理和其他结构面的影响应纳入岩体强度参数中或稳定性分析中。

2.2.3　我国工程岩体分级标准

我国《工程岩体分级标准》(GB/T 50218—2014)提出两步分级法:首先按岩体基本质量指标 BQ 进行初步分级;然后针对各类工程岩体特点,考虑各因素的影响,对 BQ 值进行修正,再详细分级。

1)岩体基本质量的分级因素

《工程岩体分级标准》(GB/T 50218—2014)指出,岩体的坚硬程度与完整程度所决定的岩体基本质量,是岩体所固有的属性,是区别工程因素的共性。岩石的坚硬程度与岩体的完整程度,应采用定性划分(见表2-4、表2-5)与定量指标两种方法确定。

表2-4 岩石坚硬程度的定性划分

坚硬程度		定性鉴定	代表性岩石
硬质岩	坚硬岩	锤击声清脆,有回弹,震手,难击碎;浸水后大多无吸水反应	未风化至微风化的花岗岩、正长岩、闪长岩、辉绿岩、玄武岩、安山岩、片麻岩、硅质板岩、石英岩、硅质胶结的砾岩、石英砂岩、硅质石灰岩等
	较坚硬岩	锤击声较清脆,有轻微回弹,稍震手,较难击碎;浸水后,有轻微吸水反应	1. 中等(弱)风化的坚硬岩; 2. 未风化至微风化的熔结凝灰岩、大理岩、板岩、白云岩、石灰岩、钙质砂岩、粗粒大理岩等
软质岩	较软岩	锤击声不清脆,无回弹,较易击碎;浸水后,指甲可刻出印痕	1. 强风化的坚硬岩; 2. 中等(弱)风化的较坚硬岩; 3. 未风化至微风化的凝灰岩、千枚岩、泥灰岩、泥质砂岩、粉砂,以及岩、砂质页岩等
	软岩	锤击声哑,无回弹,有凹痕,易击碎;浸水后,手可掰开	1. 强风化的坚硬岩; 2. 中等(弱)风化至强风化的较坚硬岩; 3. 中等(弱)风化的较软岩; 4. 未风化的泥岩、泥质页岩、绿泥石片岩、绢云母片岩
	极软岩	锤击声哑,无回弹,有较深凹痕,手可捏碎;浸水后,可捏成团	1. 全风化的各种岩石; 2. 强风化的软岩; 3. 各种半成岩

表2-5 岩体完整程度的定性划分

完整程度	结构面发育程度		主要结构面的结合程度	主要结构面类型	相应结构类型
	组数	平均间距/m			
完整	1~2	>1.0	结合好或结合一般	节理、裂隙、层面	整体状或巨厚层状结构
较完整	1~2	>1.0	结合差	节理、裂隙、层面	块状或厚层状结构
	2~3	0.4~1.0	结合好或结合一般		块状结构
较破碎	2~3	0.4~1.0	结合差	节理、裂隙、劈裂、层面、小断层	裂隙块状或中厚层状结构
	≥3	0.2~0.4	结合好		镶嵌碎裂结构
			结合一般		薄层状结构

续表2-5

完整程度	结构面发育程度		主要结构面的结合程度	主要结构面类型	相应结构类型
	组数	平均间距/m			
破碎	≥3	0.2~0.4	结合差	各种类型结构面	裂隙块状结构
		≤0.2	结合一般或结合差		碎裂结构
极破碎	无序		结合很差		散体状结构

岩石坚硬程度的定量指标，应采用岩石饱和单轴抗压强度 σ_{sc}。σ_{sc} 应采用实测值。当无条件取得实测值时，也可采用实测的岩石点荷载强度指数 $I_{s(50)}$ 的换算值，并按下式换算：

$$\sigma_{sc} = 22.82 I_{s(50)}^{0.75} \qquad (2-25)$$

岩体完整程度的定量指标，应采用岩体完整性指数 K_V。K_V 应采用实测值，根据现场岩性、结构面特征及其他工程地质条件，在工程地质分区的基础上，选择有代表性的点和断面测量岩体的弹性纵波速度 V_{pm}，并在同一岩体取样测定岩石弹性纵波速度 V_{pr}，然后根据以下公式计算：

$$K_V = \left(\frac{V_{pm}}{V_{pr}}\right)^2 \qquad (2-26)$$

当无条件取得实测值时，也可用岩体体积节理数 J_V，并按照表2-6确定对应的 K_V 值。

表 2-6 J_V 与 K_V 的对应关系

J_V/(条·m^{-3})	<3	3~10	10~20	20~35	≥35
K_V	>0.75	0.75~0.55	0.55~0.35	0.35~0.15	≤0.15

2）岩体基本质量分级

岩体基本质量指标 BQ 应根据分级因素的定量指标 σ_{sc} 的兆帕数值和 K_V 按下式计算：

$$BQ = 100 + 3\sigma_{sc} + 250K_V \qquad (2-27)$$

式中，当 $\sigma_{sc} > 90K_V + 30$ 时，应以 $\sigma_{sc} = 90K_V + 30$ 和 K_V 代入计算 BQ 值；当 $K_V > 0.04\sigma_{sc} + 0.4$ 时，应以 $K_V = 0.04\sigma_{sc} + 0.4$ 和 σ_{sc} 代入计算 BQ 值。

岩体基本质量分级，应将岩体基本质量的定性特征和岩体基本质量指标 BQ 两者相结合，并按照表2-7确定。

表 2-7 岩体基本质量分级

岩体基本质量级别	岩体基本质量的定性特征	岩体基本质量指标(BQ)
I	坚硬岩，岩体完整	>550
II	坚硬岩，岩体较完整；较坚硬岩，岩体完整	451~550

续表2-7

岩体基本质量级别	岩体基本质量的定性特征	岩体基本质量指标（BQ）
Ⅲ	坚硬岩，岩体较破碎； 较坚硬岩，岩体较完整； 较软岩，岩体完整	351~450
Ⅳ	坚硬岩，岩体破碎； 较坚硬岩，岩体较破碎至破碎； 较软岩，岩体较完整至较破碎； 软岩，岩体完整至较完整	251~350
Ⅴ	较软岩，岩体破碎； 软岩，岩体较破碎至破碎； 全部极软岩及全部极破碎岩	≤250

当根据基本质量定性特征和岩体基本质量指标BQ确定的级别不一致时，应通过对定性划分和定量指标的综合分析，确定岩体基本质量级别。当两者的级别划分相差达1级及以上时，应进一步补充测试。

3）地下工程岩体级别的确定

对于地下工程岩体详细定级，当遇有地下水，或岩体稳定性受结构面影响且有一组起控制作用，或工程岩体存在由强度应力比所表征的初始应力状态时，应对岩体基本质量指标 BQ 进行修正，并以修正后获得的工程岩体质量指标值依据表2-8~表2-10确定岩体级别。

表2-8 地下工程地下水影响修正系数 K_1

地下水出水状态	不同 BQ 的 K_1 值				
	>550	451~550	351~450	251~350	≤250
潮湿或点滴状出水， $p≤0.1$ 或 $Q≤25$	0	0	0~0.1	0.2~0.3	0.4~0.6
淋雨状或线流状出水， $0.1<p≤0.5$ 或 $25<Q≤125$	0~0.1	0.1~0.2	0.2~0.3	0.4~0.6	0.7~0.9
涌流状出水， $p>0.5$ 或 $Q>125$	0.1~0.2	0.2~0.3	0.4~0.6	0.7~0.9	1.0

注：p 为地下工程围岩裂隙水压，MPa；Q 为每 10 m 洞长出水量，L/(min·10 m)。

表2-9 地下工程主要结构面产状影响修正系数 K_2

结构面产状及其与洞轴线的组合关系	结构面走向与洞轴线夹角<30°，结构面倾角 30°~75°	结构面走向与洞轴线夹角>60°，结构面倾角>75°	其他组合
K_2	0.4~0.6	0~0.2	0.2~0.4

表 2-10　初始应力状态影响修正系数 K_3

围岩强度应力比 $\left(\dfrac{\sigma_{sc}}{\sigma_{max}}\right)$	不同 BQ 的 K_3 值				
	>550	451～550	351～450	251～350	≤250
<4	1.0	1.0	1.0～1.5	1.0～1.5	1.0
4～7	0.5	0.5	0.5	0.5～1.0	0.5～1.0

地下工程岩体质量指标［BQ］可按下式计算：

$$[BQ] = BQ - 100(K_1 + K_2 + K_3) \tag{2-28}$$

式中：［BQ］为地下工程岩体质量指标；K_1 为地下工程地下水影响修正系数；K_2 为地下工程主要结构面产状影响修正系数；K_3 为初始应力状态影响修正系数。

对跨度大于 20 m 或特殊的地下工程岩体，除应按本标准确定基本质量级别外，详细定级时，还可采用其他有关标准中的方法，进行对比分析，综合确定岩体级别。

我国《工程岩体分级标准》（GB/T 50218—2014）的优点是对地下隧道适用性较强，能反映岩体基本质量分级，考虑了如地下水、节理与工程位置关系、地应力等工程岩体特性；同时该分级方法采用了定性分级和定量分级相结合的方式，取值方便快速，操作性强。其缺点是该方法的对象是工程岩体，各项修正指数取值范围广、离散程度大，应力分布不均匀时，其系数取值比较难，且未涉及土质围岩，适用于硬岩、软岩及特殊不良地质。

2.2.4　工程岩体分级方法的发展趋势

工程岩体分级方法能帮助人们简单、快速地区分岩体质量。随着人们对工程岩体质量的认识不断深入，进一步了解了现有各评价体系潜在的机理，从而可以建立和健全各评价体系的评判标准以及它们之间的内在联系，进而建立统一的岩体质量评价方法。目前，工程岩体分级的发展方向为：

(1)逐步向定性和定量相结合的方向发展。对反映岩体性状固有地质特征的定性描述，是正确认识岩体的先导，也是岩体分级的基础和依据，然而，如果只有定性描述而没有定量分析是不够的，因为这将使岩体分级的判断缺乏明确的标准，应用时随意性大，失去分级意义。

(2)采用多因素综合指标的岩体分级方法。为了比较全面地反映影响工程岩体稳定性的各种因素，倾向于用多因素综合指标进行岩体分级。在分类中，主要考虑岩体的结构、结构面特征、岩块强度、岩石类型、地下水、风化程度、天然地应力状态等。在进行岩体分级时，都力图充分考虑各种因素的影响和相互关系，根据影响岩体性质的主要因素和指标进行综合分级评价。近年来，许多分级都很重视岩体的不连续性，把岩体的结构和岩石质量作为影响岩体质量的主要因素和指标。

(3)岩体工程分级与工程勘探结合起来。利用钻孔岩芯和钻孔等进行简易的岩体力学测试(如波速测试、回弹仪及点荷载试验等)研究岩体特性，初步判别岩体分级，减少使用昂贵的大型试验费用，使得岩体分级简单易行。

(4)新理论、新方法、新技术在岩体分级中的应用。近年来，随着岩石力学和数值分析理论的不断发展，新的岩体工程评价体系不断建立。其中，神经网络方法、距离判别法、模糊数学法、熵权法等理论运用于岩体质量分级，已取得了不错的效果。例如，中南大学刘志祥教授基于模拟综合评价法、熵权属性识别模型等较好地克服了岩体质量分级评价体系的主观偏向性，使评价结果更符合工程实际，而基于人工智能的岩体分类专家系统、基于分形理论的工程岩体分级方法、基于灰色聚类分析的工程岩体分级方法的应用将岩体分级的研究提升到了新的高度。吴顺川教授等研发的工程岩体分级计算手机 APP，也将极大提高岩体质量分级计算的便捷性。

2.3　地应力测量

2.3.1　基本概念

1. 地应力定义

地应力是指存在于地层中未受工程扰动影响的天然应力，也称为岩体初始应力或原岩应力。地应力主要由岩体自重应力和岩体构造应力组成，它是引起采矿、水利水电、铁道、公路、军事和其他各种地下岩石开挖工程变形和破坏的根本作用力，是确定工程岩体力学属性、进行围岩稳定性分析、实现岩石工程开挖设计和决策科学化的必要前提条件。

2. 地应力测量的重要意义

传统的岩石工程的开挖设计和施工是根据经验进行的。当开挖活动是在小规模范围内和接近地表的深度进行时，经验类比的方法往往是有效的。但是随着开挖规模的不断扩大和不断向深部发展，特别是数百万吨级的大型地下矿山、大型地下电站、大坝、大断面地下隧道、地下硐室及高陡边坡的出现，经验类比法已越来越失去其作用。根据经验进行开挖施工往往造成各种露天或地下工程的失稳、坍塌或破坏，使开挖作业无法进行，并经常导致严重的工程事故，造成可怕的人员伤亡和国家及集体财产的重大损失。

为了对各种岩石工程进行科学合理的开挖设计和施工，就必须对影响工程稳定性的各种因素进行充分调查。只有详细了解了这些工程影响因素，并通过定量计算和分析，才能做出既经济又安全实用的工程设计。在诸多的影响岩石开挖工程稳定性的因素中，地应力状态是最重要、最根本的因素之一。岩石开挖工程有别于其他工程的根本点在于地应力的存在。在工程开挖前，地层处于自然的平衡状态。工程开挖出来的空间为地应力的释放提供了条件。正是这种地应力释放荷载，是引起工程围岩变形、破坏和与之相关的一切灾害事故的直接原因。地应力是存在于地层中的内应力，而不是外加荷载。这也是岩石力学有别于其他力学，如固体力学、结构力学的根本所在。地应力控制着岩石开挖的全过程，采矿和岩石工程开挖设计的定量计算和分析中，地应力是必需的力学边界条件。在地下工程建设过程中，地应力的大小和方向是隧道断面形态优化、方位的合理选择及隧道支护等的重要科学依据。随着地下工程规模的不断扩大和开挖深度的不断增加，地应力对工程的影响越发严重，不考虑地应力影响所进行的工程设计和施工往往会造成地下隧道(巷道)和采场的坍塌破坏、岩爆或冲击地压等动力灾害，致使生产无法进行，并引起重大事故，造成人员伤亡和财产损失。所以，掌握地下工程初始地应力场的分布特征和规律，对于地下工程安全建设具有非常重要的意义。

2.3.2　地应力场来源及分布规律

地应力的形成主要与地球的各种动力运动过程有关，包括板块边界受压、地幔热对流、地球内应力、地心引力、地球旋转、岩浆侵入和地壳非均匀扩容等。另外，温度不均、水压梯度、地表剥蚀和其他物理化学变化等也可引起相应的应力场。这样，地应力场由自重应力、构造应力、孔隙压力、热应力和残余应力等耦合而成，其中自重应力和构造应力是地应力的主要来源，尤以水平方向的构造运动对地应力的形成影响最大。

1. 自重应力

自重应力是地壳上部各种岩体由于受到地心引力的作用而产生的应力。它是由岩体自重引起的。由地心引力引起的岩体应力场称为重力应力场。研究岩体的重力应力场时，通常把岩体视为均匀、连续且各向同性的弹性体，因而可以引用连续介质力学理论来探讨岩体的重力应力场问题。将岩体视为半无限体，即上部以地表为界，下部及水平方向均视为无界限。埋藏深度为 z 的单元体，其自重应力可表示为

$$\sigma_z = \gamma z \tag{2-29}$$

式中：γ 为上覆岩体的容重；z 为岩体埋藏深度。

受到自重应力的作用，岩体会产生水平横向变形，并在侧向约束作用下产生水平应力。当岩体被视为各向同性时，对应的水平应力 σ_x、σ_y 可根据胡克定律求得：

$$\sigma_x = \sigma_y = \frac{u}{1-u}\sigma_z = \lambda\sigma_z \tag{2-30}$$

式中：μ 为岩体的泊松比；λ 为侧压力系数。

因而，对于各向同性的均匀岩体，其自重应力可表示如下：

$$\begin{cases} \sigma_z = \gamma z \\ \sigma_x = \sigma_y = \lambda\gamma z \end{cases} \tag{2-31}$$

在地下工程实践中，岩体通常为成层性的，不同岩体的容重不同，则自重应力可表示如下：

$$\begin{cases} \sigma_z = \sum_{i=1}^{n} \gamma_i z_i \\ \sigma_x = \sigma_y = \lambda\sigma_z \end{cases} \tag{2-32}$$

式中：γ_i 为第 i 层岩体的重度；z_i 为第 i 层岩体的上下埋深差值（厚度）。

2. 构造应力

由地质构造作用产生的应力称为构造应力。在地壳中长期存在着一种促使构造运动发生和发展的内在力量，这就是构造应力。岩体构造应力是构造运动中积累或剩余的一种分布力。地质力学学说认为，地球自转速度的变化会导致产生两种推动地壳运动的力：一种是经向水平离心力，另一种是纬向水平惯性力。这两种力是引起地壳岩体中出现构造应力的根本原因。大量的实测资料说明岩体中水平应力大于垂直应力，即构造应力以水平应力为主。

岩体构造应力一般可分为三种情况：

（1）原始构造应力。

原始构造应力，一般是指新生代以前发生的地质构造运动使岩体变形而积存在岩体内的构造应力。由于每次构造运动都在地壳中留下一定的构造形迹，如断层、褶皱等，因此这些

构造形迹与构造应力的性质、大小和方向密切相关。在构造形迹相同的情况下，越是陡峭的山坡，越出现高应力集中现象。

(2)残余构造应力。

远古时期的地质构造运动使岩体变形并将能量以弹性变形能的形式储存于岩层内，形成原始构造应力。但是，经过漫长的地质年代，由于松弛效应，储积在岩体内的应力随之减少，而且每一次新的构造运动会对上一次构造应力引起应力释放，地貌的变动也会引起应力释放，故使原始构造应力大为降低。这种经过显著降低而仍残留在岩体内的构造应力，称为残余构造应力。

(3)现代构造应力。

现代构造应力是现今正在形成某种构造体系和构造形迹的应力，也是导致当今地震和最新地壳变形的应力。这种构造应力的作用，开始时往往表现得不很强烈，也不会产生显著的变形，更不可能形成任何构造形迹。但在构造运动活跃地区，这种构造应力作用在工程上并逐渐积累，以致威胁工程的安全。在地壳内正在活动的现代构造应力和地壳中已形成的构造形迹没有任何联系，也就是说现代构造应力是能量正在积聚和构造运动正在酝酿的构造应力，只有在适当的时期才会产生与之相适应的构造形迹。

3. 初始地应力分布规律及影响因素

1) 初始地应力分布的基本规律

作为地下工程施工对象的地壳岩体，其初始地应力状态受到地表地形、构造变形程度及构造活动性、岩体非均质性和各向异性等的影响，应力的大小和主应力方向随着深度、地域而变化。自20世纪60年代以来，世界众多国家开展了地应力的测量工作，在测量过程中积累了大量的实测资料，并形成了一些关于初始地应力(原岩应力)分布状态的认识。初始地应力场分布的一般规律如下：

(1)初始地应力场是相对稳定的非稳定场。

初始地应力场是时间和空间的函数。地应力在绝大部分地区是以水平应力为主的三向不等压应力场，3个主应力的大小和方向是随着空间和时间而变化的，因而它是个非稳定的应力场。从小范围来看，地应力在空间上的变化是很明显的，从某一点到相距数十米外的另一点，地应力的大小和方向也可能是不同的；但就某个地区整体而言，地应力的变化是不大的。

(2)水平地应力普遍大于垂直地应力。

实测资料表明，在绝大多数地区均有两个主应力位于水平或接近水平的平面内，其与水平面的夹角一般不大于30°。目前，全球地应力实测结果显示，在浅层地壳中平均水平应力普遍大于垂直应力，垂直应力在多数情况下为最小主应力，在少数情况下为中间主应力，只有在个别情况下为最大主应力。

(3)初始地应力的3个主应力均随着深度的增加而增大。

①平均水平应力与垂直应力的比值随深度的增加而减小。图2-14为世界不同国家和地区地应力的实测结果。一般平均水平应力与垂直应力的比值随深度增加而减小，但在不同地区，变化的速度很不相同。Hoek和Brown根据图2-14线性回归出下列公式，用来表示平均水平应力与垂直应力比值随深度变化的取值范围。

$$\frac{100}{H} + 0.3 \leqslant \frac{\overline{\sigma}_h}{\sigma_v} \leqslant \frac{1500}{H} + 0.5 \qquad (2-33)$$

式中：H 为深度；$\overline{\sigma}_h$ 为水平应力均值；σ_v 为垂直应力。

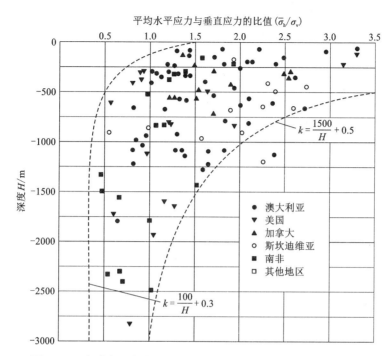

图 2-14　全球水平主应力与垂直主应力的比值随深度的变化规律

图 2-14 表明，在深度不大的情况下，比值的分布相当分散。随着深度的增加，比值的变化范围逐步缩小，并向 1.0 附近集中。这说明在地壳深部有可能出现静水压力状态。

②最大水平主应力和最小水平主应力一般相差较大，显示出很强的方向性。一般不论是在一个大的区域还是在一个矿区范围内，最大水平主应力和最小水平主应力的大小和方向都具有一定变化。一般地，最小水平主应力与最大水平主应力的比值为 0.2~0.8。

③实测垂直应力基本上等于上覆岩层的重力。对全世界实测垂直应力的统计分析表明，在深度 25~2700 m 范围，垂直应力呈线性增长，大致相当于按平均容度 $\gamma=27$ kN/m³ 计算出来的重力。但在某些地区，测量结果有一定幅度的偏差，这种偏差除有一部分可能归结于测量误差外，板块移动、岩浆对流和侵入、扩容、不均匀膨胀等都可引起垂直应力的异常。图 2-15 是 Hoek 和 Brown 总结出的世界各地垂直应力随深度变化的规律。

2）初始地应力的影响因素

地壳深层岩体内的地应力分布复杂多变，造成这种现象的根本原因是地应力的多来源性及受诸多因素影响。

（1）岩体自重影响。

岩体应力的大小等于其上覆岩体自重。研究表明，地球深处的岩体（如距地表千米以上）的地应力分布基本一致，呈现出静水压力状态。由于地球引力的缘故，地球表面及内部岩石受地心引力作用而产生了自重应力，因此，自重应力是岩石的共有特性。

（2）构造运动影响。

地壳构造运动使地表呈现出褶皱或者断裂，因此构造应力在地应力中起着主导作用。在

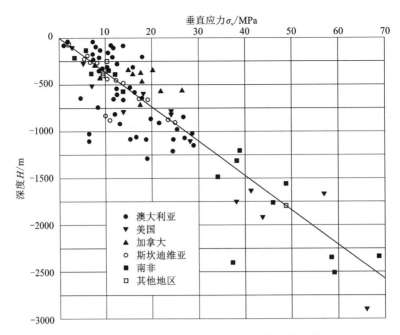

图 2-15　世界各地垂直应力随深度的变化规律

一定深处的岩层中，地应力一般由 3 个主应力构成，一个是垂直应力，它是由自重应力即覆岩自重而产生的；另外两个是相互垂直的水平应力，又分为最大水平应力和最小水平应力，主要是由构造应力产生的。研究发现，在地壳深处岩体内，地应力分布极其复杂，受地球构造运动和板块运动影响与控制，最大水平主应力和最小水平主应力随岩层埋藏深度的增加而增大。

（3）地形地貌和剥蚀的影响。

地表外露的岩石受到破坏，与原来岩石相分离的过程，称为剥蚀作用，通常，地壳上升会产生地表剥蚀。地形地貌对地应力的影响是复杂的。剥蚀作用对地应力有显著影响，剥蚀前，岩体内存在铅垂应力和水平应力；剥蚀后，铅垂应力降低较多，但仍有部分来不及释放，仍保留有部分应力，而水平应力却释放很少，基本上原有应力得到保留，从而造成了岩体内部水平应力比现有地层厚度的自重应力大很多的结果。

（4）岩体物理力学性质影响。

从能量角度看，地应力是能量积聚和释放过程的反映，因为岩石中地应力的大小受岩石强度的限制，可以说，在相同地质构造中，地应力大小是岩性因素的函数，脆性较大的岩体有利于地应力积累，地震和岩爆易在此处产生；而塑性较大的岩体因容易破坏或变形使应力释放而不造成应力的积累。

（5）断层影响。

地球内部运动或者板块挤压导致地层错位，即产生断层现象。断层的规模对地应力的影响很大。离断层带越远，受到的影响就越小，地应力变化幅度越小。在断层拐角部分，地应力变化规律复杂，地应力方向和大小变化较大。

（6）地下水影响。

地下水对岩体地应力有显著影响，岩体中有节理、裂隙等不连通面，这些裂隙面又往往含有水，地下水的存在使岩石孔隙中产生孔隙水压力，孔隙水压力与岩石骨架应力共同组成岩体地应力。

（7）地温影响。

地温对地应力的影响主要体现在两个方面：地温梯度和岩体局部温度影响。岩体的温度应力场为静压力场，与自重应力场可以叠加。此外，岩体受局部温度影响会受热不均，出现收缩或膨胀现象，从而在岩体内部产生裂隙，并在内部及周围保留部分残余热应力。

综上所述，岩体中地应力场是一个三维空间的复杂应力场，其大小和分布规律受多种因素影响和控制，且各因素的影响程度也有所不同，这些因素不是单独存在的，而是相互影响和共同作用的。

2.3.3 地应力场测量方法

1. 主要测量方法分类

地下工程中，岩体地应力测量主要是指对处于地下原始状态的岩石（矿）中的某点的应力或应变进行的测量。半个世纪以来，特别是近30年来，随着地应力测量工作的不断开展，各种地应力测量方法和测量仪器相继问世，为地应力测量的发展奠定了基础。目前，地应力测量中广泛采用的是应力解除法、水压致裂法和声发射法等方法。依据测量原理的不同，地应力测量可分为直接测量和间接测量两大类。

1）直接测量法

直接测量法是用仪器对地应力进行直接测量并记录的方法，该方法通过测量应力量的变化，如补偿应力、恢复应力、平衡应力等，根据应力量与原岩应力的关系，进而通过计算获得原岩应力值。计算过程中并不涉及物理量的换算，无须知道岩石物理力学性质和应力应变关系。常见的直接法有扁千斤顶法、水压致裂法、钻孔崩落法和声发射法。

（1）扁千斤顶法。

扁千斤顶法的原理是将扁千斤顶放入岩体切槽内，对扁千斤顶进行加压，直到切槽恢复到开挖前的距离，记录扁千斤顶的压力，来计算地应力。该法的主要缺点是，1个切槽的测量只能确定测点处垂直于扁千斤顶方向的应力分量，要测量测点的6个应力分量就必须沿测点不同方向切割6个切槽，从而使切槽间相互干扰，造成测量结果失真。扁千斤顶法测试结果受环境影响大，仅局限于地下巷道、硐室表面的应力测量，受开挖扰动影响大，在一定程度上限制了它的应用。

（2）水压致裂法。

水压致裂法的原理是对深处地层钻孔某一封隔段泵送高压水，高水压克服孔壁岩石的切向应力和抗拉强度后引起孔壁破裂。通过多次施加水压并监测水压状态，即可根据弹性理论求解出孔内泵送的水压力与地应力的关系，从而获得具体的地应力数据。水压致裂法在岩体工程、石油钻探以及地震研究等领域得到了广泛应用，其中以竖直钻孔确定水平应力法最为常用。

（3）钻孔崩落法。

钻孔崩落是指大深度钻孔孔壁自然坍塌、掉块的现象。同一地区井孔深部孔壁多发生塌陷，且具有相似的优势坍塌方位。钻孔孔壁挤压应力最大集中区通过剪切破碎而形成崩落，崩落的方向与最小水平主应力平行。有人认为，可利用崩落形状和岩石强度参数来确定水平主应力大小，根据孔壁崩落深度和宽度来估算应力值。崩落方位可以用钻孔电视等辅助工具描述。

（4）声发射法（AE法）。

1950年德国学者凯塞（Kaiser）发现，受过应力作用的岩石被再次加载时，在未达到上次加载应力前，岩石基本没有声发射；在达到并超过上次加载应力后，声发射显著增加。岩石从少声发射到大量声发射的转折点被称为Kaiser点，Kaiser点所对应的应力即为岩石形成历史上受到的最大应力。声发射法是利用岩石Kaiser效应在实验室内进行地应力测量的一种方法，其基本程序为：利用Kaiser效应原理在实验室对岩石试件进行6个不同方向的单轴压缩试验，激发出隐藏在岩体内部的地应力特征点的声发射信号，获得6个以上不同方向的压应力，并进一步根据弹性理论计算三维地应力。

2）间接测量法

间接测量法是借助某些传感元件或媒介，测量和记录岩体中某些与应力有关的间接物理量，如岩体变形或应变、岩石密度、渗透性、吸水性、电磁、电阻、电容、弹性波速度等，然后通过公式间接计算出岩体的应力值的一种方法。

（1）套孔应力解除法。

套孔应力解除法以弹性理论为基础，它把一定范围内的岩体视为均质的、各向同性的完全弹性体。这一测量方法的实质是在被测应力场的岩体中选定测点，在测点位置安设测量元件，然后在所安装的测量元件周围套孔，使安设有测量元件的岩石与周围岩体分离，从而使这一部分岩石从被测应力场作用下解脱出来。此时，测点岩石将由于外力的消失而产生弹性恢复变形。通过测量元件将这一变形记录下来，即可按弹性理论来确定被测应力场的应力状态。依据解除方式和传感器的安装部位，套孔应力解除法又分为探孔应力解除法、孔底应变解除法和孔壁切割解除法等。

（2）应变恢复法。

应变恢复法包括非弹性应变恢复法和差应变曲线分析法。尽管沃伊特（Voight）1968年就提出了用非弹性应变恢复法测定原位应力，但实际应用则是由图菲尔（Teufel）在1982年首次完成，其原理是岩芯从周围岩体分离后会因应力释放而产生变形，并认为变形由瞬时弹性变形和非弹性恢复变形组成。假定非弹性恢复应变和总的恢复应变成正比，主非弹性恢复的方向和原岩石主应力方向相一致，并已知岩石的本构关系，就可以确定原位应力的大小和方向。

（3）震源机制分析法。

震源机制分析法是了解地下深处应力状态的最主要方法。当震源体积相对于所研究区域很小时，可将其近似看成是点源，根据一组震源机制解或地震矩张量确定该组地震所在区域的平均构造应力场的主应力方向和应力比。震源机制解通常给出地震断层面及与地震断层面正交辅助面的空间位置，多数情况下只能给出这一对垂直面的空间位置。由于震源实际过程复杂，难以采用沿平面的纯剪切错动描述。目前，已用测定震源的地震矩张量来代替双力偶模型的震源机制解答，也可通过求多个地震平均地震矩张量的主轴方向来推断地震所在地区的主应力方向。常用震源模型以线弹性理论为基础，其导出的地震位移场、应变场和应力场本质上都是以某个不为零的初值作为参考状态，理论上只能确定震源区地震引起的应力变化、大区域空间构造应力方向以及3个主应力的相对大小，而不能得到其绝对值。

以上所述地应力测量的直接方法和间接方法，其优缺点比较见表2-11。

表2-11　主要地应力测量方法及优缺点比较

分类	测量方法	主要优点	缺点	应用情况
直接法	扁千斤顶法	适用于一维应力测量	用于巷道、硐室或开挖体表面附近的岩体测量，无法测得原岩应力场	测试结果受环境条件影响较大
	水压致裂法	根据工程和地质需要，测量不同深度地应力状态。测量钻孔可以与地质勘探钻孔配合使用。不会产生套芯岩石，不会因为测点埋深太大而不能使用；钻孔水压致裂法无须使用测量孔径应变或变形的设备，测量范围大，无须岩体弹性参数	仅适合完整脆性岩石，不适宜在节理、裂隙发育岩体中使用。用于大深度地应力测量时耗时长、成本高	已经用于深部工程
	钻孔崩落法	速度较快，能在其他手段应用效率低的深孔乃至超深孔获取有效信息	有崩落段的存在，岩体各向异性会扰乱崩落方位，损害已获信息的有效性，目前尚无令人满意的理论与方法确定应力值大小等	多用于大陆科学深钻
	声发射法	不需要庞大的现场设备，只要将钻取的岩样运到实验室内测试声发射信号即可，试验条件稳定。没有深度上的限制，只要能钻出岩芯即可，测量劳动强度小，可保持岩体的完整性	受深部岩体特殊地质力学环境（应力、地温和孔隙水压力）影响，实验室内岩石声发射信号导致测量出现精度上的问题。若想获得真实三维地应力信息（包括大小和方向），须选取多个角度定向岩芯进行试验	声发射测地应力技术用于更深更广的区域已取得了实质进展
间接法	套孔应力解除法	是目前国际上技术最成熟，适用性和可靠性最强的一种测定原岩应力方法	仅能测量人和仪器设备能到达处几十米范围内的岩体应力。该法受深部地压高、钻孔变形严重、岩芯饼化、破裂等现象影响严重，导致套取岩芯困难，测试成功率较低	在全世界很多国家得到广泛应用
	应变恢复法	随着测试精度的提高，以及大测深的优势，应变恢复法是深部和超深部岩体地应力测量的一种有效方法	岩芯中存在温度变化、岩芯失水崩解，受孔隙水压力变化、岩石各向异性、应变恢复时间长、岩芯定位精度低等影响，测量精度低	部分应用于深部岩体
	震源机制分析法	是了解地下深处应力状态的最主要方法	理论上只能确定震源区地震引起的应力变化、大区域的空间构造应力方向以及3个主应力的相对大小，不能得到绝对值	处于理论研究阶段

2. 套孔应力解除法

1）基本原理

套孔应力解除法是原岩应力测量中应用较广的方法。它的基本原理是：如图 2-16 所示，地下某点的岩体单元体受到地应力场的作用处于三向压缩状态，若将该单元体从原岩体中剥离，该单元体所受到的地应力场会被解除，那么单元体势必会发生弹性应变恢复，恢复的应变公式即为公式(2-34)。因此，我们可以借助一定的仪器，测定其恢复的应变值和变形值。并且，在认为岩体是连续、均质和各向同性的弹性体的状态下，利用弹性力学公式可反向推算出引起该变形的岩体初始地应力。

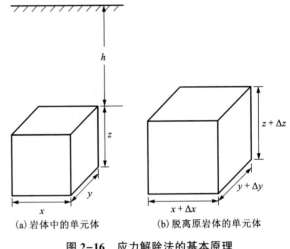

(a)岩体中的单元体　　(b)脱离原岩体的单元体

图 2-16　应力解除法的基本原理

$$\begin{cases} \varepsilon_x = \dfrac{\Delta x}{x} \\[2mm] \varepsilon_y = \dfrac{\Delta y}{y} \\[2mm] \varepsilon_z = \dfrac{\Delta z}{z} \end{cases} \quad (2-34)$$

2）测量步骤及结果处理

套孔应力解除法可分为岩体孔底应力解除法、孔径变形法和孔壁应变法等。

（1）孔底应力解除法。

如图 2-17 所示，岩体孔底应力解除法是向岩体中的一个测点先钻进一个平底钻孔，在孔底中心处粘贴应变传感器，通过钻出岩芯使受力的孔底平面完全卸载，进而从应变传感器获得孔底平面中心处的恢复应变，再根据岩石的弹性常数，求得孔底中心处的平面应力状态。由于孔底应力解除法只需钻进一段不长的岩芯，所以对于较为破碎的岩体也适用。孔底应力解除法测定岩体应力的步骤如下：

①打大孔至测点，磨平孔底；

②在孔底粘贴电阻应变花探头；

③解除应力，测量其应变；

④取出岩芯，测量其弹性参数；

⑤计算岩体应力。

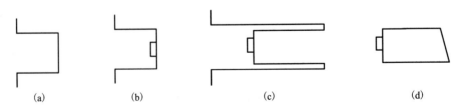

| (a) | (b) | (c) | (d) |

图 2-17　孔底应力解除法步骤

孔底应变通常通过等角应变花或者直角应变花来监测。对于等角应变花，孔底平面内的应力按照下式计算：

$$
\begin{cases}
\sigma'_x = \dfrac{E}{2}\left[\dfrac{\varepsilon_{0°}+\dfrac{1}{3}(2\varepsilon_{60°}+2\varepsilon_{120°}-\varepsilon_{0°})}{1-\mu} + \dfrac{\varepsilon_{0°}-\dfrac{1}{3}(2\varepsilon_{60°}+2\varepsilon_{120°}-\varepsilon_{0°})}{1+\mu}\right] \\[4mm]
\sigma'_y = \dfrac{E}{2}\left[\dfrac{\varepsilon_{0°}+\dfrac{1}{3}(2\varepsilon_{60°}+2\varepsilon_{120°}-\varepsilon_{0°})}{1-\mu} - \dfrac{\varepsilon_{0°}-\dfrac{1}{3}(2\varepsilon_{60°}+2\varepsilon_{120°}-\varepsilon_{0°})}{1+\mu}\right] \\[4mm]
\tau'_{xy} = \dfrac{E}{\sqrt{3}(1+\mu)}(\varepsilon_{60°}-\varepsilon_{120°})
\end{cases}
\tag{2-35}
$$

式中：E 为岩石弹性模量；μ 为岩石泊松比；$\varepsilon_{0°}$、$\varepsilon_{60°}$、$\varepsilon_{120°}$ 为 0°、60°和 120°方向的应变；σ'_x 为孔底平面 x 方向应力；σ'_y 为孔底平面 y 方向应力；τ'_{xy} 为孔底平面内剪应力。

对于直角应变花，孔底平面内的应力按照下式计算：

$$
\begin{cases}
\sigma'_x = \dfrac{E}{2}\left(\dfrac{\varepsilon_{0°}+\varepsilon_{90°}}{1-\mu} + \dfrac{\varepsilon_{0°}-\varepsilon_{90°}}{1+\mu}\right) \\[3mm]
\sigma'_y = \dfrac{E}{2}\left(\dfrac{\varepsilon_{0°}+\varepsilon_{90°}}{1-\mu} - \dfrac{\varepsilon_{0°}-\varepsilon_{90°}}{1+\mu}\right) \\[3mm]
\tau'_{xy} = \dfrac{E}{2(1+\mu)}\left[2\varepsilon_{45°}-(\varepsilon_{0°}+\varepsilon_{90°})\right]
\end{cases}
\tag{2-36}
$$

式中：$\varepsilon_{0°}$、$\varepsilon_{90°}$ 为 0°和 90°方向的应变。

孔底平面位置处的地应力按以下经验公式计算，对于深孔，按平面应变问题处理：

$$
\begin{cases}
\sigma'_x = C_T\sigma_x + C_I\sigma_z \\
\sigma'_y = C_T\sigma_y + C_I\sigma_z \\
\tau'_{xy} = C_T\sigma_y
\end{cases}
\tag{2-37}
$$

式中：σ_x、σ_y、σ_z 为孔底地应力；C_T 和 C_I 分别为孔底横向和轴向的应力集中系数。

对于浅孔，按平面应力问题处理：

$$
\begin{cases}
\sigma'_x = C_T\sigma_x \\
\sigma'_y = C_T\sigma_y \\
\sigma'_z = C_T\sigma_z
\end{cases}
\tag{2-38}
$$

采用孔底应力解除时，由式(2-37)和式(2-38)可知，单孔不能确定岩体应力的 6 个分量，必须进行三孔测定，才能确定岩体的地应力。

(2)孔径变形法。

孔径变形法通过测定钻孔孔径变形求解岩体应力，其应力解除工序如图 2-18 所示，具体如下：

①打大孔至测点，磨平孔底；

②打同心小孔，安装孔径变形计探头；

③延伸大钻孔解除应力，同时测量孔径变形；

④取出岩芯，测其弹性参数 E、μ；

⑤计算岩体应力。

假定孔径变形计探头的 3 个触头相对于岩体应力 σ_1 的夹角为 θ_1、θ_2、θ_3，测得的孔径变形分别为 u_1、u_2、u_3，孔壁径向位移为其 1/2，如图 2-19 所示。

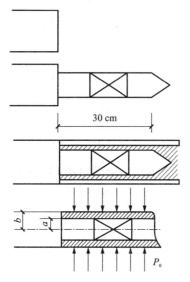

图 2-18　孔径变形法解除步骤

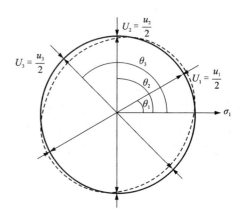

图 2-19　孔径变形示意图

当 θ_1、θ_2、θ_3 的间隔为 60°时，按照下式计算岩体地应力：

$$\begin{cases} \sigma_1 = A + \dfrac{B}{2} = \dfrac{1}{3K}(u_1 + u_2 + u_3) + \dfrac{\sqrt{2}}{6K}\left[(u_1 - u_2)^2 + (u_2 - u_3)^2 + (u_3 - u_1)^2\right]^{\frac{1}{2}} \\[3mm] \sigma_2 = A - \dfrac{B}{2} = \dfrac{1}{3K}(u_1 + u_2 + u_3) - \dfrac{\sqrt{2}}{6K}\left[(u_1 - u_2)^2 + (u_2 - u_3)^2 + (u_3 - u_1)^2\right]^{\frac{1}{2}} \\[3mm] \tan 2\theta_1 = \dfrac{-\sqrt{3}(u_2 - u_3)}{2u_1 - u_2 - u_3} \\[3mm] \dfrac{\sin 2\theta_1}{u_2 - u_3} < 0 \end{cases} \tag{2-39}$$

式中，对于浅孔，可将 K 作为平面应力问题处理，$K = d/E$；对于深孔，可将 K 作为平面应变问题处理，$K = (1 - \mu^2)d/E$。其中，d 为钻孔直径。此外，第 4 式成立，则 θ_1 为 σ_1 与 U_1 的夹角，否则为 σ_2 与 U_1 的夹角。

类似地，当 θ_1、θ_2、θ_3 的间隔为 45°时，按照下式计算岩体地应力：

$$\begin{cases} \sigma_1 = A + \dfrac{B}{2} = \dfrac{1}{2K}(u_1 + u_2) + \dfrac{\sqrt{2}}{4K}\left[(u_1 - u_2)^2 + (u_2 - u_3)^2\right]^{\frac{1}{2}} \\[3mm] \sigma_2 = A - \dfrac{B}{2} = \dfrac{1}{2K}(u_1 + u_2) - \dfrac{\sqrt{2}}{4K}\left[(u_1 - u_2)^2 + (u_2 - u_3)^2\right]^{\frac{1}{2}} \\[3mm] \tan 2\theta_1 = -\dfrac{2u_2 - (u_1 + u_3)}{u_1 - u_3} \\[3mm] \dfrac{\cos 2\theta_1}{u_1 - u_3} > 0 \end{cases} \tag{2-40}$$

按照上式计算得到的 σ_1、σ_2 为钻孔断面内的次主应力，要确定一点的全应力，必须向测点 3 个不同方向的钻孔进行同样的测定，然后再按最小二乘法求解。

（3）孔壁应变法。

孔壁应变法通过测定钻孔孔壁的应变求解岩体应力的 6 个应力分量，只需 1 个钻孔。其解除工序与图 2-18 所示的孔径变形法相似。其具体工序如下：

①打大孔至测点，磨平孔底；

②打同心小孔，安装应变花探头；

③套孔解除，超过小孔底部 5 cm；

④取出岩芯，用双轴测岩石弹性参数；

⑤计算岩体应力。

根据弹性力学，在 9 个应变片的情况下，孔壁应变与岩体应力的关系有 9 个方程式；在 12 个应变片的状态下，同理，有 12 个方程式。由此，可以利用最小二乘法求解岩体的 6 个分量 σ_x、σ_y、σ_z、τ_{xy}、τ_{yz}、τ_{zx}，并最终求得测点的全应力 σ_1、σ_2、σ_3。

3. 水压致裂法

1）基本原理

水压致裂法是根据测量钻孔在受水压力作用时，孔壁的受力状态及其破裂机理来推算的地应力测量方法。其基本原理为：对某深处地层的钻孔泵送高压水时，随着泵送流量的逐渐增加，被封隔段的孔内水力会逐渐上升，直到克服孔壁岩石的切向应力和抗拉强度后引起孔壁发生破裂，并使裂缝张开延伸。此时的破裂压力是与该深度地层中的地应力大小密切相关的。通过多次施加水压并监测水压状态，即可根据弹性理论求解出孔内泵送的水压力与地应力的关系，从而获得具体的地应力状态。

图 2-20 是水压致裂法测定地应力的全套装备。这种方法借助封隔器在垂直钻测点处封隔一段，作为压裂段，然后将压裂液运入压裂段，通过加压泵对压裂段施加水压，使孔壁岩石破裂，再用印模器印出压裂裂缝，确定压裂裂缝的方向，并根据压裂时的水压力计算岩体初始地应力。这种方法通过钻孔电视和照相机选择压裂段，借助安装在印模器上的指南针测定裂缝方向。

2）基本假设

水压致裂法的基本假设：1 个主应力方向是垂直的，其大小等于上覆岩层的自重应力；而另外 2 个主应力是水平的，且破裂方向垂直于最小主应力方向。岩体是均质、各向同性的线弹性体。

3）测量步骤及结果处理

水压致裂法的试验曲线如图 2-21 所示。在未加压前，岩体中的孔隙水压力为 P_0，加压 P_{ic1} 时，孔壁岩石破裂，关闭加压泵，压力逐渐下降至 P_s，在关闭压力不卸压的情况下 P_s 保持不变，然后卸压，压力逐步回落至孔隙水压力 P_0，裂缝闭合。再进行第二循环的加压，压力升至 P_{ic2} 时，裂缝又张开，然后关闭加压泵，压力又逐渐降至 P_s，卸除压力，压力回落至孔隙水压力 P_0。这条试验曲线被认为是反映裂缝沿钻孔轴向产生和延伸的情况。

（1）试验曲线只有 1 个关闭压力 P_s，破裂始终沿孔轴方向，求得参数如下。

岩石抗拉强度：

$$\sigma_t = P_{ic1} - P_{ic2} \qquad (2\text{-}41)$$

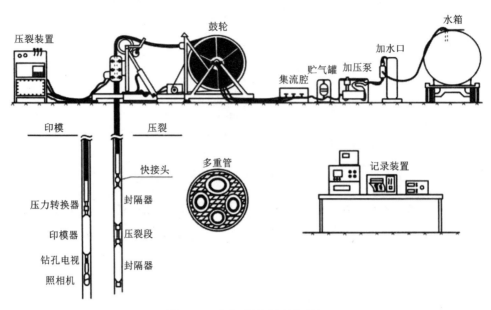

图 2-20 水压致裂法测量系统

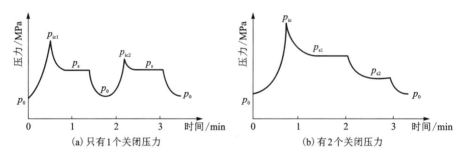

(a) 只有 1 个关闭压力   (b) 有 2 个关闭压力

图 2-21 水压致裂压力曲线

最大水平应力：

$$\sigma_1 = \sigma_{hmax} = 3P_s - P_{ic1} - P_0 + \sigma_t \tag{2-42}$$

最小水平应力：

$$\sigma_3 = \sigma_{hmin} = P_s \tag{2-43}$$

垂直应力按照自重计算：

$$\sigma_2 = \sigma_v = \gamma h \tag{2-44}$$

(2) 试验曲线有 2 个关闭压力 P_{s1} 和 P_{s2}，裂隙开始沿孔轴产生，随后转为水平方向。

最小水平应力：

$$\sigma_2 = \sigma_{hmin} = P_{s1} \tag{2-45}$$

最大水平应力：

$$\sigma_1 = \sigma_{hmax} = 3P_{s1} - P_{ic1} - P_0 + \sigma_t \tag{2-46}$$

水压致裂法的优点是测段岩石较长，因此其代表性较好，同时可以在深孔中进行测定，目前测量深度已达 5000 m；缺点是必须假定铅垂方向为一个主应力方向，而在浅部 3 个主应力严格水平和垂直的情况较少。

4. 声发射法

1）基本原理

声发射测定地应力的基本原理就是依据岩石的 Kaiser 效应，如图 2-22 所示。声发射活动突然增多时对应的应力值，就是试件先前所承受的最大应力值。Kaiser 效应的特征是具有方向的独立性，即在某一方向上的 Kaiser 效应值由该方向所受的应力大小确定，同垂直于该方向的应力作用无关。也就是说 Kaiser 效应具有唯一性及对应力具有"记忆性"。那么，当我们从岩石的多个已知方向测得对应的 Kaiser 效应值时，就可以根据三维应力状态的关系，求解出空间内的最大主应力、中间主应力和最小主应力。

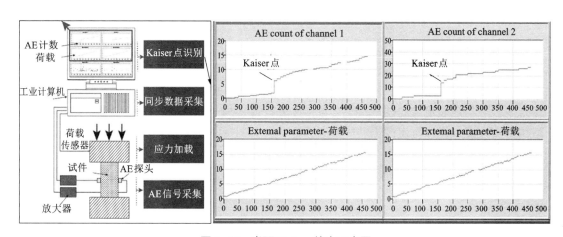

图 2-22　岩石 Kaiser 效应示意图

测获岩石的 Kaiser 效应的关键手段就是声发射技术。声发射现象指材料受力时会产生内部显微缺陷的扩张，同时快速释放能量，并产生瞬态弹性波的现象，简称 AE。声发射是一种很常见的物理现象，绝大部分材料变形或受损时均有声发射信号产生。受材料特性的影响，大部分材料的声发射信号强度很小，人耳很难听到，需要借助声发射仪才能检测到。利用仪器接收材料破坏时发射的声信号，进而推断材料或构件声发射源及其发展过程的技术称为声发射技术。

当测量岩体破裂时，每一次的裂缝扩张，就引起能量的一次释放，产生一次声发射。此时的传感器就接收到一次声发射信号，产生一个声发射波，这就叫一次声发射事件。通常，通过对仪器输出波形的处理之后才能得到声发射表征参数，最常用的声发射参数有：累计活动——在一定时间范围内声发射发生的次数；声发射率——在单位时间内声发射事件的次数；声发射幅度——在观测时间段内某一次声发射的最大振幅；声发射能量——任意时间声发射事件振幅的平方；声发射累计能——在一定时间内所有声发射时间的声发射能量之和；声发射能率——观测单位时间内所有事件的声发射能量之和。

2）测量步骤及结果处理

（1）岩芯定向与试件加工。

用于岩石声发射测试的试件多取自地质岩芯，在利用岩芯加工声发射试件前，必须先对岩芯进行定向。岩芯定向工作具有一定的难度,多年来众多科技人员一直在探索既精确又简单、方便、经济的定向技术,目前主要有以下几种方法:①岩芯刻痕定向技术。该方法是利用刻痕工具在岩芯上面刻痕,刻痕工具上的照相机配合磁罗盘读取划痕方向。这种方法的一个基本要求就是必须使用不带磁性的钻头以避免对磁罗盘产生干扰,该方法的定向精度还取决于刻痕的曲直。②倾角仪定向法。它通过岩芯内所出现的地层最大倾斜方向来定向。这种技术适用的前提是岩芯上必须有一个可识别的结构面且其倾角必须足够陡峭,如果构造倾角是水平的或接近水平的,而钻孔是垂直的,那么就不可能确定岩芯的方向。③钻孔成像定向法。该方法是利用专用仪器获取钻孔孔壁上的特征,并将此特征与所钻取的岩芯进行比对,以此来确定岩芯在钻孔中的原始姿态,从而实现岩芯的重定向。但此项技术需要一套专门且昂贵的仪器,并且需要专业人员进行孔内操作,其定向准确性取决于孔壁的洁净程度和仪器获取图像的清晰度。④古地磁定向法。古地磁法岩芯定向的原理是通过对岩芯进行热退磁或交变退磁,获取退磁前后黏滞剩磁分量,然后通过坐标转换将岩芯的坐标转换为地理坐标,在地理坐标系下将黏滞剩磁分量方向与磁场方向进行对比,便可完成岩芯定向。然而,上述这几种定向方法受到技术成本、操作复杂程度和适用条件等因素的限制,在普通的地质岩芯钻探工程中还没有普及使用,其定向成本较高。近年来,中南大学李夕兵教授团队提出了一种非定向岩芯的地表重定向技术,该技术在仅有普通地质岩芯和孔内测斜数据的基础上,基于室内专用仪器操作即可实现岩芯的地表重定向。该技术的创新激活了大量的普通地质岩芯用于地应力测量的使用价值。

对标明方向的岩石试件进行声发射试件加工的具体取样方法如图 2-23 所示,具体如下:

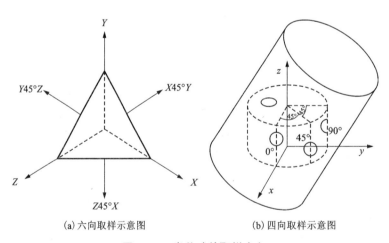

(a) 六向取样示意图　　　　　　　(b) 四向取样示意图

图 2-23　岩芯试件取样方向

①采用岩芯六向取样地应力测量时,应分别从水平 0°、水平 45°、水平 90°、垂直方向、水平 0°线与垂向线夹角的角平分线、水平 90°线与垂向线夹角的角平分线[图 2-23(a)]共 6 个方向各钻取 4~10 块试件。

②采用岩芯四向取样地应力测量时,应分别从水平 0°、水平 45°、水平 90°、垂直方向[图 2-23(b)]共 4 个方向各钻取 4~10 块试件。

③钻取试件后,将其制作成高径比为 2:1 的圆柱形试件,试件直径应为 20~50 mm。试

件精度应符合《工程岩体试验方法标准》(GB/T 50266—2013)中的规定。

(2)声发射测试。

采用高精度刚性或伺服试验机,试验机性能要求符合《试验机通用技术要求》(GB/T 2611—2007)的规定,以恒应力速率或应变速率对试件进行轴向加载—卸载—加载,如图 2-24 所示。由声发射测量仪器同步监测、记录声发射事件、振铃、能量和能率等特征参数,分析声发射信号图谱,确定岩石试件加载方向的 Kaiser 效应点与对应的应力值。具体试验步骤如下:

①选取不少于 2 个谐振频率匹配的声发射探头作为测试探头;

②在试件与探头之间涂抹耦合剂,用夹具固定探头;

③计算试件取样点的自重应力,取自重应力的 2~3 倍为初次加载的峰值;

④试件两端应安装消噪单层柔性垫片,将绑有声发射探头的试件放在试验机上,试验机与声发射仪同步启动,以 0.3~0.5 MPa/s 的恒定应力速率或以 2×10^{-5}~5×10^{-5}/s 的恒定应变速率对试件进行轴向压缩,并以相同加载速率将试样卸载至接触荷载;

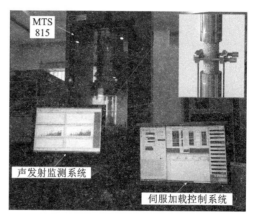

图 2-24　声发射测试

⑤以相同加载速率继续对试样进行二次加载,二次加载峰值应超过初次加载峰值的 15%;

⑥分析声发射监测所获得的应力-声发射特征曲线,确定每次试验的 Kaiser 效应对应的应力值。

(3)地应力计算。

①六向取样法地应力计算。利用空间六向取样法取样测试,获得不同角度上岩芯的 Kaiser 效应点对应的应力值,按照式(2-47)~式(2-53)计算得出测量点上三维空间的主应力值。

$$
\begin{cases}
\sigma_1 = 2\sqrt{-\dfrac{T}{3}} \cos \dfrac{W}{3} + \dfrac{1}{3} J_1 \\[2mm]
\sigma_2 = 2\sqrt{-\dfrac{T}{3}} \cos \dfrac{W + 2\pi}{3} + \dfrac{1}{3} J_1 \\[2mm]
\sigma_3 = 2\sqrt{-\dfrac{T}{3}} \cos \dfrac{W + 4\pi}{3} + \dfrac{1}{3} J_1
\end{cases}
\tag{2-47}
$$

式中:

$$
T = -\frac{1}{3} J_1^2 + J_2 \tag{2-48}
$$

$$
W = \arccos\left(-\frac{1}{2} Q \Big/ \sqrt{-\frac{1}{27} T^3} \right) \tag{2-49}
$$

$$Q = -\frac{2}{27}J_1^3 + \frac{1}{3}J_1J_2 - J_3 \tag{2-50}$$

$$\begin{cases} J_1 = \sigma_x + \sigma_y + \sigma_z \\ J_2 = \sigma_z\sigma_y + \sigma_y\sigma_z + \sigma_z\sigma_x - \tau_{xy}^2 - \tau_{yz}^2 - \tau_{zx}^2 \\ J_3 = \sigma_x\sigma_y\sigma_z - \sigma_x\tau_{yz}^2 - \sigma_y\tau_{zx}^2 - \sigma_z\tau_{xy}^2 + 2\tau_{xy}\tau_{yz}\tau_{zx} \\ \tau_{xy} = \sigma_{x45°y} - \dfrac{\sigma_x + \sigma_y}{2} \\ \tau_{yz} = \sigma_{y45°z} - \dfrac{\sigma_y + \sigma_z}{2} \\ \tau_{zx} = \sigma_{z45°x} - \dfrac{\sigma_z + \sigma_x}{2} \end{cases} \tag{2-51}$$

主应力的方向与坐标轴 x、y、z 夹角的方向余弦按照式(2-52)计算。

$$\begin{cases} l_i = 1 \Big/ \sqrt{1 + \left[\dfrac{(\sigma_i - \sigma_x)\tau_{yz} + \tau_{xy}\tau_{zx}}{(\sigma_i - \sigma_y)\tau_{zx} + \tau_{xy}\tau_{yz}}\right]^2 + \left[\dfrac{(\sigma_i - \sigma_x)(\sigma_i - \sigma_y) - \tau_{xy}^2}{(\sigma_i - \sigma_y)\tau_{zx} + \tau_{xy}\tau_{yz}}\right]^2} \\ m_i = \dfrac{(\sigma_i - \sigma_x)\tau_{yz} + \tau_{xy}\tau_{zx}}{(\sigma_i - \sigma_y)\tau_{zx} + \tau_{xy}\tau_{yz}}l_i \\ n_i = \dfrac{(\sigma_i - \sigma_x)(\sigma_i - \sigma_y) - \tau_{xy}^2}{(\sigma_i - \sigma_y)\tau_{zx} + \tau_{xy}\tau_{yz}}l_i \end{cases} \tag{2-52}$$

式中：$i = 1$，2，3。

主应力的倾角和方位角按照式(2-53)计算。

$$\begin{cases} \beta_i = \arcsin m_i \\ \alpha_i = \arctan \dfrac{l_i}{n_i} \end{cases} \tag{2-53}$$

②四向取样法地应力计算。利用简化的四向取样法取样测试，获得不同角度上岩芯的 Kaiser 效应点对应的应力值，按照式(2-54)、式(2-55)计算出测量点上垂直应力、最大和最小水平主应力的大小和方向。

垂直应力可直接用取自于竖直方向的试件声发射试验结果计算：

$$\sigma_v = \sigma_0 \tag{2-54}$$

对于水平方向上的 2 个主应力值，基于弹性力学原理计算：

$$\begin{cases} \sigma_H = \dfrac{1}{2}(\sigma_I + \sigma_{III}) + \dfrac{1}{2\cos 2\gamma}(\sigma_I - \sigma_{III}) \\ \sigma_h = \dfrac{1}{2}(\sigma_I + \sigma_{III}) - \dfrac{1}{2\cos 2\gamma}(\sigma_I - \sigma_{III}) \\ \tan 2\gamma = \dfrac{2\sigma_{II} - \sigma_I - \sigma_{III}}{\sigma_I - \sigma_{III}} \end{cases} \tag{2-55}$$

参考文献

[1] 陈颙, 黄庭芳, 刘恩儒. 岩石物理学[M]. 合肥: 中国科学技术大学出版社, 2009.

[2] 周翠英, 邓毅梅, 谭祥韶, 等. 饱水软岩力学性质软化的试验研究与应用[J]. 岩石力学与工程学报, 2005, 24(1): 33-38.

[3] 杜坤, 杨颂歌, 苏睿, 等. 不同应力条件下硬岩强度与破裂特性试验研究[J]. 黄金科学技术, 2021, 29(3): 372-381.

[4] 蔡美峰. 岩石力学与工程[M]. 北京: 科学出版社, 2002.

[5] 吴顺川. 岩石力学[M]. 北京: 高等教育出版社, 2021.

[6] 刘传孝, 马德鹏. 高等岩石力学[M]. 郑州: 黄河水利出版社, 2017.

[7] 荣传新, 汪东林. 岩石力学[M]. 武汉: 武汉大学出版社, 2014.

[8] 秦哲, 田忠喜, 王磊. 岩体力学学习指导[M]. 徐州: 中国矿业大学出版社, 2018.

[9] 张希巍, 冯夏庭, 孔瑞, 等. 硬岩应力-应变曲线真三轴仪研制关键技术研究[J]. 岩石力学与工程学报, 2017, 36(11): 2629-2640.

[10] 杜坤, 李夕兵, 马春德. 岩石真三轴扰动诱变实验系统研制及应用[J]. 实验技术与管理, 2014, 31(12): 35-40.

[11] 张常光, 赵均海, 杜文超. 岩石中间主应力效应及强度理论研究进展[J]. 建筑科学与工程学报, 2014, 31(2): 6-19.

[12] DU K, YANG C Z, SU R, et al. Failure properties of cubic granite, marble, and sandstone specimens under true triaxial stress[J]. Int J Rock Mech Min Sci, 2020, 130: 104309.

[13] 刘泽霖, 马春德, 龙珊, 等. 新型岩石拉伸试样及装置的研究与应用[J]. 岩土力学, 2020(S2): 1-8.

[14] 刘佑荣, 唐辉明. 岩体力学[M]. 北京: 化学工业出版社, 2008.

[15] CARNEIRO F. A new method to determine the tensile strength of concrete; proceedings of the Proceedings of the 5th meeting of the Brazilian Association for Technical Rules, F, 1943[C].

[16] AKAZAWA T. New test method for evaluating internal stress due to compression of concrete (the splitting tension test) (part 1)[J]. J Jpn Soc Civ Eng, 1943, 29: 777-87.

[17] LI D, LI B, HAN Z, et al. Evaluation on rock tensile failure of the brazilian discs under different loading configurations by digital image correlation[J]. Applied Sciences, 2020, 10(16): 5513.

[18] 宫凤强, 李夕兵. 巴西圆盘劈裂试验中拉伸模量的解析算法[J]. 岩石力学与工程学报, 2010, 29(05): 881-891.

[19] HOEK E. Fracture of anisotropic rock[J]. Journal South African Institute of Mining & Metallurgy, 1964, 64(10): 510-8.

[20] NONE. Suggested Methods for Determining Tensile Strength of Rock Materials[J]. Int J Rock Mech Min Sci, 1978, 15(3): 99-103.

[21] GB/T 50266—99. 工程岩体试验方法标准[S].

[22] 刘汉东, 姜彤. 岩石力学[M]. 郑州: 黄河水利出版社, 2012.

[23] 王渭明. 岩石力学[M]. 徐州: 中国矿业大学出版社, 2010.

[24] 关宝树. 普氏岩石坚固性系数[J]. 铁路标准设计通讯, 1964, 8(4): 22-6.

[25] BIENIAWSKI Z. Engineering classification of jointed rock masses [J]. Civil Engineering = Siviele Ingenieurswese, 1973(12): 335-43.

[26] 杜时贵, 许四法, 杨树峰, 等. 岩石质量指标 RQD 与工程岩体分类[J]. 工程地质学报, 2000, 8(3):

351-356.

[27] 廖国华. 节理间距及岩石质量指标的估算[J]. 岩石力学与工程学报, 1990, 9(1): 68-75.

[28] GB/T 14157—1993. 水文地质术语[S].

[29] GB/T 50218—2014. 工程岩体分级标准[S].

[30] 邬爱清, 柳赋铮. 国标《工程岩体分级标准》的应用与进展[J]. 岩石力学与工程学报, 2012, 31(8): 1513-1523.

[31] 尹红梅, 张宜虎, 周火明, 等. 工程岩体分级研究综述[J]. 长江科学院院报, 2011, 28(8): 59-66.

[32] 刘志祥, 冯凡, 王剑波, 等. 模糊综合评判法在矿山岩体质量分级中的应用[J]. 武汉理工大学学报, 2014, 36(1): 129-134.

[33] 刘志祥, 吴蝶媚, 唐志祥. 基于熵权属性识别模型的岩体质量分级[J]. 科技导报, 2014, 32(22): 52-56.

[34] 王剑波, 李夕兵, 王瑞星, 等. 三山岛金矿西南翼海底破碎矿体安全高效开采技术[J]. 矿业工程, 2016.

[35] 吴顺川, 李利平, 张晓平. 岩石力学[M]. 北京: 高等教育出版社, 2021.

[36] 吴满路, 廖椿庭, 张春山, 等. 红透山铜矿地应力测量及其分布规律研究[J]. 岩石力学与工程学报, 2004(23): 3943-3947.

[37] 宋祥玲, 刘深, 孟朝霞. 工程力学[M]. 北京: 北京理工大学出版社, 2017.

[38] 荣传新, 王晓健. 岩石力学[M]. 武汉: 武汉理工大学出版社, 2020.

[39] QIN B H. Application of rock Kaiser effect in deep in-situ stress test[M]. 2018 International Conference on Civil, Architecture and Disaster Prevention. 2019.

[40] 蔡美峰. 地应力测量原理和技术[M]. 北京: 科学出版社, 1995.

[41] HEIDBACH O, RAJABI M, ZIEGLER M, et al. The world stress map database release 2016 - global crustal stress pattern vs. absolute plate motion; proceedings of the EGU general assembly 2016, F, 2016[C].

[42] HEIDBACH O, RAJABI M, REITER K, et al. WSM Team (2016): World stress map database release 2016. V. 1.1. GFZ data services[M]. 2016.

[43] BROWN E T, HOEK E. Trends in relationships between measured in-situ stresses and depth[J]. Int J Rock Mech Min Sci Geomech Abstr, 1978, 15(4): 211-5.

[44] 李鹏, 苗胜军. 中国大陆金属矿区实测地应力分析及应用[J]. 工程科学学报, 2017, 39(3): 323-334.

[45] 李静, 刘晨, 刘惠民, 等. 复杂断层构造区地应力分布规律及其影响因素[J]. 中国矿业大学学报, 2021, 50(01): 123-137.

[46] 景锋, 盛谦, 张勇慧, 等. 不同地质成因岩石地应力分布规律的统计分析[J]. 岩土力学, 2008(7): 1877-1883.

[47] 贺永胜, 王启睿, 刘恩来, 等. 深部岩体地应力分布及测试技术研究进展[J]. 防护工程, 2021, 43(4): 71-78.

[48] MIAO S J, CAI M F, GUO Q F, et al. Rock burst prediction based on in-situ stress and energy accumulation theory[J]. Int J Rock Mech Min Sci, 2016, 83(86-94.

[49] LUND B, ZOBACK M D. Orientation and magnitude of in situ stress to 6.5 km depth in the Baltic Shield[J]. Int J Rock Mech Min Sci, 1999, 36(2): 169-90.

[50] LJUNGGREN C, CHANG Y, JANSON T, et al. An overview of rock stress measurement methods[J]. Int J Rock Mech Min Sci, 2003, 40(7/8): 975-989.

[51] KANG H, ZHANG X, SI L, et al. In-situ stress measurements and stress distribution characteristics in underground coal mines in China[J]. Eng Geol, 2010, 116(3-4): 333-345.

[52] JIANG Q, FENG X T, CHEN J, et al. Estimating in-situ rock stress from spalling veins: A case study[J].

Eng Geol, 2013, 152(1)：38-47.

[53] GE X R, HOU M X. Principle of in-situ 3D rock stress measurement with borehole wall stress relief method and its preliminary applications to determination of in-situ rock stress orientation and magnitude in Jinping hydropower station[J]. Sci China-Technol Sci, 2012, 55(4)：939-949.

[54] 王文星. 岩体力学[M]. 长沙：中南大学出版社, 2004.

[55] KIM H, XIE L, MIN K B, et al. Integrated in situ stress estimation by hydraulic fracturing, borehole observations and numerical analysis at the EXP-1 borehole in Pohang, Korea[J]. Rock Mech Rock Eng, 2017, 50(12)：3141-3155.

[56] CORKUM A G, DAMJANAC B, LAM T. Variation of horizontal in situ stress with depth for long-term performance evaluation of the Deep Geological Repository project access shaft[J]. Int J Rock Mech Min Sci, 2018, 107：75-85.

[57] CAI M, PENG H, JI H. New development of hydraulic fracturing technique for in-situ stress measurement at great depth of mines[J]. J Univ Sci Technol Beijing, 2008, 15(6)：665-670.

[58] KANAGAWA T, NAKASA H. Method of estimating ground pressure[P]. Central Research Institute of Electric Power Industry (Tokyo, JP), 1978.

[59] VILLAESCUSA E, SETO M, BAIRD G. Stress measurements from oriented core[J]. Int J Rock Mech Min Sci, 2002, 39(5)：603-615.

[60] LAVROV A. The Kaiser effect in rocks：principles and stress estimation techniques[J]. Int J Rock Mech Min Sci, 2003, 40(2)：151-171.

[61] TUNCAY E, OBARA Y. Comparison of stresses obtained from acoustic emission and compact conical-ended borehole overcoring techniques and an evaluation of the Kaiser Effect level[J]. B Eng Geol Environ, 2011, 71(2)：367-377.

[62] LEHTONEN A, COSGROVE J W, HUDSON J A, et al. An examination of in situ rock stress estimation using the Kaiser effect[J]. Eng Geol, 2012, 124：24-37.

[63] CHEN Y, IRFAN M, SONG C. Verification of the Kaiser Effect in rocks under tensile stress：experiment using the brazilian test[J]. Intl J Geomech, 2018, 18(7).

[64] CHEN Y, MENG Q, LI Y, et al. Assessment of appropriate experimental parameters for studying the Kaiser effect of rock[J]. Appl Sci-Basel, 2020, 10(20)：7324.

[65] KHARGHANI M, GOSHTASBI K, NIKKAH M, et al. Investigation of the Kaiser effect in anisotropic rocks with different angles by acoustic emission method[J]. Appl Acoust, 2021, 175：107831.

[66] MORRIS A, GEE J, PRESSLING N, et al. Footwall rotation in an oceanic core complex quantified using reoriented Integrated Ocean Drilling Program core samples[J]. Earth Planet Sci Lett, 2009, 287(1/2)：217-228.

[67] DAVISON I, HASZELDINE R. Orienting conventional cores for geological purposes：a review of methods[J]. J Petrol Geol, 1984, 7(4)：461-466.

[68] KESSELS W, KüCK J. Computer-aided matching of plane core structures with borehole measurements for core orientation[J]. Sci Drill, 1993, 30(3)：A170.

[69] MACLEOD C, PARSON L, SAGER W. Identification of tectonic rotations in boreholes by the integration of core information with Formation MicroScanner and Borehole Televiewer images[J]. Geol Soc, 1992, 65(1)：235-246.

[70] PAULSEN T S, JARRARD R D, WILSON T J. A simple method for orienting drill core by correlating features in whole-core scans and oriented borehole-wall imagery[J]. J Struct Geol, 2002, 24(8)：1233-1238.

[71] 汪进超, 王川婴, 胡胜, 等. 孔壁钻孔图像的结构面参数提取方法研究[J]. 岩土力学, 2017, 38(10)：

3074-3080.

[72] WANG J C, WANG C Y, TANG X J, et al. A method for estimating rock mass joint size using borehole camera technique[J]. Rock Soil Mech, 2017, 38(9): 2701-2707.

[73] WANG J, TAO D, HUANG Y, et al. Borehole imaging method based on ultrasonic synthetic aperture technology[J]. Rock Soil Mech, 2019, 40(S1): 557-64.

[74] SUGIMOTO T, YAMAMOTO Y, YAMAMOTO Y, et al. A Method for Core Reorientation Based on Rock Remanent Magnetization: Application to Hemipelagic Sedimentary Soft Rock[J]. Mater Trans, 2020, 61(8): 1638-1644.

[75] LACKIE M, SCHMIDT P. Drill core orientation using palaeomagnetism[J]. Explor Geophys, 1993, 24(3/4): 609-613.

[76] BUTLER R F, BUTLER R F. Paleomagnetism: magnetic domains to geologic terranes [M]. Blackwell Scientific Publications Boston, 1992.

[77] TAUXE L. Essentials of Paleomagnetism[M]. University of California Press, 2010.

[78] LI X B. A novel in-situ stress measurement method incorporating non-oriented core ground re-orientation and acoustic emission: A case study of a deep borehole[J]. Int J Rock Mech Min Sci, 2022, 152: 105079.

[79] 左建平, 满轲, 曹浩, 等. 热力耦合作用下岩石流变模型的本构研究[J]. 岩石力学与工程学报, 2008, 27(S1): 2610-2616.

[80] 李曼, 秦四清, 马平, 等. 利用岩石声发射凯塞效应测定岩体地应力[J]. 工程地质学报, 2008, 16(6): 833-838.

[81] 冯英. 岩石声发射 Kaiser 效应测定地应力研究及工程应用[J]. 焦作工学院学报, 1997, 16(4): 12-17.

第3章　地下空间火灾与预防

地下空间建设与运营阶段会偶发火灾、施工事故、爆炸事故、交通事故、水灾、空气污染等灾害事故。据不完全统计，地下空间内火灾约占事故总数的1/4，火灾是地下空间运营过程中发生次数最多、损失最为严重的一种灾害。矿井、隧道、地铁、巷道、硐室、地下仓库等地下工程中发生的火灾，由于具有突发性且火势发展迅猛，灭火和救护困难。

本章着重介绍地下空间火灾的特点、危害及现有国家标准规范，在分析、理解地下空间火灾灭火原理、报警与联动控制原理的基础上，介绍各类地下场所灭火系统的设计标准、火灾报警系统和联动控制系统设计及人员疏散方案与措施。

3.1　地下空间火灾事故概述

近年来，在隧道、地铁、矿井、巷道、硐室、地下仓库等地下工程中，火灾发生的频率不断增加，重大、特大火灾事故时有发生。火灾燃烧造成的损失尤为惨重，沉痛的教训和成功的经验告诫人们，要降低地下空间火灾的发生频率，减少火灾造成的损失，就必须认识其发生、发展规律，研究火灾类型和特点。

地下空间火灾根据地下空间用途的不同可分为地铁火灾事故、隧道火灾事故、矿山火灾事故等。

1. 地铁火灾事故

地铁自诞生至今已有100多年历史，1863年开通的伦敦大都会铁路是世界上公认的首条地下铁路系统。地铁系统作为最主要的城轨交通制式，是交通现代化的重要象征。国际上地铁建设高潮始于20世纪70年代，中国第一条地铁线路于1965年7月在北京开工修建，1969年10月完工开通。经过几十年的建设和发展，中国已成为世界上地铁数量最多、总运营里程排名第一的国家。

由于地铁系统特殊的位置和结构特征，火灾事故成为威胁地铁安全的主要因素。1955年至今，国内外发生过多起重特大地铁火灾事故，造成了大量人员伤亡和财产损失的惨重后果，引起了社会的广泛关注和深刻思考。表3-1为近年来国内外典型地铁火灾案例。

表3-1　国内外典型地铁火灾案例

时间	地点	位置	原因	后果	类别
2021年	英国伦敦	车站	原因不明	6人受伤	其他原因
2020年	美国纽约	地铁车厢	原因不明	1人死亡，16人受伤	其他原因
2019年	中国广州	地铁车厢便利店	线路短路	过火面积约1 m²，事故无人员伤亡	电气原因

续表3-1

时间	地点	位置	原因	后果	类别
2018 年	中国广州	区间隧道	盾构机工作时导致地铁焊机电缆线路短路引发火灾	3 人死亡，3 人失联	电气原因
2017 年	中国香港地铁尖沙咀站	列车车厢	人为纵火	16 人受伤，7 人严重烧伤	人为纵火
2016 年	日本东京	车站	不明物质燃烧所致	6.8 万人出行受阻	其他原因
2014 年	韩国釜山	车厢	车厢集电装置过热引发火灾	4 名乘客因浓烟呛伤	电气原因
2013 年	俄罗斯莫斯科	区间隧道	电力电缆起火	11 人重伤	电气原因
2012 年	中国广州 8 号线	区间隧道	电线系统短路	4 人轻伤	电气原因
2011 年	中国上海 3 号线	车站	电容器起火	无人员伤亡	电气原因
2008 年	中国西安	隧道	切割钢板，引燃防水材料	19 名工人吸入大量烟尘，住院观察	意外明火
2004 年	中国香港	隧道	人为纵火	14 人轻伤	人为纵火
2003 年	韩国大邱	车站	人为纵火	98 人死亡，147 人受伤，289 人失踪	人为纵火

引起地铁火灾的原因是多方面的，地铁火灾事故按事故类型具体可以归纳为四大类：机车车辆故障火灾、电气设备故障火灾、人为事故火灾、地铁施工火灾。图 3-1、图 3-2 为机车车辆故障和人为事件火灾事故现场图。

另外，我们也可根据火灾成因将火灾分为电气设备着火、施工意外着火、机械故障着火、人为纵火和其他原因着火，表 3-2 给出了地铁火灾成因统计的结果。从表中可以看出，电气原因占 40%。一般来说，大多数地铁列车着火都是从列车外部开始的，如电缆、导线所在地方。这些可燃物通常处于列车底板下方，列车底板是用胶合板芯做成的，两侧与金属薄板通过焊接相连，虽然对缝隙的密封材料有着严格的要求，但列车下部发生火灾时，火势还是会蔓

图 3-1　机车车辆故障火灾的案例图

延到车厢内，车厢内烟气浓度不断增大，温度逐渐升高，车厢内装饰材料、乘客行李开始燃烧，散发出可燃气体，一旦有大量的空气进入车厢内，列车火势猛增，导致火灾燃烧速率和热释放速率迅速增加。列车燃烧释放的烟气能将热量传递到相邻车厢，而每节车厢的可燃物数量、通风条件、可燃物种类都会影响火灾的传递。

图3-2　人为事故火灾案例现场图

表3-2　地铁火灾类型及成因

地铁火灾类型(比例)	地铁火灾成因
电气设备着火 (40%)	1. 电路故障(如机车电路、隧道电路、车站电路、照明或动力电路短路) 2. 电气装置故障(如电暖空调、灯具) 3. 供电系统故障(如变压器、集成电路、整流器、机房)
施工意外火灾(18%)	施工期间火灾(如地铁施工过程中产生的火花)
机车故障着火 (16%)	1. 车辆操作失误 2. 机械误撞火花 3. 车辆不明原因起火
人为纵火 (9%)	1. 普通纵火案件 2. 恐怖袭击 3. 运营期间火灾(如乘客携带易燃易爆物、乱扔烟头、座椅起火等)
其他原因着火 (17%)	1. 不属于上述四种原因之内的火灾 2. 未查明原因的火灾

2. 隧道火灾事故

随着我国经济飞速发展，人们对交通的需求日渐增加。在山区，若修建盘山公路，土方量大，人力及财力成本高，并可能破坏生态环境，且交通运输会频繁受到天气等外界条件的影响。为了减少里程、节约能源，不可避免地要修建大量的隧道，在山区修建隧道成为兼顾经济及安全的选择。同时，就城市而言，加速的城市化进程也使我国城市内的地面交通量日益增加，过江隧道与城市隧道丰富了交通网络，让城市空间布局更加合理。隧道的建设无疑给人们的出行带来了极大的便利，但同时也带来了隧道的安全问题，尤其是隧道火灾问题，在极端情况下，可能导致灾难性事件。以下对国内与国外的隧道火灾事故进行简要分析。

1）国外隧道火灾案例

表 3-3 给出了近年来国外重大隧道火灾事故统计。

表 3-3　国外隧道火灾事故案例

时间	火灾地点	火灾原因	火灾造成的危害
1967 年	日本关门水下隧道	卡车起火，火灾蔓延到其他车辆	1 辆大卡车被烧毁，2 辆普通卡车部分烧毁
1971 年	法国克洛茨隧道	餐车起火	部分隧道倒塌，整修 96 天
1972 年	日本北陆隧道	列车相撞	30 人死亡，714 人受伤
1979 年	日本 Nilonzaka 隧道	4 辆卡车、2 辆轿车相撞起火，火灾蔓延到隧道中的其他车辆（超过半数为货车，含有危险物品）	127 辆卡车、46 辆小汽车被烧毁；衬砌严重损伤超过 1100 m
1995 年	奥地利 Piander 隧道	带拖车的卡车撞车起火	1 辆卡车、1 辆货车、1 辆小汽车被烧毁；衬砌严重损坏
1997 年	瑞士圣哥达（St. Gotthard）隧道	1 辆重型卡车引擎起火引发火灾	1 辆重型卡车被烧毁；衬砌严重损伤 100 m
1999 年	法国-意大利勃朗峰隧道	1 辆满载面粉和人造黄油的卡车发动机起火，引燃相邻卡车	23 辆卡车、10 辆小汽车、1 辆摩托车、2 辆消防车被烧毁；对 900 m 长度范围的衬砌造成了严重损坏；隧道拱顶局部沙化，隧道关闭 3 年
2001 年	瑞士圣哥达隧道	2 辆重型卡车相撞起火	13 辆卡车、6 辆货车、6 辆小汽车被烧毁；对衬砌结构造成了严重的损坏；隧道圆拱顶部塌陷；隧道内部分路段被烧毁；隧道关闭了约 2 个月
2001 年	霍华德城市铁路隧道	车辆起火	隧道结构被严重破坏
2002 年	巴黎 A86 双层公路隧道	下层一辆输送预制混凝土管片的机车起火	输送机车被烧焦；150 m 长度范围的隧道拱顶管片损坏，厚 42 cm 的拱顶管片爆裂，深度达到 5~6 cm

续表3-3

时间	火灾地点	火灾原因	火灾造成的危害
2005 年	法国、意大利间 Fréjus 隧道	1 辆重型货车由于燃油泄漏起火，火焰蔓延到附近的其他车辆	2 人死亡；4 辆重型货车被烧毁；10 km 长度范围内的隧道设备损坏；隧道关闭
2007 年	澳大利亚 Burnley 隧道	汽车追尾	3 死 2 伤
2007 年	美国 Newhall 隧道	货车碰撞	3 死 10 伤；车辆损毁 31 辆
2011 年	挪威奥斯陆峡湾隧道	汽车起火	数十名人员被困
2013 年	挪威居德旺恩隧道	卡车起火，汽车追尾	55 人受伤；隧道临时关闭
2021 年	悉尼 Lane Cove 隧道	巴士起火	数十辆汽车被困隧道当中，巴士被烧毁

为进一步了解隧道火灾发生原因与危害程度，以便从火灾事故中吸取经验教训，为之后隧道火灾的消防救援与防火设计提供有益指导，这里给出几个典型隧道火灾案例。

[案例 1] 勃朗峰隧道火灾

（1）工程概况。

连接意大利、法国的勃朗峰（Mont-Blanc）隧道于 1962 年建成，是意大利和法国之间通过阿尔卑斯山的交通要道，每天的车流量约为 5600 台次，其中 60% 为重型载货汽车，隧道由两国分别管理各自境内的部分。

隧道采用半横向通风模式，原设计底部设置 5 个风道，其中 4 个用于输送新风，隧道全长分为 8 个通风区段，每段送风量为 75 m³/s，即总送风量为 600 m³/s。底部 1 个风道用于排烟，并每 300 m 在紧急停车带断面布置排烟口，每半段隧道排烟风量为 150 m³/s。随着交通量和需风量的增加，1979 年，意、法两国对 5 号风道进行改造，使之在正常运营阶段可用于额外补风，这样隧道总送风量达到了 900 m³/s，而火灾工况下仍可用于排烟，每半段隧道排烟风量仍为 150 m³/s。实际上，由于长度的增加，排烟管道系统阻尼随之增加，因此在远离排烟风机的隧道中部，实际的排烟能力远低于 150 m³/s，仅为 65~90 m³/s。1990 年，法国和意大利还对隧道进行了一次改造升级，再次新增了很多安全设施，不仅安装了很多全新的摄像头，还有火灾预测系统。

（2）火灾过程及损失。

1999 年 3 月 24 日上午 10 时 45 分左右，一辆由法国开往意大利方向的，满载面粉和黄油的比利时卡车，在距意大利方向的隧道出口 3 km 左右发生火灾。驾驶员下车救火失败后未报警，随即逃离。等到位于隧道附近的两国消防队接到报警驱车赶到时，火灾已成蔓延之势无法控制，在封闭的隧道里很快产生了 1000℃ 的高温，大火把部分照明的供电线路烧毁，起火的那一节隧道变得漆黑一片。极高的温度、浓厚的烟雾使消防人员无法靠近火灾区域。法、意两国及后来增援的瑞士国家消防人员用尽一切办法，也无法扑灭大火，只能看着大火燃烧了近 53 个小时，于 26 日 16 时左右自行熄灭。火灾共烧毁车辆 36 辆，死亡 39 人，遇难者绝大多数是由于通道封闭而被困在自己的汽车中死亡的，其中有 1 人是消防人员。这一事件导致隧道关闭，给法、意两国造成的连带经济影响也不可低估（图 3-3）。

图 3-3　勃朗峰(Mont-Blanc)隧道火灾

(3)事故原因与改进措施。

根据调查人员得出的结果,这辆货车之所以起火,是因为过往的司机将一个烟头误扔进了货车的空气过滤器中,导致引擎起火,货车也就燃烧了起来。货车上装有 9 t 食用黄油和 12 t 面粉,面粉遇到火苗、火星或者在适当的温度下,瞬间就会燃烧起来,形成猛烈的爆炸,其威力不亚于炸弹。食用黄油也是易燃物,产生的热量很高,9 t 人造奶油燃烧产生的热量相当于 3 万 L 汽油,这也是此次大火能够燃烧 53 个小时的主要原因。

勃朗峰隧道本身也存在很多安全隐患,虽然隧道经过了多次升级改造,但是这条隧道在设计之初就只是为了满足小型车辆的交通需求。而从 20 世纪 90 年代开始,很多大货车,尤其是一些集装箱货车也开始从这里驶过,这些集装箱货车大都装载着易燃品。隧道没有撤退通道,没有通风井,避难所相距较远(600 m),这是造成大伤亡的重要原因之一。

此次事故发生后,意大利和法国都作出了深刻的反省,关闭了隧道进行彻底的改造,改造的时间长达 3 年之久,耗资高达 3 亿欧元。施工人员在隧道内安装了全新的通风系统,全隧道安装了 116 个排风筒,这些排风筒能够被精确控制,让隧道里的烟雾能够迅速排出,同时不让起火点获得更多氧气。隧道内的安全屋也进行了重新设计,耐温度由 800℃提高到 1000℃;还有通往隧道之外的安全通道,其安全性能得到了很大提高,如图 3-4 所示。

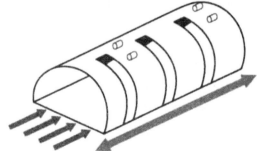

图 3-4　勃朗峰(Mont-Blanc)隧道增设射流风机改造图

[案例 2]日本北陆隧道火灾

1972 年 11 月 6 日凌晨 1 时 30 分,日本旅客快车在北陆干线上以 60 km/h 的速度运行,行至敦贺—今庄车站之间的北陆隧道(全长 13.8 km)内时,第 11 列的餐车起火,列车乘务人员奋力扑救,列车长拉紧急制动阀,同时用无线电话向电力机车司机报告这一情况,司机立即采取紧急措施,使列车停在距北陆隧道敦贺方向入口处约5.3 km的隧道内,随后迅速将前后车厢与着火餐车分离,相距60 m,并及时切断电源。同时,在事故现场成立了防止事故对策指挥部,积极组织抢救。在警察、消防自卫队、医院各方面支援、配合下,救出了大部分旅客和值乘人员,并将火扑灭。直至22点45分全线恢复通车。

这次事故造成的人员伤亡惨重,全列车有旅客和值乘人员782人,其中30人死亡、714人受伤;着火区的吸烟室、乘务员室、餐厅、厨房设备、地板全部被烧毁,车辆地板下面的机器、蓄电池箱也被烧坏,其他设备均有轻度烧损、变形。事故后,经过深入细致的调查,根据福井地方法院调查判决,火灾确实是餐车吸烟室座椅下电采暖接线不良造成漏电所致。

[案例3] 法国克洛次隧道火灾

1971年3月,法国一列货物列车与一列油罐列车在进入克洛次隧道北口附近时相撞,油罐列车爆炸起火,货物列车司机和副司机死亡。救援的消防人员迅速赶到现场,在油罐列车副司机的密切配合下,果断地将油罐列车即将燃着的部分与着火部分分离,拉出隧道,防止了事故蔓延扩大。着火的油罐一直燃烧一昼夜,致使部分隧道倒塌,经整修96天后才通车。

2)国内隧道火灾案例

在我国的隧道中,也曾发生过多起火灾事故,加上近年来特长隧道、海底隧道等相继通车,火灾事故数量呈现较快增长的趋势。表3-4为我国部分隧道的火灾事故统计。

表3-4　国内部分隧道火灾事故案例

时间	地点	事故起因	伤亡	车辆及隧道损坏、经济损失
1976年	上海打浦路隧道	大客车油箱与地面露出钢筋相撞起火	5人死亡,2人受伤	隧道结构遭到轻微破坏
1991年	上海延安东路隧道	公交车辆电器线路起火	无	隧道结构受到轻微破坏
1995年	台州桐岩岭隧道	危险品泄漏,起火爆炸	1人死亡	结构和电气破坏300 m
1998年	福建盘陀岭第二公路隧道	交通事故,货车起火	无	隧道结构严重破坏
2002年	浙江台州猫狸岭隧道	载货汽车自燃,车辆爆炸	无	直接经济损失100多万元
2003年	杭金衢樊村高速公路1号隧道	载货汽车自燃	无	直接经济损失80多万元
2004年	浙江台州猫狸岭隧道	车祸事故导致火灾	1人受伤	6辆汽车首尾相撞,其中3辆高级轿车被焚毁
2005年	浙江牛廷岭隧道	撞车导致火灾	多人受伤	车辆起火,隧道结构受到轻微损害
2006年	甬金高速四角尖隧道	发动机自燃,引发易燃货物燃烧	无	隧道无法通行,部分机电设备和衬砌受损

续表3-4

时间	地点	事故起因	伤亡	车辆及隧道损坏、经济损失
2010年	无锡惠山隧道	大客车起火	24人死亡，19人受伤	车辆被烧毁，隧道内设施受损
2010	贵州金竹窝隧道	载货汽车发生侧翻，并引发大火	无	车辆被烧毁
2011年	沪渝高速渔泉溪隧道	载有近30 t三氯甲烷的半挂车起火燃烧	无	交通中断7 h
2011年	甘肃新七道梁隧道	车辆追尾	4人死亡，1人受伤	车辆损毁3辆
2012年	宜昌朱家岩隧道	车辆连环相撞，交通事故引发火灾	2人死亡	多辆车被烧毁
2012年	武汉长江隧道	轿车自燃	无	车辆被烧毁
2014年	山西岩后隧道	车辆追尾	31人死亡	车辆损毁42辆
2015年	河北浮图峪隧道	罐车爆炸	12人死亡	车辆损毁6辆
2017年	山东威海隧道火灾	校车起火	12人死亡	校车被烧毁
2019年	浙江台州猫狸岭隧道	较大货车爆胎起火	5人死亡、31人受伤（其中15人重伤）	直接经济损失500余万元
2020年	湖南怀化境内雪峰山隧道	半挂车起火	无	42名司乘滞留隧道内
2022年	安溪吴同山隧道	轻型货车自燃	无	车辆烧毁

为进一步了解国内隧道火灾发展情况，这里给出几个典型的国内隧道火灾事故案例。

[案例1]晋济高速岩后隧道火灾

(1)事故经过。

2014年3月1日14时45分，晋济高速公路山西晋城段岩后隧道内，两辆运输甲醇的铰接列车追尾相撞后，前车甲醇泄漏起火燃烧，甲醇形成流淌火迅速引燃了两辆事故车辆（后车罐体没有泄漏燃烧）和附近的4辆运煤车、货车及面包车，由于事发时受气象和地势影响，隧道内气流由北向南，且隧道南高北低，高差达17.3 m，形成"烟囱效应"，甲醇和车辆燃烧产生的高温有毒烟气迅速向隧道内南出口蔓延，如图3-5所示。

图3-5 晋济高速岩后隧道火灾烟气

隧道内滞留的另外两辆危险化学品运输车和 31 辆煤炭运输车等车辆被引燃引爆。经专家计算，第一起火点着火 8 min 后烟气即充满整个隧道；起火 10 min 后，距离第一起火点 184 m 的 5 辆运煤车起火燃烧，形成第二起火点；随后距离第二起火点 40 m 的其他车辆也开始燃烧。事故现场如图 3-6 所示。

当时 800 m 的隧道内 42 辆汽车、1500 多 t 煤炭燃烧，并引发液化天然气车辆爆炸，大火烧了 73 h 才被扑灭，隧道受损严重。事发后遇难人数数次更新，从 13 人到最终的 31 人。

图 3-6 晋济高速岩后隧道火灾事故图

（2）事故原因。

直接原因：晋 E23504/晋 E2932 挂铰接列车在进入隧道后，驾驶员未及时发现停在前方的豫 HC2932/豫 HO85J 挂铰接列车，距前车仅五六米时才采取制动措施，并且该车存在超载行为，影响刹车制动。车辆起火燃烧的原因在于，追尾造成豫 HO85J 半挂车的罐体下方主卸料管与罐体焊缝处撕裂，该罐体未按标准规定安装紧急切断阀，造成甲醇泄漏；晋 E23504 车发动机舱内高压油泵向后位移，启动机正极多股铜芯线绝缘层破损，导线与输油泵输油管管头空心螺栓发生电气短路，引燃该导线绝缘层及周围可燃物，进而引燃泄漏的甲醇。

间接原因：事故车辆所涉及的几家企业均存在危险货物运输安全生产的主体责任落实不到位的情况。据调查发现，前车所属的河南省焦作市孟州市汽车运输有限责任公司存在"以包代管"问题，没有按照设计充装介质；而事故的另一方，后车所属的山西省晋城市福安达物流有限公司从业人员安全培训教育制度没有贯彻落实，驾驶员和押运员习惯性违章操作，罐体底部卸料管根部球阀长期处于开启状态。

此外，事故中还暴露出其他不少安全隐患，如危险化学品罐式半挂车实际运输介质均与设计充装介质、公告批准的合格证记载的运输介质不相符。按照 GB 18564.1—2006 的要求，不同的介质因为化学特性差异，在计算压力、卸料口位置和结构、安全泄放装置的设置要求等方面均存在差异，不按出厂标定介质充装，存在安全隐患。

［案例 2］G15 沈海高速猫狸岭隧道火灾

2019 年 8 月 27 日，G15 沈海高速猫狸岭隧道发生一起较大货车起火事故，如图 3-7 所示。事发经过：肇事司机驾驶事故货车驶入猫狸岭隧道，18 时 24 分许，半挂车左侧轮胎爆胎（距隧道起点约 1627 m），18 时 25 分挂车底部有明火出现，司机在不知情状况下继续驾车行驶，经多个侧方超越的车辆驾驶员提醒，于 18 时 26 分将货车停靠于慢速车道（距隧道起点约 1775 m、终点约 1810 m），下车检查后发现半挂车第五轴右侧轮胎处燃烧。火势快速引燃装载的合成革货物，释放大量有毒浓烟，并迅速向行车方向蔓延，造成隧道内滞留人员及救援人员5人死亡、31人不同程度受伤(其中15人重伤),隧道设施、途经车辆、事故货车及货物严重受损,直接经济损失500余万元。

图3-7　沈海高速猫狸岭隧道火灾

[案例3]无锡市惠山隧道火灾

无锡市惠山隧道火灾事故为目前国内最严重的隧道火灾事故,为一辆大客车起火(图3-8),造成乘客24死19伤。2010年7月4日23时16分客车起火,23时18分报警,从接到报警赶到现场,再到大火被扑灭,消防救援人员一共用时不到20 min,而在这20 min里,除部分伤员被疏散到车外,仍有24人当场死亡。

图3-8　无锡市惠山隧道火灾

隧道火灾不仅造成人员伤亡和车辆设备烧毁,而且对隧道内设施及衬砌结构也会造成巨大破坏。衬砌结构的损坏形态表现为结构严重变形、开裂,衬砌混凝土爆裂剥落,混凝土强度降低,衬砌结构完整性受到破坏,承载能力被削弱,严重的还会造成拱顶掉落、边墙倒塌,进而造成整个隧道坍塌。主要表现为衬砌拱部及边墙被烧损,其中拱部又较边墙严重,一般衬砌结构受到损伤的厚度最大为10~20 cm,为隧道衬砌总厚度的1/3~1/2,表现形态为隧道中部衬砌比洞口衬砌破损严重,曲线隧道地段比直线地段严重,隧道拱部比边墙破坏严重。

3)隧道发生火灾的原因

通过对国内外的资料进行分析可知,引起隧道火灾的原因多种多样,大致分为以下几种。

(1)车辆本身故障引发火灾,如法国和意大利交界的勃朗峰公路隧道,因1辆载有人造黄油的汽车的黄油流进汽车排气管引发火灾。

(2)车辆行车事故起火,如1979年日本大阪隧道内卡车与轿车连续相撞,导致轿车的油箱破裂而起火。隧道内车辆超速行驶和隧道能见度低,极易导致车辆之间、车辆与隧道及隧道设施相撞或擦挂,发生交通事故导致火灾。

(3)车辆上的易燃物引起火灾,如美国霍华德隧道一列装载纸张、木材、盐酸、三聚丙烯和其他化学药品的列车发生火灾。隧道内有各种车辆通过,它们所载的货物有可燃的或易燃的物品,可能会因各种原因引发火灾。

(4)隧道自身引起的火灾,包括隧道电气线路或电气设备短路起火,隧道维修养护时使用的明火起火。

(5)人为破坏,包括纵火、吸烟、恐怖袭击等。

3. 矿山火灾事故

矿井是复杂且充满多重危险的生产环境,其生产过程中难免会受到火灾粉尘、水灾、围岩失稳等灾害的威胁。随着井下开采机械化、自动化程度的提高,井下电气设备和机械不断增多,矿井发生火灾的概率也随之增加。由于井下环境恶劣,地质条件又极为复杂,空间受限且封闭,发生火灾后,烟气和热气很难散出,且会迅速蔓延至整个空间。井下可燃物燃烧将生成大量有毒有害气体,有毒有害气体随着风流沿巷道流动,其高温、毒性及窒息性都给井下工作人员的生命安全造成了严重的威胁。尤其是高温烟流,可能产生火风压,造成风流逆转及紊乱,使灾害不断发生变化难以控制,烟气的浓度高,会降低井下空间的能见度,工作人员就难以及时地选择正确的逃生路线。火灾作为矿井重大灾害之一,一旦发生,不仅会使矿井遭受巨大的物质损失,同时也是井下职工伤亡的主要原因。

1)矿山火灾事故案例

表 3-5 列举了 21 世纪国内外典型矿井火灾事故案例。事故样本主要来源于国家或地方安全生产监督管理局事故查询系统、《全国煤矿重大及特别重大事故案例汇编》以及互联网上的事故报道等。

表 3-5　国内外矿山开采中的火灾事故

发火矿山	时间	发火情况及后果
甘肃金川有色金属公司井下二矿区	2000 年	运矿卡车失火,造成 17 人死亡,2 人重伤,直接经济损失 188 万元
河北沙河铁矿一主矿井	2004 年	发生一起特别重大的火灾事故造成 70 人死亡,直接经济损失 604.65 万元
云浮硫铁矿	2006 年	使用装药车装填乳化炸药时有两个炮孔发生自燃,严重威胁作业工人的生命安全
云南省西双版纳尚岗煤矿	2008 年	造成 7 人死亡,3 人失踪,直接经济损失 650 万元
河北省张家口市蔚县李家洼煤矿	2008 年	井下发生特别重大炸药燃烧事故,造成 35 人死亡
山西省介休市东沟煤业	2009 年	重大瓦斯爆燃事故,造成 12 人死亡,直接经济损失 682 万元
湖南湘潭县立胜煤矿	2010 年	发生一起重大火灾事故,造成 34 人死亡,直接经济损失 2962 万元

续表3-5

发火矿山	时间	发火情况及后果
湖南省汝城县曙光煤矿	2010年	造成17人死亡，直接经济损失951.96万元
山东省枣庄防备煤矿	2011年	水平运输下山底部车场1台空气压缩机着火，当时有91名矿工被困
吉林老金厂金矿	2013年	发生一起重大火灾事故，造成10人死亡，29人受伤，其中包括1人在救援中受伤，直接经济损失929万元
黑龙江龙煤集团鸡西矿业公司杏花煤矿	2015年	一采区大倾角皮带发生火灾事故，共确认有22名矿工在事故中遇难
辽宁连山钼业集团兴利矿业	2015年	发生一起重大火灾事故，造成17人死亡，17人受伤，其中包括3名救援人员，直接经济损失2199.1万元
黑龙江七台河煤矿	2016年	煤矿发生火灾事故，被困22名矿工已找到21名，均已无生命体征，另有1名被困矿工下落不明
山西省晋中市平遥县峰岩煤焦集团二亩沟煤矿	2019年	瓦斯爆炸事故，造成15人死亡，9人受伤（其中1人重伤），直接经济损失2183.41万元
重庆能投渝新能源有限公司松藻煤矿	2020年	井下二号大倾角胶带运煤上山发生重大火灾事故，造成16人死亡，42人受伤，直接经济损失2501万元
俄罗斯西伯利亚联邦区克麦罗沃州矿井	2021年	甲烷爆炸引发火灾，造成52人死亡，另有至少57人受伤

2）矿井火灾分类

矿井火灾可以按火灾事故分类方法分为内因火灾与外因火灾两大类，其中内因火灾即煤的自燃发火和高硫矿床开采中的矿石自燃，而外因火灾则以以上列举的实际发生的事故案例为基础，根据其特点再进行细分，具体阐述如下：

（1）内因火灾。

内因火灾是指有自燃倾向性的煤层或高硫矿床开采破碎后与空气接触，常温下发生氧化，并产生热量使其温度升高、发火和冒烟的现象。《矿井防灭火规范》规定如下现象为自燃发火：①因自燃出现明火、火炭或烟雾等；②因自热导致煤体、围岩温度或气温升高至70℃以上；③因煤炭自热而分解出 CO、C_2H_4 等气体，指标浓度超过阈值并逐渐上升。该判定指标为内因火灾事故样本的选取提供了依据。内因火灾发生频率较高，可占煤矿火灾事故总数的90%以上，除造成人员伤亡、影响生产安全外，还可能造成更为严重的煤炭资源损失。煤自燃火源点一般较为隐蔽，多发生于采空区或煤层压裂区，初期一般未见明显烟雾和火焰，但可产生大量有毒有害气体。此外，煤自然发火初期征兆不明显，火势发展较为缓慢，灾后须对火区进行封闭灭火，若火区管理不当极易造成二次事故。

高硫矿床开采中矿石自燃的防治工作也一直是矿井防火技术攻关的重点，国内外许多金属矿山均存在严重的矿石自燃隐患。据统计，我国有20%~30%的硫铁矿及5%~10%的有色金属或多金属硫化矿山存在自燃火灾的危险。

（2）外因火灾。

外因火灾是区别于内因火灾而命名，系指由外部火源引起的火灾。在此，根据事故样本中外部火源产生原因可将矿井外因火灾分为机电火灾、炸药燃烧与明火火灾三类。其中，机电火灾包括机械设备（如带式输送机、压风机等）火灾与电气设备（如电缆、开关、变压器等）火灾两类；炸药燃烧是指井下火工品自燃并生成有毒物质但未发生爆炸的事故；明火火灾主要指因井下使用或产生明火而引起的事故，如吸烟、使用火炉等。

国内有记载的重大恶性煤矿火灾事故中，外因火灾占90%以上，其发生发展一般较为突然和迅猛，并伴有大量烟雾和毒害气体产生，若火灾发生初期处置不当，极易造成火势蔓延，甚至引发瓦斯爆炸，扩大事故规模。外因火灾发生后，火区下风侧人员处于被高温烟流污染的危险区，若不能及时有效撤离，也极易导致伤亡扩大。

3.2 地下空间火灾特点与防火设计

地下空间火灾事故发生后，针对事故进一步归纳总结，了解地下空间火灾的发生特征与发展规律。有利于全面认识该类灾害，为事故预防对策的制订提供借鉴。这里主要对地下空间火灾的燃烧特点、危害进行深入分析，并介绍火灾的应急救援组织及防火设计规范，为地下空间火灾的预警与消防设计提供依据。

3.2.1 地下空间火灾产生过程

地下空间火灾可以是内因火灾，也可以是外因火灾。统计结果表明，外因火灾比内因火灾的直接损失大。当地下建筑物或构筑物中存放的可燃物较多时，火灾初期一般为富氧燃烧状态的明火火灾，随着火势的增大或通风（供氧）条件的恶化，逐渐发展成为缺氧燃烧状态的明火火灾。当采取了控制向火区的通风量或封闭火区的灭火措施后，或者火焰即将熄灭时，明火火灾便发展成为阴燃火灾。

火灾中的可燃物有气体、液体和固体，而地下空间火灾多属于固体火灾。以地铁场景为例，固体火灾发展一般可以划分成四个阶段，即初期增长阶段、轰燃阶段、充分发展阶段和减弱阶段，如图3－9所示。

（1）初期增长阶段。

在初期增长阶段，火源处温度较高，其他地方温度与室温持平，空气供给充足，可燃物燃烧速度慢，燃烧状况受可燃物燃烧性能的

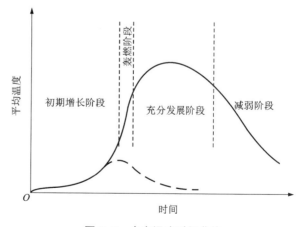

图3－9 火灾温度时间曲线

影响，此时称为燃烧控制阶段。如果地下空间内最初的可燃物全部烧完，又没有新的可燃物，在空气供给不足的情况下火会自行熄灭；如果可燃物和空气供给充足，且没有外界干预，火区面积不断增大，但通风状况无法满足火势继续增长的需求时，这一阶段称为通风控制阶

段。在通风控制阶段，火源及火源附近存在高温，但室内平均温度还比较低。燃烧控制和通风控制阶段是灭火的最佳时期，火势不大，很快就能扑灭，这两个阶段的持续时间对人员疏散也具有重要意义。当通风状况可以满足火势继续增长的需求时，火灾将不断扩大，所有可燃物都卷入燃烧，出现轰燃现象。

（2）轰燃阶段。

轰燃是指局部燃烧转化为全面燃烧的现象，轰燃发生的时间较短，轰燃意味着火灾将由初期增长状态转换为充分发展的状态。轰燃发生的前提是没有外界干预、氧气供给充足和有一定数量的可燃物可供燃烧，氧气的含量决定了火灾的规模。若没有满足这3个前提，将不能出现轰燃。轰燃发生之后，所有可燃物都开始燃烧，极易将单个火源转变成多个火源，温度不断升高，对建筑物结构造成一定的影响，且产生的烟气也会造成地下人员中毒。轰燃还和建筑物的燃烧性能、燃烧环境、装修材料等相关。

（3）充分发展阶段。

在火灾的充分发展阶段，燃烧已经趋于稳定，大火燃烧时间由地下空间的通风条件所决定。空间内温度不断上升达到最大值，高温会造成其他结构的破坏，且燃烧过程中产生的烟气会携带一些可燃颗粒，引导火势蔓延到附近区域，此时，未成功逃离的人员将面临生命危险。实验发现，火灾充分发展阶段所燃烧的可燃物占整个火灾过程中燃烧掉的可燃物总量的80%。在火灾充分发展阶段，灭火需要投入很多的人力、物力，空间内产生的大量烟气也大大影响了人员的疏散，故火灾充分发展阶段的灭火难度要远远高于火灾初期增长阶段。

（4）减弱阶段。

减弱阶段是火势逐渐变小直到火焰熄灭的阶段。伴随着可燃物的消耗、温度的下降，大火的燃烧速率逐渐变小，最终火焰熄灭，可燃物变成焦炭。在这一阶段，虽然燃烧停止，但燃烧区域的温度仍然很高，热量也会维持一段时间，如果有足量的氧气供应，剩下的焦炭会发生回燃现象，对周围人员及附近空间仍具有很大威胁。研究发现：大火燃烧持续时间越长，温度下降的速度就越慢。火灾进行时间低于3600 s时，温度下降速度为0.2℃/s；火灾进行时间高于3600 s时，温度下降速度为0.133℃/s。在灭火过程中，要限制空气的流通，防止发生回燃现象。

火灾初期增长阶段，可燃物燃烧速度慢，热释放速率小，是整个火灾过程中持续时间较长的阶段，且对于人员疏散和火灾扑救具有重要意义，因此应重点分析这一阶段烟气流动规律、温度变化情况，以便更好地控制火灾。

3.2.2　地下空间火灾特点

地下空间的火灾特点和火灾危害主要表现在如下几个方面：

（1）火灾蔓延迅速。

由于地下空间相对狭长，一旦发生火灾，燃烧产物会随火灾烟气向一端或两侧快速蔓延。地下空间内具有通风系统，一些有车辆通行的通道更会对空间内的烟气流动造成一定影响，加速烟气的蔓延。同时，建筑内的可燃物相对集中且类型多样，如果在火灾发生时未能及时控制火势，有可能导致轰燃，进而引燃空间内的其他可燃物，造成火势骤猛。

（2）烟气温度高、浓度大。

地下狭长空间的密闭性较好，空间受限，一旦发生火灾，部分可燃物燃烧不充分，会产生含有大量有毒气体的浓烟，使空间内人员眩晕、窒息，甚至中毒。同时，由于狭长空间内散热缓慢，热烟气不易排出，会使空间内部温度骤升，较短时间内就会发生轰燃，迅速进入充分发展控制阶段。随着火灾的完全发展，烟气层中有毒气体的浓度会骤增，对人员逃生构成极大威胁。研究表明，地下空间会比地上建筑更早产生轰燃现象，轰燃发生后烟气层温度会急剧上升到800~900℃，最高可达1200℃。

（3）人员疏散困难。

有的地下空间如地铁站内的人员密度较大，由于空间狭长，人员的疏散距离增大，甚至超过了消防规范中的30 m。此外，与地面建筑不同，地下狭长空间内热烟气的运动方向与人员的疏散方向一致，烟气的蔓延通道同时也是人员的逃生通道。这些因素都严重影响地下狭长空间内人员的安全疏散。

（4）火灾扑救难度大。

由于地下空间位于地表以下，火灾的烟气和停电等原因使得能见度很低，消防人员很难观测到起火位置和燃烧情况。在进行火灾扑救时，烟气的运动方向与救援方向正好相反，大量高温烟气迎面扑来，使消防人员很难接近火源。同时，由于火灾发生在地下，通信信号不好，造成通信指挥困难。此外，由于地下空间狭长且空间内堆放了大量物质，供水距离较长，大型的消防设备不能进入，最终导致消防人员很难有效地控制火势。

从以上对火灾特点的分析中不难看出，狭长地下空间一旦发生火灾，容易引发轰燃，且轰燃发生后火灾的破坏性和危险性比地上建筑火灾更甚，会导致地下结构坍塌和群死群伤的重大事故。

3.2.3 地下空间火灾的危害

在火灾中，烟气视觉影响、热和烟气毒性是阻碍逃生的重要因素。据相关资料，火灾死亡人员中的绝大部分是烟气及有毒气体吸入致死。火灾的危害主要表现在以下几个方面：

（1）缺氧与窒息。

可燃物在燃烧过程中会产生大量的有毒气体，同时要消耗大量的氧气。空气中氧气的含量减少，向人体组织供应的氧气则不足，影响人的精神和肌肉活动能力，并使人呼吸困难，甚至使人窒息死亡。

（2）中毒。

火灾中各种材料燃烧，会产生氯化氢、氰化氢等多种有毒气体。火灾发生时，由于大量的氧气用于可燃物燃烧，空气中的氧浓度显著下降，若在这种低氧的环境中时间过长，就会造成呼吸障碍，使人失去理智、痉挛、脸色发青，甚至窒息死亡。在火灾的发展过程中，当燃烧充分时，会产生大量的二氧化碳；当氧气不足时，会产生大量的一氧化碳；低温时，可能产生氮氧化合物；高温时，会产生氨气和一氧化碳。这些有害气体对人的危害是综合性的，各因素对人的影响强度是不同的。

火灾烟雾中的有毒气体成分复杂，见表3-6。其中，一氧化碳（CO）是火灾中一种具有很大毒性的窒息性气体，会妨碍血液正常的携氧和供氧功能，造成全身组织缺氧，使需氧生物缺氧窒息死亡，疏散时一氧化碳的最大允许浓度为20%；氰化氢（HCN）是火灾有害燃烧产物中的快速剧毒物之一，它的毒性是一氧化碳（CO）的25倍，人体对氰化氢5 min耐受浓度为250~400 μL/L，30 min耐受浓度为170~230 μL/L，疏散时氰化氢的最大允许浓度为

0.02%；氨气（NH_3）是一种碱性物质，除腐蚀作用以外，还会引起心脏停搏、呼吸停止，其损害比酸性物质对人的损害更严重；一氧化氮（NO）、二氧化氮（NO_2），可对蛋白质、核酸等生物大分子及细胞成分的结构和功能造成影响，使生物体机能异常。火灾烟气中还会含有其他的刺激性有毒气体，如二氧化硫（SO_2）、硫化氢（H_2S）、丙烯醛，以及固体和液体颗粒，能损害人体的某些器官和功能系统，堵塞呼吸道，严重时危害生命。

表 3-6　火灾中出现的典型气体　　　　单位：10^{-6}

火灾中可能出现的部分气体	环境中最大允许浓度	致人麻木极限浓度	致人死亡极限浓度
CO	5000	30000	200000
CO_2	50	2000	13000
HCN	10	200	270
H_2S	10		1000~2000
HCl	5	1000	1300~2000
NH_3	50	3000	5000~10000
HF	3		
SO_2	5		400~500
Cl_2	1		1000
NO_2	5		240~775

注：致人麻木极限浓度表示火灾疏散条件所允许的最低浓度。

（3）高温危害。

火灾烟气的高温对人、对物都会产生不良影响。试验表明，着火房间内温度低可达 500~600℃，高可达 800~1000℃，甚至更高。人暴露在高温烟气中，60℃时可短时间忍受；在 120℃时，15 min 内就会产生不可恢复的损伤；在 175℃时，能忍受的时间小于 1 min。

相关资料表明，当热辐射在 1.2 kW/m^2 时，人能忍受较长时间；在 4 kW/m^2 时，能忍受几十秒左右；在 12 kW/m^2 时，能忍受几秒钟；而 30 kW/m^2 以上时，仅需 1 s 即可能受伤。

（4）烟气的减光性。

烟气的减光性是指火灾烟气中的烟粒子对可见光的遮蔽作用。由于烟气的减光作用，有烟场合下的能见度必然有所下降，而这会对火灾中人员的安全疏散造成严重影响。可见光的波长为 0.4~0.7 μm，一般火灾烟气中烟粒子粒径范围为几微米到几十微米。当烟气在空间内弥漫时，因烟粒子对可见光的遮蔽，人员的能见度大大降低。试验证明，烟气的浓度达到最大是在着火后大约 15 min，此时人们的能见距离一般只有 10 cm。人的行走速度随着消光系数的增大而减慢，在刺激性烟气环境下，行走速度减慢得更厉害。当消光系数为 0.4 L/（mol·cm）时，人通过刺激性烟气的表观速度仅是通过非刺激性烟气时的 70%；当消光系数大于 0.5 L/（mol·cm）时，人通过刺激性烟气的表观速度降至约 0.3 m/s，相当于蒙上眼睛时的行走速度。由于无法睁开眼睛，受试者的行走速度下降，只能走"之"字形或沿着墙壁一步一步地挪动。

（5）热烟尘。

热烟尘是由燃烧中析出的碳粒子、焦油状液滴以及房屋倒塌时扬起的灰尘所组成。这些烟尘进入人的呼吸系统后，会堵塞、刺激黏膜。其毒害作用随着温度、直径的不同而不同，温度高、直径小、化学毒性大的烟尘对呼吸道的损害最严重，直径在 5 μm 左右时，烟尘一般只停留在上呼吸道；3 μm 左右的进入支气管；1 μm 的烟尘会进入肺泡组织。进入呼吸道的烟尘会由于气管壁上的纤毛运动被输送到咽喉，或被咳出或被吞入胃内。

此外，火灾中大量烟气的产生会对人员造成心理恐慌，使人惊慌失措，有的甚至失去理智，做出一些不理智行为，比如从楼梯跳下试图逃离火灾场地等。火灾中的不完全燃烧产物，如 CO、HS、HCN、NH、苯类等，一般都是爆炸下限不高的易燃物质，极易与空气形成爆炸性的混合气体，使火场有发生爆炸的危险。火灾不仅会导致人员伤亡，地下空间结构往往也会由于热烟气或火焰燃烧造成损毁乃至垮塌，造成巨大的经济损失，给社会造成恶劣影响。

3.2.4 防火设计规范

以隧道为例，隧道给交通出行带来了巨大便利，同时也对消防安全提出了挑战。从20世纪70年代起，英国、德国、瑞典、挪威、意大利等国家就进行了一系列隧道火灾研究与规范制定。发达国家在该领域研究较为系统深入，国家标准规范也相对完善。例如，国际铁路联盟（UIC）作为全球铁路行业的专业组织，在地铁及隧道工程消防安全方面做了大量研究，出台了系列标准，其中涉及消防安全的两部重要标准为 UIC 564-2《客运轨道车辆或国际联运车辆防火和消防规范》和 UIC 779-9《铁路隧道安全标准》。世界道路协会（PIARC）于1909年成立，下属公路隧道运营技术委员会（TC3.3）负责公路隧道火灾烟气控制及通风系统和设备领域。委员会分6个工作组，其中 W 工作组6（WG6）负责火灾烟气控制技术，研究成果为 TC-505.05.B 1999《公路隧道火灾及烟气控制》与 TC3.3 2007《公路隧道火灾和烟气控制系统及设备》。欧洲标准化委员会（CEN）针对隧道消防安全发布了具有法律效用的行政指令2004/54/EC《泛欧洲公路网中隧道的最低安全要求》，规定了隧道的最低安全要求，提出应防止因突发事件影响人员生命安全、破坏环境和隧道设施。美国消防协会（NFPA）是美国标准局授权的制订、修订消防技术标准与规范的机构，涉及地铁及隧道工程防火技术的主要标准有两项，即 NFPA 502《公路隧道、桥梁和其他限制性通道标准》与 NFPA 130《固定轨道交通和铁路客运系统标准》，被美国各州和一些联邦机构采用，成为具有法律效用的标准法规。德国建立了完整的隧道安全标准体系，包括《铁路隧道建设和运营防火要求》《铁路隧道防火与灾害防护》标准，RABT 2002《公路隧道设施及运行指南》与 ZTV-Tunnel《公路隧道结构附加技术条件》。

虽然我国地铁和隧道建设自改革开放以来步入了快速发展期，但防火设计标准规范滞后。对于隧道、地铁工程，以推荐标准和行业标准为主，尚无专项防火设计国家标准。现行的地铁、隧道相关标准规范主要有《公路隧道设计规范 第一册 土建工程》（JTG 3370.1—2018）、《地铁设计规范》（GB 50157—2013）、《地铁工程施工安全评价标准》（GB 50715—2011）和《城市轨道交通技术规范》（GB 50490—2009）等。这些标准侧重于地铁、铁路隧道和山岭公路隧道的施工和安全运营，涉及防火的条款少而不全。而国家标准《建筑设计防火规范(2018 年版)》（GB 50016—2014)虽对城市交通隧道防火设计提出了一些规定，但未对城市区域内的交通、观光游览隧道的防火设计作出规定。因此，针对城市轨道交通建设的发展需求，地下空间的特殊建筑环境形态，以及轨道交通领域本身防火技术标准不健全等问题，国家对于此部分空缺高度重视，2018 年由住房和城乡建设部发布了《地铁防火设计标准》与目前正在制订的国家标准《公路隧道消防技术规程》(正在修订)为地下空间火灾提供了技术支撑。

因此，下面将从隧道防火的一般规定、隧道火灾自动报警系统规范要求、隧道灭火设施、隧道防排烟设计计算、隧道疏散 5 个方面进行介绍。

1. 隧道防火的一般规定

隧道消防设施应根据隧道类别和隧道防火等级，按表 3-7 的标准设置。

表 3-7 隧道内消防设施的设置

消防设施		隧道类型	防火等级					备注
			A⁺级	A 级	B 级	C 级	D 级	
火灾报警设备	火灾探测器	水下隧道	●	●	●	▲		1. 封闭段长度≤500 m 的水下隧道、≤1000 m 的山岭隧道可不设置 2. 没有机械排烟设施和自动灭火系统的隧道应设置
		高速公路隧道	●	●	▲			
		一级公路隧道	●	●	▲			
	手动报警按钮	水下隧道	●	●	●	▲		封闭段长度≤500 m 的水下隧道、≤1000 m 的山岭隧道可不设置，但如果设有火灾探测器，则相应应设置
		高速公路隧道	●	●	▲			
		一级公路隧道	●	●	▲			
	消防电话	水下隧道	●	●	●	▲		设置火灾自动报警系统的隧道应设置消防电话，可与隧道紧急电话兼用
		高速公路隧道	●	●	▲			
		一级公路隧道	●	●	▲			
	消防应急广播	水下隧道	●	●	●	▲		设置火灾自动报警系统的隧道应设置消防应急广播，可与隧道广播兼用
		高速公路隧道	●	●	▲			
		一级公路隧道	●	●	▲			
	火灾警报器	水下隧道	●	●	●	▲		设置有火灾探测器的隧道入口及隧道外应设置声光警报装置，隧道内应设置红光闪烁的光警报装置
		高速公路隧道	●	●	▲			
		一级公路隧道	●	●	▲			

续表3-7

消防设施		隧道类型	防火等级					备注
			A⁺级	A 级	B 级	C 级	D 级	
灭火设施	灭火器	各类隧道	●	●	●	●	▲	
	室内消火栓箱	水下隧道	●	●	●	●	▲	长度≤500 m 的隧道可不设置
		高速公路隧道	●	●	▲			长度≤1000 m 的隧道可不设置
		一级公路隧道	●	●	▲			
	泡沫消火栓箱	水下隧道	●	●	●	●	▲	长度≤500 m 的隧道可不设置
		高速公路隧道	●	●	▲			长度≤1000 m 的隧道可不设置
		一级公路隧道	●	●	▲			
	水泵接合器	水下隧道	●	●	●	●	▲	长度≤500 m 的隧道可不设置
		高速公路隧道	●	●	▲			长度≤750 m 的隧道可不设置
		一级公路隧道	●	●	▲			
	泡沫-水喷雾灭火系统	水下隧道	●	●	●	▲		长度≤1000 m 的隧道可不设置
防排烟设施	机械排烟设施	水下隧道	●	●	●	▲		长度≤500 m 的隧道可不设置
		高速公路隧道	●	●	●	▲		长度 >1000 m 的公路隧道应设置
		一级公路隧道	●	●	●	▲		
应急照明及疏散标志	消防应急照明	水下隧道	●	●	●	▲		长度>500 m 的隧道应设置
		高速公路隧道	●	●	●	▲		
		一级公路隧道	●	●	●	▲		长度>1000 m 的公路隧道应设置
	疏散指示标志	各类隧道	●	●	●	▲		1. 长度≥500 m 的隧道应设置 2. 隧道内横通道、专用疏散通道等疏散通道应设置

注：●表示应设置；▲表示宜设置；空格表示可不设置。

隧道管理所(站)、消防控制室或隧道监控室、消防水泵房等附属用房宜设置在隧道外，其防火设计应符合下列规定：

①耐火等级应为一级。②附属用房应单独划分防火分区，每个防火分区的最大允许建筑面积不应大于1500 m²，每个防火分区的安全出口数量不应少于 2 个。③建筑面积不大于200 m²且无人值守的设备用房可设置 1 个安全出口。④隧道内的附属用房之间及与疏散通道、横通道之间，应采用耐火极限不低于 2.00 h 的防火隔墙分隔；附属用房疏散通道的隔墙和顶板的耐火极限不应低于 1.50 h。⑤有人值守的附属用房应靠近横通道或专用疏散通道设置，其通往横通道或专用疏散通道入口处的门应采用火灾时能自行关闭的甲级防火门。

2. 隧道火灾自动报警系统规范要求

隧道及其内部附属设施的火灾自动报警系统设计尚应符合现行国家标准《火灾自动报警

系统设计规范》(GB 50116—2013)的有关规定。

(1)隧道火灾自动报警系统的一般要求：

①隧道口附近区域、车行及人行互通的隧道多洞及其内部附属用房、专用及兼用疏散通道应划分为一个报警区域。

②隧道的探测区域应按隧道防烟排烟分区、灭火分区的联动需要划分，且不应大于100 m。隧道内附属用房、隧道用电缆通道、伴行电缆通道应按建筑分隔划分探测区域。

③火灾自动报警系统的报警响应时间不应大于60 s。在火源位于隧道探测区域分段中部和断面1.2~1.8 m/s纵向风速条件下，应能正确指示报警部位。

(2)火灾探测器应符合下列规定：

①水下隧道、山岭隧道应选用分布式线型光纤感温火灾探测器或光纤光栅线型感温火灾探测器，且应同时选用点型红外火焰探测器或图像型火灾探测器。其他隧道应选用上述其中之一的火灾探测器。

②火灾探测器的设置应覆盖行车道通行限高内的空间，无火灾探测盲区，探测器宜从隧道洞口顶部以内10 m处开始设置。

③线型感温部件应沿隧道纵向设置在车道上方距顶部0.1~0.2 m处，横向保护半宽度不应大于1条车道。

④图像型火灾探测器应设置在检修道侧隧道壁上且保护朝向应与邻近车道的行车方向一致，距地面的安装净高度不应小于2.7 m且其边缘距检修道外侧限界不应小于0.1 m。

⑤点型红外火焰探测器应设置在检修道侧隧道壁上且距地面的安装净高度不应小于1.5 m；安装净高度小于2.7 m时应嵌入隧道壁安装并确保探测方位不被改变；安装净高度为2.7 m及以上时其边缘距检修道外侧限界不应小于0.1 m。

⑥隧道用电缆通道、伴行电缆通道内应设置分布式线型光纤感温火灾探测器或光纤光栅线型感温火灾探测器。

3.隧道灭火设施

(1)设有消防给水的隧道，应设置隧道室外消火栓系统及水泵接合器，并应符合下列规定：

①隧道室外消火栓与隧道口的距离不宜大于40 m；水泵接合器距室外消火栓的距离不宜小于15 m，且不宜大于40 m。

②长度大于3000 m的双向交通隧道、长度大于或等于5000 m的单向交通隧道，应在隧道内设置室外消火栓，室外消火栓宜设置在车行横通道或紧急停车带内，在双向交通隧道中的设置间距不宜超过1000 m，在单向交通隧道中的设置间距不应超过1500 m。

③室外消火栓、水泵接合器的数量经计算确定，室外消火栓、水泵接合器的流量应按10~15 L/s计算。

④室外消火栓、水泵接合器应采用地上式室外消火栓、水泵接合器，严寒地区采用地下式消火栓、水泵接合器时，应有明显标志。

⑤隧道的室外消火栓系统设计流量和火灾延续时间不应小于表3-8的规定。

表3-8 隧道室外消火栓系统设计流量和火灾延续时间

防火等级	室外消火栓设计流量 /(L·s⁻¹)	每支消防水枪最小流量 /(L·s⁻¹)	同时使用消防水枪数量 /支	火灾延续时间 /h
A⁺级/A级	20	5	4	3
B级	15	5	3	3
C级/D级	10	5	2	2

（2）隧道的消火栓设置应符合下列规定：

①室内消火栓的设置间距不应大于表3-9的规定。

表3-9 隧道室内消火栓设置间距及位置

隧道类型	单车道隧道	双车道隧道	三车道及以上隧道
室内消火栓单侧设置间距/m	≤50	≤50	≤40
设置位置	沿隧道行车方向右侧设置		

②消火栓的栓口距检修道地面高度宜为1.1 m。

③隧道内消火栓应满足2支消防水枪的2股充实水柱同时到达隧道内任何部位的要求设置。双车道及以下单向交通隧道最不利点消防水枪充实水柱长度不应小于10.0 m，三车道隧道、双车道及以下双向交通隧道最不利点消防水枪充实水柱长度不应小于13.0 m。

④隧道消防管道的供水压力不应低于0.30 MPa，当消火栓栓口处出水压力超过0.5 MPa时，应设置减压设施。

⑤仅沿隧道单侧设置室内消火栓，且设计流量应大于或等于15 L/s。

（3）隧道内设置泡沫-水喷雾灭火系统时，其设计应符合下列规定：

①喷雾强度不应小于6.5 L/(min·m²)，最不利点处喷头的工作压力不应小于0.35 MPa，且喷头的选型和布置应避免喷雾受车辆遮挡的影响。

②泡沫混合液持续喷射时间不应小于20 min，喷雾持续时间不应小于60 min。

③宜按25 m设置一个灭火分区，且系统的作用面积不宜大于600 m²，发生火灾时灭火分区动作数量不宜少于2个。系统的设计流量应按下式计算：

$$Q_s = KQ_j \tag{3-1}$$

式中：Q_s 为系统的设计流量，L/s；K 为安全系数，应取1.05~1.10，隧道防火等级越高的，宜选用高值；Q_j 为计算流量，L/s。

④泡沫-水喷雾灭火系统的响应时间不应大于45 s。

⑤泡沫-水喷雾灭火系统控制器应具有现场和远程控制方式。远程控制采用自动触发时，宜由来自隧道同一或相邻探测区域的、两个独立的火灾报警信号，按与逻辑进行触发。

⑥泡沫-水喷雾灭火系统控制器现场操作部件，应设置在检修道侧或行车向右侧隧道壁上、高度为(1.5±0.2)m位置处的设备硐室内或嵌入隧道侧壁安装。

4. 隧道防排烟设计计算

（1）在进行阻抗计算的过程中，近似认为隧道内烟气与空气密度不变，取为1.2 kg/m³

（101325 Pa，20℃）。

①隧道分支 j 的流动阻力应按下式计算：

$$\Delta P_j = S_j Q_j^2 \tag{3-2}$$

式中：ΔP_j 为隧道分支 j 的流动阻力，Pa；S_j 为隧道分支 j 的体积流量阻抗，kg/m^7；Q_j 为隧道分支 j 上的体积流量，m^3/s。

②阻抗应按下式计算：

$$S_0 = \frac{\left(\gamma \dfrac{L}{D} + \sum \varepsilon\right)\rho_0^*}{2A^2} \tag{3-3}$$

式中：γ 为沿程阻力系数，沿程阻力系数与局部阻力系数可参照《公路隧道通风设计细则》（JTG/T D70/2-02—2014）的附录 A、B、C；L 为隧道分支长度，m；D 为隧道水力直径，m；ρ_0^* 为隧道分支内烟气或空气密度，kg/m^3；ε 为隧道分支局部阻力系数；A 为隧道分支的横截面积，m^2。

（2）当高温烟气流经有高差的隧道分支时，需计算该隧道分支上的热压。根据烟气在具有纵坡的隧道中流过的距离，计算出由壁面传热导致的烟气热量损失，并计算出口处的烟气温度。根据烟气密度的沿程变化特性，计算出该隧道上烟气的热压。

①隧道分支 j 的气流热平衡应按下式计算：

$$c_p M_j(t_{end,j} - t_{sta,j}) = Q_{f,j} - Q_{w,j} \tag{3-4}$$

式中：c_p 为空气的定压比热，取为 1.01 kJ/(kg·K)；M_j 为隧道分支 j 的质量流量，kg/s；$t_{sta,j}$ 为隧道分支 j 中烟气或空气位于起始端的温度，℃；$t_{end,j}$ 为隧道分支 j 中烟气或空气位于末端的温度，℃；$Q_{f,j}$ 为隧道分支 j 上发生火灾时，通过对流部分进到空气中的热量，取火源功率的 2/3；没有发生火灾时，$Q_{f,j} = 0$。$Q_{w,j}$ 为隧道分支 j 通过围护结构损失掉的热量，kW。

②火源下游的烟气温度衰减可近似认为是指数衰减，可按下列公式计算：

$$\Delta T = \Delta T_{max}e^{-kx} \quad k = \frac{hP}{mC_p} \tag{3-5}$$

式中：x 为下游某一横截面距火源位置的轴向距离，m；ΔT 为在火源下游 x 处，烟气温度与环境的温度差，℃；ΔT_{max} 为火源位置烟气的最大温升，℃；k 为火源下游烟气温度的衰减系数；P 为隧道横截面的周长，m；m 为空气的质量流量，kg/s；h 为烟气与壁面的换热系数，W/(m^2·K)；C_p 为空气定压比热，取为 1.01 kJ/(kg·K)。

③对流换热系数 h 可按下列公式计算：

$$Nu = \frac{hD}{\lambda} = 0.0265Re^{0.8}Pr^{0.3}, \quad D = \frac{4A}{P}, \quad Re = \frac{VD}{v} \tag{3-6}$$

式中：λ 为空气的导热系数，W/(m·K)；D 为隧道的水力直径，m；V 为隧道内的纵向风速，m/s；v 为空气的运动黏度，m^2/s；A 为隧道横截面积，m^2。

注：对流换热系数也可取为定值，$h = 20 \sim 40$ W/(m^2·K)。

（3）在设计计算中，用隧道分支上的升压力代表射流风机的作用，射流风机的升压力可按下式计算。其他风机型号应根据所需风量、风压及选定的风机类型确定。

$$\Delta P_j = \rho v_j^2 \frac{A_j}{A_\gamma}\left(1 - \frac{v_\gamma}{v_j}\right)\eta \tag{3-7}$$

式中：ΔP_j 为单台射流风机的升压力，Pa；ρ 为空气密度，kg/m；v_j 为射流风机的出口风速，m/s；A_j 为射流风机的出口截面积，m^2；A_γ 为隧道截面积，m^2；v_γ 为隧道内形成的风速，m/s；η 为射流风机位置摩阻损失折减系数。

当隧道断面上安装 n 台射流风机时，总升压力为 n 个射流风机作用力之和，应按下式计算：

$$P_{s,j} = \sum_{i=1}^{i=n} \Delta P_{j,i} \tag{3-8}$$

5. 隧道疏散

除隧道出入口外，应根据隧道的建筑、交通、环境等特点设置不同的供人员、车辆疏散和救援的人行横通道、车行横通道、专用疏散通道、竖(斜)井、纵向管廊或直接通向地面的通道等，并应符合下列规定：

①隧道长度大于 600 m 的单向隧道，可在伴行隧洞之间设置护卫人员安全疏散的人行横通道，以及供救援车辆通行的车行横通道。

②防火等级为 A 级以上的水下隧道宜设置专用疏散通道进行人员疏散，并设置相应车道以供救援车辆通行。

③盾构隧道可利用隧道路面以下的纵向管廊作为人员安全疏散通道，并设置相应车道以供救援车辆通行。

④分层隧道可利用上、下层隧道互为安全疏散通道，并设置相应转换车道以供救援车辆通行。

⑤隧道内的设施不应影响人员和车辆的安全疏散。

⑥隧道内的检修道、人行道应兼作火灾时隧道行车空间的人员疏散通道。检修道上不得设置妨碍人员疏散的障碍物或设施设备。

专用疏散通道的设置应符合下列规定：

①宜与隧道并行。②应设置不少于 2 个、不同疏散方向的安全出口。③隧道与专用疏散通道之间应设置连接通道，连接通道与隧道之间应采用甲级防火门等分隔，连接通道的设置间距不宜大于 300 m。④专用疏散通道及其连接通道的净宽度不应小于 1.2 m，净空高度不应小于 2.1 m。⑤通道的坡度大于 20% 时，应设置踏步，且两侧应设置 0.9 m 高的扶手。

3.3 地下空间火灾探测与预警

深埋于地下的地铁、隧道等地下空间结构复杂特殊，一旦发生火灾，往往会造成重大的人员伤亡和财产损失。如何有效地预防和减少地下空间火灾事故中的人员伤亡，尤其是防止大规模伤亡事故的发生，已成为国内外公共安全工作的重要组成部分。为避免中国大型地铁车站、隧道发生火灾等紧急情况，有必要建立和完善其火灾专项消防安全工作预警机制，为火灾后有效疏散乘客提供必要的技术支撑。

3.3.1 火灾自动报警系统

火灾自动报警系统(fire alarm system，FAS)是探测地下空间火灾早期特征，发出火灾报警信号，为人员疏散、防止火灾蔓延和启动自动灭火设备提供控制与指示的有力工具，是实现地下空间运营安全的重要硬件保障。

火灾自动报警系统起着十分重要的消防安全保障作用。常言道"预防重于救火"，但预防却无法完全避免火灾发生，如果火灾发生时能被及时发现，并采取有效的控制措施，那么可将火灾造成的损失降到最低。在保护地下空间内的财产方面，火灾自动报警系统也起着不可替代的作用。功能复杂的地下空间结构比比皆是，其火灾危险性很大，一旦发生火灾会造成重大财产损失；存放重要物质，物质燃烧后会产生严重污染，及施加灭火剂后会导致物质价值丧失的场所，均应在保护对象内设置火灾预警系统，在火灾发生前，探测火灾的征兆特征，防止火灾发生或在火势很小尚未成灾时就及时报警。

3.3.2　火灾自动报警系统分类

火灾自动报警系统根据保护对象的不同可分为三种：区域火灾自动报警系统，宜用于二级保护对象；集中火灾自动报警系统，宜用于二级和一级保护对象；控制中心报警系统，宜用于特级和一级保护对象。

（1）区域火灾自动报警系统。

区域火灾自动报警系统是火灾自动报警系统组成的一种形式，它是由电子元件组成的自动报警和监控装置。当探测器检测到火灾信号，电子线路将火灾信号转换为电压或数字信号，通过导线传输到区域报警器，经过处理后发出声光报警信号，同时将火灾部位传输给集中报警控制器。其适用于较小范围的保护。

区域报警控制器的设置应该符合以下规定：1个报警区域宜设置1台区域报警控制器，系统中区域报警控制器不应该超过3台；当用1台区域报警控制器警戒数个楼层时，应在地下每层楼梯口明显部位装设识别楼层的灯光显示区域；区域报警控制器安装在墙上时，其底边距地面的高度不应小于1.5 m；靠近门轴的侧面距墙不应小于0.5 m，正面操作距离不应小于1.2 m，区域报警控制系统宜设在有人值班的房间。

（2）集中火灾自动报警系统。

集中火灾自动报警系统是由电子线路组成的集中自动监控报警装置，各个区域报警巡回检测带的信号均集中到这一总的监控报警装置，系统组成如图3-10所示。它具有部位指示、区域显示、巡检、自检、火灾报警音响、计时、故障报警、记录打印等一系列功能，在发出报警信号的同时可自动采取系统的消防功能控制动作，达到消防的目的，适用于较大范围内多个区域的保护。

集中报警控制器的设置应该满足以下规定：系统中应设有1台集中报警控制器和2台以上区域报警控制器；集中报警控制器的容量不宜小于保护范围内探测区域总数；集中报警控制器距墙不应小于1 m，正面的操作距离不应小于2 m。

（3）控制中心报警系统。

控制中心报警系统由消防控制室的消防控制设备、集中火灾报警控制器、区域火灾报警控制器和火灾自动报警探测器等组成，或由消防控制室的消防控制设备、火灾报警控制器、区域显示器和火灾自动报警探测器等组成，是功能复杂的火灾自动报警系统，构成模式如图3-11所示。该系统的容量较大，消防设施控制功能较全，适用于大型地下空间的保护。

控制中心报警系统的设置应该满足以下规定：系统中应至少设置1台集中报警控制器和必要的消防控制设备；设在消防控制室以外的集中报警控制器，均应将火灾报警信号和消防

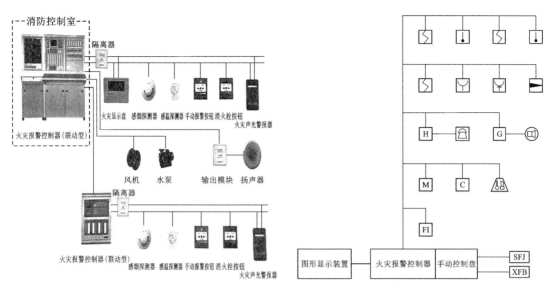

图 3-10　集中报警系统的组成示意图

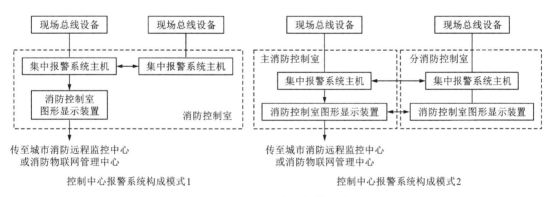

控制中心报警系统构成模式1　　　　　　控制中心报警系统构成模式2

图 3-11　控制中心报警系统

联动控制信号送至消防控制室；区域报警控制器和集中报警控制器的设置，应符合上述控制中心报警系统的有关要求。

3.3.3　火灾自动报警系统的组成

火灾自动报警系统能够在火灾初期将燃烧产生的烟雾、热量和光辐射等物理量，通过感温、感烟和感光等火灾探测器变成电信号，传输到火灾报警控制器，并同时显示出火灾发生的部位，记录火灾发生的时间。

火灾自动报警系统由触发装置、火灾报警装置、火灾警报装置及消防控制设备组成。

（1）触发装置。

触发装置是指能够产生火灾报警信号的装置，它包含自动和手动两类。自动触发装置有火灾探测器、水流指示器和压力开关等。手动触发装置有手动报警按钮、消火栓按钮等人工手动发送信号、通报火警的触发器件，这种装置简单易行、可靠性高，但需人工操作。

（2）火灾报警装置。

在火灾自动报警系统中，用于接收、显示和传递火灾报警信号，并能发出控制信号和具有其他辅助功能的控制指示设备称为火灾报警装置。火灾报警控制器就是其中最基本的一种，如图3-12所示。

火灾报警控制器具备为火灾探测器供电，接收、显示和传输火灾报警信号，并能对自动消防设备发出控制信号的完整功能，是火灾自动报警系统中的核心组成部分。

  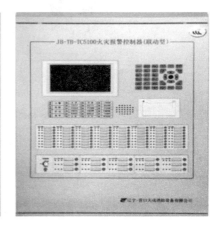

图3-12 火灾报警装置

（3）火灾警报装置。

火灾警报装置是火灾自动报警系统中用于发出区别于环境的声、光的火灾警报信号装置。警报装置应同时设置灯光及音响，因为声音在空间传播，故警报器发出音响信号是主要的，灯光是辅助的，并且它们之间是相互独立的，不因其中一个的故障而影响另一个的正常工作，警铃与声光报警器如图3-13所示。

(a) 警铃　　　　　　　　(b) 声光报警器

图3-13 火灾警报装置

（4）消防控制设备。

在火灾自动报警系统中，当接收到来自触发器件的火灾报警信号，能自动或手动启动相关消防设备并显示其状态的设备，称为消防控制设备。其主要包括火灾报警控制器，自动灭火系统的控制装置，室内消火栓系统的控制装置，防烟排烟系统及空调通风系统的控制装置，常开防火门、防火卷帘的控制装置，电梯回降控制装置，以及火灾应急广播、火灾警报装置、消防通信设备、火灾应急照明与疏散指示标志的控制装置等 10 类控制装置中的部分或全部。

3.3.4　火灾探测器

火灾探测器是感受火灾信号的装置，根据其工作特点分别安装在建筑物的不同部位，并通过某些方式连接到火灾报警控制器上。根据探测的火灾参数的不同，火灾探测器分为感烟火灾探测器、感光火灾探测器、复合火灾探测器、气体火灾探测器等几种形式，详细介绍见表 3-10。

表 3-10　火灾探测器分类

类型	结构造型	探测原理		实物图
感烟火灾探测器	点型	离子感烟探测器	单源单室感烟探测器 双源双室感烟探测器 双源单室感烟探测器	
		光电感烟探测器	减光型感烟探测器 散射型感烟探测器	
	线型	吸气式感烟火灾探测器		
		线型光束感烟火灾探测器；截面感烟火灾探测器		
	图像型感烟火灾探测器			
感温火灾探测器	点型	定温	玻璃球膨胀定温探测器；易熔合金定温探测器；金属薄片定温探测器；双金属水银定温探测器；热电偶定温探测器；半导体定温探测器	(a)点型感温探测器
		差温	金属模盒式差温探测器；热敏电阻差温探测器；半导体差温探测器；双金属差温探测器	
		差定温	金属模盒式差定温探测器；热敏电阻差定温探测器；双金属差定温探测器；半导体差定温探测器；模盒式差定温探测器；热电偶线型差定温探测器	
	线型	定温	半导体线型定温火灾探测器；缆式线型定温火灾探测器；光纤布拉格光栅定温火灾探测器；分布式光纤线型定温火灾探测器；线型多点型感温火灾探测器	(b)线型感温探测器
		差温	空气管式线型差温火灾探测器；热电偶线型差温火灾探测器	
	图像型感温火灾探测器			

续表3-10

类型	结构造型	探测原理	实物图
感光火灾探测器		点型紫外火焰探测器；红紫外复合火焰探测器	
		点型红外火焰探测器；双红外火焰探测器；三红外火焰探测器	
		图像型火焰探测器	
气体火灾探测器		半导体气体探测器；接触燃烧式气体探测器；光电式气体探测器；红外气体探测器；光电式气体探测器；热线型气体探测器；光纤可燃气体探测器	
复合火灾探测器		光电烟温复合探测器；光电烟温气(CO)复合探测器；双光电烟温复合探测器；焰烟温复合探测器；双光电烟双感温复合探测器；离子烟光电烟感温复合探测器	
其他探测器		图像式、高灵敏度吸气式、空气采样式火灾探测器等	

1. 火灾探测器简介

(1)感烟火灾探测器。

感烟火灾探测器主要响应燃烧或热解产生的固体、液体微粒即烟雾粒子，主要用来探测可见或不可见的燃烧产物及起火速度缓慢的初期火灾。感烟火灾探测器可分为离子感烟探测器、光电感烟探测器、红外光束感烟探测器、激光感烟探测器。

(2)感温火灾探测器。

感温火灾探测器主要是利用热敏元件来探测火灾。该种类探测器中热敏元件的阻值随温差发生变化，从而将温度信号转变成电信号，并进行报警处理。感温火灾探测器根据动作原理可分为定温火灾探测器、差温火灾探测器和差定温火灾探测器。

(3)火焰探测器。

火焰探测器又称为感光火灾探测器，是一种响应火焰辐射光谱中的红外和紫外的点型火灾探测器，主要有紫外火焰型和红外火焰型两种。

(4)气体火灾探测器。

气体火灾探测器主要有两类：可燃气体型(主要探测对象是还原性气体)和燃烧气体产物型(主要探测对象是 CO 和 CO_2)。

①可燃气体探测器：是通过响应空气中可燃气体含量进行检测并发出报警信号的，主要

在易燃易爆场合如矿井等安装使用。②燃烧气体产物型探测器：又分为半导体气体探测器和接触燃烧式气敏探测器。

（5）复合火灾探测器

复合火灾探测器是一种响应两种以上火灾参数的火灾探测器。随着传感器技术、微处理器技术和信号处理技术的飞速发展，复合火灾探测已经成为火灾自动探测技术的发展方向。目前复合火灾探测器主要有光电感烟和感温复合、离子感烟和感温等形式。

（6）其他火灾探测器

近年来还出现了图像式、高灵敏度吸气式、空气采样式火灾探测器等，为我们进行火灾探测提供了新的技术手段和思路。

2. 火灾探测器的选择

在设计火灾自动报警控制系统时，对于不同的场合应选择不同的探测器，一般应符合下列要求。

火灾初期有阴燃阶段，产生大量的烟和少量的热，很少或没有火焰辐射的场所，应选择感烟探测器；对火灾发展迅速，可产生大量热、烟和火灾辐射的场所，可选择感烟探测器、感温探测器、火焰探测器或其组合；对火灾发展迅速，有强烈的火焰辐射和少量的烟、热的场所，应选择火焰探测器；对火灾形成特征不可预料的场所，可根据模拟试验的结果选择探测器；对使用、生产或聚集可燃气体或蒸汽的场所，应选择可燃气体探测器。

装有联动装置、自动灭火系统以及用单一探测器不能有效确认火灾的场合，宜采用感烟探测器、感温探测器、火焰探测器的组合即复合探测器；电缆隧道、竖井、夹层、桥梁和各种皮带传送装置、配电开关、变压器等场所，宜选择缆式线型定温探测器；对相对湿度大于95%的场合，在正常情况下有烟和水蒸气的场合，如厨房、锅炉房、洗衣房等，宜选用感温探测器。

3. 火灾探测技术的发展

（1）复合火灾探测技术。

复合火灾探测器是一种能够识别两种及以上火灾特征参量的火灾探测器，它的探测过程是根据多个火灾特征参量之间的逻辑关系，运用复杂算法来探测火灾。此技术大大降低了漏报、误报率，提高了可靠性。我国在这方面的研究主要是以光电感烟、感温探测构成的二参量探测技术和光电感烟、离子感烟及感温探测构成的三参量复合探测技术。

（2）空气采样火灾探测技术。

该技术采用主动吸取空气方式进行采样，可以快速识别和判断出因火灾释放到空气中的燃烧气体和烟粒子。当空气中燃烧气体或烟粒子浓度达到报警阈值时，即可实现立即报警。与普通感烟探测器相比，空气采样火灾探测器将被动探测变为主动探测，报警时间大大缩短。

（3）光纤感温火灾探测技术。

运用该技术的温度探测器是光纤或光栅，它能够检测多点实时温度值，若温度异常，能及时作出响应。目前该技术的研究运用已经很成熟，某些光纤探测温度的点数能达到数千个，测温距离能达到数千米，不同类型的光纤测温范围不尽相同，一些特殊光纤测温范围能达到 $200 \sim 700℃$，甚至更广。

(4)图像火灾探测技术。

该技术融合了图像处理技术、计算机控制技术和模式识别等高新技术，它是利用摄像头对现场进行实时监控，将采集到的图像转换为数字信号传输到计算机进行处理、分析，并结合先进的探测算法来识别火灾。该技术具有非接触式探测、灵敏度强、受环境因素限制小等优点，特别适合大空间以及环境相对恶劣的场所进行监测。

3.3.5 地铁隧道火灾报警系统的应用实例

地铁隧道火灾报警系统主要负责探测隧道火灾，并输出报警；当发生火灾情况时，负责启动或联动相关消防设备消灾，从而维护隧道所应有的安全标准，保障生命及财产不受损害。

地铁隧道火灾报警系统主要由火灾报警控制器、图形显示工作站、探测器、输入/输出模块、手动报警按钮等组成，主要实现如下功能：

(1)接收隧道内专用火灾探测器、设备用房的极早期火灾探测器、光电式感烟/温探测器，以及消火栓按钮、手动报警按钮等设备的自动、手动报警信号。

(2)火灾情况下对消火栓泵、水喷淋泵和泡沫泵进行强制性直接启动控制，并接收反馈信号；对隧道内的排烟风机、集中排风机、射流风机进行联动控制并接收反馈信号；必要时，切断隧道内非消防电源。

(3)将火灾报警点及消防设备状态显示在智能火灾报警控制器和火灾图形工作站上。

(4)通过与隧道综合监控系统的联网，将经人工确认后的报警点信息上网发布给相关系统，使相关系统联动，如将火灾地点以隧道总貌图的方式显示在综合投影屏上，抑制交通联动，强切系统灾情图像至详情监视器上，强切广播系统为消防广播使用等。

目前隧道采用的火灾探测器有双波长火焰火灾探测器、分布式光纤感温探测器和光纤光栅感温火灾探测器等。

地铁隧道除采用光纤测温系统、区间手动报警按钮、车载火灾自动报警系统作为火灾自动报警手段外，发生火灾时还可利用轨旁电话、车载无线电话等进行火灾报警。当控制指挥中心的调度指挥人员确定区间发生火灾时，可以由中央级综合监控系统发出模式控制指令，通过车站综合监控系统实施消防联动，指挥救灾。地铁隧道火灾自动报警信息流程如图 3-14 所示。在非火灾工况下，对于隧道风机是否需要启动，隧道温度是重要的判断依据，

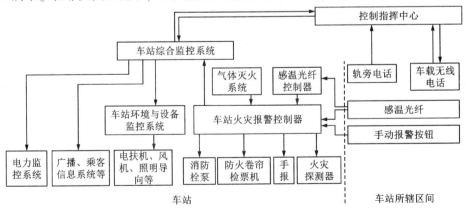

图 3-14　地铁隧道火灾自动报警信息流程

光纤测温系统能实现对隧道环境温度的监测，其监测结果通过综合监控系统的通信接口提供给车站及中央级综合监控系统，为其发出启动隧道风机的模式指令提供依据。

3.4 地下空间排烟与灭火

地下空间的封闭性增加了排烟和灭火的难度，但排烟是地下空间火灾救援的关键，本节将从灭火系统和通风排烟系统两方面介绍地下空间排烟和灭火的方法。

3.4.1 灭火系统

根据物质燃烧的要素以及解释反应条件的热理论和连锁反应理论，相应的灭火方法有以下四种。

①隔离灭火法：将正在燃烧的物体与附近有可能被引燃的可燃物质分隔开，将这些物质转移到安全地点；拆去与火源相连的易燃建筑，腾出空地，不让火势蔓延。

②冷却灭火法：最主要的方法是喷水或使用其他有冷却作用的灭火剂。由于可燃物质着火必须具备一定的温度和足够的热量，灭火时可使着火物受到冷却而降温，从而熄灭火焰。

③窒息灭火法：即阻止空气进入燃烧区，或者让氧气与燃烧物隔绝使火熄灭。可采用的办法有：向燃烧区充入大量的不助燃的惰性气体，减少空气量；封堵建筑物的门窗，燃烧区的氧一旦被耗尽，又补充不到新鲜空气，火就会自行熄灭；用石棉，或者用棉被浸湿后覆盖住燃烧物，使之与空气隔绝。

④抑制灭火法：一般是将"干粉"和用卤代烷替代产品制成的化学灭火剂足量喷射进燃烧区，使灭火剂参与燃烧反应，经过一番化学反应使燃烧终止。

1. 自动喷水灭火系统

自动喷水灭火系统是一种在发生火灾时，能自动打开喷头喷水灭火并同时发出火警信号的消防灭火设施。自动喷水灭火系统主要是由喷头系统、管道系统、阀门系统、控制系统、水泵系统等组成。该系统平时处于准工作状态，当设置场所发生火灾时，喷头或报警控制装置探测到火灾信号后立即自动启动喷水灭火。世界道路协会发表的《公路隧道火灾和烟气控制系统及设备》报告中指出大部分国家在隧道内设置了火灾探测系统，美国规定部分通行危险品的隧道内设喷淋系统，日本和澳大利亚将自动喷水灭火系统作为公路隧道内的常规设置，荷兰正在测试水喷淋系统在隧道内应用的可行性，挪威正在研究细水雾系统应用的可行性。自动喷水灭火系统是当今世界上公认最为有效的自救灭火设施，是应用最广泛、用量最大的自动灭火系统，具有安全可靠、经济实用、灭火成功率高等优点。该系统扑救初期火灾的效率达97%以上。下面就自动喷水灭火系统展开详细介绍。

1）自动喷水灭火系统的分类

根据系统中所使用的喷头形式的不同，其可分为闭式自动喷水灭火系统和开式自动喷水灭火系统两大类。

闭式自动喷水灭火系统采用闭式喷头，它是一种常闭喷头，喷头的感温闭锁装置只有在预定的环境温度下才会脱落，开启喷头。因此，在发生火灾时，这种喷头灭火系统只有处于火源之中或邻近火源的喷头才会开启灭火。

开式自动喷水灭火系统采用的是开式喷头，开式喷头不带感温闭锁装置，处于常开状态。发生火灾时，火灾所处的系统保护区域内的所有开式喷头一起喷水灭火，各种喷头示意图见图3-15。

根据工作原理的不同，闭式自动喷水灭火系统还可分为湿式自动喷水灭火系统、干式自动喷水灭火系统、干湿式自动喷水灭火系统、预作用自动喷水灭火系统、重复启闭预作用系统等形式；开式自动喷水灭火系统可分为雨淋灭火系统、水幕系统、水喷雾灭火系统等形式。

图3-15　各式喷头示意图

2）各种自动喷水灭火系统简介

（1）湿式自动喷水灭火系统。

湿式喷水灭火系统由闭式喷头、管道系统、湿式报警阀、报警装置和给水设备等组成。由于在喷水管网中经常充满压力水，故称湿式自动喷水灭火系统。

主要特点：管网始终有水，系统灭火速度快，控火效率高；系统结构简单、施工管理方便，建设投资和管理费用省；适用于各类保护对象，应用范围广；只能用于环境温度高于4℃、低于70℃的场所；湿式系统靠闭式喷头动作喷水启动，而闭式喷头是一个感温释放元件，不能像感烟探测器那样能够更早地探测火灾，致使其动作时间滞后，其联动控制步骤如图3-16所示。

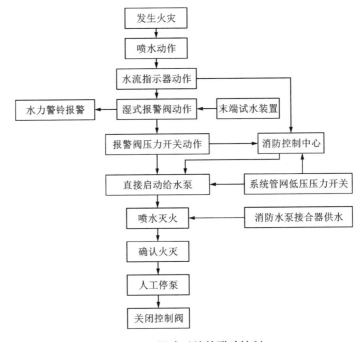

图3-16　湿式系统的联动控制

（2）干式自动喷水灭火系统。

干式自动喷水灭火系统由闭式喷头、管道系统、充气设备、干式报警阀、报警装置和给水设备等组成，其联动控制步骤如图3-17所示。

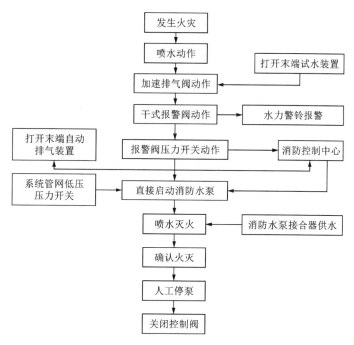

图3-17 干式系统的联动控制

主要特点：平时管道中无水，不怕冻结，并且可适应温度高的环境；建设投资和管理费用高；灭火速度小于湿式喷水系统；适用于温度低于4℃或高于70℃的建筑物；干式系统增加了一套气源供给装置，增加了造价。

（3）干湿式自动喷水灭火系统。

干湿式自动喷水灭火系统是干式系统与湿式系统交替使用的系统，它由闭式喷头、管道系统、充气设备、报警阀、报警装置和给水设备等组成。

主要特点：当转为干式自动喷水灭火系统时，报警阀后的管网无水，故可避免冻结和水汽化的危险，不受环境温度的制约，可用于一些无法使用湿式系统的场所；干湿式自动喷水灭火系统的报警阀是由干式报警阀和湿式报警阀串联而成，也可采用干湿两用报警阀，系统可交替作为干式系统和湿式系统，可以部分克服干式系统效率低的问题。

（4）预作用自动喷水灭火系统。

预作用自动喷水灭火系统由火灾探测报警控制装置、闭式喷头、预作用报警阀组或雨淋阀、管道系统、充气设备、给水设备等组成，其联动控制步骤如图3-18所示。

主要特点：具有干式系统的特点，即失火前管网是干的，因而不怕环境温度高，也不怕环境温度低；具有湿式系统的优点，水可立即从动作喷头中喷出，不延误灭火时间；可有效避免因系统破损而造成的水渍损失；能在喷头动作之前进行早期报警，以便及时组织扑救；可实现故障自动监测，从而提高了系统的安全可靠性；系统构造复杂，维护管理要求高，造

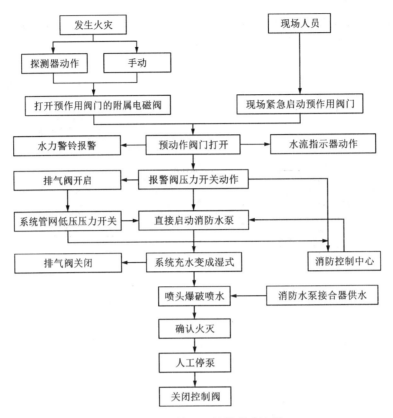

图 3-18　预作用系统的联动控制

价也高。

（5）重复启闭预作用系统。

重复启闭预作用系统是一种在灭火后能自动停止喷水，复燃后又能重复启动的预作用系统，俗称循环系统。重复启闭预作用系统与预作用系统基本相同，只是用角型隔膜式雨淋阀代替一般雨淋阀。

主要特点：功能优于以往所有的喷水灭火系统，应用范围广；能将灭火造成的水渍损失减少到最低限度；火灾后喷头的替换，可以在不关闭系统，系统仍处于准工作状态下进行；系统断电后，能自动切换转用备用电源；系统造价高，一般只用在特殊场合。

（6）雨淋灭火系统。

雨淋灭火系统（简称雨淋系统）为开式自动喷水灭火系统的一种，通常由火灾探测传动控制系统、自动控制雨淋报警阀门系统、具有开式喷头的自动喷水灭火系统组成，其联动控制步骤如图 3-19 所示。其中，火灾探测传动控制系统可采用火灾探测器、传动管网或易熔锁封来启动雨淋报警阀。当采用上述自动控制手段时，还应设手动措施备用。自动控制的雨淋报警阀系统可单独用雨淋阀或雨淋阀加湿式报警阀，可分为空管式雨淋系统和充水式雨淋系统两大类型。

主要特点：雨淋灭火系统反应快，由于采用火灾探测传动装置来控制系统的开启，从火灾发生到火灾探测装置动作开启雨淋系统灭火的时间比闭式系统喷头开启的时间短，如果采

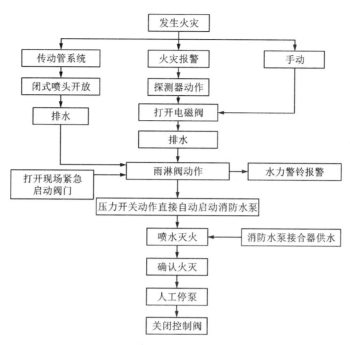

图 3-19 雨淋系统的联动控制

用充水式雨淋系统，其反应速度更快，更有利于快速出水灭火；雨淋系统灭火控制面积大，用水量大；由于开式喷头向系统保护区域上同时喷水，能有效地控制住火灾，防止火势蔓延，初期灭火用水量大。

（7）水幕系统。

水幕系统是利用水幕喷头密集喷洒所形成的水墙或水帘，起到阻烟挡火和冷却分隔作用的一种自动喷水系统。水幕系统由水幕喷头或开始洒水喷头、雨淋阀组或感温雨淋阀、管道及火灾探测控制装置等组成。水幕系统通过特殊的喷头布置方式，对简易防火分隔物进行冷却，提高其耐火性能，或阻止火焰穿过开口部位，起防火分隔作用。水幕系统可分为防护冷却水幕系统和防火分隔水幕系统。

适用范围：设置防火卷帘或防火幕等简易防火分隔物的上部；应设防火墙但由于工艺需要而无法设置的开口部位；石油化工企业中的防火分区或生产装置之间；根据消防实际需要，需用水幕系统保护的其他部位。

（8）水喷雾灭火系统。

水喷雾灭火系统是利用水雾喷头在一定水压下将水流分解成细小水雾滴进行灭火或防护冷却的一种固定式灭火系统，主要由水源、供水设备、管道、雨淋阀组、过滤器和水雾喷头等组成，如图 3-20 所示。

主要特点：水喷雾灭火系统投资小、操作方便、灭火效率高；其保护范围宽广，不仅能扑灭 A 类固体火灾，还能扑灭闪点大于 60℃的 B 类火灾和 C 类火灾，以及电气火灾；水喷雾灭火系统因水滴更小，比表面积大，单位时间内可吸收更多的热量，从而达到尽快灭火并且节水的目的；水喷雾灭火系统属于局部应用系统，喷头必须喷向保护对象，同时它必须配有附

(a) 细水雾喷头　　(b) 控制阀组

(c) 末端试水装置　　(d) 管道

图 3-20　水喷雾灭火系统

属的启动系统。

2. 泡沫灭火系统

泡沫灭火系统已在国外得到广泛应用，它是用泡沫液作为灭火剂的一种灭火方式（见图 3-21）。实践证明，该系统具有安全可靠、经济适用、灭火效率高等特点，是行之有效的灭火手段。目前我国大型泡沫灭火系统以采用空气泡沫灭火剂为主，主要是通过泡沫层的冷却、隔绝氧气和抑制燃料蒸发等作用达到扑灭火灾的目的。

图 3-21　泡沫灭火系统示意图

泡沫灭火系统根据泡沫灭火剂发泡倍数的不同分为低倍数泡沫灭火系统、中倍数泡沫灭火系统、高倍数泡沫灭火系统三类，其作用原理见图 3-22。

（1）低倍数泡沫灭火系统。

低倍数泡沫是指泡沫混合液吸入空气后，体积膨胀小于 20 倍的泡沫。低倍数泡沫灭火系统主要用于扑救原油、汽油、煤油、柴油、甲醇、丙酮等 B 类火灾，适用于炼油厂、化工厂、油田、油库、为铁路油槽车装卸油的鹤管栈桥、码头、飞机库、机场等。一般民用建筑泡沫消防系统等常采用低倍数泡沫灭火系统。低倍数泡沫液有普通蛋白泡沫液、氟蛋白泡沫

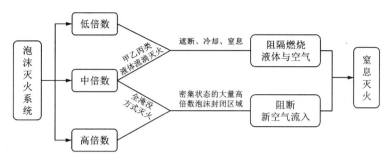

图 3-22　泡沫灭火系统灭火原理

液、水成膜泡沫液(轻水泡沫液)、成膜氟蛋白泡沫液及抗溶性泡沫液等几种类型。

(2)中倍数泡沫灭火系统。

发泡倍数在 21~200 的泡沫称为中倍数泡沫。中倍数泡沫灭火系统一般用于控制或扑灭易燃、可燃液体和固体表面火灾及固体深位阴燃火灾。其稳定性较低倍数泡沫灭火系统差，在一定程度上会受风的影响，抗复燃能力较低，因此使用时需要增大供给的强度。中倍数泡沫灭火系统能扑救立式钢制储油罐内火灾。

(3)高倍数泡沫灭火系统。

发泡倍数在 201~1000 的泡沫称为高倍数泡沫。高倍数泡沫灭火系统在灭火时，能迅速以全淹没或覆盖方式充满防护空间灭火，并不受防护面积和容积大小的限制。高倍数泡沫绝热性能好、无毒、有消烟，可排除有毒气体，形成防火隔离层并对在火场灭火人员无害。高倍数泡沫灭火剂的用量和水的用量仅为低倍数泡沫灭火系统用量的 1/20，水渍损失小，灭火效率高，灭火后泡沫易于清除。

泡沫灭火系统按设备安装使用方式分为固定式泡沫灭火系统、半固定式泡沫灭火系统及移动式泡沫灭火系统。

(1)固定式泡沫灭火系统。

固定式泡沫灭火系统由固定的泡沫液消防泵、泡沫液储罐、比例混合器、泡沫混合液的输送管道及泡沫产生装置等组成，并与给水系统连成一体。当发生火灾时，先启动消防泵、打开相关阀门，系统即可实施灭火。固定式泡沫灭火系统的泡沫喷射可采用液上喷射和液下喷射方式。

(2)半固定式泡沫灭火系统。

该系统有一部分设备为固定式，可及时启动；另一部分是不固定的，发生火灾时，进入现场与固定设备组成灭火系统灭火。根据固定安装的设备的不同，其有两种形式：一种为设有固定的泡沫产生装置，泡沫混合液管道、阀门，当发生火灾时泡沫混合液由泡沫消防车或机动泵通过水带从预留的接口进入；另一种为设有固定的泡沫消防泵站和相应的管道，灭火时，通过水带将移动的泡沫产生装置(如泡沫枪)与固定的管道相连，组成灭火系统。

(3)移动式泡沫灭火系统。

移动式泡沫灭火系统一般由水源(室外消火栓、消防水池或天然水源)、泡沫消防车或机动消防泵、移动式泡沫产生装置、水带、泡沫枪、比例混合器等组成。当发生火灾时，所有移动设施进入现场通过管道、水带连接组成灭火系统。该系统具有使用灵活，不受初期燃烧爆炸影响的优势。但由于是在发生火灾后应用，因此扑救不如固定式泡沫灭火系统及时，同时由于灭火设备受风力等外界因素影响较大，造成泡沫的损失大，需要供给的泡沫量和强度都较大。

3. 气体灭火系统

气体灭火系统是指平时灭火剂以液体、液化气体或气体状态存储于压力容器内，灭火时以气体(包括蒸汽、气雾)状态喷射作为灭火介质的灭火系统，如图3-23所示。气体灭火系统能在防护区空间内形成各方向均一的气体浓度，而且至少能保持该灭火浓度达到规范规定的浸渍时间，实现扑灭该防护区的空间、立体火灾。

图3-23　气体灭火系统

目前我国使用的气体灭火系统主要有以下几种：二氧化碳灭火系统、七氟丙烷(HFC-227ea)灭火系统、三氟甲烷(HFC-23)灭火系统、六氟丙烷(HFC-236fa)灭火系统、混合气体(IG541)灭火系统、氮气(IG100)灭火系统、液氮灭火系统、氩气(IG01)灭火系统、氩气氮气(IG55)灭火系统。

(1)二氧化碳灭火系统。

气体二氧化碳在高压或低温下被液化，喷放时，气体体积急剧膨胀，同时吸收大量的热，可降低灭火现场或保护区内的温度，并通过高浓度的二氧化碳气体稀释被保护空间的氧气，达到窒息灭火的效果。

按二氧化碳灭火剂的储存方式，二氧化碳灭火系统分为高压二氧化碳灭火系统和低压二氧化碳灭火系统两种。高压二氧化碳灭火系统是常温、高压(5.17 MPa)储存灭火剂，低压二氧化碳灭火系统是低温(-20~-18℃)、低压(2.07 MPa)储存灭火剂。

二氧化碳灭火系统适用范围：灭火前可切断气源的气体火灾；液体火灾或石蜡、沥青等可熔化的固体火灾；固体表面火灾及棉毛、织物、纸张等部分固体深位火灾；电气火灾。二氧化碳灭火系统最适宜扑救生产作业火灾危险场所的火灾，典型应用领域：易燃液体储存区域、印刷厂、混合操作室、涡轮驱动发电机、油浸变压器、电力设备区、不停转动的磨粉机、吸尘器、大型商用炸锅、发动机室等。该系统不能扑救的火灾：硝化纤维、火药等含氧化剂的化学制品火灾；钾、钠、镁等活泼金属火灾；氢化钾、氢化钠等金属氢化物火灾。

(2)七氟丙烷灭火系统。

七氟丙烷灭火是通过物相的改变由液相到气相再经化学分解来实现的。其物理作用主要是冷却，七氟丙烷的汽化潜热较大，达132.6 kJ/kg；在受热过程中，通过分解吸收热量，冷却效果好，而且氟原子数愈多，分子量愈大，汽化潜热愈大，冷却作用愈明显。

七氟丙烷灭火系统可用于全淹没灭火系统，也可应用于局部灭火系统。根据有无管网，其可分为有管网系统、柜式灭火装置、悬挂式灭火装置。

适用范围：可用于电气火灾、固体表面火灾、液体火灾、灭火前能切断气源的气体火灾的扑救；灭火剂喷放后，要求不留痕迹或清洗残留物困难的场所；防护区含贵重物品、无价珍宝、珍贵档案及软硬件等多场所；特别适用于通信系统主控机房、网管机房，机场控制机房，银行金库、票据库，档案及图书馆，计算机房等场所。七氟丙烷灭火系统不得用于扑救下列物质的火灾：含氧化剂的化学制品及混合物，如硝化纤维、硝酸钠等；活泼金属，如钾、镁、钠、钛、铀等；金属氢化物，如氢化钾、氢化钠等；能自行分解的化学物质，如过氧化氢、联氨等。

（3）混合气体灭火系统。

混合气体灭火系统主要通过降低防护区内的氧气体积分数，达到窒息灭火的效果。当惰性气体的设计体积分数达到35%~50%时，可将周围空气中氧气的体积分数降到10%~14%。众所周知，当氧气体积分数低于12%~14%时燃烧将不能维持。

混合气体灭火系统主要适用于电子计算机房、通信设备、控制室、磁带库、图书馆、档案馆、珍品库等重点单位的消防保护。值得一提的是，人员可长时间在充满该灭火剂的保护区内停留。

（4）气溶胶灭火系统。

气溶胶微粒遇到高温时能发生强烈的吸热分解反应，迅速降低火焰温度；气溶胶烟雾吸收火焰的热辐射，阻止了火焰与燃烧物之间的热回馈，使燃烧过程受到抑制；气溶胶微粒及气溶胶微粒热分解后产生的离子，与燃烧过程中可燃物分解产生的活性自由基 H·、HO· 等发生中和作用，阻断了燃烧过程中的能量传递作用，从而抑制了燃烧反应。

该灭火系统主要适用于保护相对封闭空间，如舱室、仓库、发动机室、石油化工产品的贮罐、舰船、飞机、汽车、内燃机车、电缆沟、电缆井、管道夹层等封闭半封闭空间。气溶胶灭火剂也用于开放空间。

4. 干粉灭火系统

干粉灭火系统是将干粉通过供应装置、输送管路和固定喷嘴，或通过干粉输送软带与干粉喷枪、干粉喷炮相连接，并经喷嘴、喷枪、喷炮喷放干粉的灭火系统。干粉灭火剂又称化学粉末灭火剂，是一种干燥的、易于流动的固体粉末。干粉灭火剂的主要成分是碳酸氢钠、碳酸氢钾、磷酸二氢铵、硫酸钾、氯化钾和少量的防潮、防结块的硬脂酸镁及增强其流动性的滑石粉等。将干粉灭火剂喷洒到燃烧区就会受热分解，生成二氧化碳和水及一些活性物质。反应生成的二氧化碳和水具有窒息灭火作用，而活性物质易于消除燃烧反应产生的活性基，具有抑制灭火作用。

主要特点：灭火时间短，效率高，对石油产品的灭火效果尤为显著，绝缘性好，对人畜无毒或低毒，对环境不会产生危害，不受电源限制，可较长距离输送，不用水，特别适用于缺水地区，寒冷地区不需要防冻且久储不变质。

适用范围：易燃、可燃液体和可熔化的固体火灾；可燃气体和可燃液体以压力形式喷射的火灾；各种电气火灾；木材、纸张、纺织品等明火；金属火灾，如钾、钠、镁、钛等。干粉灭火系统不能用于扑救自身能够释放氧气或提供氧源的化合物火灾，如硝化纤维素、过氧化物等的火灾；不能扑救普通燃烧物质的深部位的火或阴燃火；不能扑救精密仪器、精密电气设备、计算机等火灾。

干粉灭火系统类型的划分主要有三种方式，按系统的启动方法可分为手动干粉灭火系统和自动干粉灭火系统；按固定方式可分为固定式干粉灭火系统和半固定式干粉灭火系统；按保护对象情况分为全淹没系统和局部保护系统。

（1）手动干粉灭火系统：手动干粉灭火系统一般手动操作，即系统的操作需要人为的动作。有的需要多次控制操作，才能导致所需要的整个系统动作；有的只需一次控制操作，即可导致所需要的整个系统动作。也就是说只要按一下启动按钮，其他动作可以自动完成，导致系统的动作，其也可称为半自动系统。

（2）自动干粉灭火系统：不需要任何人为的动作而使整个系统动作，一般为火灾自动探测控制系统与干粉灭火系统联动。

（3）固定式干粉灭火系统：系统的主要部件，如干粉容器、气瓶、管道、喷嘴等都是永久固定的。

（4）半固定式干粉灭火系统：干粉容器、气瓶等是永久固定的，而干粉的输送是通过软管，干粉的喷射是手持喷枪喷射。

（5）全淹没系统：干粉灭火剂经永久性固定管道和喷嘴喷进火灾危险场所，该场所是一个封闭空间或封闭室，使这个空间能以达到所需要的粉雾浓度。如果此空间有开口，开口的最大面积不能超过侧壁、顶部、底部总面积的15%。

（6）局部保护系统：指干粉灭火剂通过永久性固定管网及安装在管网上的喷嘴直接喷射到被保护的对象上，例如油槽、变压器的干粉灭火系统。

3.4.2 通风排烟系统

1. 纵向式通风

如图3-24所示，纵向式通风是最简单的通风方式，但是因为通风所需动力与隧道长度以及设计风量的平方成正比，所以对长隧道，通常在隧道中间设置竖井进行分段，来提高正常运营通风的经济性。

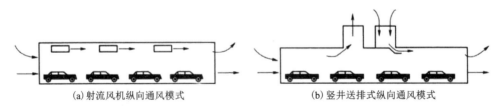

（a）射流风机纵向通风模式　　　　　　　（b）竖井送排式纵向通风模式

图3-24　纵向式通风模式示意图

火灾发生时，在全射流纵向通风模式下，火灾烟流控制方案的目的就是防止烟雾回流，迫使烟流向某一个方向（火源点下游）排放。通常通过射流风机的推力，将烟雾吹向某个方向。在单向交通隧道中通常将烟雾吹向行车方向，因为通常可以认为火源下游的车流已经驶离隧道，而火源上游方向则有一定数量的车辆和人员阻塞。因此在单向交通隧道内，在不考虑二次事故火灾的情况下，这种排烟模式是非常有效的，如图3-25所示。在城市隧道中，由于交通拥挤状况日趋严重，隧道出口交通疏解困难造成隧道内交通阻滞呈常态化时，这种排烟模式也带来了相应的风险。在双向交通模式下若发生火灾事故，由于车辆和人员要从火场向隧道两端疏散，纵向排烟模式将很难确定烟雾流向，如图3-26所示。

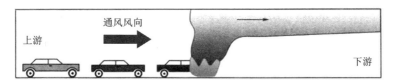

图3-25 纵向排烟模式示意图

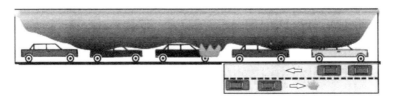

图3-26 双向交通隧道内示意图

此外，当前方交通事故造成后方车辆阻塞时，极易引发二次追尾交通事故。当发生二次事故火灾时，火灾下游车辆也无法自由离开隧道，同样导致烟雾控制困难，如图3-27所示。

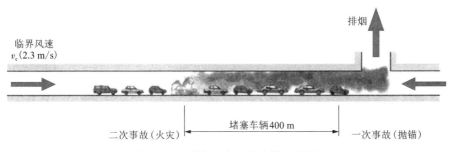

图3-27 单向行车二次事故示意图

2. 全横向、半横向通风

半横向通风模式分为送风型半横向通风模式［图3-28(a)］和排风型半横向通风模式［图3-28(b)］。送风型半横向通风是半横向通风模式的标准形式，新鲜空气经送风管直接吹向汽车的排气孔高度附近，对汽车尾气进行直接稀释，污染控制在隧道上部扩散，经过两端洞门排出洞外。半横向式通风主要适用于双向交通隧道，送风型半横向通风模式也适用于单向交通隧道，而排风型半横向通风模式污染物浓度非常不均匀，通风效率也较低，现在几乎很少使用。

全横向通风模式(图3-29)同时设置送风管道和排风管道，隧道内基本上不产生沿纵向流动的风，只有横方向的风流动，污染物浓度的分布沿全隧道大致上均匀。通常情况下，可以认为送风量与排风量是相等的，因而设计时也把送风道和排风道的断面积设计成同样的。

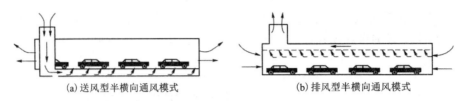

(a) 送风型半横向通风模式　　　　(b) 排风型半横向通风模式

图 3-28　半横向通风模式

但是在单向交通时，因为交通风的影响，在纵向能产生一定风速，污染浓度由入口至出口有逐渐增加的趋势，一部分污染空气能直接由出口排向洞外，这种排风量有时占很大的比例。

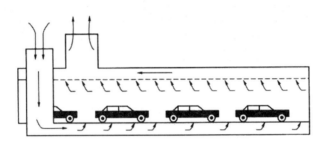

图 3-29　全横向通风模式

火灾发生时，半横向或全横向通风模式可立即转入火灾控制工况，将烟雾通过排风道排走。其中，送风型半横向通风模式必须在最短时间内逆转主风机，以转入火灾通风工况，新鲜空气从隧道两端洞口进入，以便提供消防人员和疏散人员必需的氧气，火灾烟雾通常通过隧道顶部或底部的排烟道吸走，因此，可以将烟雾控制在较短的长度范围内。利用隧道拱顶富余空间设置顶隔板形成独立排烟道系统的设置方式，能够利用火灾烟雾的浮力作用及时高效地抽排火灾烟雾，且不用加大开挖面，从而保证了隧道工程的安全性及经济性。底部排烟道集中排烟模式，除在行车道底部一侧设置排烟风道外，还可利用另一侧形成紧急疏散通道，以供人员在火灾等紧急情况下疏散，但需在隧道开挖时在行车道下部加大开挖面形成独立的排烟风道，这将加大施工的难度和工程投资。

3. 纵向通风与集中排烟混合方式

该混合通风排烟模式，在隧道正常运营阶段采用纵向通风模式，在长隧道中也可以增设竖井分段，可以充分利用纵向通风的经济性；在火灾发生时，则利用独立排烟道就近集中抽排火灾烟雾，从而能够将烟雾控制在较短的长度范围内，增加人员可用逃生时间，大大提高消防能力。

4. 不同排烟设计方案的综合比较

通过对上述不同通风排烟方案原理的阐述可知，特长公路隧道通风排烟设计可选择多种模式，但究竟何种方式更加经济合理且安全可行，须进行对比分析。表 3-11 给出了前述几种通风排烟模式优缺点的比较分析。

表 3-11　不同通风排烟模式优缺点比较

通风排烟系统	特点	优点	缺点
全横向通风、排烟	①正常运营阶段：专门布置一条送风道，供给新鲜空气，并通过专门的排风道，排除废气 ②火灾情况下：排风道被打开至满负荷工作状态，集中抽排烟气	①在整个隧道中，空气中的污染物质浓度固定不变，因此该系统适用于长度较大的隧道，对于隧道的长度没有任何限制 ②火灾时，能将烟雾控制在较短的区域内	①需要修建专门的送、排风管道来供应与排出通风空气，因此隧道横断面要求较大，造价较高，且不节能 ②由于交通风力(活塞风)的存在，与隧道纵向完全交叉的气流实际上很难实现 ③机电控制比较复杂，正常运营时风阀的开度调节比较困难 ④从正常运营工况转入火灾工况需要一定的时间
半横向通风、排烟	①送风型：新鲜空气通过专门的管道均匀添加，污染气流则纵向排放到隧道的进出口 ②排风型：新鲜空气从隧道进出口进入，污染空气则通过专门的管道被抽排出隧道	同上	①同上一行表格中①~④内容 ②下部送风型半横向通风，顶部无专门排烟道时，排烟口纵向间距大，火灾时排烟效果不佳
纵向通风、排烟(竖井送排式)	①正常运营阶段，空气交换通过隧道进出口、竖井，气流纵向流动 ②火灾时，烟雾纵向流动，通过隧道主洞、隧道洞口及竖井分段排放	土建工程量相对较小，工程造价较低，控制相对较为简单	①火灾情况下，烟雾在隧道车行空间内流动路径较长，防灾能力较差，不利于人员和车辆疏散及救援人员进入 ②高温区段较长，损坏隧道内机电设施，火灾后修复费用高，中断交通时间长 ③在双向交通及车辆阻塞、二次事故情况下，由于烟雾扩散范围大，人员与车辆安全度大大降低
纵向通风+独立排烟道集中排烟(竖井送排式)	①正常运营阶段采用纵向通风模式 ②火灾情况下则利用设置在隧道拱顶的独立排烟道集中排烟	火灾情况下利用独立排烟道排烟，可有效控制烟气蔓延及沉降，提高防灾救援安全性，同时将火灾对隧道内装修与设备的损坏最小化	需要在隧道拱顶富余空间设置顶隔板形成独立排烟道，土建及机电成本有所增加

　　综上所述，既要选择经济节能的运营通风方式，节省建设投资，又要减少运行费用，总体趋势是特长公路隧道正常运营通风普遍采用纵向通风方式。但如何解决火灾条件下的纵向通风方式排烟问题是近年来国外研究最多的问题。尤其是山岭隧道的由两洞口高低差、通风

竖井与洞口的高差、隧道洞内外的温差等因素引起的"烟囱效应"负面影响问题，交通量大的条件下的高火灾发生频率问题，二次事故火灾问题等，一直是人们关注的问题。

由于全横向和半横向通风模式在工程中造价较高，且现今特长公路隧道以单向交通为主，不能利用车辆活塞风，将增加运营电费。因此，在进行特长公路隧道设计时，运营通风方式推荐采用经济的竖井送排式分段纵向通风模式。而在火灾工况条件下，利用独立排烟道进行通风排烟将逐渐成为发展的趋势。

鉴于纵向通风与点式排烟混合方式的突出优点，人们开始关注特长公路隧道纵向通风模式下不同的独立排烟道系统，通过对技术、经济、施工、工期以及排烟效果等方面的综合分析，获得纵向通风模式下不同独立排烟道设置方式的主要技术参数指标。

5. 保护风机所需排烟量计算

1）烟气生成量计算

为将隧道中火灾烟气控制在起火源附近的区域内，必须进行排烟，且排烟量不能小于烟气的生成量。

火灾烟气生成量取决于火源上方烟气羽流的质量流量。依据《建筑防排烟技术规程》（DJG 08-88—2006），羽流质量流量可用以下方法计算。

轴对称型烟气羽流的烟气生成量：

$$M_\mathrm{p} = 0.071 Q_\mathrm{c}^{1/3} z^{5/3} + 0.0018 Q_\mathrm{c}, \quad z > z_1 \tag{3-9}$$

$$M_\mathrm{p} = 0.032 Q_\mathrm{c}^{3/5} z, \quad z < z_1 \tag{3-10}$$

式中：M_p 为羽流质量流量速率，kg/s；z 为燃烧面到烟层底部的高度；z_1 为火焰限制高度，m；Q_c 为火源热释放量 Q 的对流部分，kW。

$$z_1 = 0.166 Q_\mathrm{c}^{2/5} \tag{3-11}$$

羽流的平均温度：

$$T = T_0 + Q_\mathrm{c}/(M_\mathrm{p} c_\mathrm{p}) \tag{3-12}$$

式中：T 为烟气的绝对温度，K；c_p 为空气的定压比热，kJ/(kg·K)；T_0 为环境温度，K；M_p 为常温下空气密度，kg/m³。

2）保护风机所需排烟量计算

为了防止火灾烟气的高温对排烟风机的损坏，进入排烟竖井的烟气温度必须低于轴流排烟风机的最高耐热温度。因此，当环境温度为 25℃，忽略隧道壁面对烟气的吸热作用时，风机总排烟流量应满足以下关系式：

$$\Delta T = \frac{\lambda Q}{c_\mathrm{p} m} = < 375 \tag{3-13}$$

式中：m 为排烟质量流率，kg/s；λ 为排烟风机排热效率；Q 为火源功率，kW。

3.5 地下空间火灾的疏散与救援

在"以人为本，生命第一"的今天，地下空间内设置消防系统的第一任务就是保障人身安全，这是消防系统设计最基本的理念。从这一基本理念出发，就会得出这样的结论：尽早发现火灾，及时报警，启动有关消防设施，引导人员疏散；如果火灾发展到需要启动自动灭火设施的程度，就应启动相应的自动灭火设施，扑灭初期火灾；启动防火分隔设施，防止火灾蔓延。自动灭火系统启动后，火灾现场的幸存者就只能依靠消防救援人员帮助逃生了，因为火灾发展到这个阶段时，滞留人员由于毒气、高温等原因已经丧失了自我逃生的能力。图 3-30 给出了与火灾相关的几个消防过程。

图 3-30　火灾消防过程示意图

3.5.1　火灾不同发展阶段的消防疏散措施

由图 3-31 可以看出，探测报警与自动灭火期间是至关重要的人员疏散阶段，这一阶段根据火灾发生的场所、火灾起因、燃烧物等因素的不同，有几分钟到几十分钟不等的时间，可以说这是直接关系到人身安全最重要的阶段。因此，在任何需要保护人身安全的场所，设置火灾自动报警系统均具有不可替代的重要意义。

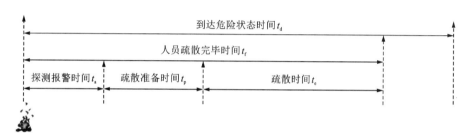

图 3-31　火灾时报警和疏散时间分布图

地下空间火灾从初期增长、充分发展到最终衰减的全过程，是随着时间的推移而变化的，然而受火灾现场可燃物、通风条件及地下结构等多种因素的影响，火灾各个阶段的发展以及从一个阶段发展至下一个阶段并不是一个时间函数，即发展过程所需的时间具有很大的不确定性。但是火灾在发展到特定的阶段时具有一定的共性，地下空间内设置的消防设施的消防功能是针对火灾不同阶段的，这也是指导火灾探测报警、联动控制设计的基本设计思想。

1）火灾的早期探测和人员疏散

火灾在初期增长阶段一般首先会释放大量的烟雾，设置的感烟火灾探测器在监测到防护区域烟雾的变化时作出报警响应，并发出火灾警报警示人员火灾事故的发生；启动消防应急广播系统指导人员进行疏散，同时启动应急照明及疏散指示系统、防排烟系统为人员疏散提供必要的保障条件。

2）初期火灾的扑救

随着火灾的进一步发展，可燃物从阴燃状态发展为明火燃烧，伴有大量的热辐射，温度的升高会使得自动喷水灭火系统启动或导致火灾区域设置的感温火灾探测器等动作，火灾自动报警系统按照预设的控制逻辑启动其他自动灭火系统对火灾进行扑救。

3)有效阻止火灾的蔓延

到充分发展阶段,火势开始在建筑中蔓延,这时火灾自动报警系统将根据火灾探测器的动作情况按照预设的控制逻辑联动控制防火卷帘、防火门及水幕系统等防火分隔系统,以阻止火灾向其他区域蔓延。

综上所述,设计人员应首先根据保护对象的特点确定地下空间的消防安全目标,系统设计的各个环节必须紧紧围绕设定的消防安全目标进行;同时设计人员应了解火灾不同阶段的特征,清楚各消防系统(设施)的消防功能,并掌握火灾自动报警系统和其他消防系统在火灾时动作的关联关系,以保证火灾发生时,各火灾区域消防系统(设施)能按照设计要求协同、有效地动作,从而确保实现设定的消防安全目标。

3.5.2 安全疏散理论研究

人员疏散问题的研究,始于火灾中的人员疏散。1911年,爱丁堡的帝王剧院在进行火灾安全设计时,就采用了安全疏散时间原则。第一次世界大战结束后,科技迅速发展,人们对自身安全越来越关注,人员疏散就成为火灾安全学者研究的一个崭新领域。因此,围绕火灾等紧急情况下人员的心理和行为特点,进行合理的疏散设计并制定有效的疏散应急预案,对于保证人员的生命安全具有极其重要的意义;同时,如何在事故发生后利用现有的设施设备组织人员进行及时疏散和救援也具有十分重要的意义。

3.5.2.1 人员疏散安全评估

1. 安全行为学

安全行为学(behavior-based safety, BBS)是一门多学科交叉的综合学科,主要研究人员不安全行为的影响因素以及人的行为模式,由英国 Gene Earnest 和 Jim Palmer 提出。安全行为学是"行为变化科学在现实世界安全问题中的应用"。安全行为学的核心是基于一个更大的科学领域——组织行为管理。基于危害控制等级的安全管理系统中,安全行为学可以应用于内部化的风险规避策略或管理控制。安全行为学有助于了解人员在紧急疏散时的心理状态变化,引导人员的安全心理和行为。

2. 基于现行规范的疏散设计评估

为保证人员的安全,应根据地下空间规模、使用功能、耐火等级等因素合理设置疏散避难设施,并对安全疏散的基本参数进行规定和要求,设计需满足规范中的指标要求。

1)疏散宽度指标

在人员疏散过程中,疏散宽度是人员能否顺利疏散至安全区域的关键。研究表明,普通着火空间从起火到火势充分发展的时间为 5~8 min。一定区域的疏散宽度取决于疏散时间、疏散人数及疏散出口的人流通行系数,它们之间的关系为

$$W = \frac{N}{fT_c} \tag{3-14}$$

式中:W 为疏散宽度,m;N 为疏散总人数;T_c 为疏散时间,s;f 为疏散出口的人流通行系数,人/(m·s)。

2)百人宽度指标

百人宽度指标是指每百人在允许疏散时间内,以单股人流形式疏散所需的疏散宽度。

$$\text{百人宽度指标} = \frac{N}{At}b \qquad (3-15)$$

式中：N 为疏散人数（即 100 人）；t 为允许疏散时间；A 为单股人流通行能力；b 为单股人流宽度。

3. 基于性能化防火的疏散设计评估

1）性能化防火设计的发展概况

防火规范是对过去防火经验和教训的总结，不能完全满足现在的需求。基于现行规范的疏散设计方法，完全遵照规范条款，简单易行，但随着社会经济发展，新的地下空间形式不断涌现。为了弥补现行规范的不足，21 世纪初，我国开始引进性能化防火人员疏散评估办法。

20 世纪 70 年代，欧美许多发达国家和地区相继开展性能化防火的理论研究，并在防灾疏散领域取得了不同程度的研究成果，性能化防火已经成为防灾领域的研究热点。1971 年，美国提出了《建筑火灾安全判据》和《保证人员安全的替代性方法指南》，形成了以防火性能为基础的防火安全评估体系。1988 年，美国消防工程师协会（SFPE）编辑出版了《消防工程师手册》（*SPFE Handbook of Fire Protection Engineering*）。1995 年，美国消防协会（NFPA）发布了《国际防火性能规范》。2001 年，英国颁布《消防安全工程远离在建筑设计中的应用——实施规范》（BS7974）。

我国性能化防火研究起步较晚，于 2000 年成立消防安全工程学工作组。2005 年，公安部颁布《建筑物性能化防火设计通则（草案）》，现已通过实施。

2）人员疏散分析的性能化判定标准

国际公认的标准是将可获得的安全疏散所必须花费的时间 ASET 与疏散所必须花费的时间 RSET 相比较。火灾中人员安全疏散判定的主要参数是时间，一般定义如下：

（1）可用安全疏散时间 ASET：是指火灾发生时温度上升或烟气浓度上升或能见度下降到能够对人体构成危害时所用的时间。

（2）必需安全疏散时间 RSET：是指从火灾发生到被困人员疏散至安全区域所需的时间，包括火灾探测报警时间、人员准备疏散时间（预动作时间）和人员疏散行动时间。

疏散分析的目的是验证可用的安全疏散时间 ASET 必须大于疏散所必须花费的时间 RSET，即 RSET < ASET。

当建筑物的结构存在坍塌危险时，还应满足以下条件：

$$\text{RSET} < \min\{T_{fr}, T_f\} \qquad (3-16)$$

式中：T_{fr} 为结构的耐火极限；T_f 为在最不利火灾条件下结构的失效时间。

当人员无法疏散仍需等候营救时，还需同时满足：

$$kT_c < \min\{T_{fr}, T_f\} \qquad (3-17)$$

式中：T_c 为消防队有效控火时间；k 为安全系数，一般取 1.5~2。

RSET 应根据计算的人员疏散时间乘以安全系数计算确定：

$$\text{RSET} = T_a + T_{pre} + kT_t \qquad (3-18)$$

式中：T_a 为报警时间；T_{pre} 为人员的疏散预动时间；T_t 为人员疏散行动时间。

3.5.2.2 人员疏散的四个阶段

火灾环境下的人员疏散过程是指从起火开始到人员疏散至安全区域的全过程，包括火灾探测报警阶段、火灾信息处理阶段、疏散决策阶段和疏散行动阶段，时间线及各阶段的危险程度如图 3-32 所示。

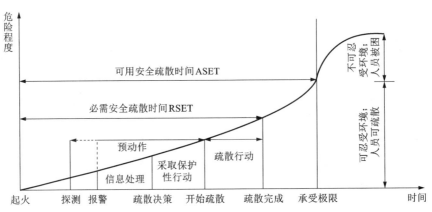

图 3-32　人员疏散过程中的时间线及各阶段的危险程度示意图

人员确认火灾并作出疏散决策后，从开始疏散至到达安全区域之间的时段称为疏散行动阶段，对应的时间称为疏散行动时间。疏散行动时间可通过经验公式或计算机模拟获得。当 ASET>RSET 时，可判定人员能够在火场环境发展到对人体构成危害之前完成疏散。

1. 火灾探测报警

火灾探测与报警是两个独立的过程。对于火灾自动报警系统来说，火灾探测报警时间取决于系统配置，可通过计算火灾探测器响应时间得到。对于手动火灾报警系统来说，火灾探测报警时间取决于人员对火灾线索的感知与处理。人员可感知的火灾线索有：①火灾环境线索，如烟气、高温、声音等；②地下空间环境线索，如照明系统、防火系统、防排烟系统等，且空间结构本身也会影响人员对火灾信息的判断；③来自其他人员的线索，单个人员感知到火灾线索后，需要进行确认并对更多人发出报警。火灾探测报警过程所花费的时间是火灾中人员疏散时间计算的一个重要方面。

2. 火灾信息处理

(1)疏散人员对信息的察觉和理解。疏散人员对火灾信息的处理主要涉及两个问题：人员是否注意到报警信息、人员能否正确理解报警信息。人员主要通过听觉、视觉等察觉报警信息。人员对报警信息的注意和理解程度存在个体差异，其影响因素包括：

①行动或认知能力；

②火灾或其他紧急情况的应对经验或经历；

③火灾发生时人员正在从事的活动类型；

④人员与该场所内其他人员的关系；

⑤个体特性，如性别、年龄等。

(2)疏散人员对信息的处理。人员察觉并理解火灾报警信息后，会进一步评估火灾信息，以确认火灾的真实性和危险性。

3. 疏散决策

确认火灾后，人们可能会采取不同的行动。例如，有的人先救火再逃生，有的人先保护财物再逃生。但此时的人员行为都具有"保护性"，目标是保护生命或财产安全，因此叫保护性行为决策，决策过程如图 3-33 所示。

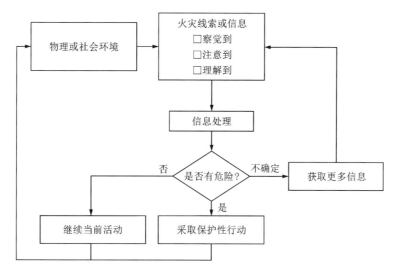

图 3-33　人员疏散过程中人员的保护性行为决策过程

4. 疏散行动

人员采取疏散行动后，需要根据环境条件、疏散指示、疏散人流、疏散通道等情况选择逃生路径并向安全出口移动。在该阶段，人员移动行为决定了人员疏散结果，是人员疏散相关研究和计算的重点。

人员移动行为分为路径选择行为和行走行为。路径选择行为受人员对路径的熟悉程度、疏散指示标志、疏散广播、灾害场景、路径长度、路径单元属性(斜坡、楼梯、手扶电梯等)以及路径上的人员拥挤情况等因素影响。行走行为是人员根据周边环境特征判断每一步如何移动并以最高效率前往安全出口的行为。在行走阶段，最重要的是计算人员疏散移动时间，因此人员在各类条件下的移动速度和在各类疏散通道的通行效率是疏散时间计算最关键的参数。

3.5.3　火灾环境下人员行为的影响因素

地下空间火灾环境中，人员疏散心理和行为十分复杂。火灾环境下人员行为的影响因素众多，主要包括人员特征、空间特征及火灾环境特征三类，如图 3-34 所示。

3.5.3.1　人员特征因素

火灾发生时，人员面对同样的危险情况会有不同的行为反应与疏散决策，主要受疏散人员的个体特征、社会特征和处境特征三个方面因素影响。

在人员特征、建筑特征和火灾环境等因素影响下，火灾环境下的人员行为特征具体表现为人员心理反应特征、行为反应特征和移动行为特征三个方面。心理反应是没有表现出来的人员心理活动。行为反应是表现并实施的具体行为。

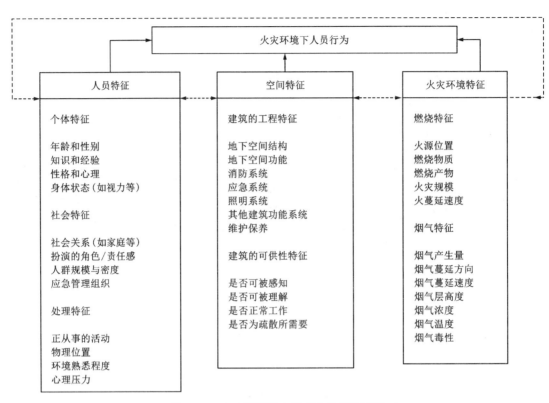

图 3-34　火灾环境下人员行为的影响因素

1）人员心理反应特征

在应急疏散过程中，人员在有限时间内的每次判断和决策都关系到生死安危，且火灾产生的浓烟、毒气、高温等都对人的感官有刺激作用，人员会产生一些特定的心理反应。

表 3-12 给出了人员疏散心理反应特征及其对地下空间人员疏散的影响程度。

表 3-12　人员疏散心理反应特征及其对地下空间人员疏散的影响程度

心理反应特征	特征说明	与人员疏散的关系	对地下空间人员疏散的影响程度
冲动侥幸	冲动心理是由外界环境的刺激引起的，受情绪左右，需要激情推动；侥幸心理是人们在特殊环境下的一种趋利避害的投机心理。两者密切联系，相互影响	火灾环境的外在刺激使人们容易产生冲动的想法，可能在侥幸心理的支配下作出过激决策，应避免这种情况的出现	大
躲避心理	当察觉火灾等异常现象时，为确认而接近，但感觉危险时由于反射性的本能，马上向远离危险的方向逃跑	起火车厢内人员因危险而往两侧疏散时，将造成人群移动的困难与混乱	大
习惯心理	对于经常使用的空间如走廊、楼梯、出入口等，有较深切的了解及安全感，火灾时宁可选择较危险但熟悉的路径	应加强人员应急疏散培训和教育	小或无

续表3-12

心理反应特征	特征说明	与人员疏散的关系	对地下空间人员疏散的影响程度
鸵鸟心态	在危险接近且无法有效应对时，出现判断失误的概率增加且具有逃往狭窄角落方向的行动	发生于地下空间内的火灾，使人们躲进封闭空间企图逃避危险	中
服从本能	人员在遭遇紧急状况时，较容易服从指示行事，但指令的内容必须非常简洁	空间内的紧急事故安抚与引导广播，为避难疏散成功的重要因素	大
寄托概念	对于事物过于沉迷，忽略紧急事故发生，即使事故发生也很难转移其注意力。一般发生在消费性场所	一般在具有餐饮及床铺的长途旅行列车上较易发生	中
角色概念	人们认为花钱消费应得到一定服务，即使发生事故状况，仍需由员工服务指导避难，多属于消费性角色依赖行为	在事故状态不明的情况下，期待工作人员主动告知应该如何做	大

2）行为反应特征

人员行为反应特征主要是指疏散中的人们表现出来的行为共性，有归巢行为、从众行为、向光行为、往开阔处移动行为以及潜能发挥行为等。表3-13给出了人员疏散行为反应特征及其对地下空间人员疏散的影响程度。

表3-13　人员疏散行为反应特征及其对地下空间人员疏散的影响程度

行为特征	特征说明	与人员疏散的关系	对地下空间人员疏散的影响程度
归巢行为	当人遇到意外灾害时，为求自保，会本能地折返原来的途径，或以日常生活惯用的途径以求逃脱	造成主出入口拥塞，避难时间增加	小或无
从众行为	人员在遭遇紧急状况时，思考能力下降，会追随先前疏散者（leader）或多数人的倾向	若有熟悉环境的诱导人员，可减少避难时的混乱及伤亡	大
向光行为	由于火灾黑烟弥漫、视线不清，人们具有往稍亮方向移动的倾向（火焰亮光除外）	疏散路径上明亮的紧急出口、指引标志等设施，可安抚群众且加快疏散速度	大
往开阔处移动行为	越开阔的地方其障碍可能越少，安全性也可能较高，生存的机会也可能较大	通道的入口处留设较开阔的空间	大
潜能发挥行为	危险状态常能激发出人们的潜能，排除障碍而逃生	紧急情况下潜能的激发有助于顺利疏散	中

3)移动行为特征

人员疏散移动行为特征可以通过实地观察和调查人群现象了解,主要方法有人工记录、视频记录和基于无线定位技术的行人轨迹提取等。对人员移动行为特征的表达依赖其量化特征参数。

与颗粒或流体流动类似,人群移动可以用移动速度 $v(m/s)$、人群密度 $\rho(1/m^2)$ 以及流量 $f(1/s)$ 或流率 $s[1/(m \cdot s)]$ 等定量参数描述:

$$s = \rho v = f/l \tag{3-19}$$

式中: l 为计算区域(通道)的宽度,m。

人员个体特征中最重要的参数之一是自由行走速度(free walking speed, FWS),它是指在正常无阻碍条件下行人的预期行走速度。统计结果表明,行人个体自由行走速度服从正态分布,平均值为 1.34 m/s,标准偏差为 0.37 m/s。

3.5.3.2 地下空间设计因素

除灾害因素和人员因素外,地下建筑设计中也存在许多影响疏散效率的因素,包括建筑类型和规模、建筑材料、内部消防系统、疏散照明系统等。

(1)地下空间平面布局。

合理规划地下空间平面布局和业态,合理设置疏散出入口、疏散通道、垂直交通布局等,都有利于疏散。

(2)地下空间光环境。

地下空间光环境影响了人员在陌生空间的认知能力,良好的光环境能够帮助人们尽快熟悉空间,因此要明确交通系统,提高空间舒适度,使人们产生认同感和方向感。在疏散过程中,天然光源的引入能够很好地抚慰恐慌人员的心理,同时能够使人们产生方向感,提高疏散效率。

(3)标识系统。

地下空间中各类标识系统,如消防系统、应急照明系统、疏散指示系统,在火灾发生后能够帮助人员积极疏散,缩短必需疏散时间。同时,标识系统和应急照明系统带来的光感,能够使人降低盲目性,帮助人们快速作出决策判断,提高疏散效率。

(4)地下空间核心节点空间。

核心节点空间,如中庭空间、出入口空间,通过引入天然光源、自然景观等,营造出良好的空间环境,提高空间舒适度和方向感,增加空间认知感,能够使人员尽快熟悉空间,在火灾发生时提供疏散引导。

(5)疏散通道。

疏散通道是人员疏散的必经空间和核心空间,疏散通道的宽度、形式、障碍物、节点形式都是影响疏散效率的关键因素。合理设置疏散通道,能够有效提高疏散效率,增加人员安全疏散的可能性。

人员在通道内疏散时,要与侧壁保持一定距离,而不是紧贴着侧壁或扶手行走,从而在疏散通道或疏散出口的边界产生一个边界层,这部分宽度不能被人员疏散所利用。所以,进行疏散计算时应扣除边界层宽度。疏散通道或出口净宽度减去边界层宽度后的宽度称为有效疏散宽度。表3-14是各类通道的边界层宽度。

表 3-14 疏散通道边界层宽度

疏散通道类型	边界层宽度/cm
楼梯、梯级的墙壁或面	15
栏杆、扶手	9
剧场椅子、运动场长凳	0
走道、斜坡墙	20
障碍物	10
宽阔的场所、过道	46
门、拱门	15

3.5.3.3 火灾危险因素与 ASET 的确定

1）烟气层高度

火灾烟气层有一定热量、胶质、毒性分解物等，影响人员疏散行动与救援行动。为了避免人员接触烟气，疏散过程中烟气层需保持在人群头部以上。不同地域和国家的人员平均身高存在差异，因此烟气层危险高度的取值也有所不同，常见的烟气层危险高度为 1.5~2 m。

2）热辐射

人体对烟气层辐射热的耐受极限是 2.5 kW/m²，此时上部烟气层的温度为 180~200℃，人在该环境中几秒钟就会皮肤强烈疼痛。而对于较低的辐射热，人可以忍受 5 min 以上。

3）热对流

呼吸过热空气会导致热冲击（中暑）和皮肤烧伤。空气中水分含量对这两种危害都有重要影响。一般情况下，人体可以短时间承受 100℃ 环境中的对流热。

4）毒性气体浓度

烟气中毒性气体可分为窒息性气体和刺激性气体两类。窒息性气体主要有 CO、CO_2 等，刺激性气体主要有 HCl、HBr、HF、SO_2、NO_2 及丙烯醛等。当烟气中毒性气体超出极限值后，人体可能严重丧失机能。

5）能见度

烟气浓度升高会降低能见度以及人员对疏散路径的判断能力，导致逃生移动时间延长。表 3-15 给出了建议采用的人员可以耐受的能见度限值。在小空间中，到达安全出口的距离短，人员对建筑物比较熟悉，最低能见度要求较低。在大空间内，人员对建筑物不熟悉，选择逃生方向和寻找安全出口需要看得更远，因此最低能见度要求更高。

表 3-15 建议采用的人员可以耐受的能见度限值

参数	小空间	大空间
光密度（OD）	0.2	0.08
能见度/m	5	10

6) ASET 的判定

人员安全疏散时间 ASET 由火灾环境中各类危害因素耐受极限到达时间确定。一般情况下,若烟气温度、毒性和能见度处于表 3-16 的极限范围内,认为人员能够安全疏散;否则,其超过极限的最短时间即为 ASET。

表 3-16 人员安全判据指标

安全判据	人体可耐受的极限
能见度	2 m 以下空间内能见度不小于 10 m
烟气的温度	2 m 以上空间内的烟气平均温度不大于 180℃ 2 m 以下空间内烟气临界温度为 60℃
烟气的毒性	2 m 高度处,CO 浓度不超过 500×10^{-6}

目前,不同国家和地区使用的人员安全判据有所不同,其中部分国家的相关规范性文件中所采用的热对流、热辐射和烟气能见度人员生命安全判定标准见表 3-17。

表 3-17 人员生命安全判定标准

国别	对流热	辐射热	烟气能见度
中国	2 m 以上空间内的烟气平均温度 ≤180℃;当热烟层降到 2 m 以下时,持续 30 min 的临界温度为 60℃	2 m 以上空间,<2.5 kW/m²(温度 180℃)	当热烟层降到 2 m 以下时,对于大空间,能见度临界指标为 10 m
新西兰	烟气层温度 ≤65℃(30 min)	<2.5 kW/m²(气层温度 200℃)	减光度<0.5 m⁻¹,能见度为 2 m
英国	饱和空气,暴露时间 >30 min,<60℃	暴露时间>5 min,<2.5 kW/m²	减光度<0.1 m⁻¹,能见度为 10 m
澳大利亚	饱和空气,暴露时间 >30 min,<60℃	暴露时间>5 min,<2.5 kW/m²	减光度<0.1 m⁻¹,能见度为 10 m
爱尔兰	80℃(15 min)	2~2.5 kW/m²	7~15 m

3.5.4 常用的人员疏散模拟软件

目前开发的人员疏散模拟软件已有几十种。常用的模拟火灾情况下人员疏散的专业软件包括 Pathfinder、Building EXODUS、Simulex 和 STEPS 等。这些疏散软件具有不同的理论基础、假设条件、输入输出参数,虽然总体建模思路类似,但分别通过不同的方法模拟人员在建筑物内的疏散行为,其应用特征各有特色。疏散模拟软件对比见表 3-18。

表 3-18 常用的人员疏散模拟软件及特点

软件名称	设计开发者	应用特征
Pathfinder	Thunderhead Engineering 公司	有两种模式可供选择，分别是 SFPE 和 steering 模式(SFPE 行为是最基本的行为，以流量为基础的选择意味着人员会自动转移到最近的出口。steering 模式使用路径规划、指导机制、碰撞处理相结合控制人员运动)；支持 FDS(fire dynamics simulator)数据导入、支持 3D 可视化及同步编辑；可以逐房间或者逐层跟踪疏散过程
Building EXODUS	英国 Greenwich 大学消防安全工程系	采用元胞自动机模型，元胞边长 0.5 m，元胞间有连接弧；支持丰富的火灾场景数据导入、支持 3D 可视化；可输出较为丰富的模拟结果
Simulex	Integrated Environmental Solutions Ltd	采用元胞自动机模型计算"等距图"，元胞边长 0.2 m；支持更精细的人体投影尺寸设置，支持第三方 3D 可视化；看重个体空间、碰撞角度及疏散时间等生理行为，同时考虑个人在其他避难者、环境影响下的心理反应
STEPS	Mott MacDonald 集团公司	采用元胞自动机模型的三维建模环境；支持烟气数据导入、支持 BIM(building information modeling)模型导入、支持动态场景模拟；考虑人员基于所需时间的路径选择行为，考虑人员对出口的熟悉程度和人员的耐性等因素

1) Pathfinder 软件

Pathfinder 是美国 Thunderhead Engineering 公司开发的基于智能体的人员疏散模拟和评估软件。它提供了良好的用户图形界面设计和操作模式，支持丰富的三维可视化展示与结果分析，支持 CAD 和 FDS 文件的导入，也可以通过软件自带的场景建模工具直接建模，且支持二维和三维场景模型的同步修改。软件中通过定义区域人员分布、人员的属性参数等实现建筑中人员疏散全过程的微观模拟与评估分析。

Pathfinder 由图形用户界面、仿真器和 3D 结果显示器三个模块构成。系统几何模型建立完成后，用户根据需要添加逃生人员，编辑其属性。添加人员前应设定人员类型，通过人员的外形特点和参数等确定。系统有默认的人员组成，也可根据需要自行设定。

Pathfinder 可以导入 FDS 模型，进行火灾和人员疏散的同步模拟，通过直观数据对比分析，得到人员疏散时间、路径分布及流量分布等结果。

2) Building EXODUS 软件

Building EXODUS 是一款由英国格林尼治(Greenwich)大学消防安全工程系开发的基于元胞自动机模型的专业人员疏散模拟软件。它考虑人与人、人与火灾场景、人与建筑环境的交互影响，可从微观层面模拟重现人员个体克服火灾高温、烟气等火灾环境的疏散过程。软件采用 C++ 面向对象编程技术及规则库概念，因此模拟中个体行为和行动均可通过一系列精心设定的模型规则实现。这些规则被分为五种相互作用的子模块，即疏散人员、行动、行为、毒性及风险。

Building EXODUS 通过构建基于元胞自动机模拟思想的离散化网格系统来表达建筑物封闭几何空间区域。元胞以 0.5 m 间距分布并由连接弧系统连接起来。每个元胞代表一名疏散人员占据的空间区域。Building EXODUS 的模拟结果包括各个区域的疏散时间、移动速度、个体疏散的起始时间、疏散轨迹、疏散流量、密度分布等，也可以分析瓶颈位置。

3）Simulex 软件

Simulex 软件是由苏格兰集成环境解决有限公司的 Peter Thompson 博士开发，用来模拟大量人员在多层建筑物中的疏散。Simulex 中每一个楼层平面和楼梯被分割成规则排列的 0.2 m×0.2 m 的网格系统，其网格大小比一般元胞自动机模型中的网格更小。然后，软件计算建筑物中任意网格到最近出口的距离，按照距离由近及远的规则，生成控制人员路径选择和疏散行为的"等距图"。同一个建筑结构可根据考虑的不同因素生成多个等距图，可更好地模拟某些情况下的人员疏散行为。

疏散人员在建筑空间内的初始位置可以单个布置，也可以成组布置。Simulex 用三个部分叠加的圆来代表每一个人的垂直投影，一个大圆代表躯干，两个小圆代表肩膀。软件允许设定不同的人体尺寸、行走速度、预动作时间等人员属性参数。

人员疏散模拟完成后，Simulex 可以输出模拟截图以及可重复播放的模拟动画，另外可以以文本文件的形式保存总体流量数据和每个人每 0.1 s 的移动记录等更详细的模拟结果。模拟结果也可以配合第三方三维可视化软件生成三维模拟动画。

4）STEPS 软件

STEPS 软件由 Mott MacDonald 公司设计编写，支持常态下的行人流模式和紧急情况下的人员疏散模式，可分别对两种条件下的人员微观移动过程进行模拟。软件可导入 BIM 建筑三维模型，直接构建三维建筑环境，因此在仿真环境的描述方面 STEPS 具有一定的优势，使其模拟各种建筑结构具有很大的灵活性。建筑物内的各类疏散通道和设施，如走廊、楼梯、门、座位、零售店、电话亭、分隔墙、文件柜、桌子等，可以很方便地进行设定和模拟，扶梯和直梯也可以按照需要改变它们的速度、方向和通行能力。

STEPS 软件支持导入多种格式的火灾烟气模拟数据，用来逼真地模拟人员疏散过程中烟气的影响，具有在疏散过程中改变模拟条件的能力。例如，软件可以模拟疏散过程中某个时刻烟气封闭了特定的出口，紧急设施向人群服务开放，并且可以设定人员在不同的时间从不同的区域开始疏散等。

STEPS 除了提供正常和紧急状态下可视化的人员移动数据，还输出详细的流速和每个区域疏散完毕的时间，同时可显示疏散区域的人数统计、路径和场所内指定位置的流率图及用户所标记人员的路径等。

3.5.5 隧道火灾人员疏散设计应用

武汉长江公铁隧道距离下游的长江二桥 1.3 km、距离上游的武汉长江隧道 1.9 km。由于主城区过江通道资源有限，该通道采用城市道路与轨道交通 7 号线共结构合建隧道方案，如图 3-35 所示。

隧道全长 4650 m，其中公铁合建盾构段长 2590 m，为双孔圆形结构隧道，外径为 15.2 m；北岸明挖段长 810 m，其中敞开段长 130 m（与地铁车站合建段长 32 m），明挖暗埋段长 620 m（与地铁车站合建段长 330 m），工作井长 60 m；南岸明挖段长 810 m，其中敞开段长 200 m，明挖暗埋段长 990 m（与地铁车站合建段长 217 m），工作井长 60 m。此外，两岸各设置 2 对右进右出匝道，匝道总长 2574 m。地铁与道路在两岸工作井内以不同的纵坡进行结构分离后，再采用常规地铁盾构（结构外径为 6.2 m）掘进至车站，其中北岸地铁区间长 290 m，

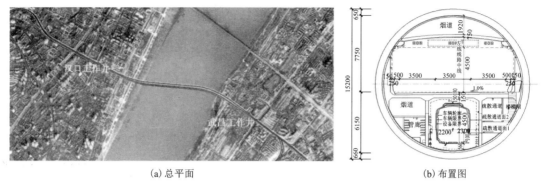

(a) 总平面　　　　　　　　　　　(b) 布置图

图 3-35　武汉长江公铁隧道总平面及布置图

南岸地铁区间长 216 m。

1. 隧道疏散方式与疏散廊道布置

盾构隧道疏散救援方式有三种。第一种方式是在左右洞之间设置横通道进行横向疏散与救援，横通道间距：道路隧道一般为 200~400 m，地铁隧道最大不超过 600 m。第二种方式是在隧道内设置专门的疏散廊道进行纵向疏散与救援，疏散廊道与交通空间之间进行物理隔离并采用楼梯或滑梯连接。第三种方式是以纵向为主，适当布置横通道用于救援，横通道间距一般为 800~1000 m。第一种方式的主要优点是符合大众的疏散习惯，缺点是在长江高水压粉细砂地层中进行横通道施工的风险高，运营期间横通道与盾构隧道的连接部位易发生渗漏水；第二种方式的优缺点则正好与第一种方式相反；第三种方式的优缺点则介于前两种之间。

本隧道采用第二种方式，疏散廊道布置于下层空间内的左侧孔，廊道与道路层之间采用纵向间距为 75 m 的楼梯间连接，廊道与地铁孔的疏散平台之间采用纵向间距为 150 m 的防火门连接。地铁孔内的疏散平台距离轨面的高度为 1.0 m(此标高处廊道的宽度为 2.14 m)，如将疏散廊道的走行面布置于该标高处，则由于楼梯间需占用较大空间，将急剧压缩廊道的有效宽度。因此，将疏散廊道的走行面采用纵向起伏的方式布置，在防火门处与地铁疏散平台同标高，在楼梯间处高出地铁疏散平台 0.95 m，不同标高面采用 1:10 的坡度连接。按此布置的疏散廊道最小宽度为 2 m，最小高度为 2.6 m，满足防灾疏散要求。

2. 火灾疏散与救援路径分析

由于火灾是极小概率事件，因此不考虑道路隧道与地铁隧道同时发生火灾的情况，且同一时间仅考虑一处火灾。又由于道路隧道设置了火灾排烟专用风道，因此当道路隧道发生火灾时，消防救援人员可以从火灾点下游方向进入隧道。为确保安全，火灾时采取的交通管理对策为：不管是道路隧道还是地铁隧道发生火灾，道路和地铁均停止交通，待确认安全后再恢复非事故隧道的交通。据此确定本隧道采用的疏散救援路径如表 3-19 所示。由表 3-19 可知，火灾情况下疏散路径与救援路径十分明确，且救援路径与疏散路径的交叉干扰很少。

表 3-19 公铁合建隧道盾构段火灾疏散救援路径

序号	火灾事件描述	疏散路径	救援路径
1	道路隧道发生火灾且火灾点下游无交通阻塞	通过楼梯间从道路层进入疏散廊道，再向最近的工作井疏散	救援路径 1-1：从火灾点下游开消防车或摩托车进入火灾现场。 救援路径 1-2：从火灾点上游开摩托车进入火灾现场。 救援路径 1-3：从疏散主流向的另一端廊道口进入，再从距离火灾点最近的楼梯间上行到达火灾现场
2	道路隧道发生火灾且火灾点下游发生交通阻塞		救援路径 2-1：同路径 1-2。 救援路径 2-2：同路径 1-1。 救援路径 2-3：同路径 1-3
3	地铁隧道发生火灾		救援路径 3-1：从道路隧道开消防车或摩托车到达距离火灾点最近的楼梯间，然后从楼梯间进入疏散廊道，再从距离火灾点最近的防火门进入事故隧道，最后沿疏散平台到达火灾现场。 救援路径 3-2：从火灾点上风向的车站进入事故隧道，再沿疏散平台或道床面到达火灾现场。 救援路径 3-3：从疏散主流向的另一端廊道口进入，再从距离火灾点最近的防火门到达火灾现场

参考文献

［1］ Methods and Techniques For Fire Detection［M］. Elsevier Ltd：2016.

［2］ 任泽春. 地铁火灾消防［M］. 北京：中国建筑工业出版社，2011.

［3］ 陶刚. 地铁区间隧道火灾烟气流动特性研究［D］. 重庆：重庆大学，2011.

［4］ 纪杰. 地铁站火灾烟气流动及通风控制模式研究［D］. 合肥：中国科学技术大学，2008.

［5］ 彭敏. 侧向多开口地铁列车车厢火灾燃烧特性研究［D］. 合肥：中国科学技术大学，2021.

［6］ 李立明. 隧道火灾烟气的温度特征与纵向通风控制研究［D］. 合肥：中国科学技术大学，2012.

［7］ 胡隆华. 隧道火灾烟气蔓延的热物理特性研究［D］. 合肥：中国科学技术大学，2006.

［8］ 周心权，吴兵. 矿井火灾救灾理论与实践［M］. 北京：煤炭工业出版社，1996.

［9］ 王德明，邵振鲁，朱云飞. 煤矿热动力重大灾害中的几个科学问题［J］. 煤炭学报，2021，46（1）：57-64.

［10］ 张兴凯. 地下工程火灾原理及应用［M］. 北京：首都经济贸易大学出版社，1997.

［11］ MT/T 煤安字第 237 号—1998. 矿井防灭火规范［S］.

［12］ 马洪亮，周心权. 矿井火灾燃烧特性曲线的研究与应用［J］. 煤炭学报，2008，33（7）：780-783.

［13］ 李松阳. 地下狭长空间轰燃演化机理的实验与理论研究［D］. 合肥：中国科学技术大学，2011.

［14］ Eric Stauffer, Julia A, Dolan, Reta Newman. Fire Debris Analysis［M］. Elsevier Science & Technology：2008.

［15］ HU L H, ZHOU J W, HUO R, et al. Confinement of fire-induced smoke and carbon monoxide transportation by air curtain in channels［J］. Journal of Hazardous Materials, 2008, 156（01-03）：327-334.

［16］ KHALID K, TONY L G. Engineering Mathematics with Applications to Fire Engineering［M］. CRC Press：2018.

［17］ 姜学鹏，肖明清. 城市地下空间火灾预防与控制［M］. 北京：机械工业出版社，2021.

［18］ 渠述强. 纵向通风隧道内高速列车开口火溢流诱导的烟气逆流行为及温度特性研究［D］. 北京：北京交通大学，2021.

[19] WANG L C, HU W Z, HU Y. Influence of high temperature thermal radiation on the transition characteristics of coal oxidation and spontaneous combustion[J]. Frontiers in Materials, 2021.

[20] 徐志胜. 公路隧道火灾危害及疏散方式探讨[J]. 湖南安全与防灾, 2012(8): 44-51.

[21] WENG M C, LU X L, LIU F, et al. Prediction of backlayering length and critical velocity in metro tunnel fires [J]. Tunnelling and Underground Space Technology, 2015, 47: 64-72.

[22] WEN H, LIU Y, GUO J, et al. Study on Numerical Simulation of Fire Danger Area Division in Mine Roadway [J]. Mathematical Problems in Engineering, 2021.

[23] BAHRAMI D, ZHOU L, YUAN L. Field verification of an improved mine fire location model[J]. Mining, Metallurgy & Exploration, 2021, 38(1): 559-566.

[24] 宋隽. 火灾高温下不同初始缺陷衬砌接头的力学性能研究[D]. 徐州: 中国矿业大学, 2021.

[25] 叶美娟. 自然通风隧道内火灾烟气运动特性与控制效果研究[D]. 合肥: 中国科学技术大学, 2020.

[26] 何坤. 隧道多火源火灾特性及竖井自然排烟研究[D]. 合肥: 中国科学技术大学, 2021.

[27] 黄丹妍. 地铁站内移动火灾载荷的动态风险评估模型及其应用研究[D]. 合肥: 中国科学技术大学, 2020.

[28] 钟委. 地铁站火灾烟气流动特性及控制方法研究[D]. 合肥: 中国科学技术大学, 2007.

[29] 郭歌, 李国辉, 韩伟平, 等. 国外地铁及隧道消防技术标准研究现状与启示[J]. 消防技术与产品信息, 2018, 31(05): 94-96.

[30] NFPA 502. Standard for Rail Tunnels, Bridges, and Other Limited Access Highways[S]. American: National Fire Protection Association, 2017.

[31] NFPA 130. Standard for FixedGuidway Transit and Passenger Rail Systems[S]. American: National Fire Protection Association, 2020.

[32] JTG D70—2004. 公路隧道设计规范[S].

[33] GB 50157—2014. 地铁设计规范[S].

[34] GB 50715—2011. 地铁工程施工安全评价标准[S].

[35] GB 50490—2009. 城市轨道交通技术规范[S].

[36] GB 50016—2014. 建筑设计防火规范[S].

[37] GB 1298—2018. 地铁防火设计标准[S].

[38] DB 43/729—2012. 公路隧道消防技术规程[S].

[39] GB 50116—2013. 火灾自动报警系统设计规范[S].

[40] 谭炳华. 火灾自动报警及消防联动系统[M]. 北京: 机械工业出版社, 2007.

[41] 吴超. 火灾识别与联动控制[M]. 北京: 冶金工业出版社, 1995.

[42] 邓军. 火灾识别与联动控制[M]. 北京: 机械工业出版社, 2020.

[43] XU Z Y, YUAN B Q. Efficient Management and Application of Mine Fire Prevention Data[J]. IOP Conference Series: Earth and Environmental Science, 2020, 514(2): 022038.

[44] 那艳玲. 地铁车站通风与火灾的 CFD 仿真模拟与实验研究[D]. 天津: 天津大学, 2004.

[45] DJ G08-88—2006. 建筑防排烟技术规程[S].

[46] 马骏驰. 火灾中人群疏散的仿真研究[D]. 上海: 同济大学, 2007.

[47] 杨立兵. 建筑火灾人员疏散行为及优化研究[D]. 长沙: 中南大学, 2012.

[48] 陈馈, 冯欢欢. 武汉三阳路公铁合建超大直径盾构隧道设计方案研究[J]. 现代隧道技术, 2014, 51(4): 168-177.

[49] 赵博. 武汉三阳路越江隧道地铁火灾联动控制方案设计[J]. 隧道建设(中英文), 2018, 38(S1): 121-128.

第4章　地下空间水灾及防治

水是人类赖以生存的自然资源，同时也会带来不同程度的灾害，比如洪水、海潮和内涝积水等自然灾害。绝大多数城市依水而建、伴水而生，坐落在江河湖海之滨。随着社会经济的快速发展，城市化进程不断加快，城市规模不断扩大，这些城市对防洪安全的要求也越来越高。由于全球气候变暖和极端气象事件的频繁发生，城市洪涝灾害特征、发生频率、成灾规模剧烈变化。

地下水灾害是由地下工程活动引发的突水灾害。隧道开挖施工、矿产资源开发利用多为地下作业，在隧、巷道施工和矿体的回采过程中，不可避免地接近、揭露或者波及周围含水层。只要这些作业场所的压力比含水层的压力低，水体就会失去原有的平衡，在压力的作用下，以各种形式向井巷或者采场涌入。地下工程突水的剧烈程度取决于作业场所的地质构造部位、围岩等级情况、含水层的富水性、可补给的水量和水压，以及工程对含水层的揭露、贯穿程度等。

本章着重对城市地下空间洪涝灾害和地下工程施工突水灾害展开介绍，从水灾类型到成灾机理及水流流态，进行深入分析，提出地下空间水灾的防治方法及相关的防洪措施。

4.1　地下空间水灾类型

地下空间水灾害是一项系统性的自然灾害，其类型复杂多变，主要包括城市地下空间洪涝灾害和地下工程施工突水灾害。城市地下空间洪涝灾害主要表现为地铁、过街隧道、地下商场、车库洪涝灾害，危害性大，易造成巨大经济损失。

地下工程施工突水灾害多为工程开挖诱发的水灾害，往往表现为隧道开挖突水，巷道顶、底板突水，断层破碎带突水及陷落柱突水，等等。

4.1.1　城市地下空间洪涝灾害

由于全球气候变暖和极端气象事件的频繁发生，引发的城市洪水不断增多，规模不断扩大，一方面，城市道路及建筑物密度的增加，增大了城市不透水面积及比例，加之地表植被的破坏，致使同等降雨强度下的地表径流及排水量增加，汇流时间缩短，洪峰流量加大，洪灾频率、强度和影响范围增大；另一方面，破坏性的人为活动加剧了洪涝灾害的成灾强度。非法侵占河道、过量开采地下水造成的地表沉降，导致城市排洪能力降低，延滞了泄洪时间，加大了成灾强度。国内外许多研究表明当城市发生洪涝灾害时，城市地下空间是最容易受灾的危险区域之一。以城市主要公共交通设施之一的地铁为例，当城市的排洪除涝设施不能及时排除城市街道低洼处的积水时，一旦积水沿着地铁出入口等各类通道向车站内灌水，损失不可估量。城市地下空间的主要灾害为地铁洪涝灾害以及地下商场、车库、过街隧道洪涝等。

1. 地铁洪涝灾害

表 4-1 和表 4-2 分别归纳总结了近年来国内和国外地铁发生的重大浸水事故。

表 4-1　近年来国内地铁重大浸水事故

时间	地点	事故原因		灾情描述
		外部因素	本体原因	
2005 年 8 月 7 日	上海	台风"麦莎"	排水能力不足，积水倒灌	全市 84 条马路严重积水；地铁 1 号线因大量积水停运
2008 年 7 月 4 日	北京	极端强降水	地势低；挡水设施不坚固；地铁内天花板防水能力不足	地铁 5 号线崇文门站两出口挡水板被冲断，水流进站厅调度室，造成调度室下面的变电站天花板渗水
2011 年 7 月 4 日	成都	极端强降水	地势低，积水倒灌	地铁积水
2013 年 9 月 13 日	上海	极端强降水	积水倒灌	全市 80 多个路段积水；地铁 6 号线运行受影响，2 号线停运
2015 年 6 月 17 日	武汉	极端强降水	积水倒灌，排水能力不足	全市 40 多个路段严重积水；地铁 1、4 号线运行受阻
2016 年 8 月 23 日	成都	极段强降水	地势低，挡水排水设备不全	多条地铁运行受阻，站内严重积水
2018 年 9 月 16 日	广州	台风"山竹"	排水设备不全，地势低注	地铁系统瘫痪，多个地铁站严重积水，大量乘客被困
2021 年 7 月 20 日	郑州	极端强降水	排水能力不足	造成 292 人遇难，失踪 47 人，经济损失巨大

表 4-2　近年来国外地铁重大浸水事故

时间	地点	事故原因	灾情描述
1992 年 4 月	美国芝加哥	地铁隧道壁破坏，发生管涌	相连通的地铁地下空间淹没
1996 年 10 月	美国波士顿	强降水	洪水浸入地铁，淹没范围大
1998 年 5 月	韩国首尔	极端强降水	洪水淹没了 11 km 内的 11 个地铁站，造成电气设施和通信系统瘫痪
1999 年 6 月	日本福冈	强降水	福冈博多车站周围的地铁和地下街大面积浸水；博多车站及附近大楼地下一层被淹没，1 人死亡
2001 年 7 月	韩国首尔	特大暴雨	地铁积水，因灾死亡 49 人，其中 21 人为触电死亡
2002 年 8 月	捷克布拉格	暴雨造成河水暴涨泛滥	沿河地带普遍浸水受淹，低注处积水，大量建筑地下室浸水，市内 3 条地铁成地下河

续表4-2

时间	地点	事故原因	灾情描述
2005 年 5 月	日本东京	极端强降水	洪水浸入地铁，淹没范围大，地铁运行受到影响
2008 年 7 月	美国纽约	强降水	地铁站内被洪水淹没，大量人员被困
2012 年 9 月	韩国首尔	极端强降水	地铁站内严重积水，多条线路停运
2014 年 7 月	日本东京	强降水	地铁站被淹没，低洼处严重积水，多条铁路、地铁路线停运
2015 年 11 月	日本东京	强台风降雨	多条地铁线路停运，大量积水汇入地铁站
2018 年 6 月	新加坡	极端强降水	碧山地铁隧道严重积水，相连地铁空间被淹没
2021 年 7 月	美国纽约	飓风"艾尔莎"	地铁严重积水，多条线路停运

为了进一步了解地铁水灾造成的危害，这里给出了几个重大浸水事故实例。

[案例 1] 2011 年 6 月暴雨造成北京地铁浸水事故

2011 年 6 月 23 日下午，北京遭受强降雨侵袭，并伴有雷电。全市平均降水 48 mm，市区平均降水 72 mm，降水量在 100 mm 以上的地区超过 120 km²，而降水量在市区的分布十分不均，西部明显大于东部。降水量最大的气象站点位于西部石景山区模式口村，当日降水量高达 213.4 mm，最大降雨量达到 128.9 mm/h。

由于北京多数地区的城市排水系统按照 1~3 年一遇的标准设计，部分地区甚至低于 1 年一遇，因此降雨造成了严重的城市内涝，环路上积水十分严重，形成了城市"内海"奇观。受暴雨的影响，地铁 1 号线古城车辆段与运营正线连接线隧道口处浸水，苹果园站和古城站停运；4 号线陶然亭站外积水水面到达腰部，水倒灌入车站内，沿着楼梯形成一层层小"瀑布"（图 4-1）。降雨对城市交通系统也造成了十分不利的影响，积水造成 22 处道路中断，76 条地面公交线路受到影响；3 条地铁部分区段停运；北京首都国际机场也出现大量航班延误或取消的情况。

[案例 2] 2021 年 7 月郑州特大暴雨洪涝事故

2021 年 7 月 17 日开始，河南出现持续性强降水天气，全省大部出现暴雨、大暴雨，强降水主要集中在西部、北部和中部地区，郑州、焦作、新乡等 10 个地市出现特大暴雨。2021 年 7 月 18

图 4-1 2011 年 6 月 23 日北京地铁 4 号线陶然亭站"瀑布"

日 8 时至 20 日 12 时，河南全省降雨量超 400 mm 站点 43 处，超 300 mm 站点 154 处，超 200 mm 站点 467 处，超 100 mm 站点 1426 处，最大降雨量为：郑州市荥阳环翠峪雨量站 551 mm、巩义市李家门外雨量站 493 mm、峡峪雨量站 491 mm。2021 年 7 月 20 日 8 时至 17 时，郑州市出现大暴雨，局部特大暴雨，最大降水量出现在二七区的尖岗水库，为 438 mm。2021 年 7 月 20 日 16—17 时，郑州 1 h 降雨量达到 201.9 mm。7 月 18 日 18 时至 21 日 0 时，郑州出现罕见持续强降水天气过程，全市普降大暴雨、特大暴雨，累积平均降水量 449 mm。2021 年 7 月 20 日 18 时许，积水冲垮出入场线挡水墙进入正线区间，造成郑州地铁 5 号线列车在海滩寺街站和沙口路站隧道停运。18 时 10 分，郑州地铁下达全线停运指令，组织力量，疏散群众，共疏散群众 500 余人。截至 8 月 2 日 12 时，河南省因灾遇难 302 人，50 人失踪。其中，郑州市遇难 292 人，失踪 47 人；新乡市遇难 7 人，失踪 3 人；平顶山市遇难 2 人；漯河市遇难 1 人。

　　2. 地下商场、车库、过街隧道洪灾

　　近年来国内外地下商场、车库、过街隧道及下穿式立交桥重大浸水事故统计见表 4-3 和表 4-4。

表 4-3　国内地下商场、车库、过街隧道及下穿式立交桥浸水事故

时间	地点	事故原因		灾情描述
		外部因素	本体原因	
2007 年 6 月 10 日	广东深圳	强降水	积水倒灌	蛇口海上世界地下广场被淹没，所有店铺被大水淹至屋顶
2007 年 7 月 17 日	重庆	强降水	排水能力不足，雨水倒灌	解放碑多家地下商场被淹没
2011 年 7 月 23 日	四川德阳	强降水	地势低，雨水倒灌	城区岷江桥下穿隧道积水
2012 年 8 月 21 日	江西南昌	强降水	地势低，雨水倒灌	低洼地段、隧道灯路段积水严重
2013 年 8 月 4 日	浙江杭州	强降水	地基沉降，积水倒灌	车库积水
2014 年 8 月 6 日	湖北宜昌	强降水	雨水倒灌	城市路面积水严重，地下车库积水
2014 年 8 月 12 日	福建厦门	突发性强降水	供电设备、排水系统遭损	车库积水
2016 年 7 月 18 日	湖北武汉	突发性强降水	排水设备不齐全	过街隧道、立交桥下严重积水
2018 年 9 月 3 日	浙江杭州	持续强降水	地势低洼，积水倒灌	商场、车库积水，部分低洼路段积水
2019 年 7 月 14 日	贵州仁怀	强降水	结构规划不合理，积水倒灌	地下商场被淹没
2020 年 6 月 18 日	江西南昌	强降水	雨水倒灌	局部积水严重，部分路段无法通行

表4-4　国外地下商场、车库、过街隧道及下穿式立交桥重大浸水事故

时间	地点	事故原因	灾情描述
1996年6月	日本福冈	强降水	河水浸入地下购物街
1999年7月	日本东京	极端强降水	雨水浸入地下商业街，1人死亡
2003年9月	韩国釜山	台风"鸣蝉"	地下店铺浸水，导致8人死亡
2005年9月	日本神田川	强降水	地下室浸水，半地下式住宅发生浸水1楼顶棚
2006年1月	巴西里约热内卢	强降水	车库浸水，6人死亡
2010年8月	波兰	强降水	地下室浸水，造成3人死亡
2011年6月	新加坡	强降水	部分地下车库浸水，多数车辆被淹没
2012年10月	美国曼哈顿	飓风"桑迪"	大片街道淹没，10条隧道和6座车库被淹没
2015年10月	意大利威尼斯	强降水	圣马可广场被淹没，多处地下室及古建筑物遭洪水破坏
2017年7月	匈牙利布达佩斯	强降水	隧道淹没，洪水浸入地下车库
2018年5月	英国伦敦	强降水	地下车库被淹没，积水严重
2020年7月	意大利威尼斯	强降水，风暴潮	威尼斯部分街道、地下停车场被淹没
2021年7月	美国纽约	强降水	商场被淹没，过街隧道、车库大量积水

为了进一步了解地下商场、车库、过街隧道洪灾造成的危害，这里给出了几个重大浸水事故实例。

[案例1] 2007年7月山东济南银座地下商城浸水事故

2007年7月，山东济南银座地下商城遭受洪水入侵(图4-2)。7月18日17点至20点，济南及其周边地区遭受特大暴雨袭击。降水历时短、雨量大，市区1 h最大降水量达151 mm，2 h最大降水量达167.5 mm，3 h最大降水量达180 mm，均为该市有气象记录以来历史最大值。7月18日下午6点左右，济南护城河水外溢，位于泉城广场地下的银座地下商城配套车库开始进水，不到20 min时间，商城营业厅最大淹没水深达1.6 m。地下商城损失严重，车辆被淹70余辆，商场停业1个多月，直接经济损失8000余万元，间接损失无法估量。

图4-2　济南地下商城浸水

[案例2] 2016 年 6 月广西南宁地铁及地下通道浸水事故

2016 年 6 月 3 日广西南宁持续暴雨，地铁 1 号线因强降雨和排水系统不完善等因素影响，百花岭站发生雨水倒灌，站内及过街隧道成为"地下河"（图 4-3）。

图 4-3 广西南宁百花岭站因浸水成为"地下河"

4.1.2 地下工程施工突水灾害

地下工程施工突水灾害是指在隧(巷)道开挖、矿山建设和生产过程中，不同水源通过一定途径进入隧道、巷道或者回采工作面，并对隧(巷)道施工、矿山建设和生产带来不利影响的灾害。近年来，随着我国隧道建设飞速发展，隧道施工引起的突水灾害事故频频发生，由于水文地质条件模糊不清，突水灾害往往造成巨大的经济损失和人员伤亡。

1. 地下工程施工突水灾害类型

1) 地下隧道开挖突水类型

表 4-5 给出了根据水量大小划分的突水等级和类型。

表 4-5 由突水量划分的突水等级/类型

级别代号	水量 $Q/(\mathrm{m^3 \cdot h^{-1}})$	情况说明
A 级	>10000	突水型：瞬间以大于 0.5 MPa 的水压突出
B 级	1000~100000	涌、突水型：水压低于 0.5 MPa，过渡型
C 级	100~1000	涌水型：水压小，靠被动水压流动，不影响施工
C 级	10~100	地下水缓慢流动，顺坡施工时满足要求

对于突水型，地下水水量、水压较大，短时间内即可淹没施工掌子面，并破坏施工设施，危及施工人员生命安全，突水时间长，持续数小时甚至数十小时后水量逐渐减少至稳定；对于涌、突水型，虽然水压小于突水型，水量仍较大，但地下水流量在短时间内达到稳定，属突水与涌水之间的过渡类型，可能致使施工停止，对人员安全有一定影响；对于涌水型，由于水压较小，基本不影响施工，但需要加强排水。

按照突水方式，可将突水划分为瞬时突水突泥型、稳定涌水型以及季节性突、涌水型三类。当隧道施工揭露喀斯特管道时，地下水或地下泥石流瞬间以巨大压力(1~3 MPa)从管道口射出，其流量可达每小时几千立方米甚至逾万立方米，即为瞬间突水突泥型。若喀斯特管道揭露后，地下水在水压力作用下流动，水量在施工前后无明显变化，称为稳定涌水型。季节性突、涌水则比较复杂，当汇水面积比较大的干溶洞或充水溶洞距隧道较近时，雨季连续降雨或暴雨后，喀斯特管道内迅速充满水，并沿着管道产生突水或地下泥石流，当降雨停止一定时间后，喀斯特管道中的地下水逐渐消失，隧道施工恢复常态。

从突水的破坏模式来看,喀斯特突水可划分为非地质缺陷式突水、地质缺陷式突水及组合式突水三种概化模式。实质上,该划分原则与防突结构和突水通道紧密相关,具体见表4-6。

表4-6 由破坏模式划分的突水类型

突水类型	防突结构	突水通道
非地质缺陷式	完整围岩(防突层)	初期为裂隙网络,后期为隔水层破裂口
地质缺陷式	充填介质	裂缝、断层、溶腔以及喀斯特管道等
组合式	完整围岩+充填介质	上述两种突水通道的不同组合

对于非地质缺陷式突水,即当隧道临空面与附近含导水构造之间不存在明显的地质缺陷体时,隧道突水表现为完整围岩的破断突水,即防突层在开挖与渗流-损伤的双重作用下强度不断降低,当系统状态濒临临界状态时,微小的扰动诱发防突层整体破断突水,突水通道表现为初期渗水的裂隙网络与后期防突层整体失稳的破裂口。对于地质缺陷式突水,即当隧道附近存在与含导水构造连通的断层、喀斯特管道以及其他充填型地质缺陷体时,由于充填物具有一定的阻水特性,缺陷体被揭露时不会立即发生突水,但随着开挖扰动以及喀斯特水压的物理化学作用,充填介质的阻水性能不断弱化,发展至一定程度时充填物失稳形成突水通道。对于组合式突水,若与含导水构造存在水力联系的地质缺陷体并未与隧道相交,则隧道突水的发生需同时具备充填介质与防突层失稳的条件。

2)地下巷(隧)道顶板水害

当巷(隧)道顶板或巷(隧)道顶板上覆岩层为含水层时,含水层水可以通过断层、裂隙等天然导水通道或采掘形成的导水裂隙带涌入工作面。由于岩层的重复扰动和断裂带塌陷滑移的程度不同,导水裂隙带发育高度和部位也随之变化,常使巷(隧)道顶板充水含水层水突然泄入工作面,造成巷(隧)道顶板水害,严重者会淹没整个工作面甚至巷道。如我国煤矿主要开采上古生界石炭系—二叠系和中生界侏罗系—白垩系地层中的煤炭,第四系松散孔隙含水层和第三系砂砾含水层往往呈不整合超覆于这些煤系地层或沉积基底岩层之上。这些含水层水通过煤层或基岩露头带不断地向其下的煤层和煤层顶、底板岩层渗透补给,在采掘过程中,会发生矿井涌水量陡然增大的现象,情况严重时会溃水、溃砂,甚至淹井。

(3)地下巷(隧)道底板水水害

地下巷(隧)道底板水害是我国矿山开采以及隧道建设中发生频率最高、危害程度最大的一种灾害。巷(隧)道底板突水会导致整个生产作业水平、巷(隧)道淹没,甚至造成重大人身伤亡事故。最典型的如华北石炭系—二叠系煤系,其基底为巨厚的奥灰或寒灰喀斯特含水层。由于矿层的倾斜,随着开采的延伸,作用于矿层底板的水压越来越大,而矿层与奥灰含水层之间的隔水层的水压越来越大,而矿层与奥灰含水层之间的隔水层的厚度及其岩性在剖面上复杂多变,喀斯特、断裂的发育程度各不相同,加之采掘工程引起的围岩应力转移,使作用于底板的强度和对其产生的影响及破坏也因地而异。因此,巷(隧)道底板突水机理复杂,预先查明的难度大,造成的突水灾害概率较高。

4) 地下空区积水水害

地下空区积水主要储集在矿井周边小矿采空区、矿井本身的采空区或与采空区相连的巷道内。老空水体的几何形状不规则，矿井采掘工程与这种水体的空间关系错综复杂，并且由于历史的原因往往缺乏甚至没有可靠的技术资料，水文地质难以准确分析判断。这种积水体分布集中，水压传递迅速，采掘工作面一旦接近或揭露，老空积水便可突然溃出，发生透水事故。老空积水不但存在于地下水资源丰富的矿区，也可能存在于干旱贫水的矿区，是矿山开采过程中普遍存在的一种水害。事实表明，即使只有几立方米的老空积水，一旦溃出，也可能造成人员伤亡。

5) 地下断层破碎带水害

地下断层破碎带水害既可能与顶板含水层或底板含水层发生水力联系，也可能与空区积水发生水力联系，断层破碎带一方面为地下隧(巷)道涌、突水提供导水通道，另一方面提供充水水源(断层破碎带含水)，是地下工程施工水害中最为普遍的一类。它可以沿断层走向很长一段范围内普遍导水而引发水害，也可以是局部的一小段甚至一个点导水而诱发突水。此类水害的预防和治理难度较大且复杂。

6) 喀斯特陷落柱水害

我国华北石炭系—二叠系煤系地层的基底存在巨厚的奥陶系、寒武系灰岩含水层。在漫长的地质历史过程中，灰岩由于地下水的运动常形成巨大的喀斯特溶洞，溶洞上覆岩层垮塌后，便形成喀斯特陷落柱。由于喀斯特水水源丰富、水压高，喀斯特陷落柱又具有隐蔽性，一旦矿山采掘工程接近或揭露，就可能形成灾难性突水灾害。该种类型的水害赋存条件孤立而隐蔽，事前难以探查发现，防治难度较大。

2. 隧(巷)道水灾案例及事故原因

1) 隧道突水(泥)事故案例

[案例 1] 荆西隧道突水涌泥事故。荆西隧道位于三明市市郊，全长 3639.54 m，穿越 200 m 不良地质侵入接触带，分别位于洞身 DK93+650。围岩主要为泥盆系上统桃子坑组石英砂岩、燕山早期花岗岩及下古生界罗峰溪群变质砂岩，地质构造复杂、地应力高、地下水极其丰富，安全风险高、施工难度大。DK92+230～318、DK92+448～600、DK94+640～691 段为富水区，DK93+635～+665 为强富水区，存在很大的突泥涌水危险。

2016 年 2 月 26 日凌晨 1:00，掌子面(DK93+715)右侧拱顶管棚施工时有小股水流出；1:10 水质变浑浊，有泥流涌出，继而出现大量涌泥，涌出物呈土夹碎石，形态呈硬塑状，较为松散，含水量很少(如图 4-4)。3 月 19 日 15:20，承压水沿止浆墙左侧拱角处流出，继而突水，开始水压较大，18:50 变为流水状态，水中未含杂质，经测算每小时出水量约 2800 m³。持续到 3 月 22 日早 8:00，大量涌水逐渐停止，转为间歇性涌泥涌水，涌泥长度约 260 m，涌泥量约 4800 m³。3 月 24 日对地表情况进行再次排查，发现 DK93+715 线路左侧冲沟出现塌陷(沟底高程 359.92 m，内轨顶面标高 182.87 m，隧道埋深 177.05 m)。冲沟上

图 4-4　2 月 26 日掌子面突(泥)水现场

游有小股地表径流,附近地表水均汇集于此处。物探单位对塌陷处的空腔及掌子面前方地质情况进行物探勘测,发现受隧道埋深较大及地表上方约130 m处的高压线制约,物探方法无法准确预测。

水源是灾害主要诱因,尤其承压水源往往储存一定的能量;通道则是泥沙与地下水混合物迁移的路径,是灾害形成的必要条件;防护岩层是通道形成的主要阻止因素。突泥涌水事故是一个多场作用的复杂系统,但可将研究模型简化为水源、通道和防护岩层三个主要控制因素来分析事故的发生机理。事故发生点距离原勘探富水区60 m,设计的断层带提前60 m进入。事故工程段所在位置西侧距离400 m左右的山顶上有一个自然形成的约500 m³的水塘,事故发生前有连续降雨,事故发生后水塘水量有明显减少情况,可以判断水源是灾害主要诱因,尤其承压水源往往储存一定的能量。施工段提前进入断层带,施工扰动是事故发生的直接诱因。

(2)巷道顶板突水事故案例

[案例2] 荆各庄矿位于河北省唐山市开平向斜西北翼,是一个年产原煤200万t的大型矿井,设计开采水平−375 m,矿井涌水量30.5 m³/h,开采山组组5、7、9号煤层,矿井涌水主要来自煤系内部煤层顶、底板砂岩裂隙水。1979年2月1日,在南翼1096运输巷掘进中遇F_{16}断层,掘进迎头出水。2月4日,最大涌水量达1066 m³/h。1980年1月17日,在1903采煤工作面推进140 m时,工作面中间两处发生淋水。1980年9月9日,在4#、5#泄水横巷处冒顶来水,水量600~1244 m³/h。本次突水造成1093采煤工作面不能正常回采,并影响其他采煤工作面的回采。

在9煤层顶板46 m以上赋存有含水丰富的砂岩裂隙含水层(煤5含水层),层厚30~150 m,裂隙发育,单位涌水量大于2 L/(s·m)。矿压对煤层顶板破坏产生的冒落带和导水裂隙带可以延伸到顶板砂岩含水层,导致突水。

3)巷道底板突水事故案例

[案例3] 2016年1月25日,山东省肥城市白庄煤矿−430 m水平东翼8105工作面轨道顺槽里段底板发生奥灰突水。1月25日4:15,8100采区泵房司机汇报,泵房水量增加、水质浑浊;5:59,汇报出水点位于8105轨道顺槽里段联络巷以里,因该段巷道低洼积水,无法观测到出水点,估测出水量200 m³/h,实测附近奥灰水位下降3.7 m。7:32汇报,8100采区泵房已开泵3台,水量仍在增大、水色浑浊。7:40,汇报奥灰水位下降27 m,泄水巷水量增大,水中携带大量岩石碎块及煤屑。9:23,机电副矿长汇报,8100采区泵房4台泵全部启动(额定排水能力1280 m/h),吸水井水位上升。10:11 8100采区泵房进水。10:40,8100采区泵房被淹,矿长下达命令,泵房值守人员撤离,启动应急程序。13:47,在确认人员已全部撤离的前提下,矿长下达关闭水闸门命令。

如图4-5所示,8105工作面底板突水过程可以分为三个阶段。第一阶段为04:15~07:32,持续过程大约4 h,底板涌水量小于500 m³/h。第二阶段为7:32~14:00,涌水量迅速加大,达到2400 m³/h,突水等级由中等变为大型突水。白庄煤矿8100采区泵房4台泵全部启动(额定排水能力1280 m³/h),涌水量仍在矿坑排水能力以上,对矿井构成淹井威胁,10:11,8100采区泵房进水;10:4分,8100采区泵房被淹,矿长下达命令,泵房值守人员撤离,启动应急程序。13:47,在确认人员已全部撤离的前提下,矿长下达关闭水闸门命令。14:11,关闭东翼1道挡水墙水闸阀和2道水闸门。14:00到22:50为突水的第三阶段,持续过程大约 8 h, 涌水量持续快速增大到约 2800 m³/h, 为特大突水点。

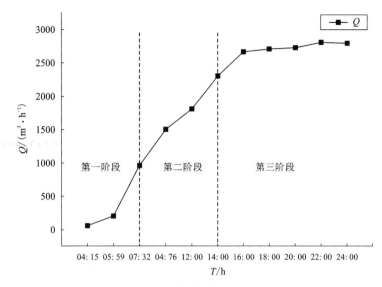

图 4-5　突水过程示意图

突水时间距离 7101 工作面停采时间为 14 d, 矿压作用表现为突水的滞后性。7101 工作面和 8105 工作面采动产生的矿压对煤层底板造成破坏, 诱发底板向斜轴部隐伏构造破碎带进一步向上发育。隐伏构造破碎带在煤层的采动矿压和奥灰含水层承压水渗流作用的持续耦合影响下, 开始不断地发育, 扩大破碎带的范围。矿压作用打破工作面底板隐伏破碎带的水压压差平衡态, 形成五灰奥灰水力联系。在煤层回采过程中揭露了煤层底板向斜轴部的隐伏构造破碎带, 使得底板采动破坏范围、向斜轴构造破碎带活化范围和五灰含水层的裂隙导升带范围三者出现贯通, 底板的采动破坏深度和含水层的裂隙导升高度突然间增大, 形成了一个连通的完整的突水通道, 最终发生突水, 突水点涌水快速持续增大。然而煤层底板由向斜轴部形成的隐伏断层构造破碎带经过 7101 工作面正下方的 8105 轨道顺槽里段, 从而形成了8105 轨道顺槽对五灰水进行截流, 导致 8105 轨道顺槽突水, 而 7101 工作面底板只有少量的渗流现象。

4) 地表水体水害事故案例

[案例 4] 2013 年 3 月 10 日, 当隧道挖至掌子面里程为 ZK85+206, 武都西隧道左线掌子面附近正在进行喷射混凝土作业时, 掌子面靠近拱顶处只听到"哗啦啦"的水流声音, 一承压股状水突然涌出[如图 4-6(a)], 出水点主要位于裂隙、层面间中。水势非常大, 并且水质清澈, 现场被迫紧急停止作业。突水持续了一周, 而且水势愈来愈凶猛, 随后在掌子面附近30 m 范围内形成了一面湖[如图 4-6(b)], 导致隧道左线停工半个月, 影响施工进度, 给整个工程的竣工造成极大的阻碍。根据现场所形成的湖面的长度和深度, 估算在掌子面形成的湖水体积在 500 m³ 以上。

从地表水的角度分析原因, 地下水系和地表水系之间存在着一定的水力联系, 地表水系通过侧向径流和垂直下渗源源不断地补充到地下水系统中, 隧址区地表水系发育、水文网发达, 在隧道长期涌水和排水的条件下, 隧道区地表水系统和地下水系统水力之间的联系增

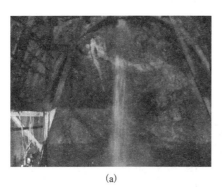 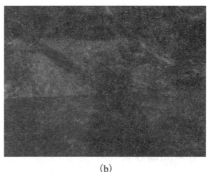

(a)　　　　　　　　　　　　　　(b)

图 4-6　掌子面突水场面

强。长期排水的隧道，地表水和地下水联系通道会逐渐扩大，最终导致大量的地表水体通过联系通道补充到地下。隧道的汇水和集水作用使得地下水首先进入隧道中，以隧道为中心构成一个新汇势，地下水运动方向不断朝着这种新汇势改变，最终导致局部水力梯度增高带的形成，大量的水渗入或涌入隧道，诱发掌子面突水事故发生。

5) 地下空区积水水害事故案例

[案例 5] 广西南丹 "7·17" 突水事故，发生的时间为 2001 年 7 月 17 日 3 时 40 分，地点是龙泉矿冶总厂所属拉甲坡矿 9 号井标高 -166 m 平巷的 3 号作业面。7 月 16 日下午 4 点，龙山、拉甲坡和田角锌矿共安排职工 500 多人下井作业。17 日凌晨 3 时许，拉甲坡矿 9 号井实施两次爆破后，标高 -166 m 平巷的 3 号作业面与恒源最底部 -167 m 平巷的隔水岩体产生脆性破坏，大量高压水从恒源矿涌出，发生透水，淹及拉甲坡矿 2 个工作面、龙山矿 3 个工作面、田角锌矿 1 个工作面，致使 81 人死亡，其中拉甲坡矿 59 人、龙山矿 19 人、田角锌矿 3 人，直接经济损失 8000 余万元。事故发生后，河池地委、行署按照自治区领导的要求，于 8 月 1 日组织龙山、拉甲坡矿开始抽水，随后恒源、田角、果园、精诚、华星等矿先后投入排水工作。国务院调查组到达南丹后，立即查看了事故现场，认为事故抢救和调查的关键是排干井下水。为此，8 月 9 日晚与自治区工作组一起研究制订了加大排水力度的措施，明确排水工作由河池行署、南丹县政府具体实施，派专人盯在现场，加强督导。同时，利用国有高峰矿与龙山矿水系相通的条件，改造局部排水系统，形成两矿联合排水系统；将田角锌矿和拉甲坡矿排水系统连通，加大拉甲坡矿排水能力；新投入设备 267 台，参与排水的人员达到1900 多人。这些措施落实后，井下日排水量由 1.8 万 m³ 增加到 4 万 m³ 以上。截至 8 月 20 日晚 8 时，事故涉及的 7 个矿井的水全部排干，共排水 34 万 m³。

经调查，广西南丹 "7·17" 特大透水事故是由非法开采、乱采滥挖、违章爆破所致。5 月 23 日，恒源矿及其连通的拉甲坡矿 9 号井 1、2 号工作面标高 -110 m 以下采空巷道均被水淹，并与老塘积水相连通。恒源矿最底部 -167 m 平巷顶板与拉甲坡 9 号井 -166 m 平巷 3 号工作面之间的隔水岩体最薄处仅为 0.3 m，在 57 m 的水头压力作用下已处于极限平衡状态。7 月 17 日凌晨 3 时多，拉甲坡矿 9 号井两次实施爆破，使隔水岩体产生脆性破坏，形成一个长径 3.5 m、短径 1.2 m 的椭圆形透水口，高压水急速涌入与此相通的几个井下作业区，导致特大透水事故发生。

4.2　地下空间水灾成因及水流流态

地下空间水灾是一种系统性的工程灾害，灾害成因包含多种因素、多个过程。其中，城市地下空间的洪涝灾害不仅仅受到自然因素（比如暴雨、台风、风暴潮等）的影响，还与城市地下空间设计不规范、防洪标准不完善、不恰当人类活动等社会因素有关。地下工程施工涌水及矿井水灾事故的发生涉及很多因素，比如围岩、基岩的稳定性、渗透性，开挖扰动引起的损伤效应及裂隙发育。岩体渗流场与应力场之间相互作用可以反映隧（巷）道岩体的应力状态与水流流态的演化规律。地下工程施工涌水及矿井水灾往往是岩体失稳破坏伴随着突水灾害，成灾机理复杂多变。

4.2.1　城市地下空间洪涝灾害成因

城市地下空间水灾害问题一直以来都在威胁城市生活生产，而水灾害是多种因素共同影响下的结果，主要表现为自然因素和社会因素。自然因素包括暴雨、台风、风暴潮、海平面上升、地面沉降、热岛效应以及下垫面改变等多因素。社会因素主要包括规划设计的不合理性、防洪标准及规范的不完备性、防洪意识的薄弱性、不恰当的人类活动，以及洪灾的不确定性、难预见性和弱规律性等。

4.2.1.1　自然因素

1. 暴雨

随着全球气候的变化，极端天气频频出现，其中，暴雨是一种常见的自然现象，大多数城市洪灾可以归因于暴雨。我国大部分地区都处于季风区，除西北个别省（自治区）外，几乎都出现过暴雨。从晚春到盛夏，随着季风的由弱变强，北方冷空气逐渐减退，冷暖空气频繁交汇，形成一场场暴雨。我国主要雨带位置亦随季风由南向北推移。3—5 月，雨带在华南，华南地区暴雨频频发生。6—7 月，雨带到长江中下游，长江中下游常有持续性暴雨出现（也称梅雨季节），历时长、面积广、降雨量大。7—8 月，雨带到达我国北方（也称暴雨季节），北方各省时有强暴雨发生。9—10 月，随着季风的减弱，雨带又逐渐南撤。

近年来，中心城市极端降雨事件频繁发生，这些突发性的强降水远超出城市排水能力的上限，导致城市内涝、交通瘫痪、地下空间和下立交被淹、人员伤亡等，如图 4-7 所示，严重影响城市的正常运营和发展。据不完全统计，自公元前 206 年到公元 1949 年的 2155 年间，全国各地较大的暴雨洪水灾害有 1092 次，平均每 2 年一次。1951 年以来，全国 31 个省会城市平均暴雨天数和日最大降水量均呈增加趋势，且年代变化明显。

2. 台风

台风是形成于热带海面上的热带气旋。我国是世界上发生台风最多的国家之一，又是

图 4-7　各地城市地下洪涝灾害

世界上受台风影响最严重的国家。台风登陆，常伴有暴雨、大风、巨浪、风暴潮等。根据1949—2021 年的台风资料统计研究，在西北太平洋地区形成的 2234 个热带气旋中，登陆我国的热带气旋为 675 个，占西北太平洋地区总数的 30.21%。年度台风登陆次数最低为 1982 年的 5 个，最高为 1952 年和 1961 年的 16 个，历年频次变化整体较为均匀，大体说来有 5~6 年和 10 年左右的准周期。台风、热带气旋登陆的高峰期是 7—9 月，占全年总数的 4/5。就沿海各省而论，以登陆广东省最多，几乎占全国的一半，其次是福建省。但登陆的强台风以福建省为最，占 60% 左右。台风在我国沿海登陆后，平均深入内陆约 500 km，最长可达 1500 km。

台风是最强烈的灾害天气系统，常带来狂风暴雨、海潮侵袭，造成大范围的强降雨和局部地区的风暴潮、海浪，并引发泥石流、山洪和滑坡等严重的自然灾害，是自然界最强烈的造雨系统。台风在我国许多省、市创造了当地一次暴雨的最高纪录，尤其是浙江南部、福建和广东等省沿海地区，各月台风造雨占 50% 以上，最多在广东省东部，可达 76%。暴雨使得江、河洪水上涨，甚至形成超标准洪水，毁坏防洪工程，造成严重洪涝灾害。

3. 风暴潮

风暴潮是一种灾害性自然现象，是指由强烈的大气扰动，如热带风暴、温带气旋、气压骤变寒潮过境等引起的海面异常升高或降低，使受其影响海区的潮位大大超过平常潮位的现象（图 4-8），又称"风暴增水""风暴海啸""气象海啸"或"风潮"。风暴潮的空间范围一般由几十千米至上千千米，时间尺度或周期为 1~100 h；有时风暴潮影响区域随大气扰动因子的移动而移动，一次风暴潮过程可影响 1000~2000 km 海岸区域，影响时间多达数天之久。

图 4-8　风暴潮灾害

风暴潮是导致全球生命财产损失最严重的自然灾害之一，位居海洋灾害之首，一次严重的风暴潮灾害常造成成千上万的人员伤亡和数亿甚至数百亿元的经济损失。按照诱发风暴潮的大气扰动特性，风暴潮分为由热带气旋所引起的台风风暴潮和由温带气旋等温带天气系统所引起的温带风暴潮两大类。我国是世界上两类风暴潮灾害都非常严重的少数国家之一，风暴潮灾害一年四季、从南到北均可发生，来势猛、速度快、强度大、破坏力强，损失严重。

4. 海平面上升

海平面上升指由全球气候变暖、极地冰川融化、上层海水变热膨胀等原因引起的全球性海平面上升现象。海平面上升对人类的生存和经济发展来说是一种缓发性的自然灾害。联合国政府间气候变化专门委员会（Intergovernmental Panel on Climate Change，IPCC）相应专家综合研究结果表明，影响近百年全球海平面上升的主要因素为海水热膨胀，冰川或小冰帽、极地冰盖的溶融或凝结，地表水和地下水的储存变化，等等。海平面上升势必会加剧洪涝灾害。沿海地区海拔一般较低，容易受到洪涝灾害的袭击。海平面上升势必会对洪水起到促进的作用，抬高风暴潮的水位，水位抬升导致风暴潮的破坏强度增大，破坏范围扩大。海平面上升还会提高风暴潮灾害的发生频率和破坏强度，同时也减弱沿岸防护堤坝的能力，从而增强洪水的威胁，并加大汛期排水的压力。

　　根据《中国海平面公报》，中国沿海海平面近 50 年来呈波动上升趋势，平均上升速率为 2.7 mm/a，高于全球平均水平。自 20 世纪 90 年代以来，中国沿海的海平面上升明显，2011—2021 年的平均海平面比 2001—2010 年的平均海平面高 36 mm，2001—2010 年的平均海平面比 1991—2000 年的平均海平面高 25 mm，比 1981—1990 年的平均海平面高 55 mm。2011 年，中国沿海海平面比常年高 69 mm，未来中国沿海海平面还将继续上升，预计到 2050 年将比常年升高 145~200 mm。中国沿岸 5 个区域未来海平面上升的预测值见表 4-7。

表 4-7　中国沿岸 5 个区域未来海平面上升的预测值　　　　　单位：mm

沿岸区域	1980—2030 年			2030—2050 年			2050—2100 年		
	低	中	高	低	中	高	低	中	高
辽东—天津沿岸	9.5	11.4	13.1	6.7	8.2	9.4	33.1	40.3	46.5
山东南部沿岸	-2.5	-0.5	1.1	1.9	3.3	4.6	19.9	28.3	34.5
江苏—广东东部沿岸	11.5	13.5	5.5	7.5	9.0	19.9	35.2	42.3	48.5
珠江口附近沿岸	4.0	5.9	7.6	4.5	6.0	7.2	22.6	34.8	41.0
广东西部—广西沿岸	11.6	13.6	15.3	7.6	9.1	10.2	35.2	42.3	48.7

　　区域海平面的上升对城市及地下空间防洪将带来不利影响，具体表现在三个方面。

　　(1) 风暴潮上岸。沿海地区台风和风暴潮常相伴产生，经常出现天文大潮、台风和暴雨"三碰头"。海平面上升极易造成风暴潮上岸，影响沿海地区水产养殖、农业耕作、工业生产和居民生活；而且还会使沿海城市防潮防汛工程防御能力极大降低，从而使风暴潮灾害的发生频率增加，破坏力极大增强。上海市相对海平面上升高潮位变化及对现状防汛墙的影响见表 4-8。

表 4-8　上海市相对海平面上升高潮位变化及对现状防汛墙的影响

相对海平面上升/m	不同洪水重现期最高潮位/m						防汛设施	
	5 年	10 年	20 年	50 年	100 年	1000 年	设计潮位/m	设计能力
0	3.04	3.21	3.32	3.55	3.72	4.23	3.7~4.2	100~1000 年一遇
0.1	3.14	3.31	3.42	3.65	3.82	1.33		50~80 年一遇
0.3	3.34	3.51	3.62	3.85	4.02	4.53		20~400 年一遇
0.5	3.54	3.71	3.82	4.05	4.22	4.73		10~100 年一遇

(2)洪涝灾害加剧。相对海平面上升将造成江河水位上涨，城市排水和泄洪能力下降，排水严重不畅，沿海低洼地区洪涝灾害加重。海平面上升会使河流淤积增强，造成河道淤塞，影响航道、海港运行；而且，淤塞会引起河道水位增高，河流排水速度大大减缓，城市排水受阻，甚至会出现河水倒灌现象，加剧城市洪涝威胁。

(3)海水入侵倒灌。相对海平面上升将直接导致沿海修建的防汛围堤、海堤及海港、码头等工程建筑的设计标准降低，防潮功能与抗灾能力逐渐下降。加固防汛工程、提高建筑物设计标准、改建城市排水系统、对低洼地区进行城市改造等，都会使城市建设费用逐年上升。

5. 地面沉降

地面沉降指在自然因素和人为因素影响下形成的地表垂直下降现象，又称地面下沉或地陷。导致地面沉降的自然因素主要是构造升降运动以及地震、火山活动等，人为因素主要是开采地下水和油气资源以及局部性增加荷载。自然因素所导致的地面沉降范围大、速率小；人为因素引起的地面沉降一般范围较小，但速率和幅度比较大。地面沉降的特点是形成时间长，持续时间长，波及范围广，下沉速率缓慢，往往不易察觉。

上海是我国最早发现地面沉降的城市，也是防治最好的城市。早在1921年通过水准测量发现中心城区有地面沉降以来，至2007年上海市的地面平均沉降已达到1.975 m，最大沉降量为3.035 m，最大沉降速率超过110 mm/a(1957—1961年)；地面沉降导致的灾害有潮水上岸，暴雨导致马路积水、高潮桥下通航受阻等现象。1965年以来，采取的压缩地下水开采量、调整地下水开采层次、开展地下水人工回灌等综合措施显著地缓解了地面沉降问题。而20世纪80年代末期之后的10余年间，因大规模城市改造建设，工程建设的沉降效应日益突出，沉降速度又有增加。虽然目前上海的地面沉降已处于有效控制阶段，但沉降累积总量仍在持续缓慢增长。

6. 热岛效应

热岛效应是指因城市化的发展，城市中的气温明显高于外围郊区的现象，也称为热岛现象。城市区域气候随着城市化进程的推进与居民活动程度的提升而受到影响，其中最显著而且普遍的结果之一就是热岛效应(图4-9)。热岛效应是城市系统结构的综合反映，是在城市化的人为因素和局地气象条件共同作用下形成的，形成城市热岛效应的主要原因有：①城市下垫面。城市下垫面性质的改变在城市化的过程中最为突出，城市内大量的人工构筑物如混凝土、黑色沥青路面及各种建筑墙面等，吸热快而热容量小，在相同的太阳辐射条件下，它们比自然下垫面(绿地、水面等)升温快，特别是在夏季，会成为巨大的高温热源，其表面温度明显高于自然下垫面。②人工热源影响。工厂生产、交通运输以及居民生活都需要燃烧各种燃料，每天都在向外排放大量的热量。这一方面直接增加了城市的热量(尤其是在夏季和冬季)；另一方

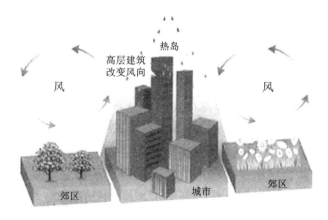

图4-9 城市热岛效应带来的强降雨

面城市人工热源大量排放煤灰、粉尘及各种气体，覆盖在城市上空，加重了城市热岛的强度。③城市大气污染。城市人群的活动产生了大量的氮氧化物、二氧化碳等，大量吸收环境中的热辐射能量，并增加大气对地面的长波逆辐射，产生温室效应，引起气温的进一步升高。

热岛效应是一种特殊的城市气候现象，它的特征表现为：城市内局部环境气温较郊外正常气温偏高，日高温时间延长和酷热天气日数延长。城市的交通中心、商业中心或人口密度比较高的居住区等公共场所，是热岛现象最明显的场所。到目前为止，我国观测到的最大热岛强度为北京的9℃，上海为6.8℃。热岛效应明显的地区能够带来局部强降雨，形成"雨岛效应"。城市热岛效应增大了城乡温度梯度，使城市空气容易抬升成云甚至产生雷暴，热岛环流还会产生来自郊外的乡村风，加剧城市对流的形成。因此，热岛效应会改变城市内及周围地区的其他气候因子，包括云、雾和霾的形成，闪电发生及降水，使局地大暴雨或强雷频率增大，增加城市洪涝灾害发生的频率，特别是在排水不畅的情况下容易形成城市内涝。

7. 下垫面改变

随着城镇化的快速推进，人类活动使得城市下垫面特征发生了剧烈的变化，主要表现为：①城市河道和低洼地被大量侵占和填埋，城市高楼、广场道路、桥梁建设增多，路面硬化增加，城市水塘、河湖、绿地不断减少，自然生态对洪涝水的调蓄能力不断下降。研究表明，水泥路面、改性沥青和不透水砖的透水性非常弱。②城市在低洼地区建设的项目增多，公路桥、立交桥、过街地下通道、地铁口、地下商场和停车库、民防工程等地势低点大量增加，造成易涝点增多。③城市不透水面积增加导致地表汇流量增加，但是，城市排水能力并没有相应提高。城市建设重地上工程，缺乏对地下空间系统性的规划和重视，未能统筹考虑地面建设与地下基础设施的关系，导致地下工程发展严重滞后于城市总体扩张能力，城市排水管网、河道、泵站等建设远不能适应城市洪涝灾害特点和区域。

下垫面的变化改变了城市的水文循环过程，一方面，土地利用通过地表覆盖的截留量、土壤水分状况以及地表蒸发等，影响着地表的容蓄水量，对流域的水文过程产生影响；另一方面，土地利用改变了行洪路径，影响了地表的粗糙程度，城市汇水流中原有雨水滞留能力锐降，进而控制了地表径流的速率和洪泛区水流的速度，增大了洪峰流量，缩短了径流汇流时间，导致城市洪灾发生概率增大。因此，城市的洪涝灾害问题也随之加剧，严重危害人类的生存环境和区域经济的可持续发展。

有研究表明，随着流域内不透水面积百分比的增加，城市地表的径流系数也在增大。如上海地区中心城区在1947—2006年的60年间，枯、平和丰水年的年径流系数相对增长分别为20.49%、11.83%和10.02%。以浙江省为例，浙江省城市化水平由1978年的14%增长到2007年的57.2%。径流系数增大，汇流时间缩短，使得洪峰流量增大，洪峰出现时间提前，如图4-10所示。

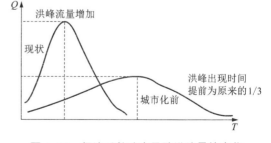

图4-10 径流系数改变导致洪峰量的变化

4.2.1.2 社会因素

1. 规划设计的不合理性

目前，根据对已建大量地下空间的调查统计，在防洪方面，工程结构设计及措施不合理性主要体现在以下几个方面。

①地下空间机动车或非机动车出入口坡道不设挡水驼峰或挡水驼峰高度不够、侧墙挡水高度偏低，许多坡道顶部或底部没有设置截水沟，如上海龙阳路地铁站曾经由于坡顶驼峰高度设置不合理而发生浸水事件。

②人行出入口、室外电梯挡水高度偏低，甚至存在室内高程与室外高程齐平或者更低的情况，并且没有设置截水沟等。

③自动扶梯缺少挡水设施，扶梯顶部或底部均没有设置排水或挡水设施，特别是地铁或下沉式广场，许多扶梯呈露天状况，未设雨篷，既易形成坡道积水，也易造成设备故障引起次生灾害。

④风井、采光井、露天天井、电缆沟等挡水高度不够，已发生的部分地下空间浸水案例就是由于该原因造成地表水侵入地下空间，并且对于此类附属结构，往往排水设计中未考虑设置专门的排水设施。

⑤地下空间集水井与水泵不匹配。很多集水井尺寸偏小或单泵流量选用偏大，造成排水泵排水时间过短，频繁启闭，排水效率低，极易损坏。设置的启泵水位和停泵水位不合理，水位与集水井底部和顶部缺少足够的安全距离。

⑥下沉式空间广场绝大多数为露天广场，与地面衔接部位四周缺少封闭的挡水侧墙、台阶和截水沟等设施，许多设计人员仅考虑隔断和景观作用，采用玻璃栏杆围封，但其不具备相应的挡水能力，地表积水极易侵入广场。而下部广场与相连通的地下空间之间同样缺少必要的挡水设施，排水设施的排水能力也仅考虑在遭遇一定暴雨重现期条件下，广场露天部分投影面积的降雨量，没有考虑地表水侵入的清排能力。

⑦地下空间总体防洪规划缺少综合系统的考虑，应对超标准暴雨和各种突发事件的应急抢险措施缺少科学规范。例如，地下建筑选址在低洼地区或周边防洪环境复杂的区域，即使参照相关设计规范，各出入口设置450～500 mm的挡水高度，但由于地势低洼或防洪环境危险性较大，极易受到周边汇流和区域洪涝水的影响，地表积水侵入地下空间的风险非常大，存在极大的防洪安全隐患；大量地铁车站、地下商场、地下车库、民防工程以及商务办公楼、机场、铁路的地下室等地下空间均相互连通，局部地下空间发生洪涝灾害将会波及相连通的其他空间。因此，对于地下空间连通区域范围大、地下出入口众多、地形变化复杂的情况，必须系统分析地下空间所在区域地形地势、区域防洪排涝状况、区域排水标准和能力以及地下空间与区域环境的关系，总体考虑地下空间的防洪能力和应对措施，而不宜简单机械套用目前的规范规定。近年北京、上海等地多起暴雨期间立交桥下淹水事件的主要原因就是没有系统考虑区域汇流影响和防洪能力，造成排水标准和能力与实际不符，积水无法及时排出。

⑧地下空间各类穿墙设施、施工缝、集水井与底板连接处和结构突变处等结构薄弱部位防水措施不到位。暴雨期间，地下空间周围土体呈饱和状，会引起土体软化、抗剪强度等力学性质指标降低，在高渗压的浸泡下，结构薄弱部位极易发生渗透破坏，甚至产生涌水涌砂，不但会造成地下空间浸水，严重时，会影响地下结构安全性。

2. 防洪标准及规范的不完备性

目前国内对地下空间防洪涝灾害的专项研究还非常薄弱，收集的基础数据有限，不具系统性，防洪减灾的有效对策少，更没有专门的防洪规范和标准。我国地下建筑的种类众多，主要包括地铁、越江隧道、下立交、地下商场、地下车库、民防工程等，并且以城市地下建筑为载体迅速衍生出了集交通、办公、商务与商业购物等于一体的新兴城市综合体模式。由于诸如越江隧道、跨海隧道、地铁、地下商场等属于随城市发展新产生的建筑物，相应的规范与标准中还没有较为明确的规定和要求，针对地下空间的防洪主要还是参照地表防洪和各行业的相关规定，如《防洪规范》《地下工程防水设计规范》《室外排水设计规范》以及隧道、民防、水利等建筑行业规范，但这些规范对地下空间防洪安全均没有明确的规定，也没有相应的对防洪、防潮标准的规定，难以合理、可行地应用于各类地下建筑。

另外，对于特定重要工程，由于没有成熟的研究成果和规范标准，即使开展防洪评估，也只能采用特定条件下的半经验半理论方法和成果。由于多从单一因素或地下建筑自身静态条件开展防洪评估，评估对象也主要为地下建筑本体，对周边防洪环境欠考虑，简单划一，比较笼统，如仅对地下空间出入口挡水高程进行评估，不考虑所处环境地势、发生积水可能性、区域雨情和排水能力等因素，同时，对于地下空间内部排水设施设置一般也仅考虑局部敞开部位雨水、渗漏水或污废水排放，不考虑外水侵入后的排水措施和配备排水设施，因此，一旦地表洪水入侵，即造成排水能力不足，地下空间被淹的事故。

3. 防洪意识的薄弱性

目前，国内对地下空间防洪安全的重视程度仍然不高。基于我国当前地下空间防洪安全研究较少的情况，相关防洪安全信息缺失，专门针对地下空间防洪的预警预报机制和防洪应急处置预案待建立和完善。同时，对地下空间内的防洪设施疏于管理，管理者和使用者也尚未树立起足够的防洪安全意识。一方面，在地下空间内疏于配备各类防洪器材、设施；另一方面，对现有的多数防洪设施不会使用，也在保养维护和管理上存在疏忽。当发生地下空间浸水事件时，经常出现排水泵由于长期没有使用而不能启动，地下空间出入口应急挡水的闸门槽或闸门已经损坏或找不到不能及时安装挡水，排水设施未定期排查清理存在污堵现象，电源浸水由于没有备用电源而无法启动排水泵等问题，造成地下空间浸水后无法及时将水排出的事故。

另外，全社会对地下空间防洪安全教育宣传不足，相关的防洪演练较少。公众对地下空间水灾认识不够，缺乏基本的逃生知识，一旦发生洪涝灾害，外水侵入，由于地下空间的封闭独立性和与外部环境的分隔性，往往容易导致信息的获取和传递受影响而造成人员过度恐慌，加之人们缺乏自救能力，反而放大了洪灾的破坏力。

4. 不恰当的人类活动

城市建设中出现的非法侵占河道、随意填埋水面、过量超采地下水和地面附加荷载等现象造成地表大面积沉降，导致城市河道蓄水量减少、河道缩窄，使得水位大幅度抬高、河道行洪能力降低，延滞了泄洪时间，很多不恰当的人类活动加剧了城市洪涝灾害的致灾强度。

4.2.2　地下工程施工涌水及矿井水灾成灾机理

地下工程施工涌水是指在工程建设过程中，地下水赋存于地下含水层，在围岩被打穿或者放炮崩开之后涌出来，或者地面水和地下水通过裂隙、断层、塌陷区等各种通道涌入，当涌水超过正常排水能力时，就造成水灾，通常也称为透水。透水是隧道工程中比较常见的灾害之一，常常发生在灰岩地带。该岩性地质带地下水十分发达，水位较高，且埋藏不深，极容易发生透水。矿井突水是指矿山在正常生产建设过程中突然发生的来势凶猛的涌水现象。突水水源可来自底板水、顶板水、空区积水、老窑水、地表水等。由于来势猛、水量大，一旦

防范不力或排水能力不足,突水往往造成严重的经济损失甚至人身伤亡事故。造成隧道及矿井突水的原因有以下几方面:

①地面防洪、防水措施不当或对防洪设施管理不善,暴雨山洪冲毁防洪工程,使地面水涌入隧道或井下。

②水文地质条件不清,地下工程和隧(巷)道接近老窑区、充水断层、强含水层、陷落柱时,不事先探放水或探放水措施不当,盲目施工。

③乱掘、乱采,破坏了隔水层,造成突水。

④工程位置不合理,如布置在不良地质条件中或接近强含水层,施工后在岩体压力与水压力共同作用下,发生顶板或底板突水。

⑤工程质量低劣,井巷严重坍落冒顶,沟通强含水层突水。

⑥井下无防水闸门或虽有防水闸门但未及时关闭,矿井突水时不能起截水作用。

⑦测量错误,导致地下工程和隧(巷)道揭露积水区或含水断层时突水。

⑧地下排水能力不足或排水设备维护不当,突水时排水设备失效。

⑨忽视安全生产方针,思想麻痹大意,丧失警惕,没有严格执行探放水制度,违章作业等。

4.2.2.1 地下工程施工涌、突水机理

从围岩的破坏角度看,在隧道、地下硐室开挖的过程中不可避免地要对围岩进行卸荷,从而导致围岩中二次应力重分布,因此绝大多数隧道、硐室突水形式复杂,从本质上还是综合破坏型突水。根据防突层破坏形式可将综合破坏型突水分为拉剪破坏突水、劈裂突水、剪切破坏突水和关键块失稳突水四种情况。

从喀斯特水运动规律角度看,先是最基本的水力学渗流——达西渗流,再逐渐发展为充水结构中的管道流和弥散流。喀斯特脉隙由于扩径作用截面逐渐增大,其内水流速度、能量均随之增大,造成对周围未扩径脉隙中水的掠夺,最终使喀斯特水汇集运移,形成一股股聚集移动的汇流。

从水力劈裂的角度看,在地下隧道、硐室开挖的过程中,突水过程离不开水与岩体的相互作用,不论是化学溶蚀还是物理力学作用,二者的耦合影响始终在突水中扮演着关键角色。水力劈裂作用发生预示着岩体中结构面的扩展,必然影响岩体渗流场的变化,其即是基于水力劈裂与渗流的关系,根据地下工程中围岩的渗流场的变化趋势,对突水灾害进行风险及危害性的评估。

从渗流-损伤耦合作用机制的角度看,地下隧道、硐室突水过程实质上是喀斯特水流态灾变的演化过程,同时也是防突层失稳破坏的过程,该过程涉及喀斯特水运移路径、水对岩体或填充物的弱化、防突层的损伤破坏等,且存在水、岩相互作用,水的渗流引起岩体损伤,岩体损伤破坏使其渗透率发生变化,这反过来又影响水的渗流条件。

4.2.2.2 地下隧(巷)道顶、底板突水机理

1. 安全水压值

将隧(巷)道底板视作两端固定的承受均布荷载作用的梁并结合强度理论推导出底板理论安全水压值的计算公式,即

$$P_0 = 2\sigma_t h^2 / L^2 + \gamma h \qquad (4-1)$$

式中:P_0 为底板所能承受的理论安全水压值,MPa;σ_t 为隔水层的抗张强度,MPa;h 为底板

隔水层厚度，m；L 为工作面最大控顶距或巷道宽度，m；γ 为底板隔水层平均容重，kg/m^3。

2. 等效隔水层厚度

当考虑隔水层岩性和强度时，将等效隔水层厚度作为底板突水的指标。以泥岩抗水压的能力作为标准隔水层厚度，将其他不同岩性的岩层换算成泥岩的厚度，称换算后的岩层厚度为等效厚度，并以其作为承压水上底板突水与否的标准。单位水压所允许的等效隔水层厚度 H 的计算公式为

$$H = \frac{\sum M_i \delta_i - a}{P} \tag{4-2}$$

式中：M_i 为组成隔水层的各分层厚度，m；δ_i 为组成隔水层的各分层同泥岩相比的等值系数；a 为不可靠的隔水层厚度，m；P 为隔水层承受的水压，MPa。

3. 突水系数法

突水系数就是水压力与极限隔水层厚度的比值，即

$$T_s = \frac{p}{\sum h_i a_i - h_p} \tag{4-3}$$

式中：T_s 为突水系数；p 为岩层底板水压，MPa；h_i 为隔水层第 i 分层厚度，m；a_i 为隔水层第 i 分层等效厚度的换算系数；h_p 为地压对底板的破坏深度，m。

突水系数概念明确，公式简便实用，表达式中虽然只出现水压(p)和隔水层厚度(h)两项简单因素，但它却反映突水因素的综合作用。表 4-9 给出了采用突水系数法预测底板突水与否的结果。

表 4-9　杨村井田底板岩层突水结果预测

16 号煤层分区	$T/(MPa \cdot m^{-1})$	完整岩层突水性	突水性分区
MT-1 点	0.067	无	相对危险区
MT-5 点	0.061	无	相对危险区
MT-11 点	0.079	无	相对危险区
MT-13 点	0.076	无	相对危险区

4.2.2.3　地下断层突水机理

断层分为张开型与闭合型，张开型断层的突水机理是断层两盘在承压水作用下产生了张开，承压水沿张开裂隙突出，同时对断层带进行渗透冲刷；闭合型断层的突水机理主要是断层两盘关键层接触处强度失稳，导致突水。

利用岩层渗透性变化规律，如图 4-11。其中弹性核由于受支承压力的影响具有较强的隔水性，而屈服带和断层裂隙带由于裂隙比较发育具有较强的渗透性，因此断层防水煤柱保持稳定和隔水的基本条件是：在断层裂隙带和屈服带中间保留一定宽度的弹性核，防止构造裂隙和采动裂隙沟通导水。

抵抗断层导水在顺层方向上压力的合理岩层宽度 W 为

$$W = W_b + W_p + W_\gamma \tag{4-4}$$

式中：W_b 为断层裂隙带宽度；W_p 为弹性核宽度；W_γ 为屈服带宽度。

4.2.3 地下空间水流流态

1. 城市地下空间洪涝水力及流态特性

城市地下空间洪水水力特性与入口类型和入水形式密切相关，地下空间的入水口可归纳为五类：①地面出入口斜坡、阶梯；②地面采光窗、通风井、换气口、管线沟等与地面连通口部；③内部给排水管；④内部外围墙体、底板缝隙；⑤下沉式广场、露天天井等。其相应的入水形式如表4-10所示。

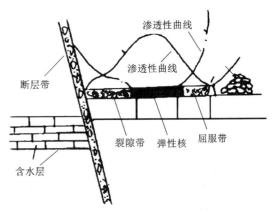

图 4-11　岩层渗透性曲线与应力曲线分布

表 4-10　地下空间入水口类型及入水形式

入水口类型	入水形式
地面出入口斜坡、阶梯	暴雨、溃堤漫堤洪水、潮水等倒灌
地面采光窗、换气口等口部	暴雨、溃堤漫堤洪水、潮水等倒灌
内部给排水管	止回阀失效，雨、废、污水逆流喷涌、漏水
内部外围墙体、底板缝隙	地下水渗漏
下沉式广场、露天天井	暴雨、溃堤漫堤洪水、潮水等倒灌

其中，地面出入口斜坡和阶梯是人群穿梭于地面和地下空间之间的主要通道，也是地面洪水、暴雨灌入地下空间的主要途径，因此可能形成的灾害规模、造成的经济损失和人员伤亡也最大，如图4-12所示。

经对地铁车站出入口的调查发现，按出入口防雨构筑物的形式，可将出入口分为独立敞口式、独立雨棚式及修建于其他建筑物内部的合建式。其中，敞口式形式简单，外部形象对城市整体景观环境影响不大，但因为无遮雨设施，增加了暴雨直接落入地下空间造成积水的风险。地铁车站入口的人行楼梯有三种形式：直行式、直折式和折返式。如图4-13所示，直行楼梯可以看作是直折楼梯的特殊形式，即当 $\theta = 0°$ 时，为直行楼梯；当 $\theta = 90°$ 时，系转角为直角的楼梯。

一般而言，地下空间洪水入侵时的水流流态，对于地下空间，地面段的洪水分为三种不同类型：

（1）径向动态洪流，类似于堰流，洪水流动分量是沿径向并朝着入口方向直接流入地下设施。在地下空间内部，其水位升高极快。其主要变量为地下设施入口处的径向水深、流动速度及几何边界条件。

（2）侧向动态洪流，类似于洪水溃堤侧向溢流。其主要变量为地下设施入口处的切向水深、流动速度及几何边界条件。

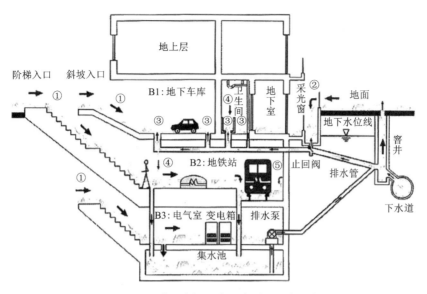

图 4-12 地下空间入水口类型及入水形式

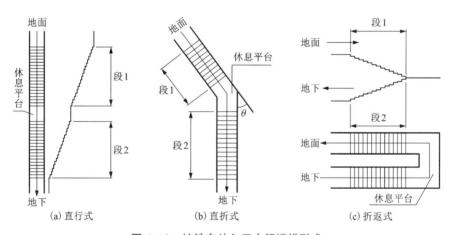

图 4-13 地铁车站入口人行楼梯形式

（3）静态洪流，发生于静态洪水中，并以最低能量水头流入地下设施。其主要变量为地下空间入口处的水深及几何边界条件。

阶梯段的水流流态反映了水流的水力特性，受阶梯尺寸和单宽流量的影响，水流在不同的情况下将呈现出不同的流态。一般来说，阶梯上的水流可分为两类：滑行水流和跌落水流。其一般的定义如下：

（1）滑行水流：如图 4-14（a）所示，水流流过阶梯表面时，每个台阶都被水填充满，没有空腔存在，并在各个台阶角隅和主流之间形成一个横轴漩涡，靠近主流处漩涡旋转方向和主流方向一致，越过台阶的水流基本上与台阶的外连线平行。

（2）跌落水流：如图 4-14（b）所示，水流流过阶梯表面时，每个台阶的水流都处于均匀流态，各个台阶的角隅与其上跌落水舌之间总是形成一个近似三角形的空腔，空腔下有一近似梯形的静水池，没有漩涡生成。

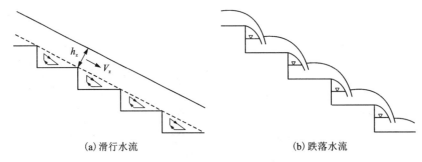

（a）滑行水流　　　　　　　　　　（b）跌落水流

图 4-14　阶梯水流流态分类

《地铁设计规范》（GB 50157—2013）规定：乘客使用的人行楼梯宜采用 26°34′倾角，其宽度单向通行不小于 1.8 m，双向通行不小于 2.4 m。每个梯段不超过 18 步，休息平台长度宜采用 1.2~1.8 m。

2. 地下隧道及矿井水流态特性

地下水的渗流力学行为是研究隧道、矿井突水致灾机理的基础。岩体往往被视为多孔介质材料，流体在多孔介质材料中的流动称为渗流，可以分为线性渗流和非线性渗流。对于前者，达西在 1856 年根据水在直立均质砂柱中的渗流实验，总结出了著名的多孔介质渗流达西定律：

$$q = KJ \tag{4-5}$$

式中：q 为渗流速度；K 为渗透系数；J 为渗流水力坡降。

可以说，任何偏离式（4-5）所述形式的渗流均可称为非达西渗流或非线性渗流。其中，有一种非达西渗流的基本方程：

$$J = Aq + Bq^2 \tag{4-6}$$

式中：系数 A、B 与任何介质的性质或特定流体无关。

国内外学者应用大量的试验测试方法对地下水渗流特性进行了研究，取得了丰富的研究成果。对地下水渗流的测试可以追溯到平行毛管模型，此后，包括瞬态、稳态、非稳态等测试方法开始被应用于矿井地下水渗透试验中。根据试验效果，陈占清等提出了非达西渗流的一种形式：

$$\begin{cases} J = aq^m \\ q = KJ^b \end{cases} \tag{4-7}$$

式中：a、b 为系数；m 为渗流指数，$m = 1 \sim 2$。

临界水力梯度是地下水渗流状态从层流向紊流过渡的关键状态，其中雷诺数是区分渗流状态的一个指标。雷诺数 R_e 的计算方法：

$$R_e = \frac{\rho_f q d}{\varphi \mu} \tag{4-8}$$

式中：d 为石块尺寸，m；φ 为孔隙率；ρ_f 为流体密度，kg/m^3；μ 为流体动力黏度，Pa·s。临

界雷诺数一般为 2000~4000，处于此范围为过渡区，小于 2000 为层流区，大于 4000 为紊流区。

地下水的水流流态根据水压与渗透率的关系可以划分为线性渗流和非线性渗流，以雷诺数为指标可以划分为层流区、紊流区和过渡区。

4.3　地下空间水害防治

地下工程活动引发的突水灾害类型多样，从地下浅部的隧道、硐室到深部井巷都会发生突水灾害。在隧道开挖、硐室爆破、井巷开拓和矿床开采的过程中，不可避免地要接近、揭露甚至破坏某些含水层（体）。只要开挖作业场所临近含水层（体）的水位，水体就会因失去原有的平衡，以各种形式向硐室或井巷涌出。涌水形式既可以是一般性的滴、淋、涌水，也可以是突破性的大量涌水，形成水害。在施工、建设、生产及运营过程中，应做好水文地质日常工作，进行地下水观测、分析工作，对涌水量进行预算，为地下水防治工作提供可靠的水文地质依据。

4.3.1　地表水防治

地表水防治是保证地下工程安全生产作业的第一道防线，对于以降水和地表水为主要充水来源的隧道、矿井尤为重要。着手地面防水既能保证地下作业的安全，又能减少地下的排水费用。在常年性且水量很大的地表水体下施工时，应考虑具体施工条件和是否具有必要的安全技术措施；了解、查明地表水体下松散沉积物的类型、透水性和松散沉积物与充水围岩的接触关系，以及断裂破碎带透水性与阻水性等，分析地表水体与充水含水层之间是否存在直接的水力联系。大气降水和地表水的下渗是隧道、矿井涌水量剧增的重要因素。因此，应在地表采取防渗措施，修筑防渗工程。

地下工程施工引起的地面塌陷坑和裂隙，基岩露头区的裂隙、溶洞及喀斯特塌陷坑，当其与隧道、硐室等构成水力联系时，就为大气降水、地表水进入地下工程提供了通路。为了消除或降低大气降水的影响，应对上述塌陷、裂隙等进行处理。通常处理的方法有以下几种：封堵塌陷坑和裂隙、围截隔离塌陷裂隙区、将洪水引出塌陷裂隙区、河流改道或截弯取直、修筑排洪沟（渠）等。

1. 封堵塌陷坑和裂隙

当地表塌陷及裂隙对隧道、硐室或者井下充水确有明显影响时，需采用土、石充填封堵。对于大的塌陷坑和裂隙，可下部填充砾石（或矸石）、上部覆以黏土，分层夯实，并使之略高于地表 0.5~1 m（图 4-15）。

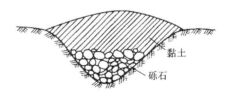

图 4-15　塌陷坑堵填方法示意图

2. 围截隔离塌陷裂隙区

当大面积的塌陷裂隙群无法分别回填时，可采用围筑土堤的方法将其围截隔离，以防止雨季洪水漫灌塌陷，这对减少地下隧道、矿井涌水量可起到显著的作用。

3. 将洪水引出塌陷裂隙区

一方面不让洪水进入塌陷裂隙区，另一方面应将区内降水及时引流出去。当塌陷裂隙区范围较大时，可在塌陷裂隙区外围开挖截洪沟，将外来的洪水拦截在塌陷裂隙区之外。在塌陷裂隙区内开顺水沟，将降水集中到不产生渗漏的地段，然后引流到工程范围之外。如果由于条件限制，洪水必流经塌陷裂隙区时，可建造渡洪槽，使洪水通过渡洪槽排到地下工程施工范围之外(图4-16)。

4.河流改道或截弯取直

当地下工程施工范围内有河流通过，水体下施工作业不安全，设置防水层又耗费大量财力物力，而河水渗流严重使地下排水负担重并严重威胁地下工程施工作业时，可考虑对河流进行改道或截弯取直。改道时可在河流上游地段筑坝，拦截河水，同时修筑人工河床将水引出施工区域(图4-17)。

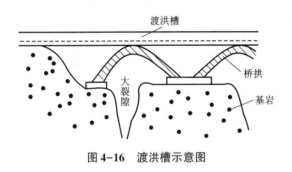

图4-16 渡洪槽示意图

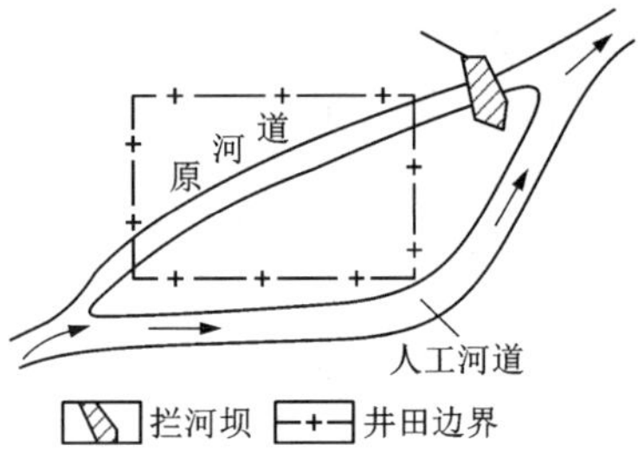

图4-17 河流改道示意图

5.修筑排洪沟(渠)

在位于山麓或山前平原的地下工程或者施工区域，山区降雨以山洪或潜水流的形式流入地下工程施工区域，在地势低洼处汇集，造成局部淹没；或沿矿层、含水层露头带及塌陷裂隙渗入地下，增大地下涌水量。这时可在严重渗漏地段的上方，垂直于来水方向修建大致沿地形等高线修筑的拦洪、排洪沟(图4-18)，拦截洪水和浅部地下水，并利用自然坡度将水引出施工区，这样可有效地减缓地表洪水下渗、减少地下涌水量。当地下施工空间内存在空区或喀斯特塌陷区，降水沿山坡流入采空塌陷区导致地下涌水量在雨季明显增大时，也可采取修建排洪沟、截水堤的方法(图4-19)，有效地截流拦洪。

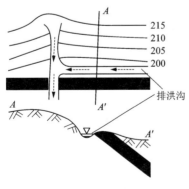

图4-18 排洪沟布置

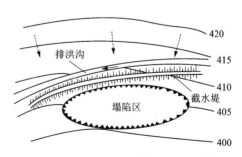

图4-19 在塌陷区上方修排洪沟及截水堤

4.3.2 地下隧(巷)道顶板水防治

当地下工程或矿山开采工程巷道顶板涌水因素分析结果表明顶板存在充水水源及通路时,为保证地下工程安全生产,应采取措施进行顶板水的防治。常见的顶板水防治措施有留设防水柱、超前疏干、注浆堵水截流等。

1. 留设防水柱

当顶板至地表水体或含水层的底板之间的隔水层厚度满足不了安全开挖或开采要求时,应根据具体的水文地质条件,因地制宜采取适应的防治水措施。当露头部位或浅部被地表水体、新生界含水层或逆掩含水断层所切割或覆盖时,可在浅部留设必要的防水岩柱,留设总厚度视具体的水文地质条件而定。在基岩裸露地区,露头部位或浅部被河流切割,且河床下缺乏或基本缺乏第四系沉积物(厚度小于 5 m),基岩风化裂隙又比较发育,影响地下施工安全时,应留设防水岩柱。防水岩柱的总厚度应满足下式要求:

$$h_安 \geqslant h_裂 + h_保 + h_风 \tag{4-9}$$

式中:$h_安$ 为安全施工作业所需的顶板隔水保护层厚度($\geqslant 20$),m;$h_风$ 为风化裂隙带的厚度,m;$h_裂$ 为导水裂隙带的最大高度,m;$h_保$ 为导水裂隙带以上的隔水保护层厚度,m。

当风化裂隙不发育或风化裂隙带的导水性很小,不会导致地表水大量进入矿井或地下施工区域时,对防水岩柱的总厚度亦可不考虑风化裂隙带,但必须考虑施工作业后地表将会出现的裂隙深度。此时,防水岩柱的总厚度应为

$$h_安 \geqslant h_裂 + h_保 + h_张 \tag{4-10}$$

式中:$h_张$ 为施工作业后地表所出现的张开裂隙深度,一般为 $10 \sim 15$ m。

2. 超前疏干(放)

对于那些距顶板深度很小,含水较多而补给量又不太大的含水层,可提前将含水层中的水进行疏干或降低地下水水位然后作业。顶板导水裂隙带范围内分布有富含水层时,必须进行疏干开采,预防地下水突然涌入地下作业空间造成灾害事故。常见的疏干(放)方式如下:

(1)地表疏干(放)。

地表疏干是指在地面构筑疏水工程和疏水设施,常用于顶板埋藏较浅、含水岩层渗透性较好的情况,可采用疏水沟、渠,垂直或水平疏水钻孔等工程(图 4-20)。其优点是经济、安全、施工方便、建设速度快,且容易调控和管理;所抽排出的地下水不易受污染,可作为工农业用水,有利于实现疏供结合;对松散层孔隙含水砂层来讲,与地下疏干相比,可避免地面塌陷和地下空间形成流砂灾害。

(2)巷道疏干(放)。

巷道疏干包括石门和"采准"巷道疏干。利用石门疏水通常将石门布置在开采水平的中心区域,当石门穿过所需要疏水的含水层时,为了充分利用石门的多功能性,可不对含水层进行注浆改造而是使含水层水通过石门穿过段直接流入石门而达到集中疏水的目的(图 4-21)。直接利用石门疏水时,要分析含水层的水文地质条件,确保石门穿过段直接流入石门的水量处于受控状态,避免瞬间水量过大而造成水害事故。有时在石门穿过含水层段之前还需预打疏水钻孔以保证石门施工安全。石门疏水的最大优点是可同时疏降多个切穿的含水层且可兼作运输使用。

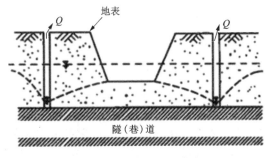

图4-20　地表疏干示意图

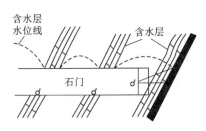

图4-21　石门多含水层疏水

（3）地下钻孔疏干（放）。

当顶板导水裂隙带发育高度可直达强含水层底板时，可采用地下钻孔方式进行疏干。该方法是通过在地下巷道中施工专门的钻孔，并使钻孔直接进入需要疏放的充水岩层（体），利用地下水的自然重力将含水层中的地下水有控制地疏放到隧（巷）道，再通过排水系统将疏放的水排放到地表。地下钻孔疏水系统一般由泄水钻孔、钻井硐室、引水管线（或水沟）等组成，包含直通式地下疏水孔、顶板上行式疏水孔、水平（近水平）式地下疏水孔和吸水钻孔疏水等。

①直通式地下疏水孔。在地下直接施工疏降水孔不安全或根本无条件施工时，可从地面施工钻孔，让钻孔穿过预疏干的含水层直达地下放水巷道，使含水层中的地下水通过钻孔自动泄入巷道，达到疏干（放）的目的（图4-22）。

②顶板上行式疏水孔。在工作面回采前，利用井下巷道作为施工场地，向顶板含水层施工垂直或近于垂直的钻孔，以达到疏放顶板水的目的。顶板上行式疏水孔一般采用预先疏水孔。预先疏水孔一般可布置于工作面进、回风巷（图4-23），钻孔的开口位置应尽量选择在地层岩性完整、距离回采工作面较近的地方。

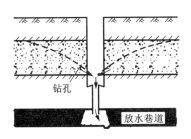

图4-22　直通式疏水钻孔

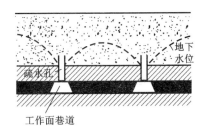

图4-23　顶板上行式疏水孔

③水平（近水平）式地下疏水孔。在地下工程施工作业过程中，经常会遇到被疏水的含水层位于隧道或工作面的侧方的情况，如断层带水或倾斜含水层等。在这种情况下，可进行下水平或近水平疏水孔施工（图4-24）。

④吸水钻孔疏水。吸水钻孔疏水是一种将岩层上部含水层中的水放（漏）入岩层下部的方法。吸（含）水层的钻孔，也称漏水钻孔。这种钻孔可用在下部吸水层不含水或吸水层虽含水，但其静水位低于疏降水平，且上部含水层的疏放水量小于下部含水层的吸水能力时，疏降矿层上部含水层水（图4-25）。

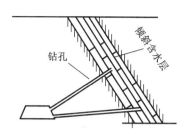

图 4-24　地下水平或近水平疏水孔

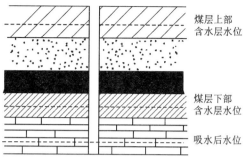

图 4-25　吸水钻孔示意图

3. 注浆堵水截流

注浆堵水是防治地下水特别是顶板水的重要手段之一，是一种从源头上消除顶板水害的防治水方法，只要选用得当，可取得良好的效果。

(1)建造截流阻水帷幕墙。

在露天矿剥离矿层顶板含水层的过程中，为有效地减少矿坑涌水量或保护浅层含水层水资源，可在剥离区外围对含水层实施帷幕截流，以确保在矿坑剥离排水过程中，地下水位控制在要求的范围内(图 4-26)。

(2)直接顶板含水层帷幕截流注浆。

当岩层顶板为含水层时，一旦隧(巷)道掘进施工，含水层中的水都不可避免地涌入工作面并给地下施工作业带来影响和灾害。为减少地下施工过程中的涌水量或改善地下作业条件，可对充水含水层实施帷幕截流注浆，以切断补给水源(图 4-27)。

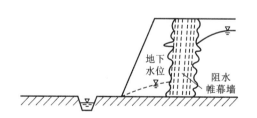

图 4-26　露天矿坑剥离含水层建造截流帷幕墙

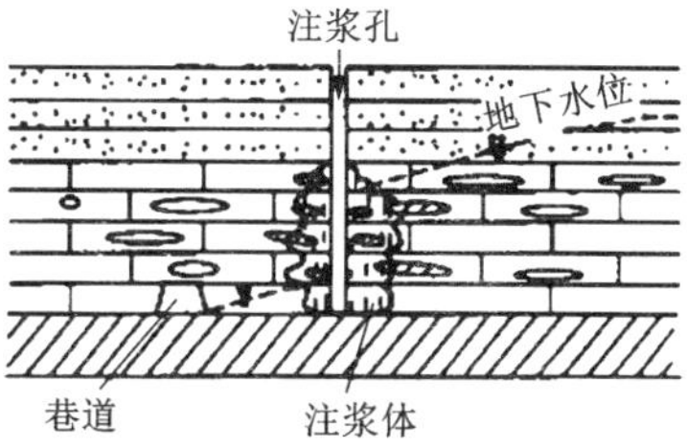

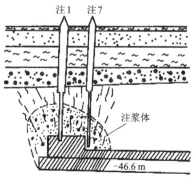

图 4-27　直接顶板含水层帷幕截流注浆

(3)顶板透水后注浆恢复。

当顶板透水被淹或涌水量增大时，可在地面施工注浆孔至地下透水区，采用注浆堵水方法恢复地下岩体的稳定(图 4-28)。

4.3.3　地下隧(巷)道底板水防治

当岩层底板存在高承压含水层，且岩层与含水层之间的隔水层较薄时，在地应力的作用下，岩层底板隔水层的连续性将遭到破坏，其阻水能力降

图 4-28　注浆封堵顶板水

低。当底板破坏带深度波及高承压含水层时，就会发生底板突水事故。

对于受底板承压水威胁的地下施工环境，首先应从全区着眼，对地下施工区域整个水文地质单元进行宏观研究，以便对施工环境的水文地质条件有一个总的认识，然后根据地下施工空间内具体地质及水文地质条件，分区分段逐块分析，找出每个区、段存在的具体水文地质问题。针对不同的水文地质问题，因地制宜地制订不同的防治水措施、方案。底板水的防治工作应遵循十六字方针——"整体研究，逐块分析，因地制宜，先易后难"。

1. 底板水的疏水降压措施

疏水降压是防治底板水害的方法之一，疏水降压是指借助各种不同的疏水工程(钻孔、巷道等)和相应的疏排水设备，迫使含水层水位(水压)降低到一定水平，造成不同规模的降落漏斗，使施工作业在水量尽可能小甚至含水层完全疏干的条件下进行。

1)地表疏水降压措施

在地表施工一系列疏干降压孔(井)，直至需要疏降的含水层，利用疏降孔(井)把地下水抽排到地面，形成一个能满足要求的疏降漏斗，为地下施工创造有利条件(图4-29)。

2)地下疏水降压措施

(1)下行式地下疏水降压措施。

下行式地下疏水降压措施往往用于矿井疏水降压，当矿层埋藏较深，矿井开采深度较大，而对矿层充水的含水层又位于矿层之下，

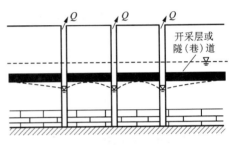

图4-29　地表疏降示意图

地表疏水降压不经济或无条件进行时，可采用井下疏水降压措施。当开采矿层与底板含水层之间的隔水层不足以抵抗底部含水层高压水头、不足以保护采区安全开采时，可在工作面回采之前，利用井下巷道作为施工场地，向底板含水层施工垂直或近垂直钻孔，以疏放底板高压水及使含水层水压降至安全水头以下达到安全带压开采目的(图4-30)。

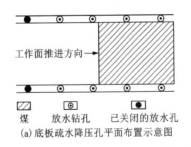

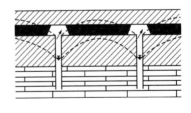

工作面推进方向　→

煤　　放水钻孔　　已关闭的放水孔

(a)底板疏水降压孔平面布置示意图　　　　(b)底板疏水降压孔剖面示意图

图4-30　底板疏水钻孔布置示意图

(2)压力传递式井下疏水降压措施。

当矿井为多水平开采时，可采用压力传递式井下疏水方式，即将疏放水钻孔施工于深部水平，通过输水管线连接疏水孔口和上水平排水系统，让深部水平放出的水在水压力的作用下通过管线无须人工提供动力自动流向上水平，然后通过上水平矿井排水系统排至地面(图4-31)。压力传递式井下疏水方式既可减小钻孔深度，也可减小动力排水扬程。

2. 注浆堵水、注浆改造及加固底板措施

当底板发育有薄层灰岩含水层，而在该含水层之下又有巨厚的奥灰含水层时，即便薄层灰岩水不会对地下施工带来灾害性水患威胁，但它破坏了底板隔水层的纵向连续性，薄层灰岩可能将高压奥灰水逐级导入地下作业空间。因此，为了防止高压奥灰水突入底板岩层，可在施工区对薄层灰岩实施注浆改造，变薄层灰岩含水层为隔水层，实现底板隔水层的连续性和

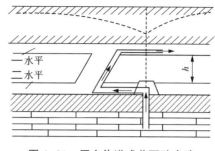

图4-31 压力传递式井下疏水孔

整体性，其实质是增加施工区域与奥灰含水层之间的隔水层厚度，以提高对奥灰水的阻抗能力。

当矿层与下伏强含水层间的隔水层厚度小于带水压安全开采的隔水层厚度时，采用含水层改造技术可有效地加厚、加固矿层底板隔水层或构造断裂等，为安全开采创造有利条件。图4-32给出了煤层开采时底板含水层注浆改造的方法。

3. 提高隔水层阻水性能的措施

由于构造等地质结构，岩层与含水层之间的隔水层常存在区域性或局部性裂隙破碎带，从而降低了隔水层的阻水性能或抗水压能力。当巷道掘进或地下施工遭遇这些薄弱区段时，常常会发生突水事故。为此，应对已经探知或分析预测的隔水层破碎带进行注浆改造，以充填和加固隔水层，提高隔水层的整体完整性（图4-33），提高其防突水能力和阻抗水压的能力，避免工作面在施工过程中发生突水事故。

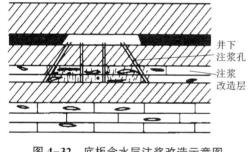

图4-32 底板含水层注浆改造示意图

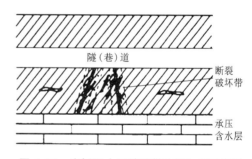

图4-33 底板隔水层破碎带注浆加固示意图

4.3.4 地下空区水防治

在矿产资源开采年限较长的矿区，或者曾经有过的开采区域，常有老窑区或者采空区，且均有不同程度的积水。当地下工程接近或开采影响波及积水区时，会对地下工程开挖和矿山生产形成一定的水患威胁。以煤矿为例，矿井生产过程中因老空积水溃出造成的水害事故约占煤矿水害事故的30%，虽然造成的淹井事故不多，但经常造成工作面停产或人身伤亡事故，给煤矿安全生产和经济效益造成极大的影响。随着生产矿井开采范围的扩大，开采层数、深度的增加，采空区越来越多。新采掘工作面与积水采空区的关系越来越复杂，使生产矿井水文地质条件发生了较大变化。为避免矿山采掘过程中出现老空积水透水事故，矿山生

产中必须坚持"预测预报、有疑必探、先探后掘、先治后采"的探放水原则，以确保矿井安全生产。

1. 留设防水矿柱

当老空积水与地表水、强含水层存在水力联系且有较大的经常性补给水源、不宜放水时，应防止绕流和渗漏。可采取"先隔后放"的方法，避开地表水和强含水层的威胁。对于煤矿床开采来说，防水煤柱的留设有以下几种方法。

(1)在老空积水区下同一煤层开采时防水煤柱的留设。

在老空积水区下同一煤层进行开采时，在探明积水区边界后，当不宜放水时，可利用下式计算防水煤柱厚度。当煤层倾角较小时，顺层防水煤柱宽度：

$$L = 0.5AM \sqrt{\frac{3p}{K_p}} \tag{4-11}$$

当煤层倾角较大时，水平防水煤柱宽度：

$$L_p = L\cos \alpha \tag{4-12}$$

式中：L 为顺层防水煤柱宽度，m；A 为安全系数(一般取 2~5)；M 为煤层厚度或采高，m；P 为隔水层所承受的水压，MPa；K_p 为煤的抗张强度，MPa；L_p 为水平防水煤柱宽度，m；α 为煤层倾角。

(2)在老空积水区下的煤层中开采时防水岩柱的留设。

在老空积水区下的煤层中开采时，防水岩柱的留设尺寸不得小于导水裂隙带最大高度与保护带厚度之和。煤层顶板至老空积水区之间岩性为石灰岩、砾岩、砂砾岩时：

$$H \geqslant \left(\frac{100M}{3.3n + 3.8} + 5.1\right) + 10 \tag{4-13}$$

煤层顶板至老空积水区之间岩性为砂质页岩、泥质砂岩、页岩时：

$$H \geqslant \left(\frac{100M}{2.4n + 2.1} + 11.2\right) + 10 \tag{4-14}$$

式中：H 为防水岩柱厚度，m；M 为煤层厚度或采高，m；n 为分层开采数。

在老空积水区下掘进时，还可用"巷道与水体之间的最小距离应大于巷道高度 10 倍"进行校核。在水文地质条件复杂的地方，防水岩柱中如有良好的透水层，应对其进行注浆封堵，改造其为隔水层。

2. 设置防水闸墙

在必须采用探放水方法才能查明老空积水条件的情况下，应该清楚地意识到，探放水的区域就是危险区域，因此，在老空积水量较大且与其他水源有水力联系的情况下，除采取留设防水矿(岩)柱的措施外，还可考虑设置防水闸墙。设置防水闸墙时，必须有安全撤人通道和通向地面的两个以上安全出口，并加强和维护排水系统，保证井下有足够的排水能力。当预计老空积水量不大，水头压力较小时，可修建临时性水闸墙，即在有出水威胁的采掘工作面准备堵水材料，一旦突水可以迅速将水堵截在小范围内。堵水材料可选用砖、木板、木垛及草袋等，可起到临时抢险作用，待事后再行加固。当查明老空积水与地表水、强含水层存在水力联系且有较大的经常性补给水量时，应设置永久性水闸墙(图 4-34)。永久性水闸墙一般用于开采结束后永久隔绝大量涌水可能的区段。

构筑永久性水闸墙时应注意以下问题：

①水闸墙的构筑地点应选在围岩坚硬完整，断层裂隙较少，不受干扰，稳固的地方。如建在巷道内，则应选在断面小的部位。如果出水水源没注堵死，则应留设疏水管。

②建筑水闸墙的目的，有的是圈定水患区，有的则是封死水源彻底消患。对于后者，实行墙内注浆非常重要。

③采用水闸墙封水除考虑墙体牢固外，还要考虑整个封堵环境有无可能出现溃决而绕流的薄弱地带，以免造成工程失败。

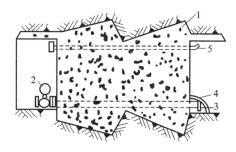

1—截槽口；2—水压表；3—放水管；
4—保护罩；5—通气管。

图 4-34　永久性水闸墙示意图

4.3.5　地下断层水的防治

统计资料表明，在巷道及隧道施工过程的突水事件中，断层引起的突水事件分别占 41% 和 45%，可见断层对地下施工的影响是非常重要的。当工作面接近或将要揭露含水的断裂构造时，必须进行探水。在探水后，应根据实际情况，采取不同措施予以预防及治理，以保证地下作业安全。

1. 探放断层水

（1）探断层水的钻孔应与探断层构造孔结合起来，应主要查明以下内容：

①断层的位置、产状要素、断层带宽度（包括内、中、外三带）及伴生（或派生）构造和其导水性、富水性等。

②断层带的充填物及充填程度、胶结物及胶结程度，断层两盘外带裂隙、喀斯特发育情况及其富水性。

③断层两盘对接部位的岩性及其富水性，岩层与强含水层间隔水层的厚度。

④断层与其他含（导）水断层、陷落柱或其他水体交切部位及其富水性。

⑤探水钻孔在不同深度的水压、水量及冲洗液漏失量，底板水在隔水层中的导升高度。

（2）探放断层水的措施及方法：

探断层水的措施及方法与探老空水相同，但探水钻孔比探老空水的孔数要少。如图 4-35 所示，一般应先布 1 号孔，尽可能一钻打透断层，然后再分别打 2 号、3 号孔，以确定断层走向、倾向、倾角和断层的落差及两盘的对接关系，其中至少有一个孔打在断层与含水层交面线附近。

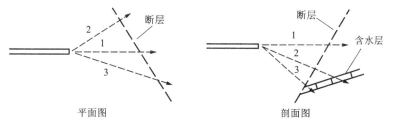

平面图　　　　　剖面图

图 4-35　工作面前方已知或预测有含（导）水断层的探查

2. 留设断层防水层

断层破坏了岩层的完整性，常常成为岩层与含水层之间的联系通道。断层的某区段是否导水、导水性的强弱、是沿破碎带上下连通还是仅仅水平接触导水，取决于断层的力学性质、断层带的成分结构、断层的后期改造、断层两侧岩层接触关系、含水层的水压以及地下工程活动引起的围岩压力对断层的二次破坏作用。因此，在没有掌握断层各区段的导水性时，应把整个断层当作导水断层对待，留设必要的防水层。留设断层防水岩柱时，必须注意断层的实际破坏影响宽度，必要时应适当增加岩柱的宽度。近距离施工作业能够使断层、围岩应力集中造成断层面上的剪应力增加，进而促进断层活化的趋势。特别是断层上盘的施工作业，比下盘施工作业更易造成断层的活化。因此，在留设断层防水岩柱时，上盘应该比下盘要宽。

3. 断层的注浆堵水

通过导水断层的突水一般都会造成较大的危害，经常造成工作面停产。这种突水灾害发生的原因，主要是由隧(巷)道直接揭露或接近断裂构造形成的局部导水通道或断层，使所掘隧(巷)道与强含水层直接遭遇或接近。由于导水构造的复杂性和隐蔽性，很难预先查明地下施工范围内所有的导水通道，因此，在隧(巷)道掘进中，往往在没有防护的条件下直接揭露导水断层而发生突水。注浆封堵突水通道是控制断层突水的积极而有效的手段。

1)断层的预注浆改造措施

导水断层及断裂破碎带往往作为导水通道，将含水层水导入采掘空间，对地下工程造成威胁。封堵断层导水通道就是利用注浆工程切断这种导水通道而达到预防或治理断层突水的目的。对于通过各种勘探手段已经查明的有可能发生突水事故并给地下施工带来威胁的导水断层及断裂破碎带，应在掘进工程揭露或发生突水之前进行封堵或注浆改造(图4-36)，达到预防突水事故发生的目的。

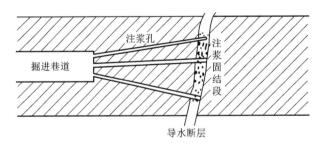

图4-36　掘进巷道前方导水断层注浆改造示意图

2)断层突水的治理方法

对于断层突水，常用的治理方法有以下两种。

(1)直接封堵法。

直接封堵法即直接打钻孔至断裂构造导水带，进行注浆封堵(图4-37)。钻孔布孔原则是在突水断裂构造和突水点清楚的条件下，直接针对突水点或导水通道的可能来水方向布孔注浆封堵，这种条件下一般都可通过少量的工程取得较好的治水效果。

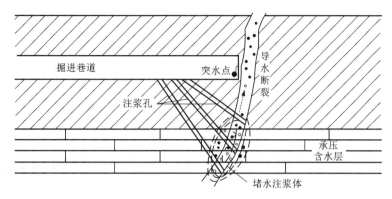

图 4-37　井下封堵突水断层进水口示意图

（2）间接封堵法。

当突水断裂构造的确切部位及其产状不很清楚时，则需要与实际工程相结合，在施工中进行突水条件的探查与分析研究，在分析研究中不断地优化和调整治理方案。有时为了实现快速治水，往往通过地面直接施工注浆钻孔揭露过水巷道，以切断突水点水进入施工区的通道（图 4-38）。

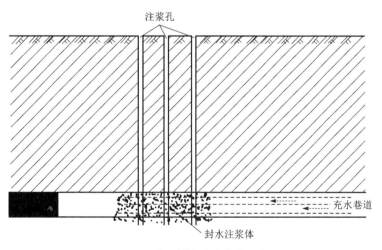

图 4-38　地面封堵过水巷道示意图

4.4　地下空间防洪措施

基于现代防洪理念的城市地下空间防洪思路为洪水管理，由控制洪水转变为适应洪水，即从之前单方面地控制洪水，转变为有效地调用社会机制来适应洪水（泛洪区、洪水保险、防洪基金等），最大限度地减少洪水灾害造成的损失，促进社会进步。任何防洪工程措施防御洪水的能力总是有限的，因为在一定的经济技术条件下，防洪工程只能防御其设防标准洪水,不可能防御超标准的稀遇洪水。洪水的随机性强,超过防洪工程设防标准的稀遇洪水不定时发生,因此,需要工程措施和非工程措施密切结合,防灾与减灾并举。

4.4.1 城市地下空间防洪措施

1.地下空间防洪措施

地下空间连通口的设计主要从功能、安全和环境角度考虑,连通口的平面布局、规模主要考虑功能规划要求;环境方面主要考虑与地面空间、相连通建筑物的融合;安全方面主要考虑平时防护和战时防护,平时防护又以防火灾为主。对于防洪,主要采取在各连通口设计一定的挡水高度起到阻止地面水侵入的方法。

1)挡水措施

地下空间挡水按各行业功能和承载灾害能力的不同,制定的规范标准的参数要求也不尽相同。对于独立的地下空间,考虑所在区域防洪除涝设防标准和城市排水能力,所有连通口的挡水设防高程的设定应基本一致,共同形成设防系统,而不是简单地按照出入口地面高程增加一个数值,否则,要么造成地势高的连通口设置挡水设施的作用不大,要么造成地势低的连通口即使按照规范标准设置了挡水设施,但仍存在较大的防洪风险。因此,地下空间防洪挡水系统的核心理念是综合考虑地形地势、区域历史暴雨雨情和积水情况、区域防洪除涝能力、地下空间自身防洪挡水设施和排水设施等条件,系统分析地下空间所需达到的防洪水平和标准。

分级挡水系统中可按两级高程进行挡水,第一级是基本挡水高程,第二级是安全设防高程。基本挡水高程应满足城市排水标准情况下暴雨强度的挡水要求,兼顾防洪安全、管理风险和日常使用等因素进行综合确定。安全设防高程必须确保地下空间即使遭遇极其不利的情况,亦能确保其自身防洪安全。一般情况下,一定区域范围内的地下空间应该具备相对统一的防洪安全设防高程,地下空间与室外的连通口必须达到挡水设防高程。

对于机动车坡道和非机动车坡道出入口,受接坡条件限制,往往难以一次性达到总体设防高程,宜采用分级挡水措施,见图4-39。

对于通风井和窗井以及机动车和非机动车坡道两侧翼墙等,结构构筑应一次性满足安全设防高程要求,如图4-40所示。

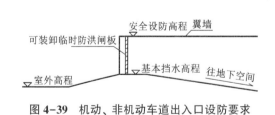

图 4-39 机动、非机动车道出入口设防要求　　图 4-40 通风、采光井的设防要求

对于人行楼梯、消防楼梯、无障碍电梯等出入口,条件具备的情况下宜一次性做到防洪高程,降低管理风险,如实施确有难度,亦可采取两级挡水措施,其出入口地坪高程宜达到基本挡水高程,第二级防洪挡水高程需达到安全设防高程,参见图4-41。大型地下空间由于连通口较多,分布分散,不宜设置过多的两级挡水体系出入口,否则会增加管理难度和防洪风险。

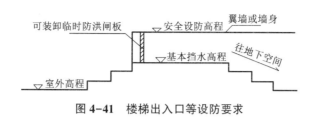

图 4-41 楼梯出入口等设防要求

对于建筑物室内一楼地坪直接通往地下空间的情况，建筑物室内地坪高程原则上应达到安全防洪高程。

2）排水系统

地下空间排水系统由截水沟、集水井排水管道和排水泵组成，排放的水体主要包括生活污水和废水、生产废水、消防废水、洗消污水、露天部分流入地下空间的雨水和地下渗水。根据目前建筑给排水设计和地铁设计要求，国内已建地下空间并没有考虑洪涝灾害发生时室外水体侵入地下空间的排水需求，排水设计的前提假定为雨洪期间各连通口能够抵挡外水进入地下空间，因此，排水量仅考虑地下空间及上部建筑可能产生的污废水、消防用水和少量露天坡道的积水。集水井的有效容积除消防电梯井要求不小于 2 m³ 外，其余按照所选最大一台泵不少于 5 min 的抽水量确定，通常小于 2 m³，集水井的数量按照地面排水坡度要求确定。由于没有按照先确定地下空间总体排水规模和各类水体排水规模，再确定集水井和排水泵的逻辑过程设计，在不考虑外水侵入的情况下，通常地下空间排水量富裕度非常大；若考虑洪涝灾害时外水的侵入，则排水规模无法满足要求。在地下空间排水规模确定含糊的前提下，地下空间排水设计缺少相关准则，集水井和配泵设计随意性非常强，加上缺乏持续的日常管理和维护，造成一旦有外水侵入，地下空间即受灾的现实。

地面洪涝水进入地下空间是一个复杂的过程，各连通口侵入水量有较大的随机性，受地面汇流、积水深度、城市排水和调蓄能力、各连通口挡水高度、防洪应急抢险的速度和物质储量等众多因素的影响。为了基本确定洪涝期间地下空间进水的可能性和进水量，可将整个过程分成三个阶段。

第一阶段采用城市雨洪运动过程模型模拟城市降雨径流或洪水漫溢的运动过程，考虑地面径流和排水系统中水流、雨洪的调蓄处理过程，计算出地下空间与地面各连通口部位的地面积水深度。

第二阶段通过对比积水深度与地下空间各连通口挡水高度，考虑应急抢险的因素，确定淹没水头，并计算进入地下空间的总水量。

第三阶段采用基于 3D 数学模型的流体运动方法，通过数值模拟分析进入地下空间的水体在内部的运动过程，了解洪涝水入侵后在地下空间内的水量分布情况。

通过以上三个阶段可确定地下空间排水系统的规模和布局，根据洪涝水入侵流量的计算确定配泵所需的总流量，并根据入侵水体的运动和水量分布情况，确定集水井和配泵的平面布局。通常地下空间都有多个连通口，洪涝水入侵的随机性较强，因此在紧邻连通口部位应布置集水井或截水沟，并应尽量布置在水体流动途径上，避免从不同部位侵入地下空间的水体汇集后造成排水系统的集中抽排压力，特别是对于多层地下空间，应避免出现入侵水体全部汇集至最下层再集中抽排至地面的现象，而应分层次、分区域、分散排放，消除洪涝水入侵的叠加效应。

3）储水系统

地下空间储水系统的防洪原理与水库的防洪原理类似，都是利用库容拦蓄洪水，削减进入下游的洪峰流量，达到减免洪水灾害的目的。两者的不同点在于，水库多处于地表面，而地下空间储水系统常处于城市的地下。在深层地下空间建成大规模的储水系统，将洪水储存起来，利用储水系统的调蓄作用拦蓄洪水，可有效减轻地面洪水压力，解决地下空间洪水问题。同时，储存的水体在汛期过后，即可通过泵站抽排至地面，补充河道、湖泊和地下水的水量，又可直接用来浇灌城市绿化、清洗路面和车辆、冲洗公共卫生设施等，甚至可通过管道输送至农村实现农业灌溉等多用途。

地下储水系统的发展离不开地下水人工补给的历史。美国、荷兰、俄罗斯等国家20世纪30年代就开始了大规模的人工补给地下水实践。如美国加利福尼亚州沿海岸线一带的注水井，每年回灌处理几十亿立方米地下水，阻止了海水的继续入侵；荷兰阿姆斯特丹的滨海沙丘人工补给设施利用洪水季节淡化莱茵河水，将其注进天然入渗井，年回灌量达4000万 m^3；俄罗斯编制了地下水回灌系统设计及工程运行指南。我国大规模的地下水人工补给始于20世纪60年代，上海为解决地面沉降问题，进行了深井回补地下水的实践。随着地下水人工补给的发展，地下水库由设想变为现实。日本于1972年在长崎县建成了第一座地下水库，尽管仅9000 m^3 的库容，但毕竟是世界上早期的地下水库。

我国1975年在河北省兴建的具有深井回灌系统和开采系统的南宫地下水库，标志着我国地下水库建设与运营的开始。近年来，我国北方地区为解决干旱和海水入侵问题，又兴起了建造地下水库的高潮，北京进行了西郊地下水库的试验，山东从1990年开始先后兴建了黄水河地下水库、王河地下水库和大沽河地下水库等，辽宁省也修建了龙河地下水库、三涧堡地下水库，南方贵州省也兴建了普定县马官地下水库等。地下水库是我国继地表山区水库、平原水库之后兴起的又一类重要的蓄水水利工程。

4）应急设备

地下空间是一个相对封闭的环境，因此地下空间防洪应急设备的布置要与地下空间的防洪特点相对应，应急抢险设备包括防淹门、挡水闸板、集水池、排水泵、潜水泵及水管、电源拖线盘、发电机组、沙袋挡水板、五金工具、照明器材、雨衣、雨靴、对讲机等，下面对防淹门、挡水闸板、集水池和排水泵等关键的应急设备分别进行介绍。

（1）防淹门。

根据《地铁设计规范》及《轨道交通工程人民防空设计规范》要求，对于穿越河流或湖泊等水域的地铁、越江隧道工程，应在进出水域的隧道两端适当位置设防淹门或采取其他防淹措施。防淹门兼顾防淹和人防双重功能，由车站控制中心控制。按照地铁工程设计和我国人民防空办公室的要求，地铁在和平时期是交通干线，要保证车站区间隧道连接运营通畅，无须启动人防防淹门，但在遭遇战争破坏、恐怖袭击以及自然灾害（洪水灾害）时，防淹门将自动关闭，用来防止江水或地面洪水进入隧道、地铁，从而保障隧道、地铁及附属设施的结构安全以及人民生命和财产安全。防淹门可以结合隧道的工作井、地铁车站、通风井等特征建筑物进行布置，一般布置在距离江、河堤岸较近的部位，一方面避免保护范围过大，另一方面防止堤岸坍塌对防淹门造成影响，避免引起失效。

目前防淹门有落闸式和平开式两种，其中落闸式又叫升降式。落闸式闸门门体为单扇，属平面多主梁焊接钢结构件；门槽作为闸门下滑的导槽，结合土建结构门框二期施工安装在土建结构上；闸门的止水橡胶块在外力的作用下，紧贴在门槽上，止水性能良好(图4-42)。

平开式闸门为普通民用门形式，可根据隧道内土建结构尺寸做成一扇或双扇结构，一侧通过铰耳与基础相连，平时置于隧道内壁的一侧(或两侧)，工作时在动力驱动下(动力可以是液压也可以是电动机)门扇绕铰耳旋转，门体完全闭合(图4-43)。

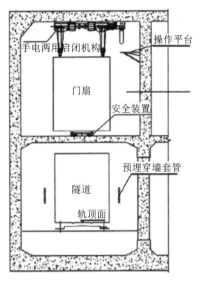

图4-42 落闸式防淹门示意图

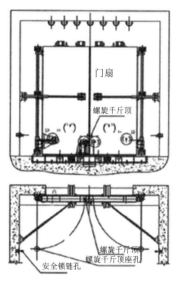

图4-43 平开式防淹门示意图

地铁隧道防淹门主要用于隧道意外进水时隧道及车站的人员和设备保护，故地铁隧道防淹门的操作方式以自动控制为主，手动控制为辅。防淹门除需考虑电气安全和使用安全外，还应考虑防淹门结构能够承载隧道意外进水时的水头压力。

(2)挡水闸板。

城市地下空间出入口设置挡水闸板是避免地面积水侵入最有效的应急措施之一。特别是车辆、人员出入口，从使用功能角度考虑，与通风井、采光井等连通口不同，往往难以一次性达到防洪设防高程，在此前提下，采用两级设防体系，台阶和驼峰作为第一级挡水结构，保证日常运行时积水不深的地表水不会进入地下空间，在洪涝期间则能起到良好的缓冲作用，为应急抢险和设备物质的运送、安装争取时间；挡水闸板则作为第二级挡水结构，根据气象预警、预报或外界洪涝发展趋势，及时安装或关闭，与第一级挡水共同形成有效的挡水系统。目前，挡水闸板可采用沙袋、充水橡胶袋、木板、金属闸板等材料，国内使用较为广泛的挡水闸板为铝合金组合闸板，特别是在上海地铁车站各出入口其作为行业规定使用。这种闸板的特点是安装速度快、耐高压、轻巧易搬、储存方便、防水密闭性高，挡水高度在1 m以下，可在5~10 min快速组装完成，单片闸门板高度为15~30 cm，只需在出入口侧墙部位预先安装闸槽。出入口距离超宽时可辅以三角撑架加固，形成组合式挡水闸板。

(3)集水池。

集水池有效容积一般按《室外排水设计规范》和设计手册中的规定，不应小于最大一台泵5 min的出水流量，或每小时启动次数不超过6次，这是基于人工操作所需启动时间和避免潜水泵频繁启动而要求的。集水池的有效水深一般为 100~1500 mm，以保证水泵底有一定的淹没深度，池的超高一般为 300~500 mm，池底与水泵底保持一定的距离，一般不宜小于 300 mm。

集水池内应设水位装置、检修孔口等，并应在集水池入口设拦污格栅等设备。格栅的作用是清除雨水中较大的杂质和漂浮物，以防杂质和漂浮物吸入水泵，损坏泵体，从而延长水泵的使用寿命，有利于水泵的日常维护。集水池中雨水流态会对泵的运行产生影响，由于水泵与雨水收集系统和集水井相连，暴雨时流速较快的雨水径流进入集水井会形成回流、湍流，从而恶化水泵的进水条件，导致水泵效率下降，因此应采取导流等措施改进雨水流态以利于泵站的正常运行，可设置导流板和挡水板等。

（4）排水泵。

水泵作为地下空间排水的核心直接对排水的运行效率产生影响，一般要求易安装、易维护、运行安全可靠、结构简单、故障率低。潜水泵具有类似的优点，所以地下空间雨水排放水泵宜采用潜水泵，其设计流量在自动控制时应按设计的秒流量确定，人工控制时应按最大的小时流量确定，水泵数量应不少于 2 台，以保证有 1 台备用泵。水泵的自动控制不仅有助于及时排水，还可减小集水池容积。因此地下空间的排水宜充分利用潜水泵易于实现自动控制的优点，采用报警水位双泵启动方式控制，即高水位（小雨）时启动 1 台水泵，超高水位（大雨）时再启动 1 台水泵并报警。值得注意的是，使用潜水泵时最低水位不应低于电动机露出液面部分的一半高度。水泵的扬程应根据地下空间集水井距离地面的高差，并考虑水泵运行、管道摩阻、管道弯头连接等因素形成的水头损失，综合确定。

潜水泵的安装，有悬吊式、斜拉式、自由移动式、轨道式自动耦合安装等形式。目前，小型雨水泵站中潜水泵多采用轨道式自动耦合安装，安装、检修时无须进入集水池，便于维护管理。

2. 防洪意识

长期以来，"重地上、轻地下"导致人们对地下空间防洪风险认识不足，对地下空间的防洪管理必须首先管理观念，在全社会范围内开展宣传、教育，提高全社会防洪减灾的意识，让地下空间防洪安全在受到全社会重视。

应加强对城市地下空间附近江、河、湖的基本情况进行调查和分析，包括河道历史最高水位、防洪墙设防高程、防洪墙结构、存在的问题及近期和远期规划等，及时对其进行风险评估，并在此基础上提出对策措施。特别是经常发生风、暴、潮"三碰头"或风、暴、潮、汛"四碰头"洪水灾害的沿海城市，一旦发生洪涝灾害，城市地下空间很可能出现灾难性的后果。

目前地下空间的分类情况比较复杂，从功能方面分类主要有地铁、过江隧道、地下立交、地下车库、地下商场、地下附属用房、地下广场等。在防洪安全评估方面应分别针对规划待建、已建和已建并经过初步评估但没有整改等各类情况分别开展，通过对地下空间开展全面的防洪安全评估工作，及时发现薄弱环节和消除隐患。主要评估内容包括：城市地下空间防洪环境的安全性、各连通口防洪挡水能力、挡水设施布置的合理性和安全性、排水设施布置的合理性和安全性、过江地铁（隧道）防淹闸门的可靠性、地下空间穿墙设施等薄弱部位的防水能力、地下空间防渗的可靠性、防洪设施日常管理的规范性、防洪应急预案的针对性和合理性等。

鉴于地下空间在经济社会发展中的重要性，对地下空间要克服各种各样的麻痹思想和侥幸心理，按照"经常查、突击查、汛前查、汛中查、灾前查、灾后查"的要求及时发现和消除防洪薄弱环节与隐患，并开展地下空间防治防洪演练。

4.4.2　城市地下空间防洪系统示例

在20世纪60年代之前，人们对洪灾的研究侧重于防洪的工程措施方面。而随着社会经济发展、人口增长和城市化进程的加快，世界各国城市人口和资产高度集中，生命线工程日益增多，各种因素综合作用使得洪水灾害出现的频率和造成的损失持续上升，人们逐渐认识到仅靠工程措施并不能完全抵御洪水危害，引发了全球对防洪减灾非工程措施的研究热潮，使得各国在防洪减灾的规划中开始考虑将工程措施与非工程措施相结合。城市地下空间防洪系统逐渐在全球发展，下面以法国巴黎和中国北京的城市地下空间防洪系统为例展开介绍。

4.4.2.1　巴黎城市排水系统

巴黎是一个具有悠久历史的欧洲名城，其下水道系统就像埃及的金字塔一样，是一个绝世的伟大工程，巴黎人甚至将其开发成了一个下水道博物馆，向世人介绍他们的成就。据报道，巴黎经常下雨，却从未出现下雨积水导致的交通堵塞。巴黎的下水道均处在巴黎市地面以下50 m，水道纵横交错，密如蛛网，总长2347 km，规模远超巴黎地铁。由于巴黎下水道系统享誉世界，下水道博物馆已成为巴黎除埃菲尔铁塔、卢浮宫、凯旋门外的又一著名旅游项目。巴黎的下水道无比宽敞，可以容纳大量游客行走奔跑，有通畅的排气系统和纯净空气。下水道博物馆从外表看并不特别，只看到一个普通的下水道井盖，但是掀开这个井盖进入地下，就仿佛进入了一个地下宫殿。巴黎下水道虽然修建于19世纪中期，但即使用现在的眼光看，这些高大、宽敞如隧道般的下水道也是不同凡响的。巴黎的下水道系统拥有约2.6万个下水道盖、6000多个地下蓄水池、1300多名专业维护工。截至1999年，巴黎已达到对城市废水和雨水的100%完全处理能力，保证塞纳河水质免受污染。这个城市的下水道和她的地铁一样，经历了上百年的发展历程才有了今天的模样。除了正常的下水设施，这里还铺设了天然气管道和电缆。据博物馆提供的数字，巴黎每年从污水中回收的固体垃圾有1.5万 m^3，巴黎地区现有4座污水处理厂，日净化水能力为300多万 m^3，净化后的水排入塞纳河，而每天冲洗巴黎街道和浇花浇草的40万 m^3 非饮用水均来自塞纳河。目前，这个有着百余年历史的下水道系统仍然在市政排水方面发挥着巨大作用，每天超过1.5万 m^3 的城市污水都通过这条古老的下水道排出市区。

4.4.2.2　北京西站排水系统

2012年"7·21"特大暴雨之后，北京的防洪排涝成为亟待解决的问题，拟建立下沉式绿地广场。在现有北京市总体规划"西蓄、东排、南北分洪"的防洪排水体系基础上，规划按照"防、渗、蓄、排、管"相结合的原则，采用强制性标准，加强精细化管理，科学合理安排建设时序，实现中心城防洪防涝安全和雨水资源利用的目标。规划永定河卢三段左堤按万年一遇、右堤按百年一遇洪水标准设防，保障中心城防洪安全。采用低注绿地、透水铺装、渗井(坑)、调蓄水池等措施，对小区和道路进行雨水渗蓄，在源头对雨水进行控制和利用。结合城市环状绿化隔离带，规划建设西郊砂石坑、南旱河等蓄洪区和雨水公园，在减轻城市洪涝灾害的同时，充分利用雨水资源。按高标准规划雨水管道、排水通道和中小河道系统，完善城市排涝系统。合理安排建设时序，基础设施先行，定期风险评估，完善法规和标准，在规划设计、审批和验收各环节加强精细化管理。

以北京西站地下防洪系统为例展开介绍。北京西站作为重要的交通枢纽,人流量较大,下沉广场位于西站核心区,地理位置十分重要(图4-44)。下沉广场地面比紧邻的中裕、瑞海大厦室外地面低4 m,且下沉广场与北京西站进出站厅、莲花池东路下穿隧道人行路、地铁7号线与9号线在北京西站的站点相连通。为保障西站在雨季的正常运行,要求下沉广场强降雨期间不能产生内涝,否则会给周边重要场所带来很大的安全风险。

图4-44　北京西站广场地理位置

1.设计标准

根据北京奥体中心区下沉花园防内涝设计的相关经验,确定西站北广场下沉广场的防内涝标准按照100年一遇24 h雨量设计,即发生百年一遇24 h降雨时,下沉广场地面不允许积水,雨水不进入西站进出站厅、莲花池东路下穿隧道以及地铁站内,雨水都将进入地下调蓄池储存。

2.设计关键

(1)下沉广场周边属于建成区,地下条件复杂,广场正下方为地铁7号线和9号线,周边为中裕、瑞海建筑基础,对工程设计及施工带来很大挑战(图4-45)。

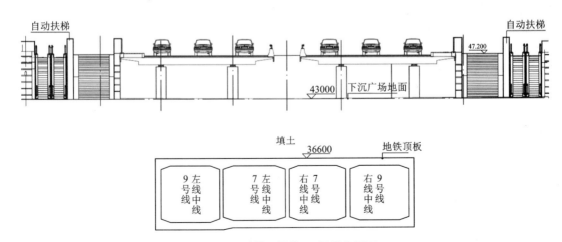

图4-45　地铁7号线、9号线位置图

（2）高标准条件下汇水面积的确定。在超标准降雨时，汇水面积将变大，应根据周边地面高程合理确定汇水面积。

3. 雨水调蓄池设计

通过对下沉广场周边地面竖向进行分析，并结合下沉广场的实际情况，确定了汇水面积范围为下沉广场以及其上方的公路桥，中裕、瑞海大厦前地面广场。根据北京市百年一遇 24 h 降雨量、汇水面积，确定了雨水调蓄池的规模为 3600 m³。雨水调蓄池（图 4-46、图 4-47）的位置及平面尺寸根据下沉广场下方及周边地铁、建筑结构确定。最终确定雨水调蓄池分两个，均为 1800 m³，有效水深 3 m，占地面积 600 m²。

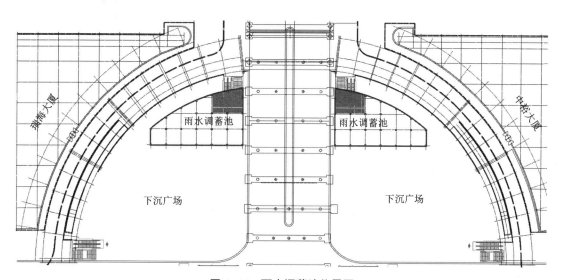

图 4-46　雨水调蓄池位置图

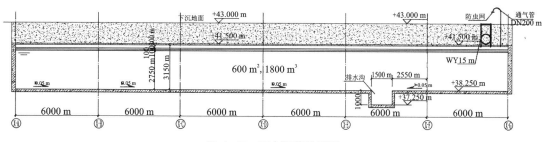

图 4-47　雨水调蓄池详图

4. 排水沟（管）设计

在下沉广场绿地与铺装交接处、自动扶梯周边设置排水支沟，并通过雨水干线将排水支沟雨水排至雨水调蓄池（图 4-48、图 4-49）。

5. 雨水泵站设计

周边市政雨水管网设计标准为 1 年一遇，每个雨水调蓄池均设置了雨水排水泵站。泵站内设置 3 台排水泵，根据水位依次启停，总排水能力达到 1 年一遇排水标准，并保证调蓄池在 12 h 内排空（图 4-50）。

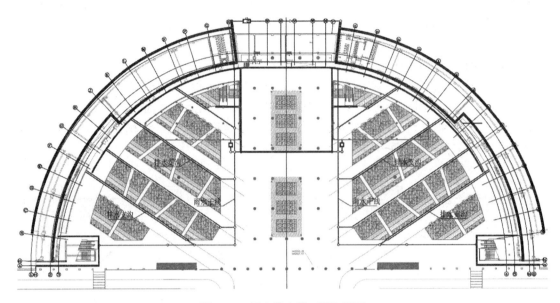

图 4-48　雨水排水管、渠位置图

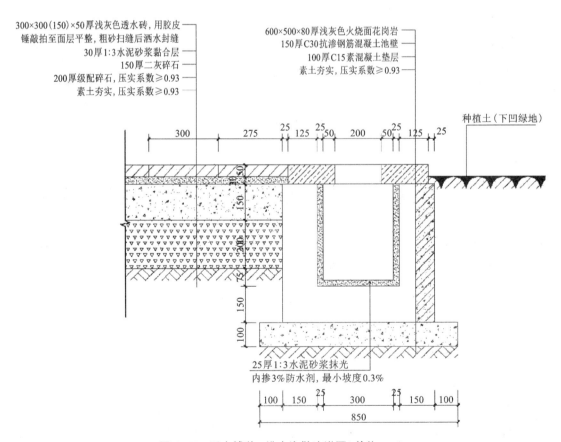

图 4-49　透水铺装、排水沟做法详图(单位：m)

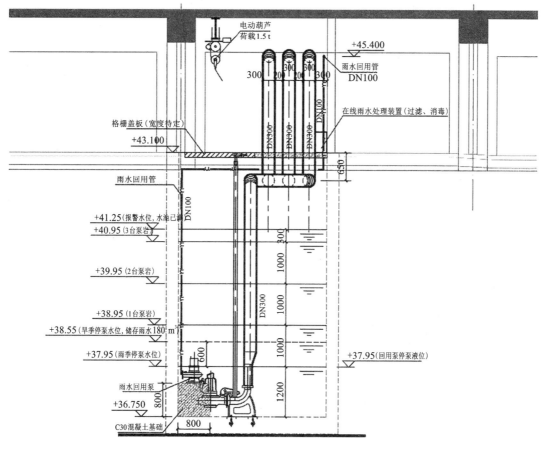

图4-50　雨水泵站剖面图和水泵运行控制图(单位：m)

6. 防客水汇入

下沉广场要严格控制客水汇入。在下沉广场四周设置挡水墙，保证外围雨水不进入下沉广场；同时在进入下沉广场的自动扶梯前、步行楼梯前以及残疾人坡道前均设置了台阶或缓坡，并在台阶和缓坡前设置了排水沟，进一步保证下沉广场的开口位置外围雨水不进入。

7. 海绵城市理念

在项目设计过程中，较早地采用了海绵城市的理念，将下沉广场的绿地和铺装设计为下凹绿地和透水铺装地面，从而更好地促进了雨水的入渗和滞蓄。同时泵站内设置了雨水处理与回用装置，用于下沉广场内的绿地灌溉和场地冲洗。

4.4.3　地下矿井防洪措施

对于水文地质条件复杂、极复杂的矿井，为了避免矿井受突然涌水的袭击，或因临时停电设备发生故障，致使水位迅速上升而淹井，应在井底车场周围设置设备拦截水流，或在正常排水系统基础上安装配备排水能力不小于最大涌水量的潜水电泵排水系统，确保矿井安全。

1. 水闸门、密闭门及水闸墙的砌筑

在矿井有突水危险的采掘区域，应在其附近设置防水闸门。不具备建筑防水闸门并且有突水危险的采掘区域，应在其附近设置防水闸门。不具备建筑防水闸门的经审批同意，在井下巷道掘进遇溶洞或断层突水时，为封堵矿井水或溶洞泄出的泥沙石块，可构筑水闸墙。此外，采区间的隔离防水，也可构筑水闸墙。水闸门、密闭门或水闸墙要求设置在致密坚硬及完整无隙的岩石中；如果必须在松软岩石中砌筑，就应当在砌水闸门、密闭门或水闸墙内外的一段巷道里全部砌碹，碹后注浆，使之与围岩紧密固结，构成一个坚固整体，以防漏水甚至崩溃。水闸门、密闭门或水闸墙可用料石、钢筋混凝土或建筑用砖砌筑，视所受压力大小而选定材料。墙垛四周应掏槽伸入岩石之中，事先埋好注浆管，待墙垛竣工后，再压注水泥砂浆，充填缝隙，使之与围岩构成一体。

水闸门或密闭门的墙垛由混凝土筑成，应按设计留好各种水管孔和电缆孔。门扇可根据经受水压的大小，采用铁板焊接或铸钢制成。门的形式在水的压强不超过 25 kg/cm² 时，常采用平面状；当水的压强超过 25~30 kg/cm² 时，采用扁壳状或球壳状。门框与门扇之间的衬垫，用铜片或铁皮包橡皮做成。建筑防水闸门应当符合下列规定：

①防水闸门由具有相应资质的单位进行设计，门体采用定型设计。

②防水闸门的施工及其质量符合设计要求。闸门和闸门碹室不得漏水。

③防水闸门碹室前、后两端，分别砌筑不小于 5 m 的混凝土护碹，碹后用混凝土填实，不得空帮、空顶。防水闸门碹室和护碹采用高标号水泥进行注浆加固，注浆压力符合设计要求。

④通过防水闸门的轨道、电机车架空线、带式输送机等能够灵活易拆。通过防水闸门墙体的各种管路和安设在闸门外侧的闸阀的耐压能力，与防水闸门设计压力一致。电缆、管道通过防水闸门门墙体外，用堵头或阀门封堵严密，不得漏水。

⑤防水闸门上安设观测水压的装置，并有放水管和放水闸阀。

⑥防水闸门竣工后，按照设计要求进行验收。对新掘巷道内建筑的防水闸门，进行注水耐压试验；水闸门内巷道的长度不得大于 15 m，试验的压力不得低于设计水压，其稳压时间在 24 h 以上，试压时有专门安全措施。

2. 水闸墙类型

(1)平面型闸墙。平面型闸墙是用方木构筑的临时闸墙，在发生突水事故的情况下，用以掩护永久性闸墙的施工，或在一定时间内切断水流，以便撤走排水设备或施工人员(图 4-51)。这种防水闸墙具有结构简单、构筑速度快的特点。

(2)圆柱型闸墙。圆柱型闸墙使用在窄而高的巷道中，能承受较平面型闸墙更大的压力，一般采用缸砖、料石或混凝土块砌筑。闸墙厚度较大时，可在闸墙的内外侧用缸砖砌筑，中间以混凝土捣制，若全部采用混凝土，则需装模板(图 4-52)。

(3)球面型防水闸墙。球面型防水闸墙的建筑尺寸应与砌筑闸墙处的巷道宽度和高度相适应。这种防水闸墙支撑于基座的 4 个支撑斜面上，比圆柱型闸墙有更大的支撑面，因而能承受较大的水压(图 4-53)。

(4)楔型闸墙。楔型闸墙在基础上具有 4 个支撑面，因而能承受较高的水压。如果水压特别大，可构筑多段楔型闸墙，如图 4-54 所示。

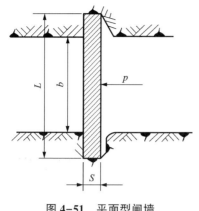

图 4-51 平面型闸墙

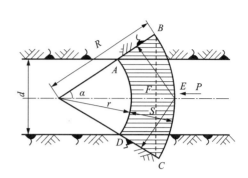

图 4-52 圆柱型闸墙

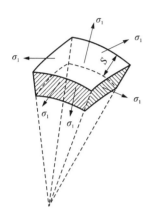

图 4-53 球面型防水闸墙

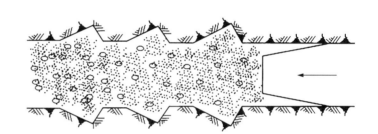

图 4-54 多段楔型闸墙

参考文献

[1] 李利平. 高风险岩溶隧道突水灾变演化机理及其应用研究[D]. 济南：山东大学，2009.

[2] 部讯. 2021 年《中国海洋灾害公报》《中国海平面公报》发布[N]. 中国自然资源报，2022-05-09(001).

[3] 宋苑震，覃盟琳，朱梓铭，等. 2050 年上海大都市圈海平面上升影响预估研究[J]. 广西大学学报（自然科学版），2020，45(4)：930-940.

[4] 暴世康，叶淑君，严学新，等. 上海地面沉降管控分区沉降特征及地下水采灌对比研究[J]. 上海国土资源，2021，42(2)：1-7.

[5] 彭少麟，周凯，叶有华，等. 城市热岛效应研究进展[J]. 生态环境，2005(4)：574-579.

[6] 宋晓猛，张建云，占车生，等. 气候变化和人类活动对水文循环影响研究进展[J]. 水利学报，2013，44(7)：779-790.

[7] 刘志雨. 城市暴雨径流变化成因分析及有关问题探讨[J]. 水文，2009，29(3)：55-58.

[8] 王秀兰. 矿井水防治[M]. 徐州：中国矿业大学出版社，2010.

[9] 武强，董书宁，张志龙本册. 矿井水害防治[M]. 徐州：中国矿业大学出版社，2007.

[10] 王计堂，王秀兰. 突水系数法分析预测煤层底板突水危险性的探讨[J]. 煤炭科学技术，2011，39(7)：

106-111.

[11] 营志杰.煤层渗透性变化规律在防水煤柱上的应用[J].江苏煤炭,1998(1):29-30.

[12] WU J, CAI J, ZHAO D, CHEN X. An analysis of mine water inrush based fractal and non-Darcy seepage theory. Fractals. 2014, 22(3):1440008.

[13] 杨天鸿,师文豪,李顺才,等.破碎岩体非线性渗流突水机理研究现状及发展趋势[J].煤炭学报,2016, 41(7):1598-1609.

[14] 陈祖安,伍向阳,孙德明,等.砂岩渗透率随静压力变化的关系研究[J].岩石力学与工程学报,1995, 14(2):155-159.

[15] 陈占清,缪协兴,刘卫群.采动围岩中参变渗流系统的稳定性分析[J].中南大学学报(自然科学版), 2004(01):129-132.

[16] 刘德忠.红土矿类浆体管道水力计算[J].中国有色冶金,2020,49(3):63-66.

[17] 冯金炜,寇贵存,邱占林,等.矿山水文地质特征及防治对策[J].世界有色金属,2016(14):198,200.

[18] JI Y, CAO H, ZHAO B. Mechanism and control of water inrush from separated roof layers in the jurassic coalfields. Mine Water and the Environment. 2021, 40:357-65.

[19] YIN H, ZHAO H, XIE D, et al. Mechanism of mine water inrush from overlying porous aquifer in Quaternary: a case study in Xinhe Coal Mine of Shandong Province, China[J]. Arabian Journal of Geosciences. 2019; 12: 163.

[20] 李永兰.矿井防治水技术综合研究与应用[J].山西焦煤科技,2014,38(9):38-41+44.

[21] LI B, ZHANG W, GAO B, et al. Research status and development trends of mine floor water inrush grade prediction[J]. Geotechnical and Geological Engineering. 2018, 36:1419-29.

[22] 李白英.预防矿井底板突水的"下三带"理论及其发展与应用[J].山东矿业学院学报(自然科学版), 1999(4):11-18.

[23] 武强.我国矿井水防控与资源化利用的研究进展、问题和展望[J].煤炭学报,2014,39(5):795-805.

[24] 张文泉,杨传国,姜培旺.矿井水害预防与治理[M].徐州:中国矿业大学出版社,2008.

[25] 武强,李周尧.矿井水灾防治(A类)[M].徐州:中国矿业大学出版社,2002.

[26] 罗立平.矿井老空水形成机制与防水煤柱留设研究[D].北京:中国矿业大学(北京),2010.

[27] 师维刚,张嘉凡,张慧梅,等.防水隔离煤柱结构分区及合理宽度确定[J].岩石力学与工程学报, 2017,36(05):1227-1237.

[28] 李冠良,袁凌晖,邢吉亮,等.老空水防治技术探讨[J].煤炭工程,2007,39(2):66-68.

[29] 张行南,罗健,陈雷,等.中国洪水灾害危险程度区划[J].水利学报,2000,31(3):1-7.

第5章　城市地下空间防爆与防恐

城市地下空间除能够有效缓解地面空间压力之外，由于其自身的特点，它对许多灾害的防御能力远高于地面建筑，如战争空袭、地震、风暴等。然而，由于地下空间本身的结构特性，相比地面建筑，其也有许多不利的因素，如空间相对封闭狭小、人员出入口数量少、自然通风条件差、难以实现自然采光等，因此，当地下空间内部发生某些灾害时，如火灾、爆炸、生化及放射性恐怖袭击等，所造成的危害程度又将远远超过地面同类灾害。由此可以看出，地下空间存在着抗御外部灾害能力强与内部灾害能力弱的特点。我们一方面要充分利用地下空间良好的防灾功能，使之成为城市居民抵御自然灾害和战争灾害的重要场所；另一方面要重视地下空间内部防灾减灾技术的研究，防止灾害的发生，或将灾害损失降低到最低限度。保障地下空间内部的安全，是充分发挥其功能的前提。

随着近年来各种爆炸、生化及放射性恐怖袭击事件的时有发生，恐怖主义已成为影响世界形势的最主要的非传统安全问题。从以往发生在地下空间内的事故统计数据及报道来看，尽管爆炸、生化及放射性恐怖袭击这类突发性安全事故发生概率较低，起因和影响也不尽相同，但却往往能够造成极为重大的破坏。因此，地下空间的防爆与防恐已成为维护国家安全稳定、保障人民生命财产安全、构建和谐社会的重要任务。本章围绕地下空间日益严重的以爆炸方式为主的灾害和防护问题，系统分析地下空间爆炸的危害、应力波原理和爆炸冲击波的超压计算、爆炸和生化及放射性恐怖袭击灾害的特点和破坏效应，以及灾害预防方法和应对措施。

5.1　地下空间爆炸的危害及灾害特性

纵观人类发展历史，爆炸其实是把双刃剑。一方面，岩石地下工程的开挖大都是通过爆破方法进行的，爆破的应用大大加快了工程建设进度和提高了地下资源开采效率，国防军事中核弹和导弹的研制实现了保家卫国的战略意义；另一方面，当爆炸被用于战争或被恐怖分子所掌握利用时，就成为严重危害人类生命财产安全的武器。

5.1.1　爆炸的定义及分类

一般来说，爆炸是一种极为迅速的物理或化学的能量释放过程，在此过程中，爆炸做功使系统原有的高压气体或者爆炸瞬间形成的高温、高压气体骤然膨胀。爆炸过程呈现为两个阶段，在第一个阶段，物质的潜在能量以一定的方式转化为强烈的压缩能；在第二个阶段，压缩能急剧地向外膨胀，在膨胀过程中对外做功，引起被作用物体的变形、移动和破坏。爆炸的主要征象是爆炸点周围介质中压力急剧上升，这个急剧上升的压力是产生破坏作用的直接因素。爆炸的对外征象是由于介质振动而产生的声响效应。

爆炸灾害一般有如下特点：（1）发生的偶然性大，人们无法预知其在什么时间以什么样的方式发生，以及其作用的大小；（2）衰减速度快，爆炸荷载随着与爆炸源距离的增加而呈指数衰减；（3）作用时间短暂，持续时间在几毫秒到几百毫秒之间；（4）作用范围有限，对相对大型的整个地下结构而言，爆炸荷载往往只作用在结构的一部分；（5）荷载的幅值大，爆炸荷载作用在结构上的局部压力通常比在设计中所考虑的要大几倍甚至更多。

本质上爆炸是一种能量快速释放的过程，由于不同爆炸过程的性质和发生机理不同，其分类方法也存在差别。目前有多种分类方法：按照爆炸的能量来源、爆炸燃烧速度、爆炸反应相及爆炸起因等进行分类。

1. 按照爆炸能量来源分类

（1）物理性爆炸。

这种爆炸是由物理变化引起的，物质因状态或压力发生突变而形成爆炸的现象称为物理性爆炸，例如容器内液体过热气化引起的爆炸，高速撞击引起的爆炸，大自然中雷电的爆炸，压缩气体、液化气体超压引起的爆炸，等等。物理性爆炸前后物质性质及化学成分均不改变。

（2）化学性爆炸。

物质通过极迅速的化学反应将物质内潜在的化学能在极短的时间内释放出来，转变为强压缩能，使爆轰产物处于高温、高压状态的爆炸称为化学性爆炸。化学性爆炸前后物质的性质和成分均发生了根本的变化，最典型的就是炸药爆炸。

（3）核爆炸。

核爆炸指能量来源于核裂变或核聚变反应，并在瞬时释放出巨大能量，形成高温、高压并辐射多种射线的爆炸。核爆炸释放出的能量要比物理性爆炸和化学性爆炸所释放出的能量大得多，其产生的高温、高压冲击波和核辐射对生物及建筑物的毁伤效应也严重得多，如原子弹和氢弹的爆炸。图 5-1 为我国第一颗原子弹爆炸产生的蘑菇云。

图 5-1　我国第一颗原子弹爆炸

为了便于和普通炸药比较，核武器的爆炸威力，即爆炸释放的能量，用释放相当能量的 TNT 炸药的重量表示，称为 TNT 当量。核反应释放的能量能使反应区（又称活性区）介质温度升高到数千万开尔文，压强增大到几十亿个大气压，成为高温、高压等离子体。反应区产生的高温、高压等离子体辐射 X 射线，同时向外迅速膨胀并压缩弹体，使整个弹体也变成高温、高压等离子体并向外迅速膨胀，发出光辐射，接着形成冲击波（即激波）向远处传播。

人类历史上，只有在第二次世界大战时使用了核武器——美军两次把核武器用于对日战争，且都造成了相当严重的后果。1945 年 8 月 6 日日本当地时间早上 8 时 15 分，美军在日本广岛市区投掷了一颗代号为"小男孩"的原子弹。"小男孩"是一颗铀弹，长 3 m，直径 0.7 m，内装 64 kg 高浓铀，重约 4 t，TNT 当量为 1.5 万 t。原子弹在离地约 580 m 的空中爆炸，造成当日死亡 8.8 万余人，负伤和失踪的为 5.1 万余人。在广岛遭受到核武器攻击后，日本政府仍然拒绝同意波茨坦公告。于是，1945 年 8 月 9 日日本当地时间 11 时 2 分，美军再次出动 B-29 轰炸机将代号为"胖子"的原子弹投到日本长崎市中心。"胖子"是一颗钚弹，长约 3.6 m，直径 1.5 m，重约 4.9 t，TNT 当量为 2.2 万 t，爆高 503 m。爆炸造成长崎市约 60%的建筑物被毁，伤亡 8.6 万人，约占全市总人口的 37%。8 月 15 日，日本宣布无条件投降，9 月 2 日签署投降书，第二次世界大战也至此结束。然而，在广岛和长崎爆炸的原子弹所造成的伤害遗留至今，幸存者饱受癌症、白血病和皮肤灼伤等辐射后遗症的折磨。据日本有关部门统计，迄今为止，广岛、长崎因受原子弹爆炸伤害而死亡的人数已分别超过 25 万和 14 万。

2. 按照爆炸燃烧速度分类

(1)轻爆：物质爆炸时的燃烧速度为每秒数米，爆炸时无多大破坏力，声响也不大。无烟火药在空气中的快速燃烧、可燃气体混合物在接近爆炸浓度上限或下限时的爆炸即属于此类。

(2)爆炸：物质爆炸时的燃烧速度为每秒十几米至数百米，爆炸时能在爆炸点引起压力激增，有较大的破坏力，有震耳的声响。可燃气体混合物在多数情况下的爆炸，以及火药遇火源引起的爆炸即属于此类。

(3)爆轰：爆轰是爆炸反应传播速度保持稳定时的状态，物质爆炸的燃烧速度为 1000～7000 m/s。爆轰时的特点是突然引起极高压力，并产生超音速的冲击波。由于在极短时间内发生燃烧，燃烧产物急剧膨胀，像活塞一样挤压其周围气体，反应所产生的能量有一部分传给被压缩的气体层，于是形成的冲击波由它本身的能量所支持，迅速传播并能远离爆轰的发源地而独立存在，同时可引起该处的其他爆炸性气体混合物或炸药发生"殉爆"。

3. 按照爆炸反应相分类

(1)气相爆炸：包括可燃性气体和助燃性气体混合物的爆炸(空气和丙烷、氢气、乙醚等)；气体的分解爆炸(乙烯、乙炔等)；液体被喷成雾状物在剧烈燃烧时引起的爆炸，称喷雾爆炸(油压机喷出油雾、喷漆作业)；飞扬悬浮于空气中的可燃粉尘引起的爆炸(空气中飞散的镁粉、铝粉、面粉)；等等。

(2)液相爆炸：包括聚合爆炸、蒸发爆炸以及由不同液体混合所引起的爆炸，例如硝酸和油脂、液氧和煤粉等混合时引起的爆炸；熔融的矿渣与水接触或钢水包与水接触时，由于过热发生快速蒸发引起的蒸汽爆炸；等等。

(3)固相爆炸：包括爆炸性化合物及其他爆炸性物质的爆炸(如乙炔铜的爆炸)；导线电流过载，由于过热，金属迅速气化而引起的爆炸；等等。

4. 按照爆炸起因分类

(1)人为制造的爆炸：战争、恐怖袭击引起的爆炸。

(2)生产事故引起的爆炸：可燃气体爆炸(瓦斯、煤气、天然气等)、压力容器爆炸、油液爆炸等。

5.1.2　地下爆炸事故分析

在城市地下空间中发生的数量最多的恐怖行为当属爆炸恐怖袭击，特别是近几十年来世界范围内多发的地铁恐怖袭击爆炸事件，使得地下空间防爆与防恐问题日益引起各个国家的重视和关注。

地铁在给人们的出行带来极大便捷的同时，也成为大城市中陌生人聚集最密集的场所，由于客流量巨大，有限的司乘人员无法对每一个进入地铁的人进行仔细排查，这就给了恐怖分子乘虚而入的机会。值得注意的是，地下爆炸恐怖袭击事件基本都发生在西方国家，这主要是因为欧美各国的地铁少有设置安检或安检措施不严格，最主要的原因是大多数欧美国家的地铁是由私营公司运营的，设置安检不仅要增加巨大的人力成本，还会影响大城市的通勤效率，所以欧美国家地铁公司一般是通过少数保安配合摄像头观察以及车辆内部清理等方式进行管理和监督。当然，这基本能应付普通治安问题，但面对精心策划的恐怖袭击时就捉襟见肘了，这就使得地铁成为爆炸恐怖袭击频发的场所。

在当今恐怖主义尚未有效肃清的形势下，地铁内密集的人群和四周封闭的空间客观上为恐怖分子实施爆炸袭击创造了条件，一旦爆炸发生，其破坏力和杀伤力极大，不仅会带来巨大的人员和财产损失，而且还会造成全社会的极度恐慌。国外反恐专家指出，城市的地铁、机场和隧道是最易遭受恐怖分子袭击的三大"软肋"，其中地铁又是最"软"之处。国际恐怖势力就是盯住了这个最"软"之处，出于各种目的，频频制造恐怖事件，全球先后发生了诸多地下空间爆炸恐怖袭击案件。

据统计，俄罗斯地铁是世界上遭受地下爆炸恐怖袭击最频繁的交通系统。2004 年 2 月 6 日，莫斯科地铁列车在行驶到距离汽车厂站大约 300 m 的地方时，第二节车厢突然发生爆炸，造成 42 人死亡，250 多人受伤 [图 5-2(a)]。莫斯科警方调查后发现这是一起炸药当量超过 1 kg TNT 的恐怖袭击事件。2004 年 8 月 31 日，莫斯科里加地铁站发生自杀式爆炸袭击，造成 10 人死亡，51 人受伤 [图 5-2(b)]。2010 年 3 月 29 日，莫斯科卢比扬卡和文化公园地铁站先后发生自杀式连环爆炸案，造成 39 人死亡，95 人受伤 [图 5-2(c)]。2017 年 4 月 3 日，俄罗斯圣彼得堡地铁站发生恐怖袭击，造成 16 人死亡，50 多人受伤 [图 5-2(d)]。

(a) "2·6" 爆炸案

(b) "8·31" 爆炸案

(c) "3·29" 爆炸案

(d) "4·3" 爆炸案

图 5-2　俄罗斯地铁爆炸案

此外，欧洲国家也是爆炸恐怖袭击的主要目标。2004 年 3 月 11 日，西班牙马德里地铁遭受连环恐怖袭击，7 点到 8 点，短短 1 h 内，在连接东郊阿尔卡拉·德·埃纳雷斯站和阿托查站的铁路沿线上，4 辆运行中的列车遭遇了一共 10 起连环袭击，造成 190 人死亡，1500 多人受伤(图 5-3)。2005 年 7 月 7 日，英国伦敦地铁连环发生至少 7 起爆炸，爆炸发生时正值通勤早高峰期间，导致重大人员伤亡，其中 50 多人死亡，700 多人受伤，地铁全线关闭(图 5-4)。2016 年 3 月 22 日，8 时左右，比利时布鲁塞尔扎芬特姆国际机场出发大厅发生爆炸，9 时 22 分，布鲁塞尔欧盟总部附近地铁站发生爆炸(图 5-5)，共造成 34 人死亡，200 多人受伤。这些恐怖案件使世界各国改变了对地铁的安全观念，开始重新审视地铁的安全性，纷纷加强和改进地铁的安全措施。

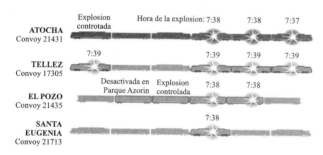

(a) 爆炸点分布　　　　　　　　　　　　　　　(b) 爆炸现场

图 5-3　马德里地铁爆炸案

(a) 爆炸案嫌疑人　　　　　　　　　　　　　　(b) 爆炸现场

图 5-4　伦敦地铁爆炸案

(a) 机场大厅爆炸现场　　　　　　　　　　　　(b) 地铁站爆炸现场

图 5-5　布鲁塞尔机场和地铁站爆炸案

除地铁爆炸恐怖袭击外，汽车炸弹、自杀式人体炸弹的多发性及高破坏性，也应引起警惕。相对而言，我国是遭受恐怖爆炸危害较少的国家，但随着地铁建设热潮及国际交往的日益增多，恐怖活动的国际化、网络化，特别是受世界民族主义分离浪潮、宗教极端主义、极端民族主义等思潮及国际恐怖主义活动的影响，城市地铁、交通枢纽、交通隧道等地下交通空间，将有可能成为恐怖分子袭击的主要目标，这对我国城市地下空间的防爆与防恐能力提出了新的挑战。

表5-1统计了近几十年来国内外地下空间爆炸事件，结果表明地下空间爆炸事件以人为制造的恐怖爆炸袭击为主，且地下爆炸后造成的人员伤亡和财产损失十分严重，主要原因如下：

(1) 烟害特别严重。国内外资料表明，烟气致死人数占爆炸事件总死亡人数的60%~70%，在死亡的人群中，有不少人都是先窒息后被烧死的。由于地下空间的狭小封闭性，爆炸发生时不完全燃烧会产生更多烟气、有害气体，大量热量和烟气得不到有效排除，将迅速充满整个地下空间，造成严重灾害。

(2) 人员疏散困难。地下空间与外界连通的出入口较少，在爆炸发生时，人员的疏散和烟气流通的方向一致，且地下采用人工照明，烟气作用会降低结构内部的能见度，加之地下空间复杂、疏散线路过长，人群易产生恐慌情绪而盲目逃窜，造成人员不能及时疏散而导致伤亡。

(3) 扑救工作十分困难。首先，由于地下空间的状态相对封闭，难以确定发生爆炸的具体部位；其次，由于出入口较少，消防人员与疏散人员在进出之间形成人流交叉，会延误扑救时机；最后，由于地下空间比较狭小，过多的有害烟气、毒气及高温热量快速积聚等原因，加大了施救难度，甚至有时在消防人员无法进入地下空间进行扑救工作的情况下，只能任其发展，造成更为严重的人员伤亡和经济损失。

表5-1 地下空间爆炸事件统计

时间	地点	爆炸原因	伤亡损失
1980年8月6日	日本静冈地下街	管道漏气着火爆炸	伤213人
1990年7月3日	四川铁路隧道	列车油罐起火爆炸	4人死亡，20余人受伤
1995年7月25日	巴黎地铁	炸弹爆炸	30人死亡，70人受伤
1996年6月11日	莫斯科地铁	地铁行车时发生爆炸	4人死亡，7人受伤
1998年7月13日	湘黔铁路隧道	液化气槽车爆炸	4人死亡，20人受伤
2000年8月8日	莫斯科地下通道	恐怖袭击	8人死亡，117人受伤
2001年6月2日	莫斯科地铁环线的"白俄罗斯"车站	一枚手榴弹爆炸	15人受伤
2003年2月18日	韩国大邱中央地铁站	投掷易燃液体纵火	198人死亡，147人受伤
2004年2月6日	莫斯科地铁	恐怖袭击	42人死亡，200多人受伤
2004年3月11日	马德里地铁	连环恐怖袭击	190人死亡，1500余人受伤
2004年8月31日	莫斯科里加地铁站	自杀式爆炸袭击	10人死亡，51人受伤
2005年7月7日	伦敦地铁	恐怖袭击	50多人死亡，700多人受伤

续表5-1

时间	地点	爆炸原因	伤亡损失
2010 年 3 月 29 日	莫斯科卢比扬卡和文化公园地铁站	人体炸弹袭击	39 人死亡, 95 人受伤
2011 年 4 月 11 日	白俄罗斯十月地铁站	炸弹袭击	12 人死亡, 204 人受伤
2012 年 10 月 20 日	东京地铁丸内线	铝罐爆炸	11 人受伤
2016 年 2 月 18 日	重庆轨道交通 3 号线	蓄电池爆炸	无人员伤亡
2016 年 3 月 22 日	布鲁塞尔地铁站	恐怖袭击	34 人死亡, 200 余人受伤
2017 年 2 月 8 日	巴黎地铁站	技术故障	8 人受伤
2017 年 4 月 3 日	俄罗斯圣彼得堡地铁站	恐怖袭击	16 人死亡, 50 多人受伤
2017 年 9 月 15 日	伦敦帕森斯格林地铁站	恐怖袭击	30 人受伤
2022 年 4 月 18 日	伊斯坦布尔贝伊奥卢区地下	电缆爆炸	无人员伤亡
2022 年 5 月 17 日	圣地亚哥 LasRejas 地铁站	电池爆炸	2 人受伤

5.1.3　地下爆炸事故分类及特点

1. 地下爆炸事故分类

总的来看，地下空间内部爆炸事故按爆炸事故起因可分为恐怖袭击爆炸事故和偶然性爆炸事故两大类，按爆源形式又可分为凝聚相炸药爆炸和可燃性气体混合物爆炸。以下主要介绍恐怖袭击爆炸事故、交通事故引发爆炸(最常见的偶然性爆炸事故)及可燃性气体爆炸。

(1)恐怖袭击爆炸事故。

近年来，恐怖袭击事件频繁发生，造成了大量的人员伤亡和财产损失，据统计，过去几年全球所发生的恐怖事件中有约85%属于爆炸袭击事件。对于重要建筑物和构筑物，实施爆炸袭击可造成大的经济损失和人员伤亡，故其很容易成为恐怖分子袭击的目标。地铁作为城市交通大动脉，由于人员密集程度高、客流量大、人员疏散困难、救援难度大、爆炸破坏效应及产生的次生危害很大等特点，其更易成为恐怖分子爆炸袭击的主要目标，如 2004 年马德里地铁发生连环爆炸恐怖袭击事件，共造成 190 人死亡，1500 余人受伤。

(2)交通事故引发爆炸。

偶然性爆炸事故中，交通事故引起的爆炸最为常见。隧道内因车辆相撞、列车出轨或运载易燃易爆物引发的爆炸事故层出不穷，这些爆炸事故往往造成附近结构的倒塌损毁、严重的人员伤亡和经济损失。例如，1999 年奥地利泰伦隧道油漆卡车追撞连环爆炸，致使 40 辆车损毁，造成 12 人死亡，59 人受伤。2008 年 5 月 4 日，一辆大货车和一辆装有二甲苯的槽罐车在京珠高速公路的大宝山隧道口相撞爆炸起火，至 2 人死亡，5 人因吸入过量浓烟住院，事故造成车辆周围隧道两侧和顶端的钢筋混凝土大面积塌落，损毁隧道超过 100 m。2001 年瑞士圣哥达隧道内一辆行驶的货车在距隧道南口 1500 m 处，由于轮胎爆裂而突然转向逆行车道，与对面驶来的货车相撞引发巨大的爆炸，造成 11 人死亡。

(3)可燃性气体爆炸。

人们在乘坐地下交通工具时，也偶尔发生携带易燃易爆气体而产生的爆炸事故。可燃性气体爆炸首先从燃烧开始，有扩散燃烧和动力燃烧两种形式。稳定式的扩散燃烧发生条件是燃料与空气的混合在燃烧过程中进行，其燃烧速度一般小于 0.5 m/s；动力燃烧，又称爆炸式燃烧，发生条件是燃料与空气在燃烧前按一定比例均匀混合形成预混气体，一处点火，则整个空间立即燃烧而发生爆炸现象。在地下空间开挖和施工中发生的可燃性气体混合物爆炸事故也很多，较常见的是发生在煤矿井中的瓦斯爆炸。

可燃性气体爆炸的形式大致分为定压燃烧、定容爆炸、爆燃和爆轰四种。

①定压燃烧是无约束敞开型的稳定燃烧过程，其燃烧产物能够及时排放，因而内部压力始终保持与外界环境压力相平衡，其主要特征参量为定压燃烧速度，取决于燃料输送速率和反应速率。

②定容爆炸是体积已知的刚性容器中可燃性气体预混燃料均匀同时点火所发生的燃烧过程，实际上均匀同时点火是不大可能的，因而这是一个理想模型，如由密闭容器内爆炸提出的等温模型、绝热模型、一般模型等。

③爆燃是燃烧火焰面遇到边界约束或障碍物，燃烧产物就会形成一定的压力面，在波阵面两侧产生压力差，进而形成以当地声速向前传播的压力波，此压力波也被称为前驱压力波或前驱冲击波，前驱压力波和其后尾随的燃烧火焰面构成了爆燃。爆燃是一种不稳定的燃烧波，对其研究的复杂性也就在于其不稳定的传播过程。爆燃过程中火焰速度特点是以亚音速传播，其产生的爆炸波和爆炸场没有解析解，更不可用理想点源爆炸模型计算求解。

④爆轰是可燃性气体燃烧与爆炸的最高形式，其特征是形成以相对于波前未反应混合物的超音速传播并带化学反应的冲击波。跨过其波阵面，压力和密度具有突跃增加的特点，某些情况下可获得爆轰解析解。经典的爆轰理论有 CJ 理论、ZND 模型、Bdzil 稳态二维爆轰模型等。

2. 地下空间爆炸灾害的特点

(1)地下空间内的爆炸，由于空间相对封闭，爆炸释放的能量完全或大部分会封闭在建筑物内，爆炸冲击波在结构壁面会发生多次反射，使得建筑物内的爆炸压力分布及作用十分复杂，压力峰值大、作用时间长，而且在空间传播过程中衰减要慢得多，这对人员和地下结构造成了巨大的毁伤作用。

(2)封闭的室内空间容易使人失去方向感，特别是那些频繁进入地下空间但对内部布置情况不太熟悉的人，迷路是常有发生的。在这种情况下发生爆炸灾害，人心理上的惊恐程度和行动上的混乱程度要比在地面建筑中高得多。内部空间越大，布置越复杂，这种危险就越大。在封闭空间中保持正常的空气质量也要比有窗空间困难得多，进、排风只能通过少量风口，在机械通风系统发生故障时很难依靠自然通风补救。

(3)封闭的环境使爆炸物质容易产生不充分燃烧，可燃物的发烟量很大，容易产生有毒有害气体，对内部人员的生命安全造成巨大威胁。此外，地下烟气的控制和排除比较困难，对内部人员疏散和外部人员进入救灾都是不利的。

(4)地下空间处于城市地面高程以下，人从室内向室外的行走方向与在地面高层建筑中正好相反，这使得从地下空间到地面开敞空间的疏散和避难都要有一个垂直上行的过程，要消耗更多体力，从而影响疏散速度。

(5)爆炸后地下空间内部的烟和热气流自然流动方向与人员疏散方向一致，因而人员的疏散必须在烟和热气流的扩散速度超过人员步行速度之前进行完毕，由于这一时间差很短暂又难以控制，给人员疏散造成了很大困难。

（6）救援工作困难。由于地下空间的状态相对封闭，难以确定发生爆炸的准确部位；且出入口较少，造成消防人员与疏散人员在进出之间形成人流交叉，延误救援时机。

5.1.4 直接毁伤效应

1. 冲击波对人员的杀伤

爆炸是一种极为迅速的物理化学能量释放过程，炸药内的绝大部分物质转化为高温气体，急剧膨胀并压缩周围空气介质，导致冲击波的产生。爆炸冲击波在空气中以超音速传播，其所通过之处的空气压力、密度、温度和质点速度急剧增大。

冲击波对人体的伤害作用主要是：引起血管破裂，致使皮下与内脏出血；引起内脏器官的破裂，特别是肝、脾等器官的破裂和肺脏撕裂，以及肌纤维的撕裂；人被吹倒致残；等等。有掩蔽物体时，冲击波对人员的伤害作用会小得多。《云爆弹部队试验规程》给出了冲击波超压对暴露人员的损伤程度，详见表5-2。

表5-2　冲击波对暴露人员的损伤程度

冲击波超压统计值/kPa	杀伤程度
30~40	轻微杀伤（耳膜破裂等）
40~60	中等杀伤（听觉、视觉器官严重损伤，内脏轻度出血，骨折，等等）
60~100	严重杀伤（内脏破裂，大面积出血）
>100	极严重杀伤（可导致50%的死亡率）

国内外在冲击波对人员伤害效应评价准则方面的研究，大部分是基于具有一定规模的动物群体性样本实验，而后从质量、种类等人与动物的相似关系方面加以联系、过渡，最终给出人体对应的冲击波伤害判定准则。

早在1868年，Thar就发表了一篇关于爆炸伤害效应的最早的文章，但对于冲击波致伤作用机理的认识还很不充分。1940年，Zuckerman统计了英国在战争中由爆炸所致的人员伤害情况，并通过动物群体性活体伤害实验得到如下判定公式：

$$P_{50} = 0.24M^{2/3} + 23.77 \qquad (5-1)$$

式中：P_{50} 为50%人或动物死亡对应压强；M 为人或动物质量。

Richmond通过一系列试验获得了样本质量为70 kg的人群的对应伤害判定准则，如表5-3所示。

表5-3　人群死亡率对应超压阈值

正压所用时间/ms	99%死亡率/kPa	50%死亡率/kPa	1%死亡率/kPa
400	499.8	362.6	254.8
60	548.8	401.8	284.2
39	607.6	441	313.6

续表5-3

正压所用时间/ms	99%死亡率/kPa	50%死亡率/kPa	1%死亡率/kPa
10	931	676.2	480.2
5	1724.8	1274	901.6
3	4145.4	2979.2	2146.2

Baker等给出了3~5 ms作用时间的冲击波对人体的伤害判定标准，如表5-4所示，同时给出了如图5-6所示的肺脏损伤的存活率曲线。

表5-4　持续时间3~5 ms的空气冲击波对人体的伤害判定标准　　单位：kPa

伤害	鼓膜		肺脏		死亡		
	阈值	50%破裂	阈值	50%损伤	阈值	50%死亡	100%死亡
冲击波超压值	34.5	103.4	206.8~275.8	551.6	689.5~827.4	896.3~1241.1	1379~1723.7

我国在这方面也做了大量工作，通过动物实验研究了人体在不同爆炸当量作用下的冲击伤害，并对伤害程度进行了分级，给出了一些不同级别伤害所对应的超压判定标准。表5-5为根据动物实验获得的我国人员冲击伤害与国外同类伤害判定标准的对比。

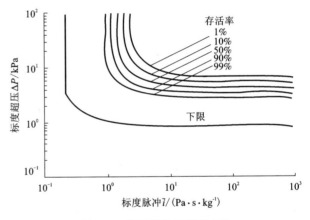

图5-6　肺脏损伤存活率曲线

表5-5　不同超压伤害判定标准　　单位：kPa

数据来源	死亡	重伤	中伤	轻伤
人员伤害	≥127.49	49.05	29.43	13.73
动物实验	≥58.84	39.23~58.84	19.61~39.23	9.81~19.61
爆炸事故	≥127.49	49.04~127.49	27.46~49.04	10.79~27.46
苏联	≥235.37	39.23~98.07		19.61~39.23
美国	≥186.33	53.94	23.54	15.69

表5-6和表5-7还给出了冲击波超压对人体的损伤情况。

表 5-6 超压值与人伤害程度关系表

超压值/kPa	伤害程度	伤害情况
<0.02	安全无伤	安全
0.2~0.3	轻微挫伤	轻微
0.3~0.5	听觉、气管损伤；中等挫伤、骨折	中等
0.5~1.0	内脏受到严重挫伤；可严重造成伤亡	严重
>1.0	大部分人死亡	极严重

表 5-7 作用时间为 3 ms 的超压与人伤亡情况

超压值/kPa	致伤情况	超压值/kPa	致伤情况
0.352	个别人耳膜破裂	7.042	个别人死亡
0.352~1.056	50%的人耳膜破裂	9.155~12.676	50%的人死亡
2.113~3.521	个别人肺损伤	>14.084	全部人死亡
5.644~7.042	50%的人肺损伤	—	—

除受到爆炸冲击波大小的影响外，临爆姿势也是影响人员受伤害程度的重要因素，表 5-8 给出了不同临爆姿势人群对应作用时间与死亡率超压阈值。

表 5-8 不同临爆姿势人群对应作用时间与死亡率超压阈值

时间 t/ms	人体与冲击波方向平行/kPa			人体与冲击波方向垂直/kPa		
	99%死亡	50%死亡	1%死亡	99%死亡	50%死亡	1%死亡
0.2	24132	17237	10342	7584	5515.5	3447
0.4	12066	8653	5240	4000	2965.5	1931
1	4826	3464.5	2103	1931	1413.5	896
2	2757	1982	1207	1103	827.5	552
4	1655	1172	689	758	568.5	379
10	1034	734	434	496	382.5	269
20	862	603.5	345	414	317.5	221
40	724	520	317	400	303.5	207
100	689	489	290	365	279.5	194
200	676	479	283	359	273	193

从以上国内外爆炸对人员伤害的判定准则来看，大致可分为超压准则和涉及超压作用时间的超压冲量准则。但人体致伤器官、作用环境的不同往往导致所适用的伤害判定准则存在

差异,如耳膜由于膜状结构的特点,其破裂在任何环境中均只需考虑作用超压峰值的大小而无须考虑其作用时间,此时采用超压准则较为适宜;而对肺部的伤害,如在露天环境,由于冲击波作用时间短,采用超压准则简便易行且适用性较好,而在地下交通隧道及地铁站这样的有限空间内,同样当量的爆源爆炸,其超压作用时间往往是露天环境的数十倍,此时就要综合考虑超压和作用时间。

2. 结构的毁伤效应

地下钢筋混凝土结构在近距离承受爆炸荷载时,除产生整体弯曲外,还可能产生局部的震塌和破裂。冲击波对建筑物的破坏程度,与冲击波的强度、作用时间以及建筑物的抗破坏能力相关(表5-9)。震塌是结构背面出现部分混凝土块体脱落,并以一定的速度飞出。破裂是局部混凝土碎裂而出现破口。结构的整体破坏是结构的变形或失稳,在爆炸荷载的作用下,整个结构将产生变形,如梁、板、柱弯曲、剪切变形,基础沉陷,等等。当结构中出现过大的变形、裂缝时,会导致整体破坏,甚至造成整个结构的倒塌。一般来讲,跨度小、构件厚的结构,构件局部破坏起决定作用;反之,跨度大、构件薄的结构,整体破坏起控制作用。

表5-9 冲击波超压对建筑物的损坏作用

超压 Δp/MPa	对建筑物的破坏作用	超压 Δp/MPa	对建筑物的破坏作用
0.005~0.006	门、窗玻璃部分破碎	0.06~0.07	木建筑厂房方柱折断、房架松动
0.006~0.015	受压面的门窗玻璃大部分破碎	0.07~0.10	砖墙倒塌
0.015~0.02	窗框损坏	0.10~0.20	防震钢筋混凝土破坏,小房屋倒塌
0.02~0.03	墙裂缝	0.20~0.30	大型钢架结构破坏
0.04~0.05	墙大裂缝,屋瓦掉下		

3. 破片毁伤效应

破片通常是金属壳体在内部高能炸药爆炸作用下发生膨胀、变形、解体乃至破碎而产生的一种杀伤元件(图5-7),其特性参数包括破片参数、破片初速、破片质量分布和空间密度。破片毁伤效应主要是指这种杀伤元件对人员的杀伤作用,以及对其他目标造成机械穿击、引燃或引爆,使目标毁伤的综合效应。破片速度衰减较慢,其杀伤距离要比爆轰产物和冲击波远得多。破片命中目标时的动能的大小是衡量破片杀伤威力的重要尺度之一。

图5-7 爆炸破片及其对人体的毁伤

5.1.5 间接毁伤效应

1. 爆炸毒气

爆炸毒气是炸药爆炸或燃烧后所产生的大量有毒气体，尤其在封闭空间，爆炸时还可能引燃该范围内的可燃物，进一步加剧缺氧，从而使人畜窒息。爆炸反应十分复杂，爆炸产物主要有 CO_2、H_2O、CO、N_2、H_2、C、NO、NO_2、CH_4、C_2H_2、NH_3 等。

有毒气体准则认为当有毒气体浓度达到或超过某个值的时候，才会对人体产生一定的损害，有毒气体的主要成分为 CO 和氮氧化物。如果炸药中含有硫或硫化物，爆炸过程中还会生成 H_2S 和亚硫酸等有毒气体。表 5-10 为 CO 浓度与人体的临床表现间的关系。对于爆炸产生的大部分单纯窒息性气体，如 CO_2、N_2 等，当空气中的氧浓度低于 18% 时，对人体会产生不同程度的伤害；低于 10% 时会致人死亡。

表 5-10 CO 浓度与人体主要临床表现

浓度/($mg \cdot m^{-3}$)	临床表现
5~29	出现眼部刺激及全身症状(头痛、头晕等)
80	轻度头痛
250	剧烈头痛、头晕、四肢无力、恶心、呕吐、轻度意识障碍
400~600	轻至中度昏迷
900~1400	深度昏迷、植物状态，长时间暴露可致死亡
2200	可迅速导致死亡

2. 爆炸地震动

爆炸地震动也称爆炸地冲击或爆破震动，是由于炸药或炸弹爆炸形成介质中的应力波，经自由面和界面的折射和反射形成的地震动。爆破震动与自然地震有相似之处，即二者都是急剧释放能量，并以波动的形式向外传播，从而引起介质的质点振动，产生地震效应。地震动荷载作用于地下建筑结构，当结构的抗力不足时，结构会遭到破坏。

炸药在地下爆炸时，向周围传播的地震波包括两个体波和一个表面波，它们的传播速度都与岩土的弹性系数有关。一个体波称为纵波，纵波的传播速度为

$$c_1 = \sqrt{\frac{(1-\mu)E}{\rho(1+\mu)(1-2\mu)}} \tag{5-2}$$

式中：ρ、E、μ 分别为岩土介质的密度、弹性模量和泊松比。

另一个体波称为横波，横波过后介质质点运动方向与横波传播的方向垂直，岩土介质承受剪切和旋转两种作用，横波的传播速度为

$$c_2 = \sqrt{\frac{E}{2\rho(1+\mu)}} \tag{5-3}$$

表面波是体波在地表面反射产生的，表面波过后介质质点以椭圆轨迹进行运动，岩土介质承受压缩、剪切和旋转三种作用。表面波的重要特点是波幅随着距地表深度的增加而迅速减

小，在地表处表面波达到最大值，表面波的传播速度比横波略小，大约是横波波速的 0.92 倍。

一般情况下，由于地下岩土介质是不均匀的，存在节理、裂缝等不连续面，地震波在这些不连续面上会发生折射和反射现象，使得波系非常复杂。因而在下面的分析研究中，不再区分纵波、横波和表面波，而笼统地讨论地震波的作用。

在地震波的作用之下，岩土介质发生振动，振动的强度随着炸药量的增加而增大，随着与爆点距离的增加而减小。按照爆炸相似率，可以得到岩土介质质点振动的振幅是参数 $\sqrt[3]{\widetilde{w}}/R$ 的函数，即

$$A = f\left(\frac{\sqrt[3]{\widetilde{w}}}{R}\right) \tag{5-4}$$

式中：A 为岩土介质质点振动的振幅；$\widetilde{w}$ 为炸药质量，kg；R 为距爆点的距离。

工程上，通常采用岩土介质质点振动速度作为地震波的依据，其经验公式为

$$v = \frac{B}{\sqrt[3]{0.4+0.6n^3}}\left(\frac{\sqrt[3]{\widetilde{w}}}{R}\right)^{1.5} \tag{5-5}$$

式中：v 为岩土介质质点振动速度；n 为爆破作用指数，其定义为爆破漏斗半径与最小抵抗线的比值；B 为随岩土介质不同而变化的系数。当介质是土质时，取 $B=200$；当介质是岩石时，取 $B=30\sim70$。

随着质点振动速度的增加，岩土破坏程度增大。大量试验结果表明它们之间的关系如表 5-11 所示。

表 5-11　质点振动速度与岩土破坏程度的关系

质点振动速度 /(cm·s⁻¹)	破坏程度	质点振动速度 /(cm·s⁻¹)	破坏程度
0.8~3.2	不受影响	52	大块浮石翻动
10	隧洞顶部有个别低强度矿石破坏	56	地表出现小裂缝
11	出现松石和小块震落	76	花岗岩露头上裂缝宽度约为 3 cm
13	原有裂缝张开或产生新的细裂缝	110	花岗岩露头上裂缝宽 3 cm，地表裂缝 10 cm，表土断裂成块
19	大块岩石滚落	160	岩石崩裂，地形有明显变化
26	边坡出现较小的张开裂缝	234	巷道顶壁及混凝土支座严重破坏

岩土介质振动的时间对其破坏程度影响也很大。质点振动周期随介质性质的不同有很大差别，对于含水的松散土壤，振动周期最大；对于坚硬的岩石，振动周期最小。并且，随着与爆点距离的增加，振动周期不断增大。其表达式为

$$T = K\lg R \tag{5-6}$$

式中：T 为岩土介质振动周期；K 为与介质性质有关的系数，对含水土（流沙、泥炭）取 0.11~0.13，对中等坚硬的冲积土取 0.06~0.09，对岩石取 0.01~0.03。

炸药在地下爆炸,地震波引起的岩土介质质点振动,会导致很大范围建筑物的破坏。通过大量试验分析,建筑物不受破坏的地震安全距离表达为

$$R_c = K_c \alpha \sqrt[3]{\tilde{w}} \tag{5-7}$$

式中:R_c 为爆点至建筑物的距离;$\tilde{w}$ 为炸药药量;α 为依爆破作用不同而定的系数,当爆破作用指数 $n \leqslant 0.5$ 时取 1.2,$n = 1.0$ 时取 1.0,$n = 2.0$ 时取 0.8,$n \geqslant 3.0$ 时取 0.7;K_c 为依建筑物地基特征而确定的系数,其取值见表 5-12。

表 5-12 不同地基条件下的 K_c 取值

地基条件	K_c 值	备注
坚硬致密的岩石	3.0	
坚硬破裂的岩石	5.0	
砾石、破石土壤	7.0	
砂土	8.0	炸药在水中和含水的土壤中爆炸时,系数应增大 0.5~1.0 倍
黏土	9.0	
回填土	15.0	
流沙、泥煤地层	20.0	

在工程爆破实践中,人们通常通过测定离爆破点不同位置的峰值质点振动速度(PPV),并对比《爆破安全规程》上不同建(构)筑物允许的最大振动速度来确定其安全性。

3. 爆炸噪声

爆炸噪声是由于爆炸而产生的一种枯燥、难听、刺耳的声音,它是爆炸冲击波的继续,也是冲击波引起气流急剧变化的结果。当空气冲击波超压降低到 180 dB 时,衰减为声波,其传播范围极广。爆炸噪声虽然持续时间很短,但当噪声峰值在 90 dB 以上时,就会严重影响人们的身体健康,强烈的噪声可以使人死亡。已有的试验表明,当噪声达到 130 dB 时,人耳会产生明显的疼痛感觉;当达到 150 dB 时,人会无法忍受;若达到 180 dB,能引起金属疲软;达到 190 dB 时,可以直接引起人员的伤亡。

5.2 应力波与爆炸冲击波

要了解和掌握地下空间爆炸的危害,必须具有应力波和冲击波的基本知识。当爆炸产生后,在边区会激发冲击波,冲击波遇到地下介质会对其产生冲击形成应力波。

5.2.1 波的定义及形成条件

某一物理量的扰动或振动在空间逐点传递时形成的运动称为波。波是自然界的一种现象,它与扰动分不开,波是扰动的传播过程,扰动是波产生的根源。波总是受到扰动源的激发才产生,通过周围介质进行传播,它携带着扰动源的信息,又包含着介质本身的特征。

波动是物质运动的重要形式,广泛存在于自然界,如空气中的声波、水中的涟漪、大地上的地震波等(图5-8)。被传递的物理量扰动或振动有多种形式,机械振动的传递构成机械波,电磁场振动的传递构成电磁波(包括光波),温度变化的传递构成温度波,晶体点阵振动的传递构成点阵波,自旋磁矩的扰动在铁磁体内传播时形成自旋波,实际上任何一个宏观的或微观的物理量受扰动在空间传递时都可形成波。其中,最常见的波是机械波,它是构成介质的质点的机械运动(引起位移、密度、压强等物理量的变化)在空间的传播过程。

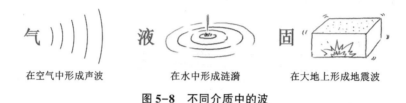

气　　　　　　　　液　　　　　　　　固

在空气中形成声波　　　　　在水中形成涟漪　　　　在大地上形成地震波

图5-8　不同介质中的波

在介质中波的传播是一种能量传递的过程,波的特征之一就是将扰动的能量从介质的一点传播到介质的另一点。在此过程中也存在能量损耗,对于弱扰动波来说,其能量损耗比较缓慢,可以作为等熵处理;对于强扰动波来说,其能量损耗大,不能再作为等熵处理。因此,波的传播过程是一种瞬态运动,随着距离的进展而不断衰减,随着时间的进展而迅速消失。波同时也是变形的传递过程,任何能量的传递都会伴随介质的变形,变形可以用质点速度或应变状态表示,扰动过后介质质点速度和介质应变状态必然会发生变化。

波的传播速度是扰动扩展的速度,它不同于介质质点运动的速度。波的传播速度不仅取决于介质的属性和状态,还取决于扰动的强度。波的传播速度比介质质点速度大得多,弱扰动波的传播速度是介质声速,强扰动波的传播速度比介质声速大,并且随着扰动的增强,波的传播速度加大。

5.2.2　应力波基本概念及分类

应力波是应力和应变扰动的传播形式。在可变形固体介质中机械扰动表现为质点速度的变化和相应的应力、应变状态的变化。应力、应变状态的变化以波的方式传播,称为应力波。无论颗粒有多么紧密,只要有足够大的外力,都是可以压缩变形的,波的传播就依赖这些颗粒(介质)的变形,当外力压缩这些颗粒时,波就形成了。因此,应力波形成的基本条件是介质的可变形性和惯性,刚体中不能形成波动。枪械射击、汽车碰撞、炸弹爆炸都是典型的冲击动力学问题,这些都会产生应力波。

通常将扰动区域与未扰动区域的界面称为波阵面;任意两个相邻的同相振动的质点之间的距离(包含一个"完整的波")称为波长;波阵面的传播速度称为波速;波阵面前后的质点的状态参量存在一个有限的差值,此波阵面称为强间断波阵面;波阵面前后的质点的状态参量差值无限小,则为弱间断波阵面。应力波可分别按照传播途径、波阵面形状、传播介质变形性质等进行分类。

1.按照传播途径分类

(1)体波:主要指在固体介质内部传播的应力波,体波又可分为纵波(P波)和横波(S波)。其中,传播方向与质点的振动方向一致的波被称作纵波,如图5-9。实质上,纵波的传播是由于介质中各体元发生压缩或拉伸变形，并产生使体元恢复原状的纵向弹性力而实现的。纵波的一般特点：周期短、振幅小、波速快，破坏性较弱。

图 5-9　纵波示意图

横波是一种剪切波，产生剪切变形。其传播方向与质点振动方向相互垂直，如图 5-10。横波的一般特点：周期长、振幅比纵波大、破坏性较强。

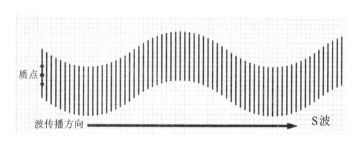

图 5-10　横波示意图

（2）面波：在地层表面或介质体表面传播的地震波称为面波，通常被认为是体波在地表衍生而成的次生波，包括瑞利波（R 波）和勒夫波（L 波）。如图 5-11，瑞利波是在固体表面附近行进的一种表面波，瑞利波的质点运动轨迹为逆行椭圆，其长轴垂直于表面，因此瑞利波包括纵向和横向运动，在与该平面垂直的水平方向没有振动，随着距表面距离的增加，幅度呈指数减小。

如图 5-12，勒夫波中质点仅在与传播方向相垂直的水平方向运动，在地面上呈蛇形运动形式。勒夫波的特点是振幅大、周期长，在地面传播时衰减慢、携带能量大、影响范围广，是造成建筑物发生强烈振动和破坏的主要原因。

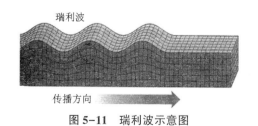

图 5-11　瑞利波示意图

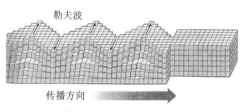

图 5-12　勒夫波示意图

在爆破过程中，体波是导致岩石产生破裂的主要因素，而面波则是引起爆破地震效应的主要因素。体波分为 P 波和 S 波，而 S 波又可以分为 SH 波和 SV 波。其中，质点振动发生在与波的传播面相垂直的面内的波为 SV 波，质点振动发生在与波的传播面相平行的面内的波为 SH 波，如图 5-13。

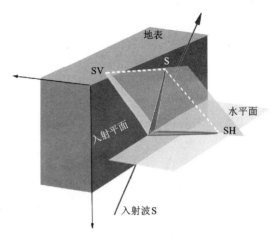

图 5-13 S 波分解成 SV 和 SH 波

2. 按照波阵面形状分类

(1) 球面波：如图 5-14(a)，指波阵面为同心球面的波，如球状药包爆炸产生的应力波。

(2) 柱面波：如图 5-14(b)，指波阵面为同轴柱面的波，如同时引炸的线性药包爆炸产生的应力波。

(3) 平面波：如图 5-14(c)，波面是平面，但实际中并不存在平面波，只是在进行一些远场问题分析时可以将离波振源很远的位置的球面波视为平面波，如当距爆炸点很远时，可简化为平面波。

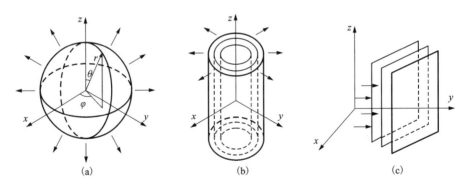

图 5-14 按波阵面形状分类的应力波

3. 按照传播介质变形性质分类

(1) 弹性波：扰动或外力作用引起的应力和应变在弹性介质中传播的波，服从胡克定律。

(2) 黏弹性波：在非线性弹性体中传播的波，这种波除弹性变形产生的弹性应力外，还产生黏滞应力。

(3) 塑性波：应力超过弹性极限的波，塑性波传播速度比弹性波小很多。

(4) 冲击波：介质的变形性质能使大扰动的传播速度远远大于小扰动的传播速度，在介质中就会形成波头陡峭的、以超声波传播的冲击波。

5.2.3　应力波的反射和折射

1. 纵波和横波在交界面处的反射和折射

在实际问题中，一种介质总是通过其边界和周围介质衔接着。波在介质性质发生间断的交界面将会产生复杂的反射和折射。在此过程中，一般还会产生与原入射波类型不同的波，如当纵波入射到两种介质的交界面时，不仅有反射和折射的纵波，同时还将产生横波，而且在一定的条件下，在交界面附近还会产生交界面波。这里只讨论二维的波动问题，即假定一平面简谐波在交界面的反射和折射。利用这种简单情况下所得到的波在交界面传播的有关信息，对于处理更为一般的波也是极为有用的。

1) 纵波在自由表面的反射

如图 5-15 所示，设定 $x \geq 0$ 的半空间充满了弹性介质，在 $x < 0$ 的一侧是真空的，不存在波的传播机制，即自由边界为 $x = 0$ 的平面。设定纵波为一平面简谐波 A_1，其传播方向在 xy 平面内，并与 x 轴成 α_1 角度，其位移用 φ_1 表示，则 φ_1 可设定为

$$\varphi_1 = A_1 \sin\left(\omega t + \frac{\omega}{c_1}x'\right) \tag{5-8}$$

又 $x' = \dfrac{x}{\cos\alpha_1} = x\cos\alpha_1 + y\sin\alpha_1$，故有

$$\varphi_1 = A_1 \sin(\omega t + f_1 x + g_1 y) \tag{5-9}$$

式中：$f_1 = \dfrac{\omega\cos\alpha_1}{c_1}$，$g_1 = \dfrac{\omega\sin\alpha_1}{c_1}$，$\omega$ 为常数。

可以得出，纵波反射后，不但有纵波，而且会产生横波，且必须有下述等式成立：

$$\begin{cases} \dfrac{\sin\alpha_1}{c_1} = \dfrac{\sin\alpha_2}{c_1} = \dfrac{\sin\beta_2}{c_2} \\ (A_1 - A_2)\sin 2\alpha_1 - DA_3\cos 2\beta_2 = 0 \\ (A_1 + A_2)D\cos 2\beta_2 - A_3\sin 2\beta_2 = 0 \end{cases} \tag{5-10}$$

式中：$D = c_1/c_2$。

根据式 (5-10)，一旦确定了材料的泊松比 μ，即可获得反射波振幅随入射角变化的关系曲线，如图 5-16 所示。因任何形式的波都可看成是不同频率的简谐波的叠加，因此，式 (5-10) 对于任意形式的纵波都是成立的。垂直入射时，$\alpha_1 = 0$，由此可得 $A_3 = 0$，$A_2 = -A_1$，因此，纵波垂直入射时，不会产生横波，且反射的纵波与入射波振幅相等，其位相改变 π。

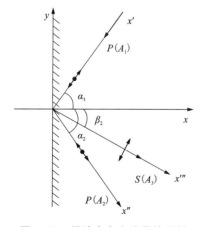

图 5-15 纵波在自由边界的反射

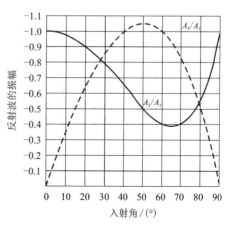

图 5-16 $\mu = 0.33$ 时不同入射角下反射波振幅的变化

2)横波在自由表面的反射

对于 SV 波,由于该类波所对应的位移 $u=0$, $v=0$,即在 x, y 方向均无运动,根据边界条件

$$\sigma_{xx}\big|_{x=0} = \tau_{yx}\big|_{x=0} = \tau_{xz}\big|_{x=0} = 0 \tag{5-11}$$

可以得到,反射波仍为 SV 波,反射波振幅 B_2 与入射波振幅 B_1 相等,但位相相反,入射角 β_1 等于反射角 β_2,如图 5-17(a)所示。

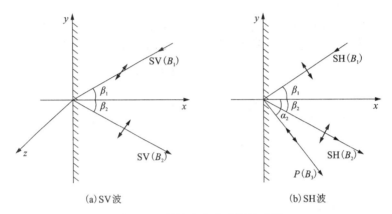

(a)SV 波   (b)SH 波

图 5-17　横波在自由边界的反射

对于 SH 波,如图 5-17(b)所示,根据边界条件

$$\sigma_{xx}\big|_{x=0} = \tau_{xy}\big|_{x=0} = 0 \tag{5-12}$$

类似纵波的处理方法,可得

$$\begin{cases} \dfrac{\sin\beta_1}{c_2} = \dfrac{\sin\beta_2}{c_2} = \dfrac{\sin\alpha_2}{c_1} \\ (B_1 + B_2)\sin 2\beta_1 - DB_3\cos 2\beta_1 = 0 \\ (B_1 - B_2)D\cos 2\beta_1 - B_3\sin 2\alpha_2 = 0 \end{cases} \tag{5-13}$$

垂直入射时,$\beta_1 = 0$,根据上式可得 $B_3 = 0$,亦即没有反射的纵波。

3)纵、横波在自由边界反射后的应力值

由于各应力波应力与其质点速度遵循线性关系,且各个波的质点速度的比值与振幅的比值是相等的,因此,根据边界条件,同样可得用应力表示的弹性波在自由边界反射所服从的关系式。据式(5-10),入射纵波应力 σ_I 与反射纵波应力 σ_R 和反射横波应力 τ_R 有下列关系:

$$\begin{cases} (\sigma_I - \sigma_R)\sin 2\alpha - D^2\tau_R\cos 2\beta_2 = 0 \\ (\sigma_I + \sigma_R)\cos 2\beta_2 - \tau_R\sin 2\beta_2 = 0 \end{cases} \tag{5-14}$$

由此可得

$$\begin{cases} \sigma_R = R\sigma_I \\ \tau_R = (R+1)\cot(2\beta_2)\sigma_I \\ R = \dfrac{\tan^2\beta_2\tan^2 2\beta_2 - \tan\alpha}{\tan^2\beta_2\tan^2 2\beta_2 + \tan\alpha} \end{cases} \tag{5-15}$$

图 5-18 给出了各种泊松比 μ、反射系数 R 与入射角 α 的关系曲线。对于垂直入射，$\alpha = 0$，此时 $R = -1$，这表明，反射后，不产生剪切波，反射波与入射波大小相等、符号相反，即一个压缩波将反射成为拉伸波，而一个拉伸波则反射后成为压缩波。由于自由面无约束，自由面的一侧将获得两倍于相互作用的波的质点速度。一般而论，波的延续时间是有限的，当它反射时，反射波的波头与入射波的波尾叠加，最后作为一完全的波出现并向着与入射波相反的方向运动，如图 5-19 所示。

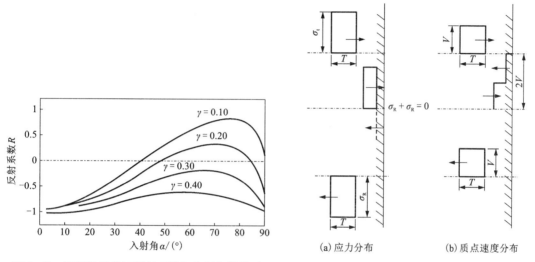

图 5-18　不同泊松比下反射系数与入射角的关系　　图 5-19　一个方形瞬间脉冲在自由边界垂直反射的情形

(a) 应力分布　　(b) 质点速度分布

一个横波倾斜地冲击时，如前所述，可能有两种情形：对于 SV 波，不形成纵波；但对于 SH 波，即质点运动发生在入射平面内，则会产生纵波，而且，当入射角较大时，还会产生全反射（$\alpha_2 = 90°$）。开始全反射的临界入射角为

$$\beta_c = \arcsin(c_2/c_1) \tag{5-16}$$

对于一般的材料，β_c 约为 30°。对于入射角为 β_1、强度为 τ_1 的 SH 波，反射后的横波和纵波强度 τ_R、σ_R 分别为

$$\begin{cases} \tau_R = -R\tau_1 \\ \sigma_R = (1 - R)\tan 2\beta_1 \cdot \tau_1 \end{cases} \tag{5-17}$$

图 5-20 给出了 $\gamma = 0.25$ 时，R 作为 β_1 的函数的曲线，在 $0 < \beta_1 < 35°$ 的极限区间将不会发生全反射。

2. 波在两种介质界面上的反射和折射

当任何一种弹性波到达没有相对滑动的边界时，就会产生 4 种波，其中 2 种波折射到第二种介质中去，另外 2 种波反射回原介质。根据分

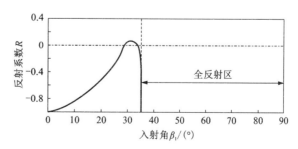

图 5-20　一个剪切波在自由面上倾斜反射时的
反射系数 R 随入射角 β_1 的变化关系

界面上质点位移连续和应力连续的条件可以分别得到纵、横波入射时所遵循的关系。

当纵波入射时，如图 5-21 所示，有

$$
\begin{cases}
\dfrac{\sin \alpha_1}{c_1} = \dfrac{\sin \alpha_2}{c_1} = \dfrac{\sin \alpha_3}{c_1'} = \dfrac{\sin \beta_2}{c_2} = \dfrac{\sin \beta_3}{c_2'} \\
(A_1 - A_2)\cos \alpha_1 + A_3 \sin \beta_2 - A_4 \cos \alpha_3 - A_5 \sin \beta_3 = 0 \\
(A_1 + A_2)\sin \alpha_1 + A_3 \cos \beta_2 - A_4 \sin \alpha_3 + A_5 \cos \beta_3 = 0 \\
(A_1 + A_2)c_1 \cos 2\beta_2 - A_3 c_2 \sin 2\beta_2 - A_4 c_1' \left(\dfrac{\rho_b}{\rho_a}\right)\cos 2\beta_3 - A_5 c_2' \left(\dfrac{\rho_b}{\rho_a}\right)\sin 2\beta_3 = 0 \\
\rho_a c_2^2 \left[(A_1 - A_2)\sin 2\alpha_1 - A_3 \left(\dfrac{c_1}{c_2}\right)\cos 2\beta_2 \right] - \rho_b c_2'^2 \left[A_4 \left(\dfrac{c_1}{c_1'}\right)\sin 2\alpha_3 - A_5 \left(\dfrac{c_1}{c_2'}\right)\cos 2\beta_3 \right] = 0
\end{cases}
$$

$$(5-18)$$

垂直入射时，即 $\alpha_1 = 0$，由上述方程可得 $A_3 = A_5 = 0$，$\alpha_2 = \alpha_3 = 0$，故垂直入射时不产生剪切波，此时反射纵波和折射的纵波振幅 A_2，A_4 分别为

$$
\begin{cases}
A_2 = A_1 \dfrac{\rho_b c_1' - \rho_a c_1}{\rho_b c_1' + \rho_a c_1} \\
A_4 = A_1 \dfrac{2\rho_b c_1'}{\rho_b c_1' + \rho_a c_1}
\end{cases}
\qquad (5-19)
$$

同理，若用应力表示，则有

$$
\begin{cases}
\sigma_R = \dfrac{\rho_b c_1' - \rho_a c_1}{\rho_b c_1' + \rho_a c_1} \cdot \sigma_I = \lambda_{a \supset b} \sigma_I \\
\sigma_T = \dfrac{2\rho_b c_1'}{\rho_b c_1' + \rho_a c_1} \cdot \sigma_I = (1 + \lambda_{a \supset b})\sigma_I
\end{cases}
$$

$$(5-20)$$

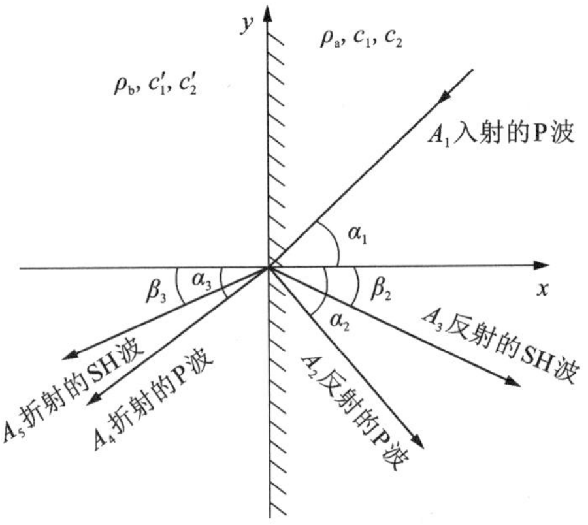

图 5-21　纵波倾斜入射的情形

式中：$\lambda_{a \supset b} = \dfrac{\rho_b c_1' - \rho_a c_1}{\rho_b c_1' + \rho_a c_1}$，称为波从 a 介质进入 b 介质的反射率。

上式亦可直接通过边界条件获得，即边界两侧的应力在相互作用时的每一瞬间都必须相等，边界两侧正交质点速度必须相等。用表达式表示则为

$$
\begin{cases}
\sigma_I(x, t) + \sigma_R(x, t) = \sigma_T(x, t) \\
V_I(x, t) + V_R(x, t) = V_T(x, t)
\end{cases}
\qquad (5-21)
$$

注意到 $\sigma = \rho c V$，则可由上式推出式(5-20)。

从式(5-20)可得出如下结论：当介质的特征波阻抗 $\rho_a c_1$ 与 $\rho_b c_1'$ 相等时，$\sigma_R / \sigma_I = 0$，即不产生反射波，此时，入射波以它的全部强度折射进入第二种介质，正如边界两侧材料完全相同一样；当 $\rho_a c_1 < \rho_b c_1'$ 时，则 σ_R / σ_I 为正，这表明若 σ_I 原来为压缩波，则反射波亦为压缩波；当 $\rho_a c_1 > \rho_b c_1'$ 时，则压缩波将反射成拉伸波或与此相反，当然这必须在接缝即交界处能承受拉伸的前提之下；折射应力将总是与入射应力同号，即压缩造成压缩，拉伸造成拉伸；如果交界处不能承受拉伸，则一个拉伸应力将在边界反射而成压缩应力，第二种介质的作用就好像

全然不在那里一样；当 $\rho_b c_1'$ 为零时，即相当于自由面条件，此时 $\sigma_R = -\sigma_1$，即一个压缩波将以它的全部应力水平反射成拉伸波，反之亦是如此；当第二种介质完全是一种刚体时，$\rho_b c_1' \to \infty$，刚体所承受的应力将为入射应力的两倍，反射应力等于入射应力。垂直入射时，折射应力随波阻抗比变化的关系如图 5-22 所示。图 5-23 给出了垂直入射的锯齿形波冲击两种不同材料的交界面时的反射和折射。

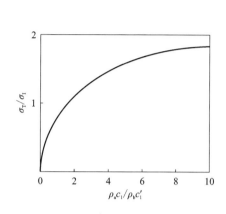

图 5-22　垂直入射时，折射应力
　　　　 随波阻抗比变化的关系

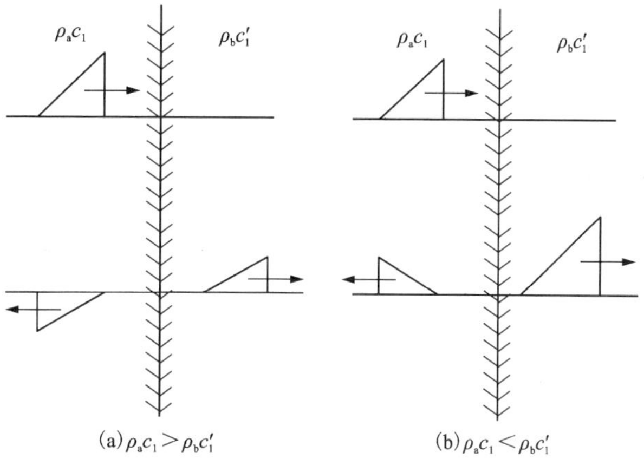

图 5-23　垂直入射的锯齿形波在材料交界面处的折、反射

当 SV 波入射时，如图 5-24(a) 所示，此时，在交界面处不产生纵波，各波的关系为

$$
\begin{cases}
\dfrac{\sin \beta_1}{c_2} = \dfrac{\sin \beta_2}{c_2} = \dfrac{\sin \beta_3}{c_2'} \\[2mm]
B_1 + B_2 - B_3 = 0 \\[2mm]
\rho_a \sin 2\beta_1 (B_1 - B_2) - B_3 \rho_b \sin 2\beta_3 = 0
\end{cases}
\tag{5-22}
$$

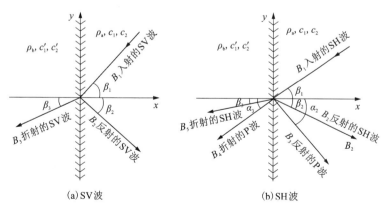

图 5-24　横波倾斜入射时的情形

当 SH 波入射时，如图 5-24(b) 所示，此时有

$$\begin{cases} \dfrac{\sin \beta_1}{c_2} = \dfrac{\sin \beta_2}{c_2} = \dfrac{\sin \alpha_2}{c_1} = \dfrac{\sin \alpha_3}{c_1'} = \dfrac{\sin \beta_3}{c_2'} \\ (B_1 - B_2)\sin \beta_1 + B_3\cos \alpha_2 + B_4\cos \alpha_3 - B_5\sin \beta_3 = 0 \\ (B_1 + B_2)\cos \beta_1 + B_3\sin \alpha_2 - B_4\sin \alpha_3 - B_5\cos \beta_3 = 0 \\ (B_1 + B_2)c_2\sin 2\beta_1 - B_3 c_1\cos 2\beta_1 + B_4 c_1'\left(\dfrac{\rho_b}{\rho_a}\right)\cos 2\beta_3 - B_5 c_2'\left(\dfrac{\rho_b}{\rho_a}\right)\sin 2\beta_3 = 0 \\ \rho_a c_2\left[(B_1 - B_2)\cos 2\beta_1 - B_3\left(\dfrac{c_2}{c_1}\right)\sin 2\alpha_2\right] - \rho_b c_2'\left[\left(\dfrac{c_2'}{c_1'}\right)B_4\sin 2\alpha_3 + B_5\cos 2\beta_3\right] = 0 \end{cases}$$

$$(5-23)$$

垂直入射时,$\beta_1 = 0$,$B_3 = B_4 = 0$,反射和折射的剪切波振幅由下列方程控制:

$$\begin{cases} B_1 + B_2 = B_5 \\ B_1 - B_2 = \dfrac{\rho_b c_2'}{\rho_a c_2}B_5 \end{cases}$$

$$(5-24)$$

当两块材料之间的边界毫无阻力且可以自由滑动时,应力只能以垂直于边界的方向传递,同时,不能承受拉伸应力,倾斜入射的拉伸波将如同在自由边界上反射一样。对于一个倾斜入射的压缩波,必须满足的边界条件为:交界面两侧的法向位移和正应力连续,以及在交界面两侧无剪切应力。一般而言,在入射波与边界之间的相互作用过程中也还会产生 4 种波。当松散边界两侧的材料都相同时,应用这些边界条件可以获得各波的振幅之间的关系,即

$$\begin{cases} \dfrac{A_2}{A_1} = \dfrac{\sin 2\alpha\sin 2\beta}{D^2\cos^2 2\beta + \sin 2\alpha\sin 2\beta} \\ \dfrac{A_3}{A_1} = \dfrac{A_5}{A_1} = \dfrac{D\cos 2\beta\sin 2\alpha}{D^2\cos^2 2\beta + \sin 2\alpha\sin 2\beta} \\ \dfrac{A_4}{A_1} = \dfrac{D^2\cos^2 2\beta}{D^2\cos^2 2\beta + \sin 2\alpha\sin 2\beta} \end{cases}$$

$$(5-25)$$

式中:A_1、A_2、A_3、A_4、A_5 分别为入射的压缩纵波、反射纵波、反射剪切波、折射纵波、折射剪切波的振幅。

由岩体中断层式节理裂隙对于应力波传播的影响,断层面可以看成是有一定摩擦阻力的交界面,应力波斜入射时,可能导致结构面的滑移和能量的消耗,这时波的折射、反射关系需要通过引入滑移边界的应力条件求得。

5.2.4 不同介质中爆炸冲击波的特性

冲击波(shock wave)是一种强烈的压缩波,其波阵面前后介质的压强、温度、密度等物理参数是一种有限量的突跃变化。这种突跃是由于后面的扰动追赶前面的扰动,并在波头上堆积起来,形成间断面。几乎所有的爆炸情况都伴有冲击波,冲击波总是在物质膨胀速度变得大于局域声速时发生。例如,炸药爆炸时,爆炸中心压力急剧增高,高压、高密度的爆炸气体产物高速向外膨胀,冲击压缩周围介质,从而在其中形成冲击波的传播,如图 5-25。冲击波也可以指由超音速运动产生的强烈压缩气流,如飞行器做超声速飞行时,由于飞行速度大

于声速，周围传来的稀疏波尚未来得及将前面形成的压缩层稀疏掉，飞行器又进一步地向前冲击压缩，因而使飞行器前面发生能量聚集，即造成压缩波的叠加，从而形成冲击波的传播，如图 5-26。爆炸和冲击都是能量非常集中，并且瞬间进行急骤能量转化的现象。这种剧烈的能量转化，在周围介质中将引起强烈的作用，以致造成被作用物体的严重变形和破坏。

图 5-25　爆炸冲击波

图 5-26　战斗机高速飞行时产生的冲击波

爆炸冲击波根据介质的不同有不同的形式，通常分为空气中爆炸、水中爆炸和岩土中爆炸等，它们将爆炸的能量转化成不同的形式对目标进行作用。

炸药在空气中爆炸后，瞬间形成一团高温、高压的气体产物，其压力比周围空气压力高得多，必将迅速向外膨胀，迅速膨胀的高压气体产物如同一个巨大的活塞一样，以超声速的速度剧烈地冲击压缩着周围原来静止的空气，使其压力、密度突跃升高，形成很强的冲击波。冲击波是炸药在空气中爆炸时对周围物体破坏的主要形式，并且在很大范围内对建筑物和人员都有损伤作用。

炸药在水中爆炸后，在炸药本身体积范围内形成高温、高压的气体产物，其压力远远超过周围水介质中的静压力，从而必将迅速向周围膨胀，产生水中冲击波，并且引起气泡的脉动。水中冲击波对舰艇和水中人员有极大的损伤作用，水中冲击波损伤极限距离比空气中冲击波损伤极限距离大 4 倍以上。

放置在岩土中的炸药爆炸，被称为爆破，炸药进行剧烈的化学反应后立即产生数百倍体积的高温、高压气体产物，并以冲击波的形式作用于包围炸药的周围岩土上，使岩土产生变形和运动，以至破坏原来的结构状态。若炸药在无限岩土介质中爆炸，则在与炸药直接接触的区域，结构完全破坏，在体积为装药体积几倍至几十倍的范围内形成空洞，在空洞周围依次为强烈压缩区、抛掷区、松动区和振动区 [图 5-27(a)]，同时向周围传出应力波。若炸药在有限深度岩土介质中爆炸，由于地面临空成为薄弱环节，这时在爆炸作用下所产生的岩土碎块将朝这个方向大量运动，同时不断向四周扩展，最终形成倒立圆锥形的爆破漏斗坑 [图 5-27(b)]。

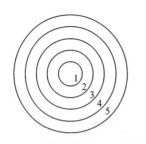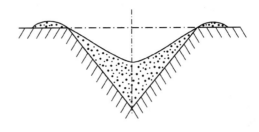

1—空洞；2—强烈压缩区；3—抛掷区；
4—松动区；5—振动区。

(a) 岩土中爆破作用区　　　　　　(b) 爆破漏斗坑

图 5-27　炸药在岩土中的爆破作用

5.2.5　爆炸冲击波超压计算

爆炸对结构产生破坏作用，其破坏程度与爆炸的性质和爆炸物质的数量有关。爆炸物质数量越多，积聚和释放的能量越多，破坏作用也越剧烈。爆炸发生的环境或位置不同，其破坏作用也不同，在封闭的房间、密闭的管道内发生的爆炸，其破坏作用比在结构外部发生的爆炸要严重得多。当冲击波作用在建筑物上时，会引起压力、密度、温度和质点迅速变化，而其变化是结构物几何形状、大小和所处方位的函数。

1. 空气冲击波

凝聚相炸药爆炸时在装药容积范围内瞬间形成高压、高温的气态爆轰物质并释放能量，迅速膨胀扩张并压缩周围空气，形成超音速运动的球状空气冲击波，空气冲击波以压缩稀疏区的形式传播，在其波阵面上介质的压力、温度、密度和质点速度均产生突变。爆轰产物膨胀为冲击波提供能量，推动冲击波向前传播，当产物膨胀至极限范围时其内部压力降至大气压力，停止膨胀，冲击波脱离爆轰产物向前运动。对一般固体炸药这一范围在 15~20 倍的装药半径。随着传播距离逐渐增大，波的强度减弱，波阵面速度减小，在离爆心较远的距离处逐渐衰减为声波。冲击波传播过程中的压力变化如图 5-28(a)所示。

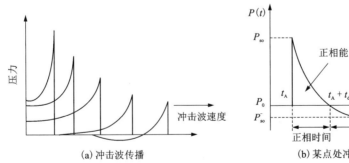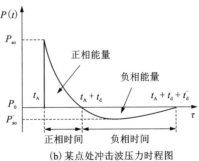

(a) 冲击波传播　　　　　　(b) 某点处冲击波压力时程图

图 5-28　空气冲击波压力示意图

图 5-28(b)中压缩相特征参数 P_{so} 和 t_d 为波阵面上正相压力及作用时间，稀疏相特征参数 P_{so}^- 和 t_d^- 为负相压力及作用时间，P_0 为初始压力，t_A 为波到达时间，而决定冲击波对结构

作用的主要荷载参数为压缩相参数和波的比冲量 $i = \int_0^{t_d} (P_{so} - P_0) dt$。某些时候，在装药附近，冲击波阵面后方动压比冲量 $j = \int_0^{\tau_u} \rho u^2 dt$ 起主要作用，式中 τ_u 为速度的正相持续时间，ρ 和 u 分别为波阵面后方气体密度和速度。当前众多学者已根据几何相似律和爆炸相似律并基于大量实验数据得到了一系列计算这些参数的经验公式，下面列出代表性的经验公式。

一般空气冲击波对建筑结构的作用均发生在远区，在爆炸远区冲击波脱离爆轰产物，当 $1 < r/\sqrt[3]{Q} < 10$ 或 $0.01 \text{ MPa} < \Delta P_\varphi < 1 \text{ MPa}$ 时，某点处空气冲击波压力参数按下式计算：

$$\Delta P(t) = \Delta P_\varphi f(t), \quad \rho u^2 = \rho_\varphi u_\varphi^2 g(t) \tag{5-26}$$

$$\Delta P_\varphi = 0.085 \sqrt{\overline{R}} + 0.3 \sqrt{\overline{R}^2} + 0.8 \sqrt{\overline{R}^3} \tag{5-27}$$

$$f(t) = (1 - t') e^{-at'}, \quad g(t) = (1 - t') e^{-bt'} \tag{5-28}$$

$$i = 200 \frac{\sqrt[3]{Q^2}}{r}, \quad j = 300 \sqrt[3]{Q} \left(\frac{\sqrt[3]{Q}}{r} \right)^{2.5} \tag{5-29}$$

$$\overline{R} = \frac{r}{\sqrt[3]{Q}}, \quad t' = \frac{t - t_0}{\tau_+}, \quad \tau_+ = 1.2 \times 10^{-3} \sqrt[6]{Q} \sqrt{r} \tag{5-30}$$

式中：ΔP_φ 为入射冲击波阵面上最大超压，MPa；ρ_φ 为冲击波阵面处气体密度，kg/m^3；u_φ 为冲击波阵面处粒子速度，m/s；r 为与爆心的距离，m；Q 为装药量，kg；t_0 为波阵面传至内表面某点处的时间，s；τ_+ 为压力正相作用时间，s。a 和 b 为衰减系数，可按下式确定：

$$i = \int_0^{\tau_+} \Delta P(t) dt = \frac{\Delta P_\varphi \tau_+}{a} \left(1 - \frac{e^{-a}}{a} \right) \tag{5-31}$$

$$j = \int_0^{\tau_+} \rho u^2 dt = \rho_\varphi u_\varphi^2 \frac{\tau_+}{b} \left[1 - \frac{2}{b} \left(1 - \frac{1 - e^{-b}}{b} \right) \right] \tag{5-32}$$

在实际计算中为了简化计算，也可将式（5-28）中 $f(t)$ 采取如下形式：

$$f(t) = (1 - t')^n, \quad n = 1 + \Delta P_\varphi^{\frac{2}{3}} \tag{5-33}$$

进一步可简化为线性函数：

$$f(t) = \left(1 - \frac{t}{\tau_\varphi} \right) \tag{5-34}$$

$$\tau_\varphi = \begin{cases} (0.85 - 0.2\Delta P'_\varphi)\tau_+ & (\Delta P'_\varphi \leqslant 1) \\ (0.72 - 0.08\Delta P'_\varphi)\tau_+ & (1 < \Delta P'_\varphi \leqslant 3) \end{cases}, \quad \Delta P'_\varphi = \frac{\Delta P_\varphi}{p_0} \tag{5-35}$$

式中：p_0 为初始压力，MPa；τ_φ 为等冲量时的正相有效作用时间，s，也可按与式（5-33）冲量相等原则按 $\tau_\varphi = \frac{2}{n+1}\tau_+$ 确定。

装药近区炸药密度对冲击波阵面参数影响较大，超压随着炸药密度的减小而降低，当 $\frac{t}{\sqrt[3]{Q}} < 5 \times 10^{-5} \text{ s}/\sqrt[3]{\text{kg}}$ 时，近区冲击波超压可按下式计算：

$$\Delta P(t) = \Delta P_\varphi e^{-\frac{t}{\theta}}, \quad \theta = 10^{-6} \left(\frac{r}{r_0} \right)^{1.6} \tag{5-36}$$

式中：ΔP_φ 为最大超压，MPa；r 为与爆心的距离，m；r_0 为装药半径，m。

2. 空气冲击波反射

空气冲击波遇到障碍物时会发生反射，并与入射波相遇形成反射波开始传播，由于波阵面后方气流的制动作用会形成附加压力，所以反射时障碍物上的压力一般会增加 2 倍以上。下式为刚性表面上反射超压 ΔP_r 的计算公式，式中右边第一项为两个相互作用波的超压之和，第二项则表示由速度流制动引发的附加压力。

$$\Delta P_r = 2\Delta P_\varphi + \frac{k+1}{2}\rho_\varphi u_\varphi^2 \cos^2\varphi \tag{5-37}$$

式中：k 为空气绝热指数；φ 为冲击波入射角。

反射超压的正压作用时间与入射超压相同，其变化规律可按下式计算：

$$f(t) = (1 - t')^{n'}, \quad n' = \frac{\Delta P_r(n+1)}{2\Delta P_\varphi} - 1 \tag{5-38}$$

简化为线性荷载时，根据冲量相等原则按 $\tau_\varphi = 2\tau_+ / (n'+1)$ 计算。

空中爆炸冲击波到达地面后发生反射，在离爆心一定距离处入射波与反射波波阵面相互叠加，并在远区形成沿地面扩展、具有垂直波峰的马赫波。本身以超音速运动的扰动源发出的振动波即为马赫波。图 5-29 给出了空中爆炸冲击波反射示意图，图中 C 为爆心，H 为爆心高度，α_0 为冲击波入射角，T 为马赫波高度。

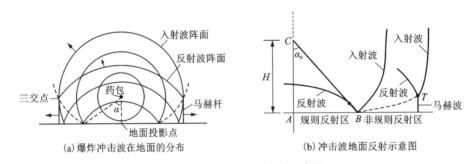

(a) 爆炸冲击波在地面的分布　　　　(b) 冲击波地面反射示意图

图 5-29　空中爆炸冲击波示意图

图 5-30 给出了反射冲击波压力计算图，反射波大小取决于入射波超压 ΔP_φ 和入射角 φ。根据图 5-30 提出的简化方法，即取 $\varphi_{cr} = 40°$，规则反射区（$\varphi \le 40°$）反射系数 $K_t^0 = \Delta P_r / \Delta P_\varphi$，法向反射超压按 $\Delta P_r = 2\Delta P_\varphi \dfrac{0.71 + 4\Delta P_\varphi}{0.71 + \Delta P_\varphi}$ 计算；在非规则反射区（$\varphi > 40°$）中，反射系数 K_r^a 按线性规律变化由下式简化确定：

$$\Delta P_r = \Delta P_\varphi \left[1 + \frac{\cos\varphi}{B} + \frac{(k+1)\Delta P_\varphi}{(k-1)\Delta P_\varphi + 2kp_0}(\cos\varphi)^2 \right] \tag{5-39}$$

$$B = \begin{cases} \cos\varphi, & \varphi \le \varphi_{cr} \\ \cos\varphi_{cr}, & \varphi > \varphi_{cr} \end{cases}, \quad \cos\varphi_{cr} = \sqrt{\frac{k+1}{4}}\sqrt[3]{1 - \exp(-2.3\Delta P_\varphi')} \tag{5-40}$$

式中：φ 为空气冲击波入射角；φ_{cr} 为规则反射区与非规则反射区之间的临界角，其最小值可按 $\cos\varphi_{cr,\min} = \sqrt{(k+1)/4}$ 确定，当取 $k = 1.4$ 时，$\varphi_{cr,\min} \approx 40°$。

3. 建筑内部爆炸冲击波超压计算

结构内部炸药爆炸多用于战争中精确制导武器或钻地弹对指挥所、掩蔽部、核反应堆安全壳等重要军事和经济目标的打击，以及恐怖分子对空间较为封闭、人员流动频繁、车辆密

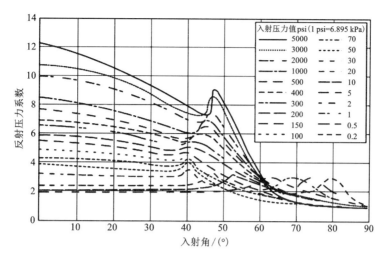

图 5-30　冲击波反射压力系数随入射角变化曲线

集度大的交通隧道一类的重要建筑的袭击,此类爆炸往往以战争威慑和政治意图为目的,一经发生必将造成严重破坏及大量人员伤亡。爆炸时炸药在结构内部瞬间转变为高温、高压爆轰产物,形成爆炸冲击波,在结构内壁多次反射、汇聚,并在高温、高压下与结构之间产生强烈的动态流固耦合,即结构一方面在冲击波作用下发生快速动态变形,另一方面又限制和影响爆炸流场的分布和演化,使得作用在结构内壁的爆炸荷载十分复杂。

对于综合指挥所、大型地下商场、地面建筑房屋等一类有限空间结构内爆炸,爆炸荷载主要包括两个阶段:第一阶段是由空气冲击波与结构相互作用形成的荷载,包括入射波、反射波、气流滞止动压等;第二阶段则是结构约束对高温、高压爆炸产物产生的附加压力,也即由超压引起的准静态气体压力荷载,其峰值较低且衰减较慢。

图 5-31(a)给出了圆柱形容器结构内部发生的冲击波反射示意图,图中显示筒顶、筒底和内壁均承受反射压力,且内表面的斜反射有可能形成马赫波,反射过程十分复杂。为了简化计算,根据反射冲击波比例、爆炸参数资料和近似方程,考虑结构内壁前 3 个反射脉冲,给出了结构内表面某点处简化荷载模型,如图 5-31(b)所示。图中 P 为压力,T 为冲击波持续时间,i 为冲量,下标 r 表示反射,模型中假设第二个冲击波幅值与冲量为起始冲击波的一半,第三个冲击波幅值与冲量则为第二个冲击波的一半。冲击波每反射一次就衰减一次,最终压力稳定至一个缓慢衰减的水平。图 5-32(a)给出了一个有泄压口结构壁面的典型压力时程曲线,图中显示爆炸波经多次反射后结构内压力趋于均匀,结构开始承受准静态气体压力荷载;图 5-32(b)为内爆炸两个阶段的简化近似示意图。

炸药在受限空间内爆炸时,冲击波会在结构内壁、顶盖、墙体转角发生反射,向中央汇聚,并与初次入射波碰撞、叠加(后面称为二次反射效应),使得室内压力荷载大大增强。最大荷载可按自由空气中相应位置的空气冲击波正反射超压近似计算,但会由于延长冲击波对结构的作用时间而使冲量增大,如图 5-33 所示。图中两个较小荷载峰值系由反射波与初次入射波碰撞叠加产生,$\tau_{+,c}$ 为考虑二次反射效应时的荷载正相作用时间。

对于尺寸与波长较小的建筑物,二次反射效应中波峰数量及冲量增加取决于爆室空间形

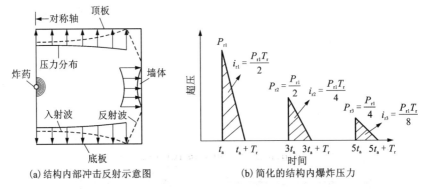

(a) 结构内部冲击反射示意图   (b) 简化的结构内爆炸压力

图 5-31 圆柱形容器结构内爆炸受力分析

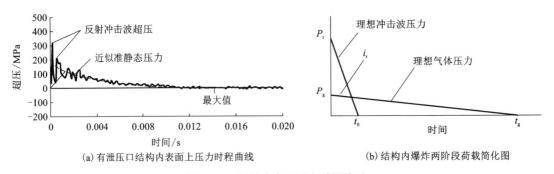

(a) 有泄压口结构内表面上压力时程曲线   (b) 结构内爆炸两阶段荷载简化图

图 5-32 圆筒内表面压力时程关系

状、压力点位置及入射冲击波波长等，并按式 $i_c = K_c i$，$\tau_{+,c} = K_c \tau_+$ 确定二次反射效应中的冲量和正相作用时间的增加。

1) 矩形建筑物结构内部超压

图 5-34 给出了矩形建筑物内爆炸冲击波的反射示意图，图 5-34(a)中炸药位于近地面的垂直中轴线上，爆炸后冲击波在底板、侧墙和顶盖均发生发射，沿底板传播的马赫波在下部靠墙壁的转角处发生反射，而后沿侧墙运动的马赫波在墙体上部转角处由上部顶盖反射折回。

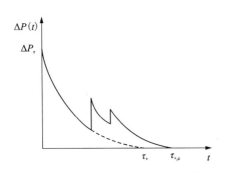

图 5-33 考虑二次反射效应的结构荷载曲线

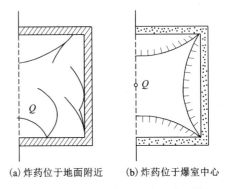

(a) 炸药位于地面附近   (b) 炸药位于爆室中心

图 5-34 矩形建筑内爆炸冲击波反射图

侧墙承受的冲击波压力可按 3 个点的反射超压确定：墙体下部转角、上部转角和装药处位于侧墙上的投影点。按式(5-27)、式(5-28)、式(5-39)和式(5-40)确定侧墙各点的压力，对墙体下部和上部转角处荷载进行确定，先计算入射角 $\varphi > \varphi_{\text{cr, min}}$ 时的马赫波入射超压，再计算 $\varphi = 0°$ 时的正反射超压；而装药投影点的荷载按 $\varphi = 0°$ 时的冲击波正反射超压计算。假设爆炸荷载沿侧墙面积均匀分布，将 3 个点的荷载所得到的冲击波反射压力梯形图用面积相等的矩形图来代替。图 5-34(b) 中炸药位于爆室中心，此时可认为冲击波反射后侧墙、底板和顶盖的荷载均可先按式(5-27)和式(5-28)确定入射超压，而后按式(5-39)和式(5-40)计算初次正反射超压 $\Delta P_r'$，再将 $\Delta P_r'$ 代入式(5-39)和式(5-40)中将正反射超压作为反射冲击波与后续入射波发生碰撞时产生的超压 $\Delta P_r''$。冲量按式(5-29)和 $i_c = K_c i$ 计算确定，侧墙上冲量图形按压力图相同方法确定；有效作用时间 $\tau_{+,c}$ 按式(5-30)和 $\tau_{+,c} = K_c \tau_+$ 确定。

顶盖上的压力可按侧墙压力相同方法计算，计算冲量和正相作用时间时，当炸药置于近地面处时，容积系数 K_c 至少要取侧墙中该值的 2 倍；若炸药置于爆室中心，K_c 按与侧墙荷载计算时取值。

2) 坑道、隧道内爆炸

对于诸如巷道、坑道、隧道等某一方向上尺寸较大的通道内爆炸，冲击波入射至结构内壁后向中间汇聚、碰撞，空气冲击波压力增大并在内壁限制下沿轴向传播，随着传播距离的增大，壁面开始出现马赫反射，形成马赫杆，逐渐形成平面冲击波，这一范围在 4~8 倍通道直径以外，而冲击波强度也由于内壁粗糙度、冲击波内层黏性摩擦、热能耗散等因素影响而不断衰减，最终转化为声波。

巷道内空气冲击波峰值超压 ΔP 可按如下公式计算：

$$\Delta P = \left(3270 \frac{nQ}{R \sum S} + 780 \sqrt{\frac{nQ}{R \sum S}}\right) e^{-\frac{\beta R}{d_B}} \tag{5-41}$$

式中：β 为巷道粗糙系数；$\sum S$ 为邻近药包巷道断面积总和；R 为与爆心的距离；Q 为装药量；n 为炸药能量转化系数；d_B 为巷道直径。

工业生产管道中平面冲击波超压 ΔP 在 0.1 MPa$<\Delta P<$5 MPa 范围内可按下式计算：

$$\Delta P = \left(78.8 \frac{E_s}{R} + 3.91 \sqrt{\frac{E_s}{R}}\right) e^{-\frac{\beta R}{d_B}} \tag{5-42}$$

式中：ΔP 为峰值超压，MPa；E_s 为管道单位面积上通过的爆炸能量，J/m^2。

对于防护坑道内的爆炸冲击波超压，计算公式为：

$$\Delta P = 0.1692 Z^{-\frac{1}{3}} + 0.0269 Z^{-\frac{2}{3}} + 2.031 Z^{-1}, \quad Z = \frac{R}{Q/s} \tag{5-43}$$

式中：ΔP 为峰值超压，MPa；R 为到爆心的距离；Q 为炸药质量；S 为坑道横截面积。

对于隧道内爆炸，基于能量相似律可得到隧道内空气冲击波传播时的压力衰减公式，适用范围为 $1 \leqslant \overline{Q} \leqslant 10 \sim 15$。

$$\Delta P = 0.155 \overline{Q}^{\frac{1}{3}} + 0.92 \overline{Q}^{\frac{2}{3}} + 4.4 \overline{Q}, \quad \overline{Q} = \frac{Q}{SR} \tag{5-44}$$

针对两端开口隧道内爆炸，根据试验数据拟合出的冲击波峰值超压计算公式如下：

$$\Delta P = -0.1152 \overline{Q}^{\frac{1}{3}} - 1.5888 \overline{Q}^{\frac{2}{3}} + 2.1175 \overline{Q} \tag{5-45}$$

通过对大型隧道进行的一系列内爆炸试验，考虑装药量、装药爆高、装药形状及爆炸位置的影响，可以拟合出隧道内壁反射压力的衰减公式：

$$P = \left(0.4 + \frac{H}{\sqrt{H^2 + L^2}}\right)\left(\frac{Q}{SL}\right)^{0.87}\left(\frac{\sqrt{Q}}{H}\right)^{1.11} \tag{5-46}$$

$$0.35 < \frac{SL}{Q} < 80, \ 0.26 < \frac{H}{\sqrt[3]{Q}} < 0.65 \tag{5-47}$$

式中：P 为隧道内壁峰值压力，MPa；H 为爆高，m；L 为考察点与爆心的轴向距离，m。

4.地面爆炸对地下结构的冲击波超压计算

地面爆炸冲击波对地下结构物的作用与对上部结构的作用有很大不同，主要影响因素有：①地面上空气冲击波压力参数引起岩土压缩波向下传播并衰减；②压缩波在自由场中传播时参数发生变化；③压缩波作用于结构物的反射压力取决于波与结构物的相互作用。

根据《人民防空地下室设计规范》（GB 50038—2005），综合考虑各种因素，可采用简化的综合反射系数法的半经验实用计算方法，即将按照地面冲击波超压计算的结构物各自的动载峰值，根据结构的自振频率以及动载的升压时间查阅有关图表得到荷载系数，最后再换算成作用在结构物上的等效静载。其中，压缩波压力峰值为

$$P_h = \Delta P_d e^{-ah} \tag{5-48}$$

结构顶盖动载峰值为

$$P_d = K'_t P_h \tag{5-49}$$

结构侧围护动载峰值为

$$P_c = \zeta \cdot P_h \tag{5-50}$$

底板动载峰值为

$$P_b = \eta \cdot P_h \tag{5-51}$$

式中：ΔP_d 为地面上空气冲击波超压，kPa；h 为地下结构物距地表深度，m；a 为衰减系数，对于非饱和土，主要由颗粒骨架承受外加荷载，因此传播时衰减相对大，而对于饱和土，主要靠水分来传递外加荷载，因此传播时衰减很小；P_h 为顶盖深度处自由场压缩波压力峰值，kPa；K'_t 为综合反射系数，与结构埋深、外包尺寸及形状等复杂因素有关，一般对饱和土中结构取 1.8；ζ 为压缩波作用下的侧压系数，按表 5-13 取值；η 为底压系数，对饱和土和非饱和土中结构分别取 0.8~1.0 和 0.5~0.75。

表 5-13　压缩波作用下不同岩土介质中的侧压系数

岩土介质类别		侧压系数 ζ
碎石土		0.15~0.25
砂土	地下水位以上	0.25~0.35
	地下水位以下	0.70~0.90
粉土		0.33~0.43

续表5-13

岩土介质类别		侧压系数 ζ
黏土	坚硬、硬塑	0.20~0.40
	可塑	0.40~0.70
	软、流塑	0.70~1.0

5.3 地下空间爆炸的预防

地下空间内的爆炸具有很强的危害性，因此必须对地下工程结构及构件进行抗爆设计或防爆处理，并通过防爆减灾措施与对策对地下空间爆炸进行科学预防。

5.3.1 常见的地下防护结构类型

根据施工方法、结构受力形式，地下防护结构可分为单建掘开式结构、附建掘开式结构、成层式结构、坑道式结构、地（隧）道式结构、深埋高抗力结构、野战阵地结构及特殊工程结构等类型。

1. 单建掘开式结构

采用明挖方法施工建造，其上部没有永久性地面建筑物的结构称为单建掘开式结构，如图5-35所示。单建掘开式结构一般用于工程抗力等级不高的防护工程，如各类掩蔽工程。单建掘开式结构也是近年来城市人防平战结合工程建设的基本结构形式之一，多建在火车站、汽车站的广场下及城市繁华地段十字路口下，平时用作过街通道或兼作地下商场，战时作为人员掩蔽部和物资库等。

单建掘开式结构优点：（1）埋深浅，战时躲避人员可以快速到达，同时便于平时利用；（2）施工作业面开阔，受地形、地质条件限制较少，便于快速施工。缺点：（1）对地面建筑和管线埋设影响较大，通常需要的作业场地较大；（2）由于上部回填的

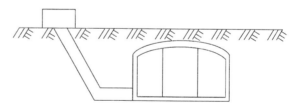

图5-35 单建掘开式结构示意图

自然地层薄，工程抗力几乎全部由结构自身承担，需耗费较多的建筑材料。为提高工程抗力和节约建筑材料，有时也采用成层式结构。

2. 附建掘开式结构

采用明挖方法施工建造，上部建有永久性地面建筑物的结构称为附建掘开式结构，又称为防空地下室，如图5-36所示。防空地下室是城市居民战时防护的主要场所，多用于居民掩蔽、物资储放、医疗救护以及专业队等的人防工程。西方发达国家许多楼房建有防空地下室。

防空地下室工程具有以下几个特点：（1）防空地下室与上部建筑同时构筑，不仅便于平战结合，而且节约总造价，同时构筑防空地下室可减少上部建筑物基础投资，防空地下室面

积又是地面建筑面积的补充;(2)使上、下建筑物互为增强,有利于上部建筑物削弱冲击波、早期核辐射和炸弹的作用,下部地下室对上部建筑物的抗爆抗震稳定性有较大提高;(3)节约土地空间,这很符合我国地少人多的国情;(4)战时人员掩蔽迅速,人员可从建筑物内直接进入人防工程;(5)工程平面形状和尺寸通常受上部建筑物的制约。

3. 成层式结构

对于掘开式工程,为了提高防常规武器直接命中打击能力,一般在主体结构上方设置遮弹层,使常规武器战斗部在遮弹层中爆炸,以降低工程造价。这种结构形式称为成层式结构,典型的成层式结构如图5-37所示。相较于前两种结构,成层式结构的防护效果最好,但造价更高。

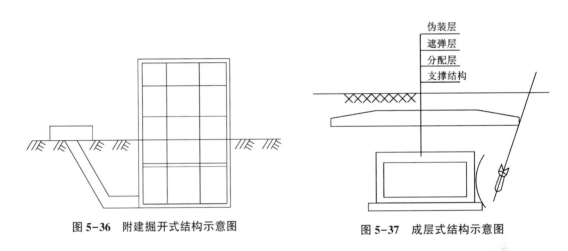

图5-36 附建掘开式结构示意图   图5-37 成层式结构示意图

成层式结构由下列几部分组成:(1)伪装层,又称为覆土层。该层一般铺设自然土,主要作用是对下部防护结构进行伪装。这一层不宜太厚,因为太厚反而会增强对常规武器爆炸的填塞作用。(2)遮弹层,又称为防弹层。这一层的作用是抵抗炮、航弹等常规武器的冲击、侵彻并迫使其在该层内爆炸。遮弹层应确保常规武器弹丸不能贯穿。因此,该层应由坚硬材料构成,通常采用混凝土、钢筋混凝土和块石等,对高等级防护工程可采用钢纤维混凝土、活性粉末混凝土等高强材料。(3)分配层,又称为分散层。它处在遮弹层与支撑结构之间,由砂或干燥松散土构成。该层的作用就是将常规武器冲击和爆炸荷载的作用分散到较大面积上去。砂或土层同时也会削弱爆炸引起的震塌作用,能对支撑结构起良好的减震作用。通常将上述三层合称为成层式结构的防护层。(4)支撑结构。它是成层式结构的基本部分,一般由钢筋混凝土构成,其主要作用是承受常规武器爆炸的整体作用,以及核爆炸冲击波引起的土中压缩波的作用。

4. 坑道式结构

建筑于山地或丘陵地区,大部分主体地面与出入口基本呈水平的暗挖式工程结构,称为坑道式结构,如图5-38所示。从结构上讲,坑道式工程是由工程上部覆盖的岩石层与工程支护(被覆)结构共同组成的承载结构工程。

图5-38 坑道式结构示意图

坑道式结构是防护工程常用的一种结构类型，它具有以下主要特点：(1)防护效果好。坑道式结构一般构筑在较厚实的岩体中，岩石覆盖层随着进入距离的增加不断增厚，坚硬的自然岩层具有良好的抗御杀伤武器特别是大口径常规武器的能力。因此，重要的大型防护工程或抗力要求较高的工程多在岩石中修筑坑道式结构，如指挥、通信工程，飞机、舰艇掩蔽库以及重型装备物资洞库工程等。(2)可有效降低主体围岩支护结构作用荷载。坑道围岩能自然形成卸荷拱，具有较强的自承载能力，可以大大减小常规武器或核武器爆炸产生的动力荷载(简称为动载)以及岩石覆盖层的重力荷载。(3)如果采用适当的围岩支护结构类型，就可以利用围岩的被动抗力以改善结构的受力状态。(4)坑道式结构内部掩蔽容量大，便于各种不同功能防护工程的建筑布局，但相应的非有效利用容积也会增多。(5)施工相对复杂。岩体中的坑道工程需要用钻爆法暗挖施工，比掘开式工程施工复杂。综上所述，从防护的角度出发，只要能满足工程使用的功能要求，工程地质条件又允许，国防和人防工程就应尽可能修筑坑道式结构。

5.地(隧)道式结构

建筑于平地，大部分主体地面明显低于出入口的暗挖式工程，称为地(隧)道式工程。地(隧)道式工程施工时先在平原或台地上打施工井(施工口)至一定深度，然后开口掘进。根据施工井的倾角(大于5°)，地(隧)道式工程又分为竖井工程和斜井工程，如图5-39所示。

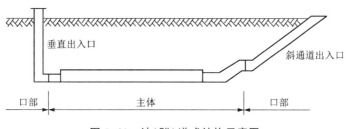

图 5-39   地(隧)道式结构示意图

地(隧)道式工程具有以下几个特点：(1)防护效果好。与坑道式工程一样，地(隧)道式工程埋置一定深度后，能充分发挥自然地层的作用，使结构获得较高的抗力。当然，覆土深度浅，其防护能力就差。(2)受地面建筑物和地下管线影响较小，影响程度随工程埋深的增加而减小。(3)周围地质环境对其影响较大。地(隧)道式工程通常作业断面较小，施工比较困难，一般情况下，地质条件较坑道式工程差。(4)自然通风、排水困难。地(隧)道式工程多在平地建设，主体部分较出入口低，不能自流排水，自然通风也较困难。

地(隧)道式工程究竟埋置多深为好，要依据工程的重要程度、工程所在地区的地质条件、对地面建筑物和地下管线的影响以及技术经济条件等因素综合考虑确定。为缓解城市地面交通拥挤，国内外许多城市已经修建或正在修建地下快速通道，如地下铁道、地下公路隧道等地下交通干道等，这些民用地下隧道往往埋置深度都较大，具有较强的防护能力，在建设时应考虑人防功能或兼顾人防，充分发挥其战备效益。

6.深埋高抗力结构

深埋高抗力结构指的是为抵抗核武器近地爆、触地爆甚至地下爆炸的工程结构。该类结构埋深很大，一般在几百米以上，主要用于重要战略工程。该类工程结构除了要求抗抗很大的核爆炸自由场荷载作用，还要考虑强烈的地冲击震动作用，所以应采取相应的减震措施以使结构的振动加速度达到容许值。此外，工程结构所在位置的地应力水平往往较高，地下核爆炸可能诱发更大能量的岩石地质块体的运动，对工程结构的承载能力要求很高，应采用深埋高抗力复合式结构。深埋高抗力复合式结构一般由围岩加固层、软回填层和钢筋混凝土或钢支撑结构组成，如图5-40所示。围岩加固层指的是洞室周边采用喷锚网加固的围岩部分。软回填层在围岩加固层与钢筋混凝土或钢支撑结构之间，回填的是软性材料，通常采用泡沫混凝土、聚氨酯泡沫塑料等。

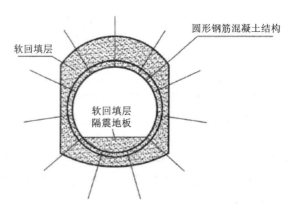

图5-40 深埋高抗力复合式结构示意图

7. 野战阵地结构

野战阵地通常是在战役、战斗准备和实施过程中，利用和改造地形，使用预制构件或就地取材迅速构筑的临时性阵地工程。野战阵地执行的是战斗工程保障任务，由于其直接用于军事作战，故又称为野战筑城工事或野战工事。它主要包括各种指挥工事、机枪工事、观察工事、炮工事、弹药库以及掩蔽所和掩壕等。

由于野战阵地工程的功能特点，野战阵地结构的防护要求相对比较单一，抗力要求也相对较低，有的只要求抵抗子弹和炮、航弹爆炸的破片作用。野战阵地结构的类型主要有钢筋混凝土装配式结构、钢丝网水泥结构、波纹钢结构、型钢结构、骨架柔性被覆结构、玻璃钢工事结构、集装箱加固结构以及一些新型的充气工事结构等。

8. 特殊工程结构

防护工程中还有一些特殊的结构形式，例如地面飞机掩蔽库、舰(潜)艇等大型设备的洞库，以及大型阵地、导弹发射井等。飞机掩蔽库跨度常大于高度，而舰(潜)艇洞库一般高度大于跨度，且部分结构处于水中。导弹发射井为地下竖井结构，由井盖、井壁等结构组成。这些特殊工程数量相对较少，但作用重大，在防护工程中占有重要地位。

5.3.2 地下工程结构构件抗爆防护措施

从经济角度上考虑，为满足反恐防爆的需要，对建筑物的加固是指提高某一特定建筑构件对局部爆炸荷载破坏的抗力，而不是提高建筑物的整体强度和稳定性。根据国内外众多学者对建筑物和结构构件抗爆防护的研究成果，目前，地下工程抗爆防护的方法和措施主要有以下几种：

(1)加大截面防护法(图5-41)。该法是通过增大构件的截面尺寸来提高构件的抗爆能力。这种加固方法的主要特点是加固效果好，施工工艺简单、经济，并具有成熟的设计和施工经验，被广泛用于加固混凝土结构中的梁、板、柱和钢结构中的柱及屋架(补焊型钢)，以及砖墙、砖柱(增设砖或混凝土扶壁柱或混凝土围套)，等等。但该法增加结构自重，减少了结构使用空间，影响了其使用功能，且存在加固横截面与原有结构横截面分离的问题。

(2)黏钢防护法(图5-42)。该法是在混凝土构件表面用特制的建筑结构胶粘贴钢板以提高承载力的一种加固法。该法对受弯构件的加固效果较好,加固后不减小建筑净空、不影响建筑外立面和结构或防水构造,施工时对生产影响较小,无现场浇筑混凝土的湿作业,但存在施工难度大,特别是加固钢板与原有结构表面的共同受力问题,且不适宜长期在酸碱性的环境下使用。

(3)外包钢防护法(图5-43)。该法是通过乳胶水泥、环氧树脂化学灌浆或焊接等方法在梁、柱四周包型钢进行加固,分干式外包钢和湿式外包钢两种形式。这种方法可以在基本不增大构件截面尺寸的情况下增加构件承载力,提高构件刚度和延性,适用于混凝土结构、砌体结构的加固,但用钢量较大,加固维修费用较高。

图5-41　加大截面防护法　　　　图5-42　黏钢防护法　　　　图5-43　外包钢防护法

(4)增加附加支撑构件防护法(图5-44)。该法是在结构构件中增设支点来减小结构跨度和内力或改变其受力状态,以提高其承载力的一种方法。其优点是受力明确,简单可靠,适用于梁、板、钢架、网架等水平结构的加固。其缺点是可能会给使用空间带来一定限制,影响建筑外观。

(5)粘贴高强度织物防护法(图5-45)。该法是指用配套用胶将高强度织物如碳纤维、玻璃纤维、凯芙拉等粘贴于混凝土构件表面的补强方法。近年来国内外在碳纤维复合材料提高构件的抗爆性能方面做了大量的试验和理论分析,如对柱、梁、板和填充墙的加固。与其他加固方法相比,碳纤维布加固技术在工程中的应用具有明显的技术优势,主要表现为高强、高效,具有良好的耐腐蚀性能、抗渗性能及耐久性能,不增加构件的自重及体积,能有效封闭混凝土裂缝,适用面广,抗疲劳性能和减振性能好,便于施工,施工质量容易保证等优点。

(6)喷涂弹性材料防护法(图5-46)。该法是在构件背爆面直接喷涂弹性材料的抗爆加固方法。美国五角大楼的墙体加固使用了这种加固方法。喷涂弹性材料防护法施工容易,涂层厚度容易控制,加固效果好,但是费用高。

(7)新材料夹层防护法。该法是在结构表面或中间添加新材料夹层的抗爆加固方法,新材料有泡沫铝、玻璃钢蜂窝复合材料和聚氨酯泡沫材料等,具有良好的抗爆吸能性能,非常适合建筑物外墙抗爆加固。

(8)综合防护措施。以上几种加固方法都能有效提高结构构件的抗爆炸冲击能力,但各种加固措施各有优缺点,根据建筑物抗爆防护等级的不同,多层次、多种加固方法综合使用,充分发挥各加固措施的优点,能够更有效地提高构件的抗爆能力和建筑物的防护等级。

图 5-44　增加附加支撑构件防护法

图 5-45　粘贴高强度织物防护法

图 5-46　喷涂弹性材料防护法

5.3.3　地下工程防护门设计

防护门(防护密闭门)是地下工程出入口最重要的防护设备。防护门系统不仅要抵抗冲击波正相压力的作用,还要能抵抗冲击波负相压力及反弹力的作用。此外,防护密闭门还要防止有害物质从门缝间隙渗入工程内部。

1.防护门的分类

防护门可以有多种:按所用材料可分为钢结构、钢筋混凝土结构、钢包混凝土结构、钢管混凝土结构、钢纤维混凝土结构等类型;按受力形式可分为平板结构、拱形结构和梁式结构等;按控制方式可分为手动控制、电动控制、气动控制、液压传动控制和自动控制等;按启闭形式可分为立转式、推立式、翻转式和升降式等。

人员出入口通常采用平板或拱形钢筋混凝土防护门或钢结构防护门,抗力要求较低的也可做成带加劲肋的拱形钢丝网水泥门。器材或设备出入口多采用双扇拱形钢筋混凝土防护门或钢结构防护门。在跨度较大的洞库中,常采用带钢桁架加劲肋的柱面壳钢筋混凝土防护门或其他高强复合材料防护门。常用的中、小跨度防护门门扇简图如图 5-47 所示。

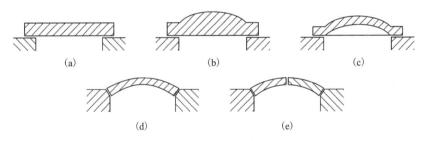

图 5-47　常用的中、小跨度防护门的门扇形式

防护门按关闭时的状态,可分为水平门、垂直门及倾斜门。垂直门启闭、出入方便,使用最为广泛。水平门与地面齐平,作用在门上的荷载比垂直门小(等于地面冲击波超压),但一般构造较复杂、开启不便。水平门多用于断面较小的垂井式出入口。倾斜门受载介于两者之间,但要求增大门孔的尺寸,较少被采用。

防护门的启闭方式上,一般工程多为立转式;大型洞库的水平出入口防护门或垂井式出入口的防护门，较多采用推拉式。立转式防护门人员出入、使用方便，构造简单，便于维修，启闭力矩小，开启轻便，十余吨重的门扇人力即可启动。立转式的钢筋混凝土防护门具有良好的防护性能，即使有轻微的损坏也不影响使用，因而得到广泛应用。直立的推拉式门扇沿水平方向左右移动，通常在门扇一定部位设置滑轮或台车，门扇借助滑轮或台车沿固定轨道移动。大型推拉式门的一侧(或两侧)需要有藏门间，以保证门扇的存放、安装和检修。

2. 防护门的组成与构造

跨度较小的防护门，主要由门扇、门框，及铰页、闭锁和启闭装置等组成。防护密闭门的门扇周边还有胶条等密闭措施。防护门需具有与工程主体结构相应的抗力，即能承受相适应的冲击波正压、负压及反弹作用。门扇由正压作用引起的反弹效应与荷载的波形、峰值压力、门扇的阻尼特性以及弹塑性工作状态有关。无论是负压作用还是反弹作用，均可能引起门扇铰页及闭锁装置的破坏，因而防护门的铰页、闭锁装置也应保证相应的强度。防护密闭设备的设计，应符合结构简单、工作可靠、轻便灵活、加工方便及易于维修等要求。

1)门扇

门扇目前广泛采用钢筋混凝土材料。这种材料可塑性、抗压能力、抗弯强度都较好，材料易取得，制作方便，结构刚度大，耐腐蚀性能好，实践证明其是适用于各种跨度和抗力的防护门门扇和门框的良好材料。钢材的应用也比较广泛，钢材的抗拉、抗压强度都很高，可铸、可焊接，便于加工，可用于高强度和大跨度的防护门。因为对于高强度、大跨度防护门，若采用普通混凝土材料，则质量太大。此外，为了提高门扇的抗冲击爆炸性能，工程中也逐步采用了钢纤维混凝土和钢板混凝土组合材料等。

防护门门扇可以做成 1 扇或 2 扇，但在启闭条件允许的情况下，门扇的数量应尽量少，以利于使用，提高防护性能。门扇周边尺寸应比门孔略大以便支承，跨度较小的平板门每边 8~10 cm。如果门跨较大或抗力较大，应适当加大支承面积。此外，应当强调的是，对于防护门门扇的施工安装必须予以足够重视，特别是要保证门轴的安装精度，否则会引起人力开启门扇困难或不易关上等问题。

2)门框与门框墙

门框(门框墙)承受门扇传来的压力，必须保证其具有足够的强度，同时还必须具有足够的连接强度，使门框在冲击波负压或反弹力作用下，不致与门框墙脱离。试验表明，有的工程其防护门的破坏可能并不是由门扇的直接破坏引起的，而首先是门框或门框墙的破坏造成的。因此，对门框和门框墙也应像对门扇一样重视，保证足够的强度，一般可通过计算或按构造确定。门框通常用型钢焊接[图 5-48(a)]或用钢筋混凝土制成[图 5-48(b)]。平板钢筋混凝土门的门框多为预制，在打筑门框墙时同时锚固，也可在打筑后用螺栓固定。拱形门框支座必须保证具有足够的刚度，以防止门扇拱脚的位移。钢筋混凝土门框宜做型钢包边的构造处理。金属门框的背面应与门框墙钢筋焊接，或用其他方式与门框墙锚固。

(a) 型钢焊接门框　　(b) 钢筋混凝土门框

图 5-48　防护门门框形式与构造

为了保证门扇所受荷载能正常传递给门框，门扇关闭时必须与门框贴合紧密。因此，在门框墙打筑完毕安装门扇时应当进行反复调整。对于门扇与门框不贴合导致的缝隙，可在门框上填补环氧砂浆等材料垫平。

3)铰页、闭锁和启闭装置

铰页装置用来连接门扇与门框，应保证门扇开启迅速、轻便，并在门扇承受少量超载作用产生微小变形时仍能开启，门扇被破坏后能迅速拆卸。

闭锁装置的主要功能是抵抗冲击波负压等反向压力的作用，并使门扇关闭紧密。闭锁装置要求使用轻便、保证强度、构造简单、便于维修，门扇内外均可启闭。

启闭装置可分为手动启闭和电动启闭两种。在跨度较小或门扇质量较轻时，对于防护门的启闭通常只设置各种形式的把手，完全用人力启闭。实践证明，只要门轴铰链设计适当，十余吨重的门扇，人力仍然可以启闭。门扇质量过大时，须设置机械启闭装置，它可以手动、电动启闭或两者结合。一般的防护门应尽可能采用手动启闭，这样可使门的启闭装置简单，同时便于在没有动力设备和可能间断供电的工程中使用。仅当门很重或对门的启闭有特殊要求时才考虑电动，但也要有手动装置备用。重要工程的门扇启闭宜采用自动化控制。

应当指出，铰页、闭锁和启闭装置均不得承受由门扇传来的正向冲击波荷载，且铰页和闭锁应能承受负压及反弹作用。

3.防护门设计原则与规定

防护门设计首先必须满足规定的强度和刚度要求，荷载作用后不能残留过大的变形，否则会影响到门的启闭，并在门扇和门框之间造成空隙，破坏密闭功能。同时，启闭须灵活可靠。闭锁、铰页等启闭部件对门的功能至关重要，在冲击波正压作用下，门扇反力必须直接传至门框而不通过任何启闭部件，同时应保证能承受负压及反弹力的作用。对大型防护门，应注意减小门的质量，同时门扇的厚度也应满足防护早期核辐射的要求。

1)作用荷载

防护门设计除了要考虑核爆冲击波及化爆冲击波的正相作用，还要考虑到负压及反弹力的作用。特别是常规武器近距离爆炸产生的冲击波作用时间短，可能产生很大的反弹力，将引起防护门严重的反弹，造成闭锁和铰页的损坏。因此，对于有抗常规武器要求的防护门设计，必须保证门扇、闭锁及铰页同时满足抗常规武器爆炸荷载的要求。至于其他的破坏因素，例如核爆炸的光辐射，试验表明对门扇结构强度不会产生影响，设计中一般不考虑。当然，对于一些由可燃材料制作的野战轻便防护门，则应考虑防光辐射的相应措施。

理论与试验都证明作用在防护门上的冲击波超压一般都大于地面冲击波超压。防护门上的设计荷载与工程的抗力要求、口部地形、出入口形式、门的配置位置等因素有关。

作用于防护门上的反向压力是由冲击波负压、经门缝进入的余压以及结构的反弹等综合作用引起的。在核爆炸冲击波作用下，作用于防护门上的反向压力，取决于冲击波负压峰值的大小。实测数据显示在空爆情况下负压峰值为 $20\sim30$ kPa，地爆情况下负压值更小。作用在第一道防护门后的防护密闭门上的荷载是由从防护门缝隙渗入的不大的余压引起，其值一般较小。

防护门门扇通常只进行强度计算，必要时才进行结构稳定性验算。试验表明，一般中、小跨度的钢筋混凝土防护门不会出现失稳现象。

2）设计计算方法

防护门承受爆炸动载作用时，可简化为等效单自由度体系进行动力分析，采用等效静载法进行结构设计。但在常规武器爆炸荷载作用下，则还需对反向抗力进行校核，同时注意剪力及反弹作用的计算。

防护门一般均按弹塑性体系计算，而在有特殊要求时（如防毒密闭），按弹性体系计算。按弹塑性体系计算时所取的允许延性比值，由门扇的使用要求、受力状态和材料的塑性性能等因素确定，设计时可按有关规范取值。

钢筋混凝土圆拱门承受法向冲击波压力作用时，沿拱轴的轴力一般变化不大，拱截面的应力分布也比较均匀，当最大应力达到混凝土材料的极限抗力时，拱在一定区段较大范围内破坏的可能性是存在的。因此，钢筋混凝土拱形门设计宜采用较低的允许延性比。

防护门的自振频率一般较高，变形达到最大值的时间较短，所以可将动载简化为没有衰减的突加平台形荷载。但如果门的自振频率较低（如大跨度门）且动载曲线在初始阶段有急剧的衰减，就宜将动载简化为突加三角形荷载，而且还应考虑结构有反弹的可能。如果是冲击波有升压时间的情况，例如从一楼进入人防地下室的冲击波，其升压过程可为门的自振频率的几倍，这样的动载已接近静载。

求出等效静载后，钢筋混凝土平板门可按极限荷载分析方法计算内力，拱形门在径向均布荷载下按弹性分析方法计算内力。

总之，防护门设计的基本要求是防护可靠、启闭迅速、出入方便、制造和维护容易、材料易取。防护门设计应尽可能标准化，仅对少数有特殊要求的工程，在个别情况下才单独设计。有关部门已针对有不同抗力要求的各种中、小跨度防护门，研制了许多定型的标准防护门供工程设计选用。

4. 定型防护门的选用

多年来的工程实践，使我国在中、小跨度的防护门设计、制造方面取得了比较丰富的经验。化爆和核效应试验表明，国防工程与人防工程的有关设计科研部门研制的多种防护门、防护密闭门，可供工程设计时选用。因此，一般工程的防护门（防护密闭门）设计，都选用定型标准设计的图纸或产品，仅在有特殊要求并在个别情况下才单独设计防护门。工程人员出入口常用的钢筋混凝土防护门（防护密闭门）及钢结构防护门定型设计型号，可参考有关图册选用。

此外，防护工程使用的防护密闭盖板，以及防毒通道用的密闭门，也有定型设计产品供选用。

选用定型设计防护门（防护密闭门）主要依据以下两个参数：

（1）防护门（防护密闭门）超压设计值。防护门（防护密闭门）的设计压力是由其所承受的核爆炸冲击波荷载确定的，它可根据工程战术技术要求规定的抗力等级、工程出入口位置和形式决定，可由相应的设计规范查得。同时，还要验算化爆荷载的抗力要求。

（2）门孔尺寸。门孔尺寸由该防护门所处出入口的功能（人员或设备条件）决定。

5.3.4　地下防爆减灾措施与对策

通常根据灾害风险预测的结果进行地下空间爆炸冲击灾害预防，同时，根据风险管理的目标和宗旨，以及地下空间爆炸风险的特点，总体的预防措施主要有风险减轻、风险回避、风险自留，以及这些策略的组合。

风险减轻又称风险缓解，是指将爆炸灾害风险的发生概率或后果降低或减轻到某一可以接受程度的过程，在搞清楚风险来源和风险的转化及引发因素后，设法消除风险事件引发因素，降低风险事件发生的可能性或减轻风险事件的后果。风险减轻要达到什么目标，要将风险减轻到什么程度，主要取决于灾害的具体情况和对风险的认识程度。对已经明确的风险，管理者可以在很大程度上加以控制。对于不是十分明确的风险，要将其减轻，困难是很大的。风险减轻的途径主要有降低风险概率、减少风险损失、分散风险，采取应急预备措施等。减少风险损失的措施一般有技术措施、教育措施和程序措施三种。技术措施是以技术为手段，减弱潜在的物质性威胁因素。教育措施指对人员进行风险意识和风险管理教育，以减轻风险。程序措施指制定有关的规章制度和办事程序，预防风险事件的发生。

风险回避是采用措施绕开风险。若风险很大，且又难以采取措施减轻，可以采用该方法，比如对地下空间进行关闭，停止其使用功能从而避免风险的发生。然而风险回避同时会带来以下损失：①风险的存在伴随着可能性收益，回避风险就意味着对收益的放弃；②由于避免某种风险，可能产生另外的风险。

风险自留也称风险接受，此方法是由管理者自行承担风险后果的一种风险应对策略，适用于一些损失较小、重复性较强的风险事件。在风险分析阶段已确定了项目有关方的风险承受能力以及哪些风险是可以接受的，消除风险是要付出代价的，其代价有可能高于或相当于风险事件造成的损失，此种情况下，风险承担者应该将此风险视作项目的必要成本，自愿接受。

1. 爆炸灾害风险预防体系

事故的发生往往是风险因素产生和预防体系不完善共同作用的结果，要有效控制事故的发生必须健全事故预防体系。事故预防体系在矿山开采、道路交通、工程施工、医疗等领域都已得到了一定的应用。

构建地下空间内爆炸灾害预防体系，必须了解事故的发生机理、防控机制，在地下空间施工或运行期间，爆炸灾害相关影响因素很多，因而造成事故的原因也极为复杂。所以，事故预防体系必须建立在一个科学的管理体系上。

（1）事故预防体系具有的两个功能：

①将地下空间正常施工或运行过程中的爆炸事故降至可接受水平，这是事故预防体系中最基本的要求。

②一旦事故发生，能够得到最有效的控制并减少损失，事故难以控制和消除时要尽量减少可能造成的损失。这个体系主要是做好应急处理方案。

（2）构建科学的预防体系的方法：

①从安全管理及技术措施两个方面入手，建立事故预防措施库，对于具体的地下空间，应结合当前的安全管理状况及已采取的技术措施对目前地下空间的安全状况进行评价分级。

②针对不同级别的爆炸风险，进行分级监控管理，提出相应的整改措施。

③针对地下空间内发生的一般风险前兆事件进行数据收集，对于一些未遂事件要进行详细原因分析，反馈信息，便于预防体系的进一步调整。

（3）建立灾害预防模型：

地下空间爆炸灾害预防模型如图5-49所示。

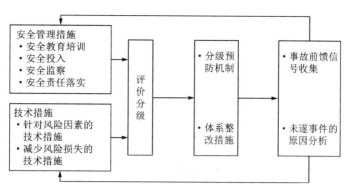

图 5-49　地下空间爆炸灾害预防模型

2. 分级预防机制

在进行分级预防机制分析之前,首先要对风险的普遍存在性有一个认识,即风险是普遍存在的,无时无处不在,也就是说,风险是不可能完全消除的。实践证明,风险被降低到一定水平就很难降低了,我们认为低于一定风险水平的风险的存在是合理的,是可以接受的,并且是不需要防范的。比如说一个人走在路上,存在着受到不明飞来物袭击的风险,这种可能性虽然非常小,但是存在的,同时也是难以防范的,一般来说,人们都会接受它,并不会采取措施去防范。所以,应该针对不同等级的风险采取不同的预防措施,降低风险水平比较高的风险,将风险降低至可接受水平。

根据表 5-14 中的风险等级划分标准,将风险划分为四个等级,地下空间管理者可以根据四个等级制订风险预防措施。

表 5-14　风险等级划分表

事件发生的可能性	不同损失程度的风险等级			
	特别重大	重大	较大	一般
完全可以想到(十有八九)	一级	一级	二级	二级
可以想到(一半机会)	一级	一级	二级	三级
完全可能的事件(十分之一的机会)	一级	一级	二级	三级
可能的事件(百分之五的机会)	一级	二级	三级	三级
有可能发生的事件(百分之一的机会)	一级	二级	三级	四级
不经常,但可能	二级	三级	三级	四级
完全意外,极少可能(千分之一的机会)	二级	三级	三级	四级
不太可能	三级	三级	四级	四级
实际上不可能	三级	四级	四级	四级

(1)对于四级风险,由于风险水平比较低,可以采用风险自留的应对措施,应该加强日

常管理及审视。

（2）对于三级风险，由于风险水平相对较低，可以采取风险减轻及风险自留相结合的应对措施。任何工业活动都具有风险，不可能通过预防措施来彻底消除风险，对于三级风险，可以采取相应措施进行应对以降低风险水平，但采取的对策应该考虑相应的成本，因为风险水平比较高时，若采取风险应对措施，风险水平的降低是非常明显的；而当系统的风险水平已经很低时，要进一步降低就很困难，此时再采取措施的意义就不大了，这时可以采取风险自留的应对措施。

（3）对于二级风险及一级风险，由于风险水平比较高，应该采取措施将风险降低到可以接受的水平，并制订相应的应急预案。若难以采取措施，可以采用风险回避的方法，比如对地下空间进行关闭。

3. 风险减轻措施

风险减轻措施包括概率降低措施和后果减轻措施，概率降低措施是通过降低风险发生的可能性从而减轻风险，其目的是防止事故的发生；后果减轻措施是通过降低风险发生后的影响来减轻风险，其假设事故已经发生，就如何降低事故伤害水平采取措施。

1）概率降低措施

概率降低措施主要针对已识别出来的风险因素采取相应的措施，防止事故的发生。以下针对识别出来的20个基本风险因素，给出概率降低措施。

（1）隧道内炸药管理不善。矿山法施工中，炸药管理不善可能导致爆炸事故发生，对于炸药的管理，应该从进出方面进行严格的控制：①在公安部门进行备案，在入库时做好登记；②在每一次炸药出库时，应该做好登记，明确每一次炸药的去向；③在使用过程中，对炸药量进行比对，确保每一次炸药完全用于施工，缩短炸药在隧道的停留时间。

（2）工人操作失误。为了防止工人操作失误造成矿山法施工事故，一方面应做好洞内安全教育，使工人按照规范进行作业；另一方面应该为工人作业提供一个良好的环境，包括良好的照明及良好的通风。

（3）隧道内进行焊割作业。在存在可燃性气体的隧道里，应该严格控制焊割作业。

（4）通电时产生火花。在可燃性气体浓度达到一定条件时，应该切断隧道内所有电源，以避免通电产生火花造成隧道内爆炸事故。

（5）作业人员抽烟。做好洞内安全教育，消除作业人员抽烟等可能引起事故的人为原因。

（6）地层中存在可燃性气体。勘察期间对地层中的天然气进行探测，探测天然气存在的范围、气体压力等特性。在勘察期间尽量对地层中的气体进行有控释放，由于地层中的气体在释放条件下可能重新汇聚，所以在施工开始前应该对地层中的可燃性气体进行再次探测，必要时进行再次释放。

（7）通风系统达不到要求。针对隧道内存在的可燃性气体，应该加强通风，尽快将可燃性气体排出。在隧道内建立可燃性气体（甲烷）监测预警装置，根据预警情况调整通风系统。

（8）存在气体进入地下空间的路径。在含气地层中施工时，尽量选择密闭性比较好的施工方法。在盾构法施工过程中，出土时尽量选择泵送渣土的方式，并注意盾尾密封及管片之间的接缝密闭性。

（9）施工导致含气管线断裂。在施工前，一定要探明周边管线，特别是燃气管线，避免施工开挖过程中含气管线被挖断。施工过程中要对管线特别是燃气管线的变形进行监测，避免施工过程中土体损失造成管线变形，从而断裂漏气。

（10）管理不善导致气体泄漏。该风险因素主要针对地下空间内对于已存在的可燃性气体的管理。在地下空间运行过程中，要摸清这些危险源，并对这些危险源进行有效管理，落实责任人，对含气设备定期进行检查。

（11）隧道内存在可燃性气体。由于隧道的运行需求，可能会需要一些可燃性气体做燃料，在地下空间内，尽量避免使用可燃性气体，可以使用电能代替。

（12）气体排出不及时。针对隧道内已经泄漏的可燃性气体，应该加强通风，尽快将可燃性气体排出。在隧道内建立可燃性气体（甲烷）监测预警装置，根据预警情况调整通风系统。

（13）进口检查不严格。在一些重要的地下空间内，应该设置门禁系统，比如地铁车站等，对进入人员严格检查，一般要对人员携带的背包等行李进行检查，必要时对人员身体进行检查。

（14）人员不遵守相关规定携带易爆品。地下空间运行或使用人员不遵守规定携带易爆品进入隧道可能导致爆炸事故发生，为了避免事故发生，应该加强对地下空间内人员的安全教育，宣传有关规定，并加强检查。

（15）易爆品管理不善。该风险因素主要针对地下空间内对于已存在的易爆品的管理。在地下空间运行过程中，要摸清这些危险源，并对这些危险源进行有效管理，落实责任人，对易爆品状态定期进行检查。

（16）隧道内存在易爆物品。由于隧道的运行需求或其他需求，可能会存在易爆品。在地下空间内，尽量避免和防止易爆品，若不能避免，应加强管理，制定相关规定。

（17）人员误操作导致爆炸。对隧道运行管理人员加强安全培训，在危险物品周边设置安全警戒标示，采取措施对易爆品进行隔离，并增加对隔离效果进行检查的频率。

（18）地下空间自身具有较大吸引力。该风险因素主要针对有意事件，降低地下空间自身的吸引力会降低被打击的概率，但同时也会在功能上降低其使用效率。一般来说，降低难度比较大。

（19）社会环境不安全因素增大发生危险活动的可能性。要对社会环境不安全因素有一个清楚的认识，采取措施减少不安全因素。

（20）可疑人员未被发现。加强隧道运行管理人员对敏感时期可疑人员的辨识，在爆炸风险大的地下空间内可以适当增加警力，加大对可疑人员的辨识，从而阻断恐怖行为。

2）后果减轻措施

后果减轻措施是假设在爆炸事故已经发生的情况下，采用哪些措施去减少损失。地下空间内主要考虑减轻人员的伤亡以及地下结构的损坏。

（1）针对人员的后果减轻措施。

针对人员的后果减轻措施主要体现在三个方面：①地下空间内部管理人员的应急疏通能力；②地下空间使用群体（如地铁乘客）的自救能力；③社会救援能力。对地下空间内部管理人员应该适时进行应急响应训练，提高管理和服务人员应对事故的能力，使其在事故发生的时候，能够尽量科学地疏导人群；在日常宣传中，应该针对地下空间内的爆炸事故进行应急教育宣传，可以采用在出入口张贴宣传告示等方式，使公众在事故应急能力上有所提高；对于风险比较大的地下空间，针对爆炸灾害事故进行应急响应训练，加强社会救援能力。

（2）针对地下结构的后果减轻措施。

针对地下结构的后果减轻措施主要是加强地下结构的抗爆能力：①在地下结构设计过程中考虑抗爆性能的设计；②针对已经施工完成的地下空间，考虑增加抗爆结构。在抗爆设计过程中，从结构材料、结构延性、节点整体性能方面选择抗爆性能良好的结构形式，从结构体系、构件受力特性方面选择有较好的抗竖向冲击荷载的结构形式，比如少采用装配、混合结构，避免采用无梁楼盖等设计，必要时允许局部破坏，避免连续倒塌。

5.4 地下空间生化及放射性恐怖袭击

生化及放射性恐怖袭击作为世界恐怖主义发展的新趋势，已经给地下空间的环境安全提出了新的挑战。因此，需要了解生化及放射性恐怖袭击灾害及其在地下空间发生的特点，从而提出相应的应对措施。

5.4.1 生化及放射性恐怖袭击

生化恐怖包括生物恐怖和化学恐怖，是指利用大规模杀伤性的生物、化学制剂或武器进行的恐怖活动。放射性恐怖袭击主要是指在公共场所和人口密集地区投放锶-90、钴-60、铯-137、钚-238、钚-239 等放射性材料或使用"脏弹"的恐怖袭击。

美国蒙特雷国际研究学院的防扩散研究中心建立了自 1900 年以来全球范围内涉及生物、化学、放射性与核材料的各类恐怖袭击事件的开放性数据库。截至 2003 年 6 月，数据库中收录的上述类型的恐怖事件已经达到 1154 起，如图 5-50 所示。在图 5-50 所示的统计数据中，生物袭击最多，占袭击事件总数的 56%。需要说明的是，这些事件中有一些是欺骗性的，并没有实际发生。图 5-51 按照时间顺序列举了自 1970 年以来在世界范围内产生较大影响的生化及放射性恐怖袭击事件。

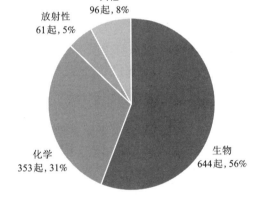

图 5-50　生化及放射性恐怖袭击事件统计与类型分布

建筑物是人类进行工作与娱乐等活动的重要场所，同时也是恐怖袭击的重要目标。美国国务院发布的 2002 年全球恐怖活动年报中，对 1997—2002 年全球遭受恐怖袭击的建筑设施进行了统计，如图 5-52 所示。从图 5-52 中可以看出，在各类建筑设施中，以商业类的建筑设施遭受袭击的次数最多，采用的袭击手段以爆炸袭击为主，而造成的人员伤亡以政府办公类建筑最为严重。虽然生化及放射性恐怖袭击发生的可能性和频度在目前看来要远远低于传统的爆炸类恐怖袭击事件，但是其造成的危害将远远高于爆炸类袭击事件。需要说明的是，从建筑安全的角度来看，低概率和高危害性的袭击事件，其风险在某种程度上甚至要高于高概率和低危害性的袭击事件。这也是近年来越来越多的国家把防范和处置大规模杀伤性的生化及放射性恐怖袭击作为今后反恐工作重点的原因。

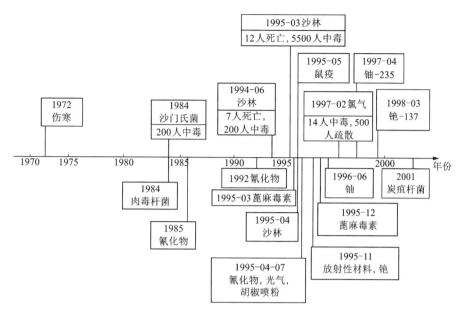

图 5-51　历史上典型的生化及放射性恐怖袭击事件

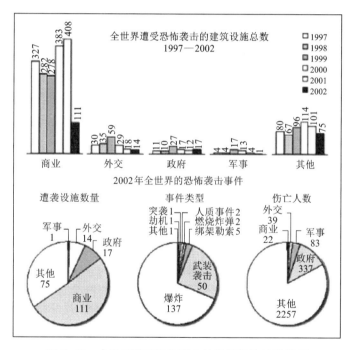

图 5-52　全世界遭受恐怖袭击的建筑设施统计数据

　　此外，相比于爆炸类袭击，大规模杀伤性的生化及放射性武器具有花费低、易于获取、杀伤力大等特点。根据联合国生化武器专家的报告，以每平方公里杀伤面积的成本计，采用常规武器为 2000 美元，核武器是 800 美元，化学武器是 600 美元，而采用生物武器仅需 1 美元。因此，恐怖组织越来越热衷于谋求该类制剂或武器。已经发生的恐怖袭击事件和对未来恐怖活动的预测都表明，今后的恐怖袭击活动将以生化及放射性恐怖袭击的方式取代传统的爆炸方式，生化及放射性武器已成为悬在人类头顶的又一柄"达摩克利斯之剑"。

进入21世纪，随着城市地下空间的积极开发和建设，生化及放射性恐怖袭击对地下空间所构成的威胁态势也变得越发严峻。从近年来国际上发生的恐怖袭击事件来看，人员密集的城市地下建筑很有可能成为恐怖分子袭击的目标。在各类地下建筑与设施中，受到威胁最严重的就是地铁交通系统，原因主要有：①地铁作为一类典型的地下设施，是城市的交通大动脉，人员密集程度很高；②地铁系统客流量巨大，司乘人员很难对恐怖分子进行排查；③地铁的通风气流和隧道活塞气流可使生化及放射性污染物迅速扩散，造成整个地铁线路的大面积污染；④由于地铁处于地下，一旦遭遇袭击，人员疏散和救援难度大。历史上恐怖分子对地铁进行生化及放射性恐怖袭击的事件有1995年的东京地铁"沙林"毒气袭击事件、2001年加拿大蒙特利尔市中心地铁车站的催泪毒气袭击事件等，这些恐怖袭击事件都给事发地区以至国家的社会、经济诸多方面造成了较大的负面影响。除了城市地铁，对于商业、文娱、行政、体育、展览等性质的地下公共建筑来说，在一定程度上也具有和城市地铁上述四个方面相类似的特点，因此也不同程度上存在着遭受恐怖袭击的风险。

5.4.2 地下空间生化及放射性恐怖袭击灾害特点

大规模杀伤性的生化及放射性恐怖袭击与传统的以纵火和制造爆炸为主的恐怖袭击方式相比，有很大的区别。同时，由于地下空间是处于地下且相对密闭狭小的空间，与地面建筑相比其灾害也具有一定的特殊性。概括起来，地下空间生化及放射性恐怖袭击灾害具有以下几个显著特点。

(1)灾害具有突发性和隐蔽性。

地下建筑在空间的设计和组织上不如地面建筑开阔，人的可视范围小，同时大多数污染物在化学特性上无色无味，污染物施放到空气中，不容易被地下空间内部人员及时察觉和发现，特别是生物污染；现有的生化及放射性检测技术还不成熟，很难对种类繁多的污染物进行全面的实时检测和报警；污染物在地下建筑中的施放位置和施放方式复杂多样，袭击发生后污染物会随着地下空间内的气流迅速传播扩散，使得污染源的位置难以确定，地下空间受污染的程度也难以实时检测和准确判断。

(2)灾害后果严重，规模大，影响范围广。

现代城市的地下空间在总体规划上呈现出点、线、面相结合，浅层空间与深层空间相结合，地下建筑相互之间以及地下建筑与地面建筑相互连通的立体网络化发展趋势。由于生化及放射性污染物主要通过空气传播，地下建筑的相互连通的特性对于防止污染物的传播与扩散是十分不利的。当单个地下建筑遭受袭击后，如不能及时发现，污染物极有可能扩散到与之相连的空间中去，造成更大范围的灾害。特别是对于人口密集区和城市繁华地段的地下建筑来说，污染物的传播扩散还将对地面建筑的室内人员造成危害，灾害扩散范围更加难以控制。另外，与地面建筑相比，地下建筑在空间上相对密闭狭小，与外界仅通过有限的通风口进行空气交换，一旦遭受恐怖袭击，污染物更容易在短时间内达到较高的杀伤浓度，而且不容易在短时间内被有效稀释，维持时间长，对建筑内部人员的危害更大。

(3)污染物种类和布撒方式繁多。

目前，可被用于生化恐怖袭击的生物、化学毒剂至少有70多种，属于烈性的生化毒剂就有 20 多种，如沙林、炭疽菌、贝纳柯克斯体和肉毒毒素等。这些生化制剂在地下建筑内直接施放会造成巨大的危害，如采用喷雾器、灭火器等简单的器材，可将其进一步分散成气溶胶状态，则危害更大。此外，恐怖分子还可能利用一些小型的武器化的爆炸型、喷雾型、喷粉型生化武器，进一步增强生化制剂的杀伤效果。

锶-90、钴-60、铯-137、钚-238、钚-239 等核放射性物质一旦被恐怖分子利用，其可以采用直接释放或者"脏弹"爆炸释放的方式将放射性物质以液态或固态微粒的形式散布到环境中。

(4)污染物可施放位置多，传播扩散情况十分复杂。

在地下建筑中，生化及放射性污染物施放位置多样。恐怖分子极有可能借助地下建筑的通风空调系统来施放污染物，通风空调系统作为污染物进入地下建筑的入口和输配系统，如果设计、运行或管理不当，会加剧污染物在地下空间中的传播和扩散。地下建筑中易受攻击的部位包括新风口、回风口、空调箱、内部公共空间、通道及单个房间等，杀伤效果会因为污染物施放位置和通风方式的不同而产生较大的差别。

污染物施放后以气态、气溶胶态和微粉态等形式通过空气传播来发挥其毒害作用。由于地下建筑的不同空间组合和通风空调系统的不同配置，在地下建筑内搭配形成了复杂的空气流通通道。这个复杂的空气通道虽然结构形式基本稳定，但由于人流、通风空调系统运行方式等的不同，空气在该通道中的流动方向、流速、温度、压力等变化很大，加之污染物自身的性质以及和空气的相互作用机理不同，也就导致污染物的传播扩散情况十分复杂。

(5)安全防范与处置困难。

由于生化及放射性恐怖袭击灾害的种类繁多，污染物性质、规模、发展变化和破坏程度不尽相同，形成了灾害的多样性和不可预见性，造成安全防范与处置的复杂性。生化及放射性恐怖袭击灾害多为强源、点源和连续源，灾害源具有隐蔽性，感染途径以及布撒的手段和方式多种多样，造成处置难度大、时间长、技术要求高。此外，由于地下建筑处于地下，人员的疏散与救援难度也高于地面建筑。

5.4.3　地下空间生化及放射性恐怖袭击应对措施

生化及放射性恐怖袭击给城市地下空间内部环境安全带来的问题十分复杂多样，涉及地下空间规划与设计、通风空调系统设计、过滤与净化技术、消毒技术、生化检测、个人防护、人员疏散、应急避难、安全保卫与运行管理措施等诸多方面。当前还没有任何一种技术方案可以解决所有的问题，因此，需要从安全系统工程的角度，采取综合的地下空间内部环境保障措施。

1. 安全防范措施

在尚未发生恐怖袭击的情况下，采取各种可行的安全防范措施的出发点在于提高地下建筑自身的安全防护能力，降低其遭受恐怖袭击的可能性；同时也有助于在遭受恐怖袭击的情况下，提高地下建筑的应急处置能力。这里，我们将安全防范措施分为简易型防范措施和加强型防范措施两类加以介绍。

1) 简易型防范措施

简易型安全防范措施指的是能够快速实施，并且不需要太大的经费投入就能达到一定的安全防范效果的措施。这类措施主要有：进行安全评估、限制公众接近地下建筑的新风口、更新和维护通风空调系统、限制公众接近地下建筑的排风口、限制公众接近地下建筑的通风空调设备、限制公众获取地下建筑的设计方案、成立和训练一支应急反应队伍、在地面设置人员紧急避难区、制定反恐应急预案并实施模拟训练、配备必要的防护器材。以下对这些措施分别加以简要介绍。

(1)进行安全评估。

在生化及放射性恐怖袭击背景下,地下工程要做到绝对的安全是不可能的。地下工程的安全评估,就是在灾害无法消除的前提下,通过识别并评估来自生化及放射性恐怖袭击的已知和潜在的威胁,并采取有效措施避免灾害或减轻灾害后果,最终使地下工程的安全性提高到可接受水平的动态过程,这是增强地下工程反恐能力,维护公共安全,经济而有效的方法。

安全评估的方法有灾害分析、安全检查表分析、失效模式及影响分析、致命度分析、事故树分析、原因-后果分析等,其核心是识别和控制地下工程使其免遭核生化恐怖袭击的危害。如图5-53所示,安全评估基本过程为:

①风险评估,通过风险评估来预测与识别地下工程遭受生化及放射性恐怖袭击的危险,评价危险发生的频率和后果,进而确定工程的风险等级。

②安全性(弱点)评价,根据风险评估所得到的结果,进一步评价工程的安全性或弱点。

③提供对策和处置措施,根据工程安全性(弱点)评价的结果提出相应的对策,这些对策可包括短期对策、长期对策、应急措施、应急预案等。对策的提出往往受到工程级别、内部设备状

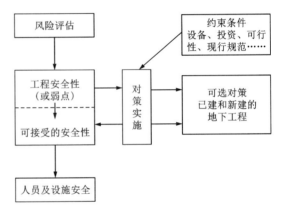

图5-53 安全评估方法在地下工程中的实施过程示意图

况、工程投资、技术实施的可行性和现行规范要求等多方面约束条件的制约,综合考虑这些因素,对于具体工程来说可以在众多可选对策中优选出可实施的对策。

④对策和处置措施的实施,对策和处置措施在地下工程中的实施过程是一个不断修正与发展的动态过程,其最终目标是实现工程内人员和设施的安全。

一般的地下工程,可借鉴人防工程中划分防化等级的方法,根据工程的使用性质、规模、地理位置等因素,评估可能受到的生化威胁,分析工程中的薄弱环节,预测在生化袭击中可能受到的损失。根据目前国内的经济发展水平,不可能对所有的地下空间都采取防止生化袭击的措施,但对于一些重要的地下空间,有必要考虑采取一定的防范措施,以减少遭受生化袭击时所受到的损失。

(2)限制公众接近地下建筑的新风口。

地下建筑的新风口通常都设置在地面高度,与一些将新风口设置在屋顶或者是距离地面相当高度的侧墙上的地面建筑相比,地下建筑的新风口更容易接近,也因此更容易受到攻击。恐怖分子在不进入地下建筑内部的情况下,可以直接通过在新风口释放污染物,并利用地下建筑的通风空调系统将污染物传播扩散到整个建筑。如果地下建筑的新风口与公众可接近的区域距离过近,则不能有效地阻止这种针对新风口的袭击。例如,一个装有炭疽杆菌孢

子的塑料袋可以在离新风口一段距离的情况下被直接投掷到新风口。有些建筑在新风口设置有挡板或新风百叶，这在新风口不能被直接接近的情况下对这类袭击有一定的防护作用。因此，对于没有采取任何防护措施的新风口，可考虑加设挡板或新风百叶，但它们也许会影响通风空调系统的新风量和能耗，所以在安装之前应当进行详细的计算。

限制公众接近新风口的最好的方法取决于地下建筑的设计以及建筑实体与公众可接近区域的关联性。可以采取的措施包括在靠近新风口的位置设置围栏，或限制公众接近新风口所在的地面区域。如果有条件，可以在建筑内装配视频监视系统对新风口进行监控。

对于受到恐怖袭击威胁程度很高的地下建筑，如果上述措施不太可行，则需要考虑移动新风口的位置或者在垂直方向上延伸新风口。

（3）更新和维护通风空调系统。

应定期检查和维护通风空调系统以确保其正常运行，包括系统间的压力平衡和正确的节能运行模式。检查风阀能否正常运行并防止漏风，必要时可考虑更换或修理。这种检查和修理不仅能够使地下建筑在遭受恐怖袭击时更加安全，而且可以显著地降低建筑能耗。

要确保操作人员可以很快地调整通风空调系统的运行方式以应对各种类型的袭击。必须确保通风空调系统能够迅速关闭（包括关闭新风阀和排风阀），或者进入全新风模式运行。为了保证这些应急措施的执行效果，可考虑安装传感器和控制元件。

（4）限制公众接近地下建筑的排风口。

在地下建筑的内部空气压力出现不平衡的情况下，室外空气也有可能通过排风口进入建筑内部。这种现象违背设计者的意图，也经常不容易被操作者发现。因此，限制公众接近地下建筑的排风口也应当引起足够的重视。

另外，排风口位置应当与新风口保持足够的距离，防止从排风口排出的污染物被新风口重新吸入。排风口的位置也应当避开地面人员密集区和主要道路，防止从排风口排出的污染物危害到地面人员，必要的时候可考虑在垂直方向上延伸排风口。

（5）限制公众接近地下建筑的通风空调设备。

如果恐怖分子接近地下建筑的通风空调设备，在通风空调系统内施放污染物，可以很快地污染整个建筑或至少一个通风空调区域。因此，通风空调设备用房必须上锁并由指定的员工开启。在一些恐怖袭击场景下，尽管恐怖分子不能够接近通风空调系统设备本身，但仍然可以利用通风空调系统来传播和扩散污染物，例如，恐怖分子有可能在通风空调系统的共用回风箱中施放污染物。在恐怖分子可以接近通风空调设备的情况下，则有可能造成更大的危害，例如，在关闭新风阀和排风阀，并运行通风机的情况下，有可能让更多的室内人员暴露在高浓度的污染之下。另外，恐怖分子还有可能破坏通风空调系统的控制执行器，使得在遭受袭击后，通风空调系统无法正常运行。

（6）限制公众获取地下建筑的设计方案。

恐怖分子为了造成最大程度上的人员伤亡，或是针对特定人群制造袭击，可能需要了解建筑物通风空调系统的情况，例如地下建筑有多少通风区域、不同的通风管道负责哪些房间等，获取这些信息最简单的方法是查看地下建筑的设计图。因此，必须严格控制地下建筑的设计图和通风空调系统的详图。在建设和施工过程中提供给相关单位的设计图纸，必须及时收回，并妥善保管。当有人提出希望了解通风空调系统详细资料时，建筑管理和维护人员对于这一要求应当保持警觉。

（7）成立和训练一支应急反应队伍。

对生化及放射性恐怖袭击这种突发事件的应急反应包括多方面的内容，例如疏散救助、与相关部门的联络以及人员的优先救治等。因此，应当成立和训练一支目标和任务明确的应急反应队伍，并且安排一定数量的人员作为替补，当队伍中有人无法及时到达现场时，能够有人接替其工作。

常见的应急反应任务主要包括作出主要决策（例如是否将人员疏散出建筑，通风空调系统是否关闭），与相关部门联络（例如消防局、公安局等），给室内人员提供应急指导，根据需要切换通风空调系统的运行模式，协调紧急救助，等等。

（8）在地面设置人员紧急避难区。

针对地下建筑内部施放污染物的情况，应当组织人员撤离。由于污染物有可能通过通风口和人员进出口扩散到地面，因此人员必须疏散到地下建筑的上风向，并且与地下建筑的通风口和进出口保持一定的距离（>30 m）。

考虑到风向的不确定性，应当至少提前设定两个不同方位的人员紧急避难区。在突发情况下，应当根据地下建筑所在地当时的风向来选择合适的避难区，并指挥人员的疏散。

（9）制定反恐应急预案并实施模拟训练。

针对具体的地下建筑，应当根据生化及放射性恐怖袭击各种可能的袭击场景，制定相应的应急预案并实施模拟训练。对于不同类型的恐怖袭击场景，应急处置的策略和方法都会有所区别。

地下建筑的管理人员应当熟悉在各种可能的袭击场景下，所应当采取的处置措施。应当针对不同的袭击场景，组织相关人员进行模拟训练，以确保在突发事件情况下，能够正确有效地实施事先制定的应急预案。建筑的管理人员应当确保通风空调系统在突发情况下能够按照预设的方式运行，并且能够解决妨碍系统正常运行的各类问题。

（10）配备必要的防护器材。

应配备必要的个人防护器材及洗消器材。目前我国使用的防化服，基本能够满足防生化恐怖袭击的防护要求。国内外装备的生物战剂，大多数可与碱性物质发生迅速的化学反应，生成无毒物质或低毒性物质。因此，一旦发生袭击，受训练的管理人员可迅速穿上防化服，利用专用的消毒器材，清除生物战剂释放源，避免生物战剂的进一步扩散。

2）加强型防范措施

为了进一步保证地下建筑在遭受恐怖袭击时的安全，降低恐怖袭击灾害程度，可以考虑在简易型防范措施的基础上，进一步采取加强型安全防范措施。与简易型防范措施相比，加强型安全防范措施能够获得更好的安全防范效果，但往往需要对地下建筑和设备系统实施改造，因而需要投入较高的安装、维护和运行费用。在实施加强型防范措施之前，应当综合考虑地下建筑所面临的威胁程度、经济费用、对建筑安全的影响等因素。这类措施主要包括：设置通风空调系统的安全控制室、为高风险区域设置独立的排风系统、安装可用于平时运行的高效过滤器、设置地下建筑内部避难区、增加系统监控等。

（1）设置通风空调系统的安全控制室。

地下建筑中应当保证至少有一个安全控制室，以防止外界入侵，同时可以对整个地下建筑的通风空调系统进行控制。这样在地下建筑受到污染时，可以避免在受污染的区域内穿行以完成系统操作。设置多个控制室也是必要的，控制室里应当备有地下建筑和通风空调系统的平面图，明确标识出各个建筑区域分别由哪些空调机组负责。

在通风空调系统的安全控制室中，应当能够执行通风空调系统的隔绝(停止通风和关闭风阀)或者允许全新风通行模式的操作。比较理想的情况是可以单独控制空调机组，同时能够在控制室中控制一些辅助的风机设备，如厨房或卫生间的排风设备。

当地下建筑中的通风空调系统采取的是基于网络的远程控制方式时，应当采取必要的网络安全措施，防止恐怖分子通过网络攻击和操纵通风空调系统。对于保障安全控制室环境的通风空调系统，在设计时应当考虑设置全新风运行模式和隔绝运行模式。对于在室外施放生化和放射性污染物的恐怖袭击事件，设置通风空调系统隔绝运行模式显得尤其重要。

(2)为高风险区域设置独立的排风系统。

对于地下建筑中一些容易遭受袭击的高风险区域，如人员的公共活动区域、货物的输运及存储区域、重要的房间等，需要特别关注的是这些区域的污染有可能通过通风空调系统传播到其他区域。为了防止高风险区域的污染物向建筑物的其他区域扩散和传播，可以为高风险区域设置独立的空气处理机组或者取消系统的回风。此外，污染物也有可能通过地下建筑的通道和走廊传播，不过这些传播方式与通过通风空调系统传播的方式相比，在传播速度和传播范围上均要小很多。

为了防止高风险区域的生化和放射性污染物传播到其他区域，也可以通过调整通风空调系统的送风和排风，使高风险区域保持一定的负压，这样空气将会从其他区域流到高风险区域。对于实施通风空调系统改造有较大困难的地下工程，作为一种替代措施，可以考虑重新安排和布置现有房间的功能或者用途。

另外，不采用回风的直流式通风空调系统，虽然有助于稀释和排除室内污染物，但是这种系统的能耗非常高，因此在地下建筑的通风空调区域应当尽可能避免采用这种直流式通风空调系统。

(3)安装可用于平时运行的高效过滤器。

生物战剂的使用方式主要包括气溶胶使用、生物媒介体传播、直接布撒等。生物战剂被分散后形成液体或固体微粒悬浮于空气中，所构成的气溶胶体系称为生物战剂气溶胶。生物战剂气溶胶的粒径范围一般为 $0.01 \sim 50 \mu m$，呈气溶胶状态的致病微生物很容易通过呼吸道进入人体血液，与其他途径相比，这种方式感染剂量小，病情较重，死亡率也高。生物战剂气溶胶被释放后，粒径在 $10 \mu m$ 以上的较大微粒容易沉降到地面，$5 \mu m$ 以下的粒子容易通过呼吸道吸入而使人感染致病。提高空气过滤器的过滤效率，可有效地过滤生物战剂，大大减弱生物战剂对人员的杀伤作用。而现有的地下建筑在平时通行情况下，用于战时的滤毒设备在平时并未安装或者不投入运行，只有防尘网或者低效的滤尘器投入运行。

在当前技术条件下，对生化及放射性污染物的实时检测非常困难。因此，只有当滤毒设备在平时也保持连续运行，才有可能对地下建筑提供连续的保护。在通风空调系统中安装可用于平时连续运行的高效过滤器可能会对其他设备提出一些新的要求，例如需要相应地提高风机的功率。另外，在原有通风量的情况下，高效过滤器增加的额外阻力，也会导致系统运行能耗的增加。因此，在考虑安装高效过滤装置之前，应当进行详细计算和充分论证。

(4)设置地下建筑内部避难区。

在地下建筑内部也可以设置避难区，以满足突发恐怖袭击情况下室内人员的临时避难需求，内部避难区应当具备良好的气密性，以防止与其他受污染的区域和房间发生空气交换。

内部避难区应当采用独立的通风空调系统，该系统也应当具备全新风的通风模式。

（5）增加系统监控。

可利用现代智能建筑技术，加强对重要目标的视频实时监控。工程的进风口、公众聚集的场所均是需要重点监控的目标。及时发现危险，就有可能最大限度地减少恐怖袭击的损失。另外，视频监控装置也会对恐怖分子造成一定的心理影响，在一定程度上有助于防止恐怖事件的发生。

2. 生化及放射性污染物的检测和应急处置措施

在恐怖袭击发生的情况下，可以通过一些应急处置措施来减轻恐怖袭击所造成的危害。

1）生化及放射性污染物的检测

能够及时地识别或检测可能发生的恐怖袭击事件是采取应急处置措施的前提。虽然目前已经发展出一些针对特定的空气传播污染物的检测装置，但是对于范围很广的生化及放射性污染物，还没有适用于各种污染物的快速检测和报警装置。

化学检测技术自1991年以美国为首的多国部队对伊拉克发起"沙漠风暴"军事行动后，取得了很大的进展。目前，比较先进的化学检测技术有离子迁移谱测量（IMS）、表面声波（SAW）和气相色谱/质谱联用技术等。各种商用的化学检测器可以检测一种或者多种化学污染物，响应时间在10秒左右。与化学检测技术相比，生物检测技术目前还不成熟，只能够检测有限数量的生物制剂，检测时间通常在30分钟以上，且需要由专门的技术人员进行检测，检测设备的价格也非常昂贵。总的来说，生化检测技术在目前只能用于特定的几种生化污染物的检测，还没有适用于各种污染物的通用的检测系统；由于核工业发展的需要，对于放射性物质的检测技术相对成熟，目前有各种商用的检测设备可供选择。

在目前生化及放射性污染物的检测技术还不很成熟的情况下，需要借助一些人为判断的辅助手段来识别建筑物是否遭到袭击。

大部分化学毒剂都会有一些警示性的特性，这些特性为检测危害物和启动防护行动提供了一些可行的办法。这些警示性的特性使化学品可以被察觉，也就是说，在事态严重之前，蒸汽或气体是可以通过人的感觉来发现的，如嗅觉、视觉、味觉，或是眼睛、皮肤或呼吸道受到刺激。

大多数生物毒剂是无色无味，不可察觉的，现在也没有检测设备可以实时地检测空气中是否含有生物毒剂。因此，目前对生物毒剂的应急处置不可能基于检测的方法。在没有警示特性的情况下，一种可行的方法是通过观察其他人出现的症状或者受到的影响来判断空气中是否存在危害物。在地下建筑的不同区域或房间中，污染物的浓度可能不一样，另外，人们对有害物的敏感程度也有差异。因此，在污染物传播的早期，人群中可能会有一部分个体表现出某种症状。其他的警示信号可能包括看到或听到一些不正常的现象，例如听到从压缩罐里快速释放气体的"嘶嘶"声。

2）应急处置措施

能够及时感知到一些警示特性、迹象或者表现出一些症状的人员个体，是采取相应的应急处置措施的基础。当发生的恐怖袭击事件被察觉或检测出来之后，在现有工程技术条件下地下建筑可采用的应急处置措施主要包括：人员的疏散、人员的就地避难、采取个人防护措施、采取空气过滤与净化措施、采取应急通风措施。

（1）人员的疏散。

对于建筑内部出现突发污染的情况，有秩序地组织人员疏散通常是最简单有效的处置措施。但是在疏散的过程中需要明确两点：①污染源的位置是在室内还是室外；②疏散过程是否还会带来其他的风险。在地面环境出现大面积污染的情况下，往往需要采取就地避难的措施，而不是组织人员疏散。在疏散通道出现高浓度污染的情况下，则需要考虑使用个人防护设备，如防毒面罩、防毒头盔、防毒服等。在多数情况下，可以参考用于火灾的疏散措施，但是需要注意到生化及放射性污染随气流扩散的规律与火灾烟气扩散规律的不同。对于具体地下建筑，应当设定可能的恐怖袭击场景，分析在可能的袭击场景下污染物的扩散规律，这对于制订正确的人员疏散措施是必要的。人员疏散到地面后的避难场地应当在主要出入口和进、排风口的上风侧，并保持 30 m 以上的距离。

（2）人员的就地避难。

当污染源出现在地下建筑外部，以及在地下建筑的主要疏散通道被污染的情况下，人员的疏散时间过长，或者在疏散的过程中存在未知风险的情况时，应当组织室内人员就地避难。在地下建筑中可以设置内部避难区，以满足突发恐怖袭击情况下人员的临时避难需求。在没有条件设置内部避难区的情况下，也可以通过通风空调系统的气流组织和压力控制，在地下建筑中的特定区域形成适合人员临时避难的环境。在采取就地避难措施时，应当通过广播等手段，给予室内人员及时的指导，使他们能够在短的时间内进入避难区。

（3）采取个人防护措施。

在地下建筑中平时应存储一些个人防护的设备，如防毒面具、防护头罩、防护服等。应当注意的是个人防护设备通常情况下只能用于防范指定类型的污染物，对于影响范围很广的生化及放射性污染还没有通用的个人防护设备。应当在平时组织室内工作人员熟知个人防护设备的正确使用方法，并组织必要的演练。

（4）采取空气过滤与净化措施。

在地下建筑的通风空调系统中设置用于平时运行的高效过滤器，可以对建筑提供连续的保护。安装高效过滤设备的另一个好处是可以有效控制地下建筑内部滋生的各种细菌和病毒的传播，有助于提高室内空气品质和减少呼吸系统疾病。采用高效过滤器也会相应地增加地下建筑的投资、通风空调系统的运行阻力和系统能耗。

为了协调平时和突发事件情况下对空气净化的不同需求，可以考虑在建筑中设置备用的空气过滤和净化设备，在恐怖袭击发生的情况下启用这些备用设备，可以一定程度上控制污染物随着通风空调系统传播和扩散。备用的空气过滤和净化设备包括高效的过滤器、化学污染的吸附装置、紫外线杀菌装置、光催化氧化装置等。

（5）采取应急通风措施。

在地下建筑遭受恐怖袭击并被污染的情况下，采用合理的通风措施，能够将地下建筑中的污染物排出或者稀释到较低的浓度，这在一定程度上可以减轻室内人员的伤亡。在采取应急通风措施时，应当注意以下几点问题：

①如果污染源在地面或者靠近通风口的位置，应当避免采用通风稀释的措施。

②如果袭击事件即将发生或者刚刚发生，也应当避免采用通风稀释的措施，因为污染物主要利用通风空调系统进行传播，在这种情况下启用通风稀释措施将会加剧污染物的扩散。

③如果污染源出现在建筑外部，只有在外部染毒情况被确认已经消除的情况下，才能启

用通风或排烟系统对污染物进行稀释。

④在采取应急通风措施之前，应当确认排风口的位置远离地面人员的活动区域，并且组织地面相邻区域的人员及时疏散到指定的安全地点。

3. 事后恢复措施

事后恢复措施是指在袭击发生后，为减轻灾害后果，尽快恢复地下建筑的正常使用功能而采取的一系列技术措施。

考虑到污染物在地下建筑内表面的吸附，在袭击事件发生后，必须彻底地清除建筑内部的污染，方可恢复正常使用。生化及放射性污染物的清除，具有难度大、时间长、技术要求高等特点。与化学污染相比，生物和放射性污染的清除难度通常更大。对于一些霉菌类的生物污染，通常需要用消毒剂擦洗污染表面，对于污染较为严重的情况，有时只能是将建筑报废。而遭受放射性污染的地下建筑，可能经过几年的时间都无法恢复正常使用。"9·11"事件后，一些非损伤性的洗消方法开始应用于对建筑中难以接触的表面进行消毒，并缩短消毒时间。这些方法包括漂白土吸附，蒸汽加热清毒，漂白粉、DS2、臭氧、二氧化氯消毒等。一些新的方法也正在发展之中，如美国圣地亚国家实验室（SNL）开发的 SNL 泡沫可采用泡沫、液体喷洒、熏蒸的方式用于多种生化制剂的洗消，美国国防部高级研究计划局（DARPA）正在研究利用伽马射线进行洗清的方法，等等。

参考文献

[1] 张守中. 爆炸与冲击动力学[M]. 北京：兵器工业出版社，1993.

[2] 李新乐. 工程灾害与防灾减灾[M]. 北京：中国建筑工业出版社，2012.

[3] 王明洋，宋春明，蔡浩. 地下空间防爆与防恐[M]. 上海：同济大学出版社，2014.

[4] 童林旭. 地下空间内部灾害的类型和成因[J]. 地下空间，1996(4)：228-232.

[5] 李英民，王贵珍，刘立平，等. 城市地下空间多灾种安全综合评价[J]. 河海大学学报（自然科学版），2011，39(3)：285-289.

[6] 赵衡阳. 气体和粉尘爆炸原理[M]. 北京：北京理工大学出版社，1996.

[7] 宁建国，王成，马天宝. 爆炸与冲击动力学[M]. 北京：国防工业出版社，2010.

[8] 曹凤霞. 爆炸综合毁伤效应研究[D]. 南京：南京理工大学，2008.

[9] GJB 5212—2004. 云爆弹定型实验规程[S].

[10] ZUCKERMAN S. Experimental Study of Blast Injuries to Lungs[M]. The lancet, 1940.

[11] RICHMOND D R. New air blast criteria for man[R]. 1986, AD-P005339：894-908.

[12] BAKER W E. Explosion Hazards and Evaluation[M]. Amsterdam：Elsevier, 1983.

[13] BAKER W E, TANG M J. Gas, Dust and Hybrid Explosions[M]. Elsevier, 1991.

[14] 李铮. 空气冲击波作用下的安全距离[J]. 爆炸与冲击，1984，4(2)：39-52.

[15] 王新建，景国勋. 爆破空气冲击波及其预防[J]. 中国人民公安大学学报（自然科学版），2003，4：41-43.

[16] 孙艳馥，王欣. 爆炸冲击波对人体损伤与防护分析[J]. 火炸药学报，2008，31(4)：50-53.

[17] 李峰. 城市地下交通空间爆炸人员及结构毁伤研究[D]. 西安：长安大学，2014.

[18] HARRIS R G, JOSEPH J C. Risk Assessment and Management for the Chemical Process Industry[M]. New York：VNR, 1991.

[19] BOB S, DAVID D. Air emissions monitoring system for predictive maintenance and environmental compliance

[J]. Powder Handling & Processing, 1997, 9(4): 364-366.

[20] GB 6722—2014. 爆破安全规程[S].

[21] 钱七虎. 如何应对爆炸恐怖[M]. 北京: 科学出版社, 2006.

[22] Whitham GB. Linear and Nonlinear Waves[M]. New York: John Wiley and Sons, 1974.

[23] 郭伟国, 李玉龙, 索涛. 应力波基础简明教程[M]. 西安: 西北工业大学出版社, 2007.

[24] 王礼立. 应力波基础[M]. 2版. 北京: 国防工业出版社, 2005.

[25] 李夕兵. 凿岩爆破工程[M]. 长沙: 中南大学出版社, 2011.

[26] 李夕兵. 岩石动力学基础与应用[M]. 北京: 科学出版社, 2014.

[27] (俄)奥尔连科. 爆炸物理学[M]. 孙承纬, 译. 北京: 科学出版社, 2011.

[28] 钱七虎. 防护结构计算原理[M]. 南京: 工程兵工程学院, 1980.

[29] Theodor K. Modern Protective Structures (Civil and EnvironmentalEngineering)[M]. Boca Raton: CRC Press, 2008.

[30] 李杰. 特种建筑物抗爆安全与防护评估[D]. 南京: 解放军理工大学, 2007.

[31] 徐英仲. 井下大爆破空气冲击波的计算[J]. 矿业研究与开发, 1996, 16(S1): 136-138.

[32] 杨科之, 杨秀敏. 坑道内化爆冲击波的传播规律[J]. 爆炸与冲击, 2003, 23(1): 37-40.

[33] 王年桥. 防护结构计算原理与设计[M]. 南京: 工程兵工程学院, 2008.

[34] 贾建伟. 岩石中隧道内爆炸动力响应分析[D]. 哈尔滨: 中国地震局工程力学研究所, 2010.

[35] 邬玉斌. 地下结构偶然性内爆炸效应研究[D]. 哈尔滨: 中国地震局工程力学研究所, 2011.

[36] GB 50038—2005. 人民防空地下室设计规范[S].

[37] 方秦, 柳锦春. 地下防护结构[M]. 北京: 中国水利水电出版社, 2010.

[38] 周子龙, 李夕兵, 洪亮. 地下防护工程与结构[M]. 长沙: 中南大学出版社, 2014.

[39] 孔德森, 孟庆辉, 张伟伟. 地铁结构的内爆炸效应与防护技术[M]. 北京: 冶金工业出版社, 2012.

[40] 张志勇. 浅析瘟疫对古代战争的影响[J]. 南方论刊, 2013(6): 42-45, 68.

[41] 蔡浩, 龙惟定, 朱培根, 等. 生化及放射性袭击对建筑环境安全的威胁与对策[J]. 建筑热能通风空调, 2005, 24(6): 24-49+61.

[42] Federal Emergency Management Agency. Building Design for Homeland Security Instructor Guide[R]. 2004.

[43] Federal Emergency Management Agency. Reference Manual to Mitigate Potential Terrorist Attacks Against Buildings[R]. 2003.

[44] 蔡浩, 龙惟定, 朱培根, 等. 生化及放射性恐怖袭击与城市地下建筑环境安全研究[J]. 地下空间与工程学报, 2005, 1(2): 171-177.

[45] LAFREE G. Generating Terrorism Event Databases: Results from the Global Terrorism Database, 1970 to 2008[M]. Springer, 2012.

[46] QURESHI K A, BARRERA M M, ERWIN M M, et al. Health and safety hazards associated with subways: a review[J]. Journal of Urban Health, 2005, 82(1): 10-20.

[47] 蔡浩, 朱培根, 王晋生, 等. 生化及放射性威胁下地下工程的安全评估与决策[J]. 建筑热能通风空调, 2005, 24(2): 84-88.

第6章 地下工程施工灾害

地下矿井、地铁、地下管廊和穿江隧道等地下工程的施工主要包括开拉、支护以及为保障安全高效采取的一些灾害防拉和施工组织的手段。只有充分认识地下工程施工方法特点及客观规律，采取合理的开挖与支护的施工组织，才能有效地防止地下工程施工灾害的发生。本章将主要介绍地下工程开挖方法、地下工程施工灾害、深部开挖岩爆灾害及地下工程支护，从而为地下工程施工灾害发生机理的掌握和灾害防治措施的学习奠定基础。

6.1 地下工程开挖方法

地下工程根据使用功能、工程地质及水文地质条件和周围地理环境的不同，开挖方法分为明挖法、暗挖法和特殊开挖方法，如图6-1所示。其中，明挖法和暗挖法中的矿山法、盾构法在工程中较为常用。

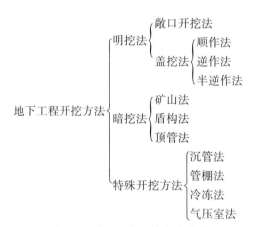

图6-1 地下工程开挖方法分类

6.1.1 明挖法

1. 明挖法施工简介

明挖法是指地下结构工程施工时，从地面向下分层、分段依次开挖，直至达到结构要求的尺寸和高程，然后在基坑中进行主体结构施工和防水作业，最后回填恢复地面。实际工程施工中，根据工程地质条件、开挖工程规模、地面环境条件、交通状况等确定。

一般在地形平坦，埋深小于30 m时，采用明挖法具有很好的实用价值。明挖法适应性强，适用于任何岩(土)体，可以修建各种形状的结构物；明挖法可以为地下结构的施工创造最大限度的工作面，各项工序可以全面铺开，进行平行流水作业，因而施工速度快；明挖法施工技术比较简单，便于操作，工程质量有保证。在地面交通和环境条件允许的地方，应优先选择明挖法。

常见的浅埋式地下工程有地铁车站、地铁行车通道、城市地下人行通道、地下综合管网工程等，这些浅埋式地下工程覆土厚度（埋入土中深度）为5~10 m，一般都采用明挖法施工。在某些情况下，有的埋置深度达十几米甚至二十几米的地下工程，也可以采用明挖法施工。

2. 明挖法施工工序

明挖法主要施工工序为道路拆除和恢复、土石方开挖和运输、降水、钢筋混凝土结构制作、结构防水、地基加固和监测检测等。按主体结构的施作顺序，明挖法又可分为敞口开挖法、盖挖顺作法、盖挖逆作法、盖挖半逆作法等，后三种方法又可统称为盖挖法或明挖覆盖施工法。

1）明挖顺作法（敞口开挖法）

明挖顺作法是先从地表面向下开挖基坑至基底设计标高，然后在基坑内的预定位置由下而上地建造主体结构及防水措施，最后回填土并恢复路面。明挖施工一般可分为四大步骤：围护结构施工→内部土石方开挖→工程结构施工→管线恢复及覆土。明挖区间隧道和明挖车站的施工步骤基本相似，但前者的主体结构较为简单。明挖车站的施工步骤如图6-2所示。

第一步：正式围挡及降水井施工。

第二步：围护桩施工，开挖土方至桩顶冠梁下0.5 m处，施作桩顶冠梁。

第三步：分层开挖基坑，架设支撑，开挖到基坑底部，施作接地网、底垫层。

第四步：施作底板及站台层侧墙防水层，施作底板、底梁及立柱钢筋和混凝土。

第五步：拆除下部支撑，施作侧墙防水层，依次施作边墙、中板、中梁、立柱钢筋和混凝土。

第六步：拆除中部支撑，依次施作站厅层侧墙、顶板、顶梁钢筋及混凝土，施作顶板防水层及压顶梁。

第七步：待顶板达到设计强度后，拆除第一道支撑，回填并恢复地下管线，施作永久路面。

第八步：施作车站内部结构。

具体施工方法应根据工程地质条件、围护结构形式确定。对于地下水位较高的区域，为避免土石方开挖时由水土流失引起的基坑坍塌和对周围环境的不利影响，在施工过程中可以采取坑外降水或坑内降水。内部土石方开挖时根据土质情况采取纵向分段、竖向分层、横向分块的开挖方式；同时考虑一定的时间和空间效应，减少基底土体暴露时间，尽快施作主体结构。主体结构一般采用现浇整体式钢筋混凝土框架结构。

明挖区间隧道及车站主体结构多采用矩形框架结构，部分采用拱形结构。根据功能要求及周围环境影响，可以采用单层单跨、单层多跨、多层单跨、多层多跨等不同的结构形式。侧式车站一般采用双跨结构，岛式车站多采用三跨结构，在道路狭窄和场地受限的地段修建地铁车站，也可采用上下行重叠结构。

2）盖挖顺作法

明挖法的施工顺序是在开挖到基坑预定深度后，按照结构底板、侧墙（中柱或中墙）、顶板的顺序修筑。当路面交通不能长期中断时，可采用盖挖顺作法施工。盖挖顺作法的施工步骤如图6-3所示。先在现有道路上，按照所需宽度，在地表完成基坑围护结构后，以定型的

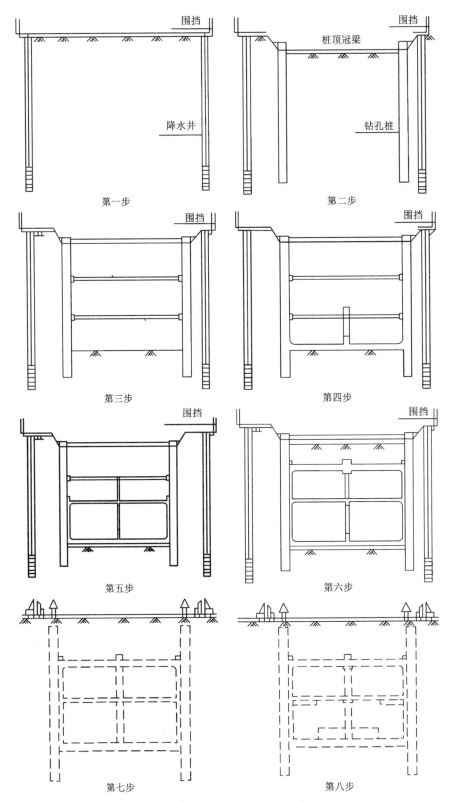

图 6-2 明挖车站施工步骤(明挖顺作法)

预制标准覆盖结构(包括纵、横梁及路面板)置于围护结构上维持交通,再往下反复进行开挖和加设横撑,直至基坑设计标高。然后依次序由下而上建筑主体结构和防水,顶板施工完毕后,拆除预制标准覆盖结构,回填土并恢复管线路或埋设新的管线路。最后,视需要拆除围护结构的外露部分,恢复路面交通。

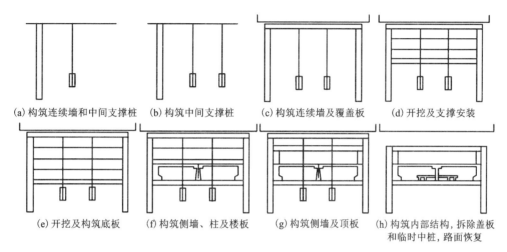

(a) 构筑连续墙和中间支撑桩　(b) 构筑中间支撑桩　(c) 构筑连续墙及覆盖板　(d) 开挖及支撑安装

(e) 开挖及构筑底板　(f) 构筑侧墙、柱及楼板　(g) 构筑侧墙及顶板　(h) 构筑内部结构,拆除盖板和临时中桩,路面恢复

图 6-3　盖挖顺作法施工步骤

3) 盖挖逆作法

如果开挖面较大、覆土较浅、沿线建筑物过于靠近,为尽量防止因开挖基坑而引起邻近建筑物的沉陷,或需及早恢复路面交通,临时覆盖结构难以实现或成本较高时,可采用盖挖逆作法施工。

盖挖逆作法的施工步骤如图 6-4 所示。先在地表面向下施作基坑的围护结构和中间桩柱,和盖挖顺作法一样,基坑围护结构多采用地下连续墙,或钻孔灌注桩,或人工挖孔桩。中间桩柱则多利用主体结构本身的中间立柱以降低工程造价。随后即可开挖表层土至主体结构顶板底面标高,利用未开挖的土体作为土模浇筑顶板。浇筑后的顶板还可以作为一道强有力的横撑,以防止围护结构向基坑内变形,待回填土后将道路复原,恢复交通。以后的工作都是在顶板覆盖下进行,即自上而下逐层开挖并建造主体结构直至底板。在特别软弱的地层中,且邻近地面建筑物时,除以顶、楼板作为围护结构的横撑外,还需设置一定数量的临时横撑,并施加不小于横撑设计轴力 70%~80% 的预应力。

4) 盖挖半逆作法

盖挖半逆作法类似盖挖逆作法,其施工步骤如图 6-5 所示,区别仅在于顶板完成及恢复路面后,向下挖土至设计标高后先修筑底板,再依次序向上逐层建筑侧墙、楼板。在盖挖半逆作法施工中,一般都必须设置横撑并施加预应力。

采用盖挖逆作法或盖挖半逆作法施工时都要注意混凝土施工缝的处理问题,因为施工时是在上部混凝土达到设计强度后再接着往下浇筑的,而由于混凝土的收缩及析水,施工缝处不可避免地要出现 3~10 mm 宽的缝隙,将对结构的耐久性和防水性产生不良影响。

针对混凝土施工缝存在的上述问题,可采用直接法、注入法或充填法处理。直接法是传

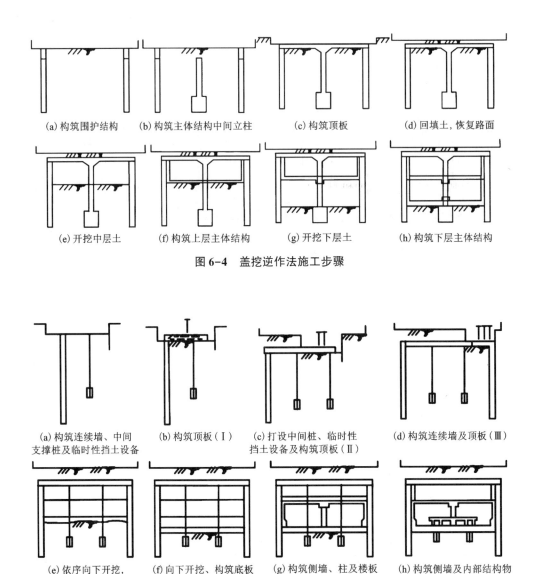

(a) 构筑围护结构　　(b) 构筑主体结构中间立柱　　(c) 构筑顶板　　(d) 回填土,恢复路面

(e) 开挖中层土　　(f) 构筑上层主体结构　　(g) 开挖下层土　　(h) 构筑下层主体结构

图 6-4　盖挖逆作法施工步骤

(a) 构筑连续墙、中间　　(b) 构筑顶板（Ⅰ）　　(c) 打设中间桩、临时性　　(d) 构筑连续墙及顶板（Ⅲ）
支撑桩及临时性挡土设备　　　　　　　　　　挡土设备及构筑顶板（Ⅱ）

(e) 依序向下开挖,　　(f) 向下开挖、构筑底板　　(g) 构筑侧墙、柱及楼板　　(h) 构筑侧墙及内部结构物
逐层安装水平支撑

图 6-5　盖挖半逆作法施工步骤

统的施工方法,不易做到完全紧密接触;注入法是通过预先设置的注入孔向缝隙内注入水泥浆或环氧树脂;充填法是在下部混凝土浇筑到适当高度,清除浮浆后再用无收缩或微膨胀的混凝土或砂浆充填。充填的高度,用混凝土充填为 1.0 m,用砂浆充填为 0.3 m。为保证施工缝的良好充填,一般在柱中最好设置"V"形施工缝,其倾角以小于 30°为宜。

3.明挖法施工特点

1)明挖顺作法(敞口开挖法)施工特点

(1)对周边环境影响较大。明挖顺作法由于要在主体结构修筑完成后才回填土并恢复路面,施工过程中较长时间地隔断路面交通,对地面交通影响大;明挖结构与暗挖结构相比,施工时需对顶板上方的管线进行拆改移。

（2）受地质条件影响较大。软弱地层地段对深基坑的稳定及变形控制要求高，硬岩地层地段对市内基坑爆破的噪声及震速控制要求高；在地下水位较高地段施工时，地下水的过量抽排易造成基坑失稳及周边建（构）筑物变形，对基坑施工的安全影响很大。

（3）易受暴雨、台风等外界自然因素影响。

（4）明挖（敞口开挖）法占用场地大，挖方量及填方量大。

（5）施工速度快，工期短，易于保证工程质量，工程造价低。

2）盖挖法施工特点

盖挖顺作法与明挖顺作法在施工顺序和技术难度上差别不大，仅挖土、出土和结构施工等受盖板的限制，无法使用大型机具，需要采用特殊的小型、高效机具和精心组织施工。

盖挖逆作法、半逆作法和明挖顺作法相比，除施工顺序不同外，还具有以下特点：

（1）对围护结构和中间桩柱的沉降量控制严格，减少了对顶板结构受力变形的不良影响。

（2）中间柱如为永久结构，则其安装就位困难，施工精度要求高。

（3）为保证不同时期施工的构件间相互连接，应将施工误差控制在较小范围内，并有可靠的连接构造措施。

（4）除非是在非常软弱的地层中，否则一般无须再设置临时横撑，这样不仅可节省大量钢材，也为施工提供了方便。

（5）与盖挖顺作法一样，其挖土和出土速度成为决定工程进度的关键因素。

6.1.2　矿山法

矿山法，又称钻爆法，是指通过机械或人工对地下岩体钻凿炮眼，然后装填炸药进行爆破作业来开挖地下工程的方法。矿山法是一种最常用的岩体地下工程开挖方法，广泛用于地质勘探、采矿、水利、筑路、隧道等工程建设中。矿山法施工已从早期由人工手把钎、锤击凿孔，用火雷管逐个引爆单个药包，发展到了用凿岩台车或多臂钻车钻孔，应用数码雷管进行微差爆破、预裂爆破及光面爆破。

1. 矿山法施工工序

矿山法施工工序及流程如图 6-6 所示。

（1）钻眼。

钻眼，即钻炮眼。钻眼前，先在工作面布孔，应严格按照炮眼布置图布孔。工作面上的炮眼布置，应以洞室中线为基准，准确地定出掏槽眼、周边眼和辅助眼的位置，并做好标记，然后进行施工作业。其中，掏槽眼误差不得大于 5 cm，若偏差较大，应重新钻进，以保证钻眼质量。炮眼的钻眼设备是凿岩机，常用凿岩机的类型有气腿式凿岩机和凿岩台车。

（2）装药。

炸药药卷在炮孔（眼）内的安置方式称为装药结构形式，它是影响爆破效果的重要因素。合理的装药结构形式应使药卷均匀地分布在炮眼中，并能有效地控制炸药猛度对围岩的破坏作用。

炮眼的装药结构形式有：

①耦合装药：炸药直径与炮孔直径相同，炸药与炮孔壁之间不留间隙。

②不耦合装药：炸药直径小于炮孔直径，炸药与炮孔壁之间留有间隙。

③连续装药：炸药在炮孔内连续装填，不留间隔。

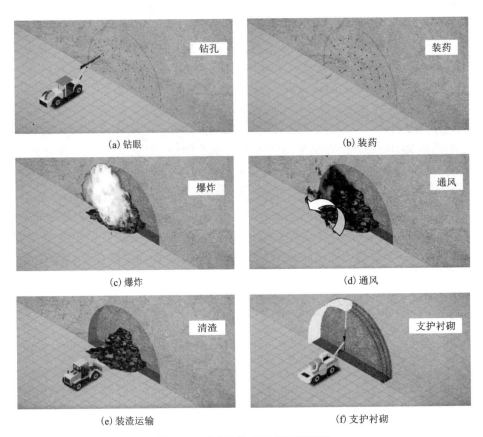

(a) 钻眼	(b) 装药
(c) 爆炸	(d) 通风
(e) 装渣运输	(f) 支护衬砌

图 6-6　矿山法施工工序及流程图

④间隔装药：炸药在炮孔内分段装填，炸药之间由炮泥、木垫或空气柱隔开。

隧道爆破时，一般掏槽炮眼采用连续耦合装药，不耦合装药系数(炮孔直径与药包直径的比值称为不耦合系数)接近于 1；辅助炮眼采用连续不耦合装药，不耦合装药系数为 1.3~1.5；周边炮眼若采用小直径药卷连续装药，不耦合装药系数宜为 2，若间隔装药，不耦合装药系数在 1.5~2.0。装药时应严格按照设计药量装填，装药总长度不宜超过炮眼深度的 2/3，炮眼口剩余长度用炮泥封塞。常见的装药方式有正向起爆装药和反向起爆装药。

(3)起爆。

起爆网络必须按设计起爆顺序和起爆时间起爆每个药卷。采用导爆管起爆时，连接必须准确，簇联每束不超过 15 根导爆管，也可以使用双雷管起爆以实现"准爆"。所有的连接雷管必须使用即发雷管(即毫秒管)，连接必须牢靠。如果采用电雷管起爆，电力起爆位置应设置在安全距离以外(一般 300 m 以外)。

(4)通风。

通风具有三个作用：①保持工作面合适的温度；②排出炮烟及有害气体；③提供新鲜风流，改善劳动条件，保障作业人员身体健康。

矿山法掘进要求放炮后 15 min 内能把工作面的炮烟排出；按掘进工作面同时工作的最多人数计算，每人每分钟的新鲜空气量不应小于 4 m³；风速不得小于 0.15 m/s；采用混合式通风时，压入式扇风机必须在炮烟全部排出工作面后方可停止运转。通风方式有压入式通风、抽出式通风和混合式通风。

（5）装渣和运输。

装渣与运输是地下工程掘进中劳动量最大、占循环时间最长的工序，占掘进工作量的35%~50%。装渣即把开挖爆破后的岩渣装入运输车辆。装渣可以采用人力装渣或机械装渣。人力装渣劳动强度大、速度慢，在短隧道缺乏机械或断面小无法使用机械装渣时才考虑使用。机械装渣的速度快，可缩短作业时间，目前地下工程矿山法施工中主要采用机械装渣，但仍需少数人工辅助。装渣机又叫装岩机，由于大多数地下隧洞工程断面尺寸有限，工作环境相对较差，因此要求装岩机尺寸小、坚固耐用、操作方便和生产效率高。装渣机按扒渣机构型式可分为铲斗式、蟹爪式、立爪式、挖斗式。铲斗式为间歇性非连续装渣机，蟹爪式、立爪式、挖斗式为连续性装渣机。

爆破后产生的岩渣和矿山法施工所需的材料运输方式分为有轨运输和无轨运输两种，应根据地下隧洞长度、开挖方法、机具设备和运量大小等因素选用合适的运输方式。有轨运输是铺设小型轨道，用轨道式运输车出渣进料。有轨运输多采用电瓶车及内燃机车牵引，斗车或梭式矿车运渣，它可适应大断面开挖的隧道，更适用于小断面开挖的隧道，尤其适用于较长的隧道运输（3 km 以上），是一种适应性较强、较为经济的运输方式。无轨运输主要是指汽车运输。随着大型装载机械和重型自卸汽车的研制和生产，无轨运输在地下工程掘进中得到越来越广泛的应用。无轨运输无须铺设运输轨道，且运输速度快，管理工作简单，配套设备少。但汽车运输排放废气，对洞内空气污染较为严重，尤其是长期在长隧道使用时，需要有强大的通风设施。由于无轨运输采用的装渣和运渣设备均是自行式，因此，调车作业要解决好回车、错车和装渣场地问题。

（6）支护衬砌。

安全支护是地下工程施工的一个重要环节，只有在确认围岩十分稳定的情况下，方可不加支护。地下工程支护方法的选择需考虑围岩性质、洞室结构、断面尺寸、开挖方法和围岩暴露时间等因素。

地下工程支护按支护作用可分为永久支护（二次衬砌）和临时支护（初期支护）；按支护原理，可以分为主动支护和被动支护。其中，主动支护包括锚杆支护、喷射混凝土支护、锚喷支护、预应力锚索支护等多种形式，主动支护充分利用了围岩的承载能力，与围岩一起共同承受围岩压力；被动支护是靠支护本身的强度来支撑围岩，如棚式（木、金属棚架）支护、砌碹支护和现浇混凝土衬砌等。

2. 矿山法施工特点

矿山法施工需根据隧道不同的地质条件、断面形状与面积、长度、支护形式、埋深、施工技术与装备、工期等因素确定隧道断面开挖的方法。矿山法隧道开挖方法可分为全断面开挖法、台阶开挖法和分部开挖法。

（1）全断面开挖法。

全断面开挖有较大的工作空间，适用于大型配套机械化施工，施工速度较快，且因单工作面作业，便于施工组织和管理。一般应尽量采用全断面开挖法。但全断面开挖法开挖面大，围岩相对稳定性降低，且每循环工作量相对较大，因此要求具有较强的开挖、出渣能力和相应的支护能力。

（2）台阶开挖法。

台阶开挖法可以有足够的工作空间和较快的施工速度，但上下部作业有干扰。台阶开挖虽增加了对围岩的扰动次数，但台阶有利于保障开挖面的稳定。尤其是上部开挖支护后，下部作业就较为安全，但应注意下部作业时对上部稳定性的影响。

（3）分部开挖法。

分部开挖因减小了每个巷道的跨度（宽度），能显著增强巷道围岩的相对稳定性，且易于进行局部支护，因此它主要适用于围岩软弱、破碎严重的隧道或设计断面较大的隧道。分部开挖由于作业面较多，各工序相互干扰较大，且增加了对围岩的扰动次数，若采用钻爆掘进，则更不利于围岩的稳定，施工组织和管理的难度较大。

6.1.3 盾构法

1. 盾构法简介

盾构法是一种全机械化施工方法，主要用于区间隧道的开挖。它是将盾构机械（见图6-7）在地层中推进，通过盾构外壳和管片支承四周围岩防止发生隧道内坍塌，同时在开挖面前方用切削装置进行土体开挖，通过出土机械将渣土运至洞外，然后通过千斤顶在后部加压顶进，并拼装预制混凝土管片，形成隧道结构（见图6-8）的一种机械化施工方法。

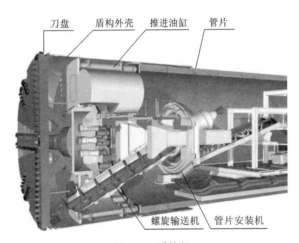

图 6-7　盾构机

图 6-8　掘进成型的盾构隧道

盾构法施工能最大限度地减少对地面建（构）筑物及地层内埋设物的影响。目前地铁隧道施工中使用最多的是泥水平衡盾构机和土压平衡盾构机，这两种机型由于将开挖和稳定开挖面结合在一起，无须其他辅助施工措施就能适应地质情况变化较大的地层。

2. 盾构法施工工序

盾构施工的主要工序包括掘进、渣土排运和管片衬砌安装。在掘进过程中还有对盾构机参数、掘进线形、注浆、地表沉降等进行设定和控制。盾构法施工的主要步骤是：（1）在盾构隧道的起始端和终端各建一个工作井；（2）盾构机在起始端工作井内安装就位；（3）依靠盾构千斤顶推力（作用在工作井后壁或已拼装好的衬砌环上）将盾构机从起始工作井的墙壁开孔处推出；（4）盾构机在地层中沿着设计轴线方向推进，在推进的同时不断出土和安装衬砌管片；(5)及时地向衬砌背后的空隙注浆，防止地层移动并固定衬砌环位置；(6)施工过程中适时施作衬砌防水；(7)盾构机进入终端工作井后拆除，如施工需要也可穿越工作井后再向前推进。图6-9为盾构掘进施工流程图。

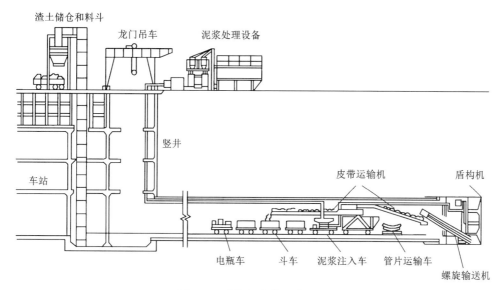

图6-9 盾构掘进施工流程图

3. 盾构法的主要技术特点

盾构法地铁隧道施工具有自动化程度高、节省人力、施工速度快、一次成洞、不受气候影响、开挖时可控制地面塌陷、能减少对地面建筑物的影响和在水下开挖时不影响水面交通等特点，在隧道洞线较长、埋深较大的情况下，用盾构法施工更为经济合理。盾构法在施工长度大于500 m的情况下才能发挥较为显著的优势，因为盾构机造价昂贵，加上盾构竖井建造的费用和用地问题，盾构法一般适用于长隧道施工，对短于500 m的隧道采用盾构法施工则认为是不经济的。盾构法施工的主要技术特点如下：

(1)对城市的正常功能及周围环境的影响很小。盾构法施工除盾构竖井处需要一定的施工场地外，隧道沿线不需要施工场地，无须进行拆迁，因而对城市的商业、交通、居住等影响很小；可以在深部穿越地上建筑物、河流，在地下穿过各种埋设物和既有隧道而不对其产生不良影响；施工一般无须采取地下水降水等措施，也无噪声、振动等施工污染。

(2)盾构是根据隧道施工对象"量身定做"的。盾构是适合某一区间隧道的专用设备，必须根据施工隧道的断面大小、埋深条件、围岩特征进行设计、制造或改造。当将盾构转用于其他区间或其他时，必须考虑断面大小和开挖面稳定机理等基本条件是否相同，有差异时要进行针对性改造，以使其适应新的地质条件。盾构必须以工程为依托，与水文地质和工程地质条件密切结合。

(3)对施工精度的要求高。区别于一般的土木工程，盾构施工对精度的要求非常之高。由于断面不能随意调整，因此对隧道轴线的偏离、管片拼装精度也有很高的要求。

(4)盾构施工不可后退。盾构施工一旦开始，盾构就无法后退。由于管片内径小于盾构内径，如要后退必须拆除已拼装的管片，这是非常危险的。另外，盾构后退也会引起开挖面失稳、盾尾止水带损坏等一系列问题。所以，盾构施工的前期工作是非常重要的，一旦遇到障碍物或刀具磨损等问题，只能通过辅助施工措施，打开隔板上设置的出入孔，从压力人仓进入土仓进行处理。

4. 盾构法的优点与不足

盾构法与传统地铁隧道施工方法相比，具有地面作业少、对周围环境影响小、自动化程度高、施工快速优质高效、安全环保等优点。随着长距离、大直径、大埋深、复杂断面盾构施工技术的发展、成熟，盾构法越来越受到重视和青睐，目前已逐步成为地铁隧道的主要施工方法。近年来，盾构施工技术在北京、上海、广州、深圳等城市的地铁工程中得到了较为广泛的应用。结合该工法特点，其主要具有以下优点：

(1)快速。盾构是一种集机、电、液压、传感、信息技术为一体的隧道施工成套专用特种设备，盾构法施工的地层掘进、出土运输、衬砌拼装、接缝防水和盾尾间隙注浆充填等作业都在盾构保护下进行，实现了工厂化施工，掘进速度较快。

(2)优质。盾构法施工采用管片衬砌，洞壁完整、光滑、美观。

(3)高效。盾构法施工速度较快，缩短了工期，较大程度上提高了经济效益和社会效益；同时盾构法施工用人少，降低了劳动强度和材料消耗。

(4)安全。盾构法施工改善了作业人员的洞内劳动条件，减少了体力劳动量；施工在盾壳的保护下进行，避免了人员伤亡，减少了安全事故。

(5)环保。盾构法施工场地作业少，隐蔽性好，噪声、振动引起的环境影响小；穿越地面建筑群和地下管线密集区时，周围可不受施工影响。

(6)隧道施工的费用和技术难度基本不受覆土深浅的影响，适宜建造覆土深的隧道。当隧道越深、地基越差、土中影响施工的埋设物越多时，与明挖法相比，盾构法在经济上和施工进度上越有利。

(7)穿越河底或海底时，隧道施工不影响航道，也完全不受气候影响。

(8)自动化、信息化程度高。盾构采用了计算机控制、传感器、激光导向、测量、超前地质探测、通信等技术，是集机、电、液压、传感、信息技术为一体的隧道施工成套设备，具有自动化程度高的优点。盾构具有施工数据采集功能、盾构姿态管理功能、施工数据管理功能、施工数据实时远程传输功能，实现了信息化施工。

盾构法施工主要存在以下不足：

(1)施工设备费用较高。

(2)陆地上施工隧道，覆土较浅时地表沉降较难控制，甚至不能施工；在水下施工时，如覆土太浅，则盾构法施工不够安全，要确保一定厚度的覆土。

(3)用于施工小曲率半径隧道时掘进较困难，对断面尺寸多变的区段适应能力差；在推进中遇到不明的较大孤石时处理难度大。

(4)盾构法施工隧道上方一定范围内的地表沉降尚难完全防止，特别是在饱和含水松软的土层中，要采取严密的技术措施才能把沉降控制在很小的限度内，目前还不能完全防止以盾构正上方为中心的土层的地表沉降。

(5)在饱和含水地层中，盾构法施工所用的管片，对达到整体结构防水性的技术要求较高。

(6)施工中的一些质量缺陷问题尚未得到很好解决，如衬砌环的渗漏、裂纹、错台、破损、扭转，以及隧道轴线偏差、地表沉降与隆起等。

6.2 地下工程施工灾害

不同的施工方法具有不同的适用条件,应综合分析各种施工方法对地质条件的适应性、对周边环境的影响,以及综合分析其安全性、经济性和工期要求等。不同施工方法的工程风险也不尽相同。一般来说,明(盖)挖法施工主要有基坑支撑失稳、断桩、管涌等工程风险;暗挖法施工主要有洞内塌方、地面沉陷、涌水等工程风险;矿山法施工主要有岩爆、隧道坍塌及突水突泥等灾害;盾构法施工主要有盾构机卡机等事故。

6.2.1 地下工程施工灾害案例

地下工程中未开挖的岩体处于三维应力状态,经过开挖卸荷后,靠近临空面的隧洞围岩处于二维应力状态,开挖卸荷后极易造成垮塌等灾害,不同的施工方法对围岩的影响程度不同,也会诱发各种不同的地下工程灾害。表6-1统计了不同施工方法诱发的地下工程灾害案例,并且进行了分类总结。

表6-1 地下工程施工灾害案例

时间	地点/工程	灾害类型	事故情况及影响	施工方法
2001年6月18日	万家寨引黄工程	软岩大变形	万家寨引黄工程双护盾盾构机掘进至桩号48+190.477时,在停机的2 h内,快速收缩的围岩将护盾紧紧箍住,围岩变形速率达到3~4 cm/h,即使将操作推力调到最高,也无法使盾构机移动,最后通过在护盾外人工扩挖软弱岩石35 m³,盾构机才得以重新启动	盾构法
2004年9月11日	宜万铁路别岩槽隧道	突水	该次突水规模大、水流急,使洞内模板、防水板、钢筋、电缆、台架、混凝土喷射机、钢筋切割机、混凝土输送泵等席卷而出,并将隧道外约10 m宽度范围内的施工场地冲垮,冲毁下游稻田,淤塞河道,突水后造成出口线路右侧庙坪暗河断流	矿山法
2005年3月6日	都汶高速路董家山隧道	瓦斯燃烧	事故造成正在施工的8名工人受伤	矿山法
2005年12月22日	都江堰至汶川公路隧道	瓦斯爆炸	建设工地发生隧道瓦斯爆炸事故,造成42人死亡、11人受伤	矿山法
2006年9月11日	云南广南—砚山高速公路	隧道坍塌	隧道的突然塌方造成25人被困,经过施救,被困人员全部成功脱险	矿山法
2007年8月5日	湖北省恩施州宜万铁路野三关隧道	突水突泥	事故造成52名施工人员被困,最终造成3人死亡、7人下落不明	矿山法

续表6-1

时间	地点/工程	灾害类型	事故情况及影响	施工方法
2007 年 9 月 7 日	南京地铁	涌水涌砂、地面塌陷	盾构右线隧道出现大股涌水涌砂，左线隧道发生沉降和水平位移，严重开裂渗水，第 8、10 环下部环缝张开，出现漏水漏沙和地面塌陷	盾构法
2007 年 10 月	广州地铁 5 号线坦尾站(工程时名大坦沙站)	地面塌陷	拱顶砂砾层先是漏水，然后塌落，联络通道洞内发生塌方，继而引发地面坍塌	盾构法
2008 年 7 月 22 日	广州地铁珠江新城站	涌水涌砂	洞门密封，下部出现较大涌水涌砂，在 30 多分钟内，涌水量达 300 多 m^3，夹带的涌砂量达 160 余 m^3，涌水涌砂迅速灌满始发井区域的地坑，并漫到车站的其他底板	盾构法
2009 年 1 月 4 日	广州市轨道交通 2/8 号线	地面沉降	事故导致地面下沉达 420 mm，楼体最大倾斜度 5.91%	盾构法
2009 年 11 月 28 日	锦屏二级水电站	岩爆	排水洞的一次极强岩爆导致一台盾构机报废，造成严重的经济损失	盾构法
2010 年 7 月 11 日	广西宾阳县陈平乡隧道	坍塌	事故导致 10 名工人遇难	矿山法
2011 年 6 月 7 日和 8 月 27 日	北京西站	地面塌陷	6 月 7 日晚京西机务段铁路距离右线始发井 5 m 处地表发生塌陷。8 月 27 日丰台工务段北京地铁 10 号线下穿工程现场监护职工发现北京机务段机车出库线与入库线间出现塌方	盾构法
2011 年 7 月 18 日	大连市胜利路东段南山隧道	坍塌	隧道塌方段距离胜利路拓宽改造工程施工地点约 45 m，有 12 人被困，无人员伤亡	矿山法
2011 年 8 月 7 日	泥巴山隧道	岩爆	泥巴山隧道出口右线距离掌子面约 20 m 处，发生大型重度岩爆，岩爆在纵向 40 m 范围内连续出现，最大深度达 3.6 m，3 名现场施工人员被因岩爆而坠落的岩石砸伤	矿山法
2012 年 6 月 22 日	北京地铁将台站	地面塌陷	6 月 22 日将台站始发端洞门处土体发生塌方；6 月 24 日下午 1 号风道到达端地表产生较大沉陷；24 日晚 11 点道路发生塌陷(塌陷区直径 10 m，深约 10 m)，风道被涌入的水土淹没	盾构法
2014 年 10 月 7 日	南宁地铁 1 号线 7 标	坍塌	在鲁班路站至动物园站区间左线隧道 2 号联络通道加固区，工人进入盾构端部的土压仓进行换刀作业，盾构土压仓发生土体坍塌事故，事故造成 1 人死亡、2 人失踪	盾构法

续表6-1

时间	地点/工程	灾害类型	事故情况及影响	施工方法
2014年12月5日	福建厦蓉高速公路后祠隧道	坍塌	施工中的厦蓉高速公路扩容项目A3标段后祠隧道(新建三车道)出口段发生初支塌方,造成21名工人被困	矿山法
2015年8月17日	川藏铁路拉林段巴玉隧道	岩爆	据统计,2015年8月—2018年11月,平导和正洞岩爆发生段累计长达12111 m,其中轻微、中等和强烈岩爆段长度分别为5636 m、4944 m、1531 m	矿山法
2016年2月28日	引汉济渭工程	突水	岭南施工场地突发涌水,最大涌水量达4.6 m^3/d,盾构机被淹没大半,无法工作,抢险历时2个多月	盾构法
2017年3月23日	兰州市水源地建设工程输水隧洞	盾构机卡机	盾构机掘进至桩号T9+199.5时,掘进参数出现异常,刀盘推力由6000 kN增加到9000 kN,刀盘扭矩维持在200~300 kN·m,而贯入速度却从6 mm/r逐渐降低;至5:57,推力增加到10000 kN,贯入速度降到0,此时盾构机刀盘可以正常转动,可以换步,后盾可以向前移动也可以倒退,但刀盘和前盾无法前进	盾构法
2019年1月7日	云南省宣威市杨宣高速公路	坍塌	隧道作业时发生泥土塌方,事故致2人死亡、1人轻伤	矿山法
2021年7月15日	珠海市石景山隧道	透水	石景山隧道施工段1.16 km位置发生透水事故,造成14人死亡	矿山法
2021年11月16日	建德市寿昌镇金桥村杭衢铁路岩塘山隧道	坍塌	钻孔爆破施工时,发生了一起坍塌事故,造成3人死亡,直接经济损失437.4万元	矿山法

（1）坍塌事故案例——福建后祠隧道甲线塌方。

后祠隧道位于漳龙高速公路龙岩段二期A合同段上,为甲、乙线分离式单向双车道,甲线隧道K80+390~K80+410段原设计为Ⅱ类围岩,岩石裂隙发育,富含地下水,围岩整体性、稳定性差。在上导坑掘进过程中,常有小断层和砂性土出现。当上导坑掘进至K80+396掌子面时,约有2.0 m厚断层破碎带,且掌子面地下水发育,拱顶部还出现砂性土质,呈潮湿状,并发生局部小塌方,围岩稳定性差。当对围岩施作初喷混凝土、超前锚杆时,掌子面发生坍塌。随后坍塌范围逐渐扩大,并向隧道轴向延伸。坍塌物充满整个塌腔,坍塌物多为砂性土质并夹带有部分强风化石,塌方压塌K80+396~K80+406段上拱拱架多幅,还造成K80+390~K80+396段初期支护拱顶破坏,出现2道纵向裂缝,缝宽为0.5~1.0 cm。塌方原因:①除岩体破碎、岩性软弱外,地下水的影响是引起塌方的主要原因。地下水的作用致使断层破碎带软化,自稳能力下降,拱顶部砂性土质在地下水作用下发生坍塌。②对K80+396~K405段围岩判别不准确。当该段围岩整体性、稳定性变差时，仍按原设计进行初期支护。③对断层破碎带的出现未做充分准备。

（2）突水事故案例——别岩槽隧道突水。

2004年9月11日，宜万铁路别岩槽隧道出口端上半断面开挖到DK406+422时，掌子面炮眼孔出水量增大，随即洞内施工人员撤离。12：30掌子面爆开，突发大规模涌水，突水洪峰流量36000 m^3/h，洞口涌水高度1.8 m，涌水持续40 min后稳定为500 m^3/h。该次突水规模大、水流急，使洞内模板、防水板、钢筋、电缆、台架、混凝土喷射机、钢筋切割机、混凝土输送泵等席卷而出，并将隧道外约10 m宽度范围内的施工场地冲垮，冲毁下游稻田，淤塞河道，突水后造成出口线路右侧庙坪暗河断流。

（3）地面塌陷事故案例——京西机务段。

京西机务段铁路右线盾构于2011年6月5日安全始发，在推进至第3环时，6月7日晚距离右线始发井5 m处地表发生塌陷，施工单位迅速回填约70 m^3 水泥砂浆，塌陷位置距离最近的铁路股道约21 m，右线盾构刀盘距离最近的铁路股道约14 m，施工单位采取物探等措施确定右线隧道上方和前方地层是否还存在空洞。8月27日，丰台工务段北京地铁10号线下穿工程现场监护职工发现北京机务段机车出库线与入库线间出现塌方。

原因分析：盾构两次始发对该处地层造成较大的扰动，且始发井区域地层存在约9 m厚的回填土，土质松散，盾构井围护桩施工时发生过塌孔，导致地表发生塌陷（盾构第1~3环推进参数控制正常，负环推进过程中无法建立土压力，存在少量的超挖）。

（4）盾构机卡机事故案例——兰州市水源地建设工程输水隧洞。

兰州市水源地建设工程输水隧洞中自取水口往兰州市掘进的1#盾构机从2017年3月9日开始由前震旦系马衔山群石英片岩（桩号T8+836.2）进入加里东期花岗岩段，在加里东期花岗岩段掘进363.3 m后，于2017年3月23日凌晨5：57掘进至4220环1.2 m处（桩号T9+199.5）时出现掘进异常。刀盘转动正常，但刀盘推力由6000 kN增加到9000 kN，刀盘贯入速度由6 mm/r降到0，掘进速度降为0，刀盘扭矩由300 kN·m降到100 kN·m以下，盾构机前盾和刀盘无法前进，此时后盾可移动，可换步；随后盾构机设备在双护盾模式下加大推力至14000 kN，前盾无法移动；之后将盾构机设备换成单护盾模式，推力分别加大至20000 kN和30000 kN，前盾仍无法移动。通过对掌子面、前盾、外伸缩盾上方的围岩进行检查，发现掌子面无明显塌方，但现场将内伸缩盾拉开20 cm后，在11点至2点钟角度范围发现花岗岩岩体挤压住前盾和伸缩盾。现场人员对设备进行了多次检查，在确认盾构机姿态正常、边刀磨损量正常后，初步判断盾构机前盾、伸缩盾外壳被花岗岩岩体挤压住，使得盾构机主推进系统无法提供足够的推力继续掘进，从而造成了盾构机卡机。

6.2.2　地下工程施工灾害类型

采用不同的施工方法，在施工过程中可能会产生不同类型的地下工程灾害事故，主要的地下工程施工灾害包括围岩变形破坏、基坑坍塌、地面塌陷、涌水和突水、盾构机卡机及岩爆等。

1. 明挖法施工灾害类型

明挖法施工过程中，常见的灾害主要发生在基坑工程，主要有如下几种：

（1）围护结构断裂破坏，基坑塌方或坍塌。

（2）基坑渗漏水、流砂、管涌。

（3）围护结构位移过大，超过允许值，威胁到基坑本身和周围环境的安全。

有时基坑本身是稳定的，而周围环境却遭到了破坏，这是由于基坑开挖改变了基坑周围建筑物和地下管线原条件和状态。例如有的基坑降水时本身虽稳定，但周围建筑物却因降水引发地面沉陷而遭到破坏。

基坑工程发生事故，后果是灾难性的，将导致整个基坑支护结构倒塌破坏，不仅会延误工期和耗费大量资金，而且会造成人员伤亡和财产损失，并严重威胁甚至破坏相邻建（构）筑物或地下设施及各种管线的安全。

2. 矿山法施工灾害类型

在矿山法施工中，有塌方、喀斯特塌陷、涌水和突水、洞体缩径、山体变形和支护开裂、泥石流、岩爆等常见的地质灾害问题。尽管这些灾害发生的条件不尽相同，但施工造成的危害却是类似的。

（1）围岩变形破坏。

围岩变形破坏是隧道施工中最常见的地质灾害，表现为松散、破碎围岩体的冒落、塌方、软弱和膨胀性岩土体局部和整体的径向大变形和塌滑，山体变形，支护和衬砌结构的破坏开裂，以及坚硬完整岩体中的岩爆等现象。其中，塌方是隧道施工中最常见的灾害现象之一。围岩失稳所造成的突发性坍塌、堆塌和崩塌，常会造成严重的安全事故。如日本，1984—1997 年，在隧道施工中死亡的 220 人中，因崩塌而死亡的占 26%；意大利和瑞士之间的勒奇山隧道，因坍塌死亡 25 人；我国成昆铁路 415 座隧道施工中有 25% 曾发生过大规模的塌方；川黔线凉风垭隧道因断层夹泥遇水膨胀使平行导坑及正洞遭受巨大压力，从而出现拱顶大量塌方，支撑压裂拱圈和边墙；大秦线西坪隧道一次塌方量达 9000 m³，塌通地面；成昆线红卫隧道因大量涌水和严重塌方被迫改线。这些灾害现象的形成和产生，取决于围岩体的岩性、岩体结构面和结构体的特征，同时与地应力和地下水的状况关系密切。

岩爆是深埋岩质隧道在高应力条件下发生的地质灾害，现场测试和研究表明，岩爆是脆性围岩体处于高地应力状态下的弹性应变能突然释放而发生的破坏现象，表现为片帮、劈裂、剥落、弹射，严重时会引起地震。而其他类型的围岩变形破坏，多发生在断层破碎带、膨胀岩（土）第四系松散岩层、接触不良的软硬岩接触面、不整合接触面、软弱夹层、侵入岩接触带及岩体结构面不利组合地段的地质环境中。

（2）涌水和突水。

涌水和突水是隧道工程中的又一常见地质灾害，其中尤以突水和携带大量碎屑物质的涌水危害性最大。涌水和突水多发于节理裂隙密集带、构造形成的风化破碎带；突水灾害多发于喀斯特洞穴、溶隙发育地段、含水层与隔水层交界面。

据统计，我国 1988 年前已建成隧道中的 80% 在施工中遭遇过突水灾害，总涌水量1 万 m³/d 以上者达 31 座。京广线大瑶山隧道穿越 9 号断层时突水量达 3 万 m³/d，其竖井也曾因突水被淹，损失严重；成昆线沙马拉达隧道（长 6.383 km）曾发生最大达 5.2 万 m³/d 的多次突水，造成停工 32 d，通车后严重漏水，多年的整治耗资近千万元。在国外，日本旧丹那隧道（长 7.804 km）自 1918 年开工后曾 6 次遇到大的突水，水压高达 1.4～4.2 MPa，最大一次大断层突水达 28.8 万 m³/d，贯通时总涌水量达 14.5152 万 m³/d，导致隧道至 1934 年才建成；清水隧道（长 9.70 km）曾遇 1.584 万 m³/d 的突水；大清水隧道（22.22 km）曾遇

12.0384 万 m³/d 的突水；青函隧道(53.85 km)曾 4 次遇 11.52 万 m³/d 的突水，前后共死亡 34 人，伤残 1300 余人，经 5 个多月才控制住，总工期较计划推迟 10 年之久；瑞士与意大利之间的辛普伦 1 号隧道(19.80 km)，为控制山体压力及地下水，比原计划多花了 5 倍资金，时间推迟了 1 年半。

(3)地面沉陷和地面塌陷。

地面沉陷和地面塌陷是伴随着隧道施工过程直至隧道完工之后一段时间内所出现的又一常见地质灾害。地面沉陷一般发生在埋深小于 30 m 的隧道、城市地铁和大型地下管道等工程开挖地段；地面塌陷主要由隧道内长期涌水或大量抽取地下水造成，多发于覆盖层厚度在 5~20 m 的喀斯特发育地区，少数地面塌陷也可以是隧道顶板冒落、塌方而引起。

这类地质灾害除了给隧道线路的施工带来极大困难，更严重的是将恶化工程地区地面的生态环境条件，引发地面建筑物破坏及地表水枯竭等一系列环境问题。如大瑶山隧道喀斯特涌水段上方的班古坳地区约 6.0 km 范围内，就发生了 200 多个塌陷，造成了地表水的枯竭等灾害；襄渝线中梁山隧道(4.98 km)因长期大量突水和涌水，造成隧道顶部地表 48 处井泉干枯、29 个塌陷、8000 亩(533 万 m²)农田失水、居民和牲畜饮水短缺等恶化生态环境的严重问题。

(4)其他隧道地质灾害问题。

在隧道工程中，除以上所述地质灾害问题外，还会发生喀斯特塌陷、暗河溶洞突水、淤泥带突泥、泥石流、高地温、瓦斯爆炸和有害气体突出等不同类型的灾害问题，对隧道的施工和人员设备的安全造成严重的威胁。

3. 盾构法施工灾害类型

在盾构法施工过程中，常见的事故类型为隧道坍塌或塌方、突水、岩爆和盾构机卡机等，隧道坍塌或塌方、突水、岩爆在矿山法施工过程中也会遇到，下面重点介绍盾构机卡机事故。

在深埋长隧洞工程中，卡机事故通常有以下几种现象：

(1)卡刀盘。在隧洞的挖掘过程中，掌子面围岩被破碎之后因无法自稳而出现坍塌，进而被破碎的大量石块就会夹杂着泥水涌入盾构机的刀盘内，这时设备皮带机的出碴量就会突然增加，刀盘扭矩和电机电流急剧上升，最终导致刀盘无法转动，皮带机无法运转。

(2)卡前盾。在隧洞施工的过程中围岩会发生非常大的变形，此时围岩发生破碎的应力就会作用在盾壳上，二者之间就会有摩擦力产生，这个摩擦力往往会比主推进油缸的最大推力要大，所以掘进机就会停止前进，前盾卡在一个位置，在最严重的时候，前盾和外伸缩盾之间的连接螺栓都会出现断裂。

(3)卡支撑盾。同卡前盾的原因相同，由于施工的过程中围岩发生非常大的变形之后挤压支撑盾，在掘进机换步的时候，推油缸的压力就会不断增大，如果这个压力达到了可以承受的最大极限值，此时支撑盾就无法实现向前移动和换步。这种卡机事故在深埋长输水隧洞施工的过程中是最常见的。

(4)卡尾盾。在隧洞施工的过程中围岩会不断受到地应力的作用，久而久之，由于持续的收敛，就会产生变形，使尾盾产生挤压而向内收缩，管片同尾盾是紧挨在一起的，连管片的楔形块都无法进行安装。如果围岩的收敛速度越来越快，管片同围岩就会对尾盾一起进行挤压，这个挤压的力量会将尾盾夹住，最后支撑盾在执行换步时辅推油缸的压力就会达到极限使其没有办法向前移动，如果在这样的状况下继续对尾盾进行挤压，尾盾和支撑盾之间连接的螺栓就会被拉断,出现尾盾和支撑盾脱离的现象。

6.2.3　地下工程施工灾害防治对策

现代隧道工程规模和埋深比较大,地质条件比较复杂,尽管进行了详细的勘察设计,但开挖以后,仍有许多条件与勘察所得出的信息不同,有时差别较大。大量的实践表明,地面测得的大小断层仅为地下实际揭露的百分之几,地面测绘的精度再高也达不到施工的要求。这种情况下,施工过程中必然会出现预料不到的事故。这个问题可通过加强隧道施工中掌子面前方地质超前预测预报来解决。对于不同类型和不同原因引起的地质灾害,必须针对具体情况采取不同的防治措施。

1.基坑工程事故对策

当基坑工程发生事故时,应当根据事故原因及时采取有效对策,防止事态恶化,并及时恢复正常。以下列出一些基坑工程事故常用的处理措施。

(1)悬臂式支护结构、围护结构内倾位移过大。这是由支护结构设计不当,随便取消顶梁圈、锚杆,施工地面荷载过大等因素引起的。对此,可采取坡顶卸载、桩后适当挖土或人工降水,坑内桩前堆筑砂石袋或增设撑、锚结构等方法处理。为减小桩后的地面荷载,基坑周边应严禁搭建施工临时用房,不得堆放建筑材料和弃土,不得停放大型施工机具和车辆,施工机具不得反向挖土,不得向基坑周边倾倒生活及生产用水。坑周地面需进行防水处理。

(2)有内撑或锚杆支护的桩墙围护结构内凸变形过大。这是撑锚结构数量过少,布置不当,联结处松动,结构失效所致。在坡顶或桩墙后卸载,坑内停止挖土作业,适当增加内撑或锚杆,桩前堆筑砂石袋,严防锚杆失效或拔出。

(3)基坑发生整体或局部土体滑坡失稳。这是忽视基坑整体稳定和盲目施工的结果。首先应在可能条件下降低土中水位和进行坡顶卸载,加强对未滑塌区段的监测和保护,严防事故加剧。对欠固结淤泥土、软黏土或易失稳的砂土,应根据整体稳定验算,采用加大围护墙入土深度或预先加固坑内土体等措施,防止土体失稳。

(4)未设止水幕墙或由于施工质量不高而致使挡墙密封不严,造成坑周地面或路面下陷和周边建筑物倾斜、地下管线爆裂等。事故发生后,首先应立即停止坑内降水和施工开挖,迅速用堵漏材料处理挡墙的渗漏,坑外新设置若干口回灌井,高水位回灌,抢救断裂或渗漏管线,或重新设置止水墙,对已倾斜建筑物进行纠偏扶正和加固,防止其继续恶化,同时要加强对坑周地面和建筑物的观测,以便继续采取有针对性的处理措施。在水位较高地区开挖基坑时,应进行止水处理,之后方可开挖,坑外也可设回灌井、观察井,保护相邻建筑物。

(5)施工单位偷工减料、弄虚作假,导致支护结构质量低劣,如桩径过小、断桩、缩径、桩长不到位等,引发基坑事故。首先停止挖土、降水,再根据基坑深度、土质和水位等条件采取补桩、注浆或其他加固手段。预防措施:严格执行施工监理制度,由有资质单位承担施工任务。

(6)桩间距过大,发生流砂、流土现象,坑周地面开裂塌陷。应立即停止挖土,采取补桩、桩间加挡土板措施,利用桩后土体已形成的拱状断面,用水泥砂浆抹面(或挂铁丝网),有条件时可配合桩顶卸载、降水等措施。对于混凝土桩支护的基坑,桩中心间距一般不宜大于 2 倍桩径,灌注桩的桩径一般不宜小于 500 mm,挖孔桩的桩径不宜小于 800 mm。

(7)设计安全储备不足,桩入土深度不够,发生桩墙内倾或踢脚失稳现象。首先应立即停止基坑开挖，在已开挖而尚未发生踢脚失稳段，在坑底桩前堆筑砂石袋或土料反压，同时对桩顶适当卸载，再根据失稳原因进行被动区土体加固(采用注浆、旋喷桩等)，也可在原挡土桩内侧补打短桩。

(8)基坑内外水位差较大，桩墙未进入不透水层或嵌固深度不够，坑内降水引起土体失稳。首先停止基坑开挖、降水，必要时进行灌水反压或堆料反压；管涌、流砂停止后，应通过桩后压浆、补桩、堵漏、被动区土体加固等措施进行加固处理；开挖基坑前应补作地质勘察，查明不透水层分布情况，应确保止水桩墙进入不透水层1 m以上。

(9)基坑开挖后超固结土层反弹或地下水浮力作用使基础底板上凸、开裂，甚至使整个箱基础上浮，工程桩随地板上拔而断裂以及柱子标高发生错位。在基坑内或周边进行深层降水，由于土体失水固结，桩周产生负摩擦下拉力，迫使桩下沉。同时降低底板下的水浮力，并将抽出的地下水回灌至箱基内。堆载使箱基底反压使其回落，首层地面以上主体结构要继续施工加载，待建筑物全部稳定后再从箱基内抽水，处理开裂的底板后方可停止基坑降水。

(10)对侵入相邻场地或建筑物下影响施工或基础安全的锚杆的拆除，危及尚在施工的基坑支护结构的安全。在锚杆被拆除剪断前，采用墙后注浆并局部扩大锚固体断面或其他有效办法。

(11)两相邻基坑施工相互影响，引起支护结构或工程桩破坏、桩顶位移或基坑护坡坍塌。这是由打桩振动引起土壤液化或触变，对支护结构或边坡产生侧向挤压所致。事故发生后，首先停止施工或限制施工振动影响，对被破坏的支护桩采取有效的处理措施，协调施工，减少相互干扰和损坏。

(12)基坑土方超挖引起支护结构损坏。应暂时停止施工，回填土方或在桩前堆载，保持支护结构稳定，再根据实际情况采取有效措施。

(13)在有较高地下水位的场地，采用喷锚、土钉墙等护坡加固措施不力，基坑开挖后加固边坡大量滑塌破坏。首先停止基坑开挖，有条件时应进行坑外降水；无条件进行坑外降水时，应重新设计、施工支护结构(包括止水墙)，然后方可进行基坑开挖施工。

(14)在寒冷地区或地下水位上升的土层中，锚杆的锚固体因冻融或水位上升而降低锚拉力，导致锚杆松动、失效，使支护结构产生破坏。应降低基坑外围的水位，高寒地区应尽可能避免基坑越冬。

(15)井点降水过程中，井内涌砂严重，中断作业。这主要是抽水层位于粉细砂层，滤料填入不妥所致。一旦发生这种现象，应立即更换滤料和包砂网，以阻止流砂的进入；对于已打成的井点，将泥浆洗出后，就暂停洗井，以免涌砂造成井孔周围地面塌陷，甚至影响基坑边坡稳定。当其他井点将地下水位大幅度抽降后，再重新进行洗井，此时由于水位降低，水压力减小，进入井中的流砂会大大减少。但由于成井时间长，井内泥沙沉淀较多，不易被洗出，这时可用水泵把清水注入井下将沉淀物翻动，同时不失时机地将泥沙含量很高的井水抽出，一直洗至井底。特别是自渗井点，一定要将入渗层位洗通，不得有泥沙沉积井内堵塞入渗水层。洗井后用于抽水的井点应保持连续抽水，不要间歇和反复，以免扰动砂层，造成井孔重新涌砂。需要间隔抽水，停泵时应将水泵上提，防止埋泵。

(16)井点降水过程中，井点出水量远小于实际应该的出水量，而且洗井效果不佳。这是由于钻孔、成井时，泥浆稠、泥皮厚或洗井措施不得当的缘故。此种情况下，对于轻型井点，可向井管内注入高压清水，以冲动孔内滤料，将泥浆和泥皮稀释、破坏，再送风洗井或接真空泵吸抽；对于管井，可在井孔周边 100~300 mm 处用工程钻机打孔（孔径 100~150 mm）至含水层部位，从孔中送入高压清水直接冲洗孔壁的滤料，或一边送水一边送气吹洗，将井孔周围的泥沙和滤料吹出地面，待送入清水通畅地流入井中后，再从孔中填入新滤料，并重新进行井内洗井。

2. 塌方防治对策

（1）准确地质勘察。进行详尽合理的地质勘察是非常有必要的，设计时要采取最优的选线，引起施工单位的重视，使其对通过不良地质洞段有很好的技术方案和物资准备，从而选择合理的开挖方法，及时采取有效的支护，预防塌方的产生。

（2）合理的设计。掌握隧洞区的宏观地质背景、构造特征、地质地貌特点和较为详细的其他地质资料，分析隧道区的断层、富水带、高应力分布情况，合理进行隧道的线型设计，尽量避免通过大断层、富水和高应力集中段，这样既能保证施工时的安全，又能避免因地质条件不好，过多地支护造成工程投入的增加，从而很好地预防塌方的发生。

（3）支护参数设计。由于地质围岩的分类只是一个定性的概念，不是定量的，同一类围岩，其结构产状不尽相同，自稳能力就不一致，因此支护参数的设计尤为重要。支护参数过大，会增加工程的投入；支护参数过小，相同类别围岩自稳能力较差可能因支护强度不够，或要求更换支撑造成地应力再一次重分布，从而引起塌方。特别是在临时支护方面，为减少工程投入，支护参数一般都较小，但达不到国家标准要求。

（4）超前地质预报。因设计阶段的地质勘察只能从宏观上分析整个隧道的基本地质情况，对可能出现的大断层、富水段和高应力段无法进行勘察，造成局部地质资料不充分，因此，为确保隧道施工安全，加快隧道施工进度，在施工中必须采用超前地质预报技术，对可能出现的局部地段围岩破碎引起的失稳、塌方和可能遇到的断层、涌水等都能及时预测。在提前获得可能的不良地质信息的情况下，施工单位必须采取合理的开挖和支护方法，预防塌方的发生。对松散、破碎围岩体隧道的塌方，可采用提高围岩的整体强度和自稳性的措施加以预防，如施工中常用的超前长管棚、超前锚杆及加固注浆、超前小导管注浆等。

3. 地面塌陷防治对策

根据产生的原因差异，针对喀斯特塌陷，可对喀斯特洞穴进行回填或建桥来绕避，对厚度不够的洞穴顶板进行加固，对隐蔽洞穴及突水点进行注浆加固或堵漏，以防止地面塌陷及井泉枯竭等地质灾害和环境问题的产生。浅埋隧道的地表塌陷往往是由隧道塌方引起的，隧道开挖后立即进行喷锚初期支护，可有效地控制隧道轮廓的变形。对于城市近地表地铁隧道的施工，要严格控制地面的沉陷，加强施工中的隧道变形监测，以及地表沉陷监测。由于施工设备和工艺特点，盾构法在近地表土体及软岩隧道的开挖中可有效地控制地表沉降，是城市地铁隧道、穿越江河底部隧道的优选方法。

4. 喀斯特防治对策

喀斯特是水对可溶性岩层产生化学溶蚀作用和机械侵蚀、崩塌综合作用而形成的地下和地表溶蚀现象的总称。由于水对可溶岩石的溶解作用，岩石内常形成溶隙、溶管、溶槽、溶洞或暗河，造成岩石结构的破坏和变化，产生特殊的地形、地貌景观。喀斯特对隧道施工的影响主要有：喀斯特水大量涌向隧道，容易使隧道产生涌水、突泥、变形、坍塌，造成地表沉陷，地下水位下降，影响周围环境。

对于隧道内喀斯特水的处理，应视隧道的地质条件，喀斯特发育分带，水的循环、补给情况和流量大小以及隧道的防排水要求，采取大疏、小堵、疏堵结合、地表地下综合治理的方法分别处理。对于水量、水压较大的喀斯特水，根据勘测预测的涌水量、可能出露的部位，在施工中应配备抽水设备，特别是在隧道反坡处有涌水的情况下，尤应防止喀斯特水淹没巷道。如隧道和环境允许排水，而普通侧沟又无法满足排水要求，可采取加大侧沟断面、设置中心排水沟或将涌水引入平行导坑或新增排水巷道排泄的措施。对于小股流的喀斯特水，当侧沟能满足其流量排泄要求时，以水管引入侧沟。如能够判断喀斯特水为暗河，并能够确定水流方向，可采用增设联络巷道疏通水路的方法进行排水。当暗河和溶洞水流较大时，宜排不宜堵，在查明水源流向及其与隧道位置的关系后，用暗管、涵洞、小桥等设施疏导水流。当水流的位置在隧道上部或高于隧道时，应在适当距离外开凿引水斜洞（或引水槽）将水位降低到隧道底部位置以下，再行引排。对于一般散状裂隙喀斯特水，可采用注浆封堵的方法进行处理。地表、地下综合整治措施：隧道内的大股涌水多随降雨量变化，如通过试验，表明地表水和洞内水存在水力联系，则除在隧道内施以必要的工程措施外，还应在地表拦截、引排地表水，并封堵地表水的下渗通路，从而减小地表水对洞内的影响。隧道内喀斯特洞穴的处理：根据喀斯特洞穴的大小、位置、稳定性，分别采取相应的工程措施，应采用锚喷支护、增设护拱、拱顶回填浆砌片石和灌注混凝土或注浆加固等方法进行处理。

5. 盾构机卡机防法对策

在出现盾构机卡机事故前，可以采取以下措施进行预防：

（1）施工中参考地质图，对可能发生的地质灾害作出初步判断；对有怀疑的地段，采用必要的超前地质预报，作为施工中的指导，并加强施工期观察。

（2）对盾构机电气、液压、机械、轨道系统和灌浆系统（主要指化学灌浆系统）等进行维护保养或完善，使盾构机以最佳状态通过不良地质洞段。

（3）盾构机正常工作时，对岩渣的岩性、块度、成分和变化趋势作出判断。运行过程中，盾构机会精确地记录下液压推进油缸的实时压强（MPa）、主电机的功率参数（kW 或 A）、机头前进速度（mm/min）等。根据掘进时的参数对前方的岩石情况作出准确的判断。

（4）在不良地质段，提前封堵刀盘铲斗的侧进料口，减少出渣量，确保刀盘可自由活动。

（5）刀盘扩挖。当盾构机所处位置的岩石膨胀较快时，为了盾构机能通过膨胀地质段，有效延长膨胀围岩膨胀时间，降低卡机概率，可增大刀盘扩挖半径，使盾构机在护盾外围岩完全闭合前通过，扩挖尺寸根据不同的双护盾盾构机区别对待。

在出现盾构机卡机事故后，可以采取以下措施进行处理：

（1）第一时间将聚氨酯的化学材料从盾尾顶部的天窗向护盾和刀盘的上方进行灌浆，这样就可以使围岩稳定，避免塌方更加严重，围岩稳定之后再对支撑盾及尾盾灌浆，以达到固结岩体的目的。之后，经由顶部的天窗以及设备的侧窗，通过打风镐扩挖这种方式来进行人工凿渣，这样做的目的是使护盾的外壁和围岩之间有空隙，否则机器会被重物压坏。完成凿掏渣之后要适当提高辅助液压缸的推力，如果液压缸的推力满足不了挖掘机施工的需求，就直接用高压换步乃至超高压换步，这样可以使盾构机非常快速地通过破碎的围岩地段。需要注意的是，要很好地控制超高压换步的推力大小，如果控制不好，有压爆管片的危险，造成非常严重的后果。

（2）对围岩完成化学及水泥浆液加固之后，要第一时间在护盾的左右两端挖减压支洞，目的是释放来自围岩的压力，这样盾构机就可以尽快运转起来快速通过。如果是在高地应力区,对于卡机扩挖就必须考虑不能直接顺向开挖,要采用环向均匀开挖的方式,这样可以使受力均匀。如果所挖隧洞的地质条件极端恶劣,那么就只能先开一个小的导洞然后再进行扩挖,之后再对工程进行大规模的处理。也可以利用右侧的割口先挖一条到掌子面的通道,挖好之后从左边向拱部到右边进行支护挖掘,盾壳上部的绝大部分通过人工扩挖的方式,同时在下部要对盾壳和岩壁之间渗入机油,这样可以减小摩擦阻力,最后采用单护盾的模式掘进摆脱。

6.3　深部开挖岩爆灾害

随着地下工程埋深的增加或应力水平的增高,地下工程施工遇到越来越多的岩爆事故。岩爆是处于高地应力区的硬脆性岩体,因地下工程开挖,围岩体内积聚的弹性应变能突然释放,引起岩体爆裂松脱、剥落、弹射甚至抛掷现象的一种动力失稳的工程地质灾害。岩爆直接威胁施工人员和设备的安全,影响工程进度,甚至摧毁整个工程和诱发地震,造成地表建筑物损坏。本节通过案例介绍了岩爆灾害的发生机制、判据、监测及防治等内容。

6.3.1　岩爆案例

自 1738 年英国锡矿岩爆被首次报道以来,世界范围内已有南非、中国、波兰、捷克斯洛伐克、匈牙利、保加利亚、奥地利、意大利、瑞典、挪威、新西兰、美国、法国、加拿大、日本、印度、比利时、安哥拉、瑞士等众多国家和地区记录有岩爆问题。最初,岩爆主要见于深埋的采矿巷道或竖井内,如埋深在几千米以上的南非金矿和印度 Kolar 金矿等。后来,在埋深较浅的交通隧道、排污管道、引水隧洞甚至是输油管道等的施工中也频繁出现岩爆,如挪威 Heggura 公路隧道、挪威某排污管道、瑞典 Vietas 水电站引水隧洞等。

南非的金矿开采深度达 2000~4500 m,是目前世界上开采深度最大的地下工程,而岩爆风险随着深度的增加也越来越高,其危害性很大。有关资料显示,1987—1995 年,因岩爆和岩崩引起的受伤率和死亡率分别占南非采矿工业的 1/4 和 1/2 以上;印度的 Kolar 金矿发生岩爆,距岩爆震中 2~3 km 处的地面建筑物被毁。有的岩爆事件所释放的能量达到里氏 4.5~5.0 级。

我国金属矿山,如红透山铜矿、冬瓜山铜矿、玲珑金矿、杨家杖子稀有金属矿区、青城子金属矿区、大厂锡矿区等也纷纷出现岩爆灾害。例如,抚顺红透山铜矿采深超过 1250 m,1995—2004 年累计发生岩爆 49 次,其中发生了两次规模较大的岩爆,第一次发生在 1999 年 5 月 18 日早晨 7:00 左右交接班时,第二次发生在 1999 年 6 月 20 日。这两次岩爆地点均在 −467 m 的 9 号采场附近,岩爆后采场斜坡道和二、三平巷的几十米长洞段遭到了破坏,巷道边墙呈薄片状弹射出来,最大片落厚度达 1 m。交接班工人在 +253 主平硐口听到巨大响声,根据经验判断响声相当于 500~600 kg 炸药爆破的声音。我国年产量超过 1.5 万 t 的冬瓜山铜矿采深超过 1000 m,自 1996 年 12 月 5 日第一次发生岩爆以来,已经记录到岩爆现象超过10 次,岩爆多次影响到开采进度。河南省灵宝双鑫金矿自埋深超过 360 m 后,井壁出现不同程度的岩爆,随着深度的增加,岩爆烈度不断增大。该矿 2004 年 11 月 15 日至 2005 年 1 月16 日,采深在 1200 m 左右的 2# 竖井连续发生 6 起岩爆事件。

我国深埋隧洞,如成昆铁路关村坝隧道、二滩水电站、天生桥、渔子溪和锦屏二级水电站引水隧洞等都发生了不同等级的岩爆事件。表 6-2 总结了我国已建的部分深埋隧洞(道)工程岩爆灾害情况,分析了不同等级岩爆的比例关系。据有关资料,1966 年竣工的成昆铁路关村坝隧道全长 6187 m,最大埋深 1650 m,昆明段开挖时曾发生岩爆,岩爆具有明显弹射现象,射距 2~3 m。1993 年开挖完工的二滩水电站左岸导流洞,最大埋深 200 m,8.1% 的洞段发生过轻微岩爆。同年竣工的太平驿水电站引水隧洞全长 10.5 km,发生岩爆 400 余次,4 次砸断台车钻臂,2 次砸坏卡车,重伤 3 人,轻伤 4 人,累计停工 32 天。1996 年贯通的南盘江天生桥二级水电站 3 条引水隧洞平均埋深 400~500 m,最大埋深 800 m,平均长度 9.5 km,在石灰岩、白云岩洞段发生过烈度不同、规模不一的岩爆 30 次,其中掘进机开挖洞段 24 次,而矿山法洞段仅有 6 次,轻微岩爆占 70%,中等岩爆占 29.5%,强烈岩爆占 0.5%。1998 年 3 月竣工的秦岭铁路隧道在开挖的过程中最大埋深 1600 m,有 43 段(累计长度约 1894 m)发生了岩爆,其中轻微岩爆 28 段(总长为 1124 m),占岩爆段总长度的 59.3%;中等岩爆 11 段(总长为 650 m),占岩爆段总长度的 34.3%;强烈及以上岩爆 4 段(总长 120 m),占岩爆段总长度的 6.4%。2001 年竣工的川藏公路二郎山隧道全长 4176 m,最大埋深 760 m,施工中先后发生 200 多次岩爆,连续发生岩爆的洞段共有 8 段,每段长 60~355 m 不等,岩爆洞段长度占总长度的 1/3,多为轻微岩爆,少量中等岩爆。2002 年竣工的重庆通渝隧道最大埋深 1015 m,岩爆总长度 655 m,其中轻微岩爆占 91%,中等岩爆占 7.8%,而强烈及以上岩爆占 1.2%。2004 年贯通的重庆陆家岭隧道,全长 6.4 km,最大埋深 600 m,有近 93 m 洞段发生了不同等级岩爆,其中轻微岩爆占 55.8%,中等岩爆占 39.7%,强烈及以上岩爆占 4.5%。2007 年建成通车的秦岭终南山特长公路隧道在施工区段内有 2664 m 发生了不同程度的岩爆,其中轻微岩爆 6 段,占总岩爆长度的 61.7%;中等岩爆 7 段,占总岩爆长度的 25.6%;强烈岩爆 7 段,占总岩爆长度的 12.7%。据不完全统计,截至 2012 年 2 月,锦屏二级水电站引水隧洞发生岩爆 750 多次,其中轻微岩爆占 44.9%,中等岩爆占 46.3%,强烈至极强岩爆占 8.8%。其中,2009 年 11 月 28 日排水洞的一次极强岩爆导致一台盾构机报废,造成严重的经济损失。江边水电站引水隧洞工程共发生岩爆 300 余次,其中轻微岩爆占 46.4%,中等岩爆占 50.4%,强烈岩爆占 3.2%。2019 年竣工的巴玉隧道是川藏铁路拉林段控制性工程,全长 13073 m,隧道最大埋深约为 2080 m,隧道穿越岩层以坚硬花岗岩地层为主,地应力大,岩爆现象突出,岩爆可分为轻微岩爆、中等岩爆、强烈岩爆 3 个等级。正洞预测岩爆段共计 12242 m,占隧道总长度的 94%,其中轻微岩爆 4106 m,占岩爆段的 33.5%;中等岩爆 5922 m,占岩爆段的 48.4%;强烈岩爆 2214 m,占岩爆段的 18.1%。据现场统计,岩爆发生部位以拱腰为主,占比超过 75%;边墙、掌子面、拱顶也时有发生,占比较少。

表 6-2　我国发生岩爆的隧洞(道)工程(不完全统计)

| 工程名称 | 竣工年份 | 最大埋深/m | 岩爆等级及占比/% | | | 岩爆次数/次 | 岩爆段长度/m | 备注 |
			轻微	中等	强烈及极强			
成昆铁路关村坝隧道	1966 年	1650	为主	少量	无	—	—	零星岩爆

续表6-2

工程名称	竣工年份	最大埋深/m	岩爆等级及占比/%			岩爆次数/次	岩爆段长度/m	备注
			轻微	中等	强烈及极强			
二滩水电站左岸导流洞	1993 年	200	为主	少量	无	—	315	工程区位于深切河谷卸荷集中区域，最大主应力为 26 MPa，方位角 N34E，倾角23°，因而以水平应力为主
岷江太平驿水电站引水隧洞	1993 年	600	为主	少量	少量	>400	—	
天生桥二级水电站引水隧洞	1996 年	800	70	29.5	0.5	30	—	比例依据岩爆次数统计
秦岭铁路隧道	1998 年	1615	59.3	34.3	6.4	—	1894	比例依据岩爆段长度统计
川藏公路二郎山隧道	2001 年	760	为主	少量	无	>200	1252	
重庆通渝隧道	2002 年	1050	91	7.8	1.2	—	655	比例依据岩爆段长度统计
重庆陆家岭隧道	2004 年	600	55.8	39.7	4.5	93	—	比例依据岩爆次数统计
瀑布沟水电站进厂交通洞	2005 年	420	—	—	—	183	—	工程区位于深切河谷卸荷高应力集中区内，地应力沿着河谷边坡向与隧洞呈大角度相交
秦岭终南山特长公路隧道	2007 年	1600	61.7	25.6	12.7	—	2664	比例依据岩爆段长度统计
锦屏二级水电站引水隧洞、辅助洞和排水洞	2011 年	2525	44.9	46.3	8.8	>750	—	比例依据岩爆段次数统计；出现数次极强岩爆
江边水电站引水隧洞	2012 年	1678	46.4	50.4	3.2	>300	—	比例依据岩爆次数统计
乌鞘岭隧道	2013 年	1040	—	—	—	—	—	地应力值最高达 32 MPa以上，以水平应力为主，隧道洞身通过较长段落的闪长岩、安山岩，岩质坚硬，性脆，贫水，且埋深大，地应力值较高，施工中闪长岩、安山岩极易出现岩爆

续表6-2

工程名称	竣工年份	最大埋深/m	岩爆等级及占比/%			岩爆次数/次	岩爆段长度/m	备注
			轻微	中等	强烈及极强			
巴陕高速米仓山隧道	2018年	1000	—	—	—	>1000	>10000	岩爆的时候，石头像子弹一样到处飞，大的像脸盆，小的也有指甲盖大
莲花山一号隧道	2016年	828	—	—	—	—	—	零星岩爆
川藏铁路拉林段桑珠岭隧道	2018年	1 347	—	—	—	>16000	9500	岩爆发生时伴随岩块弹射、抛射现象，岩块弹射最大距离达25 m，严重危及施工安全
川藏铁路拉林段巴玉隧道	2019年	2080	33.5	48.4	18.1	—	12242	比例依据岩爆段长度统计
大柱山隧道	2020年	995	—	—	—	—	—	零星岩爆
秦岭天台山特长隧道	2021年	973	—	—	—	—	—	零星岩爆
峨汉高速公路大峡谷隧道	2022年	1944	—	—	—	—	—	发生岩爆的时候，临空的岩体积聚的应变能突然而猛烈地全部释放，致使岩体发生像爆炸一样的断裂，破裂的岩体会弹射出来

[案例1] 峨汉高速公路大峡谷隧道岩爆灾害

岩爆特征：多数为中等岩爆，持续爆裂弹射，短时间间歇停止，剥落的板状岩块厚度为2~5 cm，局部可达20 cm；岩爆主要发生在深切河谷应力集中区段，随着隧道往前掘进，虽然开挖埋深增加，岩爆频率和强度却显著降低(见图6-10)。

岩爆时间：每段开挖后，在清除围岩、出渣阶段即开始发生岩爆；岩爆持续时间几小时到十几小时不等，严重威胁作业人员特别是立钢拱架工人的人身安全。

[案例2] 引汉济渭工程岭南盾构机标段岩爆灾害

岩爆特征：强烈岩爆多发生在距离掌子面2倍洞径范围内，岩爆声较沉闷，岩爆主要集中在拱部120°范围内；极强烈岩爆会导致整个拱部及边墙岩体破坏，距离掌子面5倍洞径范围内的岩体均会受到影响，岩体塌腔深度超过3 m(见图6-11)。

岩爆时间：强烈岩爆一般在开挖后48 h之内发生，其中24 h内居多；部分强烈岩爆滞后时间难以确定，短则三四天，长则三十天以上。

图6-10　峨汉高速公路大峡谷隧道岩爆

图6-11　引汉济渭工程岭南盾构机标段岩爆

[案例3] 锦屏二级水电站排水洞岩爆灾害

岩爆特征：2009年10月9日，SK9+301~SK9+322发生极强岩爆，导致掌子面处盾构机刀盘被卡住，至10月26日仍然未清理完毕。11月6日17：52，SK9+292.2发生强烈岩爆，响声很大，导致盾构机中心线再次出现偏移现象，其中水平为13.4 mm，高差为8.9 mm。SK9+296~SK9+291(向掌子面前延伸1 m)；11月7日3：09，刀盘内部、护盾内侧发生强烈岩爆，响声很大，导致盾构机左侧锚杆钻机减速器及刹车等损坏，盾构机再次卡机。2009年11月7日强岩爆后，11月13日恢复掘进，两天后(向前开挖不到4 m)，即11月15日18：06和18：58，SK9+292~SK9+288再次发生极强岩爆，导致盾构机再次卡机。2009年11月28日0：50左右，SK9+283~SK9+317发生极强岩爆，爆坑深5~8 m，掌子面后方约30 m范围的支护系统全部被毁损，盾构机严重损坏，爆出岩块估计达400余 m³，导致7人死亡(见图6-12)。

岩爆时间：开挖爆破后4 h内是岩爆的高发期，4~10 h是岩爆的衰弱期。

图6-12　锦屏二级水电站排水洞岩爆

6.3.2　岩爆的定义、分类及判别方法

1. 岩爆的定义与分类

岩爆(rockburst)是指处于高地应力区的硬脆性岩体，因地下工程开挖，围岩体内积聚的

弹性应变能突然释放，引起岩体爆裂松脱、剥落、弹射甚至抛掷现象的一种动力失稳的工程地质灾害。

根据应力释放形式不同，岩爆通常划分为应变型岩爆和滑移型岩爆。应变型岩爆是指开挖卸荷导致围岩体中应力集中，受到动力扰动而诱发劈裂或剪切破坏的一种动力失稳破坏。滑移型岩爆是指岩爆体在剪切力作用下产生自持续的滑移运动，直至岩块系统崩塌的失稳破坏。由岩体结构面滑移破坏导致的滑移型岩爆对外界扰动敏感、释放能量巨大，一旦发生可能带来灾难性的后果。

2. 岩爆等级划分及岩爆倾向性判别方法

在实际工程中，可将岩爆的剧烈程度划分为 4 个等级：轻微岩爆、中等岩爆、强烈岩爆和极强岩爆。不同等级岩爆的典型特征与现象如表 6-3 所示。

表 6-3 不同等级岩爆的典型特征与现象

岩爆等级	危害性描述	破坏深度/m	沿轴线破坏长度/m	岩块平均弹射初速度/(m·s⁻¹)	岩块特征	声响特征
轻微	危害小。偶尔造成设备设施局部损坏，对工序影响较小，局部排险、支护后可正常施工，清理爆坑处松动围岩需 1~3 h	<0.5	0.5~1.5	<1.0	呈薄片状或板状，厚 1.0~5.0 cm	清脆的噼啪声、撕裂声，偶有爆裂声响
中等	危害中等。易造成设备设施局部损坏，对工序影响稍大，短暂等待、排险、支护后可正常施工，清理爆坑处松动围岩需 8~12 h	0.5~1.0	1.5~5.0	1.0~5.0	呈薄片状、板状和块状，板状岩石厚 5.0~20.0 cm，块状岩石厚 10.0~30.0 cm	似子弹射击声或雷管爆破声，围岩内部偶有闷声
强烈	危害大。易造成设备设施严重损坏，对工序影响大，等待较长时间后方可排险、支护，清理爆坑处松动围岩需 12~24 h	1.0~3.0	5.0~20.0	5.0~10.0	围岩大片爆裂脱落、抛射，伴有岩粉喷射现象，大块体与小岩片混杂，呈薄片状、板状和块状，块状岩石厚 20.0~40.0 cm	似炸药爆破声，声响强烈
极强	危害极大。易造成大型设备设施被埋或摧毁，对工序影响极大，等待足够久的时间后方可排险、支护，清理爆坑处松动围岩需几天至十几天不等	≥3.0	≥20.0	≥10.0	围岩大面积爆裂垮落，岩粉喷射充填开挖空间，大块体与小岩片混杂，最大块体厚度可达 1.0 m	低沉的似炮弹爆炸声或闷雷声，声响剧烈

岩爆倾向性是指某种岩石本身所具有的在某种条件下发生岩爆的活跃性和剧烈性。活跃性指在同样条件(地质、地应力、开挖方法、洞形尺寸等)下岩石发生岩爆的难易性；剧烈性是指在同样条件下岩石破坏时的响应特征(声响、弹射等)和能量释放大小。比如，同样条件下，有的岩石破坏时有噼啪声响，以片、板状剥落为主，而有的则发生弹射并伴随着爆裂声。判断岩石的岩爆倾向性是岩石工程岩爆灾害风险评估中的一个重要方面，在评价岩石工程的岩爆风险时需要考虑岩石的岩爆倾向性以及工程的开挖条件、地质构造等多种因素。现有的岩石岩爆倾向性判据评价指标众多，并且各有特点，大多数的岩爆倾向性判据是根据岩石的室内力学性能试验得出的单指标判据，主要结合岩石的应力-应变曲线特性，从岩石的强度、刚度、变形、能量等角度提出评价指标。其中，应用比较广泛的判据列于表6-4，现分述如下。

1)弹性能指数判据

弹性能指数(strain energy storage index)判据是波兰学者 Kidybinski A 在 1981 年提出的，指的是将试样加载至单轴抗压强度的 80%~90% 处的弹性应变能与耗散能的比值，计算公式如下：

$$W_{et} = \varphi^e / \varphi^d \tag{6-1}$$

式中：φ^e、φ^d 分别为岩石试样在单轴抗压强度的 80%~90% 处的弹性应变能和耗散能的值。

2)能量冲击性指数

能量冲击性指数判据是由 R. E. Goodman 在刚性试验机问世后提出的，是指试样应力-应变曲线的峰前面积与峰后面积的比值，计算公式如下：

$$A_{cf} = A_1 / A_2 \tag{6-2}$$

式中：A_1、A_2 分别为岩石试样应力-应变曲线的峰前面积和峰后面积。

3)最大弹性应变能

最大弹性应变能指标(potential energy of elastic strain，PES)指的是岩石在峰值应力处储存的弹性应变能的多少，计算公式如下：

$$PES = \sigma_c^2 / 2E_s \tag{6-3}$$

式中：σ_c 为岩石的单轴抗压强度值；E_s 为岩石在峰值强度点处的卸载弹性模量，计算时一般取加载弹性模量或者峰值前某点的卸载弹性模量。

4)能量储耗系数

能量储耗系数是结合岩石的单轴抗压、抗拉强度，峰前、峰后应变提出的一个用来评价岩爆倾向性的判别指标，计算公式如下：

$$k = \sigma_c \varepsilon_f / \sigma_t \varepsilon_b \tag{6-4}$$

式中：σ_c、σ_t 分别为岩石的单轴抗压强度、单轴抗拉强度；ε_f、ε_b 分别为岩石的峰前应变和峰后应变。

5)下降模量指数

下降模量指数(Decrease Modulus Index，DMI)是指应力-应变曲线的峰前上升段弹性模量与峰后下降段模量的比值，计算公式如下：

$$DMI = E / M \tag{6-5}$$

式中：E 是试样峰前应力-应变曲线直线部分的斜率；M 是试样峰后应力-应变曲线直线部分的斜率的绝对值。

6）脆性系数

脆性系数法包括强度脆性系数法(B)和变形脆性系数法（K_u）两种，计算公式分别如下：

$$B = \sigma_c / \sigma_t, \quad K_u = u / u_1 \tag{6-6}$$

式中：σ_c、σ_t 分别为岩石的单轴抗压强度、单轴抗拉强度；u、u_1 分别为岩石峰值强度前的总变形与不可逆变形。

利用强度脆性系数判别岩石的岩爆倾向性时，根据不同的条件，分级标准也有所差别。

第一种分级标准：

$B < 10$，无岩爆倾向性；$10 \leqslant B < 18$，中等岩爆倾向性；$B \geqslant 18$，强岩爆倾向性。

第二种分级标准：

$B < 14.5$，无岩爆倾向性；$14.5 \leqslant B < 26.7$，弱岩爆倾向性；$26.7 \leqslant B \leqslant 40$，中等岩爆倾向性；$B > 40$，强岩爆倾向性。

变形脆性系数的分级标准：

$K_u < 2.0$，无岩爆倾向性；$2.0 \leqslant K_u < 6.0$，弱岩爆倾向性；$6.0 \leqslant K_u < 9.0$，中等岩爆倾向性；$K_u \geqslant 9.0$，强岩爆倾向性。

7）剩余弹性能指数判据

根据岩石的线性储能规律，可以准确获得岩石材料在峰值强度点处的弹性能密度，提出一种新的岩爆倾向性判别指标——剩余弹性能指数（用 A_{ef} 表示），计算表达式如下：

$$A_{ef} = u_e - u_a \tag{6-7}$$

表 6-4　各种岩爆倾向性判据的计算图示及划分标准

评价指标	计算示意图	岩爆倾向性等级划分标准
弹性能指数 W_{et} $W_{et} = \varphi^e / \varphi^d$		$W_{et} \geqslant 5$ 时，强岩爆倾向性； $2 \leqslant W_{et} \leqslant 4.99$ 时，有岩爆倾向性； $W_{et} < 2$ 时，无岩爆倾向性
能量冲击性指数 A_{cf} $A_{cf} = A_1 / A_2$		$A_{cf} > 2$ 时，强岩爆倾向性； $1 \leqslant A_{cf} \leqslant 2$ 时，有岩爆倾向性； $A_{cf} < 2$ 时，无岩爆倾向性

续表6-4

评价指标	计算示意图	岩爆倾向性等级划分标准
最大弹性应变能 PES $$PES=\sigma_c^2/2E_s$$		$PES>200\ kJ/m^3$ 时，极强岩爆倾向性； $150\ kJ/m^3 \leqslant PES \leqslant 200\ kJ/m^3$ 时，强岩爆倾向性； $100\ kJ/m^3 \leqslant PES < 150\ kJ/m^3$ 时，中等岩爆倾向性； $PES<100\ kJ/m^3$ 时，弱岩爆倾向性
能量储耗系数 k $$k=\sigma_c\varepsilon_f/\sigma_t\varepsilon_b$$		$k>130$ 时，强岩爆倾向性； $20 \leqslant k \leqslant 130$ 时，有岩爆倾向性； $k<20$ 时，无岩爆倾向性
下降模量指数 DMI $$DMI=E/M$$		$DMI>1$ 时，无岩爆倾向性； $DMI \leqslant 1$ 时，有岩爆倾向性
剩余弹性能指数 A_{ef} $$A_{ef}=u_e-u_a$$		$A_{ef}>200\ kJ/m^3$ 时，强岩爆倾向性； $150\ kJ/m^3 < A_{ef} \leqslant 200\ kJ/m^3$ 时，中等岩爆倾向性；$50\ kJ/m^3 < A_{ef} \leqslant 150\ kJ/m^3$ 时，弱岩爆倾向性；$A_{ef}<50\ kJ/m^3$ 时，无岩爆倾向性

上述岩爆倾向性判别方法各有优缺点，有些判别方法主要考虑岩石破坏的峰前阶段，没有考虑岩石破坏发生的全过程；部分判别方法为量纲为 1 的相对比值，无明确的物理意义；室内试验岩爆破坏形态、规模、等级与工程现场岩爆存在一定的差距，其倾向性判别方法的准确性有待进一步验证。此外，岩爆影响因素较多，需充分利用指标信息，挖掘指标特征，建立与岩爆倾向性的内在联系，引入新的预测模型开展岩爆倾向性判别方法的研究，综合多种预测理论方法和技术实现对岩爆倾向性的有效评价。

6.3.3 岩爆发生机制与预测

6.3.3.1 岩爆发生机制

在地下深处某一点的坚硬岩石，受到了四周岩体的挤压力(图6-13)，就像受压缩的弹簧一样会产生弹性变形，从而积聚了大量的弹性变形能。在地下施工过程中，开挖卸荷使岩体产生临空面(图6-14)，岩体的应力状态发生变化，导致靠近临空面的围岩产生应力调整。当围岩的应力集中程度低于围岩强度时，围岩保持稳定状态；当围岩的应力集中程度达到或超过围岩强度时，围岩发生破坏，积聚较高能量的坚硬岩体会突然释放大量的能量，导致岩体发生爆裂松脱、剥落、弹射甚至抛掷现象的岩爆破坏。因此，岩爆发生要具备以下条件：

①地应力较高，岩体内储存着很大的应变能；

②围岩新鲜完整，裂隙极少或仅有隐裂隙，属坚硬脆性介质，能够储存较高的能量，而其变形特性属于脆性破坏类型，应力解除后，回弹变形减小；

③地下施工或开采产生临空面，开采后围岩中的静应力调整或动力扰动。

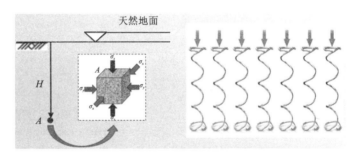

图 6-13　地下岩体受力示意图

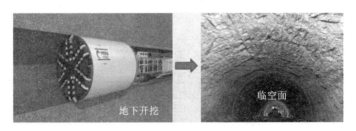

图 6-14　地下岩体开挖卸荷示意图

6.3.3.2 岩爆的预测

岩爆预测问题极为复杂，主要分为长期趋势预报和短期预报。长期预报对工程设计阶段有指导意义，短期预测对工程施工阶段有指导意义。我国一般岩爆按设计和施工两阶段进行预测预报。

1.岩爆的最大主应力强度理论

国内外很多岩爆现场实际表明，岩爆始终呈中心对称在巷道两侧或顶、底板两处同时发生，两岩爆处连线与巷道周围原岩应力场的最大主应力轴线垂直。这一普遍现象实际上证明了岩爆发生在巷道开挖后最大切向应力(最大主应力)处。鉴于上述特点，为了判断洞室或隧洞(隧道)在何种情况下发生岩爆以及发生岩爆时其严重程度如何,国内外学者从原岩最大切向应力 σ_θ 与完整岩石单轴抗压强度之间的关系方面提出了许多基于最大主应力强度理论的岩爆判别准则,主要如下。

(1)Russenes 岩爆判别准则:

$$\sigma_\theta/\sigma_c < 0.20 \qquad 无岩爆$$
$$0.20 \leqslant \sigma_\theta/\sigma_c < 0.30 \qquad 弱岩爆$$
$$0.30 \leqslant \sigma_\theta/\sigma_c < 0.55 \qquad 中岩爆$$
$$\sigma_\theta/\sigma_c \geqslant 0.55 \qquad 强岩爆$$

(2)Turchaninov 岩爆判别准则:

$$(\sigma_\theta + \sigma_L)/\sigma_c \leqslant 0.30 \qquad 无岩爆$$
$$0.30 < (\sigma_\theta + \sigma_L)/\sigma_c \leqslant 0.50 \qquad 可能岩爆$$
$$0.50 < (\sigma_\theta + \sigma_L)/\sigma_c \leqslant 0.80 \qquad 肯定岩爆$$
$$(\sigma_\theta + \sigma_L)/\sigma_c > 0.80 \qquad 严重岩爆$$

(3)Hoek 岩爆判别准则:

$$\sigma_\theta/\sigma_c = 0.34 \qquad 少量片帮$$
$$\sigma_\theta/\sigma_c = 0.42 \qquad 严重片帮$$
$$\sigma_\theta/\sigma_c = 0.56 \qquad 需重型支护$$
$$\sigma_\theta/\sigma_c = 0.70 \qquad 严重岩爆$$

(4)Barton 岩爆判别准则:

$$2.50 \leqslant \sigma_c/\sigma_1 \leqslant 5.0 \quad 或 \quad 0.16 \leqslant \sigma_t/\sigma_1 \leqslant 0.33 \qquad 中等岩爆$$
$$\sigma_c/\sigma_1 < 2.5 \quad 或 \quad \sigma_t/\sigma_1 < 0.16 \qquad 严重岩爆$$

(5)陶振宇岩爆判别准则:

$$\sigma_c/\sigma_1 > 14.5 \qquad 无岩爆$$
$$5.5 \leqslant \sigma_c/\sigma_1 \leqslant 14.5 \qquad 轻微岩爆$$
$$2.5 \leqslant \sigma_c/\sigma_1 < 5.5 \qquad 中等岩爆$$
$$\sigma_c/\sigma_1 < 2.5 \qquad 强岩爆$$

上述岩爆判别准则中, σ_θ 为围岩最大切向应力; σ_L 为围岩轴向应力; σ_1 为工程区最大地应力; σ_c 为岩石单轴抗压强度; σ_t 为岩石单轴抗拉强度。

2.山地形地貌分析法及地质分析法

依据地质理论,在地壳运动的活动区有较高的地应力,在地区上升剧烈、河谷深切、剥蚀作用很强的地区,以及自重应力较大的地区易发生岩爆。

3.钻屑法(岩芯饼化法)

这种方法是通过对岩石进行钻孔,可在进行超前预报钻孔的同时,对钻出的岩屑和取出的岩芯进行分析;对于强度较低的岩石,根据钻出岩屑体积大小与理论钻孔体积大小的比值来判断岩爆趋势。在钻孔过程中有时还可以获得诸如爆裂声、摩擦声和卡钻现象等辅助信息来判断岩爆发生的可能性。

4. 微震监测方法

就矿山岩爆灾害的监测预警而言，微震监测技术已经成为深部矿山开采诱发岩爆灾害监测的主要技术手段。利用微震监测系统，可在发生微震活动的区域岩体内布设传感器，探测震源所发出的地震波，从而确定震源的位置及地震活动的强弱和频率；基于微震监测获得微破裂分布位置，判断潜在的矿山岩爆灾害活动规律，并实现矿山岩爆灾害预警。微震监测是目前国外广泛应用于深井矿山安全开采的监测技术手段，能够为深井开采矿山的安全生产提供有力的保障。

1) 微震监测震源定位

地震事件定位是现代矿山地震监测系统最重要的功能之一。针对天然地震，国内外已经进行了大量震源定位计算理论的研究，其中一些定位方法已直接引入矿山地震事件震源定位。但矿山地震事件震源定位的准确性有所不同，在某些矿山预期的定位准确性是几十米，而在有些矿山要求达到几米。定位误差可以认为是由两个因素组成，即随机性定位误差和系统性定位误差。第一个因素是由首波到时测量的误差引起的，第二个因素则是由震源和接收器之间不同的岩体结构以及定位过程中使用的速度模型所产生的。首波到时测量误差与波形复杂性及采用的首波到时拾取方法有关。虽然现代矿山地震监测系统都设置有自动进行首波到时测量的功能，但手动拾取首波到时仍是目前最常采用的方法，因为它可以人工反复修正以达到满意的结果。第二个误差是由应力迁移导致的时效引起的。矿山开采活动使岩体结构和应力迁移变化非常复杂，难以建立随时间变化的准确速度模型，虽然有一些利用层析成像技术建立速度模型用于矿山地震监测的尝试，但是目前世界上主要的矿山地震监测系统仍然采用均匀速度模型。目前解决速度模型不准确产生定位误差问题的办法是适时地利用监测系统进行速度校正。

虽然已有更多的尖端技术和精确的方法被应用于工程实践，但为了演示震源定位的一个线性解法，这里以 Gibowicz 和 Kijko 提出的方法来进行讨论。工作参数是地震波由未知震源到达多个已知位置传感器的传播时间。微震事件中从未知震源中心 h 的坐标 (x_0, y_0, z_0) 到已知位置 (x_i, y_i, z_i) 传感器 i 之间的长度 D_i，可由下式给出：

$$D_i = \left[(x_i - x_0)^2 + (y_i - y_0)^2 + (z_i - z_0)^2 \right]^{1/2} \tag{6-8}$$

地震波从震源中心到传感器 i 之间的到达时间 $T_i(h)$ 为

$$T_i(h) = Ta_i - T_0 = D_i/C$$

或

$$D_i = C(Ta_i - T_0) \tag{6-9}$$

式中：$i = 1, 2, \cdots, n$，n 为传感器阵列中传感器的数目；Ta_i 为波在传感器 i 的到达时间；T_0 为微震事件发生的未知时间；C 是 P 波或 S 波的速率，并假设在整个区域内为常数。

将式 (6-8) 和式 (6-9) 组合，可以得到

$$C(Ta_i - T_0) = \left[(x_i - x_0)^2 + (y_i - y_0)^2 + (z_i - z_0)^2 \right]^{1/2} \tag{6-10}$$

这里有 4 个未知量，即事件发生的时间 T_0 和未知震源中心的坐标 (x_0, y_0, z_0)，所以为了得到式 (6-10) 的解，至少需要 4 个这种类型的方程。因此，至少需要 4 个处于良好工作状态并且不在一个平面阵列的传感器。可用最小二乘法来推算地震波传播的时间，从而获得 3 个坐标分量和微震发生的时间。如果要通过冗余的数据来获得更高的精度，则传感器的数目必须在 4 个以上。

2)微震监测震源机制

在矿山微震中,观察到的微震事件可分为两种不同的类型。第一类事件具有较大的振幅,发生在距采矿活动一定距离的范围内,并且与主要的地质结构面活动相关联。正如在地震学中所普遍认可的,这种震源主要与剪切滑移类机制相关。第二类微震在采矿区域或其附近发生且具有较低至中等强度的振幅,其频率通常是采矿活动的函数。为了建立微震活动与硬岩断裂模式之间的关系,Urbancic 和 Young 使用断裂面解法和地质结构解释来定义开挖面前方断裂面的系统性发展,观察到的断裂模式包括靠近开挖面的拉伸破坏区、剪切和剪切拉伸破坏过渡区以及距离开挖面较远处的剪切破坏区。

Hasegawa 等总结了能够诱发矿山微震活动的 6 种可能的岩石变形和破坏模式。在这 6 种破坏模式中,3 种(逆冲断层、正断层和逆断层)具有剪切滑移型破坏的震源机制,其余 3 种震源机制可用非双力偶奇异性来表述。

Brune 提出了一个常用的微震源机制的模型。该模型假定在一个半径为 r_0 的圆形断层截面上发生均匀的应力降。按照如下表达式,震源半径可根据拐角频率 f_0 求出,即

$$r_0 = 2.34 C_S / (2\pi f_0) \qquad (6-11)$$

式中：C_S 为 S 波的波速。

3)微震监测系统组成

微震监测系统包括硬件和软件两部分。硬件主要分为传感器、数据采集器、时间同步器、数据通信器、服务器等部分。传感器将地层运动(地层速度或加速度)转换成一个可衡量的电信号。数据采集器负责将来自传感器的模拟电信号转换成数字信号。数据可以连续记录,或采用触发模式,通过触发算法来确定是否记录、传输微震事件数据。微震数据被同时传输到一个中央计算机或本地磁盘进行储存或处理。微震系统可以采用多种数据通信手段,以适应不同的系统环境需要。微震系统的软件是由系统配置管理软件、微震波形数据处理软件、微震事件的可视化及解释软件和微震事件实时显示软件等组成。

4)微震监测特点

(1)实时监测。

多通道微震监测系统一般都是把传感器以阵列的形式固定安装在监测区内,它可实现对微震事件的全天候实时监测,这是该技术的一个重要特点。全数字型微震监测仪器的出现,实现了与计算机之间的数据实时传输,克服了模拟信号监测设备在实时监测和数据存储方面的不足,使得对监测信号的实时监测、存储更加方便。

(2)全范围立体监测。

采用多通道微震监测系统对地下工程稳定性和安全性进行监测,突破了传统监测方法中力(应力)、位移(应变)的"点"或"线"意义上的监测模式,它是对开挖影响范围内的岩体破坏(裂)过程的空间概念上的时间过程的监测。该种方法易于实现对常规方法中人不可到达地点的监测。

(3)空间定位。

多通道微震监测技术一般采用多通道带多传感器监测,可以根据工程的实际需要,实现对微震事件的高精度定位。微震技术的空间定位功能大大提高了微震监测技术的应用价值。由于与终端监控计算机实现了数据的实时传输,可以通过编制对实时监测数据进行空间定位分析的三维软件,借助可视化编程技术,实现对实时监测数据的可视化三维显示。

（4）全数字化数据采集、存储和处理。

全数字化技术克服了模拟信号系统的缺点，使得计算机监控成为可能，对数据的采集、处理和存储更加方便。由于多通道监测系统采集数据量大，处理时需要采用计算机进行实时处理，并将数据进行保存，而大容量的硬盘存储设备、光盘等介质为记录数据的存储、长期保存和读取提供了保证。微震监测系统的高速采样以及 P 波和 S 波的全波形显示，使得对微震信号的频谱分析和处理更加方便。

（5）远程监测和信息的远程传输。

微震监测技术可以避免监测人员直接接触危险监测区，改善了监测人员的监测环境，同时也使得监测的劳动强度大大降低。数字技术的出现和光纤通信技术的发展，使得数据的快速远传输送成为可能。数字光纤技术不仅使信号传送衰减小，而且其他电信号对光信号没有干扰，可确保在地下复杂环境中高质量远程传输监测信号。

（6）多用户计算机可视化监控与分析。

在监测过程和结果的三维显示以及在监测信号远传输送的前提下，可利用网络技术（局域网）实现多用户可视化监测，即可以把监测终端设置在各级安全监管部门的办公室和专家办公室，可为多专家实时分析与评价创造条件。

6.3.4 岩爆的防治

在地下洞室的施工过程中，岩爆问题的治理措施应该遵循"以防为主、防治结合"的原则。当然，在隧道设计阶段如果能避开岩爆高发的高地应力区，就应该尽量避让，即使无法避开，也应该尽量避免使洞轴线与最大水平主应力方向垂直。目前，对于岩爆的防治，主要从以下四个方面着手。

（1）加固围岩。

加固围岩是一种较为常见的岩爆防治措施，大量工程实践表明，洞室开挖后及时进行锚喷支护能够有效防治岩爆。除了传统的锚喷支护，钢支撑挂网、挂网喷锚等措施也得到了广泛应用。

（2）改变围岩的力学性质。

改变围岩的力学性质主要是指弱化岩体的力学性质，使围岩应力小于围岩强度，避免岩爆的发生。现阶段常用的弱化岩体力学性质的方法主要有高压注水，包括向洞壁喷洒冷水以及钻孔向岩体深部注水两种方式。高压注水对岩爆的防治主要从三个方面起作用：一是降低围岩强度；二是通过降温使岩体内积聚的能量释放；三是使岩体产生新的裂隙，破坏其完整性。高压注水因其低成本性和易操作性，成为目前最常用的岩爆防治措施之一。

（3）改善围岩的应力条件。

改善围岩应力条件主要是通过一定的工程措施使掌子面及围岩的应力提前释放，调整围岩的应力状态及分布方式，避免出现应力集中，其与改变围岩的物理力学性质通常是相辅相成的。选择合适的开挖断面形式，也可改变围岩应力状态。目前，改善围岩应力条件的工程方法主要有径向应力释放孔、纵向切槽、爆破卸压以及大口径超前钻孔等。通过打设超前钻孔或在超前钻孔中进行松动爆破，在围岩内部造成一个破坏带，即形成一个低弹区，从而使洞壁和掌子面应力降低，使高应力转移至围岩深部，开挖时可在掌子面上打设 5~6 个超前钻孔，深 15~20 m，这样既可以起到超前钻探地质的作用，又可以起到释放掌子面应力的作用。

（4）优化施工方法。

隧道施工会对岩爆造成一定的影响，因此采取合理的施工方案和参数是十分必要的。一般来说，"短进尺、小药量"的原则适用于大多数岩爆隧道地段的施工。主要是为了减少爆破震动对围岩的影响，并使开挖断面尽可能规则，降低局部应力集中发生的可能性。

在实际的工程操作中，由于地质条件的多样性和岩爆的复杂性，上述原则不一定都具有可操作性或者有效性，因此，应当根据工程具体情况采取适合的综合防治措施。

6.4 地下工程支护

为了保持地下工程的稳定性，在地下工程施工中要对其进行适当的支护。通常情况下，围岩的破坏过程为：三向应力状态→二向应力状态→径向位移→达到围岩极限承载应力→破坏。支护的作用是补偿第三向应力、控制位移、阻止破坏。地下工程中围岩的支护方式主要有锚喷支护、构件支护、模筑混凝土衬砌、装配式衬砌等形式。

6.4.1 锚喷支护

锚喷支护是用锚杆锚固加喷射混凝土（有时加挂金属网）的一种支护形式。锚杆支护是用机械方法或化学方法将一定长度的杆件（多为金属杆）锚固在围岩上预先钻好的锚杆孔内，以加固围岩而起支护作用；喷射混凝土支护是用压缩空气将掺有速凝剂的混凝土拌和料，通过混凝土喷射机高速喷射到岩面上迅速凝固而起支护作用。在实际工程中，往往将两者结合起来使用，故称为锚喷支护。锚喷支护是通过加固洞室围岩而起支护作用的，在实际工程中可分为锚杆、喷射混凝土、锚杆喷射混凝土（锚喷）、钢筋网喷射混凝土和锚杆钢筋网喷射混凝土等几种类型。

6.4.1.1 锚杆支护

锚杆支护适用于裂隙发育，易产生大块危石的中硬以上岩层，与喷射混凝土联合使用可防止表面岩石脱落；对松软及有膨胀性的岩层，需与喷射混凝土及加金属网联合使用，有很好的支护效果。

1. 锚杆支护的作用

（1）悬吊作用。

在块状围岩中，巷道围岩的稳定性往往由巷道周边的某些危石所控制。只要用锚杆及时把这些危石同深处稳定岩石连接起来，防止这些危石塌落，巷道围岩就能在互相镶嵌、连接所产生的自承作用下保持稳定，如图 6-15 所示。显然，在这种情况下，锚杆是局部设置的，其长度与方向只要保证危石不致塌落即可。这就是锚杆支护的悬吊作用。

（2）组合梁作用。

在层状围岩中，锚杆的支护作用更为显著。由于锚杆支护提供的抗剪力、抗拉力，各层岩面之间的摩擦力增加，从而能阻止岩层的顺层滑动，使围岩得以稳定，这是锚杆的加固作用。对于层状顶板的弯曲破坏，则由规则布置的锚杆群将各层岩层挤压"缝合"在一起，形成组合岩梁而加以利用。当然，这种组合岩梁的抗弯刚度比各岩层的总抗弯刚度要大得多，提高了岩梁的承载能力。这时，锚杆支护起的是组合梁作用。

（3）挤压加固。

在软弱岩层中，锚杆支护起的是挤压加固作用。规则布置的预应力锚杆群能使巷道周边一定范围内的围岩形成一个承载环，如图 6-16 所示。这是由于在锚杆预应力 P 的作用下，每根锚杆的周围都形成了一个两端呈锥形的压缩区，各压缩区之间互相搭接而形成一条厚度为 t 的均匀压缩带。均匀压缩带由于锚杆预应力的作用而增大了径向压应力，从而使压缩带内的岩体处于三向压应力状态，并使岩体的强度大大增加，也就提高了承载环的承载力。

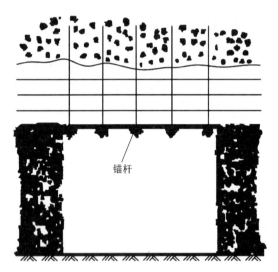

图 6-15　锚杆的悬吊作用示意图

图 6-16　锚杆的挤压加固作用示意图

2. 锚杆的种类

锚杆的种类很多，按锚固方式，可以分为机械式锚杆和黏结式锚杆，机械式锚杆是用各种机械方法将锚杆锚固在围岩内而起支护作用的，如楔缝式锚杆、胀圈、开缝摩擦式锚杆；黏结式锚杆是利用各种浆液将锚杆黏结在围岩内而起支护作用，如钢筋砂浆锚杆、树脂锚杆等。按使用年限，可以分为临时性锚杆和永久性锚杆，临时性锚杆多用于施工期限和使用期限较短的洞室种类，永久性锚杆多用于永久支护且和喷射混凝土结合起来使用。按有无预应力，可以分为有预应力锚杆和无预应力锚杆。

3. 锚杆的长度和间距

1）锚杆的长度

楔缝式锚杆［如图 6-17（a）］的长度为

$$L = l_1 + KH + l_2 \tag{6-12}$$

式中：L 为楔缝式锚杆的长度，m；l_1 为锚头的长度，m，一般为 15～20 cm；l_2 为锚杆的外露长度，m，一般为 10～15 cm；K 为安全系数，视情况而定，大于 1.0；H 为需锚固的岩层厚度，由工程地质和岩石力学分析确定。

砂浆锚杆［如图 6-17（b）］长度仍可用式（6-12）计算得出，但此时 l_1 为锚杆在稳定岩体中的锚固长度。

根据锚固力可靠，锚杆承载能力由杆体本身抗拉强度决定的原理，即锚固力大于杆体的抗拉强度，有

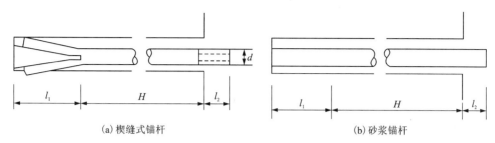

(a)楔缝式锚杆　　　　　　　　　　　　　(b)砂浆锚杆

图6-17　锚杆长度的示意图

$$\pi d l_1 \tau \geqslant \frac{\pi d^2}{4} R_P \quad\quad (6-13)$$

则锚杆的锚固长度 l_1：

$$l_1 \geqslant \frac{d R_P}{4\tau} \quad\quad (6-14)$$

式中：d 为锚杆直径，cm；R_P 为锚杆材料的抗拉强度，kg/cm^2；τ 为砂浆锚杆或与孔壁岩石的黏结强度，kg/cm^2，需要由现场试验确定。

2）锚杆的间距

锚杆群支护围岩时，锚杆的间距可根据锚杆承载力由杆体的抗拉强度决定的原则进行确定。

对于砂浆锚杆，有

$$\frac{\pi d^2}{4} R_P \geqslant KHrS^2 \quad\quad (6-15)$$

$$S \leqslant \frac{d}{2}\sqrt{\frac{\pi R_P}{KHr}} \qu\quad (6-16)$$

对于楔缝式锚杆，有

$$\left(\frac{\pi d}{4} - \delta\right) R_P \geqslant KHrS^2 \quad\quad (6-17)$$

$$S \leqslant \sqrt{\frac{d\left(\dfrac{\pi d}{4} - \delta\right) R_P}{KHr}} \qu\quad (6-18)$$

式中：S 为锚杆的间距，m；R 为岩石的容重，t/m^3。

锚杆的间距确定后，一般使锚杆呈梅花形布置。

4.锚杆支护的优点

（1）成本低。

锚杆支护有效地减少了巷道支护材料的投入和运输，降低了支护的材料成本。由于锚杆支护深入围岩岩体，无须占用巷道断面，因此巷道支护初期在设计上可直接减小巷道断面面积，节省了巷道掘进成本。锚杆支护稳定性好，可以有效地减少巷道的维修养护量，从而降低巷道的维护费用。

（2）施工简单灵活。

锚杆支护使用的材料数量少且质量小，在掘进过程中大大加快了相关材料的运输速度，提高了掘进效率。在回采作业中，降低了井下工人的劳动强度，缩短了工作面的作业流程，显著提高了井下作业效率。锚杆支护施工工序简便，能够在掘进面掘进后立刻施工，有利于在快速掘进中实现围岩支护的机械化作业。

（3）支护效果好。

锚杆支护是利用围岩里面的坚硬结构对外部岩体实施加固，充分利用围岩自身的支撑能力组成相对稳定的支撑结构，有效提高了巷道围岩的稳定性，简化了对巷道支护的维护。

6.4.1.2 喷射混凝土支护

1.喷射混凝土的支护原理

通过巷道开挖前后围岩的应力、应变分析可知，在巷道围岩上喷射一层混凝土，相当于在巷道周边施加一个径向阻力 P_a，从而改变了围岩的应变状态，如图 6-18 所示。在弹性的二次应力状态下，径向阻力 P_a 的存在，使得围岩的径向应力增大、切向应力减小；同时，使巷道周边岩体从单向的（双向的）变为双向的（三向的）应力状态，实际上提高了围岩的承受能力。在形成塑性区的二次应力状态下，塑性区半径随径向阻力的增加而减小。因此，喷射混凝土可以提供径向支护阻力，从而控制了巷道围岩塑性区的发展。综上所述，喷射混凝土提供了径向支护阻力，从而改善了巷道围岩的承载条件，约束围岩的变形和位移，同时也控制了巷道围岩破坏区域的发展和应力的变化，这就是喷射混凝土支护结构的支护实质。

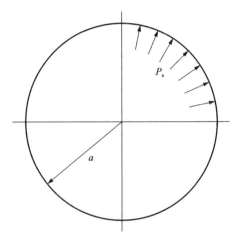

图 6-18　喷射混凝土后的应力状态示意图

2.喷射混凝土的施工工艺

喷射混凝土施工工艺分为干喷法和湿喷法两种。干喷法是将水泥、砂石料和速凝剂按一定的比例搅拌均匀后，装入喷射机内，用高压风将干料通过输料管送到喷嘴，在此处与水混合后，将其高速喷射到岩面上。湿喷法是预先将混合料加水搅拌均匀，然后装入湿式喷射机，使其通过输料管到达喷嘴处，再加入液态或水溶性速凝剂，然后将其喷射到岩面上。

应用锚喷支护的地下工程，开挖时一般采用光面爆破，锚杆和喷射混凝土也应在地下工程开挖后尽快施工。对于地质条件较好的围岩，可先打锚杆或架设钢筋网，再喷射混凝土；对于比较破碎、松散或受水和空气作用时易蚀变潮解的岩层，在开挖后应立即喷射混凝土，或喷射一薄层混凝土作临时支护，随后再打锚杆或架设钢筋网，再加喷一定厚度的混凝土，使其成为永久性支护结构。

3.喷射混凝土的作用

（1）支承围岩：喷层能与围岩黏结，并给围岩表面以抗力和剪力，从而使围岩处于三向受力的有利状态，防止围岩破坏；此外，喷层本身的抗冲击性能阻止不稳定块体的塌滑。

（2）卸载作用：喷层属柔性，使围岩在不出现有害变形的前提下，产生一定的塑性变形，从而使围岩卸载；同时，喷层的柔性也能使喷层中的弯曲应力减小，有利于混凝土承载力的充分发挥。

（3）填平补强围岩：喷射混凝土可射入围岩张开的裂隙，使裂隙分割的岩块层面黏结在一起，保持岩块间的咬合、镶嵌作用，提高围岩的黏结力，有利于防止围岩松动，并避免或缓和围岩应力集中。

（4）覆盖围岩表面：喷层直接粘贴在岩面，形成了防风化和止水的防护层，并阻止节理裂隙中充填物的流失。

（5）分配外力：通过喷层把外力传给锚杆，使支护结构受力均匀分担。

6.4.1.3　锚喷支护的特点及施工原则

1. 锚喷支护的特点

锚喷支护具有与围岩粘贴、支护及时、柔性好等特点。锚喷支护能封闭围岩的张性裂隙和节理，加固围岩的软弱结构面，使支护结构和围岩合成一个统一的支护体系而共同工作，从而提高围岩本身的强度和自承能力，有效地控制围岩的变形和坍塌。

（1）灵活性。锚喷支护是由喷射混凝土、锚杆、钢筋网等支护部件进行适当组合的支护形式，它们既可以单独使用，也可以组合使用。其组合形式和支护参数可以根据围岩的稳定状态、施工方法和进度、隧道形状和尺寸等加以选择和调整。它们既可以用于局部加固，也易于实施整体加固；既可一次完成，也可以分次完成，充分体现了先柔后刚、按需提供的原则。

（2）及时性。锚喷支护能在施作后迅速发挥其对围岩的支护作用。这不仅表现在时间上，即喷射混凝土和锚杆都具有早强性能，需要它时，它就能起作用；而且表现在空间上，即喷射混凝土和锚杆可以最大限度地紧跟开挖而施工，甚至可以利用锚杆进行超前支护。

（3）密贴性。喷射混凝土能与坑道周边的围岩全面、紧密地黏结，因而可以抵抗岩块之间沿节理的剪切和张裂。

（4）深入性。锚杆能深入围岩体内部一定深度，对围岩起约束作用。

（5）柔性。锚喷支护属于柔性支护，它可以较便利地调节围岩变形，允许围岩作有限的变形，即允许围岩在塑性区有适度的发展，以发挥围岩的自承能力。

（6）封闭性。喷射混凝土能全面及时地封闭围岩，这种封闭不仅阻止了洞内潮湿的空气和水对围岩的侵蚀作用，减少了膨胀性岩体的潮解软化和膨胀，而且能够及时有效地阻止围岩变形，使围岩较早地进入变形收敛状态。

2. 锚喷支护的施工原则

（1）采用锚喷支护应按有关规定进行施工，完成好光面爆破。

（2）锚喷支护用的锚杆材质和砂浆标号必须符合设计要求；使用的钢筋应调直、除锈、去污；优先选用新鲜的水泥和速凝、早强、减水的外加剂，严禁含有对锚杆有腐蚀作用的化学成分。

（3）锚孔内岩粉和积水必须清除干净，砂浆锚杆宜采用先注浆后插杆的程序，预应力锚杆宜采用先安锚杆后注浆的程序，锚孔注浆必须饱满。

（4）喷混凝土用的混合材料的拌制和使用必须符合规范规定，严格按照试验配比单配料。喷混凝土应分层进行，两层间隔超过 1 h，应把喷层表面的乳膜、浮尘等杂物冲洗干净，并做好喷层养护工作和冬季施工的保温工作。

3.锚喷支护的参数选取原则

(1)锚杆应当采用局部布置与系统布置相结合的原则。为防止危石和局部滑塌，应重点加固节理面和软弱夹层，重点加固部位为顶部和侧壁上部。为防止围岩整体失稳，当原岩的最大主应力位于垂直方向时，应重点加固两侧，但围岩顶部仍应配以相当数量的锚杆；而当最大主应力位于水平方向时，则应把锚杆重点配置在围岩顶部。锚杆数量及锚杆间距的选定，一般应以充分发挥喷层作用和施工方便为原则，即通过锚杆数量的变化使喷层始终具有有利的厚度。合理的锚杆数量是恰好使初期支护的喷层达到稳定状态，而复喷厚度就作为支护强度提高的安全系数。为了防止锚杆之间的岩体发生塌落，通常还要求锚杆纵、横向间距不大于锚杆的一半长度，在不稳定围岩中，还不得大于规定的最大间距。此外，锚杆的纵向间距最好与一次掘进的长度相应，以便于施工。锚杆长度的选取应当以充分发挥锚杆强度作用，并获得经济合理的锚固效果为原则。因此，应当尽量使锚杆应力值接近锚杆抗拉强度或锚固强度。

(2)合理的喷层厚度能充分发挥柔性薄型支护的优越性，即要求围岩有一定的塑性位移，以降低围岩压力和喷层的受弯作用。同时，喷层还应维持围岩稳定和保证喷层本身不致破坏。通常初次喷层厚度宜在 3~10 cm，喷层总厚度不宜超过 10~20 cm，只有大断面洞室才允许适当增大喷层厚度。喷层最小厚度一般为 5 cm，破碎软弱岩层中(如断层破碎带)喷层的最小厚度及钢筋网喷层的最小厚度为 10 cm。

6.4.2 构件支护

构件支护作为一种临时支护，一般在地质条件较差的支护作业段使用，常用的有钢支撑、钢筋混凝土支撑、组合支撑和土钉支撑。

1)钢支撑

钢支撑强度大、断面小，构造简单，运输及安装方便，还具有可重复利用的特点，也可以保留在混凝土中成为永久支护的一部分，因此在现场施工中被广泛采用。钢支撑通常用 16~20 号的工字钢、钢轨、特殊型钢或钢管制作。巷道断面为矩形或梯形时，仅有 2 根立柱和 1 根横梁，连接、架设都很方便。

在扩大开挖过程中常用钢支撑，一般有两种形式，见图 6-19。A 型钢支撑用于全断面一次开挖，组装顺序是由下向上；B 型钢支撑用于分步开挖，即当上部断面挖出后，需要先进行上部支撑的情况。架设时，要先在拱脚处架设工字钢作托梁，后架设钢拱，待下部断面挖好后，在托梁下顶上钢立柱，并用木楔打紧。钢支撑的间距视地质情况而定，通常为 1.0~1.5 m。

另外，为保证钢支撑的整体稳定性，充分发挥钢支撑力学特点，构件之间对接缝处必须楔紧，还应在各排支撑之间用拉杆连接，钢支撑与岩壁之间也要用木楔楔紧。

2)钢筋混凝土支撑

钢筋混凝土支撑是由若干混凝土构件拼装而成，通常用于导坑或辅助巷道的支撑。辅助巷道使用时间很长，因此钢筋混凝土支撑比木支撑更为优越。由于钢筋混凝土支撑构件易断裂、较笨重，安装运输不便且接头不宜连接牢固，目前已很少采用这种支撑方式。

3)土钉支护

土钉支护又称为土钉墙，它是在原位土中敷设较为密集的土钉，并在土边坡表面构筑钢丝网喷射混凝土面层，通过土钉、面层和原位土体三者的共同作用而支护边坡或边壁。钉墙

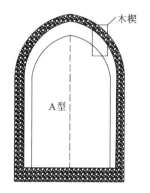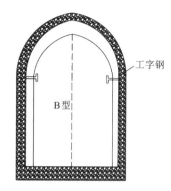

图 6-19　扩大开挖中的钢支撑形式

体同时也构成了一个就地加固的类似重力式的挡土结构。在土钉支护体系中，土钉是重要的受力构件，土钉的作用是将作用于面层或水泥土桩上的水、土压力，通过土钉与土体的摩阻力传递到稳定的地层中去，类似于土层锚杆；通过密而短的土钉将支护后土体的变形约束起来，形成由土体、注浆体及土钉组成的复合土体，复合土体类似于重力式坝受力。与已有的各种支护方法相比，它具有施工容易、设备简单、需要场地小、开挖与支护作业可以并行、总体进度快、成本低，以及无污染、噪声小、稳定可靠、社会效益与经济效益好等许多优点，因而在国内外的边坡加固与基坑支护中得到了广泛迅速的应用。

6.4.3　模筑混凝土衬砌

永久支护也叫衬砌，是支护地下工程或隧道的建筑物。永久支护应及时施工，以免围岩暴露时间过长而引起岩石的风化，使围岩产生松动或坍塌。

模筑混凝土衬砌施工包括两项主要内容：模板工程(由模板拱架、墙架等支撑结构组成的临时性结构物)和混凝土衬砌施工。

1. 地下工程模板的分类及特征

模板是使混凝土按设计要求浇筑成型的临时结构。它除了起成型作用，还和拱架、墙架一起共同承受新浇筑的混凝土的重量和围岩压力。因此，模板结构必须满足足够的强度、刚度和稳定性，构造简单，结构合理，表面光滑平整，接缝严密和重复利用率高等要求。

模板的种类很多，其分类如下：

(1)木模板，一般是用干燥无变形、宽度 5 cm 的木板制成。拱圈模板的长度通常为拱架间距的 2~3 倍，以保证模板接缝在拱架上。拼缝有齐口和平缝两种。边墙模板有普通模板和拼装式模板，普通模板与拱圈模板类似；拼装式模板是预先制作，施工时由多块拼装而成，分块的目的主要是便于安装和移动。

(2)钢模板。近年来，普遍采用定型钢模板代替木模板，一是为节省木材，二是因为钢模板承载力大、使用寿命长、浇筑混凝土成型较好。拱圈钢模板应制成一定的拱形，以适应拱架弧形，钢模板也可根据实际工程加工制作。

(3)拆装式模板，是一种可重复使用的模板，当已浇筑混凝土达到允许拆模的强度时，把模板拆卸下移至另一需要浇筑部位重新组装。每一套模板可在同类结构中重复使用多次。

这种模板的适用范围很广，目前在混凝土浇筑施工中广为采用。

(4)平移式模板，也是一种可重复使用的模板，但它使用时并不拆卸，而是按浇筑顺序在使用过程中逐渐向上滑升的，因此其适用于等断面、高度大的结构物，此种模板浇筑的混凝土的整体性比较好。

(5)衬砌模板台车，简称模板台车，又称活动模板，是用于地下工程衬砌作业的一种移动式模板，是整体式衬砌作业实现机械化施工的重要机具设备，由模板、模架车架和调幅装置等组成，在轨道上走行。使用时先就位和固定，后用调幅装置将模架及模板撑开，并准确定位。混凝土灌注完毕并经一定时间的养护后，收缩模板脱模，然后整体移动至下一个灌注段。模架相当于普通模板的支承拱架，用型钢制成，其间设置纵向型钢肋条，其上铺设钢模板。模架转折处设置单向铰，钢模板上开有若干检查孔，以使模板能自由收缩，并可观察混凝土灌注情况和便于使用振捣器。调幅装置为设置在车架上的千斤顶，用以撑开或收缩模板，并调整幅宽尺寸和高程。车架为一空间钢结构，内部可通行斗车或其他运输工具，用以支承模架和在轨道上走行，使模板可以移动。模板台车外形高大，自身重量和施工荷载也都较大，为避免引起质量事故或移动时发生故障，对轨道稳定性要求较高。

以上几种模板各有其特点，在隧道及地下工程中得到了广泛应用。具体应用哪一种模板应综合考虑工程具体条件、所采用的施工方法、施工的技术装备和技术水平等因素，经过方案比较后予以确定。拆装式木制模板的优点是制作容易、应用灵活、重量轻、安装技术要求不高，缺点是体积大、占净空多、强度低、重复利用率低、易坏损，所以只有在特殊情况下才采用木模板，一般选用体积小、强度高，能多次利用的标准化钢模板。混凝土模板不需要拆除，因为其本身就是衬砌的一部分，但混凝土模板比较笨重，安装较为困难。活动式模板拆装简便，有利于提高衬砌混凝土施工机械化程度，但活动式模板利用率低，只在断面固定、长度较长的工程中使用时才较为经济。

2.模筑混凝土衬砌施工

模筑混凝土施工是整个衬砌工程的主要作业，浇筑混凝土的质量将直接影响混凝土的强度、耐久性以及地下建筑的正常使用，所以要特别予以重视。一方面要加强施工组织和施工管理，另一方面要努力提高机械化施工水平，改善劳动条件，提高工程效率。模筑混凝土施工的主要内容：混凝土制备与运输、衬砌混凝土浇筑、养护与拆模。

(1)混凝土配料。

配料就是将胶结材料、集料和拌和水按配合比量取。配料是否准确将直接影响混凝土的质量。制备混凝土时，必须按照设计的材料数量配料。按重量计算，水泥、掺和料和水的配料误差不能超过2%，砂石料不能超过5%。要严格控制加水量，以保证准确的水灰比。为此，要求所有的计量设备在使用前都要进行仔细检查，使用过程中也要定期进行检查校正。

当混凝土的用量很大时，为了提高配料的工作效率和降低劳动强度，应尽量采用机械化配料，主要解决上料机械化和称量自动化两个环节。上料机械化，一般采用皮带运输机等机械，先往储料斗内装料，再由储料斗向自动称量斗上料。称量自动化，按其原理有杠杆控制和电气控制两种形式。

(2)混凝土的搅拌。

混凝土的搅拌现多采用机械搅拌，主要设备是混凝土搅拌机。搅拌机按工作原理可分为两类：一类是自落式搅拌机，另一类是强制式搅拌机。自落式搅拌机是利用搅拌机鼓筒筒壁内的固叶片，在鼓筒旋转过程中将混凝土拌和料带起，转至顶部后，靠拌和料的自重落下，如此反复多次，使混凝土搅拌均匀。鼓筒的转速一般为 15~18 r/min，转速过大将产生过大的离心力，阻碍拌和料搅拌均匀，其多用于搅拌干硬性混凝土。混凝土用量较大时，也可购买商品混凝土，从混凝土制备厂直接运至施工点使用。

为保证混凝土拌和均匀，要有足够的搅拌时间，如条件允许，适当延长混凝土的搅拌时间，则拌和料更均匀，和易性也好，强度也稍有提高。若搅拌时间过长，则影响混凝土搅拌的生产率和使混凝土变稠。混凝土的搅拌时间，一般根据搅拌机的性能和拌和物的要求确定。拌和好的混凝土应混合均匀，色泽一致，石子表面应为砂浆包裹。当发现搅拌机出料不符合上述条件时，可以适当延长搅拌时间。

（3）混凝土的运输。

为了保证混凝土的质量，无论采用何种方式运输混凝土，在混凝土运输过程中都要符合下列要求：

①运输时应注意保证混凝土不发生离析和严重泌水现象。如发生离析或坍落度损失过多时，应进行混凝土二次拌和，但不能加水。

②保证混凝土运至浇筑地点时，仍具有较高的流动性，其坍落度的降低值不得超过原规定的 30%。

③从搅拌出料到浇筑捣固完毕的全过程，不得超过混凝土的初凝时间。混凝土的运输方式和工具很多，应根据上述技术要求，并结合工程特点、施工技术水平、垂直运输距离、混凝土工程量、浇筑速度、现有机具设备和气候情况等因素确定。如混凝土的用量不大，且运距较短，可采用翻斗手推车、轻便翻斗汽车或矿车运输；当混凝土需要垂直提降时，可用吊桶或吊斗、卷扬机或提升机进行垂直运输；当混凝土同时需水平运输、垂直运输时，可用皮带运输机、风动混凝土输送器或混凝土输送泵等设备运输。

（4）混凝土的浇筑。

混凝土浇筑和捣固的效果，将直接影响混凝土的密实性和整体性。所以，浇筑混凝土应充满模板，振捣密实，同时钢筋位置正确，保护层厚度符合设计要求，而且必须分层、有序进行，以便混凝土的捣固，并可防止漏捣，避免因模板受力不均匀而产生变形或移位。分层厚度应根据捣固方法、混凝土拌和料供应速度、混凝土拌和料坍落度及结构配筋等情况确定。

（5）混凝土养护和拆模。

养护和拆模是衬砌混凝土施工的最后一项内容，这项工作是控制混凝土质量的关键，工作本身虽然简单，但是很重要。由于混凝土在凝结硬化过程中需要一定的湿度和温度条件，所以为保证水泥的水化过程能够正常进行，混凝土在浇筑后必须加以养护，如果混凝土干燥过快，则会因混凝土内部不同深度的干燥条件不一致，而使混凝土表面产生许多干缩裂纹，影响混凝土的强度和耐久性，严重的还会出现裂缝使整个衬砌结构遭到破坏。

混凝土浇筑好，并经过一段时间的养护后，为加快模板的周转，要求混凝土尽早拆模，但又不能盲从，如果拆模过早，混凝土还未达到一定的强度就拆模，会使衬砌混凝土过早承载而发生严重破坏。

铁路隧道拆模后应符合下列要求：

①不承重的直边墙，混凝土强度达到 25 kg/cm^2 或拆模时混凝土表面及棱角不致破损。

②几乎无围岩压力的单线铁路隧道拱圈，一般要求封顶混凝土的强度达到设计强度

的 40%。

③围岩压力较小的拱圈和曲边墙，一般要求封顶混凝土的强度达到设计强度的 70%。

④围岩压力较大或多线铁路隧道的拱圈，一般要求封顶混凝土的强度达到设计强度的 100%。

6.4.4 装配式衬砌

1. 装配式衬砌的概念

装配式衬砌是先在工厂加工预制混凝土衬砌构件，然后运至洞室中按一定顺序装配成型的永久支护形式。由于此法不需要临时支护，能保证洞室内充足的空间，有利于实现机械化施工，因此装配式衬砌在实践中也得到了广泛的应用，特别是在以盾构法施工的洞室中，通常采用装配式衬砌，甚至在矿山法(爆破掘进)施工中，有时也采用装配式衬砌。

装配式施工能大大提高施工的机械化水平，降低人员的劳动强度，而且所用衬砌构件都在工厂中预制，质量很容易保证。装配式衬砌作为永久支护结构，应满足以下几点基本要求：

①具有足够的强度，能立即承受围岩压力及临时的和永久的荷载，如施工机具压力、盾构法施工中的盾构压力和盾构推进时的千斤顶压力。

②不透水而且耐久性好。

③装配时安全、简便且构件能互换。要满足后者，衬砌最好采用圆形，因为圆形衬砌在整个周边上具有相同的曲率，同时圆形衬砌在承受静水压力和围岩压力时，受力状况较为理想。另外，圆形衬砌也适合盾构法施工，所以圆形装配式衬砌在工程中被普遍采用。

2. 装配式衬砌所用的材料

装配式衬砌可以采用铸铁、钢材和钢筋混凝土等材料。在工厂预制管片，运至地下拼接后即成装配式衬砌。

(1)铸铁管片，优点是强度高，重量不太大，运输和安装方便，而且铸铁耐腐蚀、不透水；其主要缺点是抗拉强度低于抗压强度，易发生脆性破坏，价格比较昂贵。

(2)钢管片，比铸铁管片抗拉强度高，这样就可减小管片的横截面，同时巷道开挖断面也就相应地可以缩小了，并可以采用较长的管片。相同尺寸的钢管片要比铸铁管片轻得多，但是钢管片的抗腐蚀性能差，虽然可以采用防腐措施，但这样其造价就更加高了，故很少采用钢管片。

(3)根据国外的经验，用钢管片做衬砌，其成本约占工程总造价的 50%。为了节约，通常采用钢筋混凝土管片来代替铸铁管片。装配式钢筋混凝土衬砌和铸铁衬砌相比，每米可降低造价 15%~20%，金属消耗量可节约 80% 左右。但钢筋混凝土砌块有制作工艺和防水问题。

3. 装配式钢筋混凝土衬砌的分类

装配式钢筋混凝土衬砌按照衬砌环中径向接头的形式可以分为接缝处没有受拉连接的砌块、接缝处有受拉连接的砌块、管片衬砌、多铰衬砌等。

(1)接缝处没有受拉拉链的砌块。

每块衬砌在其环向一侧立边上有两个椭圆形榫头，另一侧立边上则有两个可与之吻合的榫槽，以保证衬砌环的连接。而且每个榫头比榫槽要稍高一些，这样就在拼接后的衬砌中留有一定的空隙，便于用灰浆填塞使连接更加牢固。当施工拼接时，将要拼装的每块砌块的榫头分别放在前一环相邻砌块的榫槽内，应使相邻的两环砌块错动半块位置，以保证错缝。每块砌块的内表面还设有两个供举重器提取砌块的凹槽；砌块上设有压浆孔，以便向砌块后压浆，使衬砌与围岩紧密连接。这种砌块有明显的缺点：施工时拼接较费事；由于接缝处没有受拉拉链，在拼装上半环时，需要有专门的支撑架来支撑砌块；要设防水层并进行填塞处理；需要熟练工人进行人工操作。

为固定砌块间的相对位置，另一种无拉链的砌块在环向及径向立边中央，做成直径为 7 cm 的半圆形凹槽，在两块砌块径向立边间形成的圆槽内，放入一段外径为 6.35 cm、长 40 cm 的短钢管作为结合销，钢管内以水泥浆填充。在环向立面的圆槽内压注灰浆，使其起结合销的作用，如图 6-20 所示。

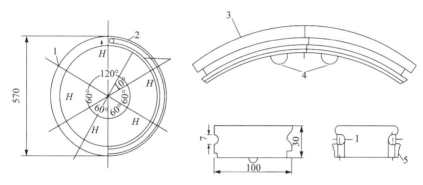

1—结合销；2—环向沟槽；3—压浆孔；4—用于提升的钩；5—前填缝沟。

图 6-20　设拉链连接示意图（尺寸单位：cm）

（2）接缝处有受拉连接的砌块。

这种砌块有几种连接方式：

①加钢板螺栓连接，见图 6-21，衬砌采用纵向错缝，在环向立边上全高设有 2 cm 厚的钢板，以便用螺栓连接相邻衬砌的砌块，钢板是用连续双焊缝焊在钢筋骨架上的。用钢板螺栓连接消耗的金属材料少，并能保证拼接简便准确。但这种连接方式也有其缺点，例如，由于挖槽而对砌块有削弱，连接后在接缝处就地浇筑混凝土，其强度不如砌块混凝土；另外，钢板的刚性很差，在拧螺栓时，钢板与砌块混凝土间易出现微小缝隙，导致衬砌漏水。

②砌块间不用螺栓连接，而是采用具有一定几何形状的砌块卡住，使之相互连锁并自然形成空间错缝，从理论上讲，这种衬砌受力情况是比较好的。如图 6-22 所示，是一种每环由 6 件"8"字形砌块组成的衬砌，砌块两端宽、中间窄，外形似"8"字，故此得名。砌块端部环向立边与隧道轴线垂直，其他 6 个边都是斜的。由于砌块设计成的形状使相邻两件砌块端部的加宽部分正好卡在两斜面间，砌块是中间部分，这样即可以保证衬砌的刚度和几何形状。由于这种砌块的制作难以达到较高的准确性，因此对结构的质量及施工的进度都有较大的影响。

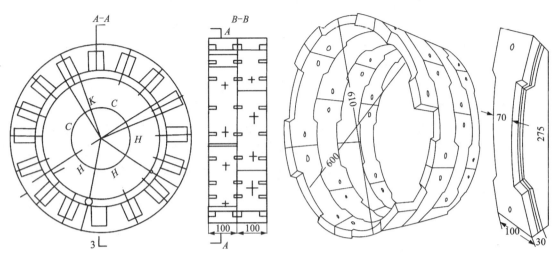

图6-21　砌块螺栓连接示意图(尺寸单位：cm)　　　图6-22　砌块卡钳连接示意图(尺寸单位：cm)

（3）管片衬砌。

用直螺栓连接的装配式衬砌和管片构造形式见图6-23。该衬砌直径为5.5 m，每环由3种形式的10件管片组成——7件标准管片、2件邻接管片和1件封顶管片，环宽为1 m。钢筋混凝土管片外形和铸铁管片相似，也制作成箱形，其环向凸缘厚15 cm，径向凸缘厚6 cm，凸缘高20 cm，外壳厚6 cm。为了承受盾构千斤顶的压力，管片内有3个8 cm的纵向隔板(肋)，环向凸缘由4个螺栓、径向凸缘由2个螺栓连接，并用钢管固定螺栓孔，螺栓只起拼装时的连接作用。而在运营期间，凸缘传递弯矩的强度是不够的，因此，在控制压浆后，要用短钢销代替螺栓，并在螺栓孔周围用膨胀水泥填塞密实。

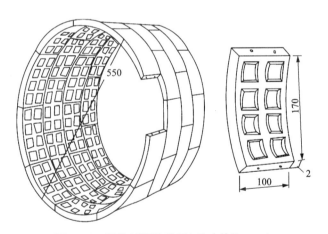

图6-23　管片衬砌构造图(尺寸单位：cm)

这种管片的优点：一是比同样尺寸的砌块少用一半混凝土，重量小，便于运输和安装；二是由于有螺栓连接，拼接准确便利。缺点：一是有肋条存在影响通风效果；二是当盾构推进时，凸缘容易被压坏或形成裂缝，而使防水效果差；三是清除隧道的底部不方便。

（4）多铰衬砌。

由工程实践和试验得知，装配式衬砌的承载能力往往取决于接头的强度，因为混凝土抗拉性能差，而接头处要承受很大的正负弯矩，使得衬砌的抗裂性能不够好。采用减小接头处弯矩的方法，可以改善衬砌受力状态和提高其抗裂性，为此需要采取使接头的内力由中心传递的结构措施，应采用圆柱形的接头，以便接头的内力由其中心传递，再在接头处放入圆柱形铰以减小接头的接触面，减小弯矩和保证安装方便；也可采用弹性垫板等措施，见图 6-24，一方面可以起铰的作用，保证转运的可能，另一方面使受力均匀。

4. 装配混凝土衬砌的制作与施工

装配式钢筋混凝土衬砌应能满足强度高、耐久、不透水、装配简便和制作工业化的要求，而这些都与衬砌构件制作工艺有直接的关系。显然，装配式衬砌的构件应当具有相当精确的尺寸，为了做到这一点，预制构件时要采用金属模型。制作管片时，较常用的模型是一种由钢板构成的不可拆卸的焊接结构，钢模主要由焊接在一起的底座、侧壁和端壁三部分组成，为了增大模型的刚度，在其侧壁与端壁上均匀地焊接加劲肋，模型端壁上设有轴颈，以便将模型、管片及托底翻转 180°。另外，在构件需要预留螺栓孔之处，设置了可以拔

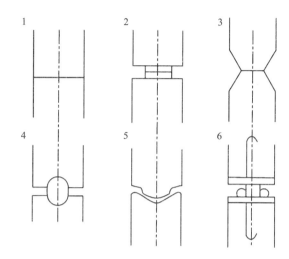

1—平面；2—有垫板；3—切角；4—销接；5—圆柱面；6—钢垫板。

图 6-24　弹性垫板圈

出的穿钉，模型上还带有孔销钉，以便翻转模型时，可用楔子来固定底板。

为了保证衬砌构件本身不透水，应采用低水灰比的干硬性混凝土，而这种混凝土浇筑振捣时，要使用高频振捣器，因此在往模型内浇筑混凝土时是在专门的振动台上进行的。

管片混凝土通常是在 25~35℃ 的温度中养护，在温暖的季节，为了缩短在车间里的养护时间，待混凝土达到设计强度的 70% 后，即可将其存放在仓库中，在存放的一个月内使其强度继续提高；在寒冷季节，砌块混凝土要达到脱模强度方可脱模，脱模后管片继续在温室内养护，养护开始至终了时的温差不能超过 40℃/h。如管片急需运往工地，则应养护到混凝土达到 100% 的设计强度。

生产装配式衬砌构件时，应特别注意构件质量和几何尺寸的检验，因为对构件几何尺寸的要求是相当高的，否则不仅会给拼装带来困难，而且对衬砌结构受力和防水也将造成不良的影响。可见，保证构件尺寸足够的精确度是采用装配式衬砌的关键问题之一。

为了得到足够精确的构件，必须进行一系列严格的检验，首先要检查钢筋骨架的几何尺寸、数量和焊接质量，然后检验构件模型的几何尺寸。如模型是不可拆开的，检查较简单；若模型是可拆开的，则要进行仔细的检查。目前，还会手持金属样板和量具来帮助检查。

在工厂内还需要进行衬砌环试拼装工作，拼装衬砌是在水平光滑的混凝土场地上进行的，场地中央有一根短柱，是拼装衬砌环的中心，以此中心为圆心，可以画出衬砌内外表面的圆周轮廓线，然后按照施工的实际情况在这两个圆周内进行试拼装。拼装好后，即检查衬砌半径、衬砌内表面的垂直度、衬砌环上部的水平度，并且量测衬砌的环向及径向接缝。一般生产 20 环左右要进行一次试拼装。

衬砌构件除了进行衬砌环试拼装，还要进行管片的强度试验和透水试验，一般可进行管片承受均布荷载的受弯及环向肋条的承压强度试验。后者是盾构千斤顶推进时，传给管片的

压力。管片的透水试验可在专门的设备上进行，先在管片外表面钻约 15 cm 的孔，并在其中安装套管，再以 10 个大气压力往套管中压水，若在 24 h 内不漏水，则管片合格。

参考文献

［1］郭志飚，胡江春，杨军，等. 地下工程稳定性控制及工程实例［M］. 北京：冶金工业出版社，2015.

［2］刘勇，朱永全. 地下空间工程［M］. 北京：机械工业出版社，2014.

［3］高成梁，彭第，赵传海，等. 地下工程施工技术与案例分析［M］. 武汉：武汉理工大学出版社，2018.

［4］张庆贺，廖少明，胡向东. 隧道与地下工程灾害防护［M］. 北京：人民交通出版社，2009.

［5］吴金水. 基坑工程事故施工问题的探讨［J］. 建材与装饰，2007(8)：183-184.

［6］冯夏庭，陈炳瑞，张传庆. 岩爆孕育过程的机制、预警与动态调控［M］. 北京：科学出版社，2013.

［7］邓树新，王明洋，李杰，等. 冲击扰动下滑移型岩爆的模拟试验及机理探讨［J］. 岩土工程学报，2020，42(12)：2215-2221.

［8］吴顺川. 岩石力学［M］. 北京：高等教育出版社，2021.

［9］张传庆，卢景景，陈珺，等. 岩爆倾向性指标及其相互关系探讨［J］. 岩土力学，2017，38(5)：1397-1404.

［10］KIDYBIñSKI A. Bursting liability indices of coal［J］. International Journal of Rock Mechanics and Mining Sciences，1981，18(6)：295-304.

［11］谭以安. 关于岩爆岩石能量冲击性指标的商榷［J］. 水文地质工程地质，1992，19(2)：10-12.

［12］WANG J A，PARK H D. Comprehensive prediction of rockburst based on analysis of strain energy in rocks［J］. Tunnelling and Underground Space Technology，2001，16(1)：49-57.

［13］唐礼忠，王文星. 一种新的岩爆倾向性指标［J］. 岩石力学与工程学报，2002，21(6)：874-878.

［14］SING S P. Classification of mine workings according to theirrockburst proneness［J］. Mining Science and Technology. 1989，18(3)：253-262.

［15］李庶林，冯夏庭，王泳嘉，等. 深井硬岩岩爆倾向性评价［J］. 东北大学学报(自然科学版)，2001，22(1)：60-63.

［16］宫凤强，闫景一，李夕兵. 基于线性储能规律和剩余弹性能指数的岩爆倾向性判据［J］. 岩石力学与工程学报，2018，37(9)：1993-2014.

［17］GONG F Q，LUO S，YAN J Y. Energy storage and dissipation evolution process and characteristics of marble in three tension-type failure tests［J］. Rock Mechanics and Rock Engineering，2018，51：3613-3624.

［18］GONG F Q，YAN J Y，LI X B，et al. A peak-strength strain energy storage index for bursting proneness of rock materials［J］. International Journal of Rock Mechanics and Mining Sciences，2019，117：76-89.

［19］RUSSENES B F. Analysis of rock spalling for tunnels in steep valley sides［M］. Oslo：Norwegian Institute of Technology，1974.

［20］TURCHANINOV I A，MARKOV G A，LOVCHUKV A V. Conditions of changing of extra-hard rock into weak rock under the influence of tectonic stresses of massifs［C］. Proceedings of ISRM International Symposium，Tokyo，1981：555-559.

［21］HOEK E，BROWN E T. Underground exavation in rock［M］. London：Institute of Mining and Metallurgy，1980.

［22］BARTON N R，LIEN R，LUNDE J. Engineering classification of rock masses for the design of tunnel support［J］. Rock Mechanics and Rock Engineering，1974，6(4)：189-236.

［23］陶振宇. 高地应力区的岩爆及其判别［J］. 人民长江，1987(5)：25-32.

［24］GIBOWICZ S J，KIJKO A. An Introduction to Mining Seismology［M］. San Diego：Academic Press，1994.

［25］李夕兵. 岩石动力学基础与应用［M］. 北京：科学出版社，2014.

［26］URBANCIC T, YOUNG R, BIRD S, et al. Microseismic source parameters and their use in characterizing rock mass behaviour：Considerations from Strathcona mine［C］. Proceedings of 94th Annual General Meeting of the CIM：Rock Mechanics and Strata Control Sessions, Montreal, 1992：26-30.

［27］HASEGAWA H S, WETMILLER R J, GENDZWILL D J. Induced seismicity in mines in Canada-An overview ［J］. Pure and Applied Geophysics, 1989, 129(3-4)：423-453.

［28］BRUNE J N. Tectonic stress and the spectra of seismic shear waves from earthquakes［J］. Journal of Geophysical Research, 1970, 75：4997-5009.

［29］张彬，刘艳军，李德海. 地下工程施工［M］. 北京：人民交通出版社，2017.

第 7 章 深基坑工程灾害与防控

　　建筑深基坑是指进行建(构)筑物地下部分施工及地下设施、设备埋设,由地面向下开挖,深度大于或等于 5 m 的空间。对于部分开挖深度虽未超过 5 m,但地质条件、周围环境和地下管线复杂,或影响毗邻建(构)筑物安全的基坑,也可视为深基坑工程处理。

　　建筑深基坑作为一种半封闭的地下工程结构,在高层建筑基础建设和地下空间结构体施工中应用广泛。相较于一般的基坑工程,开挖深度的增加使得深基坑工程的安全稳定问题变得更为复杂。深基坑工程灾害时有发生且具有很强的区域性、综合性和时空效应。因此,本章内容主要围绕深基坑工程的施工与灾害控制,重点介绍深基坑工程的基本概念、工程特点、施工方式、常见灾害类型与支护形式,并就深基坑工程支护设计计算理论进行了简单介绍。

7.1 深基坑工程施工方式

　　深基坑工程作为一种地下半封闭结构具有很强的综合性。为了保障地下主体结构和深基坑周边建(构)筑物、地下管线、道路、岩土体与地下水体的安全稳定,往往需要对场地和基坑进行一系列勘察、设计、施工和监测等工作,这些综合性的工程统称为深基坑工程。

7.1.1 深基坑工程的特点

　　深基坑工程具有以下工程特点:

　　(1)深基坑工程具有风险性。由于深基坑工程多采用临时或半永久结构,对安全储备的预留较小,因此具有较高的风险性。深基坑工程施工过程中应进行监测,并应有应急措施。在施工过程中一旦出现险情,需要及时抢救。在开挖深基坑时注意加强排水防灌措施,对于风险较大的情况应该提前做好应急预案。

　　(2)深基坑工程具有很强的区域性。在诸如软黏土地基、黄土地基等工程地质和水文地质条件不同的地基中,深基坑工程差异性很大。同一城市不同区域也有差异,深基坑工程的支护体系设计与施工和土方开挖都要因地制宜,根据本地情况进行,外地的经验可以借鉴,但不能简单搬用。

　　(3)深基坑工程具有很强的个体性。深基坑工程的支护体系设计与施工和土方开挖不仅与工程地质、水文地质条件有关,还与深基坑相邻建(构)筑物和地下管线的位置、抵御变形的能力、重要性以及周围场地条件等有关。有时保护相邻建(构)筑物和市政设施的安全是深基坑工程设计与施工的关键。这就决定了深基坑工程具有很强的个体性。因此,对深基坑工程进行分类、对支护结构允许变形规定统一标准都是比较困难的。

　　(4)深基坑工程综合性强。开展深基坑工程不仅需要岩土工程知识,也需要结构工程知识,需要土力学理论、测试技术、计算技术及施工机械、施工技术的综合。

(5)深基坑工程具有较强的时空效应。基坑的深度和平面形状对基坑支护体系的稳定性和变形有较大影响。在深基坑支护体系设计中要注意深基坑工程的空间效应。土体，特别是软黏土，具有较强的蠕变性，作用在支护结构上的土压力随时间变化。蠕变将使土体强度降低，土坡稳定性变小。所以对深基坑工程的时间效应也必须给予充分的重视。

(6)深基坑工程是系统工程。基坑工程主要包括支护体系设计和土方开挖两部分。土方开挖的施工组织是否合理将对支护体系是否成功具有重要作用。不合理的土方开挖、步骤和速度可能导致主体结构桩基变位、支护结构变形过大，甚至引起支护体系失稳而导致破坏。同时，在施工过程中，应加强监测，力求实行信息化施工。

(7)深基坑工程具有环境效应。基坑开挖势必引起周围地基地下水位的变化和应力场的改变，导致周围地基土体的变形，对周围建(构)筑物和地下管线产生影响，严重的将危及其正常使用或安全。大量土方外运也将对交通和弃土点环境产生影响。

7.1.2　深基坑工程施工工序

深基坑施工按照施工工序为：施工准备→深基坑开挖与支护→深基坑安全防护→深基坑核验与监测。

当基坑深度超过 5 m 或基坑处地质条件和周围环境及地下管线特别复杂时，确定基坑属于深基坑范围，对该基坑必须制订专项深基坑开挖、支护方案。

1)施工准备

深基坑工程施工前应按设计规定的技术标准、地质资料以及周围建筑物和地下管线等的翔实资料，严格细致地做好基坑施工组织设计(包括周围环境的监控措施)和施工操作规程，对开挖中可能遇到的渗水、边坡稳定、涌泥等现象进行技术讨论，提出应急措施预案并提前进行相关的物资储备。

深基坑工程施工前应重点关注地下水的影响，提前做好地下水控制方案并准备好地面排水及基坑内抽排水系统。

深基坑工程施工前应按设计要求将支护所需的周转材料运至施工现场，备好现场存土、出土、运输和弃土条件，确保连续开挖。

深基坑工程施工前应对基坑周边 30 m 范围内的建筑物进行调查，并针对基坑、周围建筑物、地面及地下管线等编制详细的监控和保护方案，预先做好监测点的布设、初始数据的测试和检测仪器的调试工作，检测工作准备就绪。

深基坑工程施工前应配备足够的开挖及运输机械设备，做好机械的检测、维修保养等工作，确保机械正常作业。在基坑开挖前完成坑内降水及修建地面排水沟。

2)深基坑开挖与支护

由于深基坑工程开挖深度大，稳定性影响因素复杂，为避免坑壁暴露面积过大引起的工程灾害，在实际施工中往往采用"边挖边支"的施工策略。深基坑开挖与支护时应遵循"开槽支撑、先撑后挖、分层开挖、严禁超挖"的原则。在基坑开挖时为保障基坑侧壁的安全稳定，通常将整个基坑工程开挖深度合理地划分为多个开挖段，采用开挖支护交替进行的方法分层进行施工。

因土方开挖施工要求标高、断面准确，土体应有足够的强度和稳定性，所以开挖过程中要随时注意检查；挖出的土除预留一部分用于回填外，不得在场地内任意堆放，应把多余土运到弃土地区，以免妨碍施工；为防止坑壁滑坡，根据土质情况及坑（槽）深度，在坑顶两边一定距离（一般为 1.0 m）内不得堆放弃土；为了防止基底土（特别是软土）受到浸水或其他原因的扰动，基坑（槽）挖好后，应立即做垫层或浇筑基础，否则，挖土时应在基底标高以上保留 150~300 mm 厚的土层，待基础施工时再行挖去。如用机械挖土，为防止基底土被扰动，结构被破坏，不应直接挖到坑（槽）底，应根据机械种类，在基底标高以上留出 200~300 mm，待基础施工前人工铲平修整。挖土不得挖至基坑（槽）的设计标高以下，如个别处超挖，应用与基底土相同的土料填补，并夯实到要求的密实度。如用原土填补不能达到要求的密实度，应用碎石类土填补，并仔细夯实。重要部位如被超挖，可用低强度等级的混凝土填补。

在软土地区开挖基坑（槽）时，施工前还应做好地面排水和降低地下水位工作。降水工作应持续到回填完毕；相邻基坑（槽）开挖时，应遵循先深后浅或同时进行的施工顺序，并应及时做好基础。

3) 深基坑安全防护

在深基坑工程土方开挖、支护施工及后续地下结构施工时应做好基坑的安全防护，以保障施工人员、坑内结构和周边环境的安全稳定。

在深基坑工程施工时应做好临边防护，临边防护栏杆可采用钢管栏杆及栏杆柱以扣件或电焊固定，并自上而下用安全立网封闭，以形成基坑临边安全防护，防止施工人员意外失足跌落。所有护栏用红白油漆刷上醒目的警示色，钢管红白油漆间距一般为 20 cm，基坑这边应设安全通道，并悬挂提示标志，护栏周围悬挂"禁止翻越""当心坠落"等禁止、警告标志。基坑周围应明确警示堆放的钢筋线材不得超越基坑边 3 m 范围警戒线，基坑边警戒线内严禁堆放一切材料。

在深基坑工程施工时应做好地表滞水控制，以便进行排水措施调整，防止地表滞水进入基坑内部产生工程安全隐患。应沿基坑周边防护栏设置一明排水沟，为了排除雨季因暴雨突然而来的明水，防止排水沟泄水不及，特在基坑一侧设一积水池，再通过污水泵及时将积水抽至厂区排污系统，做到有组织排水，确保排水畅通。

在深基坑工程施工时坑边堆置材料和沿土方边缘移动的运输工具和机械不应离槽边过近，距坑槽上部边缘不少于 2 m，槽边 1 m 以内不得堆土、堆料、停置机具。基坑周边严禁超堆荷载。

在深基坑工程施工时对于基坑施工作业人员的上下必须设置专用通道，施工人员不得攀爬栏杆和自挖土梯上下。人员专用通道应在施工组织设计中确定，视条件可采用梯子、斜道，两侧要设扶手栏杆。机械设备进出按基坑部位设置专用坡。

此外，深基坑工程施工还应注意保障施工人员作业必须有安全立足点，并注意人员安全，防止掉落基坑，脚手架搭设必须符合规范规定，临边防护符合规范要求。基坑施工的照明、电箱的设置以及各种电气设备的架设使用均应符合电气规范规定。

4) 深基坑核验与监测

根据《建筑地基基础设计规范》的相关规定，"基槽（坑）开挖到底后，应进行基槽（坑）检验。当发现地质条件与勘察报告和设计文件不一致或遇到异常情况时，应结合地质条件提出处理意见"。

因此，在深基坑工程施工完毕后应及时会同设计、勘察、建设、监理单位对深基坑工程施工情况进行核验，检查深基坑施工是否符合设计要求，并对不符合设计要求的地方与问题进行对应整改；完全符合设计要求后，参加核验的各方应共同做好隐蔽工程记录，作为竣工资料保存。

此外，《建筑地基基础设计规范》还规定"基坑开挖应根据设计要求进行监测，实施动态设计和信息化施工"。为确保施工过程中的不均匀沉降控制在规范允许的范围内，同时减少深基坑施工对周边环境的影响，必须采用必要的措施进行环境监测。在深基坑施工期间应对基坑侧壁和支护结构的稳定性进行实时监测，防止工程灾害的发生。同时，还应对深基坑周边环境与建筑进行跟踪沉降监测，并结合第三方监测数据在监测工作内容安排和实际监测过程中，紧紧围绕确保基坑和该周边建筑的安全这一目的展开深基坑安全监测。

7.1.3 深基坑工程施工方法

在实际工程中深基坑工程的施工除需要完成坑体的开挖与支护外，往往还需要与坑内后续建筑结构(如地下建筑结构、大型地基基础等)的施工相结合。目前深基坑常见的施工方式可以分为顺作法施工、逆作法施工和顺逆结合法施工。

1. 顺作法施工

顺作法是一种传统的深基坑工程施工方法，其主要施工思路为先下后上，先向下开挖至深基坑底板设计标高，再从下往上依次做底板、墙体和顶板等主体设施。其施工示意图如图 7-1(a)所示。

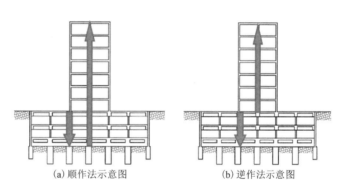

(a)顺作法示意图　　(b)逆作法示意图

图 7-1　施工方法示意图

施工工序：以 4 层地下结构的施工为例，图 7-2 显示了顺作法的施工工艺流程。

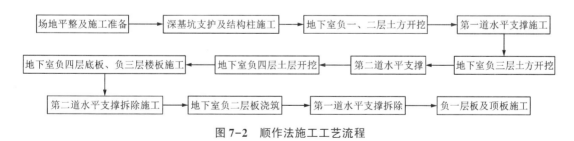

图 7-2　顺作法施工工艺流程

以顺作法施工的深基坑工程通常采用含有内支撑的支护结构，由挡土结构和水平内支撑共同构成支护体系。挡土体系常用的有钢板桩、钢筋混凝土板桩、深层水泥搅拌桩、钻孔灌注桩、地下连续墙、土钉墙支护、锚杆支护。挡水体系常用的有深层水泥搅拌桩、旋喷桩、压密注浆、地下连续墙、锁口钢板桩。内支撑体系常用的有钢管与型钢内支撑、钢筋混凝土支撑、钢与钢筋混凝土组合支撑等。

顺作法施工中的致灾因素：①在地质条件及周边环境不允许放坡的情况下，深基坑支护与其水平支撑的设置成为基坑开挖过程中的关键。因为该关键技术可以预防基坑坍塌滑坡事故的发生。②顺作法深基坑开挖过程中仅仅做好基坑支护和水平支撑是远远不够的，因为在深基坑开挖过程中会受到地下水的影响，该因素对基坑影响较大，不容忽视，故基坑开挖过程中必须做好降水、排水工作。③为了服务后续坑内建筑结构的施工，部分坑内水平支撑需要拆除。对于水平支撑的拆除，需由专业的设计单位提供拆除顺序及专项方案，不能随意拆除，以免引起基坑塌方事故。

顺作法优点：施工简单、快捷、经济、安全，是我国地下空间工程发展初期常用的深基坑工程施工方法。

顺作法缺点：在深基坑工程中，由于基坑深度大，顺作法施工时对周围环境的影响较大；且随着基坑深度的增加，对支护结构的要求越高，容易导致工程灾害的发生；顺作法施工只有在基础工程完全施工完毕后才能开始上层建筑的施工，整体施工工期长。

2. 逆作法施工

逆作法是一种超常规的施工方法，一般是在基础深度大、地质复杂、地下水位高等特殊情况下采用。该法利用主体地下结构的整体或部分结构作为支护结构，地下结构与基坑开挖交替按自上而下的次序施工。其施工示意图如图 7-1(b) 所示。

根据上部建筑与地下室是否同步施工，逆作法可分为全逆作法与半逆作法，其示意图如图 7-3 所示。

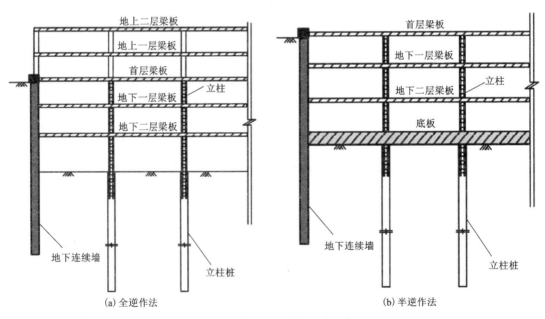

图 7-3　全逆作法和半逆作法示意图

全逆作法是上部建筑与基础同步施工的逆作施工方式，是指利用地下空间中的各层的主梁和次梁以及楼板结构，完成对四周结构的水平支撑。全逆作法也可以分为封闭式逆作法和敞开式逆作法，当地面楼板结构封闭时，为封闭式逆作法；当地面楼板结构敞开时，上部结构和下部结构不能同步施工，称为敞开式逆作法。

半逆作法是在基坑开挖过程中上部建筑与基础非同步施工的逆作施工方式。施工时利用地下各层钢筋混凝土的肋板形成格构支撑，再开挖土体并进行楼板浇筑。

施工工序：由于受施工场地及周边环境影响较大，放坡及明挖顺作施工受限时可以采用逆作法施工，逆作法在施工时先施工地下结构的地面部分，然后按顺序由上往下逐层开挖土方、施工地下结构直至施工到地下室底板为止。仍以4层地下结构的施工为例，图7-4显示了逆作法的施工工艺流程。

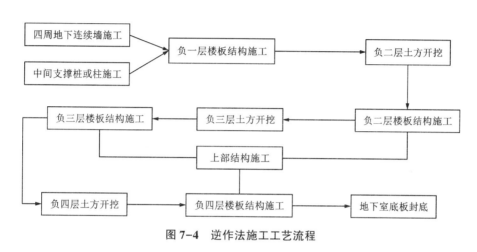

图7-4 逆作法施工工艺流程

在以上施工过程当中地下连续墙起到基坑围护的作用，在有的设计当中除用地下连续墙充当基坑围护墙外，也会用其充当地下室外墙，即两墙合一。中间支撑桩或柱在地下结构封底前起到支撑上部结构自重和施工荷载的作用。而地下结构中每一层楼板结构的施工充当了地下连续墙横向支撑的角色。

逆作法施工中的致灾因素：①在逆作地下结构的过程中，如果采用支护桩或竖直支撑柱作为坑内地下建筑的结构柱，其施工过程中必须将垂直度严格控制在允许的范围内，施工偏差过大会导致结构失稳，诱发工程灾害。②逆作法施工中，在进行土方开挖时必须选取合适的出土口位置和挖土机械，做好土方的开挖与外运工作，以便为施工现场提供足够的场地空间，以避免施工空间狭窄引起的施工风险。③逆作法需在相对封闭的环境施工作业，因此必须采取措施解决施工环境中的通风和照明问题，以确保施工人员安全作业。④逆作水平结构及竖向结构的施工质量需要重点关注。逆作水平结构主要是地下结构的楼板结构体系，其除充当结构楼板外，还可以充当基坑的永久水平支撑。竖向结构主要包括中间支撑柱、剪力墙等的施工。因此，水平和竖向结构的施工质量决定了深基坑工程整体的结构稳定性。

逆作法优点：可使建筑物上部结构的施工和地下基础结构施工平行立体作业，节约工时；受力良好合理，围护结构变形量小，荷载由立柱直接承担并传递至地基，基坑内地基回弹量小，且对邻近建筑的影响小。

逆作法缺点：上部结构与地下结构平行施工时，上部结构的施工进度需控制好，必须严格遵守设计要求；逆作法施工受层高和结构跨度的影响，机械开挖时操作空间受限，效率低下；逆作法施工人员需在相对封闭的环境施工，作业环境较差。

3.顺逆结合法施工

在大型或超大型深基坑工程中，仅用顺作法或逆作法施工，无法兼顾施工安全性以及工期等要求，故将顺作法和逆作法结合起来的顺逆结合法，近年来在国内得到了广泛应用。以含有大型群体结构的超大型深基坑工程为例，当采用顺逆结合法施工时通常有以下三种施工思路：①顺作主楼后逆作裙楼（裙楼一般指在一个多层、高层、超高层建筑的主体底部，占地面积大于建筑主体标准层面积的附属建筑体）的施工思路；②逆作裙楼后顺作主楼的施工思路；③顺作中心后逆作周边的施工思路。

以超高层建筑的深基坑为例。当建筑主体由裙楼和主楼构成时，通常裙楼主要用以商业用途，业主常要求其能够较早投入运营，因此对施工工期有着较高要求。一般情况下为使工期有所缩短，往往需要使用逆作裙楼后顺作主楼的施工方案。

逆作裙楼后顺作主楼的施工方法具有如下技术特点：①为缩短裙楼施工工期，一般情况下在开挖时需要将出土效率较高的出土口设置在中心区域处。对于裙楼，其部分区域可按照全逆作法的方式进行施工，在施工完其地下一层结构之后，可同时施工地上结构的商业主体，以此来缩短施工工期。②对于采用逆作法进行施工的裙楼部分，其支撑结构可采用坑内建筑结构的梁板进行替代，该种方法除了能够使支撑刚度有所提高，还能使基坑的变形得到有效控制，从而降低施工成本。在逆作裙楼时，主楼的结构物即有着较大空间的出土口，可为逆作裙楼提供采光条件。一般情况下，主楼的施工往往需要等到裙楼施工完成后才可进行，因此总工期往往会因主楼施工而有所追加。

然而，当存在以下情况时，应采用顺作主楼后逆作裙楼的施工方案：①在进行地下室外墙施工时，侵占了建筑红线，导致作业空间较小，难以满足施工要求而必须利用裙楼范围的情况。②主楼为超高层建筑，且对于施工工期有较为严格的要求。③裙楼基坑有着较为复杂的环境，且要求较高。

此外，对于采用顺作中心后逆作周边的施工方案的深基坑工程，由于在开挖时按照中心顺作的方法进行，能够大大缩短工期；按照中心顺作的方法进行施工不需要采用临时支撑，可采用坑内建筑结构的梁板作为周边逆作区域的水平支撑，以便开展向下的施工；施工时可节约较多的临时支撑，能够较大程度上降低成本。

7.2 深基坑支护原理与土压力计算

科学可靠的支护设计是防止深基坑工程灾害发生，保障工程安全稳定的基础。本节内容对深基坑支护原理进行了初步介绍，阐明了支护结构的基本作用原理，为深基坑主要支护形式的学习提供了原理指导。

由于深基坑通常是自地表开始开挖的半封闭地下空间体系，支护结构不可避免地会受到土压力的作用。然而土压力的计算是个比较复杂的问题，影响土压力大小及其分布规律的因素众多，其中挡墙的位移方向和位移量是最主要的因素。土压力的大小还与墙后填土的性质、墙背倾斜方向、填土面的形式、墙的截面刚度和地基的变形等因素有关。

7.2.1 深基坑支护的基本原理

深基坑支护结构的技术原理是通过支护结构平衡基坑内外两侧水、土压力，避免深基坑及周边土体因开挖产生较大的变形。其主要依靠深基坑内土层对支护结构的水平压力与支护结构上部的拉锚或支撑提供的与坑内土层水平压力方向相同的作用力，来抵抗坑壁由于土体和地下水产生的水平水、土压力，从而保证坑壁内外土体的稳定，限制周边土体的变形，保证深基坑开挖和基础结构施工能安全、顺利地进行。

简单来说，就是通过合理的设计，使支护结构能够提供足够的支护力，以平衡作用在支护结构上的水平荷载(开挖引起的土体不平衡力)，从而达到维持深基坑稳定的目的。

深基坑支护原理可以分为土体加固、支撑土体和混合作用。土体加固是通过有效的工程措施提高基坑周边土体的强度，从而达到维持深基坑稳定的目的，常见的土体加固方法有水泥土注浆搅拌、埋设土钉或土层锚杆等。土体加固可以有效减小坑外土体对深基坑支护结构的压力，能够有效减少基坑的支护需求，但是土体加固通常需要足够的基坑建筑边界提供场地进行土体加固，因此不适用于基坑周边建筑空间狭小的深基坑工程。支撑土体则是采用具有一定刚度的支挡结构抵抗基坑周边土体向坑内滑动产生的位移，从而达到约束土体变形，保护基坑内结构与施工安全的目的，常见的挡土墙式支护结构都属于支撑土体的方式。支撑土体通常不需要很大的施工场地，但是深度较大的深基坑工程往往对支撑土体式支护结构的刚度和强度要求很高。混合作用则是同时采用土体加固和支撑土体两种方式，通过合理的设计形成有效的深基坑支撑体系。目前，国内大型深基坑工程通常会根据工程特点灵活地选择适合的支护形式。

7.2.2 土压力的类型与影响因素

1. 土压力的类型

土压力是指土体作用在建筑物或构筑物上的力。对于在土体中开挖的深基坑工程，作用在支护结构上的土压力是指挡土墙后填土因自重或外荷载作用对墙背产生的侧向压力。影响挡土墙土压力大小及其分布规律的因素众多，挡土墙的位移方向和位移量是最主要的因素。根据挡土墙的位移情况和墙后土体的应力状态，可将土压力分为以下三种：主动土压力(E_a)、被动土压力(E_p)和静止土压力(E_0)(图 7-5)。

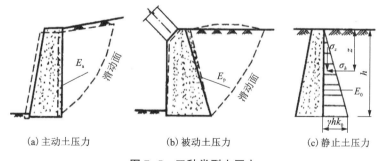

(a) 主动土压力   (b) 被动土压力   (c) 静止土压力

图 7-5 三种类型土压力

(1)主动土压力(E_a)。

挡土墙在填土压力作用下，向着填土背离方向移动或沿墙根转动，直至土体达到主动极限平衡状态，土体即将失去稳定性而发生滑动，此时的土压力称为主动土压力，如图 7-5(a)所示，用 E_a 表示。其特点为挡土墙向离开土体的方向偏移，土体有挤压挡土墙的趋势。

(2)被动土压力(E_p)。

挡土墙在外力作用下向着土体的方向移动和转动,土压力逐渐增大,直至土体达到被动极限平衡状态,土体即将失去稳定性而发生滑动,此时的土压力称为被动土压力,如图7-5(b)所示,用E_p表示。其特点为挡土墙在外力作用下向土体偏移,挡土墙有挤压土体的趋势。

(3)静止土压力(E_0)。

顾名思义,当挡土墙静止不动时,墙后土体由于墙的侧限作用而处于静止状态,此时墙后土体作用在墙背上的土压力称为静止土压力,以E_0表示,如图7-5(c)所示。其特点为挡土墙静止不动,墙后土体处于极限平衡状态,挡土墙与土体无相对运动趋势。

试验研究表明,在相同条件下,静止土压力大于主动土压力而小于被动土压力,即有$E_a<E_0<E_p$;在相同条件下,产生被动土压力时所需的位移量远远大于产生主动土压力时所需的位移量。

2. 影响土压力的因素

试验研究表明,影响土压力大小的因素可归纳为以下几个方面:

(1)挡土墙的位移。

挡土墙的位移(或转动)方向和位移量的大小,是影响土压力大小的最主要因素。如前所述,挡土墙位移方向不同,土压力的种类就不同。由试验与计算可知,其他条件完全相同,仅挡土墙位移方向相反,土压力数值相差不是百分之几或百分之几十,而是相差20倍左右。因此,在设计挡土墙时,首先应考虑墙体可能产生位移的方向和位移量的大小。

(2)挡土墙形状。

挡土墙剖面形状,包括墙背为竖直或倾斜、墙背为光滑或粗糙,都关系采用何种土压力计算理论公式和计算结果。

(3)填土的性质。

挡土墙后填土的性质,包括填土松密程度(即重度)、干湿程度(即含水率)、土的强度指标(内摩擦角和黏聚力),以及填土表面的形状(水平、上斜或下斜)等,都会影响土压力的大小。

7.2.3 不同类型土压力计算方法

静止土压力、主动土压力和被动土压力是作用在支护结构(挡土墙)上的三种不同土压力类型。其分布规律受到墙体可能的移动方向、墙后填土的种类、填土面的形式、墙的截面刚度和地基的变形等一系列因素影响。然而,三种不同类型的土压力都是由墙后土体自重和上覆荷载引起的,在应力分布形式、合力作用位置等方面又近似相同。

因此,为了方便使用和计算,三种土压力的计算理论在形式上基本相同,采用静止土压力系数(E_0)、主动土压力系数(E_a)、被动土压力系数(E_p)区别划分。根据不同的土压力计算理论计算三种土压力系数。

1. 静止土压力的计算

1)产生条件

静止土压力产生的条件为挡土墙静止不动,位移为零,转角为零。对于修筑在坚硬土质地基上,断面很大的挡土墙(例如在岩石地基上的重力式挡土墙),由于墙的自重大,地基坚硬,墙体不会产生位移和转动。此时挡土墙背面的土体处于静止的弹性平衡状态,作用在此挡土墙墙背上的土压力即为静止土压力。

2）计算方法

静止土压力犹如半空间弹性体在土的自重作用下无侧向变形时的水平侧压力，故填土表面下任意深度 z 处的静止土压力强度 δ_0 可按下式计算：

$$\delta_0 = \gamma z K_0 \tag{7-1}$$

式中：δ_0 为静止土压力强度，kPa；γ 为墙后填土重度，kN/m³；z 为计算点深度，m；K_0 为土的静止土压力系数。

按工程经验取值：砂土　　$K_0 = 0.34 \sim 0.45$；
　　　　　　　　黏性土　$K_0 = 0.5 \sim 0.7$。

按半经验公式取值：按 $K_0 = 1 - \sin\varphi$ 计算，φ 为土的有效内摩擦角，(°)。

由式（7-1）可得，式中 K_0 与 γ 均为常数，δ_0 与 z 成正比。此时，墙顶部，$z = 0$，$\delta_0 = 0$；墙底部，$z = H$，$\delta_0 = K_0 \gamma H$。

由式（7-1）可知，静止土压力沿墙高呈三角形分布，如图 7-6 所示，沿墙长度方向取 1 m 宽墙体，则可将三维问题简化为二维问题，此时作用在挡土墙上的静止土压力合力 E_0 为

$$E_0 = \frac{1}{2} \gamma H^2 K_0 \tag{7-2}$$

式中：H 为挡土墙高，m。E_0 的作用点在距墙底 $\dfrac{H}{3}$ 处。

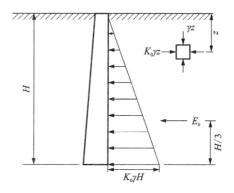

图 7-6　静止土压力计算图

3）静止土压力的应用场景

①地下室外墙。通常地下室外墙都有内隔墙支护，墙位移与转角为零，按静止土压力计算。②岩基上的挡土墙。挡土墙与岩石地基牢固联结，墙不可能位移与转动，按静止土压力计算。③拱座。拱座不允许产生位移，故亦按静止土压力计算。此外，水闸、船闸的边墙，因与闸底板连成整体，边墙位移可忽略不计，也都按静止土压力计算。

2.主动土压力的计算

1）产生条件

主动土压力是指挡土墙在墙后土体作用下向前发生移动，挡土墙向背离填土方向移动了适当距离后，致使墙后填土的应力达到极限平衡状态时，墙后土体施于墙背上的土压力。求解主动土压力时，通过与土的抗剪强度、剪切角和极限平衡条件相联系，最常用的是朗肯和库仑两个古典土压力理论。

2）计算方法

当土体处于主动土压力状态时，挡土墙离开土体向前移动，此时土体具有拉伸趋势；此时土体微元竖向应力 δ_z 不变，水平应力 δ_x 不断减小，直至达到极限平衡状态时，δ_x 为最小主应力。

主动土压力强度：

$$\delta_a = \gamma z K_a \tag{7-3}$$

式中：δ_a 为主动土压力强度，kPa；γ 为墙后填土重度，kN/m^3；z 为计算点深度，m；K_a 为土的主动土压力系数，可根据适合的土压力计算理论确定。

由式(7-3)可见，式中 K_a 与 γ 均为常数，δ_a 与 z 成正比。此时，墙顶部，$z=0$，$\delta_a=0$；墙底部，$z=H$，$\delta_a=K_a\gamma H$。

由式(7-3)可知，静止土压力沿墙高呈三角形分布，如图7-7所示，沿墙长度方向取 1 m 宽墙体，则可将三维问题简化为二维问题，此时作用在挡土墙上的主动土压力合力 E_a 为

$$E_a = \frac{1}{2}\gamma H^2 K_a \qquad (7-4)$$

主动土压力合力作用点为土压力分布三角形的重心，在距墙底 $\dfrac{H}{3}$ 处。

③主动土压力的应用场景

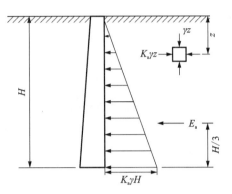

图 7-7　主动土压力分布图

挡土墙后土体由于自重或外部荷载作用产生主动挤压墙体时的力一般视为主动土压力。一般的重力式挡土墙，在墙背上的土压力，都可以认为是主动土压力。

3. 被动土压力的计算

1)产生条件

施工中挡土墙在外力作用下向后移动或转动，挤压填土，使土体向后位移，当挡土墙向后达到一定位移时，墙后土体达到极限平衡状态，此时作用在墙背上的土压力叫被动土压力。求解被动土压力时，通过与土的抗剪强度、剪切角和极限平衡条件相联系，最常用的是朗肯和库仑两个古典土压力理论。

2)计算方法

当土体处于被动土压力状态时，挡土墙挤压土体向前移动，此时土体具有压缩趋势；此时土体微元水平应力 δ_x 不变，竖向应力 δ_z 不断减小，直至达到极限平衡状态时，δ_z 为最小主应力。

被动土压力强度：

$$\delta_p = \gamma z K_p \qquad (7-5)$$

式中：δ_p 为被动土压力强度，kPa；γ 为墙后填土重度，kN/m^3；z 为计算点深度，m；K_p 为土的被动土压力系数，可根据适合的土压力计算理论确定。

由式(7-5)可见，式中 K_p 与 γ 均为常数，δ_p 与 z 成正比。一般情况下，墙顶部，$z=0$，$\delta_p=0$；墙底部，$z=H$，$\delta_p=K_p\gamma H$。

由式(7-5)可知，静止土压力沿墙高呈三角形分布，如图7-8所示，沿墙长度方向取 1 m 宽墙体，则可将三维问题简化为二维问题，此时作用在挡土墙上的被动土压力合力 E_p 为

$$E_p = \frac{1}{2}\gamma H^2 K_p \qquad (7-6)$$

被动土压力合力作用点为土压力分布三角形的重心，在距墙底 $\dfrac{H}{3}$ 处。

3）被动土压力的应用场景

被动土压力是指挡土墙在某种外力作用下向后发生移动而推挤填土，致使填土的应力达到极限平衡状态时，填土施于墙背上的土压力。在进行基坑支护的时候，悬臂式支护结构的墙前土压力，认为是被动土压力；预应力锚拉式支护结构，若预应力加载得过大，那么墙后的土压力也认为是被动土压力。

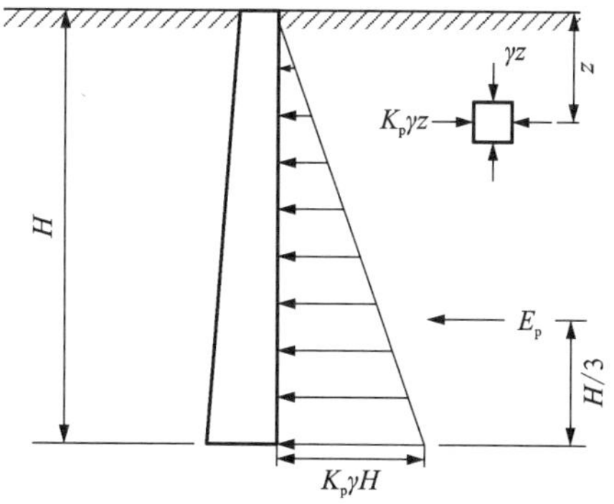

图7-8 被动土压力分布图

7.2.4 土压力的计算理论

针对不同的土层工程条件，土压力的计算理论有多种，其中应用较广的为朗肯理论、库仑理论和广义库仑理论等，区别主要体现在理论模型假设和主动土压力系数 E_a、被动土压力 E_p 的求解上。

经典的库仑和朗肯土压力理论都是将挡土墙作为平面问题来研究，即将挡土墙看作是无限长挡墙中的一个单位条带，不考虑挡墙长度对土压力的影响。但实际上，挡土墙始终是有限长的，挡土墙和墙背土体的组合不是平面问题，而是一个空间问题。大量研究表明，有限长的挡土墙土压力具有明显的空间效应。空间效应是指在一定条件下，将土体滑裂体作为一个空间结构而不是平面结构进行土压力计算，其更接近于真实情况。

1. 朗肯土压力理论

朗肯土压力理论是著名的古典土压力理论，由英国学者朗肯（Rankine W J M）于1857年提出，他研究了半无限土体在自重作用下，处于极限平衡状态的应力条件，推导出了土压力计算公式，即著名的朗肯土压力理论。其概念明确，方法简便，被广泛用于挡土墙、基坑支挡中的土压力计算。

基本原理：朗肯土压力理论是根据半空间的应力状态和土的极限平衡条件而得出的土压力计算方法。研究一表面为水平面的半空间，当整个土体都处于静止状态时（土体向下和沿水平方向都伸展至无穷），各点都处于弹性平衡状态。

基本假定：①土体是具有水平表面的半无限体；②墙背竖直光滑。这样假定的目的是控制墙后单元体在水平和竖直方向的主应力方向。

适用条件：①挡土墙的墙背竖直、光滑；②挡土墙后填土表面水平。

由于为半空间，土体内每一竖直面都是对称面，因此竖直截面和水平截面上的剪应力都等于零，因而相应截面上的法向应力 σ_z 和 σ_x 都是主应力，此时的应力状态可用莫尔圆表示。

主要内容：朗肯土压力理论是根据半空间的应力状态和土的极限平衡条件而得出的土压力计算方法。

图7-9（a）表示一表面为水平面的半空间，即土体向下和沿水平方向都伸展至无穷，在离地表 z 处取一单位微体 M，当整个土体都处于静止状态时，各点都处于弹性平衡状态。设土的重度为 γ，显然 M 单元水平截面上的法向应力等于该处土的自重应力。

$$\sigma_z = \gamma z \qquad (7-7)$$

而竖直截面上的法向应力为

$$\sigma_z = K_0 \gamma z \qquad (7-8)$$

由于土体内每一竖直面都是对称面,因此竖直截面和水平截面上的剪应力都等于零,因而相应截面上的法向应力 σ_z 和 σ_x 都是主应力,此时的应力状态用莫尔圆表示,如图7-9(b)所示的圆Ⅰ,由于该点处于弹性平衡状态,故莫尔圆没有和抗剪强度包线相切。

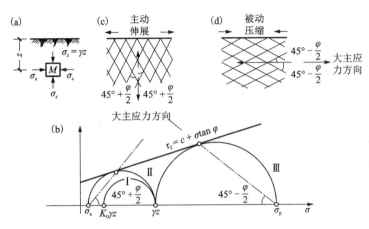

图7-9 半空间的极限平衡状态

设想由于某种原因将使整个土体在水平方向均匀地伸展或压缩,使土体由弹性平衡状态转为塑性平衡状态。如果土体在水平方向伸展,则 M 单元在水平截面上的法向应力 σ_z 不变而竖直截面上的法向应力却逐渐减少,直至满足极限平衡条件为止(称为主动朗肯状态),此时 σ_z 达最低限值 σ_a,因此,σ_a 是最小主应力,而 σ_x 是最大主应力,并且莫尔圆与抗剪强度包线相切,如图7-9(b)圆Ⅱ所示。若土体继续伸展,则只能造成塑性流动,而不致改变其应力状态。反之,如果土体在水平方向压缩,则 σ_x 不断增加而 σ_z 却仍保持不变,直到满足极限平衡条件(称为被动朗肯状态)时 σ_x 达最大限值 σ_p,这时,σ_p 是最大主应力而 σ_z 是最小主应力,莫尔圆为图7-9(b)中的圆Ⅲ。

由于土体处于主动朗肯状态时最大主应力所作用的面是水平面,故剪切破坏面与竖直面的夹角为 $45° + \dfrac{\varphi}{2}$[图7-9(c)];当土体处于被动朗肯状态时,最大主应力所作用的面是竖直面,故剪切破坏面与水平面的夹角为 $45° - \dfrac{\varphi}{2}$[图7-9(d)]。

朗肯将上述原理应用于挡土墙土压力计算中,设想用墙背直立的挡土墙代替半空间左边的土,如果墙背与土的接触面满足剪应力为零的边界应力条件以及产生主动或被动朗肯状态的边界变形条件,则墙后土体的应力状态不变。由此可以推导出主动和被动土压力计算公式。

1)主动土压力

由土的强度理论可知,当土体中某点处于极限平衡状态时,大主应力 σ_1 和小主应力 σ_3 之间应满足以下关系式。

黏性土:

$$\sigma_1 = \sigma_3 \tan^2\left(45° + \frac{\varphi}{2}\right) + 2c\tan\left(45° + \frac{\varphi}{2}\right) \tag{7-9}$$

或

$$\sigma_3 = \sigma_1 \tan^2\left(45° - \frac{\varphi}{2}\right) + 2c\tan\left(45° - \frac{\varphi}{2}\right) \qquad (7-10)$$

无黏性土：

$$\sigma_1 = \sigma_3 \tan^2\left(45° + \frac{\varphi}{2}\right) \qquad (7-11)$$

或

$$\sigma_3 = \sigma_1 \tan^2\left(45° - \frac{\varphi}{2}\right) \qquad (7-12)$$

对于如图 7-10 所示的挡土墙，设墙背光滑（为了满足剪应力为零的边界应力条件）、直立、填土面水平。当挡土墙偏离土体时，由于墙后土体中离地表为任意深度 z 处的竖向应力 $\sigma_z\gamma z$ 不变，亦即最大主应力不变，而水平应力 σ_x 却逐渐减小直至产生主动朗肯状态，此时，σ_x 为最小主应力 σ_a，也就是主动土压力强度，由极限平衡条件得以下关系式。

无黏性土：

$$\sigma_a = \gamma z \tan^2\left(45° - \frac{\varphi}{2}\right) \qquad (7-13)$$

或

$$\sigma_a = \gamma z K_a \qquad (7-14)$$

黏性土：

$$\sigma_a = \gamma z \tan^2\left(45° - \frac{\varphi}{2}\right) - 2c\tan\left(45° - \frac{\varphi}{2}\right) \qquad (7-15)$$

或

$$\sigma_a = \gamma z K_a - 2c \sqrt{K_a} \qquad (7-16)$$

上列各式中：K_a 为主动土压力系数，$K_a = \tan^2\left(45° - \frac{\varphi}{2}\right)$；$\gamma$ 为墙后填土的重度，kN/m^3，地下水位以下用有效重度；c 为填土的黏聚力，kPa；φ 为填土的内摩擦角，(°)；z 为所计算的点离填土面的深度，m。

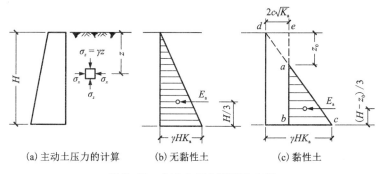

(a) 主动土压力的计算　(b) 无黏性土　(c) 黏性土

图 7-10　主动土压力强度分布图

由式(7-14)可知，无黏性土的主动土压力强度与 z 成正比，沿墙高的压力分布为三角

形,如图 7-10(b)所示,如取单位墙长计算,则主动土压力为

$$E_a = \frac{1}{2}\gamma H^2 \tan^2\left(45° - \frac{\varphi}{2}\right) \tag{7-17}$$

或

$$E_a = \frac{1}{2}\gamma H^2 K_a \tag{7-18}$$

E_a 通过三角形的形心,即作用在离墙底 $\frac{H}{3}$ 处。

由式(7-16)可知,黏性土的主动土压力强度包括两部分:一部分是由土自重引起的土压力 $\gamma z K_a$,另一部分是由黏聚力 c 引起的负侧压力 $2c\sqrt{K_a}$。这两部分土压力叠加的结果如图 7-10(c)所示,其中 ade 部分是负侧压力,对墙背是拉力,但实际上墙与土在很小的拉力作用下就会分离,故在计算土压力时,这部分应略去不计,因此黏性土的土压力分布仅是 abc 部分。

a 点离填土面的深度 z_0 常称为临界深度,在填土面无荷载的条件下,可令式(7-16)为零求得 Z_0 值,即 $\sigma_a = \gamma z K_a - 2c\sqrt{K_a} = 0$,得

$$z_0 = \frac{2c}{\gamma\sqrt{K_a}} \tag{7-19}$$

如取单位墙长计算,则主动土压力 E_a 为

$$E_a = \frac{1}{2}(H - z_0)(\gamma H K_a - 2c\sqrt{K_a}) \tag{7-20}$$

将式(7-19)代入上式后得

$$E_a = \frac{1}{2}\gamma H^2 K_a - 2cH\sqrt{K_a} + \frac{2c^2}{\gamma} \tag{7-21}$$

主动土压力 E_a 通过三角形压力分布图中 abc 的形心,即作用在离墙底 $(H-z_0)/3$ 处。

2)被动土压力

当墙受到外力作用而推向土体时[图 7-11(a)],填土中任意一点的竖向应力 $\sigma_z = \gamma z$ 仍不变,而水平向应力 σ_x 却逐渐增大,直至出现被动朗肯状态,此时,σ_x 达最大限值 σ_p,因此 σ_p 是大主应力,也就是被动土压力强度,而 σ_z 则是最小主应力。于是由极限平衡条件得以下关系式。

无黏性土:

$$\sigma_p = \gamma z K_p \tag{7-22}$$

黏性土:

$$\sigma_p = \gamma z K_p - 2c\sqrt{K_p} \tag{7-23}$$

式中:K_p 为被动土压力系数,$K_p = \tan^2\left(45° + \frac{\varphi}{2}\right)$;其余符号同前。

由式(7-22)和式(7-23)可知,无黏性土的被动土压力强度呈三角形分布[图 7-11(b)],黏性土的被动土压力强度则呈梯形分布[图 7-11(c)]。取单位墙长计算,则被动土压力可由下式计算。

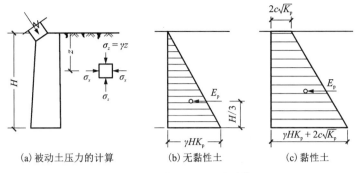

(a) 被动土压力的计算　　(b) 无黏性土　　(c) 黏性土

图 7-11　被动土压力的计算

无黏性土：

$$E_{\mathrm{p}} = \frac{1}{2}\gamma H^2 K_{\mathrm{p}} \tag{7-24}$$

黏性土：

$$E_{\mathrm{p}} = \frac{1}{2}\gamma H^2 K_{\mathrm{p}} - 2cH\sqrt{K_{\mathrm{p}}} \tag{7-25}$$

被动土压力 E_{p} 通过三角形或梯形压力分布图的形心。

2. 库仑土压力理论

法国学者库仑研究了挡土墙后滑动楔体达极限平衡状态时，用静力平衡方程解出作用于墙背的土压力，于 1776 年提出了著名的库仑土压力理论。库仑土压力理论更具有普遍实用意义。

库仑土压力公式最早是从无黏性土 $(c=0, \varphi=0)$ 情况下得出的，其后推广至适用于各种墙背形状和填土面。这一古典理论不仅具有足够的计算精度，而且一直广泛沿用至今。

基本理论：库仑土压力理论是在墙后土体处于极限平衡状态并形成一滑动楔体时，从楔体的静力平衡条件得出的土压力计算理论。库仑理论假定挡土墙是刚性的，墙后填土是无黏性土。当墙背移离或移向填土，墙后土体达到极限平衡状态时，墙后填土是以一个三角形滑动土楔体的形式，沿墙背和填土土体中某一滑裂平面通过墙踵同时向下发生滑动。根据三角形土楔的力系平衡条件，求出挡土墙对滑动土楔的支承反力，从而解出挡土墙墙背所受的总土压力。

基本假定：①挡土墙向前移动；②墙后填土沿墙背 $\overline{AB}$ 和填土中某一平面 $\overline{BC}$ 同时下滑，形成滑动楔体 $\triangle ABC$；③土楔体 $\triangle ABC$ 处于极限平衡状态，不计本身压缩变形；④楔体 $\triangle ABC$ 对墙背的推力即主动土压力 E，如图 7-12。

虽然朗肯土压力理论方法简单，使用方便，但其墙背直立光滑、填土水平的假设有时与实际情况相差悬殊。库仑将墙后土体处于极限平衡状态并形成一滑动楔形体视为刚形体并对此刚性楔形体进行静力平衡分析，从而得出土压力计算

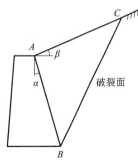

图 7-12　库仑理论基本假定

的库仑土压力理论。其条件有：①墙背倾斜，具有倾角 α；②墙后填土为砂土，表面倾角为 β；③墙背粗糙有摩擦力，墙与土间的摩擦角为 δ；④墙后填土达到破坏时，填土将沿两个平面同时下滑或上滑，一个是墙背 AB 面，另一个是土体内某一滑动面 BC，设 BC 面与水平面成 θ 角，如图 7-13 所示。

适用条件：库仑土压力理论假设墙后填土 $c=0$，只适用于无黏性填土，当实际工程采用的是黏性填土时，误差较大。

1）主动土压力

分析楔形体 $\triangle ABC$ 上的受力，楔体在三力作用下处于静力平衡状态，由力矢三角形按正弦定理：

$$\frac{E_a}{\sin(\alpha-\varphi)} = \frac{W}{\sin[180°-(\alpha-\varphi+\psi)]} \tag{7-26}$$

$$E_a = \frac{W\sin(\alpha-\varphi)}{\sin(\alpha-\varphi+\psi)} \tag{7-27}$$

令 $\dfrac{\mathrm{d}E_a}{\mathrm{d}\alpha}=0$ 得到 E_a 为极大值时的破坏角 α_{cr}，代入式（7-27）得

$$E_a = \frac{1}{2}\gamma H^2 K_a \tag{7-28}$$

图 7-13 及以上各式中：K_a 为库仑主动土压力系数，$K_a = \dfrac{\cos^2(\varphi-\alpha)}{\cos^2\alpha\cdot\cos(\alpha+\delta)\left[1+\sqrt{\dfrac{\sin(\varphi+\delta)\cdot\sin(\varphi-\beta)}{\cos(\alpha+\delta)\cdot\cos(\alpha-\beta)}}\right]^2}$；

W 为土楔体所受重力；E_a 为挡土墙对滑动土楔体的支承反力；R 为滑裂面 BC 上的反力；N_1 为滑裂面 BC 上的法线；N_2 为墙 AB 上的法线；α 为墙背与竖直线的夹角，（°），俯斜时取正号，仰斜时为负号；β 为墙后填土面的斜角，（°）；δ 为土与墙背材料间的外摩擦角，（°）。

主动土压力分布沿墙高呈三角形，因此库仑土压力 E_a 的作用点高度为 $\dfrac{H}{3}$。

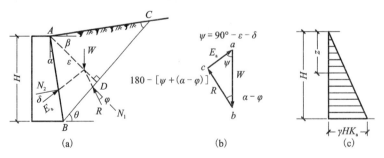

图 7-13 库仑主动土压力计算图

2）被动土压力

被动土压力计算原理与主动土压力相同，见图 7-14。挡土墙在外力作用下向后移动，推向填土，使滑动楔体 $\triangle ABC$ 达到被动极限平衡状态。墙后填土产生滑动面 $\overline{BC}$，滑动土体 $\triangle ABC$ 沿墙背 $\overline{AB}$ 与填土中 $\overline{BC}$ 两个面向上滑动。滑动楔体的自重 $W=\triangle ABC\cdot\gamma$（挡土墙的

长度取 1 m 长墙体）。当滑裂面 $\overline{BC}$ 已知时，W 数值确定。W 的方向竖直向下。

墙背对滑动楔体的推力 E_p，数值未知，方向已定。E_p 与墙背法线 N_2 成 δ 夹角。因楔形体向上滑动，墙背对土体的阻力朝斜下方向，故 E_p 在法线 N_2 的上侧。推力 E_p 与所求的被动土压力方向相反，数值相等。

在填土中的滑动面 $\overline{BC}$ 上，作用着滑动面下方不滑动土体对滑动楔体的反力 R。此反力 R 的大小未知，方向已定。R 与 $\overline{BC}$ 面的法线 N_1 成 φ 角。同理，R 在法线 N_1 的上侧，如图 7-14(a) 所示。

因滑动楔体 $\triangle ABC$ 处于极限平衡状态，W、E_p、R 三力平衡成闭合力三角形 $\triangle abc$，如图 7-14(b) 所示。

与主动土压力同理，在力三角形 $\triangle abc$ 中，应用正弦定理可得

$$E_p = \frac{W \cdot \sin(\alpha + \varphi)}{\sin(\varphi + \alpha + \varphi)} \tag{7-29}$$

设不同的滑裂面 $\overline{BC}$，得相应不同的 α，W，E_p，R，求其中最小的 E_p 值，即为真正滑动面时的数值，为所求的被动土压力。

$$E_p = \frac{1}{2}\gamma H^2 K_p \tag{7-30}$$

图 7-14 及以上各式中：K_p 为库仑被动土压力系数，$K_p = \dfrac{\cos^2(\varphi+\varepsilon)}{\cos^2\varepsilon \cdot \cos(\varepsilon-\delta)\left[1-\sqrt{\dfrac{\sin(\varphi+\delta)\cdot\sin(\varphi+\beta)}{\cos(\varepsilon-\delta)\cdot\cos(\varepsilon-\beta)}}\right]^2}$；

W 为土楔体所受重力；E_p 为挡土墙对滑动土楔体的支承反力；R 为滑裂面 BC 上的反力；N_1 为滑裂面 BC 上的法线；N_2 为墙 AB 上的法线；α 为墙背与竖直线的夹角，(°)，俯斜时取正号，仰斜时为负号；β 为墙后填土面的斜角，(°)；δ 为土与墙背材料间的外摩擦角，(°)。

库仑被动土压力强度沿墙也呈三角形分布，故其作用点高度也为 $\dfrac{H}{3}$。

近年来较多学者在库仑理论的基础上，计入墙后填土超载、填土黏聚力、填土表面裂缝等因素的影响，提出了广义库仑理论等一些新的理论和计算方法。

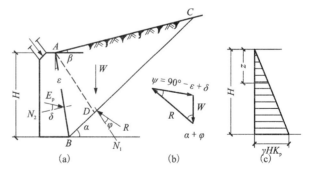

图 7-14 库仑被动土压力计算图

3.朗肯理论与库仑理论差异

基本假定：前者假定挡墙光滑、直立、填土面水平；后者假定填土为散体($c=0$)。

基本方法：前者应用半空间中应力状态和极限平衡理论；后者按墙后滑动土楔体的静力平衡条件导出计算公式。

计算结果：朗肯理论忽略了墙背与填土之间的摩擦影响，使计算的主动土压力偏大，被动土压力偏小；库仑理论假定破坏面为一平面，而实际上为曲面。实践证明，计算的主动土压力误差不大，而被动土压力误差较大。

7.3 主要支护结构及设计计算

支护结构是在深基坑工程开挖和结构施工过程中用来保护坑内结构和周边岩土体安全稳定的临时性或永久性的防护结构的总称。

由于深基坑工程具有很强的个性,在选择支护结构时应综合考虑工程背景、场地情况、岩土体物理力学性质、地下水赋存状况、深基坑内结构形式及重要程度和周边邻近建筑情况等多方面因素的影响,通过综合考虑选择合适的支护形式。此外,深基坑支护结构设计与计算,是深基坑工程安全稳定的核心与关键。在进行深基坑支护结构设计时应综合考虑地质状况、工程重要程度、周边环境影响等多方面要素,在兼顾经济性和可靠性的基础上选用适合的设计理论进行设计计算,并根据工程重要程度和风险等级保留合理的支护强度安全储备。

7.3.1 深基坑主要支护结构

根据支护结构的作用原理,支护结构一般可以分为支挡结构和加固基坑侧壁的结构。支挡结构一般仅由挡土构件(重力式挡土墙、排桩、地下连续墙等)构成或以挡土构件联合锚杆或支撑为主。常见的支挡结构有悬臂式结构、内撑式结构和锚拉式结构等。加固基坑侧壁的结构则是通过改善并提高坑壁周边岩土体物理力学性质以达到支护效果的。常见的坑壁加固式结构主要有水泥土桩墙支护结构和土钉墙支护结构等。

常见的深基坑支护结构有以下几种:

(1)悬臂式支护结构。

悬臂式支护结构亦称自立式板桩结构,或称无拉结无支撑板桩结构,是一种仅设有以顶端自由的(板桩、排桩或地下连续墙等)挡土构件为主要构件的支护式结构,如图 7-15 所示。悬臂式支护结构顶部位移较大,内力分布不理想,但可省去锚杆和承托,当基坑较浅且基坑周边环境对支护结构位移的限制不严格时,可采用悬臂式支护结构。其一般用于坑深 7 m 以下且坑壁岩土体情况较好的深基坑工程。

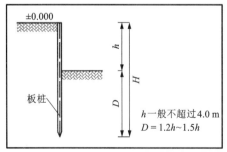

图 7-15 悬臂式支护结构

结构特点:悬臂式支护结构构造简单,在开挖过程中不采取任何拉锚或支撑的设置,仅依靠足够的入土深度和结构自身抗弯能力来维持基坑坑壁的稳定和结构的安全。

结构缺点:悬臂式支护结构对于高度、荷载、土质、地下水位的变化特别敏感,结构上端的水平位移与开挖深度的五次方存在正相关，易产生较大的侧向变形。因此，悬臂式支护结构适用深度范围较小，且仅适用于较浅的基坑支护。

（2）水泥土桩墙支护结构。

水泥土桩墙支护结构是通过深层搅拌机将水泥固化剂和原状土进行就地强制搅拌从而形成具有整体性、水稳定性和一定强度的水泥土桩，并依靠其本身自重和刚度保护基坑土壁安全，如图7-16。水泥土桩墙施工简单，一般不设支撑，特殊情况下经采取措施后可局部加设支撑，便于基坑土方开挖及施工，防渗性良好，具有挡土墙兼止水帷幕双重效果，造价相对不高；水泥土桩墙中的桩与桩或排与排之间可相互咬合紧密排列，也可按网格式排列。水泥土桩墙一般可分为深层搅拌水泥土桩墙和高压旋喷桩墙等类型。

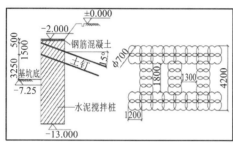

图7-16 水泥土桩墙支护结构

结构特点：与普通挡土墙结构是先筑墙后填土不同，水泥土桩墙支护结构是先施工水泥土桩，再开挖基坑，具有造价低、无振动、无噪声、无污染、施工简便和工期短等优点，适合对环境污染控制要求较高、对隔水要求较高且施工场地较宽敞的深基坑工程，以及要加固淤泥、淤泥质土和含水量高的黏土、粉质黏土、粉土等土层，可直接作为基坑开挖重力式围护结构。

结构缺点：水泥土桩墙支护结构对于基坑坑壁与相邻建筑之间的间距有一定的要求，需要较大的施工场地，且仅适用于软土地层。

（3）内撑式支护结构。

内撑式支护是由内支撑系统和挡土结构两个部分组成，深基坑开挖所产生的土压力和水压力主要是由挡土结构来承担，同时也是由挡土结构将这两部分侧向压力传递给内支撑，有地下水时也可防止地下水渗漏，是稳定深基坑的一种支护方式，如图7-17所示。一般情况下，支撑结构的布置形式有水平支撑体系和竖向支撑体系两种。水平支撑体系一般采用刚度较大的水平撑或斜撑为挡土结构提供水平向支承，保证挡土结构的稳定性，可分为对撑、桁架式对撑、角撑及内环式（桁架）支撑。竖向支撑体系通常采用钢管或混凝土立柱的支撑形式，起到承担上部建筑和结构自身竖向荷载的作用。

结构特点：内撑式支护结构适合各种地基土层，支护桩常采用钢筋混凝土桩或钢板桩，支护墙通常采用地下连续墙；内撑常采用钢筋混凝土支撑和钢管或型钢支撑两种。钢筋混凝土支撑体系的优点是刚度好、变形小；而型钢支撑的优点是钢管可以回收，且加预压力方便。内撑式支护结构适用范围广，可适用于各种土层和基坑深度；采取边撑边挖法施工，桩墙位移可以得到有效控制；内撑与支护结构之间的组合形式灵活，可根据不同工程需求调整，尤

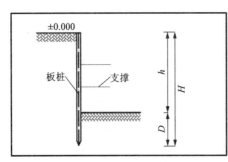

图 7-17　内撑式支护结构

其适合在软土地基中采用。

结构缺点：此结构内撑形成必要的强度以及内撑的拆除都需占用较长工期；设置的内支撑会占用一定的基坑内施工空间，减小了坑内作业空间，增加了开挖、运土及地下结构施工的难度；当基坑平面尺寸较大时，不仅要增加内撑的长度，内撑的截面尺寸也随之增大，经济性较差。

（4）锚拉式支护结构。

锚拉式支护结构是深基坑开挖最常采用的支撑方式之一，由支护桩墙和锚杆组成，主要是通过锚杆为支护桩墙提供水平拉力，使其保持稳定。支护桩和墙同样采用钢筋混凝土桩和地下连续墙。锚杆通常有地面锚拉和土层锚杆两种。地面锚拉可选形式丰富；土层锚杆一般采用钢绞线、高强钢丝或高强螺纹钢筋，并可根据需求施加预应力，如图 7-18 所示。锚拉式支护结构适用于周边环境比较宽敞、地下管线少且没有不明地下结构，并具有密实砂土、粉土、黏性土等稳定土层或稳定岩层做锚杆持力层的深基坑支护工程。

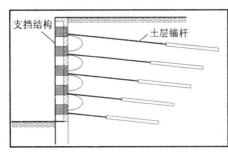

图 7-18　锚拉式支护结构

结构特点：锚拉式支护结构对深基坑内施工空间无影响，内部地下结构施工就可以完全按照地上结构同样方法施工，既无须考虑内支撑与结构层施工时的相互影响，亦无须考虑支撑如何拆除以及拆除时是否增加挡墙的变形。

结构缺点：地面锚拉需要有足够的场地设置锚桩或其他锚固装置；而土层锚杆则对基坑周边土层和围岩的地质条件要求较高，地质条件太差或土压力太大时使用桩锚支护结构，容易发生支护结构的受弯破坏或倾覆破坏。

（5）土钉墙支护结构。

土钉墙本质上是一种原位土体加筋技术，对基坑侧壁的天然土体通过土钉就地加固并与喷射混凝土面板相结合，形成一个类似重力挡墙以此来抵抗墙后的土压力，从而保持开挖面的稳定，如图7-19所示。根据土钉的植入形式可将其分为钻孔注浆型土钉墙、直接打入型土钉墙和打入注浆型土钉墙。钻孔注浆型土钉墙是先用钻机等机械设备在土体中钻孔，成孔后置入土钉杆体，然后沿全长注水泥浆。钻孔注浆钉几乎适用于各种土层，抗拔力较高，质量较好，造价较低，是最常用的土钉类型。直接打入型土钉墙是在土体中直接打入钢管、角钢等型钢和钢筋、毛竹、圆木等，不再注浆。由于打入式土钉直径小，与土体间的黏结摩阻强度低，承载力低，钉长又受限制，所以布置较密，可用人力或振动冲击钻、液压锤等机具打入。直接打入土钉的优点是不需预先钻孔，对原位土的扰动较小，施工速度快，但在坚硬黏性土中很难打入，不适用于服务年限大于2年的永久支护工程，杆体采用金属材料时造价稍高。打入注浆型土钉墙是在钢管中部及尾部设置注浆孔成为钢花管，直接打入土中后压灌水泥浆形成土钉。钢花管注浆土钉具有直接打入钉的优点且抗拔力较大，特别适合成孔困难的淤泥、淤泥质土等软弱土层和各种填土及砂土，应用较为广泛；缺点是造价比钻孔注浆土钉略高，防腐性能较差，不适用于永久性工程。

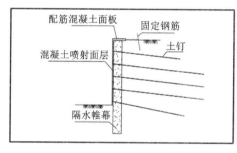 

图7-19　土钉墙支护结构

结构特点：土钉墙的做法与矿山加固巷道用的喷锚网加固岩体的做法类似，故也称为喷锚网加固边坡或喷锚网挡墙，其形成的土钉复合体能显著提高坑壁整体稳定性和承受坑壁超载的能力；土钉墙施工设备简单，因为钉长一般比锚索的长度小得多，不加预应力，所以设备简单；随基坑开挖逐层分段开挖作业，不占或少占单独作业时间，施工效率高，占用周期短。此外，土钉墙成本较低，施工噪声、振动小，不影响环境，自身变形预期小，对相邻建筑物影响不大。

结构缺点：土钉墙支护结构不宜用于淤泥或淤泥质土等软土地层，一般支护深度不超过12 m。

（6）其他支护结构。

其他支护结构形式还有双排桩支护结构、连拱式支护结构、逆作拱墙支护结构以及其他各类型组合式支护结构。

由于深基坑工程具有很强的个性，为了保证工程的安全稳定，深基坑工程支护体系在设计时往往会根据具体工程情况的需求联合使用多种支护结构，甚至在深基坑工程的不同部位采取不同的支护措施，也因此诞生了许多具有特殊工程特色的组合式支护结构。然而，这些具有个性的支护结构在应用时必须经由具有资质的专家小组进行严谨的科学论证，以避免因设计失误而造成严重的工程灾害。

7.3.2 深基坑支护设计原则与内容

1. 基本原则

深基坑支护工程设计应遵循以下基本规则：

（1）在满足支护结构本身强度、稳定性和变形要求的同时，确保基坑周边环境的安全；

（2）在保证安全可靠的前提下，设计方案应该具有较好的技术经济和环境效应；

（3）基坑支护工程施工和基础施工提供最大限度的施工方便，并保证施工安全。

根据《建筑基坑支护技术规程》（JGJ 120—2012），基坑支护结构极限状态可分为承载力极限状态和正常使用极限状态。承载力极限状态对应于支护结构达到最大承载能力或土体失稳、过大变形导致支护结构或基坑周边环境破坏。正常使用极限状态对应于支护结构的变形已妨碍地下施工或影响基坑周边环境的正常使用功能。基坑支护结构的安全等级及重要性系数如表 7-1 所示。

表 7-1　基坑支护结构的安全等级及重要性系数

安全等级	破坏后果	重要性系数 γ
一级	支护结构失效、土体失稳或过大变形对周边环境或主体结构施工安全的影响很严重	1.10
二级	支护结构失效、土体失稳或过大变形对周边环境或主体结构施工安全的影响严重	1.00
三级	支护结构失效、土体失稳或过大变形对周边环境或主体结构施工安全的影响不严重	0.90

2. 主要内容

深基坑工程从规划、设计到施工检测全过程应包括如下内容：

（1）深基坑内建筑场地勘察和周边环境勘察。深基坑内建筑场地勘察可利用建筑物设计提供的勘察报告，必要时进行补勘。深基坑周边环境勘察须查明深基坑周边地面建筑物的结构类型、层数、基础类型、埋深、基础荷载大小及上部结构现状；深基坑周边地下建筑物及各种管线等设施的分布和状况；场地周围和邻近地区地表、地下水分布情况及对深基坑开挖的影响程度。

（2）深基坑支护方案技术经济比较和选型。深基坑支护工程应根据工程和环境条件提出几种可行的支护方案，通过比较，选出技术经济指标最佳的方案。

（3）支护结构的强度、稳定和变形以及深基坑内外土体的稳定性验算。深基坑支护结构均应进行极限承载力状态的计算，计算内容包括支护结构和构件的受压、受弯、受剪承载力计算和土体稳定性计算，对于重要深基坑工程还应验算支护结构和周围土体的变形。

（4）深基坑降水和止水帷幕设计以及支护墙的抗渗透设计，同时还包括深基坑开挖与地下水变化引起的深基坑内外土体的变形验算及其对基础桩、邻近建筑物和周边环境的影响评价。

（5）深基坑开挖专项施工方案和施工监测设计，需参照《深基坑工程专项施工方案编写指南》建议内容编制。

7.3.3　支护结构水平荷载设计理论

1.水平荷载的组成

作用于支护结构上的水平荷载通常有土压力、水压力以及由影响区范围内建筑物荷载、施工荷载、地震荷载和其他附加荷载引起的侧压力。其中，最重要的荷载是土压力和水压力，其计算方法可分为水土分算和水土合算两种。

水土分算：指分别计算土压力和水压力，以两者之和为总的侧压力。该方法适用于土孔隙中存在自由的重力水的情况或土的渗透性较好的情况。一般对于地下水位以下的砂质粉土、砂土和碎石土，应采用土压力、水压力分算的计算方法。

水土合算：指将土和土孔隙中的水看作同一分析对象，采用土的饱和重度计算总的水土压力的方法。该方法适用于不透水和弱透水的土层。一般对于地下水位以下的黏性土、粉质黏土，可采用土压力、水压力合算的计算方法。

实际上，在基坑开挖过程中，作用在支护结构上的土压力、水压力等是随着开挖的进程逐步形成的，其分布形式除与土性和地下水等因素有关外，更重要的是还与墙体的位移量及位移形式有关。而位移性状随着支撑和锚杆的设置及每步开挖施工方式的不同而不同，因此土压力并不完全处于静止和主动状态。有关实测资料证明：当支护墙上有支锚时，土压力分布一般呈上下小、中间大的抛物线或更复杂的形状；只有当支护墙无支锚时，墙体上端绕下端外倾，才会产生呈直线分布的主动土压力。

2.水平荷载计算理论

根据《建筑基坑支护技术规程》（JGJ 120—2012），计算作用在支护结构上的水平荷载时，应考虑下列因素：

①基坑内外土的自重（包括地下水）；

②基坑周边既有和在建的建（构）筑物荷载；

③基坑周边施工材料和设备荷载；

④基坑周边道路车辆荷载；

⑤冻胀、温度变化等产生的作用。

作用在支护结构外侧、内侧的主动土压力强度标准值（图7-20）、被动土压力强度标准值宜按下列公式计算。

对于无水压力（地下水位以上）或水土合算的土层，水平荷载为

$$E_{ak} = \sigma_{ak} K_{a,i} - 2c_i \sqrt{K_{a,i}} \tag{7-31}$$

$$K_{a,i} = \tan^2(45° - \varphi_i/2) \tag{7-32}$$

$$E_{pk} = \sigma_{pk} K_{p,j} + 2c_i \sqrt{K_{p,j}} \tag{7-33}$$

$$K_{p,i} = \tan^2(45° + \varphi_i/2) \tag{7-34}$$

式中：E_{ak} 为支护结构外侧第 i 层土中计算点的主动土压力强度标准值，kPa；σ_{ak}、σ_{pk} 分别为支护结构外侧、内侧计算点的土中竖向应力标准值，kPa；$K_{a,i}$、$K_{p,i}$ 分别为第 i 层土的主动土

压力系数、被动土压力系数；c_i、φ_i 分别为第 i 层土的黏聚力（kPa）、内摩擦角（°）；E_{pk} 为支护结构内侧第 i 层土中计算点的被动土压力强度标准值，kPa。

对于水土分算的土层，支护结构上水平荷载为

$$E_{ak} = (\sigma_{ak} - u_a)K_{a,i} - 2c_i\sqrt{K_{a,i}} + u_a \tag{7-35}$$

$$E_{pk} = (\sigma_{pk} - u_p)K_{p,i} + 2c_i\sqrt{K_{p,j}} + u_p \tag{7-36}$$

式中：u_a、u_p 分别为支护结构外侧、内侧计算点的水压力，kPa。

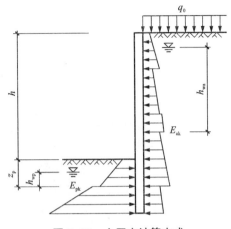

图 7-20 土压力计算方式

对于水土分算的土层，水压力（u_a、u_p）可按下列公式计算：

$$u_a = \gamma_w h_{wa} \tag{7-37}$$

$$u_p = \gamma_w h_{wp} \tag{7-38}$$

式中：γ_w 为地下水的重度，kN/m³，取 $\gamma_w = 10$ kN/m³；h_{wa} 为基坑外侧地下水位至主动土压力强度计算点的垂直距离，m（对承压水，地下水位取测压管水位；当有多个含水层时，应以计算点所在含水层的地下水位为准）；h_{wp} 为基坑内侧低下水位至被动土压力强度计算点的垂直距离，m（对承压水，地下水位取测压管水位）。

7.3.4 简单支护结构设计计算理论

深基坑工程涉及支护形式多样，支护设计计算过程复杂。本节以悬臂式支护结构为例，简要介绍支护结构设计计算理论。

1. 悬臂式支护结构简述

悬臂式支护结构亦称为自立式板桩结构，或称无拉结无支撑板桩结构，是一种以顶端自由的挡土构件为主要构件的支护式结构，如图 7-21 所示。

结构特征：结构简单，在开挖过程中不采取任何拉锚或支撑的设置，仅依靠足够的入土深度和结构抗弯能力来维持基坑坑壁的稳定和结构的安全。

受力特点：由于悬臂式支护结构的结构特征，在进行设计时支护结构本身仅受到基坑内外两侧土压力作用，无其他拉锚或支撑带来的集中力。在进行悬臂式支护结构设计时，为了避免支护结构破坏，其工作时应该处

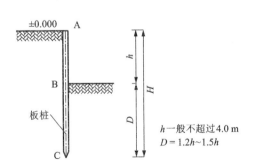

图 7-21 悬臂式支护结构示意图

于稳定状态。此时，单位计算宽度的支护结构两侧所受到的净土压力应该处于平衡状态。根据静力平衡条件可以求出此状态下悬臂式支护结构应该埋没的最小入土深度。

2. 悬臂式支护结构计算流程

悬臂式支护结构计算可采用极限平衡法和布鲁姆法进行简化计算。

1）极限平衡法

对于悬臂式支护结构，可采用沿深度线性分布土压力模式，计算简图如图7-22所示。

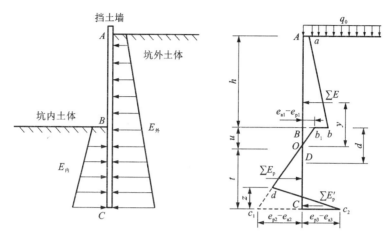

图7-22 悬臂式支护结构计算极限平衡法

当单位计算宽度支护结构两侧所受的净土压力相平衡时，支护结构处于稳定状态，相应的支护结构入土深度即为其保证稳定所需的最小入土深度，可根据静力平衡条件求出。具体计算步骤如下：

①根据工程地质条件选择合适的土压力计算理论（确定土压力系数计算理论，如库仑土压力理论）和支护水平荷载计算方式（水土分算或水土合算）。

②分别计算基坑底 B 处内外两侧主动与被动土压力强度 e_{a1}、e_{p1}；分别计算支护结构底端 C 处内外两侧被动土压力强度 e_{a3}、e_{p3}。此外，还需计算支护结构不沿旋转点旋转时底端 C 处内外两侧被动土压力强度 e_{a2}、e_{p2}。

③通过叠加支护结构内外两侧土压力，获得结构净土压力线，得出第一个土压力合力为零的点 O，其与基坑地面的距离记做 u，用 e_{a2}、e_{p2} 表示 CC_1 的值。

④计算 O 点以上土压力合力 $\sum E$，求出合力作用点与 O 点的距离 y。

⑤分别计算基坑底 B 处内侧和结构底端 C 处外侧被动土压力强度 e_{p1}、e_{p2}。

⑥根据静力平衡方程（作用在支护结构上的所有水平作用力合力为零，即 $\sum F_x = 0$）和力矩平衡方程（绕支护结构底端的合力矩为零，即 $\sum M_c = 0$）可得

$$\sum E + \left[(e_{p3} - e_{a3}) + (e_{p2} - e_{a2}) \right] \frac{z}{2} - (e_{p3} - e_{a3}) \frac{t}{2} = 0 \tag{7-39}$$

$$\sum E(t + y) + \left[(e_{p3} - e_{a3}) + (e_{p2} - e_{a2}) \right] \frac{z}{2} \cdot \frac{z}{3} - (e_{p3} - e_{a3}) \frac{t}{2} \cdot \frac{t}{3} = 0 \tag{7-40}$$

式（7-39）和（7-40）只有 z 和 t 两个未知数，因此可将 e_{a2}、e_{p2}、e_{a3}、e_{p3} 代入两式消去 z，得到一个以 t 为自变量的方程 $f(t)$。求解 $f(t)$ 则可获得支护结构的有效嵌固深度 t（O 点以下入土深度）。

为安全起见,支护结构实际设计入土深度取

$$t_c = u + 1.1t \qquad (7-41)$$

⑦根据弯矩最大处剪力为零,求出悬臂式支护结构剪力为零的点 D。在此基础上计算 D 点弯矩,此时 M_D 即为 M_{max}。

⑧验算支护结构自身强度是否满足最大剪力和最大弯矩。

2) 布鲁姆简化计算法

布鲁姆法将悬臂式支护结构的受力简化成如图7-23所示。

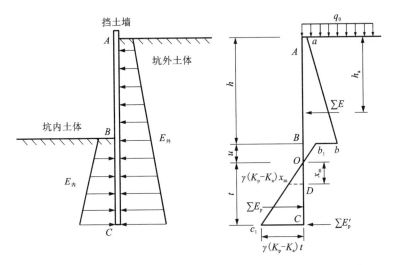

图7-23 悬臂式支护结构布鲁姆法计算

支护结构底部后侧出现的被动土压力以一个集中力 $\sum E'_p$ 代替。由支护结构底部 C 点的力矩平衡条件 $\sum M = 0$,有

$$(h + u + t - h_a)\sum E - \frac{t}{3}\sum E_p = 0 \qquad (7-42)$$

因 $\sum E_p = \dfrac{\gamma(K_p - K_a)t^2}{2}$,带入式(7-42)可得

$$t^3 - \frac{6\sum E}{\gamma(K_p - K_a)}t - \frac{6(h + u - h_a)\sum E}{\gamma(K_p - K_a)} = 0 \qquad (7-43)$$

式中:t 为桩墙的有效嵌固深度,m;$\sum E$ 为桩墙后侧 AO 段作用于桩墙上的净土压力、水压力,kN/m;γ 为土体重度,kN/m³;h 为基坑开挖深度,m;h_a 为 $\sum E$ 作用点与地面的距离,m;u 为土压力零点 O 与基坑底面的距离,m。

由式(7-43),经过计算可求出支护结构的有效嵌固深度 t。由于经悬臂式支护结构受力图简化后,计算出的 t 会有一定误差,布鲁姆建议增加20%,因此为了保证支护结构的稳定,基坑底面以下最小插入深度 t_c 应为:

$$t_c = u + 1.2t \qquad (7-44)$$

最大弯矩应在剪力为零(即 $\sum Q = 0$)处,于是有

$$\sum E - \frac{\gamma(K_p - K_a)x_m^2}{2} = 0 \qquad (7-45)$$

由此可求得最大弯矩点与土压力为零点 O 的距离 x_m，为

$$x_m = \sqrt{\frac{2\sum E}{\gamma(K_p - K_a)}} \qquad (7-46)$$

而此处的最大弯矩为

$$M_{max} = (h + u + x_m - h_a)\sum E - \frac{\gamma(K_p - K_a)x_m^3}{6} \qquad (7-47)$$

【例】 某基坑位于中密-密实中粗砂地层，开挖深度 $h = 5.0$ m，土层重度为 20 kN/m³，内摩擦角 $\varphi = 30°$，地面超载 $q_0 = 10$ kPa。拟采用悬臂式排桩支护，试确定桩的最小长度和最大弯矩。

【解】 沿支护桩墙长度方向取单位长度墙体进行计算，则有：

主动土压力系数 K_a 为

$$K_a = \tan^2\left(45° - \frac{\varphi}{2}\right) = 0.33$$

被动土压力系数 K_p 为

$$K_p = \tan^2\left(45° + \frac{\varphi}{2}\right) = 3.00$$

基坑开挖底面处土压力强度 e_a 为

$$e_a = (q_0 + \gamma h)K_a - 2c\sqrt{K_p} = 36.3 \text{ kN/m}^2$$

土压力零点与开挖面的距离 u 为

$$u = \frac{(q_0 + \gamma h)K_a}{\gamma(K_p - K_a)} = 0.68 \text{ m}$$

开挖面以上桩后侧地面超载引起的侧压力 E_{a1} 为

$$E_{a1} = q_0 K_a h = 16.5 \text{ kN/m}$$

作用点与地面的距离 h_{a1} 为

$$h_{a1} = \frac{1}{2}h = 2.5 \text{ m}$$

开挖面以上桩后侧主动土压力 E_{a2} 为

$$E_{a2} = \gamma h^2 K_a = 82.5 \text{ kN/m}$$

其作用点与地面的距离 h_{a2} 为

$$h_{a2} = \frac{2}{3}h = 3.33 \text{ m}$$

桩后侧开挖面至土压力零点净土压力 E_{a3} 为

$$E_{a3} = \frac{e_a u}{2} = 0.5 \times 36.3 \times 0.68 = 12.342 \text{ kN/m}$$

其作用点与地面的距离 h_{a3} 为

$$h_{a3} = h + \frac{u}{3} = 5.23 \text{ m}$$

作用于桩后的土压力合力 $\sum E$ 为

$$\sum E = E_{a1} + E_{a2} + E_{a3} = 16.5 + 82.5 + 12.34 = 111.34 \text{ kN/m}$$

$\sum E$ 的作用点与地面的距离 h_a 为

$$h_a = \frac{E_{a1} h_{a1} + E_{a2} h_{a2} + E_{a3} h_{a3}}{\sum E} = \frac{16.5 \times 2.5 + 82.5 \times 3.33 + 12.342 \times 5.23}{111.34} \approx 3.42 \text{ m}$$

将上述计算所得的值代入公式

$$t^3 - \frac{6 \sum E}{\gamma(K_p - K_a)} t - \frac{6(h + u - h_a) \sum E}{\gamma(K_p - K_a)} = 0$$

$$t^3 - 12.51t - 28.27 = 0$$

可解得 $t = 4.36$ m。

桩的最小长度 l_{min} 为

$$l_{min} = h + u + 1.2 \times t = 5 + 0.68 + 1.2 \times 4.36 = 10.912 \text{ m}$$

最大弯矩点与土压力零点的距离 x_m 为

$$x_m = \sqrt{\frac{2 \sum E}{\gamma(K_p - K_a)}} = \sqrt{\frac{2 \times 111.34}{20 \times (3.00 - 0.33)}} = 2.04$$

最大弯矩 M_{max} 为

$$M_{max} = (h + u + x_m - h_a) \sum E - \frac{\gamma(K_p - K_a) x_m^3}{6} = 403.20 \text{ kN} \cdot \text{m}$$

7.4 深基坑工程灾害与防控

随着我国基础建设的快速发展，深基坑工程越来越多地应用于各种地下结构的建设。然而，由于深基坑工程的开挖深、工程量大、工期紧、安全储备低、不确定性高等特点，基坑工程事故屡有发生，造成了巨大的经济损失和人员伤亡，这不仅会延误工期，而且会引起不良的社会影响。据有关统计资料，目前，深基坑工程灾害的发生率为一般工程项目的 5 倍，我国深基坑工程事故的发生率达 21.4%，有些地区甚至高达 30% 左右。美国劳工部把深基坑工程列为危险系数最高的项目；我国住建部的报告也指出深基坑工程灾害是占比最高的工程灾害类型，占全部建筑工程灾害的 30% 以上。因此，防灾减灾问题已成为深基坑工程建设过程中面临的最大挑战。

7.4.1 常见深基坑工程灾害

深基坑工程是由挡土支护、支撑、防水、降水、挖土等多个紧密联系的施工环节组成，其中任何一个环节出现问题都可能引发严重的工程灾害。因此，作为一种综合性很强的地下空间工程，深基坑的破坏与失稳往往是多种因素综合作用的结果。深基坑工程的灾害具有类型多、成因复杂的特点。在水土压力作用下，支护结构可能发生破坏，支护结构型式不同，破坏形式也有差异。渗流可能引起流土、流砂、突涌，造成破坏。围护结构变形过大及地下水流失，引起的周围建筑物及地下管线破坏也属基坑工程灾害。

特别是在软土地区、地下水位高度复杂条件下的深基坑工程，易产生土体滑移、基坑失稳、支护倾覆、坑底隆起、基坑突水、流砂等工程灾害，对邻近建筑物、道路、给排水管道、电缆等管线的安全造成很大威胁，并引发严重的环境问题。表 7-2 列举了近年来我国深基坑工程灾害部分典型案例。

表 7-2　我国深基坑工程灾害部分典型案例

时间	地点	灾害类型	灾害概况	灾害影响
2005 年 7 月 21 日	广州海珠区江南大道南海珠城广场	基坑坍塌	基坑支护结构失效，基坑侧壁大面积坍塌，一栋 7 层邻近建筑受灾倒塌，邻近地铁线路被迫停运	3 人死亡，4 人受伤，直接经济损失超过 2 亿元
2008 年 11 月 15 日	浙江杭州地铁 1 号线、风情大道	基坑坍塌	基坑支护结构失效，造成长约 100 m、宽约 50 m 的施工区域塌陷，塌陷区域被邻近河水和被破坏管道内泥水淹没	21 人死亡，24 人受伤，基坑西侧路基下陷 6 m，11 辆行驶中车辆陷落，4 座邻近房屋被迫拆除，直接经济损失 4962 万元
2009 年 3 月 19 日	青海西宁佳豪广场工程	基坑坍塌	深基坑内地下 12 m 左右支护施工时基坑侧壁突然坍塌，多名施工人员被埋	8 人死亡，经济损失巨大
2009 年 6 月 27 日	上海莲花河畔景苑 7 号楼工地	周边建筑失稳	大楼南侧的地下车库基坑开挖施工，在挖至 4.6 m 时大楼开始整体向基坑倾倒，基底结构完全破坏	1 人死亡，1 栋住宅楼倾覆，经济损失巨大
2010 年 11 月 25 日	杭州地铁 1 号线湘湖站北三基坑	基坑坍塌	基坑内侧壁局部突然坍塌，大量泥土和岩石涌入基坑内将作业人员掩埋	1 人死亡，1 人受伤，施工机械被埋
2011 年 8 月 14 日	南京长江漫滩地区地铁车站	突水流砂	东端盾构工作井出现管涌灾害，突水量达 300 m²/h，基坑东南角发生地表塌陷，塌陷区长 200 m，塌陷处最深可达 1.5 m	基坑支护结构受损，坑内大量积水，经济损失巨大
2012 年 4 月 29 日	山西省忻州市芦芽山路 K0+474 段	基坑坍塌	进行沟底测量工作时，坑壁突然发生土方坍塌，测量人员被埋	5 人死亡，1 人受伤
2014 年 9 月 28 日	江苏省盐城市城南新区某建设工地	基坑坍塌	施工人员在深基坑北侧坡脚向北挖了一个约 70 cm 长的缺口并未及时支护，最终导致基坑侧壁突然坍塌，施工人员被埋	造成 2 人死亡，3 人受伤，直接经济损失约 260 万元

续表7-2

时间	地点	灾害类型	灾害概况	灾害影响
2016年7月8日	杭州地铁4号线南段中医药大学站	突水流砂	支护结构被泥沙冲开缺口，约800 m³泥沙瞬间涌入基坑，掩埋基坑底部8名作业人员	4人死亡，2人受伤，直接经济损失532万元
2017年5月11日	深圳市福田区地铁3号线三期工程	基坑坍塌	深基坑北侧坑壁土体突然发生滑塌，滑塌土方达到200 m²，导致钢管支撑移位，多名作业人员被埋	3人死亡，1人受伤，直接经济损失345万元
2019年6月8日	广西南宁绿地中央广场建筑深基坑	周边建筑失稳	基坑超挖引起土体变形大，锚索支护失效，基坑北侧60 m长支护桩坍塌	东葛路半幅路面塌陷，塌方区域长60 m、宽15 m，塌方量达4500 m²
2020年8月16日	绥化市北郊污水处理污水管线工程深基坑	基坑坍塌	基坑东侧长3.8 m、深5.1 m的作业面突然坍塌，两名现场人员被埋。救援中基坑发生第二次坍塌，导致1名救援人员被埋	造成3人死亡，直接经济损失300万元
2021年7月30日	广州地铁21号线神舟路站在建出口	突水流砂	突降暴雨导致挡水墙被积水冲垮倒塌，地表积水下泄到基坑后涌入车站	造成地铁21号线6个站暂停运营7 h，直接经济损失91.15万元
2021年10月2日	杭州地铁9号线荷禹路和新洲路交叉口	基坑坍塌	基坑侧壁突然坍塌，部分坑内施工人员及机械被埋	2人死亡，直接经济损失约350万元

根据工程灾害的成因和灾害效应，常见深基坑工程灾害可以分为以下三种。

1. 基坑坍塌工程灾害

基坑坍塌是深基坑工程中容易发生的一种致灾因素复杂、灾害前兆隐蔽、破坏发生迅速、灾害后果惨重的重大工程灾害。对于深基坑工程，基坑内空间的开挖会破坏被开挖空间岩土体原有的受力状态，使得基坑坑壁处的岩土体由原有的三向受力状态发生转变，形成临空面。此时，基坑坑壁岩土体在自重和上覆其他荷载的综合作用下将产生向临空面滑移破坏的趋势并对支护结构产生侧压力。当支护体系自身的结构强度不足以抵抗坑壁岩土体产生的侧压力时，就会发生基坑坍塌工程灾害。

基坑坍塌的破坏往往是灾难性的。2008年11月15日下午，杭州萧山湘湖段地铁施工现场发生深基坑塌陷。风情大道长达75 m的路面坍塌并下陷15 m，路面没入水下。行驶中的11辆车陷入深坑，数十名地铁施工人员被埋。该事故造成21人死亡、24人受伤，直接经济损失4961万元。由此可见，基坑坍塌工程灾害严重威胁着现场施工人员和周边群众的生命与财产安全。

根据破坏形式的不同，基坑坍塌工程灾害可以分为以下几种：

图 7-24　杭州萧山湘湖段地铁深基坑塌陷工程灾害现场

（1）整体失稳。

整体失稳是指深基坑支护结构连同基坑外侧及坑底岩土体整体丧失稳定性而发生的大范围坍塌工程灾害，主要表现为大范围的基坑与支护系统坍塌破坏，坑边岩土体随失稳支护结构塌落、涌入基坑内空间，支护结构的上部向坑外倾倒，底部向坑内移动，形成坑底土体隆起，坑外地面下陷的状态。

（2）基底隆起。

基底隆起是指在基坑开挖面的卸荷过程中，卸荷及岩土的应力释放，引起坑底岩土体向上回弹、隆起，从而致使基坑失稳。灾害发生时坑内产生破坏性滑移，地面产生严重沉降。基底隆起产生的原因，一是坑底区域深层岩土体的卸荷回弹，二是坑底开挖形成的压力差导致附近区域岩土体塑性流变。此外，由于深基坑周边的岩土体是连续体，坑底的隆起和围护结构的水平位移必然导致坑外岩土体产生沉降和水平位移，从而带动相邻建筑物或市政设施发生倾斜或挠曲，这些附加的变形使结构构件或管道可能产生开裂，影响使用，危及安全。

（3）支护结构倾覆失稳。

支护结构倾覆失稳是指在坑外主动土压力的作用下，支护结构绕其下部的某点转动，支护结构的顶部向坑内倾倒，此时，支护结构自身的抗倾覆力矩小于基坑周边岩土体对支护结构施加的倾覆力矩，支护结构产生倾覆运动趋势，并发生整体倾倒和部分支护结构折断，基坑周边岩土体涌入坑内空间的状况。

（4）支护结构底部地基承载力失稳。

支护结构底部地基承载力失稳是指支护结构的底面压力过大，地基承载力不足引起的失稳。由于支护结构同时受到自重和基坑周边岩土体侧压力的作用，因此其合力是倾斜的。在倾斜荷载作用下，支护结构下部的地基土发生向坑内的挤出，支护结构产生不均匀的沉降，可能导致部分支护结构开裂损坏。

（5）支护结构滑移失稳。

围护结构滑移失稳是指在坑外主动土压力的作用下，支护结构向坑内发生平移或滑动，从而造成基坑周边岩土体涌入基坑内空间。对于不使用支撑和拉锚结构的支护结构，抵抗滑移的阻力主要来自底面的摩阻力以及内侧的被动土压力。当坑底土软弱或支护结构底部的地基土软化时，结构将发生滑移失稳。

(6)"踢脚"失稳。

"踢脚"失稳是指在使用内支撑支护结构的基坑中，支护结构发生绕支撑点转动，形成上部向坑外倾倒，下部向上翻的失稳模式，故形象地称为"踢脚"失稳。采用单支撑的支护结构容易发生此种灾害，但对于使用多支撑的支护结构则一般不会产生踢脚失稳，除非是其他支撑都已失效，只有1道支撑起作用的情况。

(7)支护结构的结构性破坏。

支护结构的结构性破坏是指围护体本身发生开裂、折断、剪断或压屈，致使结构失去了承载能力的破坏模式。其原因可能是支撑体系不当或围护结构不闭合；也可能是设计计算时荷载估计不足或结构材料强度估计过高，支撑或围截面不足导致破坏。此外，结构节点处理不当，也会因局部失稳而引起整体破坏，特别是在钢支撑体系中，节点多，加工与安装质量不易控制。

(8)支锚体系失稳破坏。

支锚体系失稳破坏包括两种不同的破坏模式。锚杆的破坏主要表现为锚杆的拔出、断裂或预应力松弛，土锚的破坏大多是局部的。支撑的失稳很可能是整体性的，其形态因体系不同而不同，支撑体系大多是超静定的，局部的破坏会造成整体的失稳，尤其是钢支撑体系，局部节点的失效概率比较大。

2. 突水流砂工程灾害

由于深基坑是地表岩土体经过开挖形成的半封闭地下空间，地下水对深基坑周边岩土体(尤其是对土体)的物理力学性质和整体稳定性有着显著的，甚至是决定性的影响。据统计，有近70%的深基坑工程灾害与水的作用有关。可以说，水是深基坑工程安全稳定的"天敌"。在水的作用下，深基坑可能发生的工程灾害主要有流土、管涌和坑底突涌灾害(图7-25)。

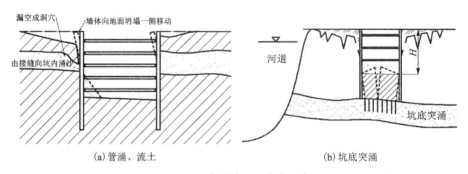

图7-25 突水流砂工程灾害示意图

(1)流土。

流土也称流砂，是指在渗流作用下，某一范围内土体表面隆起、浮动或某一颗粒群同时起动而流失的一种砂沸现象。在渗透力作用下，土体中的颗粒群同时启动而流失，它可以发生在非黏性土中，也可以发生在黏性土中。在渗流力作用下，粒间有效应力为零时，颗粒群发生的悬浮、移动现象称为流土现象或流砂现象。这种现象多发生在颗粒级配均匀的饱和细、粉砂和粉土层中。

流土灾害的发生会使深基坑工程支护结构发生滑移或不均匀下沉，并最终造成基坑坍塌、基础悬浮等。流土通常是由工程活动而引起的。但是，在有地下水出露的斜坡、岸边或有地下水溢出的地表面也会发生。流土灾害一般是突然发生的，对深基坑工程危害很大。

（2）管涌。

管涌是指在渗流作用下，水在土孔隙中的流速增大引起土的细颗粒被冲刷带走的现象。管涌发生时土体中的细颗粒在粗颗粒形成的孔隙孔道中发生移动，并被水流带出，逐渐形成管型通道，从而掏空深基坑支护结构基础，使支护结构变形倾斜并失稳。涌水口径小者几厘米，大者几米，孔隙周围多形成隆起的砂环。

管涌多发生在非黏性土中，其特征是颗粒大小比值差别较大，往往缺少某种粒径，磨圆度较好，孔隙直径大而互相连通，细砂含量较少，不能全部充满孔隙。颗粒多由相对密度较小的矿物构成，易随水流移动，有较大的和良好的渗透水流出路等。

管涌灾害发生时，会导致水大量融入基坑内空间，造成支护结构底部地基承载力减小，支护倾斜倒塌、坑内水患严重等情况，严重时会导致基坑支护结构的整体失稳与破坏，造成严重的后果。

（3）坑底突涌。

当深基坑下有承压水存在时，开挖基坑减小了含水层上覆不透水层的厚度，在厚度减小到一定程度时，承压水的水头压力能顶裂或冲毁基坑底板，造成坑底突涌现象。坑底突涌将会破坏基坑的地基强度，基底被水顶裂，出现网状或树枝状裂纹，地下水从裂缝中涌出来并带出下部土颗粒。突涌严重时会发生基坑底土体流砂，从而造成基坑周边岩土体失稳和整个基坑支护系统的悬浮流动。

3.周边建筑失稳灾害

深基坑工程的灾害可能会引起周围建（构）筑物产生倾斜、裂缝甚至倒塌。在深基坑工程施工过程中，会对基坑周围的岩土体产生不同程度的扰动，一个重要影响表现为引起周围地表不均匀下沉，从而影响周围建（构）筑物及地下管线的正常使用，并引发周边建筑失稳灾害。基坑开挖势必引起周围地基地下水位的变化和应力场的改变，导致周围地基土体的变形，对周围建（构）筑物和地下管线产生影响，严重的将危及其正常使用或安全。

深基坑开挖时，如果不对邻近的建（构）筑物加以适当的保护，则当基坑支护结构的位移过大时，就会波及邻近的建（构）筑物，使其产生倾斜、裂缝，甚至倒塌（图7-26）。例如2005年7月21日12时左右，广州海珠区江南大道南海珠城广场深基坑发生滑坡，导致3人死亡、4人受伤，地铁2号线停运近1天，7层的海员宾馆倒塌，多家商铺失火被焚，1栋7层居民楼受损，3栋楼的居民被迫转移。该事故造成周边大量住宅、建筑被毁，部分居民住宅损毁，损失难以估量。此外，上海某工程位于密集的居民区，基坑开挖时，由于各种保护措施没有及时跟上，相距10 m外的几栋民房相继发生裂缝和倾斜，居民生活受到严重影响。

此外，深基坑工程还可能引起基坑周围管线、道路变形开裂等工程灾害。1994年9月1日，上海黄浦区昌都大厦建筑工地临街一侧围护结构支撑破坏，地下连续墙突然向坑内侧倒塌，路面下沉面积达500 m²，下陷最深处6~7 m。路面下的管线，包括电力电缆、电车电缆、煤气管道、自来水管道、雨水管道均遭到严重破坏，煤气大量外溢，大面积停气、停电、停水，交通被迫中断。黄浦区公安局出动了350名干警维持秩序，市消防局也出动了数百名消防战士用大口径水枪稀释外溢煤气。

(a) 邻近建筑倒塌

(b) 地面及房屋开裂

图 7-26　周边建筑失稳灾害现场图

7.4.2　深基坑工程的致灾因素

深基坑工程是在复杂的自然环境和社会环境中进行的，其建设是一个周期长、投资多、技术要求高、内部结构复杂、外部联系广泛的过程。在该过程中，不确定因素大量存在，并不断变化，由此产生的风险常常影响着工程项目的顺利实施。表 7-3 给出了 2000 年以来部分深基坑工程灾害案例的类型和致灾因素统计结果，其结果充分说明了深基坑工程的复杂性与危险性，工程灾害的发生除力学因素外，还存在其他复杂多样的致灾风险因素。

表 7-3　深基坑工程灾害类型原因统计　　　　　　单位：%

事故原因	不同类型工程灾害占比									
	整体失稳	土体滑移	坑底突涌	倾覆失稳	基坑突水	结构破坏	"踢脚"失稳	基底隆起	滑移失稳	支锚破坏
勘察失误	5.5	7.7	21.4	—	3.4	—	—	—	—	12.5
设计不当	14.5	23.1	7.1	12.5	6.9	14.3	100.0	33.3	—	25.0
施工不当	5.5	7.7	7.1	—	3.4	14.3	—	—	—	—
监测漏误警	1.8	—	—	—	—	14.3	—	—	—	—
违章作业	14.5	15.4	—	12.5	13.8	14.3	—	33.3	—	25.0
排水不利	5.5	7.7	—	12.5	10.3	—	—	—	50.0	—
施工质量差	9.1	7.7	14.3	12.5	31.0	14.3	—	—	12.5	12.5
应急反应差	1.8	—	7.1	—	—	—	—	—	—	—
施工组织不执行	3.6	—	7.1	—	—	14.3	—	—	—	—
施工组织不合理	—	—	—	12.5	—	—	—	—	—	—
监督不力	1.8	—	—	—	3.4	14.3	—	—	—	—
人、材、机不到位	1.8	—	—	—	—	—	—	—	—	—
人员素质差	—	—	—	—	3.4	—	—	—	—	12.5

续表7-3

事故原因	不同类型工程灾害占比									
	整体失稳	土体滑移	坑底突涌	倾覆失稳	基坑突水	结构破坏	"踢脚"失稳	基底隆起	滑移失稳	支锚破坏
业主干涉	9.1	—	—	12.5	3.4	—	—	—	—	—
天气恶劣	5.5	—	14.3	12.5	—	—	—	—	—	—
水文与地质条件差	14.5	23.1	21.4	—	20.7	—	—	33.3	37.5	12.5
管线渗漏	5.5	7.7	—	12.5	—	—	—	—	—	—

深基坑工程的安全可靠性与勘察、设计、施工、监测、监理等各个部门密切相关，任何一个细节失误都有可能造成灾难性的后果。从建筑工程的角度讲，深基坑工程属于岩土工程的范畴，它涉及水文地质、工程地质、结构力学、岩土力学等诸方面的内容。基坑支护结构所支撑的对象是其周围的岩土体，这些自然赋存的我们平常司空见惯的岩土体却是最复杂、最无规律可循的，这就从客观上给深基坑工程的设计和施工带来了一定的难度。引起深基坑工程事故的原因很多，且一次事故的酿成往往是多种因素共同作用的结果。这些原因大体上可归纳为以下四个方面：

（1）基础地质资料不够准确。深基坑作为半封闭式地下空间结构，与地面结构相比，其不利工程环境因素往往具有较强的隐蔽性和复杂性。因此，翔实、准确的工程地质勘察资料是深基坑工程设计和施工的重要依据，更是保障工程安全稳定和避免工程灾害发生的重要前提。一旦这些工程资料出现错误和疏漏，将会严重影响深基坑工程的设计与施工安全，从而成为诱发深基坑工程灾害的潜在致灾因素。例如某工程基坑开挖深度为10 m，采用钻孔灌注桩加混泥土搅拌桩的支护形式，由于工程勘察中没有发现场地中废弃的防空洞，致使有的钻孔灌注桩达不到设计标高，留下隐患。

因此，在深基坑施工前，施工单位必须深入了解建筑场地及周边、地表至支护结构底面下一定深度范围内的地层结构、岩土性状、含水层性质、地下水位、渗透系数等地质参数；在深基坑施工过程中，特别是土方开挖过程中，若发现实际开挖所揭露的地质条件与设计所参考的地质资料有异，应及时向设计反映，必要时采取适当的补强措施。此外，深基坑工程施工前，还需要对周边环境资料按设计图纸进行现场核实，熟知邻近建筑物的位置、层数、高度、结构类型、基础类型，并在条件允许的情况下进行必要的勘察核实。

（2）结构设计存在缺陷。随着设计规范和标准的不断推出，深基坑工程相关设计理论逐渐完善。然而，深基坑工程由于自身特点，具有较强的区域性和综合性。深基坑工程的结构设计往往受到区域岩土体特性、地下水赋存情况、邻近建筑情况和基坑内目标建筑结构等多重因素影响，因此，每一个深基坑工程都是独一无二的，具有很强的个性。这为深基坑结构的设计带来了挑战。设计人员必须针对每一个深基坑工程量身定制属于它的设计方案，并根据工程参数选择适合的支护形式和计算理论。一旦结构设计出现缺陷和不足，将会为深基坑工程带来巨大的安全隐患，更会成为某些工程灾害发生的直接诱因。

因此，在工程实践中深基坑工程对结构设计方的工程资质和项目经验有着较高的要求，相关规范要求从事深基坑工程勘察、设计的单位应当具有工程勘察综合类资质或岩土工程勘察、设计专项的专业类乙级及以上资质。一类深基坑工程或安全等级为一级的深基坑工程设计应当由具有工程勘察综合类资质或甲级岩土工程设计资质的单位承担。工程勘察综合资质只设甲级；岩土工程、岩土工程设计、岩土工程物探测试检测监测专业资质设甲、乙两个级别；岩土工程勘察、水文地质勘察、工程测量专业资质设甲、乙、丙三个级别。此外，根据住房和城乡建设部于 2018 年 3 月 8 日发布的《危险性较大的分部分项工程安全管理规定》中的附属文件，对开挖深度超过 5 m(含 5 m)的深基坑支护专项施工方案设计，必须注明支护有效使用时限，必须完善专家论证及相关单位审批手续。凡支护方案未经论证和审批的深基坑工程，不得颁发施工许可证；超过支护有效使用时限的深基坑，必须采取回填基坑等切实有效的措施，防止坍塌事故发生。

（3）施工程序不够规范。由于深基坑工程的复杂性、综合性和强时空效应特征，合理的施工程序和良好的施工质量是确保结构安全稳定和避免工程灾害发生的重要保障。不规范的施工行为往往为工程灾害的发生埋下隐患，例如深基坑施工中的不规范操作使得支护结构的施工质量存在问题，会使墙体刚度不够；在进行地下水处置时施工不利，地下水控制不良，止水效果不佳，不但会增加基坑出现突水流砂工程灾害的风险，更可能导致深基坑周边岩土体因为水的影响发生力学性质的变化，导致支护设计失效，从而引发严重的工程灾害。再者，为了抢进度，不严格遵照施工进度施工，不遵循"先撑后挖"的施工顺序，不严格遵守设计施工以及盲目超挖等不规范的现场施工行为都是重大深基坑工程灾害的致灾因素。

由于深基坑工程时空效应强，环境效应明显，挖土顺序、挖土速度和支撑速度对基坑围护体系受力和稳定性具有很大影响。因此，施工应严格按经审查的施工组织设计进行。应及时安装支撑(钢支撑)，及时分段分块浇筑垫层和底板，严禁超挖。深基坑围护结构设计应方便施工，深基坑工程施工应有合理工期。此外，由于深基坑工程的复杂性，在施工过程中合理且有效的施工监测和险情预报是必须的。对于施工和监测过程中发现的安全隐患和特殊状况，需要及时与设计单位进行沟通交流，切忌在没有征得设计单位同意的情况下凭经验处理。

（4）突发外界因素的影响难以预料。由于深基坑工程的复杂性和强环境效应，一些突发外界因素的影响往往也是深基坑工程灾害的致灾因素。例如连续的大强度降雨过程不仅增大了挡墙背后土体的压力，而且还会浸泡、冲刷基坑土体，降低它们的强度；邻近工地施工的振动也会对正在开挖的深基坑的稳定性产生不利影响。因此，在进行深基坑工程设计和施工时应该对可能造成影响的突发外界因素进行适当的考虑，并提前做好相应的防范措施和有针对性的应急处置预案。

7.4.3　深基坑工程灾害预防及控制

深基坑工程灾害具有前兆隐蔽、破坏突然、破坏烈度大、影响范围广等特点。因此，为了保证工程稳定和人民群众的生命财产安全，深基坑工程灾害的预防与控制是工程设计与施工中的重点，同样也是难点。目前深基坑工程的防灾减灾，主要从以下三个方面着手。

1. 规范化设计施工

为认真贯彻落实国家《危险性较大的分部分项工程安全管理规定》，进一步加强和规范房屋建筑和市政基础设施工程中危险性较大的分部分项工程安全管理，提升房屋建筑和市政基础设施工程安全生产水平，2021 年 12 月，住建部发布《危险性较大的分部分项工程专项施工方案编制指南》。该指南内容涵盖基坑工程、模板支撑体系工程、起重吊装及安装拆卸工程、脚手架工程、拆除工程、暗挖工程、建筑幕墙安装工程、人工挖孔桩工程、钢结构安装工程等。基坑工程部分，针对深基坑施工方案的设计与编写给出了科学的指导建议，其中规定深基坑工程属于危险性较大的分部分项工程，在设计与施工时必须参照《深基坑工程专项施工方案编写指南》建议内容编制深基坑工程专项施工方案。

此外，在深基坑工程设计与施工前应查明工程周围场地的工程地质、水文地质、深基坑周围建筑物情况，精心设计深基坑支护方案，并预测可能产生的变化及其后果，做好防范工作。深基坑土方开挖时，应结合现场地质状况及深基坑特点，选择合理的开挖顺序和挖土厚度，对称开挖一定要从两边同时开挖，或由中心向两边、四周开挖，以使应力通过支撑相互抵消。开挖层厚度应分层剥离选择合理的剥离层厚度，使主动土压力分散释放，这样能预防支护结构因局部应力集中而造成的失稳，保证深基坑的整体稳定性。深基坑支护设计应结合防渗、截渗要求综合考虑。基坑开挖时，为了改善岩土的性质及渗透水流的水动力条件，要对坑壁进行支护，同时要考虑防渗、截渗措施。支护结构有多种类型，有各自的适用条件，要根据工程地质及水文地质条件，结合工程性质、规模等进行方案比较，选择既可挡土又能防渗的支护结构，以达到节约工程造价的目的。合理选用地质报告各土层的参数，对土体的黏聚力及内摩擦角用不同的土压力模式分别计算，选用合理、经济、可行的计算结果。合理选用排降水方案，深基坑排降水有多种方法，如明沟排水、井点降水、大口径管井排水等，这些方法都各有技术优势和适应条件，但必须根据工程特点、地质状况、水文条件，选用合理、经济、可行的排降水方法，同时配以一定的辅助措施，才能预防地下水带来的不良影响。

此外，为了规范现场施工，避免工程灾害频繁发生，《危险性较大的分部分项工程安全管理规定》对常规危大工程设计施工中的检查要点进行了归纳，并提示符合标准的工程依照检查要点进行核查。对于深基坑工程，检查要点如表 7-4 所示。

表 7-4　常规危大工程检查要点

危大工程分类	检查要点
通用条款	1. 工程实际情况与危大工程专项方案设计的符合度
	2. 方案交底、技术交底、安全技术交底、方案实施情况验收、各级安全旁站验收
	3. 危大工程作业人员的三级入场教育情况
基坑工程类通用条款	1. 基坑支护由专业分包设计(非专业设计院设计、无正式基坑支护蓝图)，基坑支护安全设计计算书
	2. 基坑开挖范围内降、排水
	3. 基坑周边施工材料、设施或车辆荷载严禁超过设计要求的地面荷载限值[《建筑基坑支护技术规程》(JGJ 120—2012)8.1.5]
	4. 当基坑开挖面上方的锚杆、土钉、支撑未达到设计要求时，严禁向下超挖土方。
	5. 基坑监测项目、频次、数据[《建筑基坑支护技术规程》(JGJ 120—2012)8.2]
	6. 开挖深度超过 2 m 及以上的基坑周边必须安装防护栏杆
	7. 基坑内应设置供施工人员上下的专用梯道

续表7-4

危大工程分类	检查要点
放坡开挖工程	1. 基坑开挖存在坑中坑时，位于支护根部附近的坑中坑开挖方式
	2. 放坡坡度控制，分层、分段、对称、均衡、适时的开挖原则
土钉墙(符合土钉墙)支护工程	1. 所有进场原材料的现场质量验收，原材料复试，试块的留置及相关现场检测试验(土钉、锚杆抗拔试验)
	2. 采用预应力锚杆符合土钉墙时，锚杆拉力设计值不应大于土钉墙墙面的局部受压承载力
	3. 土坡表面喷射混凝土面层构造满足设计要求(钢筋网规格、加强钢筋规格、混凝土厚度、混凝土强度等级)
	4. 存在锚杆施工时，应先调查探明附近的地下管线、地下构筑物
内支撑工程	1. 挡土构件(排桩、地下连续墙)相关现场检测试验满足设计要求
	2. 内支撑结构各构件规格型号、强度等级应符合设计要求
	3. 内支撑结构的施工与拆除顺序，应与设计工程一致，必须遵循先支护后开挖、先换撑再拆撑的原则
	4. 内支撑的施工偏差，支撑标高的允许偏差为 30 mm，水平位置允许偏差为 30 mm，临时立柱平面位置允许偏差为 50 mm，垂直度允许偏差为 1/150

2. 信息化监测预警

对深基坑工程进行监测预警是信息化施工的重要手段，也是深基坑防灾减灾工作的重要保障。根据《建筑基坑支护技术规程》中的规定，基坑支护设计应根据支护结构类型和地下水控制方法，按表 7-5 选择基坑监测项目，并应根据支护结构构件、基坑周边环境的重要性及地质条件的复杂性确定监测点部位及数量；选用的监测项目及其监测部位应能够反映支护结构的安全状态和基坑周边环境受影响的程度。

表 7-5　基坑监测项目选择

监测项目	支护结构的安全等级		
	一级	二级	三级
支护结构顶部水平位移	应测	应测	应测
基坑周边建(构)筑物、地下管线、道路沉降	应测	应测	应测
坑边地面沉降	应测	应测	宜测
支护结构深部水平位移	应测	应测	选测
锚杆拉力	应测	应测	选测
支撑轴力	应测	宜测	选测
挡土构件内力	应测	宜测	选测
支撑立柱沉降	应测	宜测	选测

续表7-5

监测项目	支护结构的安全等级		
	一级	二级	三级
支护结构沉降	应测	宜测	选测
地下水位	应测	应测	选测
土压力	宜测	选测	选测
孔隙水压力	宜测	选测	选测

注：表内各监测项目中，仅选择实际基坑支护形式所含有的内容。

近年来，随着新型监测设备与监测技术的兴起，越来越多的自动化监测技术及信息化系统平台被应用于深基坑工程施工领域。这些深基坑施工安全监控及风险预警系统通过智能化监测信息采集设备，以自动化采集为主、人工录入为辅的方式，对深基坑施工过程中的基坑本体与周边环境进行监测数据采集、数据跟踪与分析、安全评价与风险预测、专家系统在线分析及智能联动控制等，建立了一种数据采集标准化、数据分析自动化、安全分析专业化、风险预警智能化、信息传递高效化的系统平台，实现深基坑施工状态的全过程安全评估及实时预警功能，降低深基坑施工安全风险，如图 7-27 所示。

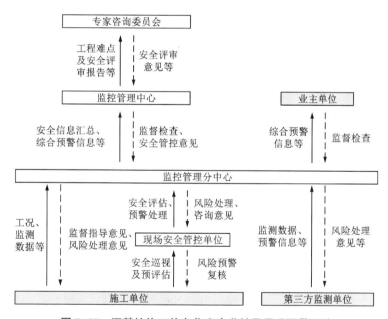

图 7-27　深基坑施工信息化安全监控及风险预警系统

3. 常态化应急管理

规范化设计施工和信息化监测预警能够在措施上有效防止工程灾害的发生，而常态化应急管理则是为工程灾害发生后的及时减灾提供了保障。常态化的应急管理对于难以预见的突发事件，可以提高全员风险意识，做到警钟长鸣，强化安全教育、安全管理。通过提高全员对这类突发事件的快速反应能力，并配备必需的安全器材，当工程灾害发生时可以做到快速反应、有效救援、及时止损。做好常态化应急管理，需要做好以下几个方面：

（1）应急预案编制。

深基坑工程作为危险性较大的分部分项工程，在施工时，建设单位应针对建设工程中可能出现的工程灾害和安全风险制订专项应急预案。通过成立应急管理工作小组的方式确认现场应急处置领导核心，一旦事故发生，依照预案及时调动并合理利用应急资源，包括人力资源和物资资源；在事故现场，针对事故的具体情况选择应急对策和行动方案，从而及时有效地将损失降到最低。

工程灾害发生时应立即向有关单位或部门进行报告，报告负责项目的业主，报告本系统直接领导部门；根据事故的严重程度及情况紧急程度，按预案的应急级别发出警报。

在组织应急救援行动时应注意的优先原则：员工和应急救援人员的安全优先；防止灾害扩散优先；保护环境优先。如果事故仍在进一步扩大，相关人员的生命受到威胁，但对救援人员的进入也存在很大的生命威胁，则绝不允许盲目采取救援行动，避免伤亡事故进一步扩大，要采取万无一失的措施或方案实施救援行动。

（2）应急物资储备。

建设单位在深基坑工程建设过程中应依据应急预案做好应急物资和紧急救援设备储备。针对深基坑工程应急抢险时大部分必须现场准备的工作提前配置完成，保证设备到达现场后迅速进入抢险工作状态，提高抢险的效率。

日常配备应急可充电工作灯、防爆电筒、危险区域或隔离警戒带、隔离安全禁止警告、提示标志牌、安全带、安全绳、气体测试仪器等专用应急设备和设施。各现场除配备必要的防汛物资——黄沙外，其他应急物资根据施工进度需要，与相关单位签订救援物资的供应，应无条件满足抢险救援。部分属现场的救援设备或设施放置在现场，挂放标示牌使现场人员都知道，急救箱、担架等物品统一储备管理。应急物资的保管、设备和设施的维护保养由专人负责，确保应急设备和设施始终处于完好状态，保证能在应急状态下有效使用。

（3）应急演练。

应急演练是贯彻"安全生产，以防为主"主要思想的一项重要措施。因此，应急演练应采用定期培训、组织比赛等多种形式开展，旨在锻炼和提高应急救援队伍在突发事故情况下的快速抢险堵源、及时营救伤员、正确指导和帮助群众防护或撤离、有效消除灾害后果、开展现场急救和伤员转送等应急救援技能和应急反应综合素质，有效降低工程灾害危害，减少灾害损失。

应急培训应组织全体职工学习，并进行考核，主要内容应包含相关安全知识教育，包括险情的识别、各种不安全因素的分类、针对性预防措施和处理过程；相关安全技能教育，包括人员抢救常规技能、事故常规处理方法、危险情况发生时的自我保护措施；灾害案例教育，对一些典型工程灾害进行原因分析、总结灾害教训及了解灾害预防措施。

参考文献

[1] GB 50007—2011. 建筑地基基础设计规范[S].

[2] 臧园. 浅谈深基坑逆作法施工与顺作法施工[J]. 科教导刊(上月旬)，2014(21)：195-197.

［3］马敬. 高层建筑深基坑顺逆作法综合施工技术研究［J］. 工程机械与维修, 2021(4)：234-235.

［4］陈海玉. 土力学与地基基础［M］. 南京：南京大学出版社, 2021.

［5］陈希哲, 叶菁. 土力学地基基础［M］. 5 版. 北京：清华大学出版社, 2013.

［6］赵欢, 毕升. 土力学与地基基础［M］. 北京：北京理工大学出版社, 2018.

［7］JGJ 120—2012. 建筑基坑支护技术规程［S］.

［8］赵明华. 土力学与基础工程［M］. 2 版. 武汉：武汉理工大学出版社, 2003.

［9］PRABAKAR J, DENDORKAR N, MORCHHALE R K. Influence of fly ash on strength behavior of typical soils ［J］. Construction & Building Materials, 2004, 18(4)：263-7.

［10］ROWE R K, TAECHAKUMTHORN C. Combined effect of PVDs and reinforcement on embankments over rate-sensitive soils［J］. Geotextiles & Geomembranes, 2008, 26(3)：239-49.

［11］詹志勇. 基坑变形分析和周围地面沉降的预测［J］. 建筑施工, 2007, 29(12)：3.

［12］夏时雨. 基于机器学习的深基坑施工安全事故预测研究与应用［D］. 扬州：扬州大学.

［13］住房和城乡建设部通报 2019 年房屋市政工程生产安全事故情况［J］. 工程建设标准化, 2020(07)：51-53.

［14］陈能娟. 城市深基坑工程施工环境保护与灾害防治［J］. 建筑界, 2013(11)：1.

［15］蒋建平. 高层建筑深基坑开挖中的环境事故及其防治技术［J］. 建筑技术, 2004, 35(5)：332-334.

［16］杨志刚, 李奕华, 伍晓毅. "世界上最爱我和我最爱的两个人走了"——广州市海珠区 2005 年"7·21"坍塌事故幸存者赖有英的悲痛回忆［J］. 广东安全生产, 2006(1)：70-71.

［17］刘利民, 刘刚. 城市深基坑工程中的灾害研究［J］. 现代城市研究, 1997, 12(5)：64-65.

［18］杜娇. 基坑工程事故致因因素及对策措施研究［D］. 西安：西安科技大学, 2013.

［19］袁振华. 深基坑事故统计分析［J］. 国防交通工程与技术, 2015, 13(S1)：181-182, 185.

［20］危险性较大的分部分项工程安全管理规定［J］. 建筑, 2018, 33(9)：12-15.

［21］张学东. 谈危险性较大的分部分项工程安全专项施工方案的编制［J］. 山西建筑, 2019, 45(15)：171-172.

［22］中华人民共和国住房和城乡建设部令(第 37 号)［J］. 中华人民共和国国务院公报, 2018.

［23］张阿晋, 沈雯, 朱建刚. 深基坑施工安全监控及风险预警系统研究［J］. 建筑施工, 2021, 43(4)：570-573.

第8章 地震灾害与地下结构抗震

二十世纪五六十年代以后，随着各国经济建设的发展，城市化进程加快，地下空间开发逐渐得到重视，地下结构的抗震设计进入人们的视野，各类地下结构的设计计算中开始考虑地震的影响。由于地下结构的天然约束条件，虽然很少出现像地表构筑物一样的严重震害事例，但地下结构受震破坏仍然存在。如1995年神户地震和2008年汶川地震中，许多地下结构出现了不同程度的破坏，特别是部分地铁站、区间隧道和山体隧道受到了严重破坏。这些地下结构的破坏不仅引起了大量的人员伤亡，还诱发了诸多次生灾害。为此，本章将介绍地震作用下地下结构的震害响应、抗震设计、支护和震害防治。

扫码查看本章彩图

8.1 地震及其危害

8.1.1 地震及其成因与分类

地震是一种由地球内部物质快速运动或人为爆破造成地面震动的自然现象。根据成因的不同，可以将地震分为天然地震和人工地震两大类。天然地震包括由于地下岩层、板块等错动、碰撞和破裂而产生的构造地震，由火山喷发引起的火山地震和由矿山采空区坍塌造成的陷落地震。人工地震包括地下核爆炸、石油勘探和资源开采中的人工爆破，巨大工程倒塌引起的地面震动等。根据震源发生的深度，又可以分为浅源地震、中源地震和深源地震。其中，浅源地震是震源深度小于70 km的地震，对建筑物的破坏性较强；中源地震的震源深度为60~300 km；深源地震的震源深度在300 km以上，到目前为止，世界上记录到的最深地震的震源深度为786 km。据统计，一年中全球所有地震释放的能量约有85%来自浅源地震，12%来自中源地震，3%来自深源地震。按地震的远近，可以分为地方震、近震和远震，即震中距离分别为小于100 km、100~1000 km和大于1000 km的地震。按震级的大小，可以分为弱震、有感地震、中强震和强震。其中，弱震震级小于3级；有感地震震级等于或大于3级、小于或等于4.5级；中强震的震级大于4.5级，小于6级；强震的震级等于或大于6级，震级大于或等于8级的叫巨大地震。按地震的破坏性程度，将造成数人至数十人死亡，或直接经济损失在1亿元以下(含1亿元)的地震称为一般破坏性地震；将造成数十人至数百人死亡，或直接经济损失在1亿元以上(不含1亿元)、5亿元以下的地震称为中等破坏性地震；将人口稠密地区发生的7级以上地震、大中城市发生的6级以上地震，或者造成数百至数千人死亡，或直接经济损失在5亿元以上、30亿元以下的地震称为严重破坏性地震；将造成万人以上死亡，或直接经济损失在30亿元以上的地震称为特大破坏性地震。地震开始发生的地点称为震源，震源正上方的地面称为震中。破坏性地震的地面震动最烈处称为极震区，极震区往往也就是震中所在的地区。地震常常造成严重的人员伤亡，能引起火灾、水灾、有毒气体泄漏、细菌及放射性物质扩散，还可能造成海啸、滑坡、崩塌、地裂缝等次生灾害。

对于地面和地下工程而言，引起工程结构破坏的地震主要是构造地震。这类地震发生具有突然性且能量释放巨大，常常对构筑物带来很大的危害。此外，构造地震多发生在现代构造运动剧烈的地区，如地中海–喜马拉雅地震活动带与环太平洋地震带所在的断裂带和孤岛区。长期的研究表明，地球表面的海洋和大陆在地质时期内不是固定不变的，在这些区域除了地面的隆起与沉降的垂直运动，还发生了大规模的水平运动，并且水平运动在大部分地震发生过程中占主导作用，如图 8-1 所示。该观点最有力的证据就是大陆漂移说，该学说认为大陆板块是被板块之间的转换断层所割断，形成了若干板块，如欧亚板块、美洲板块、太平洋板块、印度洋板块和南极洲板块，如图 8-2 所示。通常情况下，在海岭附近主要表现为张力，常常形成正断层；在孤岛地区主要表现为挤压，常常形成上冲断层；在转换断层附近常常表现为剪切变形区，也是平移断层的一种。同时，不同断层附近的相互作用力也是诱发地震的主要原因。地震的分布通常与板块的分布是一致的，在孤岛地区，地震的强度最大，最大震级达 $M_s = 8.9$，并且该地区的浅震与深震活动连在一起，形成一个连续的、倾角约为 45° 的"消震带"，这也是岩石层俯冲到软流层的结果。在海岭和转换断层附近，地震数量占全球地震总数的 9%，最大震级达到了 $M_s = 8.4$。

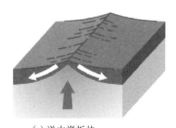  

(a) 洋中脊板块　　　　　(b) 俯冲断层板块　　　　　(c) 转换断层板块

图 8-1　地壳和上地幔运动示意图

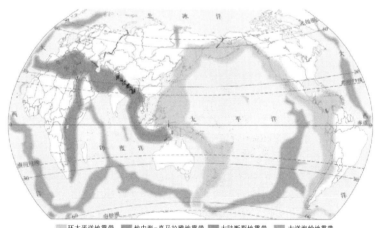

环太平洋地震带　地中海–喜马拉雅地震带　大陆断裂地震带　大洋海岭地震带

图 8-2　全球大陆板块及地震带分布（扫码查看彩图）

另外，大地震发生的频度和震级的上限与板块相互运动史的接触有关。如在大陆内部的板块边缘，由于板块漂移的速度不同而相互碰撞，往往也形成广泛发育的深大断裂带，它也是强震发生带。例如喜马拉雅山区的地震带，可以认为是印度洋板块向北漂移并撞入欧亚板块所造成。还可以认为，这些不同方向的深大断裂带，又把地壳分割成大小不等的构造块体，称为断块或断陷盆地，强震往往也发生在这些活动断裂带的特殊部位。具体而言，通过研究我国 6 级以上的强震，发现其发生的地质条件有如下一些特征：

（1）强震发生于不同方向的活动性断裂带交会复合处，占与断裂有关的强震总数的 50%。如 1927 年甘肃古浪 8 级地震发生在北西向祁连山北缘深断裂和古浪–昌北北西向断裂交会区；1969 年渤海 7.4 级地震发生在北北东向、庐深断裂河北西断裂带交会区等。

（2）强震发生于活动性深大断裂或主干断裂带拐弯处，占总数的 15%。如 1920 年宁夏海原 8.5 级地震就发生在北西向祁连山北缘深断裂向南南东方向拐弯地段。

（3）强震也常发生于活动性深大断裂的强烈活动地段及端部，占总数的 15%。如四川炉霍 1923 年 7.25 级和 1973 年 7.9 级地震发生在北西向鲜水河深断裂活动最为强烈的地段。

此外，还应具体考虑新断块的局部构造特征，该地区各种地球物理量的变化幅度、速度和梯度等。总之，在地质条件变化极端的地方，亦为强震可能发生的地段。

8.1.2 地震波、震级和震中烈度

发生于震源并在地球内部和地表面传播的弹性波也被称为地震波，一般按地震记录图上地震波到达的先后次序不同，分为体波和面波。其中，体波又分为纵波（P 波）和横波（S 波）；面波又包括勒夫波、瑞利波以及各种特殊的界面波等。相关波形，如图 8-3 所示。

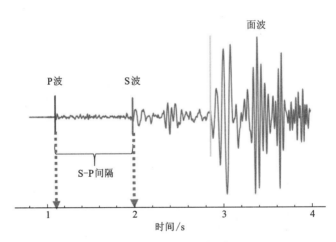

图 8-3 地震记录（扫码查看彩图）

地震震级是表示地震能量大小的一种量度，通常用字母 M 表示，它与地震波能量 E 的关系可以表示为

$$\lg E = \alpha + \beta M \tag{8-1}$$

式中：E 为地震能量，单位为格尔（1 格尔 $= 10^{-7}$ J）；M 为面波震级；α，β 均为常量，$\alpha = 11.8$，$\beta = 1.5$。

地震烈度是用来表示地震对地面的影响和破坏程度的量，地震发生后，极震区的地震烈度值也是人们最为关注的。一般地，一个地区的地震烈度值不仅与地震本身的强弱有关，还与震源深度、震中距离、表土及土质条件、建筑物的类型和质量等因素有关。在地震概念尚未提出时，人们常常用震中烈度 I_0 来衡量地震大小。事实上，震中烈度是地震大小和震源深度二者的函数，假如把震源看作电源，只有在震源深度 h 保持不变时，震中烈度才能与震级一一对应。图 8-4 表示震级相同而震源深度不同的两次地震的情况。假设震源是点源，图中绘出的几个同心圆分别表示不同距离处的能量大小，用烈度表示，如 R_X 表示在此球面上烈度可达 X 度，这里忽略了能量在地表面的反射影响。其中，图 8-4(a)是浅震源地震，其震中烈度可能达 X 度；图 8-4(b)是深震源地震，地表上可见的最高烈度只有Ⅶ度。这种变化完全由能量从点源释放出来的几何扩散所引起。假若不考虑能量在传播中的损耗，则从震源 O 释放的能量将保持不变地从球面向外扩散。所以，球面上单位面积上的能量将按 R^{-2} 向外衰减，$R_Ⅶ$ 处的能量密度要比 R_X 处的能量密度小 $(R_Ⅶ/R_X)^2$ 倍。由此可见，震中烈度 I_0 是震源深度的函数。实际地震的震源深度变化很大，如我国，有震源深度 $h=10$ km 左右的大地震，如海城、唐山地震；有 $h=5$ km 左右的水库地震，如广东新丰江地震；也有 $h=300$ km 左右的深源地震，在吉林珲春和西藏东南部一带。但是，对人民生命财产影响最大而且最普遍发生的地震之震源深度在 $h=10\sim30$ km，即在一个不大的范围内变化。为此，我们可以近似认为 h 不变，从而研究震中烈度 I_0 与震级 M 的关系，以及确定历史地震的震级。在 1956 年，美国加州理工学院通过对美国南加州地震的研究提出了地震烈度与震级之间的定量关系，并得出了以下关系表达式

$$M = \frac{2}{3}I_0 + 1(h = 16 \text{ km}) \tag{8-2}$$

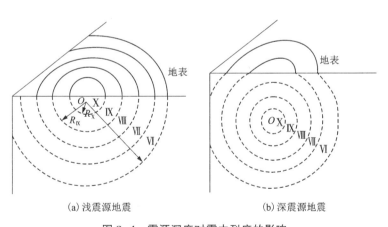

(a) 浅震源地震　　　　　　　(b) 深震源地震

图 8-4　震源深度对震中烈度的影响

我国在 20 世纪 70 年代对全国地震烈度进行区划时，根据我国 1900 年以来的 152 次地震资料(图 8-5)得到了与式(8-2)相似的表达式：

$$M = 0.66I_0 + 0.98(h = 16 \sim 45 \text{ km}) \tag{8-3}$$

其中，标准差为 0.33。

震级 M、震中烈度 I_0 和震源深度 h 之间的关系可以表示为如下表达式：

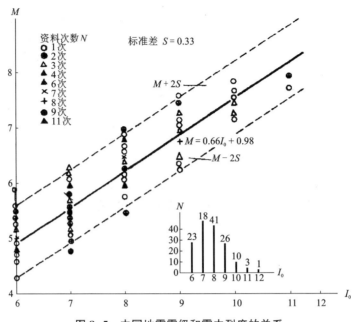

图 8-5 中国地震震级和震中烈度的关系

$$M = 0.68I_0 + 1.39\lg h - 1.4 \tag{8-4}$$

我国现行地震烈度最高和最低的是Ⅻ度和Ⅰ度，详细地震烈度表见表 8-1。

表 8-1 中国地震烈度表(1980)

烈度	感知	一般房屋		其他现象	参考物理指标	
		大部分房屋危害程度	平均震害指数		水平向加速度/(cm·s⁻²)	水平向速度/(cm·s⁻¹)
Ⅰ	无感	—	—	—	—	—
Ⅱ	室内个别静止中的人有感					
Ⅲ	室内多数静止中的人有感	门窗轻微作响	—	悬挂物微动	—	—
Ⅳ	室内多数人感知，室外少数人有感，少数人梦中惊醒	门窗作响	—	悬挂物明显摆动，器皿作响	—	—
Ⅴ	室内普遍感知，室外多数人感知，多数人梦中惊醒	门窗、屋顶、屋架颤动作响，灰土掉落，墙体装修出现微细裂缝	—	不稳定器物翻倒	31 (22~44)	3 (2~4)
Ⅵ	惊慌失措，仓皇出逃	损坏：个别砖瓦掉落、墙体出现微裂缝	0~0.1	软土出现裂缝，饱和砂土出现喷砂冒水，部分砖烟囱出现轻度裂缝	63 (45~89)	6 (5~9)

续表8-1

烈度	感知	一般房屋		其他现象	参考物理指标	
		大部分房屋危害程度	平均震害指数		水平向加速度/(cm·s⁻²)	水平向速度/(cm·s⁻¹)
VII	大多数人仓皇出逃	轻度破坏：局部破坏、开裂，但不妨碍使用	0.11~0.3	河岸出现塌方，软土出现较多裂纹，大多数砖烟囱中度破坏	125（90~177）	13（10~18）
VIII	摇晃颠簸行走困难	中等破坏：结构受损，需要修理	0.31~0.5	干硬土出现裂缝，大多数砖烟囱严重破坏	250（178~353）	25（19~35）
IX	坐立不稳，行走的人可能摔跤	严重破坏：墙体龟裂，局部倒塌，修复困难	0.51~0.7	干硬土裂缝增多，基岩上可能出现裂缝、滑坡等，大多数砖烟囱倒塌破坏	500（345~707）	50（36~71）
X	骑车容易摔倒，处于不稳定状态的人会摔出较远距离，有抛起感	倒塌：大部分出现倒塌，不堪修复	0.71~0.9	山崩和地震断裂出现，基岩上拱桥破坏，大多数砖烟囱从根部破坏和倒毁	100（708~1411）	100（72~141）
XI	—	毁灭	0.91~1.0	地震断裂延长，山崩出现，基岩上拱桥破坏	—	—
XII	—	—	—	地面剧烈变化，山河改观	—	—

8.1.3 地震危害及其特点

地震灾害是强烈地震引起地面强烈震动而对社会及自然造成破坏，地震灾害包括直接灾害和次生灾害。其中，直接破坏是地面强烈震动引起的地面断裂、变形、冒水、喷沙和建筑物损坏、倒塌以及对人畜造成的伤亡和财产损失等；次生灾害是由于强烈的地震，山体崩塌造成滑坡和泥石流，水坝河堤决口造成水灾，震后造成瘟疫流行，引燃易燃易爆物造成火灾、爆炸，管道破坏造成毒气泄漏，细菌和放射性物质扩散对生命造成威胁，等等。城市是个生命线工程高度集中的地区，地上地下各种管网密布，地震造成的次生灾害尤为突出。此外，地震还会诱发海啸，此种情况主要出现在陆地与海洋板块交界处，如日本、智利等岛屿国家，这些国家濒临很深的海沟，离陆地不远的地方海水就已很深，地震诱发的海啸还会保持很大的能量扑上岸对陆地上的构筑物造成严重的破坏。

近年来，世界范围内地震频发，并多次诱发海啸。从1995年到2021年，世界范围内发生了近20多次地震、海啸灾害，共有近80多万人被夺去了生命。其中，地震引起的死亡和失踪人数超过了1000人的国家和地区如表8-2所示。由于居住在自然灾害频发地区的人口逐渐增加、城市人口过度集中、防灾基础设施和预防措施不完备、灾后救援措施缺乏等，人类社会应对地震等自然灾害的能力仍需提升。例如发生在日本东北地区太平洋沿岸的近海地震，出现了外部荷载条件远超设计的情况，突显防灾减灾措施不完备问题。下面就部分大地震的诱因和灾害情况做简要介绍。

表 8-2 1995—2021 年地震引起死亡和失踪人数超过 1000 人的国家和地区

年份	国家和地区	矩震级/M_w	死亡和失踪人数/人
1995 年	俄罗斯萨哈林岛北部	7.1	1800
1995 年	日本兵库县南部	6.9	6400
1997 年	伊朗东部	6.6	>1600
1998 年	巴布亚新几内亚	7.0	2600
1998 年	阿富汗北部	5.9	2300
1998 年	阿富汗北部	6.6	4700
1999 年	土耳其	7.6	15500
1999 年	中国台湾	7.6	2300
1999 年	哥伦比亚	6.2	1200
2001 年	萨尔瓦多	7.1	1200
2001 年	印度 Gujarat 邦	7.7	13800
2003 年	伊朗	6.6	>30000
2003 年	阿尔及利亚	6.8	2300
2004 年	苏门答腊岛	9.1	>229700
2005 年	巴基斯坦北部	7.6	>74700
2006 年	爪哇岛中部	6.3	5800
2008 年	中国四川汶川	8.0	87500
2009 年	苏门答腊岛	7.5	>1200
2010 年	海地	7.0	>222500
2011 年	日本东北地区太平洋沿岸	9.0	18600
2015 年	尼泊尔	8.1	>8786
2018 年	印度尼西亚	7.4	2091

1. 1995 年日本兵库县南部(阪神大地震)

1995 年 1 月 17 日，以兵库县明石海峡为震源，发生了 M_w6.9(M 为 7.3)的地震。震中位于北纬 34°35.7′、东经 135°02′，震源深度为 16 km。根据关口等关于地震动观测记录的分析，地震是由多处活动断层引起的，如图 8-6 所示。除从神户市到西宫市的宽 1 km、长 20 km 的带状地区为烈度 7 度的地区以外，大阪市烈度为 6 度，京都市、丰冈、颜根市等广大地区烈度为 5 度。

阪神地震造成 6434 人死亡，43792 人受伤，全部损坏住宅(包括烧毁房屋)为 104906 栋。

值得指出的是，此次地震是由长约 40 km 的内陆断层引起的，位于该断层 5~10 km 范围的大都市圈遭受到了强烈的地震动，很多建筑物、设施等遭到了破坏。在神户市观测到在 0.3~0.8 s 的周期范围内，水平加速度的响应值最大达到了 2000 cm/s²，该数值远超考虑道路、桥梁即铁路设施塑性变形的抗震设计时所采用的第Ⅲ类地基的 1000 cm/s²。

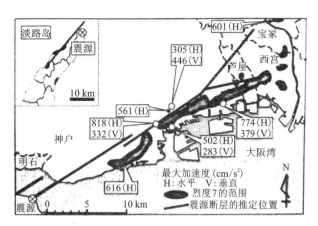

图 8-6　日本阪神地震的断层和烈度范围

由于强烈的地震动，建筑物及公路、铁路、地铁、港湾以及电力、燃气、给排水管道等设施都遭受了前所未有的破坏。以临海填埋地基为中心，发生了地基液化及流动，造成了护岸及生命线设施的极大破坏。特别是电力、给排水管道等生命线管网以及净水厂和发电站等由于地基液化而遭受了破坏。生命线管网的功能损坏和修复所需要的时间，如表 8-3 所示。由该表可知，停水、停气、停电的户数分别约 127 万、86 万、260 万，通信中断户数达到了 28 万。另外，修复也需要很长时间，交通设施及生命线设施的受损严重影响了城市的正常运转。地震后发生的火灾使灾害进一步扩大，261 处建筑物起火，烧坏面积达 83 万 km²。

表 8-3　1995 年阪神地震引起生命线工程破坏和修复天数

生命线工程	功能障碍	修复天数
给水管道	1265000(停水户数)	70 天
排水管道	198 km(灌渠破坏长度)	灌渠 140 天 泵站 24 天 处理场 100 天 (东滩污水处理场 150 天)
电力	2600000(停电户数)	64 天
通信	285000(不通线路数)	14 天
燃气	857000(供给停止户数)	54 天

该地震发生时，受灾信息收集和紧急应对迟缓。地震发生后数小时，受灾地内的信息只能通过媒体的报道和自卫队飞机的空中侦查，全体灾情把握的迟缓，导致政府的应对也陷于被动。另外，地震后的修复和重建过程中，交通障碍造成了紧急物资、人员运送的延迟，影响了受损建造物的现场清理、避难场所的设置、简易住宅等的支援活动。此外，还存在着许多其他安全隐患，如处于填埋区的危险物设施和高压燃气储槽设施的破坏及由此引发的火灾。如图 8-7 所示，神户地区的埋填地基发生液化和侧向流动，导致众多危险物储罐发生倾

斜、移动，所幸的是未发生倒塌，其主要原因是主地震动持续时间是 10~15 s。如果地震动持续时间为几十秒到 1 min 的话，照片所示的储罐将会大幅倾斜直至倒塌。如果储存的液体大量溢出，有可能导致大规模火灾。

2. 1999 年中国台湾集集地震

1999 年 9 月 21 日，台湾中部发生了震级 M 为 7.6 的地震。震中位于台北西南 150 km 的集集地区，该地区位于北纬 23°85′、东经 120°81′，震源深度约为 6 km，地震造成的死亡（含失踪）及受伤人数分别为 2321 人、8722 人。在南投县和台中县有 12000 栋以上的建筑物受损，其中约一半是全部损坏。另外、桥梁、大坝、给排水、燃气等生命线系统及港湾设施受到破坏；山体边坡发生了大规模滑塌，很多村落被掩埋，导致很多人失去生命。台湾位于欧亚板块和菲律宾板块的交界处，如图 8-8 所示。菲律宾板块插入欧亚板块的下部，导致南北方向产生了多数逆断层。该地震由这些断层之一的车笼埔断层引发，断层的长度估计有 80 km。

图 8-7　日本阪神地震引起的储油罐倾斜和沉降

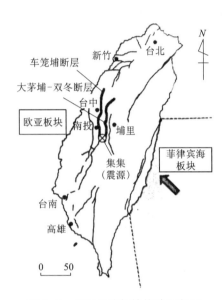

图 8-8　中国台湾板块构造和断层

集集地震时，500 多个观测点均观测到了地震动。其中，距震中偏西 13.2 km 的观测点，观测到水平方向的地面加速度为 983 cm/s²，垂直方向为 335 cm/s²。图 8-9 为地表东西方向最大加速度的分布情况。东西方向的最大加速度略大于南北方向的加速度，观测到 500 cm/s² 以上加速度的地区覆盖了南北方向约 70 km，东西方向约 20 km 的区域。很多地点出现了地表地震断层。图 8-10 为石冈大坝因地表地震断层的垂直位移而发生破坏的情况。位于台中北部约 15 km 的石冈大坝为高 25 m、长 357 m 的重力式混凝土坝，为了供水于 1977 年建成。根据相关单位的测定，地震后大坝右岸侧和左岸侧的隆起量分别约 11 m 和 1 m，10 m 的垂直位移差导致坝体破坏。

地表地震断层引起地基位移和斜坡滑动和震源区强地震动的惯性力导致高速公路上的 754 座桥中 10 座倒塌或受损严重，30 座桥梁部分受损。电力、燃气、给排水等生命线设施多处受灾，主要表现为：变电站等基础设施因地震动受损；埋设管道因地表地震断层受损；输电铁塔因斜坡滑塌受损。

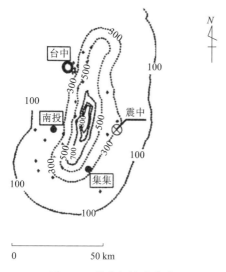

图 8-9　最大加速度分布

图 8-10　集集地震引起石冈大坝破坏

集集地震引起台湾中央山脉侧斜坡多处大规模滑塌，滑塌地区距震中约 60 km。图 8-11 为草岭斜坡滑塌情况，其中清水河两岸的斜坡滑塌，村落被大约 300 万 m³ 的砂土埋没。发生滑塌的斜坡多为夹杂卵石的土质边坡。

钢筋混凝土柱的剪切破坏、地基承载力不足、地表地震断层引起地基变形和施工不良等导致多数建筑物受损。图 8-12 为钢筋混凝土柱剪切破坏造成建筑物受损的情况。

图 8-11　集集地震引起草岭发生大规模滑坡

图 8-12　集集地震引起房屋破坏

3. 1999 年土耳其 Kocaeli 地震

1999 年 8 月 17 日，在土耳其西部的 Kocaeli 省发生了 $M_w7.6$ 的地震。震中位于东经 40°77′、北纬 29°97′，震源深度为 17 km。地震导致的死亡、失踪人数约为 15500 人，受伤人数约为 23000 人，完全损坏的房屋约为 20000 户，受灾总额达 60 亿美元。非洲板块向东北方向移动及阿拉伯板块向北移动，使得土耳其境内的安纳托利亚板块逆时针方向旋转，并且向西水平移动，形成了东西长约 1000 km 的北安纳托利亚断层，Kocaeli 地震是该断层西部区域的右移引发的。该地震中出现了多个地表断层，最大位移量约为 4 m，引起高速公路上架设的跨路桥倒塌。地震断层东部几个监测点的加速度为 366 cm/s² 和 399 cm/s²，距离震中约 130 km 处的加速度为 245 cm/s²，伊斯坦布尔机场为 88 cm/s²。

图 8-13 给出了由地震引发的炼油厂储油罐爆炸引发火灾和地基液化引起一建筑物坍塌的情况。该炼油厂直径 20~25 m 的 4 个储油罐和直径 10 m 的 2 个储油罐发生了火灾并倒塌。上述储油罐均为浮顶式储油罐，由于长周期地震动引起储油罐内液体晃动，直径 20~25 m 的储油罐液体晃动周期为 4~6 s，而在此观测到的地震动卓越周期位于该数值范围。虽然固定顶储油罐的侧壁上部发生了屈曲，但未造成重大事故，据报道球型储油罐也未发生破坏。沿断层线的地区发生了地基液化，建筑物及生命线管路受灾严重，约 1000 栋建筑物倾斜、下沉，有些发生了倒塌，其中大部分是有砌块填充墙的钢筋混凝土结构。建筑物受灾的原因主要有：5~8 层的建筑物受灾比较多，建筑物的固有周期和地震动的卓越周期基本一致；混凝土的粗骨料有使用海沙等施工质量问题；一楼柱子的抗剪强度不足；与相邻建筑物的碰撞及地基液化等。

(a) 储油罐爆炸引起的炼油厂火灾

(b) 地基液化引起的建筑物坍塌

图 8-13　土耳其地震引起的火灾和建筑物坍塌

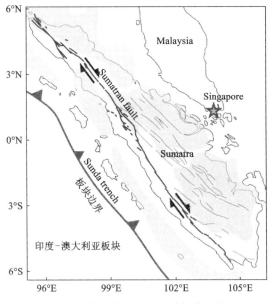

图 8-14　苏门答腊岛周边的板块和断层

4. 2004 年印度尼西亚苏门答腊岛地震

2004 年 12 月 26 日，印度尼西亚苏门答腊(Sumatra)岛西北部海底发生了震级 M 9.1 的巨大地震。该地区位于印度-澳大利亚板块，印度-澳大利亚板块以 50~60 mm/a 的速度插入欧亚板块下部，导致震级 8~9 级的地震多次发生，如图 8-14 所示，该震中位于北纬 33′、东经 9493′，震源深度约为 30 km。该地震导致印度洋沿岸 13 个国家发生了高度最大超过 20 m

的海啸，累计死亡、失踪人数约229700人。地震波及印度、斯里兰卡、缅甸、泰国、马来西亚、马尔代夫、塞舌尔、索马里等国家，是人类历史上罕见的自然灾害。

表8-4为印度洋沿岸各国的死亡及失踪人数和房屋损坏情况。位于苏门答腊岛北部地区的海啸浪高超过10 m，造成北部海岸线约2 km以内包括钢筋混凝土结构的房屋破坏并被冲走。图8-15为地震诱发的海啸及海啸后的苏门答腊岛。

表8-4　2004年苏门答腊岛地震中印度洋沿岸各国的死亡、失踪人数和房屋损坏情况

国家	死亡人数/人	失踪人数/人	房屋损坏
索马里	150	102000	5000
塞舌尔	3	—	40
马尔代夫	82	26	21669
印度	10749	5640	112558
斯里兰卡	30959	5644	396170
缅甸	90	10	3200
泰国	5322	3144	—
马来西亚	68	6	4296
印度尼西亚	101199	127774	417124

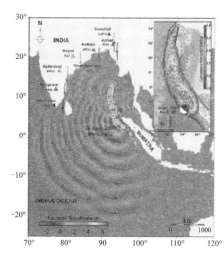 

图8-15　2004年苏门答腊岛地震和海啸(扫码查看彩图)

关于海啸破坏后的灾后重建，可以考虑以下措施：

①考虑海啸外力的桥梁设计(推行带有剪切键的混凝土桥梁)；

②软弱地基改良(防止海啸引起路基冲刷)；

③通过红树的栽植减轻海啸的推力；

④重要道路复线重新规划；

⑤通过山区的新路线规划及边坡治理措施。

5. 2008 年中国四川汶川地震

2008 年 5 月 12 日，位于中国内陆的四川盆地和青藏高原边界的龙门山断层带中部发生了震级 *M* 8.0 级的地震。根据中国地震局数据，震中位于四川省汶川县映秀镇附近（北纬 310′、东经 10304′），震源深度为 14 km。如图 8-16 所示，汶川地震是由龙门山断裂带中部的 2 个断层，即灌县-安县断层、北川-映秀断层的连续破坏而引发的。经推测，断层破裂的总长度在 300 km 以上，汶川地震是世界上最大的内陆地震。根据中国政府公布的数据，死亡 69227 人，失踪 17923 人，受伤 373643 人，倒塌房屋 530 万栋以上，直接经济损失达 8451 亿人民币。

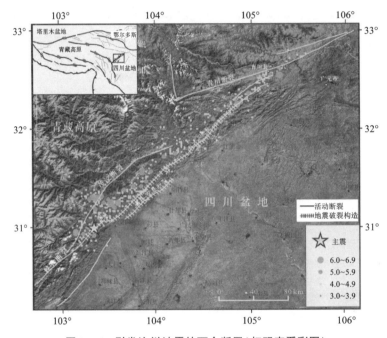

图 8-16　引发汶川地震的两个断层（扫码查看彩图）

汶川地震时，在北川-映秀断层 240 km、灌县-安县断层 72 km 以及连接这两个断层长 6 km 的小渔洞断层出现了地表地震断层，最大垂直位移 6.2 m，最大水平位移 5.3 m。图 8-17 为白鹿中心学校出现的地震地表断层情况，尽管校舍与断层极为接近但未发生倒塌，但是，这个断层延长线上的村落受到了毁灭性的破坏。图 8-18 为中国地震局发布的地震烈度分布情况。最大烈度为 XI，是中国观测历史上的最大烈度。烈度 VI 以上的地区不仅包括四川省，还波及西北、东北方向的甘肃省和陕西省，影响面积达 44 万 km²。针对汶川大地震观

图 8-17　白鹿中心学校出现的地表断层

测到的地震最大加速度值为卧龙观测点观测到的 957.7 cm/s²。

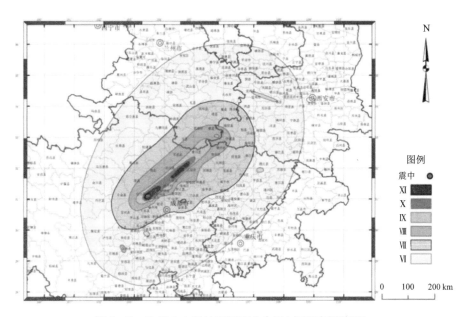

图 8-18　汶川 8.0 级地震烈度分布图(扫码查看彩图)

在震源附近,强烈的地震动导致大量的结构物受损,受损情况如表 8-5 所示。破坏集中发生于震源区及相邻的 10 个县,即汶川、北川、绵竹、什邡、青川、茂县、安县、都江堰、平武和彭州。陡峭的地形和山区风化的地表,造成了大规模的滑坡,形成了很多堰塞湖。图 8-19 为岷江流域的唐家山堰塞湖,是汶川地震后形成的最大堰塞湖,估计滑塌土方为 2040 万 m³。

表 8-5　汶川地震中建筑物及土木结构的破坏情况

烈度、建筑结构		受灾率/%	倒塌率/%
烈度Ⅸ以上	框架结构	86.9	28.2
	砖结构	99.5	29.3
烈度Ⅷ	框架结构	68.6	3.8
	砖结构	75.7	10.8
烈度Ⅶ	框架结构	17.7	0.3
	砖结构	45.3	3.0
烈度Ⅵ	框架结构	7.7	0.0
	砖结构	17.5	0.9

续表 8-5

土木结构		总数	受灾数量	受灾率/%	倒塌、重大破坏数量	倒塌、重大破坏率/%
桥梁	高速公路	607 座	576 座	94.9	69 座	11.4
	国道	1163 座	1081 座	92.9	191 座	16.4
	合计	1770 座	1659 座	93.6	260 座	14.7
隧道	高速公路	23 条	14 条	60.9	8 条	34.8
	国道	28 条	17 条	60.7	3 条	10.7
	合计	51 条	31 条	60.8	11 条	21.6
大坝	四川省	6678 座	1996 座	29.9	69 座	1.0
	山西省	1036 座	126 座	12.2	0	0.0
	甘肃省	297 座	81 座	27.3	0	0.0
	其他	27590 座	463 座	1.7	0	0.0
	合计	35601 座	2666 座	7.5	69 座	0.2

根据对震源地区及与其相邻的都江堰市等钢筋混凝土建筑物损坏情况的调查可知，建筑物受损的主要原因包括：①柱的剪切破坏；②柱、梁结合部的破坏；③柱之间砖墙的倒塌；④地基变形。四川省内高速公路 7 号线、国道 5 号线以及省道 10 号线，总长 3391 km 的公路受到破坏。受损公路大部分位于山区，建有很多桥梁、隧道，沿线还存在大量不稳定斜坡。由于震源区的强烈地震动及地表地震断层造成的地基位移，桥梁、隧道

图 8-19　汶川地震中滑坡形成的唐家山堰塞湖

受损严重。公路沿线大范围发生了斜坡滑塌，特别是施工中的都汶公路（连接都江堰、映秀、汶川，总长 83 km），其多处桥梁、隧道、斜坡严重受损。映秀、汶川间的 43 座桥梁中的 22 座受损，斜坡滑塌造成 9000 m³ 的砂土堆积在道路上，且包含数米的巨型岩块，给修复作业带来极大困难。隧道破坏的原因主要有：①洞口附近的斜坡滑塌；②衬砌混凝土拱顶的压缩破坏；③侧壁的剪切破坏以及拱底隆起等。四川省内有 6678 座水坝，汶川地震造成 1996 座水坝受损。岷江上的紫坪铺水坝位于北川-映秀断层的下盘侧和灌县-江油断层的上盘侧之间，坝高 156 m、坝长 664 m，是一座储水量 11 亿 m³、发电量 76 万 kW 的多功能混凝土面板堆石坝。地震导致坝体变形、施工缝偏移及防渗混凝土板开裂，坝顶的最大沉降量约为 100 cm，最大水平位移量（下流方向）为 20 cm，大坝轴向的位移量为 22 cm。斜坡崩塌 3619 处，滑坡 5899 处，泥石流 1054 处，滑塌的土方高 10 m 以上，造成四川省内 34 处容量 10 万 m³ 以上、蓄水面积 20 km² 以上的大规模堰塞湖。造成 30 人以上死亡的山体滑坡有 23 处，斜坡

破坏造成的死亡人数达 2 万，约占此次地震死亡人数的 30%。

8.2　地下工程抗震设计

我国是地震多发国家，20 世纪以来我国共发生 $M6.0$ 级以上地震近 800 次，1950—2010 年共发生 $M7.0$ 级以上地震 65 次，2011—2021 年发生 $M7.0$ 级以上地震 3 次。上述地震影响范围几乎遍及我国所有省份，这表示我国几乎所有地区都有可能受到地震危害。1995 年日本阪神地震、2008 年我国汶川地震等国内外已有的震害表明，地震发生时地下结构并不安全。因此，必须开展地下结构的抗震设计研究，进而制定合适的地下工程抗震设计标准。

8.2.1　地下结构抗震研究方法

地下结构抗震的研究方法是随着对地下结构动力响应特性认识的不断发展，以及近年来历次地震中地下结构震害的调查、分析、总结以及相关研究的不断深化而发展的。20 世纪中期以前，地下空间还未得到较大规模的开发，地下结构的建设也未有大的发展，无论是单体规模还是总体数量，都处于一个较低的水平。与此同时，与地面建筑相比，大地震中地下结构的破坏实例及调查研究都较少，因此在进行地下结构的设计计算时，地震因素还未成为一个必须考虑的因素，更没有系统的地下结构抗震计算的理论和方法。随着各国经济建设的发展，城市化进程加速，为解决城市建设中的各种问题，地下空间开发逐渐得到重视，地下结构的建设也逐渐增多，如地下街、地下停车场、地铁以及各种地下管廊等。20 世纪 60 年代，美国在隧道工程设计中就考虑了地震的影响，日本土木工程学会(JSCE)于 1975 年发布了《沉管隧道抗震设计规范》(JSCE-1975)，开始考虑地下结构抗震设计。根据研究方法的不同，对隧道抗震问题的研究手段大致可分为原型观测、理论研究、数值模拟和模型试验等。

1. 原型观测

人类关于地震本身特性及结构地震反应特性的认识，最初都是源于对地震和震害的长期观察和经验积累。原型观测是通过实测地下结构在地震时的响应情况，来了解地下结构的动力特性。地震原型观测是一个长期的工作，通过观测资料的积累建立观测数据库，对各地区地震烈度的划分进行复核和校订。通过分析获得结构物破坏的地震动参数，以及这些参数与震级、距离、场地条件的关系，进而估计未来的地震动强度，优化未来地下结构的抗震和减震设计。

地震过程中观测到的场地和地下结构的变化情况能够最真实地反映观测对象的地震响应特点。早在 1964 年，日本就开始在羽田隧道进行地震观测；1970 年，日本在松化群发地震中测定了地下管线动态应变，发现管线与周围地基一起振动，而自身并不发生振动。随后，人们又对明挖隧道、盾构隧道等进行了地震观测，由此得出了"影响地下结构地震反应的因素是地基变形而不是地下结构惯性力"的结论。美国是国际上第一个获得强震记录并用于地下结构计算并对结果进行比较的国家。早在 1975 年，美国 Ham-boldt 湾核电厂就采用强震记录观测结果与核电厂计算结果进行了比较。目前，世界各国的观测资料不断积累，地震台网的建设也为获得更多完整的地震数据提供了可能。

除等待自然地震的发生来获取观测资料外，有学者尝试开展现场足尺试验模拟地震的发生，采集地震观测数据。目前，现场足尺试验有激振试验和爆炸试验两种形式。其中，激振试验一般在低水平振幅下进行，大功率的激振试验装置能够产生较强烈的振动。日本原子力工学试验中心于1980—1987年在福岛进行了一系列大比例尺模型试验，研究了不同基础尺寸、埋深和激振力对土的非线性、土体-结构物体系基频和阻尼以及相邻结构物的影响。我国台湾也开展过大比例尺的核反应堆混凝土安全壳模型地震观测和激振试验。

地震观测虽然直观、真实，但这种研究手段的局限性也是显而易见的：一方面，由于观测技术的限制，强震观测所取得的地震动资料主要来自地表面，在地下深部及埋设在该处的地下结构范围所取得的资料十分有限；另一方面，地震的准确预见性差，有目的的强震观测难以人为驾驭进度，等待周期长，使观测资料的采集更加困难。因此，在有限的地震观测资料的基础上，国内外开展了大量理论分析与数值模拟。

2. 理论研究

地下结构抗震理论是在地上建筑结构抗震理论的基础上发展而来的。根据研究理论基础的不同，隧道结构抗震理论研究方法可分为土-结构相互作用法和波动法两个大类，前者是以求解结构运动方程为基础，通过某些假定条件将隧道结构和周围土层简化，将土体的作用等效为弹簧和阻尼连同结构进行分析；后者是以求解波动方程为基础，将地下结构视为半无限弹性体介质中孔洞的加固区，以整个系统为分析对象。其中，常用的理论研究方法有拟静力法，St. John 法，Shukla 法，BART 法，反应位移法，应变传递法和福季耶娃法。

1）拟静力法

该方法是将地震中由于地震加速度而在结构中产生的惯性力看作地震荷载，将其施加在结构物上，计算其中的应力、变形等，进而判断结构的安全性和稳定性的方法。这种方法早年广泛应用于桥梁、多高层建筑物和重力式挡土墙等结构的抗震分析和设计中。地震惯性力可以表示为

$$F = (a/g)Q \tag{8-5}$$

式中：a 为作用于结构的地震加速度；g 为重力加速度；Q 为结构自重。

由于忽略了土体约束的影响，采用该方法计算的结构内力一般偏大，该方法更适用于刚度较大而变形较小的地下结构。

2）St. John 法

该方法也是拟静力法的一种，以弹性地基梁模型来解释土与结构的相互作用问题。假定地震波传递到地下结构时，结构受地震作用产生弯曲、横向和轴向三种变形模式。隧道受不同入射角地震波作用时的变形模式如图 8-20 所示，不同类型地震波的作用模式见表 8-6。St. John 法在考虑隧道的土-结构相互作用问题时，引入了柔度比的概念，即表征土与结构相对刚度的指标。柔度比 F 可以表示为

$$F = \frac{2E(1 - \gamma_1^2)R^3}{E_1(1 - \gamma)t^3} \tag{8-6}$$

式中：E 和 γ 分别为土体的弹性模量和泊松比；E_1 和 γ_1 分别为结构的弹性模量和泊松比；R 和 t 分别为衬砌的半径和厚度。

St. John 法认为，当柔度比大于 20 时，土体与结构不发生相互作用，衬砌材料为完全柔性，结构随土体一起运动；当柔度比小于 20 时，结构对周围土体的振动有影响，需要考虑土体与地下结构的相互作用。

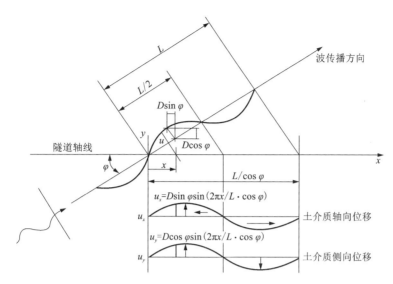

图 8-20 斜入射地震波引起的隧道变形模式

表 8-6 不同地震波类型引起的隧道变形

地震波类型	轴向应变	正应变(垂直于轴向)	剪应变
P 波	$V_P\cos^2\varphi/C_P$	$V_P\sin^2\varphi/C_P$	$V_P\sin\varphi\cos\varphi/C_P$
S 波	$V_S\sin^2\varphi/C_S$	$V_S\sin\varphi\cos\varphi/C_S$	$V_S\cos^2\varphi/C_S$
瑞利压缩波分量	$V_{RP}\cos^2\varphi/C_R$	$V_{RP}\sin^2\varphi/C_R$	$V_{RP}\sin\varphi\cos\varphi/C_R$
瑞利压缩波分量	—	$V_{RS}\sin\varphi/C_R$	$V_{RS}\cos\varphi/C_R$

3) Shukla 法

Shukla 等基于弹性地基梁理论,建立了考虑土-结构相互作用的地下结构计算模型。该方法假定地震波对长大地下结构的影响表现在两个方面:一方面,在垂直于结构轴线的截面产生横向应力;另一方面,在平行于地下结构轴线方向上产生轴向应力和弯曲应力。基于假定,建立了两个不同受力方式的计算模型:

(1)拉伸模型。以土质点的运动方程为基础,建立地下结构的运动方程,求解方程并求得结构的最大拉应变和最大拉力;

(2)弯曲模型。建立土体变形按自由场运动和土体结构弯曲位移方程,利用边界土体变形方程中所给的土体位移,根据边界条件的对称性求解弯曲位移方程,最终得到地下结构的最大受弯曲率、最大变形、最大转角和最大弯矩。

4) BART 法

该方法是 20 世纪 60 年代美国修建旧金山湾区快速路时采用的地下结构抗震设计准则,包括结构抗震特性、变形限制、土体不连续影响、内部构件、附属构件、细部结构、土压力、临时结构等抗震设计内容。设计时,假定土体在地震过程中不会失去整体稳定性,地震只引起地下结构的振动效应，且结构变形是由土体变形引起的，二者变形协调。BART 法提出地下结构应具有吸收变形的延性且不丧失承载能力，相较于之前的地下结构抗震理论有一定进步。

5）反应位移法

20 世纪 70 年代，日本学者在地震观测中发现，对地下结构地震反应起决定性作用的不是惯性力，而是周围岩土介质的变形，并以此为基础提出了反应位移法，后来经过不断改进和发展，总结出了纵向分析和横向分析两种方法。

纵向反应位移法将线状结构物简化为弹性地基梁，将地震时的地基位移作为已知条件施加在弹性地基上，求解梁上产生的应力和变形，从而得到地下结构的地震反应。

横向反应位移法将结构的横截面简化为梁单元框架，将地基变形的位移通过地基弹簧强制施加在结构上。

如今，反应位移法已广泛应用于地下结构抗震设计中。其中，横向反应位移法发展了多种计算形式，但各种计算形式都认为，在计算分析时需采用地基弹簧模拟结构周围土层，并考虑土层相对位移、结构惯性力和结构周围剪力三种简化地震作用，计算模式如图 8-21 所示。

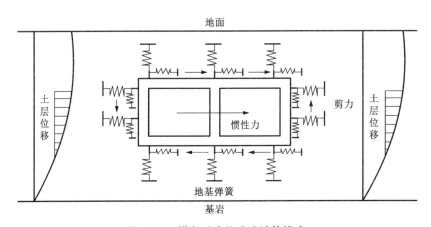

图 8-21　横向反应位移法计算模式

6）应变传递法

日本学者通过对地下管道、海底隧道等工程的地震观测发现，地下结构地震作用的应变波形与周围介质的应变波形几乎完全相似，因此根据此相似关系提出了应变传递法，该方法将地震波作用下的应变表示为

$$\varepsilon_s = a \cdot \varepsilon_g \tag{8-7}$$

式中：ε_s 为地下结构的动应变；ε_g 为无地下结构时场地的动应变；a 为应变传递率系数，随地下结构的形状、刚度以及周围场地土体刚度而变化，与地震动的频率、波长无关。

7）福季耶娃法

苏联学者福季耶娃认为，只要 P 波或 S 波波长大于隧道洞径的 3 倍，隧道埋深大于洞径的 3 倍，隧道长度大于洞径的 5 倍时，就可以将隧道抗震问题简化为围岩承受一定荷载的弹性力学平面问题。如果基岩土体为线弹性介质，则地震发生时产生的隧道围岩应力和衬砌内力可通过线弹性理论动力学来解决。

3. 数值模拟

随着计算机科学的发展，数值模拟为分析结构地震响应提供了有利的条件，得到的结果可信度高。现阶段主流的数值模拟方法有有限元法、边界元法和混合法，用于地下结构抗震设计常用的软件有 ANSYS、FLAC、PFC、ABAQUS 等。

1）有限元法

有限元法求解地下结构的地震反向问题，是通过对结构和周围有限域内土体的波动方程分别进行离散，利用达朗贝尔原理构建体系的如下动力方程：

$$[M]\{\ddot{U}\} + [C]\{\dot{U}\} + [K]\{U\} = \{P\} \tag{8-8}$$

动力有限元法能够处理介质的各向异性、材料的非线性以及各种不同的边界条件等复杂问题，因而得到广泛应用。但地下结构的地震反应问题实际上是半无限域内的波动问题，而有限元将其作为有限域的问题来处理，实际上在计算过程中存在一定的误差。为了减小误差，许多学者对有限域的边界进行了处理，提出了许多人工边界，常见的有阻尼边界、近轴边界、叠加边界、透射边界等，将人工边界与有限元结合用于地下结构抗震分析能够取得比较理想的效果。

2）边界元法

边界元法是应用格林定理，通过基本解将支配物理现象的域内微分方程变换成边界上的积分方程，然后在边界上离散化数值求解。边界元法最显著的优点是使基本求解过程的维数降低了一阶，同时单元网格划分的数量显著减少，对于无限域的问题特别适合。因此，其在地下结构的三维地震反应分析中得到了广泛的应用。

在边界元法中，矩阵元素分量的计算要比有限元法多很多，对复杂边界的处理也没有有限元法灵活。另外，在边界元法中各个不同的有界区域必须当作均质处理。如果目标模型非均质性很强，以致必须使用大量的小均质区才能适当模拟时，边界元区域性边界格式就变成了全物体子域剖分的格式，此时边界元在格式上已接近有限元。

3）混合法

由于有限元法和边界元法在求解地下结构的地震反应时各有优点和不足，许多学者将有限元和边界元进行分区耦合使用。混合法是将地下结构或结构与其附近一定范围内的土体用有限元模拟，而将其他区域用边界单元模拟，然后根据边界处的协调条件来形成整个体系的运动方程。

4. 模型试验

在地下结构抗震问题的研究中，为了验证理论和数值计算模型的合理性、研究结构地震响应机制，模型动力试验开始成为一种不可或缺的研究手段。目前，地下结构地震响应的模型试验主要包括离心机模型试验和振动台模型试验。

1）离心机模型试验

离心机模型试验是首先利用土工离心机高速旋转产生的离心力来增加模型的重力加速度，使试验模型的土体产生与原型相同的自重应力，能够合理模拟原型土的应力场。然后，在离心机运转过程中对模型施加可控制振动来模拟各类地震动试验，如图 8-22 所示。离心机试验模型和工程原型变形相似、破坏机理相同，这种试验手段受到了国内外学者的普遍认可。

1993 年，英国和美国 7 所大学合作历时 4 年完成的 VELACS 项目是土工抗震领域的一个重要进步，该项目对 9 种不同边值问题进行离心机振动台试验和有限元数值模拟，系统研究了离心机振动台的试验方法，验证了两相介质动力有限元数值模拟的正确性。

国内外针对处于液化场地的地下管线、黏土场地和地铁区间隧道等开展了离心振动台试验，获得了饱和砂土的地震反

图 8-22　离心机模型试验装置

应、地铁区间隧道的上浮情况和动力变形特性。

尽管取得了很多研究成果，但离心机振动台试验自身也存在很多的问题。土工离心机振动台尺寸较小，而一般地下结构尺寸较大，导致试验模型的几何尺寸相对比较小，其他关键物理量的相似关系匹配困难。因此，很多研究人员更愿意开展大型振动台试验来研究地下结构的动力特性。

2）振动台模型试验

模拟地震的振动台模型试验是通过台面的运动对试体或结构模型输入地面运动，模拟地震对结构作用的全过程进行结构或模型的动力特性和动力反应的试验，如图 8-23 所示。该试验特点是可以再现各种形式的地震波形，可以在实验室条件下直接观测和了解被试验试体或模型的震害情况和破坏现象。振动台模型试验是现阶段室内模拟地震的主要方式之一，相较于离心机模拟试验，振动台试验法能更好地把握地下结构的地震反应以及地下结构与地基之间的相互作用特性，也可为数值模拟的可靠性提供验证，因此得到了比较广泛的应用。

(a) 台面及水平做动器

(b) 竖向做动器、地槽轨道

(c) 地下室油源、泵、电源柜

(d) 控制室 PULSAR 系统

图 8-23　多功能振动台试验装置

从 20 世纪 70 年代开始就有学者通过振动台试验研究隧道和地铁车站的地震响应。通过试验结果分析总结出车站倒塌的原因为：

①车站结构受横向水平地震力作用发生剪切变形，超过 100 gal 的地震动导致结构和场地发生相对滑动；

②中柱应变比侧墙大 5 倍，且铰接对于减少中柱损伤更为有利；

③地震发生时，车站中柱倒塌和顶板塌落是由于中柱没有足够的抗剪能力。

国内很多单位也建立了多功能振动台，并开展了地铁车站等地下结构的振动台试验。

上述众多大型振动台试验，一般情况下只能研究地铁车站结构和隧道结构的横向激励地震响应。对于细长状地下结构纵向动力特性的研究，一般的振动台设备无能为力。近年来，国内外出现了越来越多的大型振动台台阵，很多学者用以研究非一致地震激励下细长状地下结构的动力响应。

8.2.2　地下结构抗震设计标准

1995 年日本阪神地震造成了大开车站倒塌，这是世界范围内城市地下结构首次遭受重大破坏。之后，日本土木学会为提高地下结构的抗震设计标准，提出了 L1、L2 两阶段地震动设计的设想。L1 地震动遵循以往的抗震设计方法，即地震荷载设计法，同时考虑 L2 地震动作为发生概率低的高强度地震动。1998 年，我国颁布了《中华人民共和国防震减灾法》，此后该法成为国内编制规范的基础。在地下结构抗震标准没有提出来之前，工程技术人员在地下结构抗震设计时也常采用地上结构的设计方法，执行地上结构的规范。直到 2009 年，上海市发布了《地下铁道建筑结构抗震设计规范》（DG/TJ 08-2064—2009），这是我国较早的专门针对地下结构的抗震设计标准。2010 年发布的《建筑抗震设计规范》（GB 50011—2010）增加了"地下结构抗震"章节，主要针对地下车库、过街通道、地下变电站和地下空间综合体等单建式地下建筑的抗震设计。2014 年，住建部发布了又一部轨道交通抗震规范——《城市轨道交通结构抗震设计规范》（GB 50909—2014）。其他如《地铁设计规范》（GB 50157—2013）、上海市《道路隧道设计标准》（DG/TJ 08-2033—2017）等也都有地下结构抗震设计章节。2019 年 4 月，住房和城乡建设部发布了《地下结构抗震设计标准》（GB/T 51336—2018），这一规范涵盖了地下单体结构、地下复合结构、盾构隧道、矿山法隧道、明挖隧道、下沉式挡土结构、复建式地下结构等地下工程，是我国第一部综合性的地下结构抗震设计标准。此外，对结构抗震尤其是市政地下工程抗震设计越来越重视，除需满足规范的抗震设计要求外，对规模较大、结构形式较复杂的市政地下工程还需开展抗震专项评审。

根据地下结构特征和分布形式，将我国当前地下结构分为 5 大类：地下单体结构、地下多体结构、隧道结构、下沉式挡土结构和复建式地下结构。其中，隧道结构又分为盾构隧道、明挖隧道和矿山法隧道。这里将介绍地下结构抗震设计的基本准则以及地下单体结构、地下多体结构和下沉式挡土结构的抗震设计标准。

1.地下结构抗震设计基本准则

地下结构抗震设计的基本原则主要包括以下五个方面：

（1）在地下结构抗震设计中，重要的是保证结构在整体上的安全，保护人身及重要设备不受损害，个别部位出现裂缝或崩坏是容许的。因为与其使地震作用下的地下结构完全不受震害而大大增加造价，不如在震后消除不伤元气的震害更为合理。

（2）就结构抗震来说，出现裂缝和塑性变形有一定的积极意义，一方面，吸收振动能量；另一方面，增加了结构柔性，增大了结构的自振周期，使动力系数降低，地震力减小。

（3）抗震设计的目的是使结构具有必要的强度、良好的延性。强度和延性是钢筋混凝土结构抗震的基点。实际产生的地震力，可能超过设计中规定的地震力，当结构物的强度不足以承受大的地震力时，延性对结构的抗震起重要作用，它可以弥补强度之不足。也就是说，即使结构物弹性阶段的抗力不大，但只要构件在屈服后仍具有稳定的变形能力，就能继续吸收输入的振动能量。经济的、节省材料的抗震结构就是根据这一原理设计出来的。

（4）使结构具有整体性和连续性，成为两次超静定结构。这种结构整体刚度大，构件间变形协调，能产生更多的塑性铰，吸收更多的振动能量，而且能消除局部的严重破坏。

（5）抗地震的地下结构，除了采用现浇整体的钢筋混凝土结构，为了施工工业化，也不限制使用装配式钢筋混凝土结构，关键是采取必要的措施，加强构件间的联系，使之整体化。

原则上讲，主要针对地面结构提出的"小震不坏、中震可修、大震不倒"的抗震设计原则对地下结构来说，应适当提高标准。因为对地下结构来说，一旦在相当于设防地震（中震）的作用下发生损坏，一般修复相对是比较困难的，代价也较高。

2.地下单体结构抗震设计标准

1）一般要求

（1）地下单体结构应符合下列规定：

● 结构布置宜简单、规则、对称、平顺，结构质量及刚度宜均匀分布，不应出现抗侧力结构的侧向刚度和承载力突变；

● 地下单体结构下层的竖向承载结构刚度不宜低于上层；

● 地下单体结构的主体结构与附属通道结构之间应设变形缝。

（2）地下单体结构抗震等级。

地下单体结构的抗震等级主要分为三类四个烈度等级，如表8-7所示。

表8-7　地下单体结构的抗震等级

抗震设防类别	设防烈度			
	6度	7度	8度	9度
甲类	三级	二级	一级	专门研究
乙类	三级	三级	二级	一级
丙类	四级	三级	三级	二级

注：1.抗震设防烈度为9度时，甲类地下单体结构的抗震等级应进行专门研究论证；

2.甲类和乙类地下单体结构依据本表确定抗震等级时无须再提高设防烈度。

其中，地下结构抗震设防类别和设防烈度见表8-8和表8-9。

表 8-8　地下结构抗震设防类别划分

抗震设防类别	定义
甲类	指使用上有特殊设施，涉及国家公共安全的重大地下结构工程和地震时可能发生严重次生灾害等特别重大灾害后果，需要进行特殊设防的地下结构
乙类	指地震时使用功能不能中断或需尽快恢复的生命线相关地下结构，以及地震时可能导致大量人员伤亡等重大灾害后果，需要提高设防标准的地下结构
丙类	除上述两类以外按标准要求进行设防的地下结构

表 8-9　抗震设防烈度与设计基本地震加速度取值的对应关系

抗震设防烈度	6	7		8	9
设计基本地震加速度值/g	0.05	0.10	0.015	0.20　0.30	0.40

（3）地下单体结构框架结构中柱的设置宜符合下列规定：

● 地下单体结构框架柱的设置宜结合使用功能、结构受力、施工工法等的要求综合确定。

● 位于设防烈度 8 度及以上地区时，不宜采用单排柱；当采用单排柱时，宜采用钢管混凝土柱或型钢混凝土柱。

④当地下单体结构所处地层中含有可液化土层时，应分析土层液化对结构受力和变形产生的影响，设计时应考虑液化和不液化两种条件下的不利工况。

2）计算要求

（1）地下单体结构的地震反应计算方法宜依据地层条件和地下结构几何形体条件按下列规定确定：

● 地下单体结构抗震计算方法按表 8-10 算法计算。

表 8-10　地下单体结构抗震计算方法

抗震计算方法	维度	地层条件	地下结构
反应位移法Ⅰ	横向	均质	断面形状简单
反应位移法Ⅱ	横向	均质/水平成层/复杂成层	断面形状简单/复杂
整体式反应位移法	横向	均质/水平成层/复杂成层	线长形
反应位移法Ⅲ	纵向	沿纵向均匀	线长形
反应位移法Ⅳ	纵向	沿纵向变化明显	线长形
等效线性化时程分析法	二维/三维	均质/水平成层/复杂成层、含软弱土层	线长形、断面形状或几何形状简单/复杂
弹塑性时程分析法	二维/三维	均质/水平成层/复杂成层、含软弱土层、含液化土层	

（2）地下单体结构抗震计算应符合下列规定：

●地下单体结构的抗震计算模型应反映结构的实际受力状况以及结构与周边地层的动力相互作用。

●地下单体结构简化应符合如下原则：

√当采用反应位移法Ⅰ至反应位移法Ⅳ计算时，结构抗震计算应采用荷载结构模型；当采用整体式反应位移法或时程分析法计算时，结构抗震计算应采用地层-结构模型。

√当采用荷载结构模型计算时，地下结构构件宜采用梁单元模拟，周边地层对结构的支承及与结构的运动相互作用宜采用地层弹簧模拟。

√宜采用地层-结构模型按平面应变问题计算分析，当考虑地下结构空间动力效应时，宜采用三维模型计算分析。

√当采用二维时程分析法时，地下结构构件可采用梁单元或平面应变单元模拟；地层可采用平面应变单元模拟。

√当采用三维时程分析法时，梁、柱等杆系构件可采用梁单元或实体单元模拟，板、侧墙等构件可采用板单元或实体单元模拟，地层可采用实体单元模拟。

√采用时程分析法计算时，侧面宜采用能反映能量辐射的人工边界。当底部为坚硬基岩面，且上覆地层模量显著低于基岩时，底部人工边界可取刚性边界；否则，宜选用能反映能量辐射的人工边界。

√构件端部设有腋角时，腋角尺寸小于相应方向构件跨度的1/10，可作为同样板厚进行分析。

√验算腋角断面所用的构件有效尺寸d，应考虑腋角，腋角可仅考虑1∶3坡度缓的部分作为有效尺寸。

√采用纵梁-柱体系的地下结构应按等代框架法进行地震反应分析，即中柱应按真实截面尺寸建模，其他构件截面宽度应取纵梁相邻跨度各一半之和。

(3)采用动力时程分析法计算时，土、岩石的动力特性参数应由动力特性试验确定。

(4)形状和地层条件简单的地下单体结构可按平面荷载结构模型进行断面水平地震反应计算。

(5)短边与长边之比大于2/3，且短边长度大于30 m的地下单体结构抗震设计，宜同时考虑两个主轴方向上的水平地震作用，并宜按空间结构模型进行时程分析。

(6)对于下列情况，地下单体结构应按空间地层-结构模型采用时程分析法进行地震反应计算：

●沿结构纵向地层分布有显著差异；

●沿纵向结构形式有较大变化；

●同时在水平和竖向两个方向结构变化较多或复杂，楼板开孔的孔洞宽度大于该层楼板宽度的30%；

●结构体系复杂、体形不规则以及结构断面变化较大、结构断面显著不对称等复杂的地下单体结构；

●地下单体结构紧贴既有重要建(构)筑物。

(7)对于下列情况，地下单体结构除应进行水平地震作用计算外，尚宜考虑竖向地震作用：

●结构体系复杂、体形不规则以及结构断面变化较大、结构断面显著不对称的地下单体结构；

- 大跨度结构或浅埋大断面结构；
- 在结构顶板、楼板上开有较大孔洞，形成大跨悬臂构件；
- 竖向地震作用效应很重要的其他结构。

(8)考虑地震组合的框架梁剪力设计值应根据结构抗震等级选用不同计算公式，应符合现行国家标准《混凝土结构设计规范(2015 年版)》(GB 50010—2010)的规定。

(9)框架柱及框支柱节点上、下端的截面弯矩设计值应根据结构抗震等级选用不同计算公式，应符合现行国家标准《混凝土结构设计规范(2015 年版)》(GB 50010—2010)的规定。

(10)框架柱及框支柱的剪力设计值应根据结构抗震等级选用不同计算公式，应符合现行国家标准《混凝土结构设计规范(2015 年版)》(GB 50010—2010)的规定。

(11)框架梁柱节点核心区的剪力设计值应根据结构抗震等级选用不同计算公式，应符合现行国家标准《混凝土结构设计规范(2015 年版)》(GB 50010—2010)的规定。

3)抗震措施

(1)框架结构的基本抗震构造措施应符合现行国家标准《建筑抗震设计规范(2016 年版)》(GB 50011—2010)的规定。

(2)梁的截面宽度不宜小于 200 mm，截面高宽比不宜大于 4。梁中线宜与柱中线重合。

(3)梁的纵向钢筋、箍筋配置应符合现行国家标准《建筑抗震设计规范(2016 年版)》(GB 50011—2010)的规定。

(4)柱轴压比应符合下列规定：

- 柱轴压比不宜超过表 8-11 的限值。

表 8-11　地下结构框架柱轴压比

结构形式	抗震等级			
	一级	二级	三级	四级
单排柱地下结构	0.60	0.70	0.80	0.85
其他地下框架结构	0.65	0.75	0.85	0.90

注：1.轴压比指结构地震组合下柱的轴压力设计值与柱的全截面面积和混凝土轴心抗压强度设计值乘积之比值；对本标准规定不进行地震作用计算的结构，可取无地震作用组合时轴力设计值计算。

2.表中限值适用于剪跨比大于 2、混凝土强度等级不高于 C60 的柱；剪跨比不大于 2 的柱，轴压比限值应降低 0.05；剪跨比(构件截面弯矩与剪力和有效高度乘积的比值)小于 1.5 的柱，轴压比限值应专门研究并采取特殊构造措施。

- 下列情况下轴压比限值可增加 0.10，箍筋的最小配箍特征值均应按增大的轴压比按《建筑抗震设计规范(2016 年版)》(GB 50011—2010)的要求确定：

√沿柱全高采用井字复合箍，且箍筋肢距不大于 200 mm、间距不大于 100 mm、直径不小于 12 mm；

√沿柱全高采用复合螺旋箍，且箍筋间距不大于 100 mm、箍筋肢距不大于 200 mm、直径不小于 12 mm；

√沿柱全高采用连续复合矩形螺旋箍，且螺旋净距不大于 80 mm、箍筋肢距不大于 200 mm、直径不小于 10 mm。

● 在柱的截面中部附加芯柱，其中另加的纵向钢筋的总面积不少于柱截面面积的 0.8%，轴压比限值可增加 0.05。

● 柱轴压比不应大于 1.00。

（5）柱的纵向钢筋配置应符合下列规定：

● 柱截面纵向受力钢筋的最小总配筋率不宜小于表 8-12 的规定，且每一侧配筋率不应小于 0.2%，总配筋率不应大于 5%。

表 8-12　柱截面纵向受力钢筋的最小总配筋率　　　　　　　单位：%

结构形式	抗震等级			
	一级	二级	三级	四级
单排柱地下结构	0.4	1.2	1.0	0.8
其他地下框架结构	1.2	1.0	0.8	0.6

● 柱的纵向配筋宜对称配置，柱主筋间距不宜大于 200 mm。

● 对于柱净高与截面短边长度或直径之比不大于 4 的柱，柱全高范围内均应加密箍筋且箍筋间距不应大于 100 mm。

● 柱纵向钢筋的绑扎接头应避开柱端的箍筋加密区。

（6）柱的箍筋配置应符合现行国家标准《建筑抗震设计规范（2016 年版）》（GB 50011—2010）的规定。

（7）框架梁柱节点区混凝土强度等级不宜低于框架柱 2 级，当不符合该规定时，应对核心区承载力进行验算，宜设芯柱加强。

（8）框架梁宽度大于框架柱宽度时，梁柱节点区柱宽以外部分应设置梁箍筋。

（9）地下框架结构的板墙构造措施应符合下列规定：

● 板与墙、板与纵梁连接处 1.5 倍板厚范围内箍筋应加密，宜采用开口箍筋，设置的第一排开口箍筋距墙或纵梁边缘不应大于 50 mm，开口箍筋间距不应大于板非加密区箍筋间距的 1/2。

● 墙与板连接处 1.5 倍墙厚范围内箍筋应加密，宜采用开口箍筋，设置的第一排开口箍筋距板边缘不应大于 50 mm，开口箍筋间距不应大于墙非加密区箍筋间距的 1/2。

● 当采用板-柱结构时，应在柱上板带中设置构造暗梁，其构造措施应与框架梁相同。

● 楼板开孔时，孔洞宽度不宜大于该层楼板宽度的 30%。洞口的布置宜使结构质量和刚度的分布仍较均匀、对称，不应发生局部突变。孔洞周围应设置满足构造要求的边梁或暗梁。

（10）混凝土结构构件的纵向受力钢筋的锚固和连接应符合现行国家标准《混凝土结构设计规范（2015 年版）》（GB 50010—2010）的有关规定。

3. 地下多体结构抗震设计标准

地下多体结构是由相互连接或邻近的 2 个及以上体量相当的地下单体结构组成的地下多体结构体系。

1）一般要求

（1）地下多体结构的各单体结构的抗震设计应符合地下单体结构抗震设计标准的规定。

(2)地下多体结构不应处于软硬交错的地层中。当地下多体结构无法避免地处于软硬交错的地层中时，应对地下多体结构的各结构单元分别采用相应的抗震措施。

(3)地下多体结构的各单体结构间宜设置变形缝。

(4)对可能出现的薄弱部位应采取针对性措施提高其抗震能力。

(5)应采取构造措施提高地下多体结构各单体结构连接处的抗震能力。

(6)地下多体结构的抗震等级按照表8-7确定。

2)计算要求

(1)地下多体结构应按表8-10选取计算方法。

(2)地下多体结构应按三维空间地层-结构模型考虑动力相互作用的地震反应计算。

(3)地下多体结构的计算模型应反映各单体结构和连接部位的实际受力状态以及结构与周边地层的动力相互作用。各单体结构间设置变形缝时，计算模型应同时反映各单体结构间的实际动力相互作用。

(4)地下多体结构体系的简化应符合本标准同单体结构的规定。

3)抗震措施

(1)组成地下多体结构的各单体结构的抗震构造措施应符合《建筑抗震设计规范(2016年版)》(GB 50011—2010)第7.3节的规定。

(2)当地下多体结构无法避免地处于软硬相差较大的地层中时，可根据需要对各单体结构分别采用不同的处理措施保证其整体抗震性能。

4. 下沉式挡土结构抗震设计标准

1)一般要求

(1)下沉式挡土结构可采用拟静力法进行抗震计算。

(2)下沉式挡土结构的抗震等级应按表8-7确定。

(3)挡土墙高度超过15 m且抗震设防烈度为9度的下沉式挡土结构应进行专门研究和论证。

2)计算要求

(1)下沉式挡土结构可采用中性状态时的地震土压力，其合力和合力作用点的高度可分别按下列公式计算：

$$E_0 = \frac{1}{2}\gamma H^2 K_E \tag{8-9}$$

$$K_E = \frac{2\cos^2(\varphi - \beta - \theta)}{\cos^2(\varphi - \beta - \theta) + \cos\theta\cos^2\beta\cos(\delta_0 + \beta + \theta)\left[1 + \sqrt{\dfrac{\sin(\varphi + \delta_0)\sin(\varphi - \beta - \theta)}{\cos(\delta_0 + \beta + \theta)\cos(\beta - \alpha)}}\right]^2} \tag{8-10}$$

$$h = \frac{H}{3}(2 - \cos\theta) \tag{8-11}$$

式中：E_0 为中性状态时的地震土压力合力，kN/m；K_E 为中性状态时的地震土压力系数；h 为地震土压力合力作用点距墙踵的高度，m；H 为挡土墙后填土高度，m；γ 为墙后填土的重度，kN/m³；φ 为墙后填土的有效内摩擦角，(°)；δ_0 为中性状态时的墙背摩擦角，(°)，可取实际墙背摩擦角的1/2，或取墙后填土有效内摩擦角值的1/6；α 为墙后填土表面与水平面的夹角，(°)；β 为墙背面与铅垂方向的夹角，(°)；θ 为挡土墙的地震角，(°)，可按表 8-13 取值。

表 8-13　挡土墙的地震角 θ　　　　单位：(°)

类别	7 度		8 度		9 度
	0.10g	0.15g	0.20g	0.30g	0.40g
水上	1.5	2.3	4.5	4.5	6
水下	2.5	3.8	5.0	7.5	10

（2）下沉重力式挡土结构在地震作用下的抗滑移稳定性和抗倾覆稳定性应进行验算，其抗滑移稳定性的安全系数不应小于 1.1，抗倾覆稳定性的安全系数不应小于 1.2。

（3）下沉重力式挡土结构的整体滑动稳定性验算可采用圆弧滑动面法。

（4）下沉式挡土结构的地基承载力验算应符合现行国家标准《构筑物抗震设计规范》（GB 50191—2012）的有关规定。

3）抗震措施

（1）下沉式挡土结构的后填土应采用排水措施，可采用点排水、线排水或面排水方案。

（2）抗震设防烈度 8 度和 9 度时，下沉重力式挡土结构不得采用干砌片石砌筑；抗震设防烈度 7 度时，采用干砌片石砌筑的下沉重力式挡土结构墙高不应大于 3 m。

（3）下沉重力式浆砌片石或浆砌块石挡土结构墙高，抗震设防烈度 8 度时不宜超过 12 m，抗震设防烈度 9 度时不宜超过 10 m；超过 10 m 时，宜采用混凝土整体浇筑。

（4）下沉重力式混凝土挡土结构的施工缝应设置榫头或采用短钢筋连接，榫头的面积不应小于总截面面积的 20%。

（5）同类地层上建造的下沉重力式或 U 形挡土结构，伸缩缝间距不宜大于 15 m。在地基土质或墙高变化较大处应设置沉降缝。

（6）下沉式挡土结构不应直接设在液化土或软弱地基上，不可避免时，可采用换土、加大基底面积或采用砂桩、碎石桩等地基加固措施。当采用桩基时，桩尖应伸入稳定地层。

8.2.3　不同施工方法隧道抗震设计

1. 盾构隧道结构抗震设计标准

1）一般要求

（1）盾构隧道、隧道与横通道连接处、隧道与盾构工作井或通风井连接处应进行抗震设计。

（2）盾构隧道结构的抗震等级按照表 8-7 确定。

（3）盾构隧道的抗震设计应符合现行国家标准《地铁设计规范》（GB 50157—2013）和《城市轨道交通结构抗震设计规范》（GB 50909—2014）的规定。

2）计算要求

（1）盾构隧道的抗震计算应包括横向和纵向抗震计算。盾构隧道与横通道、工作井、通风井等连接部位及地质条件剧烈变化段需精细化设计时，宜进行三维抗震计算。

（2）应根据抗震设防类别（表 8-8）、设防目标（表 8-14）及性能要求（表 8-15），并结合

工程环境、地质条件等因素选择合理的抗震计算方法,并应符合下列规定:

- 土质地层中的盾构隧道横向抗震计算宜采用本标准中的反应位移法Ⅰ或Ⅱ,纵向抗震计算宜采用本标准中的反应位移法Ⅲ或Ⅳ;处于均匀地层中的圆形盾构隧道可采用《建筑抗震设计规范(2016年版)》(GB 50011—2010)附录 D 的均匀地层圆形盾构隧道地震内力简化计算公式;当计算断面内地质条件复杂或隧道断面形状复杂时应采用时程分析法。
- 岩质地层中的盾构隧道横向抗震计算可按现行国家标准《铁路工程抗震设计规范(2009年版)》(GB 50111—2006)的规定进行,当计算断面内地质条件复杂或隧道断面形状复杂时应采用时程分析法;岩质地层中的盾构隧道纵向抗震计算宜采用时程分析法进行。
- 盾构隧道与横通道、工作井、通风井等结构连接部位应采用时程分析法进行抗震计算。

表 8-14　地下结构抗震设防目标

抗震设防类别	设防水准			
	多遇	基本	罕见	极罕见
甲类	Ⅰ	Ⅰ	Ⅱ	Ⅲ
乙类	Ⅰ	Ⅱ	Ⅲ	—
丙类	Ⅱ	Ⅲ	Ⅳ	—

表 8-15　地下结构的抗震性能要求等级划分

等级	定义
性能要求Ⅰ	不受损坏或无须进行修理能保持其正常使用功能,附属设施不损坏或轻微损坏但可快速修复,结构处于线弹性工作阶段
性能要求Ⅱ	受轻微损伤但短期内经修复能恢复其正常使用功能,结构整体处于弹性工作阶段
性能要求Ⅲ	主体结构不出现严重破损并可经整修恢复使用,结构处于弹塑性工作阶段
性能要求Ⅳ	不倒塌或发生危及生命的严重破坏

(3)盾构隧道各种计算方法中的计算模型选择应符合下列规定:

- 盾构隧道断面抗震计算可采用考虑管片接头对整环管片刚度折减的等效刚度环模型或采用管片接头与管片共同作用的梁−弹簧模型;盾构隧道纵向抗震计算可采用环间接头对结构纵向刚度折减的等效刚度梁模型或梁−弹簧模型。
- 盾构隧道进行了结构性二次衬砌时,抗震计算中应考虑二次衬砌的作用;在本条第①款的基础上,将二次衬砌采用梁单元模拟,二次衬砌和一次衬砌之间相互作用采用弹簧单元模拟。
- 盾构隧道抗震计算采用时程分析法时,对于盾构隧道的横向抗震计算,可按平面应变问题进行;对于纵向或主隧道与横通道、竖井等结构连接处以及地层条件发生显著变化段的抗震计算宜采用三维计算模型。

(4)盾构隧道抗震计算中地震作用应符合下列规定:

- 抗震计算采用反应位移法时,设计基准面应按照的标准为:当地下结构断面形状简单、处于均质地层,且覆盖地层厚度不大于50 m的场地时,可采用反应位移法Ⅰ进行地下结构横向断面地震反应计算。设计基准面到地下结构的距离不应小于地下结构有效高度的2倍,且该处岩土体剪切波速不应小于500 m/s。采用反应位移法Ⅱ时,对于覆盖地层厚度小于50 m的场地,设计基准面到地下结构的距离不应小于地下结构有效高度的2倍,且该处岩土体剪切波速不应小于500 m/s;对于覆盖地层厚度大于50 m的场地,可取场地覆盖地层超过50 m深度且剪切波速不小于500 m/s的岩土层位置。

●采用反应位移法Ⅰ或Ⅱ时应将地层在隧道横断面方向的位移差和周边剪切力作用于隧道结构进行抗震计算;采用反应位移法Ⅲ或Ⅳ时应将地层中隧道轴线所在位置的地层纵向及横向位移作用于隧道进行抗震计算。

●采用时程分析法时应按如下规定确定地震作用及输入地震动进行抗震计算:

√设计地震动加速度时程可人工生成,其加速度反应谱曲线与设计地震动加速度反应谱曲线的误差应小于5%。

√工程场地的设计地震动时间过程合成宜利用地震和场地环境相近的实际强震记录作为初始时间过程。

√当采用时程分析法进行结构动力分析时,应采用不少于3组设计地震动时程。当设计地震动时程少于7组时,宜取时程法计算结果和反应位移法计算结果中的较大值;当设计地震动时程为7组及以上时,可采用计算结果的平均值。

(5)盾构隧道的抗震验算应符合下列规定:

●抗震验算应包括管片结构、管片接头构造、隧道与横通道等结构连接处的强度、变形验算以及地层稳定验算。

●结构抗震变形验算时,管片环直径变形率不应大于满足抗震性能要求的最大变形率;管片接缝及结构连接部位总变形量不应大于防水密封构造及材料容许的最大变形量;接缝处螺栓等连接件的变形应小于屈服变形。

●对于进行了结构性二次衬砌的盾构隧道,应进行二次衬砌的抗震验算。

3)抗震措施

(1)隧道结构抗震措施应提高隧道结构自身抗震性能或减少地层传递至隧道结构的地震能量。

(2)盾构隧道与横通道等结构连接处、地质条件剧烈变化段以及上覆荷载显著变化处应采取措施提高结构变形能力,不得使结构产生影响使用的差异沉降,同时应满足结构防水要求。

(3)可采用减小管片环幅宽、加长螺栓长度、加厚弹性垫圈、局部选用钢管片或可挠性管片环等措施提高隧道结构适应地层变形的能力。

(4)可采用管片壁后注入低剪切刚度注浆材料等措施,在内衬和外壁之间、外壁与地层之间等设置隔震层。

(5)盾构隧道不应穿越断层破碎带、地裂缝等不良地质区域。当绕避不开时,应在断层破碎带全长范围及其两侧3.5倍隧洞直径过渡区域内采取(3)和(4)条的抗震措施。

(6)盾构隧道不应穿越可能发生液化的地层。当绕避不开时,应分析液化对结构安全及稳定性的不利影响并采取相应抗震、减震措施;消除结构液化沉陷或上浮措施可采用在盾构隧道环缝面设置凹凸榫槽、隧道局部或全长进行二次衬砌等结构构造措施。

2.矿山法隧道结构抗震设计标准

1）一般要求

（1）矿山法隧道位置应选择在稳定的地层中，不应穿越断层破碎带段、软硬地层变化段、软弱围岩段等不良地质段。隧道洞口应遵循早进晚出的原则，宜避开可能会发生崩塌、滑坡、泥石流等不良地质现象的地段。

（2）矿山法隧道结构的抗震等级应按表 8-7 确定。

（3）矿山法隧道抗震设计应同时符合国家现行标准《铁路工程抗震设计规范（2009 年版）》（GB 50111—2006）和《公路工程抗震规范》（JTG B02—2013）的有关规定。

2）计算要求

（1）应根据抗震设防类别、设防目标、性能要求以及工程环境、地质条件等因素选择合理的抗震计算方法，并应符合下列规定：

• 土质地层中的矿山法隧道横向抗震计算宜采用反应位移法Ⅰ、反应位移法Ⅱ或整体式反应位移法，岩质地层中横向抗震计算也可按现行国家标准《铁路工程抗震设计规范（2009 年版）》（GB 50111—2006）的规定进行；地质条件或结构形式复杂时，矿山法隧道横向抗震计算宜采用时程分析法。

• 矿山法隧道洞口段、纵向穿越软硬突变等非均匀地层时宜采用时程分析法进行纵向抗震计算。

• 矿山法隧道洞门、洞口段、主洞与辅助通道连接处等部位可采用时程分析法进行三维抗震计算。

（2）矿山法隧道抗震计算模型的选取应符合下列规定：

• 矿山法隧道断面计算模型中可将衬砌结构视为弹性地基上的拱形结构，可采用梁单元模拟隧道衬砌；

• 矿山法隧道抗震计算采用时程分析法且地质条件及结构形式简单时，可按平面应变问题进行地震反应计算；

• 洞门、洞口段、主洞与辅助通道连接处等部位的抗震计算应采用三维计算模型。

（3）矿山法隧道地震反应计算中，地震作用应符合下列规定：

• 一般情况可仅考虑沿结构断面的水平地震作用；

• 洞门和邻接洞口的衬砌结构、纵向穿越软硬突变等非均匀地层的衬砌结构宜考虑沿结构纵向的水平地震作用；

• 地形起伏较大的浅埋傍山隧道，或沿线地质条件变化较大的局部区段，尚宜考虑竖向地震作用。

（4）矿山法隧道的抗震验算应重点对隧道洞门和明洞、洞口、浅埋、偏压、下穿或近接建筑物、断层破碎带、软硬地层变化、软弱围岩、结构形式变化、主洞与辅助通道连接段的衬砌结构进行验算。

3）抗震措施

（1）城市浅埋矿山法隧道应采用防水型钢筋混凝土结构且隧道全部设置仰拱。

（2）隧道洞口段、浅埋偏压段、深埋软弱围岩段和断层破碎带等地段的结构，其抗震加强长度应根据地形、地质条件确定。加强段两端应向围岩质量较好的地段延伸，延伸长度最小值宜按表 8-16 的规定采用。

表 8-16　隧道抗震设防范围延伸段长度最小值　　　　单位：m

隧道跨度 B	围岩级别	地震动峰值加速度		
		0.10g(0.15g)	0.20g(0.30g)	0.40g
B≤7	Ⅲ-Ⅳ	—	3	9
	Ⅴ-Ⅵ	—	6	12
7<B<12	Ⅲ-Ⅳ	—	6	12
	Ⅴ-Ⅵ	3	9	15
B≥12	ⅢⅠ-Ⅳ	3	9	15
	Ⅴ-Ⅵ	6	12	18

（3）抗震设防段的隧道衬砌应采用混凝土或钢筋混凝土材料，其强度等级不应低于表 8-17 的规定。

表 8-17　隧道衬砌材料种类及强度等级

隧道跨度 B/m	围岩级别	地震动峰值加速度		
		0.10g(0.15g)	0.20g(0.30g)	0.40g
B<12	Ⅲ	混凝土 C25	混凝土 C25	混凝土 C30
	Ⅳ	混凝土 C25	钢筋混凝土 C25	钢筋混凝土 C30
	Ⅴ、Ⅵ	钢筋混凝土 C25	钢筋混凝土 C25	钢筋混凝土 C25
B≥12	Ⅲ	混凝土或钢筋混凝土 C25	钢筋混凝土 C30	钢筋混凝土 C30
	Ⅳ	钢筋混凝土 C25	钢筋混凝土 C30	钢筋混凝土 C30
	Ⅴ、Ⅵ	钢筋混凝土 C25	钢筋混凝土 C30	钢筋混凝土 C30

注：1 浅埋隧道均应采用钢筋混凝土；
2 地震动峰值加速度为 0.40 g 的地区隧道跨度 B≥12 m 的隧道衬砌混凝土宜添加纤维材料，以提高抗震性能。

（4）抗震设防地段衬砌结构构造应符合下列规定：
- 软弱围岩段的隧道衬砌应采用带仰拱的曲墙式衬砌。
- 明暗洞交界处、软硬岩交界处及断层破碎带的抗震设防地段衬砌结构应设置抗震缝，且宜结合沉降缝、伸缩缝综合设置。Ⅱ类场地基本地震动峰值加速度为 0.05 g 的地区应至少设置 1 道抗震缝，Ⅱ类场地基本地震动峰值加速度为 0.10 g 或 0.15 g 的地区应至少设置 2 道抗震缝，Ⅱ类场地基本地震动峰值加速度为 0.20 g 及以上的地区应至少设置 3 道抗震缝。
- 通道交叉口部及未经注浆加固处理的断层破碎带区段采用复合式支护结构时，二衬结构应采用钢筋混凝土衬砌。
- 穿越活动断层的隧道衬砌断面宜根据断层最大错位量评估值进行隧道断面尺寸的扩挖设计；无断层最大错位量评估值时，隧道断面尺寸可放大 400～600 mm。断层设防段衬砌结构端部应增加最大错位评估值厚度，且应设置抗震缝，抗震缝宜在断层位置设置，缝宽宜

40~60 mm，并保证抗震缝填充密实，做好隧道结构的防水；在抗震缝两侧各 1 m 范围内，初衬和二衬结构之间宜构筑 100~150 mm 厚的沥青混凝土衬砌，沥青混凝土衬砌可采用预制块体熔化沥青砌筑的方法施工。

• 穿越黄土地裂缝的隧道，地裂缝设防区段衬砌结构应设置抗震变形缝。二衬结构端部厚度宜增大 500 mm 以上，增厚长度宜在 2 m 以上，且应满足竖向最大错位量的要求。在变形缝两侧各 1 m 范围内，初衬和二衬结构之间宜构筑 100~200 mm 厚的沥青混凝土衬砌。

(5)矿山法隧道不应穿越可能发生液化的地层。当绕避不开时应分析液化对结构安全及稳定性的不利影响并采取相应构造措施。

(6)洞门口抗震措施应符合下列规定：

• 隧道洞口位置的选择应结合洞口段的地形和地质条件确定，并应采取措施控制洞口仰坡和边坡的开挖高度，防止发生崩塌和滑坡等震害。当洞口地下较陡时，宜采取接长明洞或其他防止落石撞击的措施。

• Ⅱ类场地基本地震动峰值加速度为 0.20 g 及以上的地区宜采用明洞式洞门，洞门不宜斜交设置。

• Ⅱ类场地基本地震动峰值加速度为 0.30 g 以上的地区，洞口边坡、仰坡坡率降一档设置，边坡、仰坡防护应根据设防地震动峰值加速度值的提高，依次选用锚网喷、框架长锚杆、锚索、框架锚索等措施。

(7)在满足隧道功能和结构受力良好的前提下，可加大隧道断面尺寸。

(8)隧道内设辅助通道时，应提高主洞与辅助通道连接处的抗震性能。

3.明挖隧道结构抗震设计标准

1)一般要求

(1)明挖隧道应建在密实、均匀、稳定的地基上，选址时宜避开地层突变、软弱土、液化土及断层破碎带等不利地段；当无法避开时应采取可靠的抗震措施。回填部分的材料、密实度效应指标不应小于原位原状土。

(2)明挖隧道结构的抗震等级应按表 8-7 确定。

2)计算要求

(1)明挖隧道结构的抗震计算方法应根据表 8-10 确定，并应符合下列规定：

• 隧道纵向地层条件变化较大时，明挖隧道除应进行横向抗震计算外，尚应进行纵向抗震计算，可采用反应位移法Ⅳ或时程分析法。

• 隧道断面形状变化较大或与相邻建(构)筑物构成整体时，宜采用时程分析法进行三维抗震计算。

• 明挖隧道的地震作用可适当考虑挡土墙叠加效果。挡土墙与结构主体密切接触且受力钢筋互相连接时，可将挡土墙纳入结构共同计算；挡土墙与结构主体没有密切连接或连接薄弱时，可将挡土墙与主体结构分开建模，并根据实际情况确定二者之间的约束条件。

(2)明挖隧道的地震作用应符合下列规定：

• 结构形状复杂、纵向穿越软硬突变等非均匀地层的衬砌结构宜考虑沿结构纵向的水平地震作用。

• 地形起伏较大的浅埋隧道，或沿线地质条件变化较大的局部区段，或Ⅱ类场地基本地震动峰值加速度为 0.15 g 及其以上地区的明挖隧道尚宜考虑竖向地震作用。

● 不符合以上两条款的情况可仅考虑沿结构断面的水平地震作用。

3)抗震措施

(1)明挖隧道结构抗震构造要求应符合下列规定：

● 宜采用现浇结构。设置装配构件时，应与周围构件可靠连接。

● 墙或中柱的纵向钢筋最小总配筋率，应增加0.5%。中柱或墙与梁或顶板、底板的连接处应满足柱箍筋加密区的构造要求，箍筋加密区范围与抗震等级相同的地表结构柱构件相同。

● 地下钢筋混凝土框架结构构件的最小尺寸，应不低于同类地表结构构件的规定。

(2)明挖隧道顶板和底板应符合下列规定：

● 顶板、底板宜采用梁板结构。当采用板柱-抗震墙结构时，宜在柱上板带中设构造暗梁，其构造要求同地表同类结构。

● 地下连续墙复合墙体的顶板、底板的负弯矩钢筋至少应有50%锚入地下连续墙，锚入长度按受力计算确定；正弯矩钢筋应锚入内衬。

● 隔板开孔的孔洞宽度应不大于该隔板宽度的30%；洞口的布置宜使结构质量和刚度的分布较均匀、对称，不应发生局部突变；孔洞周围应设置满足构造要求的边梁或暗梁。

(3)明挖隧道结构穿过地震时岸坡可能滑动的古河道，或可能发生明显不均匀沉陷的地层时，应采取换土或设置桩基础等措施。

(4)明挖隧道不应穿越可能发生液化的地层，当绕避不开时，应分析液化对结构安全及稳定性的不利影响，并可采取下列措施：

● 对液化土层应采取注浆加固和换土措施；

● 对液化土层未采取措施时，应分析其上浮的可能性并采取抗浮措施；

● 明挖隧道结构与薄层液化土夹层相交，或施工中采用深度大于20 m的地下连续墙围护结构的明挖隧道结构遇到液化土层时，可仅对下卧层进行处理。

8.3　地下结构震害与防治

自地下结构出现以来，人们就关注其在地震中的表现和所受的地震损害。1974年，美国土木工程师协会(ASCE)公布了洛杉矶地区的地下结构在1971年圣费尔南多(San Fernando)地震中的震害情况，包括地下混凝土管道、给排水系统地下工程和发电厂地下工程等多种结构的地震破坏情况。在世界上另一个地震多发地——日本，日本土木工程学会(JSCE)于1988年发布了包括本国若干条隧道在内的一部分地下结构的震害调查情况。近40年来，世界上发生了多次大地震，如1995年日本阪神地震、1999年中国台湾集集地震、2008年中国汶川地震、2015年尼泊尔地震和2018年印尼地震等，均对地下结构造成了严重的损害。

8.3.1　地下结构震害

1.地下隧道震害

常见的地下结构震害有衬砌剪切破坏、衬砌开裂破坏、洞门裂损和滑坡导致的隧道端部或整体破坏等。

1) 衬砌剪切破坏

建在断层破碎带上的隧道,地震常会造成衬砌剪切破坏。在软土地区,隧道的破坏形式主要表现为错台、裂缝等,而山岭隧道主要有衬砌断裂、混凝土剥落、钢筋裸露拉脱等地震破坏现象。

1906 年,美国旧金山地震造成了两条位于圣安德烈斯断裂带的隧道发生衬砌剪切破坏:圣安德烈斯水坝集水隧道的部分区段产生了多达 2.4 m 的错动,而埋深 214 m 的莱特 1 号隧道断层处水平错动 1.37 m。1930 年,日本穿越惠那断层的丹那隧道在伊豆地震中遭受破坏,断层处水平错位 2.39 m,竖向错位 0.6 m,主隧道边墙多处出现裂缝。1971 年,美国圣费尔南多隧道邻近希尔玛断层处在地震中发生了衬砌错位,最大竖向错位达 2.29 m。1978 年,日本伊豆尾岛地震产生了一条横贯稻取隧道的断层,断层处隧道横截面发生大变形,断面宽度缩短 0.5 m,底部隆起 0.8 m,隧道两侧产生了 0.62 m 的水平位移,造成围岩膨胀、衬砌挤出。1999 年,中国台湾集集地震造成 49 条隧道发生衬砌开裂、混凝土剥落、钢筋弯曲等不同程度的破坏。地震后对石冈大坝进行调查发现:由于车笼埔断层的错动,该重力坝竖直方向最大位移 7.8 m,水平方向最大位移 7.0 m,大坝挡水功能完全失效。大坝的输水隧道也因断层错动受到破坏,如图 8-24 所示。下游方向距离注水口 180 m 的位置受剪断裂,隧道竖直方向最大错动达 4 m,水平方向最大错动 3 m。另外,在隧道表面也有严重的开裂和混凝土剥落现象。位于断层破碎带的隧道,在地震发生时受到断层错动的强制作用,从而发生水平和竖直方向的相对位移,造成隧道的剪断变形。活动断层的蠕变量可以达到每年几毫米,隧道衬砌承受剪力,很可能产生剪切变形,一般为斜裂纹并伴有错台发生。这种剪切变形通常被限制在活动断层周围一个狭小的范围内,但这种突然的变位方式引起的隧道破坏是灾难性的,往往导致隧道整体坍塌。设计时,最好的办法是在选线阶段予以避开。在无法避开的情况下,通过加强隧道衬砌强度来抵御断层运动是不现实的,一般需要查明断层错动的可能性及可能发生的位移方向和大小,在设计中予以特殊考虑并提出检修的办法。

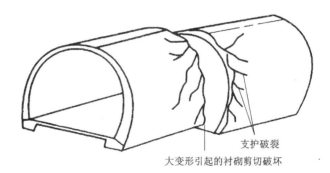

支护破裂
大变形引起的衬砌剪切破坏

图 8-24 地震引起石冈大坝输水隧道破坏示意图

2) 衬砌开裂破坏

衬砌开裂是最常见的震害现象,主要表现为纵向裂损、横向裂损、斜向裂损、斜向裂损进一步发展所致的环向裂损、底板裂损,以及沿孔口如电缆槽、避车洞或避人洞发生的破坏。

1995 年,日本阪神地震造成了大量的隧道衬砌开裂。图 8-25 为日本 Rokko 铁路隧道内部的地震破坏照片,从图中可以看到衬砌拱顶受压和受剪产生了环向裂缝和斜裂缝,侧墙和接头位置混凝土剥落,巷道底部出现了底鼓变形。

1999 年,集集地震导致当地隧道破坏严重,统计的 44 条盾构隧道中有 34 条衬砌开裂严重,其余隧道中除两条无衬砌隧道出现落石外,也都有轻微裂缝产生。

2008 年,汶川地震造成了 21 条高速公路和 16 条国省干线公路上的 56 座隧道不同程度

(a)巷道顶部

(b)巷道侧墙

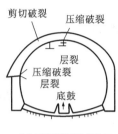
(c)巷道破坏模式总结

图8-25　日本 Rokko 铁路隧道破坏形式

受损。紫坪铺隧道衬砌多处开裂，横向和环向裂缝开裂宽度达到 10~20 mm，施工缝开裂 5~30 mm；酒家垭隧道位于Ⅸ烈度及以下烈度区，其穿越断层部分有衬砌开裂、混凝土掉块、二次衬砌垮塌、初期支护垮塌、施工缝开裂等震害现象发生；距离震中较近的烧火坪隧道内部既有横向裂缝，又有斜向和环向开裂，组成了类似网格状的裂缝群，如图8-26所示。横向裂缝和环向裂缝一般是由张拉力引起的，常见于接头错位和二衬开裂位置；斜向裂缝是由张拉和剪切共同作用产生的，常见于隧道侧墙和顶部。龙溪隧道靠近洞口位置有 5 处坍塌，多处二次衬砌混凝土掉落，并出现拉-剪环向开裂区域。隧道洞身纵向、横向和斜向裂纹开展，如图8-27(a)~(c)所示。初次衬砌的钢支撑梁发生扭曲，喷射混凝土开裂形成破裂区、剥落，多处底板向上隆起，如图8-27(d)~(f)所示。

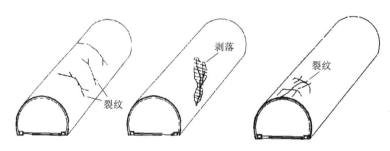

图8-26　烧火坪隧道内部裂缝和剥落

　　对于同一程度的地震而言，如果仅论结构的惯性力，地下结构要比地面结构安全得多。这是因为地下结构处于周围地层的约束之中，并与地层一起运动。因而，地下结构在地震运动过程中，按照其相对于地层的质量密度和刚度分担一部分地震变形和荷载，而不像地面结构承担全部惯性力。洞身结构之所以有惯性力破坏的现象发生，主要是由于地下结构与地层之间出现了较大的空隙而减弱了地层的约束作用，相当于提高了衬砌结构的相对质量密度，造成其分担的地震惯性作用超过了极限。

　　3）洞门裂损

　　洞门裂损主要发生在端墙式和柱墙式洞门结构。图8-28 为日本阪神地震发生后东山隧道入口处的震害情况。由图可见，洞口上方端墙左右两侧各有一条裂缝，左侧裂缝与垂直方向呈约15°夹角，右侧裂缝垂直，且两裂缝均呈贯通形式。

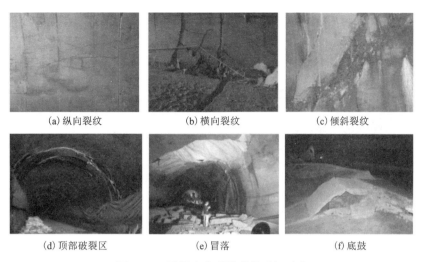

(a) 纵向裂纹　　　　　　(b) 横向裂纹　　　　　　(c) 倾斜裂纹

(d) 顶部破裂区　　　　　　(e) 冒落　　　　　　(f) 底鼓

图 8-27　地震中龙溪隧道的破坏形式

图 8-29 为汶川地震震后都汶公路桃关隧道洞口处。由图可见，端墙顶部有明显的竖向裂缝且开裂长度超过 50 cm，端墙与衬砌左侧脱开，受损严重。就地下结构横断面而言，岩石地层中的地下结构质量密度和岩石相比并没有显著的差异。因此，相对于地下结构洞身，地层约束较弱的洞口及浅埋地段发生破坏的概率一般较高。图 8-30 为烧火坪隧道洞口附近的垮落破坏。

图 8-28　日本东山隧道入口处裂缝

图 8-29　桃关隧道洞口开裂

图 8-30　烧火坪隧道洞口开裂

4）滑坡引起的隧道端部或整体破坏

邻近边坡面的山岭隧道在地震发生时，可能会由于边坡失稳破坏而发生坍塌。图 8-31 是中国台湾 149 号公路清水隧道受集集地震破坏的照片和破坏示意图。从图中可以看到，强烈的地震引起了边坡失稳破坏，处于边坡滑动面上的隧道随边坡一起坍塌，发生了严重的整体破坏。

图 8-31   中国台湾清水隧道坍塌破坏及示意图

图 8-32 是汶川地震后的草坡隧道，从图中可以看到，隧道洞口处土坡受地震作用影响发生了明显的滑坡破坏，大量岩体、土体从坡面滑落并堵塞了隧道洞口。由于汶川地区地质条件的特殊性，山体滑坡的同时也伴随着落石现象。

2. 地铁车站震害

最为典型的明挖地下结构震害是 1995年日本的阪神地震造成的，这次地震对地铁车站结构的破坏超出人们的预料，颠覆了人们一直以来公认的"地下结构不需过多考虑

图 8-32   草坡隧道洞口处滑坡破坏

抗震"的设计思路。此次地震中，大开车站的坍塌是世界地铁车站震害的先例，其震坏程度超过了很多地面建筑物，引起了全世界学者和工程技术人员的广泛关注。

大开站始建于 1962 年，用明挖法构建，长 120 m，采用侧式站台。有两种断面类型：标准段断面和中央大厅段断面。标准段断面为站台部分；中央大厅段断面的地下一层是检票大厅，地下二层为站台。顶、底板，侧墙和中柱均为现浇钢筋混凝土结构，中柱间距为 3.5 m。覆土厚度：标准段为 4~5 m，中央大厅段为 2 m。地层主要组成：表层为填土；第二层为淤泥质黏土，标准贯入度(N)值小于 10；第三层为砂砾层及海相黏土，砂砾层的 N 值为 30~35，海相黏土 N 值为 10 左右；15 m 以下为 N 值大于 50 的砾石层，如图 8-33 所示。原有结构参照当时的规范设计，没有考虑地震因素。但设计非常保守，安全系数很高，中柱安全系数达到了 3，即在承受 3 倍于平时使用荷载的情况下也不破坏。尽管如此，在车站顶板中央稍微偏西的位置出现了大量坍塌，整体断面形状变成了"M"形。顶板的塌陷导致上方与其平行的一侧地表主干道在长 90 m 范围内发生坍塌。顶板中线两侧 2 m 距离内，纵向裂缝宽达 150~250 mm。被破坏的中柱有的保留着一部分水泥，相当一部分则已经破碎脱落。间隔 35 cm 配置的 9 mm 箍筋有的一起脱落，有的则被压弯。上泽站全长 400 m，月台长 125 m。上泽站横截面形式沿线路方向变化，有三层二跨和二层二跨两种形式。中央大厅为三层二跨，第一层

为中央大厅，第二层为机械室和公共管道空间，第三层为轨道层，中柱左右对称；二层二跨区只设电气室和通风机械室，第一层为机器室，第二层为轨道层，断面形式为中柱偏南侧的非对称断面，跨比为 2∶1。车站外轮廓宽 17～19 m，三层部分高 15～18 m，第二层部分高 13～14 m。覆土在第三层部分为 3～4 m，在第二层部分为 4～6 m。车站旁侧的地基为 N 值大于 50 的砂砾层，之上是砂砾层和砂土层及黏土层的交叠层，接近地表是数米厚的冲积黏土层。在地震中，车站的下楼板相对于上楼板的位移向东西侧方向较大，上楼板及侧壁出现伴生裂缝。

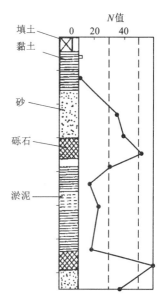

图 8-33　大开站地质柱状图

在大开站和上泽站，地铁间柱的破坏主要表现为弯曲破坏和剪切破坏。图 8-34 描述了中柱弯曲破坏的过程。开始阶段，中柱上仅有一些由弯矩引起的水平方向的裂缝；随着地震荷载的增大，水平裂缝开展，结构一侧的表层混凝土开始剥落，露出钢筋；地震荷载的持续增大，造成中柱表层混凝土继续剥落，钢筋内侧混凝土也开始出现裂缝、破坏和钢筋弯曲；最终，整个外层混凝土全部剥落，里侧混凝土也遭到破坏，几乎所有钢筋屈服，破坏呈左右对称形式。这主要是中柱的延性不足造成了弯曲破坏；中柱在反复循环荷载作用下，强度明显下降，塑性铰区域内的混凝土压应力大于其无侧限抗压强度，造成混凝土保护层剥落，进而对搭接的箍筋失去约束作用，无法控制核心混凝土的横向变形，导致压碎区向核心区域扩展，纵向钢筋屈服，最后中柱因无法承载而破坏。

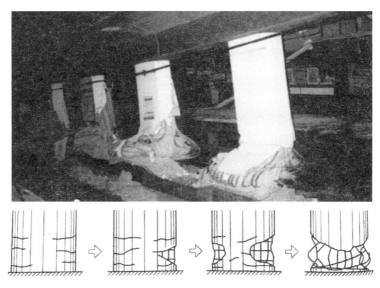

图 8-34　中柱弯曲破坏

图 8-35 为中柱剪切破坏的过程。首先，中柱上出现了由剪切引起的斜裂缝；在反复地

震荷载的作用下，斜裂缝逐渐开展；然后，表层混凝土剥落，轴向钢筋受剪发生弯曲；最终，整个断面沿剪切斜裂缝方向的混凝土全部剥落，钢筋弯曲，柱的斜裂缝以上部分沿裂缝向下滑动，导致整个中柱受剪破坏。阪神地震中，地铁车站多数中柱出现剪切破坏的一个直接原因是在结构设计时，将中柱作为铰约束进行分析。实际上，轴向钢筋锚固于梁内部而形成刚性约束，导致地震时弯矩和剪力大于设计值。此外，为承受较大轴力，中柱纵向钢筋配筋率较高，使得弯曲刚度增大，抗剪强度相对降低。

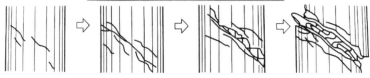

图 8-35　中柱剪切破坏

8.3.2　地下结构支护

8.3.2.1　支护结构

支护结构的作用在于：保持洞室断面的使用净空，防止岩质的进一步恶化，承受可能出现的各种荷载，保证支护的安全。有些支护还要求向围岩提供足够的抗力、维持围岩的稳定。

1. 支护结构分类

按支护的作用机理，目前采用的支护大致可归纳为三类，即刚性支护结构、柔性支护结构和复合式支护结构。

（1）刚性支护结构。刚性支护结构有贴壁式结构和离壁式结构两种。贴壁式结构使用泵送混凝土，可以和围岩保持紧密接触，但其防水和防潮的效果较差。离壁式结构围岩没有直接接触和保护到承载结构，一般容易出现事故。立模板灌注混凝土支护有人工灌注和混凝土泵灌注两种。泵灌混凝土支护因取消了回填层，故能和围岩大面积牢固接触，是当前比较通用的一种支护形式。因工艺和防水要求，立模板灌注混凝土需要有一定的硬化时间（不少于8 h），不能立即承受荷载，故这种支护结构通常都用作二次支护，在早期支护的变形基本稳定后再灌注或围岩稳定无须早期支护的场合下使用。

（2）柔性支护结构。柔性支护结构是根据现代支护原理提出来的，它既能及时地进行支护限制围岩过大变形而出现松动，又允许围岩出现一定的变形，同时还能根据围岩的变化情况及时调整参数。锚喷支护是一种主要的柔性支护类型，其他如预制的薄型混凝土支护、硬塑性材料支护及钢支撑等亦属于柔性支护。

（3）复合式支护结构。复合式支护结构是柔性支护与刚性支护的组合支护结构，最终支护是刚性支护。复合式支护结构是根据支护结构原理中需要先柔后刚的思想，通常初期支护一般采用锚喷支护，让围岩释放掉大部分变形和应力，然后再施加二次衬砌，一般采用现浇混凝土支护或高强钢架，承受余下的围岩变形和地压以维持围岩稳定。可见，复合式支护结构中的初期支护和最终支护一般都是承载结构。复合式支护结构的种类较多，但都是上述基本支护结构的某种组合。根据复合式衬砌层与层之间的传力性能又可以分为单层衬砌和双层衬砌。双层衬砌是由初期支护、二次衬砌以及二层衬砌之间的防水层组成。设置二次衬砌的时间有两种情况：一种是待初期支护的变形基本稳定之后再设置二次衬砌，此时，二次衬砌承受后续荷载，包括水压力、围岩和衬砌的流变荷载，由于锚杆等支护的失效而产生的围岩压力等；另一种是根据需要较早地设置二次衬砌，特别是超浅埋隧道，在对地表沉降有严格控制的情况下，此时二次衬砌和初期支护共同承受围岩压力。此外，在塑性流变地层中，围岩的变形和地压都很大，而且作用持续时间很长，通常需要在开挖之前采取辅助施工措施对围岩进行预加固，同时采取能吸收较大变形的钢支撑（如可缩性钢拱架），允许混凝土和钢支撑发生变形和位移，变形和位移基本得到控制后，再施作二次衬砌。近年来，复合式支护结构常用于一些重要工程或内部需要装饰的工程，以提高支护结构的安全度或美观程度。支护结构类型的选择应根据客观需要和实际可能相结合的原则，客观需要是指围岩和地下水的状况；实际可能就是支护结构本身的能力、适应性、经济性以及施工的可能性。

2.常见支护类型

1）喷射混凝土支护

喷射混凝土为永久性支护结构的一部分，是现代隧道建造中支护结构的主要形式。喷射混凝土支护主要用作早期支护，对通风阻力要求不高的隧道也可用作后期支护。

喷射混凝土支护喷射迅速，能与围岩紧密结合形成一个共同的受力结构，并具有足够的柔性，吸收围岩变形，调节围岩中的应力。喷射混凝土使裸露在岩面上的局部凹陷很快被填平，减少局部应力集中，提高岩体表面强度，防止围岩发生风化。同时，通过喷射混凝土层把外力传给锚杆、网架等，使支护结构受力均匀分担；对岩体条件和隧道形状具有很好的适应性，而且这种支护可以根据它的变形情况随时补喷加强。因此喷射混凝土的作用在于形成以围岩为主的围岩与喷射混凝土层之间相互作用的结构体系。喷射混凝土的材料通常有以下三种类型：

（1）普通喷射混凝土。普通喷射混凝土由水泥、砂、石和水按一定比例混合而成，具有强度高、黏聚力强、密度大及抗渗性好等特点。因为素喷混凝土的抗拉伸和弯曲的能力较低，抗裂性和延性较差，因此素喷混凝土通常都配合金属网一起使用。

（2）水泥裹砂石造壳喷射混凝土。该种喷射混凝土的特点是采用一定的施工工艺，使砂、石表面裹一层低水灰比（0.15～0.35）的水泥浆壳，形成造壳混凝土，可克服普通喷射混凝土回弹量大、粉尘大、原材料混合不均匀及质量不够稳定的缺点。

（3）钢纤维喷射混凝土。钢纤维喷射混凝土是指在混凝土中加入占其总体积 1%~2%、直径为 0.25~0.40 mm、长度为 20~30 mm、端部带钩或断面形状奇特的钢丝纤维的一种新型混凝土。它的抗拉、抗弯及韧性比素喷混凝土高 30%~120%，故可取消喷射混凝土内的金属网，这对提高喷射混凝土支护的密实度大有好处，因为金属网后面不易喷到。钢纤维混凝土同时具有较高的耐磨性。这种支护适用于塑性流变岩体及受动荷载影响的巷道或受高速水流冲刷的隧洞。

2）锚杆支护

锚杆是一种特殊的支护类型，它主要起加固岩体的作用，只有预应力锚杆力能形成主动的支护抗力。锚杆安装迅速并能立即起作用，故被广泛地用作早期支护，尤其适用于多变的地质条件、块裂岩体以及形状复杂的地下洞室。锚杆不占用作业空间，隧道的开挖断面比使用其他类型支护结构时小。锚杆与围岩之间虽然不是大面积接触，但其分布均匀，从加固岩体的角度来看，它能使岩体的强度普遍提高。

一般地说，锚杆所提供的支护抗力比较小，尤其不能防止小块塌落，所以和金属网喷射混凝土联合使用效果更佳。

锚杆的支护作用机理因隧道地质条件、锚杆配置方式、锚杆打设时机和隧道掘进方法的不同而不同。也就是说，锚杆的作用机理受这些综合因素的制约。对于某一特定条件下的某一支锚杆来讲，往往是同时起着几种不同作用。坚硬岩石隧道围岩中锚杆所起的支护作用和在松软岩石中不同；单支零星配置的锚杆和系统配置的锚杆的支护机理也不同；隧道开挖后打设锚杆和预支护锚杆的支护机理更是完全不同；采用人工开挖、机械开挖或钻爆开挖时，由于引起围岩中的动力特性不同，所采用的预支护锚杆的支护作用也各不相同。

一般认为，隧道开挖后打设锚杆，由于锚杆具有抗剪能力从而提高了围岩锚固区的 c、φ 值，尤其在节理发育的岩体中，加固作用更加明显。此外，锚杆具有加固不稳定岩块，从而起到悬吊作用，如图 8-36 所示；在层状岩体中系统配置锚杆起到组合梁作用，形成锚杆加固范围内的承载环及内压作用（限制围岩向洞室的变形）等。对于锚杆的作用，不应该单独割裂开来看待，而应当看作是这些的复合作用。由于地质条件、锚杆配置方式、锚杆类型不同，其中的某一作用可能成为主要的，其他则成为次要的。采用新奥法构筑的隧道，锚杆所起的作用主要是成拱作用和内压作用。

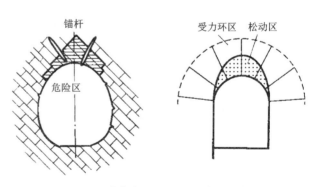

图 8-36　锚杆加固不稳定围岩体示意图

岩质条件较好时，只使用喷射混凝土和锚杆支护就可以达到使围岩稳定的目的。岩质条件较差时，为了对围岩施加更大的约束应力，常常采用在锚喷支护中配置金属网或立钢拱架等辅助支护方式。

3）锚喷支护

锚喷支护是泛指锚杆支护、喷射混凝土支护以及它们与其他支护结构的组合。国内广泛应用的锚喷支护类型有六种：①锚杆支护；②喷射混凝土支护；③锚杆喷射混凝土支护；④钢筋网喷射混凝土支护；⑤锚杆钢支撑喷射混凝土支护；⑥锚杆钢筋网喷射混凝土支护。锚喷支护自 20 世纪 50 年代问世以来，随着现代支护结构尤其是新奥地利隧道施工方法（NATM）的发展，已在世界各国矿山、建筑、铁道、水工及军工等部门广为应用。我国矿山井巷工程采用锚喷支护每年累计有千余公里，铁路隧道、公路隧道、地铁隧道、水工隧洞、民用与军用洞库等其他地下工程中，锚喷支护的应用也日益增多。

锚喷支护在不同岩类、不同跨度、不同用途的地下工程中可以在承受静载或动载时作临时支护、永久支护、结构补强以及冒落修复等使用。此外，还能与其他结构形式结合组成复合式支护。

锚喷支护能充分发挥围岩的自承能力和支护材料的承载能力，适应现代支护结构原理对支护的要求。

锚喷支护能够及时、迅速地阻止围岩出现松动塌落，从主动加固围岩的观点出发，在防止围岩出现有害松动方面要比模筑混凝土优越得多。另外，容易调节围岩变形，发挥围岩自承能力。同时也能充分发挥支护材料的承载能力。

4）金属网支护

金属网有以下三种形式：

（1）金属网板。金属网板使用薄钢板经冷冲压或热冲压制成，网眼呈菱形或方形。金属网板主要用在第一次喷混凝土层中，其作用是改善喷混凝土层与岩面的黏结条件，防止喷混凝土层剥落，加强了喷混凝土层的效果。

（2）焊接金属网。焊接金属网是由 $\phi 6 \sim 8$ mm 的钢筋焊接而成的。焊接金属网是加强喷射混凝土层最常用的材料。在软弱围岩、土砂质围岩、断层破碎带处都使用这种金属网来加强喷射混凝土层。

（3）编织金属网。编织金属网主要用于加固围岩缺陷部分和防止围岩剥落以保证施工安全，一般不用来加强喷射混凝土层。

在受力的效果上，单纯的金属网不能与钢筋混凝土中的钢筋相比，这是由于钢筋网不能承受很大的弯曲拉应力。因此，钢筋网只能视为防止喷射混凝土因塌落、收缩、振动和位移而导致裂缝，以及作为改善喷射混凝土受力性能的构造钢筋。当支护结构由钢拱架、钢筋网和喷射混凝土构成时，可将钢筋网的部分视为受力钢筋。

5）钢拱架支护

钢拱架基本上有两种形式：一种是用型钢做成的钢拱，另一种是用钢筋焊成的格栅拱，其形状与开挖断面吻合。它们都可以迅速架设，并能提供足够的支护抗力。钢拱架与围岩的接触条件取决于楔块的数目和楔块张紧的程度，现在主要用来作为早期支护，但在大多数情况下，都是将它灌入混凝土作为永久支护结构的一部分。

需要采用钢拱架作为辅助支护的隧道，在构筑喷射混凝土层后的数小时内，喷层还不能提供足够的强度，这时主要由钢拱架承受由喷层传递的围岩荷载，以保证隧道稳定，减慢内空变位速度。随着喷射混凝土层凝结硬化和强度逐渐提升，围岩荷载就由喷射混凝土、钢拱架和锚杆共同承担，因此，钢拱架又可以防止锚杆出现超负荷现象。钢拱架常因承受荷载而发生较大的变形，因而制造钢拱架的钢材要有较好的韧性；为了便于进行冷加工，钢材的延伸率要大；为了便于拱架焊接，钢拱架要有良好的焊接性能；为了防止钢拱架过早地发生压屈破坏，制造钢拱架的型钢截面几何图形。

目前经常应用的钢拱架有下列两种：

(1) 普通钢拱架。用于地下工程的普通钢拱架具有固定节点，这种钢拱架的型钢截面为H形。工字钢和旧轨条可用来制造钢拱架，虽然它们对两个对称轴的截面系数比相差较大，较易发生绕长轴方向的压屈，但由于旧轨条的价格比较低，故常用来加工钢拱架。普通钢拱架可以在隧道全断面范围内使用，也可以只在分台开挖方式的上半断面使用。但不论是在全断面还是在上断面使用，钢拱架都是永久支护结构的一个组成部分。一般情况下，喷射混凝土层的厚度都大于钢拱架型钢截面的高度，所以采用钢拱架都能很好地埋在喷射混凝土层之中。假如喷射混凝土层的厚度小于型钢截面的高度，在喷射混凝土施工时，应把钢拱架处的喷射混凝土层局部加厚，这样处理可以防止发生喷射混凝土层剥落。在使用钢拱架时，应特别注意喷射混凝土层与岩面间不能出现悬空现象。

(2) 可缩性钢拱架。可缩性钢拱架是有滑动节点的钢拱架。在膨胀性地层中构筑隧道，围岩发生较大的内空变位时，为保持支护结构的柔性，常常使用可缩性钢架。这种拱架有两个或数个滑动节点，施工中在岩压作用下，当拱架的轴向压力达到一定数值时，滑动节点可以滑动，使拱架在承受荷载时与隧道的内空变位相适应，此拱架的型钢是专门生产的。

施工中欲使用可缩性拱架时，在构筑喷射混凝土层时应在全断面上留出变形带，变形带的数量及宽度应根据滑动节点及节点滑动量来定，变形带处的喷射混凝土层待隧道内空变位稳定后再补充施作。

8.3.2.2 抗震支护

目前，抗震支护主要有两种形式，即结构加强和围岩加固。

1. 结构加强

结构加强主要是通过增加隧道衬砌结构的刚度和强度等动力特性来抵御地震对隧道的响应，主要采用钢筋混凝土、钢纤维混凝土、聚合物混凝土等措施提高隧道衬砌结构刚度。但隧道具有追随地震时地层变形的动力特征，地震时，隧道衬砌结构内力会增大，因此，对隧道而言，过分强调提高隧道衬砌结构刚度不一定是一种理想的抗震选择。

国内外有关专家研究了隧道衬砌刚度对抗震效果的影响，得出：加大衬砌刚度将使隧道边墙和拱顶的加速度响应随之加大，所承受的地震荷载也将增加。柔性结构能有效地减少隧道的加速度响应，但刚度不足将导致结构位移加大，影响隧道的正常使用。合理的隧道抗震结构应该具备一定的柔度，使其在地震作用下能有效地耗散地震能量，减小动力响应，同时在围岩压力、地震荷载等作用下的变形满足工程要求。

2. 围岩加固

围岩加固是指通过对围岩进行注浆等方法，提高围岩的整体性和强度等，使围岩刚度与隧道衬砌刚度相匹配，从而使隧道衬砌在地震中的响应减小。在围岩条件较差的地方，围岩加固也是规范设计中较常用的工程措施。

目前，国内外有关专家对全环间隔注浆、全环接触注浆和局部注浆三种注浆加固围岩方式进行了研究，得出：注浆形式对隧道位移响应和内力响应的影响较为明显，且全环间隔注浆抗震效果最好。注浆范围对隧道位移响应和内力响应的影响较为明显，注浆范围越大，最大位移和内力减小越多，但随着注浆厚度超过一定数值后，注浆厚度的增加对位移响应和内力响应的影响减弱，位移和内力的减小幅度越来越小。

8.3.2.3 特殊支护

在地下结构抗震支护中常见的特殊情况是地下工程穿过岩体破碎区域和断层带，针对这两种情况的一般解决方式有工程改道和采取特殊的支护方式来加固围岩。本节将分别介绍破碎岩体和含断层围岩体的支护方式。

1.破碎岩体支护

在破碎围岩中施工地下工程的关键技术是要保证开挖后围岩有足够的自稳时间，才能实施初期支护和永久支护，因此稳定性差的破碎围岩需要采取强预支护措施，以增强围岩的自承能力。强预支护结构中的锚杆、小导管、管棚、插板等金属构件与周围的注浆体或岩土体共同组成沿隧道纵向的构件，在断面内各构件组成拱形的连续壳体，壳体承担上方破碎围岩的自重，起到支护作用。拱形壳体的荷载要传递到拱脚，因此拱脚的稳定性至关重要。

根据围岩类型应采取不同的预支护方案，这也是采用下导洞适度超前全断面施工方法的前提：

①对于Ⅳ级围岩稳定性较好的硬岩，可用超前锚杆和超前小导管注浆配合格栅拱预支护，才能进行下导洞适度超前全断面施工作业。

②对于Ⅳ、Ⅴ级围岩稳定性较好的软岩，可用超前短管棚(小钢管)或插板配合钢拱架强预支护，才能进行下导洞适度超前全断面施工作业。

③对于Ⅳ、Ⅴ级围岩稳定性较差的软岩，可用超前长管棚或插板配合钢拱架强预支护，才能进行下导洞适度超前全断面施工作业。

④对于下述特殊状态宜采用刚性支护(背板法)或改良地层后才进行下导洞适度超前全断面施工作业：未胶结的松散岩体或人工堆积碎石土；浅埋但不宜明挖地段；膨胀性岩体或含有膨胀因子、节理发育、较松散岩体；地下水活动较强，造成大面积淋水地段。

对于上面几种不良地质条件不宜直接使用锚喷支护，而宜采用类似软土隧道盾构施工原理的刚性支护，如采用超前管棚、小钢管或插板、钢拱架和喷射混凝土的联合支护体系，或改良地层的办法加固围岩。尽可能减少和约束围岩的不利变形，才能充分调动和保护围岩的自承能力。此外，还要坚持"先治水、早预报、强支护、短开挖、弱爆破、快封闭、勤量测"的设计施工原则。常用的辅助施工措施有超前管棚(或插板)，超前小导管注浆等配合环向强钢支撑或地面砂浆锚杆、超前深孔帷幕注浆等。对于大变形地段采用自进式注浆长锚杆和及时修筑仰拱以控制围岩初期变形。对于变形较小的底鼓可采用刚性约束仰拱或底部打设长锚杆的仰拱，对于变形较大的底鼓，应允许仰拱下部围岩发生适量变形，释放部分应力，采用有足够刚度的大曲率仰拱及一层由柔性材料组成的柔性变形层。

2.含断层围岩体支护

(1)提前进行钻探，确定掘进工作面至断层的准确距离，做到提前加强巷道支护。

(2)邻近断层10 m左右时，开始加密巷道支护的锚杆锚索间排距，掘进至6 m左右时，开始向顶板岩层注射具有较强黏结作用的聚氨酯等进行加固。从现场应用效果来看，对图8-37所示顶板破碎带加固效果明显，配合锚杆、锚索可有效控制巷道顶板的变形。

(3)开始支棚时，断层面附近2～3 m范围，在地质作用下，岩层破碎松软，顶板岩层极易出现冒落，此时施工必须高度警惕，时刻注意顶、帮情况。根据经验，该时期的掘进工作应少装药、少打眼，加快循环进度；在掘进前，应先对工作面上方斜向上打锚索挂网超前支护，并及时预紧，放炮后再次预紧，这样可防止顶部岩石进一步发生大的破碎冒落而伤人；

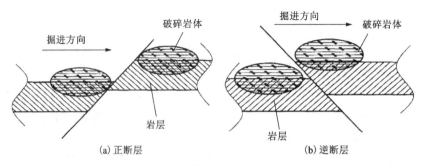

图 8-37 巷道掘进经过断层

随着巷道掘进，要及时继续补打超前锚索，直到通过断层面一段距离，顶部岩层趋于稳定。

（4）在支棚过程中，顶盘帮必须牢固可靠，并配合超前锚索，这样支棚和超前锚索相互配合，可大大增加对顶板的支护效果，防止顶板发生大的冒落，使变形得到有效控制，如图 8-38。断层破碎带巷道支护的关键是：从一开始就把巷道顶板维护好，如果顶板发生了大的冒落，其危险性大大增加，不仅使施工风险性大，而且顶板的冒落会造成支棚受阻，空顶时间变长，加剧不稳定顶部岩石的进一步冒落，最终使施工风险进一步增大。

（5）在支棚过程中，传统的做法是在棚下部支设金属前探梁，然后将棚梁架在前探梁上，棚梁与棚腿连接好后铺网、构顶盘帮。实践发现，这样的做法存在一定的问题，就是在支棚过程中，施工人员始终面临着顶部岩石冒落的危险，直接威胁到棚梁下施工人员的安全。为保证安全作业，可在棚梁顶部再穿设 2 道以上金属曲型梁（为便于穿设，金属梁设计成弯曲状）顶住工作面上方岩石体，然后固定牢靠，在曲型梁上部先构架板木。这样人员在加棚过程中，始终有上部临时支护保护，安全上有可靠的保证，然后在棚连接好后进一步构顶，如图 8-39。

（6）支棚使用"U"形钢拱棚，它具有一定的可缩性，允许巷道围岩有一定的连续变形和整体位移，使围岩应力得以释放，同时又可使巷道在服务期间的总位移量满足生产要求。

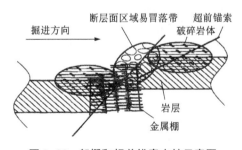

图 8-38 架棚和超前锚索支护示意图

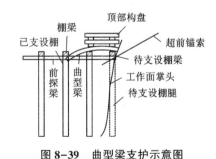

图 8-39 曲型梁支护示意图

8.3.3 地下结构震害防治

减轻地下结构震害主要有两条途径，即抗震和减震。其中，抗震的主要措施是通过加强地下结构支护来提高结构的抗震能力。这里将从地下结构减震的角度介绍地下结构震害防治。

1. 震害预防

地下结构减震是震害预防的有效措施之一，主要的减震措施有两种：第一种是通过改变地下结构本身的性能(刚度、质量、强度、阻尼等)来减震，如减小地下结构的刚性，使之易于追随地层的变形，从而减小地下结构的反应；第二种方法是在地下结构与地层之间设置减震层，使地层的变形难于传递到地下结构上，从而降低地下结构的地震响应。

1)改变隧道性能的减震措施

改变隧道性能的减震主要是通过改变隧道质量、强度、阻尼、刚度等动力特性来减轻隧道的地震反应。实现这种方法主要有以下几种途径：

(1)减轻质量。

采用轻骨料混凝土，减轻混凝土的质量，从而减小隧道的地震反应。但轻骨料混凝土的强度较低，为此，在轻骨料混凝土中添加钢纤维等以提高其强度。陶粒混凝土、陶粒钢纤维混凝土就属于这种材料。

(2)增大强度和阻尼。

采用钢纤维混凝土，提高混凝土延性、抗折性、抗拉性、韧性等，使隧道在地震中大量吸能耗能，减轻地震反应。钢纤维喷混凝土、钢纤维模筑混凝土衬砌等就属于这种措施。

采用聚合物混凝土，增加混凝土的柔韧性、弹性和阻尼，使隧道吸收地震能量，减轻地震反应。聚合物混凝土、聚合物钢纤维混凝土等就属于这种材料。

在隧道中添加大阻尼材料，使其成为大阻尼复合结构，也可以得到很好的减震效果。增加阻尼有两种方法：一种方法是在隧道衬砌表面或内部增加阻尼，通过隧道的拉伸或剪切变形来耗能减震；另一种方法是在隧道的接头部位施设减震装置，在地震中，这些减震装置耗能减震，从而避免隧道进入非弹性状态或发生损坏。

(3)调整隧道刚度

调整隧道刚度主要有三种途径：

①采用刚性结构，大大增加隧道的刚度。这种隧道的地震反应接近地面结构地震反应，由于隧道的变形受围岩变形控制，而围岩主要受剪切变形作用，其变形规律是上部大、下部小，因此，采用刚性结构必然使隧道承受更大的荷载。为了增大隧道的刚性，必然要增加材料的用量，这将使隧道的质量增大，地震荷载也将增大。由此可见，采用刚性结构既不经济，而且在地震中受破坏的可能性也大。

②采用柔性结构，大大减小隧道的刚度。这样做虽然能有效地减少隧道的加速度反应，减少地震荷载，但位移过大，可能会影响隧道的使用，也可能使隧道内部的装饰和辅助设施等遭受严重破坏。并且，在不可预见的荷载或轻微地震作用下刚度不足，将影响正常使用。这种做法在软弱围岩情况下可能还不能满足静力要求，因此很难推广应用。目前，隧道设计中采用的喷混凝土衬砌、锚杆、钢纤维喷混凝土支护等应属于该类结构。这种支护结构和围岩的联系更加紧密，因此，其变形将完全受控于围岩，在软弱围岩情况下，地震时，围岩变形较大，则该类支护结构与围岩间的动土压力将增大，支护结构本身的位移、加速度等也将增大，此时，这类结构的耐震性将受到威胁。

③采用延性结构，适当控制隧道的刚度，使结构的某些构件在地震时进入非弹性状态，并且具有较大的延性，以消耗地震能量，减轻地震反应，使隧道"裂而不倒"。这种方法在很多情况下是有效的。例如，当隧道中采用管片式衬砌时，在管片的接头部位安装特殊螺栓，

此时的隧道就属于延性结构。该类隧道也存在很多局限性：首先，由于接头进入非弹性状态，将使隧道的变形增大，可能使隧道内部的装饰、附属设备遭受严重破坏，损失巨大；其次，当遭遇超过设计烈度地震时，将使重要部位的接头非弹性变形严重化，在地震后难以修复，或在地震中严重破坏，甚至倒塌，其震害程度难以控制。所以，延性结构的应用受到了很大限制。

对于隧道减震，一直有刚柔之争，即刚性衬砌和柔性衬砌哪一个耐震性能好。试验结果表明，在横向地震荷载作用下，刚性、柔性和延性三种结构中，位移为延性结构最大，柔性结构较大，刚性结构最小；加速度为延性结构最小，柔性结构次之，刚性结构最大；周围土压力为延性结构最小，柔性结构次之，刚性结构最大；结构内力为延性结构最小，柔性结构次之，刚性结构最大。

由此可见，对于隧道减震来说，柔性结构优于刚性结构，延性结构优于柔性结构，但延性结构和柔性结构的位移都较大。因此，在隧道中限制了延性结构和柔性结构的使用。

2) 隧道设置减震层措施

由上述分析可见，通过改变隧道动力特性来减震，可以在一定程度上达到减震的目的，但难以满足实际需要，为此，在隧道中设置减震层的减震方法被提出。从广义上讲，这种减震技术属于结构控制技术的范围。结构控制，就是对结构施加控制机构，由控制机构与结构共同承受地震作用，以协调和减轻结构的地震反应。结构控制可分为主动控制、被动控制、半主动控制和混合控制四种。对于地面结构，主动控制、半主动控制和混合控制等技术已被应用于实际工程中，如高耸结构的风振控制、房屋建筑的震动控制等。但对于隧道，由于其复杂性，目前，在地震情况下，设置减震层的减震方法的研究才刚刚开始。而在爆炸冲击情况下，该项减震技术已被应用于实际工程。一般来说，爆炸震动具有下列特点：

①爆炸震动量值大，核爆炸和常规武器爆炸产生的震动加速度在几个重力加速度到几百个重力加速度，而地震加速度通常在 1 个重力加速度以下；

②爆炸震动的频率较高，核爆炸地震动为 2~60 Hz，常规武器为 10 Hz 到几百 Hz，相对地震来说，频率较高；

③持续时间短，核爆炸时间一般在几百 ms 以上，常规武器为几十到几百 ms，与地震相比，作用时间很短；

④爆炸地震动是不确定的冲击型信号，它与爆炸方式、地质条件、结构形式等因素有关。

爆炸冲击减震的目的主要是保证隧道内部人员和设备的安全。根据国内外试验资料和有关标准，确定人员在立姿无约束状态下的安全标准为垂直加速度小于 $1g$，水平向小于 $0.5g$，这就要求减震系统具有较高的减震效率。

目前，常用的减震系统有以下几种：

(1) 减震地板。将地板和结构用减震器(或减震材料)连接在一起的减震系统称为减震地板，它是防护结构内部最常用的减震结构形式。按照减震器与结构连接部位的不同，又可把减震地板分为支撑式和悬挂式。支撑式减震地板是将地板和结构基础用减震器或减震材料连接起来的减震体系，这种地板具有结构简单、占据空间小、减震效果好等特点，但它的减震频率只能设计到 2~3 Hz。悬挂式减震地板是用减震器把地板与结构顶部或侧部连接起来的减震体系，这种地板减震频率低，效果好，但平时使用摆动较大，常用于部分轻型设备或武器系统的减震。

（2）整体减震。在隧道周围安装减震器或回填减震材料构成的减震系统称为整体减震，这种结构具有较高的减震效果。20 世纪 60 年代初期，美国的一些研究部门相继对利用回填材料构成整体减震体系进行了研究，经过多年的试验，得出了理想回填材料为颗粒材料（如火山渣）、泡沫材料（如聚苯乙烯、酚基塑料等）、泡沫橡胶、轻质混凝土。

（3）多级减震。有些情况下仅通过回填材料减震不能把输入运动减到安全标准以内，就需要在整个减震结构内部设置减震地板，通过多级减震达到预期的目的。多级减震的重要问题是合理选择两个减震系统的基频，避免共振。

（4）其他减震措施。如利用复合材料中的夹层减震，瑞典研制的复合材料掩蔽部为球形罐体，内外层板面为玻璃钢，夹心层为聚氯乙烯泡沫塑料，平均厚度为 55 mm，面板与芯材间涂有黏结剂。爆炸试验表明，这种复合材料的减震率可达 80% 以上，如果把这种工事埋在砂土中，减震效率还可以提高。另外，坚硬物体表面敷设缓冲保护层，也有一定的吸能作用。

2. 震害治理

地震造成灾区公路隧道损毁严重，影响了抗震救灾及灾后重建的进程。震后根据抢通、保通和恢复重建三阶段的特点和目标，制定合理的隧道结构震害等级评估方法及相应的处置对策，对隧道结构震后分阶段修复有着重要的意义。在震后隧道抢通阶段，由于时间紧、任务重，且道路不通，大型机械不能进场，只能对一些比较严重但易处理的震害进行临时整治，在最短的时间内恢复通车，保障震区灾后生命线的畅通。本阶段的首要目标是"通"，可以限载、限宽、限速通行；特点是"快"，因此提出的加固措施必须以最简单的方式、最快捷的方法，并在最短的时间内完成。

1）震害隧道抢通技术

首先，运用目测、物探等手段判断震害隧道是否适合抢通，如隧道出现塌方，则不适宜抢通；如隧道未出现塌方，则适宜抢通。其次，对适宜抢通的隧道中的洞口存在落石或存在边仰坡及上部山体垮塌体掩埋（或部分掩埋）洞口的隧道进行洞口清理。最后，对洞内衬砌震害进行快速准确的分级，以便根据分级进行震害整治。对于衬砌震害，在抢通阶段主要采取以下处置技术：

（1）对于衬砌开裂，在抢通阶段不采取处置措施。

（2）对于二次衬砌混凝土剥落、掉块或局部垮塌的隧道段落，首先进行掉块、垮塌体清理，接着喷混凝土或安设型钢钢架进行临时支护。

型钢钢架的刚度和强度大，在处理塌方时使用较多。喷射混凝土的优点是不用拱架、模板、施工进度快，劳动强度低，工程费用低，安全可靠性高；同时喷层早期强度高，密实度高，抗渗性也较好。

抢通阶段喷射混凝土主要分为素喷、喷射钢纤维混凝土和合成纤维混凝土。其中喷射钢纤维混凝土其抗裂性、抗渗性、抗腐蚀性、抗震性都很好，因此常常配合使用早强混凝土，利用其施工快捷的特点，用于隧道抢险整治。

2）隧道应急保通加固技术

该阶段目标是维持通行安全，提高通行能力，保障抢险期间的运行安全，满足灾后重建的大量运输需求，该阶段具有交通量大、重车比例高的特点，因此需逐步提高通行条件。该阶段应利用仪器设备对隧道进行全面检测评估，提出的加固方案应尽可能兼顾后期的恢复重建。根据隧道的损坏程度，分轻重缓急，首先要依靠施工设备对损坏较严重的隧道进行加固。加固方案应尽可能一步到位，兼顾长期效果，因此也是后期灾后恢复重建阶段工作的一部分。

(1)隧道衬砌震害详细检测。

隧道衬砌震害详细检测包括衬砌掉块坍塌(塌方)情况调查，衬砌强度检测，衬砌和路面(仰拱)等背后缺陷检测，隧道断面净空检测，衬砌、路面(仰拱)结构裂缝及渗漏水调查，等等。

(2)保通阶段隧道衬砌处置技术。

根据检测结果对震害隧道衬砌进行分段评级，按照分级结果采取不同加固处置措施。对于B(施工缝开裂；二次衬砌有少量离散裂缝，但裂缝宽度小于1 mm)、1A(二次衬砌有少量离散裂缝，但裂缝较深、宽度大于1 mm)震害级别隧道震害段在保通阶段不作处置，对于2A和3A震害级别隧道震害段采取措施进行整治。

2A级别隧道衬砌开裂严重，纵横交织呈网状，有的甚至为贯通裂缝。此级别衬砌震害导致衬砌承载力下降，在保通阶段可采用型钢钢架、型钢钢架与喷混凝土联合支护、粘贴纤维复合材料以及粘贴钢板(带)等处置措施。

3A级别隧道衬砌震害，二次衬砌纵向连续剥落、掉块、钢筋弯曲外露、局部垮塌或大面积垮塌，洞室整体坍塌。此级别震害衬砌承载力基本丧失，在保通阶段采取的加固技术措施有：对于二次衬砌严重开裂、掉块、垮塌段可采用钢管支撑、型钢钢架与喷混凝土联合支护；对于隧道内存在的塌方段不长的情况，可采用管棚法和内外联合衬砌法处理。

3)隧道恢复重建技术

恢复重建阶段的目标是：确保隧道结构的长期安全，恢复至其使用寿命；合理采用隧道抗震技术，适当提高隧道的抗震能力；一般情况下需恢复至原设计标准，满足设计规范要求。采取的方法是在详细检测、全面评估的基础上，开展加固设计，形成较完善的设计文件。除采用一般的加固技术外，还根据震害和外部环境特点，采取一些特殊加固技术。

(1)震后隧道衬砌恢复重建技术。

根据检测结果对震害隧道衬砌分段评级，按照评级结果采取不同加固处置措施。对于B、1A、2A和3A震害级别隧道，在恢复重建阶段均需采取措施进行整治。

B级别隧道衬砌震害施工缝开裂，二次衬砌有少量随机裂缝。此级别衬砌震害若干燥无水可不进行处理；若施工缝或结构裂缝渗漏水，应对渗漏水采取处置措施。隧道渗漏水主要表现为三种形式，即点的渗漏、缝的渗漏和面的渗漏。

1A级别隧道衬砌震害二次衬砌有少量随机裂缝，且为宽度小于1 mm的纵、斜向裂缝或宽度大于1 mm的环向裂缝。此级别衬砌裂缝可用嵌补衬砌裂纹方法进行补强，当裂缝性质为张性拉裂缝时，可采用外贴碳纤维布法进行加固。

2A级别隧道衬砌震害，衬砌开裂严重，纵横交织呈网状，有的甚至为贯通裂缝。此级别衬砌震害导致衬砌承载力下降，在恢复重建阶段可采用面层加固法和嵌入钢拱架法进行加固。

3A级别隧道衬砌震害，二次衬砌纵向连续剥落、掉块、钢筋弯曲外露，二次衬砌局部垮塌或大面积垮塌，洞室整体坍塌。此级别震害衬砌承载力基本丧失，在恢复重建阶段采取的加固技术措施有套拱加固、换拱加固以及"注浆+管棚"法处置长塌方段。

（2）震后隧道路面恢复技术。

隧道路面震害主要有开裂、渗水、翻浆冒泥、底鼓和不均匀沉降等。加固的方法主要有：

①对于地下空洞造成的隧道沉降，应采用砂浆充填等方法。

②路面渗水、翻浆冒泥时，可加深洞内排水沟，铺设横向盲沟、盲管，将水引入排水沟中，并采用基底换填或注浆方法进行回填加固，宜采用强度高、耐久性好的浆液。

③仰拱加深，适用于隧道底部有地下水喷涌并有水压的情况。

④仰拱拆除重建，根据仰拱隆起高度的不同，拆除范围亦不同。

参考文献

[1] 孙巍，燕晓. 现代地下结构抗震性能分析与研究[M]. 北京：中国建筑工业出版社，2020.

[2] 郑永来. 地下结构抗震[M]. 上海：同济大学出版社，2005.

[3] 地震基本知识·中国科学院地球环境研究所[EB/OL]. https://baike.baidu.com/reference/40588/5995nXUIm827v79jVe_H-aFVyAF5wAxtlMxk7XxnQ65 sEWp57nm-LmqgUbTa9JksY2Z0YNRN7 mD4Lpgx_fNffUnw5-XdhoFHDArUW9JtTT3c_SnP3I8 saOA.

[4] Okuda S., 刘瑞文. 地震的震级频度分布与古登堡-里克特关系式的偏离：大震之前前兆异常的检测[J]. 世界地震译丛，1995，000(002)：11-18.

[5] 傅淑芳. 地震学教程[M]. 北京：地震出版社，1991.

[6] 胡聿贤. 地震工程[M]. 石家庄：河北教育出版社，2003.

[7] Earthquake Hazards Program[EB/OL]. https://earthquake.usgs.gov/.

[8] (日)滨田政则 著，陈剑，加瑞 译. 地下结构抗震分析及防灾减灾措施[M]. 北京：中国建筑工业出版社，2016.

[9] SEKIGUCHI H, IRIKURA K, IWATA T, et al. Determination of the Location of faulting beneath kobe during the 1995 Hyogo-Ken Nanbu, Japan, earthquake from near-source particle motion[J]. Geophysical Research Letters, 2013, 23(4): 387-390.

[10] GIRGIN S. The natech events during the 17 August 1999 Kocaeli Earthquake: aftermath and lessons learned[J]. Natural Hazards and Earth System Sciences, 2011, 11(4): 1129-1140.

[11] HIRATA K, SATAKE K, TANIOKA Y, et al. The 2004 indian ocean tsunami: tsunami source model from satellite altimetry[J]. Earth, Planets and Space, 2006, 58(2): 195-201.

[12] 董树文，张岳桥，龙长兴，等. 四川汶川 Ms8.0 地震地表破裂构造初步调查与发震背景分析[J]. 地球学报，2008，29(3)：392-396.

[13] 王璐. 地下建筑结构实用抗震分析方法研究[D]. 重庆：重庆大学，2011.

[14] 白广斌，赵杰，汪宇. 地下结构工程抗震分析方法综述[J]. 防灾减灾学报，2012，28(1)：20-26.

[15] 孙铁成，高波，叶朝良. 地下结构抗震减震措施与研究方法探讨[J]. 现代隧道技术，2007，44(3)：1-5, 10.

[16] 林皋. 地下结构抗震分析综述(上)[J]. 世界地震工程，1990，6(2)：1-10.

[17] 林皋. 地下结构抗震分析综述(下)[J]. 世界地震工程，1990，6(3)：1-10, 42.

[18] SHUKLA D K, RIZZO P C, STEPHENSON D E. Earthquake load analysis of tunnels and shafts[J]. International Journal of Rock Mechanics and Mining Sciences & Geomechanics Abstracts, 1980, 18(5): 622-631.

[19] KUESEL T R. Earthquake Design Criteria for Subways[J]. Journal of the Structural Division, 1969, 95(6): 1213-1231.

[20] 周德培. 地铁抗震设计准则[J]. 世界隧道, 1995, 32(2): 36-45.

[21] (苏)福季耶娃 著, 徐显毅 译. 地震区地下结构物支护的计算[M]. 北京: 煤炭工业出版社, 1986.

[22] Arulanandan K, Scott R F. Verification of Numerical Procedures for the Analysis of Soil Liquefaction Problems [1993][M]. Verification of numerical procedures for the analysis of soil liquefaction problems: proceedings of the International Conference on the Verification of Numerical Procedures for the Analysis of Soil Liquefaction Problems, Davis, California, USA, 1993.

[23] 李鹏, 刘光磊, 宋二祥. 饱和地基中地下结构地震反应若干问题研究[J]. 地震工程学报, 2014, 36(4): 843-849.

[24] 程学磊. 饱和软土场地地铁车站结构地震灾变机理及易损性分析[D]. 大连: 大连海事大学, 2019.

[25] Sun L. Centrifuge Modeling and Finite Element Analysis of Pipeline Buried in Liquefiable Soil[D]. Columbia University. , 2001.

[26] 陈正发, 于玉贞. 水平黏性土地基动力离心模型试验[J]. 岩石力学与工程学报, 2007, 26(S1): 3283-3287.

[27] 中南大学多功能振动台实验室[EB/OL]. http://www.guoweicsu.com/Teaching_view/? 225.html.

[28] GB/T 51336—2018. 地下结构抗震设计标准[S].

[29] American Society of Civil Engineers. Earthquake Damage Evaluation and Design Considerations for Underground Structures[J]. 1974.

[30] 土木学会. Earthquake resistant design for civil engineering structures in Japan[J]. Expert Review of Medical Devices, 2005, 2(3): 303-317.

[31] CHANG C T, CHANG S Y. Preliminary inspection of dam works and tunnels after Chi-Chi Earthquake[J]. Sino-Geotechnics. 2000, 77: 101-108.

[32] ASAKURA T, MATSUOKA S, YASHIRO K, et al. Damage to mountain tunnels by earthquake and its mechanism[M]. Modern Tunneling Science and Technology, 2017.

[33] YASHIRO K, KOJIMA Y, SHIMIZU M. Historical earthquake damage to tunnels in Japan and case studies of railway tunnels in the 2004 Niigataken-Chuetsu earthquake[J]. Quarterly Report of RTRI, 2007, 48(3): 136-141.

[34] WANG W, WANG T, SU J, et al. Assessment of damage in mountain tunnels due to the taiwan Chi-Chi earthquake[J]. Tunnelling and Underground Space Technology, 2001, 16(3): 133-150.

[35] 陶双江, 蒋雅君. 汶川地震隧道震害影响因素的统计和分析[J]. 现代隧道技术, 2014, 51(3): 15-22.

[36] YU H, YUAN Y, LIU X, et al. Damages of the Shaohuoping Road tunnel near the Epicentre[J]. Structure and Infrastructure Engineering, 2013, 9(9): 935-951.

[37] LI T. Damage to mountain tunnels related to the Wenchuan Earthquake and some suggestions for aseismic tunnel construction[J]. Bulletin of Engineering Geology and the Environment, 2012, 71(2): 297-308.

[38] WANG Z, GAO B, JIANG Y, et al. Investigation and assessment on mountain tunnels and geotechnical damage after the wenchuan earthquake[J]. Science in China Series E: Technological Sciences, 2009, 52(2): 546-558.

[39] UENISHI K, SAKURAI S. Characteristic of the vertical seismic waves associated with the 1995 Hyogo-Ken Nanbu (Kobe), Japan Earthquake estimated from the failure of the Daikai Underground Station [J]. Earthquake Engineering & Structural Dynamics, 2000, 29(6): 813-821.

[40] ONO K, KASAI H, SASAGAWA M. Up-Down vibration effects on bridge piers[J]. Soils and Foundations, 1996, 36: 211-218.

[41] 王树理. 地下建筑结构设计[M]. 2版. 北京: 清华大学出版社, 2009.

［42］徐干成. 地下工程支护结构［M］. 北京：中国水利水电出版社，2002.

［43］王明年. 隧道抗震与减震［M］. 北京：科学出版社，2012.

［44］朱汉华，孙红月，杨建辉. 公路隧道围岩稳定与支护技术［M］. 北京：科学出版社，2007.

［45］王新兴. 巷道过断层破碎带支护技术［J］. 煤矿安全，2012，43(10)：83-85.

第 9 章　地下空间有毒有害气体防控

有毒有害气体是有毒气体和有害气体的统称。有毒气体是指通过呼吸道和皮肤吸入，且作用于人体并能引起人体机能发生暂时或永久病变的一切气体，如氨气、甲烷、一氧化碳、二氧化硫、硫化氢等。有害气体是指无毒气体在特定环境中由于温度、压力、浓度等发生变化或会产生破坏人的生存环境或直接对人体造成伤害的气体。例如，氮气、氖气、氦气等虽然没有毒，但如果在空气中的含量过高，也可能导致人体窒息，从而使人体机能发生病变，造成伤害，再如，氧气在空气中含量过低，能够造成人体缺氧性中毒，造成伤害；氧的含量过高又极易发生火灾、爆炸及其他危害，因此，在特定的环境中，我们把这些无毒的气体统称为有害气体。

在诸如公路、铁路、地铁、矿井等地下空间建设期，开挖爆破产生的有毒气体、作业人员新陈代谢产生的有害气体不易扩散或者由于地层中贮存的有毒有害气体的逸出，会对地下空间中的人员健康造成潜在危害。在地下空间运营期间，由于其功能性不同，可能会产生不同类型和浓度的有毒有害气体，危害行车和人员安全。地下空间中的空气含氧量低、人员的呼吸和设备的运行耗氧，可能会造成地下空间氧气缺乏。因此，必须向地下空间及时输入新鲜空气进行通风稀释、排出污浊气体，进而降低有毒气体的危害。此外，地下空间施工和运营期间还需通过环境风险评估对地下空间中可能存在的有毒有害气体进行预警，选择合适的气体探测仪器和方法来探测有毒有害气体浓度和含量，并提供充足的气体防护装备，以保障施工安全运行和人员身体健康。

因此，本章主要介绍不同功能的地下空间中有毒有害气体的来源与浓度限制、地下空间工程掘进和形成后的通风方式和计算方法、有毒有害气体的探测与预警和有毒有害气体的防护设备。

9.1　有毒有害气体来源

地下空间是个相对封闭的区域，因其功能不同会产生不同类型和含量的有毒有害气体，对人员的健康、机械设备的正常运转和车辆的行进造成重大的威胁，需要有针对性地探究地下空间中产生的气体类型、气体危害和空间中允许的最高排放浓度。

9.1.1　公路隧道

车辆在运行过程中不断排放尾气，隧道内的 CO、NO_2 和烟尘浓度持续升高。我国交通部实施的《公路隧道通风设计细则》(JTG/T D70/2-02—2014)中明确规定，公路隧道通风设计的安全标准，应以稀释机动车排放的烟尘为主，必要时可考虑隧道内机动车带来的粉尘污染；公路隧道通风设计的卫生标准，应以稀释机动车排放的一氧化碳(CO)为主，必要时可考虑稀释二氧化氮(NO_2)；公路隧道通风设计的舒适性标准，应以稀释机动车带来的烟尘为主，必要时可考虑稀释富余热量。

1. 一氧化碳(CO)

CO 对血红蛋白有强烈的亲和力，其与血红蛋白结合成碳氧血红蛋白之后使血红蛋白失去荷氧能力，导致肌体各组织缺氧。《职业病医疗手册》中表明，成年人置身于一氧化碳含量超过 50×10^{-6}(即 CO 体积占空气体积的 50×10^{-6})的环境中，就会对人体产生伤害；环境中一氧化碳的含量达到 200×10^{-6}，成人置身其中 $2 \sim 3$ h 后，会有轻微的头痛、头晕、恶心等不良症状；环境中一氧化碳的含量达到 400×10^{-6}，成人置身其中 2 h 内前额痛，3 h 后将有生命危险；环境中一氧化碳的含量达到 800×10^{-6}，成人置身其中 45 min 内头痛、恶心，$2 \sim 3$ h 内死亡；环境中一氧化碳的含量达到 1600×10^{-6}，成人 20 min 内头痛、恶心，1 h 内死亡。

我国隧道的 CO 设计浓度不断经历着变化。1985 年，中国交通部《公路养护技术规范》(JTJ 073—85)规定，公路隧道内的 CO 浓度标准为 100×10^{-6}。1990 年，中国行业标准《公路隧道设计规范》(JTJ 026—1990)规定，公路隧道正常运营时，CO 浓度限值为 150×10^{-6}；发生事故时，短时间(15 min)内 CO 浓度标准为 250×10^{-6}。1999 年，交通部颁布《公路隧道通风照明设计规范》(JTJ 026.1—1999)，对公路隧道内 CO 设计浓度规定限值为：采用全横向通风方式与半横向通风方式时，当隧道长度不大于 1 km 时，CO 设计浓度取 250×10^{-6}，隧道长度大于 3 km 时，CO 设计浓度取 200×10^{-6}；采用纵向通风方式时，对隧道长度不大于 1 km 时和大于 3 km 时，CO 设计浓度相应取 300×10^{-6} 和 250×10^{-6}；交通阻滞段的平均 CO 设计浓度取为 300×10^{-6}，经历时间不超过 20 min。2014 年，中国交通运输部《公路隧道通风设计细则》(JTG/T D70/2-02—2014)对 CO 设计浓度限值进行了合理调整，细则不再区分公路隧道通风模式，仅根据隧道的长度对 CO 的设计浓度进行规定，当隧道长度不大于 1 km 时，CO 设计浓度取 150×10^{-6}；隧道长度大于 3 km 时，CO 设计浓度相应取 100×10^{-6}。2017 年，上海市工程建设规范《道路隧道设计标准》(DG/TJ 08-2033—2017)中对 CO 设计浓度进行规定，正常高峰交通($50 \sim 100$ km/h)时，隧道内 CO 设计浓度相应取 70×10^{-6}；日常阻塞或各车道为停滞状态时，隧道内 CO 设计浓度相应取 70×10^{-6}；异常阻塞或停滞状态时，隧道内 CO 设计浓度相应取 100×10^{-6}；运营隧道内进行计划养护作业时，隧道内 CO 设计浓度相应取 20×10^{-6}；关闭隧道(不用于通风设计)时，隧道内 CO 设计浓度相应取 200×10^{-6}。

2. 氮氧化合物(NO_x)

公路隧道内的 NO_x，来自机动车辆行驶所排放的尾气。二氧化氮(NO_2)是一种棕红色气体，在常温下($0 \sim 21.5$℃)二氧化氮与四氧化二氮混合而共存，有毒、有刺激性。溶于浓硝酸中而生成发烟硝酸，能叠合成四氧化二氮，与水作用生成硝酸和一氧化氮，与碱作用生成硝酸盐，能与许多有机化合物起激烈反应。氮氧化合物被人体吸入后，在呼吸系统的深处溶解成亚硝酸盐和硝酸，有刺激性，可造成喉咙和支气管充血，并且与细胞组织中的碱类中和形成硝酸盐和亚硝酸盐又致使动脉扩张、血压下降，引起头痛。在一般情况，当污染物以二氧化氮为主时，对肺的损害比较明显，二氧化氮与支气管哮喘的发病也有一定的关系；当污染物以一氧化氮为主时，高铁血红蛋白症和中枢神经系统损害比较明显。汽车排出的氮氧化物(NO_x)有 95% 以上是一氧化氮，一氧化氮进入大气后逐渐氧化成二氧化氮。

即使 NO_2 的毒性很大，但很长时间内公路隧道的 NO_2 设计浓度限值一直没有得到很好的关注。2001 年，《煤矿安全规程》指出，当空气中二氧化氮浓度达到 0.006% 时，人在短时间内就会产生喉痛、咳嗽和肺痛现象；二氧化氮浓度达到 0.01% 时，人在短时间内即产生强烈咳嗽、呕吐和神经麻痹现象；二氧化氮浓度达到 0.025% 时，很快就会致人死亡。2012 年颁布的《环境空气质量标准》(GB 3095—2012) 对 NO_2 的浓度限值要求很严格，城市隧道洞口附近多为商业、交通、居民混合区，其环境空气中 NO_2 的年平均限值应取 40 μg/m³；24 h 平均限值应取 80 μg/m³；1 h 平均限值应取 200 μg/m³。2014 年，《公路隧道通风设计细则》(JTG/T D70/2-02—2014) 指出，20 min 内公路隧道 NO_2 平均浓度的限值推荐为 1×10^{-6}。

3. 烟尘

在公路隧道正常运营过程中，行驶的机动车辆在相对封闭的隧道中排放的烟尘不断累积，隧道内部的烟尘浓度远高于大气环境中的烟尘浓度。一方面，烟尘含有未燃烧完全的碳氢化合物(C—H)，被人体吸入后会刺激人的咽喉和呼吸道，直接威胁行车人员和维修作业人员的身体健康。另一方面，烟尘在隧道内的累积大大降低了隧道内的能见度，直接阻碍驾驶员对行车距离的判断和影响驾驶员视觉，致使司乘人员产生压抑感，在注意力高度集中时可能会产生精神疲劳的情况，从而导致交通效率降低，甚至引发交通事故，危害行车安全。

烟尘设计限值逐渐成为人们关注的重点。烟尘设计浓度是烟尘对空气的污染程度。2014 年，《公路隧道通风设计细则》分别对以显色指数 $33 \leq R_a \leq 60$、相关色温为 2000~3000 K 的钠光源和以显色指数 $R_a \geq 65$、相关色温为 3300~6000 K 的荧光灯或者 LED 灯为指标，对隧道内相同设计车速的烟尘设计浓度进行了规定，如表 9-1 所示。隧道内不同环境状况下，烟尘的设计浓度如表 9-2 所示。

表 9-1　不同光源对应的烟尘设计浓度 K

设计速度 $v_t/(km \cdot h^{-1})$	$v_t \geq 90$	$60 \leq v_t < 90$	$50 \leq v_t < 60$	$30 \leq v_t < 50$	$v_t < 30$
钠光源烟尘设计浓度 K/m^{-1}	0.0065	0.0070	0.0075	0.0090	0.0120
荧光灯、LED 烟尘设计浓度 K/m^{-1}	0.0050	0.0065	0.0070	0.0075	0.0120

表 9-2　隧道内不同环境状况对应的烟尘设计浓度 K

隧道内环境控制状况	烟尘设计浓度 K 的范围/m⁻¹
空气清洁，能见度可达数百米	0.0050~0.0030
空气中有轻雾	0.0070~0.0075
空气成雾状	0.0090
空气令人很不舒服，但尚有安全停车视距要求的能见度	0.012(限制值)

9.1.2　铁路隧道

目前，我国铁路隧道的分布越来越广泛，主要运营车辆分成内燃机牵引的车辆和电力机牵引的车辆。内燃机车行驶过程中由于燃料的燃烧主要会产生一氧化碳(CO)和氮氧化物(NO_x)，电力机车在行驶过程中主要会造成臭氧(O_3)、石英粉尘和动植物性粉尘的超标。CO 有毒，进入人体后会导致血液缺氧。NO_x 主要是对呼吸器官有刺激作用，如长时间暴露于二氧化氮可能导致肺部永久性器质性病变。O_3 会刺激人体呼吸道，还可引起中毒性肺水肿等严重疾病。

随着铁路隧道建设的持续加快,海拔 3000 m 以上的隧道也在不断增多,而随着海拔高度的增加,有毒有害气体的限制应随之有相应的改变。《铁路隧道运营通风设计规范》(TB 10068—2010)根据不同海拔高度隧道制定了空气环境卫生标准,见表 9-3 所示。

表 9-3　运营隧道空气卫生及温湿度环境标准

指标		最高容许值	隧道平均海拔高度
一氧化碳		30（mg·m^{-3}）	$H<2000$ m
		20（mg·m^{-3}）	2000 m$\leqslant H\leqslant3000$ m
		15（mg·m^{-3}）	$H>3000$ m
氮氧化物（换算成 NO$_2$）		5（mg·m^{-3}）	$H<3000$ m
臭氧		0.3（mg·m^{-3}）	$H<3000$ m
粉尘	石英粉尘	8（mg·m^{-3}）	$M_{SiO_2}<10\%$
		2（mg·m^{-3}）	$M_{SiO_2}>10\%$
	动植物性粉尘	3（mg·m^{-3}）	—
温度		28℃	—
湿度		80%	—

9.1.3　地铁

地铁与传统交通工具相比,具有运能大、速度快、全天候、安全可靠、节约用地等优点,可以有效缓解交通拥堵、降低事故率、减少污染、提高通勤效率。由于地铁系统一般具有空间狭小封闭、客流密度大及通风不畅等问题,其在运营过程中,存在产生一氧化碳、二氧化碳、甲醛、挥发性有机物等有毒有害气体以及可吸收颗粒的可能。

1. 一氧化碳（CO）

一氧化碳主要来自燃料的不完全燃烧,而地铁车站里面不存在燃料的燃烧现象。在实际运营过程中,会发生乘客携带 CO 进站乘车的现象或者外界环境的带入。地层中如果储存 CO,有可能会发生渗入的情况。因此,日常情况下,CO 的浓度基本上与室外环境的浓度相近。

2. 二氧化碳（CO$_2$）

在车站里,二氧化碳主要来自人的呼吸。随着车内人员的增多,二氧化碳的浓度会增加。CO$_2$ 无毒无味属于有害气体,当 CO$_2$ 浓度处于较大值时,会对乘客和工作人员的健康产生威胁。1997 年,国家技术监督局颁布《室内空气中二氧化碳卫生标准》(GB/T 17094—1997),室内二氧化碳 CO$_2$ 标准值≤1000×10^{-6}。2002 年,国家质量监督检验检疫总局、卫生部、国家环境保护总局颁布《室内空气质量标准》(GB/T 18883—2002),提到室内 CO$_2$ 参数需小于标准值 1000×10^{-6}。2003 年,国家质量监督检验检疫总局和建设部颁布的《地铁设计规范》(GH 50157—2003)中规定,地铁车厢中 CO$_2$ 浓度的要求是不得超过 1500×10^{-6}。2019

年，国家市场监督管理总局和国家标准化管理委员会发布的《公共场所卫生指标及限值要求》(GB 37488—2019)中规定，对于有睡眠、休息需求的公共场所，室内 CO_2 浓度不应大于 1000×10^{-6}；其他场所，室内 CO_2 浓度不应大于 1500×10^{-6}。居住环境中二氧化碳浓度的参考指标如下：有益于健康的环境 CO_2 浓度 $< 350 \times 10^{-6}$；健康的环境 CO_2 浓度为 $350 \times 10^{-6} \sim 1000 \times 10^{-6}$；不利于健康的环境 CO_2 浓度为 $2000 \times 10^{-6} \sim 5000 \times 10^{-6}$；有害健康的环境 CO_2 浓度 $> 5000 \times 10^{-6}$。

3. 甲醛(HCHO)和挥发性有机物(TVOCs)

甲醛(HCHO)和挥发性有机物(TVOCs)主要来自地铁车站使用的装饰材料、保温材料、油漆和胶凝剂等，是从其中缓慢释放出来的。随着时间的推移，其在通风性较差的地铁中容易堆积，造成健康危害。甲醛是无色有刺激性气体，对人眼、鼻等有刺激作用。2017年10月27日，世界卫生组织国际癌症研究机构公布的致癌物清单中，将甲醛放在一类致癌物列表中。甲醛的危害主要表现在对皮肤黏膜的刺激作用。甲醛含量达到一定浓度时，人就会有不适感。大于 0.056×10^{-6} 浓度的甲醛可引起眼红、眼氧、喉咙不适、胸闷等症状。长期处于甲醛浓度超标的环境中，会引发各类疾病，最为严重的就是癌症和白血病。

TVOCs 是总挥发性有机化合物的简称，组成包括苯系物、有机氯化物和有机酮等。TVOCs 的毒性会影响人的皮肤和黏膜，甚至致癌。世界卫生组织(WHO)、美国国家科学院/国家研究理事会(NAS/NRC)等机构一直强调 TVOCs 是一类重要的空气污染物。当 TVOCs 浓度达到 $3.0 \sim 25 \ mg/m^3$ 时，人体就会产生不适。TVOCs 中，苯在常温下为一种无色、有甜味的透明液体，毒性较大，属于致癌物质。长期接触苯会对血液造成极大伤害，引起神经衰弱综合症，损害骨髓，引发白血病。苯在体内的潜伏期可长达 $12 \sim 15$ 年。甲苯和苯的性质十分相似。短时间内吸入较高浓度甲苯可出现眼及上呼吸道明显的刺激症状，眼结膜及咽部充血，造成头晕、恶心、呕吐、胸闷、四肢无力甚至意识模糊，重症者可有躁动、抽搐、昏迷。二甲苯使用在塑料、燃料、橡胶、各种涂料的添加剂以及各种胶黏剂、防水材料中，对眼及上呼吸道有刺激作用，当达到一定浓度时，对中枢系统有麻醉作用。苯系挥发物是气体致癌物中，仅次于甲醛的存在。

4. 可吸入颗粒(PM_x)

地铁车站可吸入颗粒主要来源于两部分。一部分是源自地上，地铁是半开放空间，外界道路上机动车的尾气通过地铁的送风系统进入车站内部，也可通过地铁站台由人员进入带来粉尘。另一部分是地铁自身产生，车辆在运行过程中车轮与铁轨的摩擦会放出大量的金属可吸入颗粒物，维修检查过程中也会产生颗粒物等。

空气中包含的可吸入颗粒物进入人体内主要是通过人体的呼吸道。其中，PM_{10} 中包含的粒径较大的颗粒物主要附着在人体的咽喉、鼻腔等位置，PM_5 中包含的可吸入颗粒物主要附着在人体的气管位置，$PM_{2.5}$ 中包含的可吸入颗粒物总体较小，多数情况下，附着在人体的肺泡、细支气管上。若颗粒物附着在人体的呼吸道位置，将会对人体的黏膜组织产生明显的腐蚀与刺激作用，导致人体出现炎症，甚至会引发慢性气管炎、慢性鼻咽炎，附着在人体肺泡、细支气管的颗粒物会与人体产生的二氧化碳发生化学反应，对人体的黏膜、肺泡有明显的损伤，导致人体出现肺部炎症与支气管炎症。若鼻腔内出现了附着粗颗粒的情况，鼻腔绒毛会起到一定的阻挡作用，若颗粒物滞留在上呼吸道，则会通过痰液的方式排出体外，但是若极细的颗粒物若附着到了肺泡上，便会损伤肺泡和黏膜，严重时可导致肺心病乃至危及生命。2003 年，国家质量监督检验检疫总局和建设部颁布的《地铁设计规范》中规定，PM_{10} 的建议值为 25 $\mu g/m^3$。

9.1.4　矿井

矿井中的空气通常是由地面的空气进入井下和矿层中贮存的气体共同组成。井下气体一方面因混入瓦斯、二氧化碳和硫化氢等从地层中涌出的气体和各种作业所产生的烟尘而发生物理变化。因岩石、煤等缓慢氧化和爆破作业等产生的一氧化碳，人员呼吸等产生的二氧化碳，含硫煤岩的水解产生的硫化物，井下爆破作业产生的氮氧化物等发生化学变化，这会导致井下空气中有毒有害气体种类增多，各种气体的浓度有所变化。

1. 瓦斯

瓦斯的主要成分是烷烃，其中以甲烷（CH_4）为主。瓦斯是煤层的伴生气体，存在从煤层中涌出的可能，是对煤矿安全危害最严重的有害气体。瓦斯是一种无色、无味的气体，对人基本无毒。因其在空气中具有较强的扩散性，在浓度过高时，瓦斯会挤占空气的空间，使空气中氧含量明显降低，使人窒息。当空气中瓦斯浓度在 25%~30% 时，会导致人体头痛、头晕乏力、注意力不集中、呼吸和心跳加速等；当空气中瓦斯浓度达 43% 时，氧气浓度将降低至 12%，长期处于该环境会造成窒息事故；当空气中瓦斯浓度达 57% 时，氧气浓度将降低至 10% 以下，若不及时离开，可导致窒息死亡。瓦斯在一定条件下能发生燃烧或爆炸，将严重影响矿井安全生产。空气中瓦斯浓度 <5% 时，瓦斯只能在点燃火源的表面发生附着式的燃烧，不能形成持续的火焰；当空气中瓦斯的浓度为 5%~16% 时，在有点火源存在时，会发生瓦斯爆炸，浓度为 9% 左右时最容易爆炸；当瓦斯浓度 >16% 时，可以在与新鲜空气的接触面上被点燃，形成扩散燃烧的形式。《煤矿安全规程》对瓦斯浓度进行了规定，如表 9-4 所示。

表 9-4　不同工况位置瓦斯浓度限值

工况位置	瓦斯浓度/%
采掘工作面的进风流	0.5
矿井总回风巷或一翼回风巷	0.75
采区回风巷、采掘工作面回风巷风流	1.0

2. 碳氧化物（CO_x）

矿井空气中一氧化碳（CO）主要源自瓦斯和爆尘发生不完全爆炸、炸药爆破、井下火灾不完全燃烧、煤炭缓慢氧化和自燃以及机械润滑油的高温裂解等。CO 极毒，空气中含量为 0.4% 时，很短时间内人就会死亡。并且，CO 能燃烧，空气中 CO 的爆炸极限浓度为 13%~75%。《煤矿安全规程》规定，矿井通风中和矿山正常空气中的 CO 含量不得超过 0.0024%（即 24 cm^3/m^3）；爆破后，在通风机连续运转的条件下，CO 浓度降到 0.02%（即 200 cm^3/m^3）以下，才允许人员进入工作地点，但仍须继续通风使其达到正常含量。

矿井空气中二氧化碳（CO_2）主要源自煤和有机物的氧化、作业人员的呼吸、炸药爆破、煤炭自燃、瓦斯及煤尘爆炸等。此外，有的煤层和岩层中也可能会释放出二氧化碳，有的甚至能与煤岩粉一起突然大量喷出，给矿井带来极大的危害。矿井下通风状态良好时 CO_2 含量极少,对人体无害;通风不良时含量超标会造成呼吸急促、心跳加快、头痛、恶心甚至窒息死亡。《煤矿安全规程》对 CO_2 浓度进行了规定。表9-5为碳氧化物浓度限值。

表9-5 不同工况位置碳氧化物浓度限值

气体类型	工况位置	瓦斯浓度/%
CO	矿井通风中和矿山正常空气	0.0024
CO_2	采掘工作面的进风流	0.5
	矿井总回风巷或一翼回风巷	0.75
	采区回风巷、采掘工作面回风巷风流	1.0

3. 硫化物(SO_2 和 H_2S)

矿井中的二氧化硫(SO_2)主要源自含硫矿物的氧化与自燃、含硫矿物中涌出的气体。SO_2 是无色、有强烈硫磺气味及酸味的剧毒气体,空气中的 SO_2 遇水后生成硫酸,对眼睛有刺激作用。在高浓度下 SO_2 也能对呼吸道黏膜产生强烈的刺激作用,引起激烈的咳嗽,使喉咙和支气管发炎,严重时会造成肺水肿和肺心病等。SO_2 的浓度不超过 0.0005% 时,人会嗅到刺激性气味;浓度不超过 0.002% 时,人会头痛、眼睛红肿、流泪、喉痛;浓度不超过 0.05% 时,会引起急性支气管炎和肺水肿,短时间内有生命危险。SO_2 是井下密度最大的有害气体,常常积聚在巷道的底部。《煤矿安全规程》对 SO_2 浓度进行了规定,矿井通风中空气里 SO_2 的含量不得超过 0.0005%($5.0 \ cm^3/m^3$)。

矿井中的硫化氢(H_2S)主要源于含硫矿物的水解和煤层中的有机物腐烂释放等。H_2S 是一种无色有臭鸡蛋味的气体,易溶于水,有燃烧爆炸性,爆炸浓度下限是 6%。H_2S 有剧毒,能使人中毒,刺激眼、鼻、喉和呼吸道的黏膜。H_2S 浓度达 0.0001% 时人就能嗅到并使人流鼻涕;H_2S 浓度高于 0.01% 时,人会流唾液和清鼻涕、瞳孔放大、呼吸困难;H_2S 浓度高于 0.05% 时,人在 0.5~1 h 内会严重中毒、失去知觉、抽筋、瞳孔变大,甚至死亡;H_2S 浓度高于 0.1% 时,会造成人短时间内死亡。《煤矿安全规程》对 H_2S 浓度进行了规定,矿井通风中空气里 SO_2 的含量不得超过 0.00066%($6.6 \ cm^3/m^3$)。矿井下硫化物浓度限值如表9-6所示。

表9-6 硫化物浓度限值

气体类型	矿井通风中气体浓度/%
SO_2	0.0005
H_2S	0.00066

4. 氮氧化物(NO_x)

矿井中的氮氧化物(NO_x)主要来自地下开挖过程中爆破作业产生的炮烟和柴油机燃烧时产生的废气。因为一氧化氮(NO)极不稳定,矿井中的氮氧化物以二氧化氮(NO_2)为主。二氧化氮是井下最毒的气体,遇水会生成硝酸,对人的鼻腔、眼睛、呼吸道及肺部有强烈的刺激作用与腐蚀作用,可引起肺部水肿。《煤矿安全规程》对 NO_x 浓度进行了规定(以 NO_2 计),矿井通风中空气里 NO_2 的含量不得超过 $0.00025\%(2.5\ cm^3/m^3)$。

5. 氨气(NH_3)

矿井中 NH_3 主要来自井下爆破作业、发生火灾事故时、有机物的氧化腐烂以及岩层中储存的氨气涌出。NH_3 有剧毒,是无色气体,有强烈臭味,对皮肤和呼吸道黏膜有刺激作用,可引起喉头水肿,严重时使人失去知觉以至死亡。当空气中 NH_3 的浓度超过 30% 时有爆炸性。《煤矿安全规程》对 NH_3 浓度进行了规定,矿井通风中空气里 NH_3 的含量不得超过 $0.004\%(40\ cm^3/m^3)$。

6. 氢气(H_2)

矿井中 H_2 主要来源于蓄电池充电、井下爆破作业、发生火灾事故,有些中等变质的煤层中也有氢气涌出和煤的氧化产生。H_2 是无色、无味且无毒的气体,是矿井下危害最轻的有害气体。空气中 H_2 的浓度在 4%~74% 时具有爆炸危险。《煤矿安全规程》对 H_2 浓度进行了规定,矿井通风中空气里 H_2 的含量不得超过 0.5%。

9.1.5 其他来源

1. 地下商场

1)二氧化碳(CO_2)

地下商场人员流动性大,其中必然含有人员呼吸产生的二氧化碳(CO_2)。当地下商场通风不良和人员过密时很容易产生 CO_2 的堆积。

2)一氧化碳(CO)

地下商场 CO 超标的一个主要原因是汽车尾气或者机动车扬起的尘土经由地下商场的通风系统和出入口进入地下,并滞留在地下商场,造成 CO 浓度超标。

3)可吸入颗粒(PM_{10})

可吸入颗粒物主要是由人员活动的扬尘及室外的尘土经由地下商场的通风系统和出入口进入。因此,可吸入颗粒物的含量与客流量和室外含尘量有很大关系。当通风不良或者局部风速过大时,会导致商场内的悬浮物增多。

4)挥发性有机物(TVOCs)

地下商场内部的各种装饰材料与销售产品的化学成分复杂,可能会含有大量的甲醛和挥发性有机物。大型地下商场面积较大、商品密度大、客流量多、空间相对封闭、自然通风效果差、空调通风换气量小,存在通风死角。TVOCs 没有及时地排放到室外,会造成地下商场中挥发性有机物的严重超标。2012 年,中国卫生部颁布《人防工程平时使用环境卫生要求》(GB/T 17216—2012),对地下商场空气质量进行了规定,如表 9-7 所示。

表 9-7 地下商场有毒有害气体浓度限值

污染物	浓度限值	备注
CO	5 mg/m³	
	10 mg/m³	

续表9-7

污染物	浓度限值	备注
CO_2	0.15%	Ⅰ类人防工程
	0.20%	Ⅱ类人防工程
PM_{10}	0.25 mg/m³	
甲醛	0.12 mg/m³	

2. 地下车库、地下联络隧道

地下车库和地下联络隧道中的污染物主要源自车辆排放的尾气,其中含有大量的污染物。根据车辆在地下的不同行驶状态、不同行驶时间、不同温度环境、使用的不同燃料,其尾气中污染物的类型和含量有所区别,大致包括一氧化碳(CO)、碳氢化合物(THC)、氮氧化合物(NO_x)等。

3. 地下人防工程

一般来说,地下人防工程空气中的CO_2浓度略高于地面,且分布不均,浓度在时间和空间上差异很大。在正常自然通风条件下,且无人驻扎时,空气中的CO_2浓度一般略高于地面,但不会超过0.1%。然而,随着人员的进入,人数增加,停留时间延长,CO_2浓度将缓慢上升,经过一段时间后,浓度将趋于稳定。夜间,驻守人员睡觉后,CO_2浓度略有下降,第二天逐渐恢复。CO_2浓度范围与人均占有量大小有关,也与隧道通风有关。地下人防工程内的CO主要源自柴油机的运行、隧道爆破产生的气体、人员的烟雾以及可点燃的照明光源产生的烟尘等。在产生CO的同时,还可能会产生各种无机和有机污染物,尤其是NO_2、可吸入颗粒物、CO_2等有害化学物质均有不同程度的增加。H_2S和NH_3主要来源于厕所内粪便和污垢的气味、鱼和肉等食物的变质以及人体汗液蒸发。空气中H_2S和NH_3的浓度与人类生理和生活活动有着显著的关系,随着H_2S和NH_3浓度的增加,其他污染物的浓度也随之增加。发电机运行、燃煤炉灶、易燃光源照明、吸烟、人群活动也会导致地下人防工程内的可吸入颗粒物增多。

9.2 地下空间通风

地下工程与地面通过有限的出口连接大气,但由于人员的呼吸、设备耗氧等原因,地下空间中的氧气含量会逐渐降低,或由于从地层中涌出的气体而造成地下工程内氧气匮乏,这些都必须通过通风的方法向地下工程不断输入新鲜空气。

9.2.1 地下空间掘进时的通风与计算

地下工程挖掘时,无论是公路隧道、地铁车站还是井巷项目,为了稀释和排出爆破产生的炮烟、机械运转产生的工作烟尘以及岩体涌出的有毒有害气体,必须不断进行通风以保持良好的作业环境。掘进作业时通常只有一个出口,称为独头巷道,不能形成贯穿风流,因此必须使用机械进行通风,使新鲜风流进和污浊风流出。利用局部通风机对独头巷道进行通风的方式称为局部通风。

1. 局部通风

局部通风通常采用的方式有总风压通风、扩散通风、引射器通风和局扇通风。

1）总风压通风

以主扇（或辅扇）风压或自然风压为驱动力的局部通风方法称为总风压通风。这种通风方法是通过风障或风筒设施将主或辅扇产生的新鲜空气流引入独头工作面，达到稀释或排放其中的污浊空气的目的。使用纵向风障导风的简图如图 9-1（a）。使用风筒导风的简图如图 9-1（b）。显然，当用总风压作为局部通风的动力时，其最大的优点是通风可靠，管理方便，但需要一定的总风压来克服引风风道的阻力。因此，在选择这种通风方式时，必须注意作用在现场的总风压是否能满足局部通风的要求，并在工程上也要考虑它是否可行。

2）扩散通风

采用扩散作用的局部通风方法称为扩散通风。扩散通风主要是靠新鲜风流的紊流扩散作用清洗工作面，它只适用于短距离（10～15 m）的独头工作面。

3）引射器通风

使用引射器通风的局部通风方法称为引射器通风。引射器通风是使用高压水或压缩空气作为动力，通过喷嘴高速喷射，在喷嘴周围形成一个负压区域来吸入空气，并通过混合管进行混合和整流，以继续推动吸入的空气，从而使风道中的气流流动。

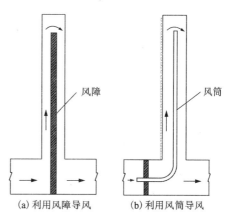

图 9-1　总风压通风方式

4）局扇通风

使用局部扇风机的局部通风方法，称为局扇通风，是目前地下工程最常用的一种通风方式，根据工作方式又分为压入式通风、抽出式通风和混合式通风，如图 9-2 所示。压入式通风是风扇将新鲜空气通过风道推送到工作面，污浊空气沿风道排出。采用这种通风方式，工作面通风时间短，但整个风道的通风时间长，因此适合短风道开挖时的通风。抽出式通风是将工作面的污浊空气通过扇风机吸入回风道，新鲜气流从风道流向工作面，风道处于新鲜气

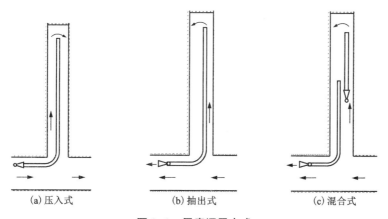

图 9-2　局扇通风方式

流中，适用于长风道隧道通风，但工作面通风效果不好。混合式通风是安装两个风扇，一个将新鲜空气压入工作面，另一个将污浊空气抽至回风道。该通风方式兼有压入式通风和抽出式通风的优点，避免了各自的缺点，通风效果良好。

2. 长隧道、竖井的局部通风

在地下工程施工中，经常会开挖长距离的隧道或者竖井。为了获得良好的通风效果，应注意以下几个方面：合理选择通风方式，一般采用混合通风；在条件允许的情况下，尽量采用大直径风筒，以减小风筒的风阻，增加有效风量；确保风筒接头的质量；根据实际情况，尽量增加每根风筒的长度，减少风筒接头处的漏风；风筒的悬挂要做到"平、直、紧"，以消除局部阻力；应由专人负责经常检查和维护。在做到上述事项后，还可以采用串联通风和利用钻井与局部通风方式配合来解决长距离风道或者竖井开挖期间的通风问题。

1）采用局部串联通风

在没有高压局部风扇的情况下，可以串联使用多个局部风扇。根据局部风扇布置的不同，分为集中串联和间隔串联，如图 9-3（a）和图 9-3（b）所示。在相同的风机和风筒下，集中串联的漏风量一般大于间隔串联。显然，与间隔串联时风筒内外压差比较，当集中串联时，风道内外压差呈指数增长。

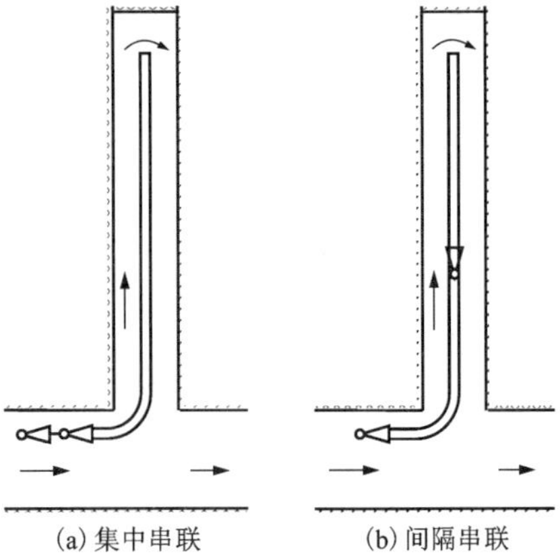

2）利用钻井和局部配合通风

当掘进开挖离地表位置较近的长风道时，可以借助钻孔通风，使新鲜风由风道直接进入，污浊风从钻孔上安装的风机抽出。

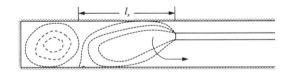

(a) 集中串联　　　(b) 间隔串联

图 9-3　局部通风串联方式

3. 风量计算

地下工程独头工作面的污浊空气的主要成分是开挖过程中产生的粉尘和炮烟，因此可以粉尘和炮烟为计算依据。

（1）压入式通风的风量计算。新风从风筒中流出时，以自由气流逐渐膨胀的状态射向工作面，风速沿自由气流轴线逐渐减小，经过一定距离后，反向流向风管出口，如图9-4所示。从风筒出

图 9-4　压入式通风的有效射程

口到气流反向的距离称为有效范围，用 l_x 表示。为了有效地从工作面排出炮烟，风筒出口到工作面的距离要求小于 l_x。有效射程的公式如下：

$$l_x = (4 \sim 5)\sqrt{S} \tag{9-1}$$

式中：l_x 为有效射程，m；S 为风道的断面积，m²。

压入式通风的风量计算公式如下：

$$Q_P = \frac{19}{t}\sqrt{AlS} \tag{9-2}$$

式中：Q_P 为压入式通风工作面所需风量，m³/s；t 为通风时间，s，一般取 1800 s；A 为一次爆破的炸药消耗量，kg；l 为风道长度，m；S 为风道断面积，m。

（2）抽出式通风的风量计算。抽出式通风方式通常用于爆破刚结束时，工作面附近充满了炮烟，炮烟需经风筒被很快抽出，达到允许浓度之下，如图 9-5 所示。因此，所需风量只与炮烟抛掷带的容积有关。吸入炮烟的有效作用范围称为有效吸程，用 l_e 表示。有效射程的公式如下：

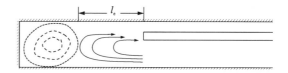

图 9-5　抽出式通风的有效射程

$$l_e \leqslant 1.5\sqrt{S} \tag{9-3}$$

式中：l_e 为有效射程，m；S 为风道的断面积，m^2。

抽出式通风的风量计算公式如下：

$$Q_e = \frac{18}{t}\sqrt{Al_0 S} \tag{9-4}$$

式中：Q_e 为抽出式通风工作面所需风量，m^3/s；t 为通风时间，s，一般取 1800 s；A 为一次爆破的炸药消耗量，kg；l_0 为风道长度，m；S 为风道断面积，m。

l_0 的大小取决于爆破方式及炸药消耗量，通常为电雷管起爆和火雷管起爆，计算公式如下。

电雷管起爆：

$$l_0 = 15 + \frac{A}{5} \tag{9-5}$$

火雷管起爆：

$$l_0 = 15 + A \tag{9-6}$$

（3）混合式通风的风量计算。混合式通风方式是两种通风方式共同使用，风量要分别计算。混合式通风的风量计算公式如下：

$$Q_P = \frac{19}{t}\sqrt{Al_w S} \tag{9-7}$$

$$Q_e = (1.2 \sim 1.25)Q_f \tag{9-8}$$

式中：Q_P 为压入式通风工作面所需风量，m^3/s；Q_e 为抽出式通风工作面所需风量，m^3/s；l_w 为抽出式的吸风口到工作面的距离，m；t 为通风时间，s，一般取 1800 s；A 为一次爆破的炸药消耗量，kg；S 为风道断面积，m。

9.2.2　地下空间形成后的通风与计算

地下空间形成后，各类工程项目均需要尽快地排出施工过程中产生的炮烟、粉尘以及各类有毒有害气体，以保持安全良好的作业条件。为尽快顺利地排出刚形成的地下空间中的污浊空气，通常采用机械通风方式引进新鲜风和排出污浊风。

地下工程中风流的引入、分布、汇集和排放是通过许多相互连接的风道网路进行的。风流经过的由风道所组建成的网路称为通风网路。风流在管道中流动遵循能量守恒定律、风量连续定律、风压平衡定律和阻力定律。风量连续定律是指在通风网路中，流入一个节点(3 条以上风管的连接处称为一个节点)或一个闭环的风量等于流出该节点或闭合回路的风量。风压平衡定律是指在任何闭合回路中，当没有风机工作时，各风道压力降的代数和等于零；当有通风机工作时，各风道压力降的代数和等于通风机造成的风压。阻力定律是指风道阻力和风量的平方成正比。

通风网路按照连接形式可以分成三类：串联通风网路、并联通风网路和角联通风网路。

1. 串联通风网路

根据风量连续定律，在串联网路中，每个风道的风量相等，因此每个风道的风量公式为

$$Q = Q_1 = Q_2 = Q_3 = \cdots = Q_n \tag{9-9}$$

串联网路的总风压降为各条风道压力降之和，表达式为

$$h = h_1 + h_2 + h_3 + \cdots + h_n \tag{9-10}$$

根据阻力定律，串联网路的总风阻等于各条风道风阻之和，表达式为

$$RQ^2 = R_1 Q_1^2 + R_2 Q_2^2 + R_3 Q_3^2 + \cdots R_n Q_n^2 \tag{9-11}$$

串联通风网路的总风压或总风阻等于每个风道的风压或风阻之和。串联通风网路存在以下缺点：总风阻大，通风困难；串联风道中各风道的风量不可调节，前面工作场所产生的污浊气流直接影响之后的工作场所。因此，应尽可能避免串联通风。当条件不允许，必须采用串联时，也应采取相应的净化措施。

2. 并联通风网路

并联通风网路可以分为简单并联通风网路、复杂并联通风网路、敞开式并联通风网路，如图9-6所示。由两条风道组成的并联网路称为简单并联通风网路；两条以上风道组成的并联网路称为复杂并联通风网路；若风道在同一地点分开后不再汇集在一起而是直接与大气联通，则为敞开式并联通风网路。

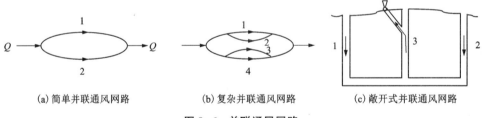

(a) 简单并联通风网路　　(b) 复杂并联通风网路　　(c) 敞开式并联通风网路

图9-6 并联通风网路

根据风量连续定律，并联网路总风量为各分支风道的风量和，因此，表达式为

$$Q = Q_1 + Q_2 + Q_3 + \cdots + Q_n \tag{9-12}$$

根据风压平衡定律，并联网路的总风压降等于各分支风道的风压降，表达式为

$$h = h_1 = h_2 = h_3 = \cdots = h_n \tag{9-13}$$

根据阻力定律，并联网路的总风阻的表达式为

$$R = \frac{R_1}{n^2} \tag{9-14}$$

多条风道并联时，第 i 条风道的风量为

$$Q_i = \frac{Q}{\sum_{j=1}^{n} \sqrt{R_i / R_j}} \tag{9-15}$$

与串联通风网路相比，并联通风网路有许多优点。首先，并联通风网路的总风阻小于任

何分支风道的风阻。其次，各分支风道的风流是独立的，通风效果好，后面风道不易受前面污浊气流的污染，可调节和控制。因此，在实际工作中，应尽量采用并联通风网路。

3. 角联通风网路

角联通风网路(diagonal ventil ationnet)，是指在两条并联巷道中间有一条联络巷道，使一侧巷道与另一侧巷道彼此相联所构成的网路。起联结作用的巷道称对角巷道，其余为边缘巷道。若两条并联坑道之间有一条对角坑道使两条并联相通的网路，称为简单角联通风网路，如图9-7所示；有两条以上对角坑道的叫作复杂角联通风网路。

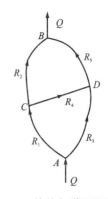

图9-7 简单角联通风网路

4. 根据氧气供应量计算需风量

地下工程通风的目的是为工程提供足够的新鲜空气，供人员呼吸和设备消耗氧气，消除工程中各种有毒有害气体的危害，为地下工程创造安全舒适的环境。因此，可根据供氧需求或污染物去除要求计算风量。最后，根据计算出的最大值确定所需风量。

需要确定作业人员的人数和各种设备的耗氧量，对于没有设备的各种功能房间，根据其用途，需风量通常根据单位时间的换气次数确定；有设备的房间，应根据各种设备的性能参数确定设备的耗氧量。

5. 按生产中排出有毒有害气体计算需风量

在按排出有毒有害气体的需求计算需风量时，各种气体的容许浓度存在差异，因此将采用不同的计算方法。在计算需风量时，根据工程中气体的排放量与排放平衡之间的关系，可以简化认为存在下述关系：

$$c_0 Q + G = cQ \tag{9-16}$$

式中：c_0 为进风流中有毒有害气体的浓度，g/m³(或 mg/m³)；Q 为总通风量，m³/s(或 kg/s)；G 为工程内有毒有害气体产生的强度，g/s(或 mg/s)；c 为排出工程的风流中有毒有害气体的浓度，g/m³(或 mg/m³)。

9.2.3 地下空间建成运营期间的通风

从不同需求的地下空间建设运营期间的空气成分和气候条件的变化规律、有毒有害气体和粉尘的特性及其对人体的影响来看，通风是最有效的解决方案。在正常情况下，自然通风通常只能解决距离较短的隧道的通风问题，很难持续、稳定、有效地解决隧道通风问题。因此，所有地下空间工程都应建立和完善机械通风系统，以确保安全生产。在通风设施的控制下，新鲜空气从进风口进入地下空间中，并通过相关通风设施供应至各工作面，以不断稀释污浊空气并通过出风口排出。因此，隧道建成运营后的通风是防治空气中有毒有害气体和粉尘的有效措施，也是改善空气条件，创造安全舒适环境的主要手段。其任务是：确保地下工作面有足够的氧气；将地下空间产生的各种有毒有害气体和粉尘稀释至无害水平，为地下工作面创造良好的空气条件。

1. 自然通风

隧道自然通风，是指在不使用通风设备的情况下，将隧道内的有害气体和烟气排出隧道。隧道内形成自然风流的原因有三点：隧道内外存在温度差、隧道两端洞口存在大气气压梯度和隧道外大气自然风的作用。当隧道的两个洞口之间存在高程差时，两个洞口之间的大气压力不同。自然风压的数值是以气流最低和最高标高点为界，两侧气柱作用在底部单位面积上的重力差。在这种重力差的驱动下，较重一侧的空气向下流动，而较轻一侧的空气向上流动，形成自然气流，如图9-8所示。a 为隧道的进风口，e 为隧道的出风口，即自然风流由 a 进入，经过 b、c 和 d，最后由 e 排出。以 a 点为基准点，则自然风压的表达式为

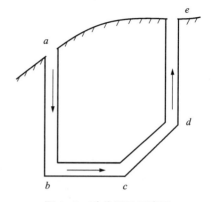

图9-8 矿井通风示意图

$$H_N = \frac{1}{2}\rho_0(v_a\cos\alpha)^2 + (P_e - P_0) + (\rho_{ma} - \rho_{me})gZ$$

$$(9-17)$$

式中：H_N 为通风系统的自然风压，Pa；v_a 为隧道外大气自然风速，m/s；α 为大气自然风向与隧道中线的夹角，(°)；P_e 为 e 点的大气压，Pa；ρ_{ma} 为 $a\sim b$ 侧空气密度，kg/m³；ρ_{me} 为 $c\sim e$ 侧空气密度，kg/m³；Z 为最高点和最低点的差，m；g 为重力加速度，m/s²。

2. 机械通风

当自然通风无法满足隧道内安全生产的要求时，即要使用机械通风方式。机械通风按照通风风流的方向基本分成三类。

1) 纵向式

新鲜空气从隧道一端引入，有毒有害气体和烟尘从另一端排出。在通风过程中，隧道内的气体和烟尘纵向流经整个隧道。目前，我国铁路隧道普遍采用纵向式通风，以洞口风道式居多，主要原因是纵向通风简单，成本低。在通风机的作用下，风沿着隧道轴线流动，称为纵向机械通风。它有以下几种方式：洞口风道式通风、喷嘴式通风、竖井(或斜井)式通风和全射流纵向式通风。

洞口风道式通风是我国铁路隧道最常用的通风方法。洞内的污染空气由上开口两侧的通风机排出，新鲜空气从下方洞口吸入。当通风机吸入空气时，为了防止上洞口处的气流短路，在上洞口处设置一个帘幕暂时关闭上洞口，这种方法也称为帘幕式通风，如图9-9所示。洞口风道式通风一般结构简单，能有效利用活塞风，属于低压系统通风，能量损失小，相对经济。但由于隧道内风速不宜过高(一般小于6 m/s)，当隧道较长时，每次所需通风时间较长，不能满足运营要求。一般情况下，该方式只能用于9 km以下的隧道通风。对于较长的隧道，应考虑使用竖井(或斜井)进行分段通风。

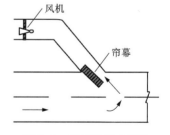

图9-9 洞口风道式通风

喷嘴式通风适用于车辆行驶密度高且不太长的隧道，可使用环形喷嘴通风，如图9-10所示。风机将新鲜空气送入空气室，当其达到一定压力时，以16~29 m/s的高速从衬砌周围的环形喷嘴以与隧道轴线成锐角的方式喷入隧道。形成稳定的气流后，不仅不会有漏洞，相反，由于高速风造成的负压，少量新鲜空气从洞口中吸入。然而，其也存在一些缺点，如对喷嘴施工技术要求高、设备效率低等。

竖井、斜井式通风是通过竖井或斜井向隧道内供应新鲜空气或从隧道内抽出污染空气的通风方式。当隧道纵断面为"人"字坡或以竖井（或斜井）作为施工辅助风道的隧道时，可主要考虑该方法，如图9-11所示。这种方法通常广泛应用于水下隧道或地铁、防空隧道、地下厂房等埋深较浅的隧道。

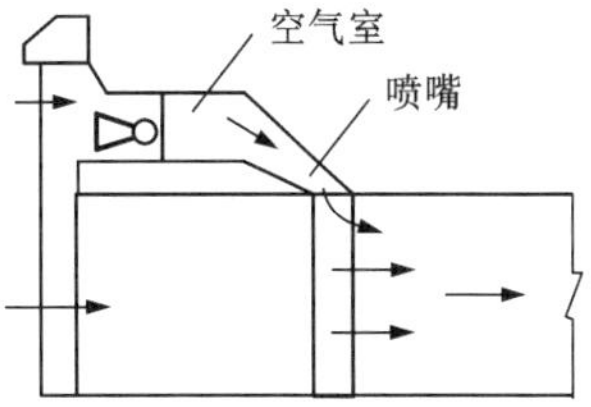

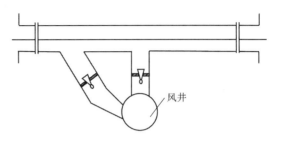

图9-10　喷嘴式通风

全射流纵向式通风用于长距离隧道通风。当自然通风不能满足通风要求时，可沿隧道全长布置轴流风机，利用大风量轴流风机的射流压力，多级串联完成通风。在选择通风方式时，应根据隧道平面、纵断面、两端洞口地形、气象条件等资料的分析并结合运营要求，进行各种方案的技术经济比较来决定最佳方式。

图9-11　竖井、斜井式通风

2）横向式

新鲜空气从隧道一侧的通风孔横向流经隧道断面空间，稀释隧道内的有害气体和烟尘，从另一侧的通风孔排出隧道。用通风孔将隧道分成若干区段，通风段内的气流基本上不流向相邻的通风段，因此这也称为全横向通风。

3）半横向式

半横向通风是一种介于纵向通风与横向通风之间的通风方式。从隧道一端或两端引入新鲜空气，有毒有害气体和烟尘通过隧道断面以外的风道排出隧道；或者从风道向隧道送进新鲜空气，污浊空气从隧道的一端或两端排出。隧道半横向通风方式是利用车道空间作为送风管或排风管，形成送风式半横向通风方式或排风式半横向通风方式。

3. 车辆活塞风

车辆在隧道中行驶，就像活塞在气缸中移动。当车辆前进时，在车辆前端产生正压，在后端形成负压，并从入口吸入一段新鲜空气，这种现象称为车辆活塞作用。车辆前部和后部之间的压差称为车辆活塞压力，根据紊流理论，公式为

$$h_{pi} = K_m \frac{\rho}{2} (v_T - v_m)^2 \qquad (9-18)$$

式中：v_T 为车辆在隧道内的速度，m/s；v_m 为车辆活塞速度，m/s；K_m 为活塞作用系数。

不同形式的隧道，活塞作用系数计算公式不同。其中，铁路隧道的公式为

$$K_m = \frac{86 \times 10^{-4} \times L_T}{(1 - \alpha)^2} \qquad (9-19)$$

公路隧道的公式为

$$K_m = \frac{\alpha N L_T}{v_T} \qquad (9-20)$$

式中：α 为车辆断面阻塞系数，$\alpha = S_T/S$；S_T 为车辆的平均横断面面积，m²；S 为隧道断面面积，m²；L_T 为隧道长度，m；N 为设计交通量，辆/s。

车辆活塞速度的计算公式为

$$v_{\mathrm{m}} = \frac{v_{\mathrm{t}}}{1 + \sqrt{\dfrac{1.5 + \dfrac{\lambda(L_{\mathrm{T}} - L_{\mathrm{m}})}{d}}{K_{\mathrm{m}}}}} \tag{9-21}$$

式中：λ 为摩擦阻力系数；L_{m} 为活塞作用长度，m。

其中，活塞作用长度的计算公式为

$$L_{\mathrm{m}} = \frac{v_{\mathrm{m}} t_{\mathrm{T}}}{i} \tag{9-22}$$

式中：t_{T} 为车辆在隧道内的运行时间，s；t_{T} 为考虑冲淡作用的系数（$i=1.1$，长大隧道还可适当减小）。

通常来说，当车辆活塞压力和自然风压共同作用产生的自然风速达到 $1\sim2$ m/s 时，对于不太长的隧道，可以满足运行通风要求，因而可以不提供机械通风。否则，应使用机械通风。

4. 公路隧道通风量计算

1）通风量计算

通过统计计算各种汽车的污染排放量，然后计算隧道内总的污染物排放速度，表达式为

$$G = N \times G_{\mathrm{a}} \tag{9-23}$$

式中：G 为总污染物排放量，s；G_{a} 为汽车平均排放量，s；N 为每小时通过的车辆数，辆/h。

每条公路隧道的行车能力按照《城市道路设计手册》的方法进行计算，表达式为

$$N = \frac{3600v}{L} \tag{9-24}$$

式中：N 为每小时通过的车辆数，辆/h；v 为行车速度，m/s，与设计速度有关；L 为行车距离，m。

公路隧道通风量即可根据隧道内总污染排放速度进行计算，表达式为

$$Q_{\mathrm{req}} = \frac{G}{c - c_0} \tag{9-25}$$

式中：Q_{req} 为隧道通风量，m^3/s；c 为污染物允许浓度，m^3；c_0 为新鲜空气中的污染物浓度，m^3。

2）通风阻力计算

风机的大小、数量和尺寸可根据上述计算的通风量 Q_{req} 进行初步选择，并可进行风道平面、纵断面和断面的设计。风道的平面设计应使风道与隧道之间的交角尽可能小，一般为 $15°\sim20°$。风道应位于地形和地质条件较好的一侧，或可使风管变短的一侧。当隧道弯曲时，尽量将风道设置在曲线外侧，使气流顺畅。风道纵断面应设计成不小于隧道外侧下坡 3‰ 的坡度，以便于风道排水。风道与隧道连接处的标高不应低于线路轨面，一般应高于脱轨面 $0.15\sim0.20$ m，以利于风流。风道横截面的设计应基于最初选择的风机出口尺寸和风道面积要求。风道设计的一个关键部分是与隧道的连接，其几何形状和通风面积的大小将直接影响通风效果和通风效率，断面几何形状一般采用圆拱直墙断面。

为了选择最终通风设备，除了获得所需的风量，还需要获得将该风量压入隧道时所需的风压。也就是说，风扇产生的风压应足以克服通风系统中的所有阻力。表达式为

$$h_{\rm t} = \sum h_{\rm f} + \sum h_{\rm l} + h_{n} \tag{9-26}$$

式中：$h_{\rm f}$ 为摩擦阻力；$h_{\rm l}$ 为局部阻力；h_{n} 为自然风压。

3）通风机选择

在公路隧道通风中常采用全射流纵向式通风，每级射流风机所产生的风压表达式为

$$h_{j} = \pm \frac{S_{j}}{S - 2S_{j}} \rho v_{j}^{2} \times \frac{1}{K} \left(1 - \frac{v_{e}}{v_{j}} \right)^{2} \tag{9-27}$$

式中：S_{j} 为射流风机出口面积，m^2；S 为隧道断面积，m^2；v_{j} 为射流风机出口风速，m/s；ρ 为空气密度，kg/m^3；v_{e} 为隧道中的平均风速，m/s；K 为风机与衬砌距离有关的损失系数，取 $1.1 \sim 1.2$。

因此，所需射流风机级数台数的表达式为

$$N_{j} = \frac{h_{\rm t}}{h_{j}} \tag{9-28}$$

式中：N_{j} 为所需射流风机级数；h_{j} 为每级射流风机所产生的风压；$h_{\rm t}$ 为隧道通风阻力。

5. 铁路隧道通风量计算

1）通风量计算

对于铁路隧道，由通风机供给的风速为

$$v_{\rm req} = \frac{L_{\rm req}}{t \times 60} \tag{9-29}$$

式中：$v_{\rm req}$ 为机械通风的风速，m/s；$L_{\rm req}$ 为有害气体长度，即需要由机械通风的长度，m；t 为通风时间（通常为 15 min）。

$v_{\rm req}$ 一般应小于 6 m/s，因为过大的风速会带来巨大的能量损失，且风速过大会对洞内作业人员的健康不利。若计算值大于 6 m/s，需考虑更换通风方案。

需要由通风机供给的风量为

$$Q_{\rm req} = v_{\rm req} S \tag{9-30}$$

式中：$Q_{\rm req}$ 为通风机应提供的风量，m^3/s；S 为隧道断面积，m^2。

2）通风阻力计算

风机的风压是地下工程的总阻力，加上通风装置本身的风压损失和需要克服的自然风压，表达式为

$$H_{\rm f} = h_{\rm T} + h_{\rm r} + H_{n} \tag{9-31}$$

式中：$h_{\rm T}$ 为地下工程总阻力，Pa；$h_{\rm r}$ 为通风机装置本身阻力，Pa；H_{n} 为自然风压，Pa。

3）通风机选择

通风机的选择主要是由所需风量和风压决定的，表达式为

$$Q_{\rm f} = kQ \tag{9-32}$$

式中：$Q_{\rm f}$ 为通风机应选择的风量，m^3/s；Q 为地下工程所需总风量，m^3/s；k 为备用系数，$k = 1.15 \sim 1.25$。

经计算得出通风机的风量和风压后，根据风机产品目录中的风机特性曲线进行选择。风机工况点要求位于风机性能曲线峰值点的右侧，轴流风机工况点的风压不得超过风机性能曲线最大风压的 $90\% \sim 95\%$，风机效率大于 0.6。

6. 矿井通风量计算

1) 风流流态

井巷中有两种气流：层流和湍流。当流速较低时，流体质点不相互混合，并沿平行于管轴的方向平稳移动，称为层流状态；当流速较大时，流体质点的运动速度在大小和方向上都随时发生变化，变成一种相互混合的紊乱流动，称为湍流状态。

雷诺通过试验证实，流体的流动状态与平均速度 v、管道直径 D 和流体的黏度有关。这些因素的综合影响可以用一个无量纲参数来表示，称为雷诺数，用 Re 表示，表达式为

$$Re = \frac{vD}{\eta} \qquad (9-33)$$

式中：v 为井巷断面上的平均风速，m/s；η 为空气的运动黏性系数，通常取 15×10^{-6} m²/s；D 为圆形管道直径，m。

根据试验，当 Re 不大于 2320 时，流动处于层流状态；当 Re 大于 2320 时，风流开始转变为湍流，因此 2320 被称为临界雷诺数；当 Re 大于 10000 时，风流处于完全紊流状态。为简单起见，一般来说，当 Re 大于 2320 时，可以判断为湍流状态。将这些值近似地应用于风流，可以粗略估计不同流型下风流的平均风速。

对于非圆形管道，D 为当量直径，表达式为

$$D = \frac{4S}{U} \qquad (9-34)$$

$$U \approx C\sqrt{S} \qquad (9-35)$$

式中：S 为井巷断面积，m²；U 为井巷断面周长，m；C 为断面形状系数，梯形 $C=4.16$，三心拱 $C=4.10$，半圆拱 $C=3.84$。

此时，雷诺数计算的表达式为

$$Re = \frac{4vS}{VU} \qquad (9-36)$$

在矿井中，在井巷系统、用风点、矿井所需风量和通风机能力不变的情况下，风流参数在一定时间内变化不大；在矿井正常通风、风门开启和提升设备提升期间，瞬时扰动对局部风流的影响不大。此外，矿井气流主要沿矿井轴线移动。在矿井通风中，通常使用断面的平均值来表示巷道的风流参数。需要指出的是，一旦井下发生煤尘、瓦斯爆炸，火灾或煤与瓦斯突出等重大灾害，以及在通风系统的调整和通风机的启停过程中，矿井气流将变得不稳定。通常来说，井巷中最低风速都在 0.15 m/s 以上，正常通风巷道风流都处于紊流状态。但在大型采场、煤岩裂隙、漏风巷道等处风速一般都很小，故风流会出现层流状态。

2) 局部阻力

在风流过程中，由于局部突变，如井巷断面和方向的变化以及分岔或交汇等突变，风流的大小和方向发生变化，导致风流能量损失，这种阻力称为局部阻力。层流状态下的风流分离影响可以忽略，因此只需讨论湍流的局部通风阻力。矿井中有许多地方会出现局部通风阻力，如巷道断面的变化(扩张或缩小，包括风流的入口和出口)、拐角、分叉和交叉口，以及巷道、停放和行走的矿车和道路的局部变化等。

由于局部阻力发生位置的风流速度场变化复杂，局部阻力的计算一般采用经验公式，将局部阻力表示为巷道风流动压的倍数，表达式为

$$h_1 = \xi \frac{\rho}{2} v^2 \tag{9-37}$$

式中：ξ 为局部阻力系数（无因次）；ρ 为风流的密度，kg/m^3；v 为巷道的平均流速，m/s；h_1 为局部阻力，Pa。

3）通风阻力

矿井风量是指矿井的总进风量或者总回风量，矿井通风阻力是指单位体积空气由送风井口进入矿井，流经井下巷道到达出风口克服摩擦阻力和局部阻力所消耗的总能，风阻包括摩擦风阻和局部风阻。因此，通风阻力定律是通风阻力、风阻和风量3个参数相互依存的规律。紊流和层流状态下，通风阻力是不同的。在完全紊流状态下，通风阻力的表达式为

$$h = RQ^2 \tag{9-38}$$

式中：h 为巷道通风阻力，Pa；R 为巷道风阻（包括摩擦风阻和局部风阻），kg/m^3；Q 为巷道风量，m^3/s。

在井下个别风速较小的地方可能会用到过渡状态下的公式，通风阻力定律的表达式为

$$h = RQ^x \tag{9-39}$$

其中 $1 \leqslant x \leqslant 2$。

在层流状态下，通风阻力定律的表达式为

$$R_m = \frac{h_{Rm}}{Q^2} \tag{9-40}$$

在有多台通风机的矿井中，矿井的总风阻 R 不是一个固定值，其大小不仅取决于每条道路的风阻值和道路之间的连接，还取决于通风动力的影响。因此，矿井风阻特性曲线不是抛物线，应根据试验计算或计算模拟确定。矿井风阻 R 值不同，在送风量相同的情况下，需要克服的矿井通风阻力就不同。R 越大，矿井通风就越困难。或者，当矿井通风阻力相同时，风阻大的矿井其风量必然小。这意味着通风困难，通风能力小；风阻小的矿井风量大，通风方便，通风量大。因此，通常根据矿井风阻值 R 的大小来判断矿井通风的难度。

降低矿井通风阻力对保证矿井安全生产、提高经济效益具有重要意义。无论是矿井通风设计还是生产矿井通风技术管理，都有必要尽可能降低矿井通风阻力。需要强调的是，由于矿井通风系统的阻力等于系统最大阻力路径上各支路的摩擦阻力和局部阻力之和，因此在降低阻力之前，必须首先确定通风系统的最大阻力路径，通风系统的最大阻力路径必须通过测量阻力来确定。根据阻力路线上的阻力分布，找出阻力特别大的分支，并采取措施减小摩擦阻力和局部阻力。如果不是在最大阻力的路线上，降低阻力是无效的，有时甚至是有害的。摩擦阻力是矿井通风阻力的主要组成部分，因此应重点降低竖井的摩擦阻力，同时应注意降低某些大风量竖井的局部阻力。

4）通风量计算

矿井通风动力来自自然条件生成的自然风压和通风机提供的机械风压。自然风压是普遍存在的，但是不稳定，是矿井通风中的次要通风动力。机械通风是必须采用的通风方式，是主要的通风动力。

矿井自然风压是矿井内由于空气热量和水分状态的变化而产生的一种自然通风动力。自然风压即是矿井通风的驱动力，也是矿井的通风阻力。在主要的通风机停运期间，对由1台主通风机负责全矿通风的矿井，必须打开井口防爆门及相关风门，利用自然风压通风；对于

多台主要通风机联合通风的矿井，必须适当控制风流，防止风流紊乱。机械通风是稳定、连续的供风保障，是维持矿井安全和通风系统可靠运行的基础。为确保井下空气的质量，矿井必须采用通风机日夜不停地运转，将新鲜空气送入井下，将污浊空气排出。矿井是一个复杂的地下空间结构，其通风网路形式比较复杂，包括串联方式、并联方式、角联方式等。

在矿井中，自然通风和机械通风可以类比于两台风机串联工作。当自然风压为正时，自然风压和机械风压共同作用克服矿井通风阻力，使得风量增加；当自然风压为负时，自然风压成为矿井通风的阻力，使得风量减少。

9.3 地下空间有毒有害气体的探测与预警

地下空间作业时需提前选择合适的探测器对空间环境的氧气浓度和有毒有害气体浓度进行探测，并选择合适的探测方法进行检测，在确认作业环境适合进入作业方能进入现场，避免贸然进入现场引发人员中毒或者产生窒息。

9.3.1 有毒有害气体检测器

对于不同功能性的地下空间，其产生的气体类型、浓度和释放量有所差异，因此需选择相应的气体探测器和检测方法。通常来说，先要确认所检测的气体类型和浓度的范围，以便精确测量和保证操作人员安全。接下来，根据工作环境的不同，选择应用不同工作原理与使用固定方式的气体探测器，常见的固定式和便携式气体检测器如图9-12所示。

(a)固定式甲烷探测器　　(b)便携一氧化碳检测器　　(c)手提式复合气体检测仪

图9-12　气体检测器

1.气体检测器

由于地下空间中产生的气体类型千差万别，因此产生了不同探测原理的气体探测器。常用的有光学式探测器、催化燃烧型式探测器、电化学式探测器、热传导式探测器和半导体式探测器等。对于地下空间气体的探测，表9-8给出了常见的探测器类型、原理、特点和可探测的气体类型。

表 9-8 常见气体探测器

分类	原理	特点	可探测气体
光学式探测器	基于光学原理进行气体测量的传感器。主要包括红外吸收型、光谱吸收型、荧光型、光纤化学材料型等	是针对现场环境复杂、气体浓度过高等问题而专门设计的。其具有响应速度快、测量精度高、可重复使用、选择性好、使用寿命长等优点。价格较贵，主要用于科研和气体浓度精确度高的场所	CH_2O，CH_4，CO，CO_2，H_2S，NH_3，NO_2
催化燃烧型式探测器	利用催化燃烧的热效应原理，由检测元件和补偿元件配对构成测量电桥，载体温度升高，平衡电桥失去平衡，输出一个与可燃气体浓度成正比的电信号，进而反演气体浓度	计量准确，响应快速，寿命较长。适用于低浓度的甲烷测量，可制成便携式甲烷检测器	CH_4，NH_3，H_2
电化学式探测器	传感器大多是由 3 个电极结构，即工作电极、对电极和参比电极组成。当检测气体通过扩散或泵送方式到达传感器的工作电极时，电极表面发生氧化反应，在电极之间产生电位差	具有操作简单、体积小、成本低、灵敏度高等优点，但缺点是选择性和稳定性差，受环境影响大，不宜用于需要精确测量的场合	H_2S，NO_x，SO_2，CO，NH_3，H_2
热传导式探测器	检测器使用电阻温度系数较大的金属丝(铂丝或钨丝)或半导体热敏电阻作为敏感元件。电桥输出与气体浓度变化成比例的电信号	检测装置简单、价格便宜、使用维护方便、检测范围大，可以检测几乎所有的气体，但存在检测精度低、灵敏度低、温度漂移大等缺陷	H_2S，NO_x，SO_2，CO，NH_3，H_2，CO_2，CH_4
半导体式探测器	利用气体在半导体表面的氧化还原反应导致敏感元件电阻值发生变化而制成。电阻值的变化与气体浓度成比例，电阻变化转变为电信号，进而反演气体浓度	该检测器具有成本低、灵敏度高、响应快、电路简单、寿命长、对湿度的灵敏度低等优点。通常适用于精度要求较低的地方	H_2，CO_2，NH_3

2. 粉尘浓度检测仪

粉尘是地下空间施工过程中必然会产生的污染物，也是地下空间运营过程中可能会带来危害的物质，因此必须了解所处空间中的粉尘浓度来保障安全良好的作业条件。粉尘探测器主要包括滤膜采样测尘仪器、直读式测尘仪、个体采样器和矿用粉尘浓度传感器。

(1)滤膜采样测尘仪器。

在测量过程中，抽取一定体积的含尘空气，将粉尘阻留在已知质量的滤膜上，单位体积空气中的粉尘质量由采样器采样后滤膜的增量获得。粉尘采样器由采样头(内置滤膜)、流量计(稳流回路)、气泵、定时器和电源组成。粉尘采样器可分为呼吸性粉尘采样器和总粉尘采样器。呼吸性粉尘采样器和总粉尘采样器的区别在于呼吸性粉尘采样器增加了一个前置预捕集器。前置预捕集器，可将对人体有害的呼吸性粉尘和非呼吸性粉尘分离。在取样过程中，所需的取样流速应严格保持恒定。

（2）直读式测尘仪。

大多数快速粉尘探测器采用光电测尘原理，即滤膜集尘消光原理和光电效应来实现粉尘浓度的测量。当电源开关打开时，微电机启动，驱动空气泵泵送空气。含尘气体通过取样孔穿透滤膜，粉尘吸附在滤膜上。当取样气体达到规定时间时，延时开关自动关闭，取样结束。在进行直接粉尘测量时，小电珠光束通过透镜变成近似平行光束，穿透滤膜，射向硅光电池，使硅光电池产生光电流，并通过微安计指示光敏电流值。采样前后通过清洁过滤器和灰尘过滤器的光电流、采样流量和时间，可计算出被测粉尘的质量浓度。许多工厂都生产了快速粉尘探测器，其中 CCZ-1000 直读式粉尘探测器被广泛使用。采用微处理器技术，数据处理速度快，抗干扰能力强，稳定性好，测量精度高。粉尘探测器配备分级粉尘捕集器，可收集呼吸性粉尘和总粉尘。该仪器适用于煤矿或其他多尘工作环境，可直接测量总粉尘或呼吸性粉尘的浓度。

（3）个体采样器。

个体采样器是一种测定一个工班内粉尘平均浓度的仪器。该仪器由气泵、数字计时器、恒流恒定电路、欠压保护电路和安全电源等组成。该仪器配备一套微型粉尘预捕器，可分离对人体有害的呼吸性粉尘和粗粉尘。其具有结构紧凑、体积小、重量轻、自动定时、流量显示直观、安全可靠等特点，便于现场使用，特别适用于含有爆炸性危险气体的作业环境，目前常用的有 ACGT-2 型、AKFC-92G 型、CCZ2 型等。

（4）矿用粉尘浓度传感器。

GCG1000 型矿井粉尘浓度传感器消化吸收了国内外先进的粉尘测量技术，可与各种煤矿安全监测系统配套，连续检测易燃、易爆、可燃气体混合物环境中的粉尘浓度。其具有测量快速准确、灵敏度高、就地显示、信号远程传输、性能稳定等特点。通过设定粉尘浓度报警点的阈值，当测得的粉尘浓度达到该值时，立即输出报警信号，提醒工作人员及时采取相应的降尘措施。

3.风速测量仪

用于测量隧道风速的风速仪表（以下简称风表）是安全防护和环境监测测量类仪器，是强制实施检定的测量仪器之一，主要包括机械叶轮式风速计、超声波式风速传感器、叶轮式数字风表和热效式风表。

（1）机械叶轮式风速计。

机械叶轮式风速计又称风表。根据其结构，有两种类型：叶轮型和杯式。两者的内部结构相似。机械叶轮式风速计具有体积小、重量轻、能重复使用、使用携带方便、测量结果不受气体环境影响等特点；缺点是精度低、读数不直观、不能满足自动遥测的需要。不同隧道和井巷的风速不同，有时需要携带多个风表。目前，我国生产和使用的机械叶轮式风速计主要有 DFA-2 型（中速）、DFA-3 型（微速）、DFA-4 型（高速）、AFC-121 型（中高速）等。

（2）超声波式风速传感器。

超声波式风速传感器是应用卡曼涡街理论来实现风速检测的。卡曼涡街理论是指在无限大的流场中，在垂直流体流向插入一根无限长的非流线型阻挡体（涡流发生体），在雷诺数为 200~50000 范围内，阻挡体的下游将产生内旋的、互相交替的旋涡列，通过其旋涡频率的准确测定可以测定出流体流速的大小。

（3）叶轮式数字风表。

叶轮式数字风表的传感元件仍然是叶轮，在叶轮上安装了一些附件，根据光电、电感和干簧管等原理将物理量转换成电量，利用电子线路实现检测的自动记录和检测的数字化。该风表具有直读显示、数据存取、测量值准确、使用方便等功能和特点。在测量过程中，叶轮的旋转阻挡了光电传感器，每次阻挡时都会产生光脉冲信号，脉冲信号通过计数器传输到微处理器进行算术处理，然后显示在显示器上或存储在存储器中，如 CFJD5 型矿用电子风速仪（微速）和 CFJD25 型矿用电子风速仪。

（4）热效式风表。

热效式风表是矿山常用的测量风速的风表。该风表只能测量瞬时的风速，且环境中的灰尘和空气湿度对测量值的影响很大，所以这种风表使用不太广泛，多用于微风测量。

9.3.2　有毒有害气体探测方法

1. 利用检测仪器检测气体

气体检测仪器根据使用条件分为固定式、便携式和袖珍式三种；按使用场所分为防爆型和非防爆型；按检测对象分为氧气、可燃气体、惰性气体和有毒气体等若干种检测仪器。

使用气体检测仪器进行现场检测是最安全、最有效的方法。具体操作方法是选择与现场检测气体相匹配的检测仪器；打开无毒区域的电源（仪器始终处于待机状态的除外），将仪器调回零位（氧气含量检测仪器除外）；佩戴口罩进入有毒区域收集数据（未佩戴口罩不得进入高浓度区域，应在有毒区域边缘进行检测）。检测易燃易爆气体时应注意防爆；进入高浓度气体检测区域时，佩戴隔离呼吸器，防止窒息中毒。

出于现场安全考虑，可燃气体探测器的报警值一般选择为爆炸下限的 20%，有的也选择为 25%或 30%；有毒气体探测器的报警值通常选择工作场所的最高允许浓度危险值，例如硫化氢气体的报警点设置为 10 mg/m^3。当气体探测器报警时，可根据仪器的报警值和现场的具体情况，采取相应措施设置警戒、发出报警、组织逃生。不要因为已达到仪器的爆炸极限或中毒极限而恐慌，并采取极端措施。

2. 其他应急气体检测方法

1）使用小动物进行气体检测的方法

在没有检测设备的特殊情况下，如果需要进入现场，可以将兔子、鸟类、鸡等小动物放入现场观察 15 min 以上。小动物没有异常反应，人才能进入。利用小动物只能粗略观察空气中有毒气体与氧气含量的比值是否会对人体造成急性中毒，无法探测可燃气体的爆炸范围。因此，在没有检测仪器且必须进入现场的紧急情况下，使用小动物在现场观察气体是一种特殊情况下使用的方法，条件允许时，最好不要使用这种方法。在有毒有害事故现场，如果发现老鼠、鸡、鸟、兔、狗等死亡，必须采取预防措施，防止盲目进入现场造成中毒事故。

2）利用植物进行气体检测的方法

许多植物可以与不同的有毒气体发生反应，但它们很少被使用，因为它们反应缓慢，不利于现场应急观察。在救援现场，如果发现植物的叶子在没有烘烤的情况下突然枯萎，必须提高警惕，这可能是一些有毒气体对植物造成的伤害，应及时采取措施防止其对人的伤害。

3）人体观察方法

利用人体自身器官在现场观察有毒气体的方法方便快捷，但危险且不准确。条件允许时应使用仪器检测；利用人体自身器官观察有毒气体通常是被动观测。

（1）用眼睛观察有毒气体是最直观、最快速的方法。但这种方法的前提是只能观察到有色气体。通过观察气体颜色、浓度、移动速度、泄漏范围等，可以判断有毒气体的类型和泄漏量，进一步判断泄漏事故的风险。

（2）用耳朵观察有毒气体，即用耳朵听有毒气体泄漏的声音，判断有毒气体是否泄漏以及泄漏的数量。这种方法只能判断低毒性介质和近距离泄漏。

（3）用鼻子观察有毒气体，即用鼻子闻有毒气体的气味，判断有毒气体是否泄漏。前提是只能在低毒性介质或近距离的情况下判断泄漏。在正常没有准备的情况下，闻到有毒气体泄漏后，立即采取封堵或逃离现场等措施。除非有特殊情况，否则不能使用闻和观察有毒气体的方法，防止对人体造成伤害。

（4）体感观察。用体感观察有毒气体，即通过气体对人体造成的冷、热、痒、刺、吹等现象，判断有毒气体是否泄漏。在没有气体检测器的情况下，对于无色无味的气体，可以通过身体感觉或手触摸来判断有毒气体的泄漏，以找到泄漏点。前提是，只能在低毒性介质和近距离的情况下判断泄漏。在正常没有准备的情况下，在检测到有毒气体泄漏后，采取堵漏或逃离现场等措施。除非有特殊情况，否则不能使用体感观察有毒气体的方法，防止对人的伤害。用手触摸观察有毒气体，主要用手触摸储罐、管道等设备，通过感受气体的冷、热、痒、刺或吹气力找到泄漏点。用手触摸，观察有毒气体是否泄漏，不应触摸高温、低温和腐蚀性气体，以免伤害手臂。

9.3.3 有毒有害气体预警

1. 预警方案的设计

1）地下空间的基本情况调查

通过资料查阅和实地调研，了解所探究地下空间发展概况、工程特点、周边敏感保护目标以及周边范围内环境、安监、气象的等部门已经建立起来的各类监控点和仪器设备的使用情况。

2）地下空间风险评估和预警因子筛选

环境风险评估的目的是全面筛选地下空间中存在的有毒有害气体的特征、现存量、持续释放量，识别地下空间全部有毒有害气体、高风险大气特征污染物及其排放和迁移特征，以及与大气有关的环境风险事故等情况。最后，通过风险识别和影响范围分析，确定防治的重点有毒有害气体污染物，并确定相应的风险控制区域、范围和事故后果，为系统"靶向溯源、精准预警"以及制订针对性应急处置方案做好基础。在筛选预警因子时，可根据相关标准规程规范筛选各类型工程项目中可能存在的有毒有害气体以及历史环境事件中该项目地点出现过的有毒有害气体，将其列入预警因子初选名单，再采用定性或半定量的方法监测地下空间中的气体，结合有毒有害气体的毒性、化学活泼性等因素，从预警因子初选名单中筛选出需预警的有毒有害气体作为体系建设的预警因子，从而达到提高地下空间有毒有害气体风险防控水平和改善环境空气质量的双重效果。

3）构建预警站网

地下空间预警站网的布设基于上一步环境风险评估结果和确定的预警因子，将工程项目设为保护"域"，在项目周围建设分布预警子站，有条件的可配置移动监测站等，在空间中形成预警体系，以及"固定+移动"结合的覆盖式监控预警网络。预警站网可以为地下空间提供环境监测的基础信息数据，是实现环境监控及风险预警的基本保障。

4) 监控系统的数据传递和预警平台建设

预警子站将采集的实时监测监控数据及时传输至预警平台，通过平台设定的预警阈值实现有毒有害气体自动预警。预警阈值的确定可根据有毒有害气体浓度值及变化趋势、异常状况、风险可接受程度来确定，可参照安全、注意、警告、危险并结合预警因子实际划定。预警阈值设定值可以是一种或多种有毒有害气体浓度值、浓度响应斜率、浓度超限时间，也可以是相邻多个传感器、分析仪的报警数量、顺序和相邻浓度梯度等其他值，建立基于现有污染排放体系下污染物的扩散转移过程，实现环境污染预测预警。预警平台建设的目标是可以对采集到的有毒有害气体数据进行实时分析，实现对有毒有害气体环境风险的预警预测。

5) 建立系统的质量控制和应急管理体系

系统的质量控制体系是确保环境监测数据真实性和有效性的关键，是保证正确评估环境质量和环境风险、准确预测环境违规行为、有效追溯环境污染、正确表征环境污染行为的基本保证。质量控制体系应包括对预警子站、维护系统、预警监测报告系统、预警设备备品系统、数据传输智能审计和定期校准系统等的检查。应急管理体系应包括有毒有害气体预警通知系统、预警响应机制、应急响应机制、应急救援预案生成及日常应急演练机制等，确保地下空间有毒有害气体环境风险预警系统稳定有效运行。

2. 有毒有害气体检测及预警实例

1) 工程概述

云南迪庆藏族自治州茨中隧道地处青藏高原南延部分的横断山脉中，经过多期次的地质构造运动地层岩性受到挤压褶皱、断裂破碎、变质等作用，隧道围岩的节理裂隙、小断裂、褶皱发育，岩体破碎，多以Ⅳ、Ⅴ级围岩为主，只有埋深较大、风化较弱处有少量的Ⅲ级围岩。在此处设计一条无有害气体突出的单洞双向双车道隧道。

2) 确定检测气体

隧道设计首先要对有毒有害气体的含量和浓度进行检测，防止在隧道施工过程中有毒有害气体超限带来危险，要确保人员、机械和工程安全，避免灾害性事故发生。根据茨中隧道有害气体的实际情况，初步确定将甲烷（CH_4）、一氧化碳（CO）、二氧化碳（CO_2）作为主要检测对象，而把一些含量少、浓度低的有害气体如二氧化硫（SO_2）、氨气（NH_3）、二氧化氮（NO_2）、氮氧化合物（NO_x）和粉尘作为辅助监控对象。

对茨中隧道实际情况和经济等原因进行比较得出，在确保检测准确的前提下，可选用四合一便携式气体检测报警仪。

3) 检测位置及数据整理

因本隧道为非瓦斯隧道，因此检测频率较瓦斯隧道低，但在围岩变化时必须进行检测，同时每班检测不得少于 1 次，遇有突发气体时，每班可根据情况进行多次检测，检测时每 100 m 检测 3 个断面，每个断面测 5 个点，即拱顶、两侧拱腰处和两侧墙脚处，掌子面处应多测几点。重点检测的风流和场地包括开挖面回风流、放炮地点附近 20 m 以内的风流、局部塌方冒顶处、各种作业台车和机械附近 20 m 处以及隧道顶部局部凹陷有害气体易于聚集处等、地质破碎带处。

检测人员在隧道内检测的同时，做好各种有害气体浓度变化的记录，并及时汇总分析，指导隧道安全施工，如遇特殊情况及时向值班负责人报告，以便采取紧急应对措施。气体检测报告可按表9-9记录。

表9-9 气体检测记录表

检测时间	部位	检测数值				是否超标
		O_2	CO	H_2S	…	
		规定限值：下限18.0%（体积分数），上限23.0%（体积分数）	规定限值：15 mg/m³（12×10⁻⁶），安全临界浓度24×10⁻⁶	规定限值：15 mg/m³（10×10⁻⁶），安全临界浓度20×10⁻⁶		

（4）检测管理

人员配置：成立专业检测组，所有检测人员经专业技术培训，24 h值班，做到分工明确、责任明确、保证仪器精确度，一切情况直接向指挥或管理系统人员汇报。管理人员进洞检查要携带便携式检测仪器，所有施工人员应经常注意洞内固定检测仪器位置、气体浓度情况等，以此形成所有洞内施工人员全员检测有害气体的模式。

培训：专职检测员进行专业技术培训，取得资格证后方可上岗，所有进洞施工人员要经过有关知识培训，合格后方可进洞施工。

检测数据整理分析：在洞内检测的同时，做好各种有害气体浓度变化的记录，并及时汇总到组织指挥系统。对有害气体检测数据的整理分析，是指导隧道施工、协调各工序间关系，确保施工生产在安全的前提下能有序进行的前提。

管理措施：检测仪器专人保管、充电，应随时保证测试的准确性，按各种仪器说明书要求，定期送地区级以上检查站鉴定，日常每3天校正一次；每个检测点应设置明显的记录牌，每次检测应及时填写在气体检测记录表上，并定期逐级上报。

9.4 地下空间有毒有害气体的防护设备

地下空间有毒有害气体的防护设备是具备防护功能的通风设备，防护设备是以引入新鲜空气、过滤污浊空气、消除地下空间中各种有毒有害气体的危害为目的的设备。本节内容主要介绍了通风机、粉尘过滤器、通风密闭阀门和自动排气活门等设备的结构原理及使用维护方式。

9.4.1 通风机

通风机是地下空间有毒有害气体防护的主要设备，借由通风机向地下空间引入新鲜空气，供人员呼吸和设备消耗氧气，将产生的污浊排出，消除地下空间中各种有毒有害气体的危害，为地下空间营造安全舒适的环境。

1. 离心式通风机

离心式通风机输送气体时，一般增压范围在 10 kPa 以下。根据增压值可将其分为低压风机(小于 1 kPa)、中压风机(1~3 kPa)和高压风机(大于 3 kPa)。地下工程通风和空调系统通常使用低压和中压风机，但过滤式通风系统通常使用高压风机。离心风机的总体结构主要由叶轮、壳体、机轴、吸气口、排气口、轴承和支撑底盘组成，如图 9-13 所示。

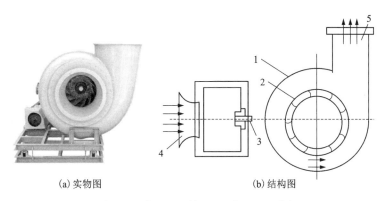

(a) 实物图　　　　　　　　　　　　(b) 结构图

1—机壳；2—叶轮；3—机轴；4—吸气口；5—排气口。

图 9-13　离心式通风机示意图

1) 离心式通风机使用注意事项

安装完成后，在调试操作前需进行如下检查：检查风机和电机型号规格(风机全称中包含的所有内容)是否符合设计技术要求；检查通风机进出口的柔性接头(如帆布短管)有无泄漏，固定是否牢固；检查轴承处是否有足够的润滑油，如果润滑油不足，应添加润滑油；检查风机与电机的传动连接是否可靠，联轴器是否平直，传动皮带是否紧固；检查风扇、电机地脚螺母和减振装置是否拧紧；检查电源是否安全可靠，有无断相，电机接线是否准确，电机、风机、风道接地线是否可靠；手动转动风扇，检查叶轮是否卡住；关闭启动阀，点动风扇电机，检查风扇叶轮的旋转方向。

通风机的启动有三种方式：直接启动装置、降压启动装置和自动控制装置。直接启动装置的方式是直接接通电源，风机即可启动。降压启动装置的方式是先将补偿器手柄推到启动位置，等待电流下降，风机正常运行，再将启动手柄拉到运行位置，风机正常运行。对于采用补偿器降压启动的风机，最长的正常启动时间与电机容量有关。自动控制的装置是按控制程序操作启动，并及时查看仪表指示情况。

运行中的检查需要注意：检查机组是否有异常噪声，地面固定是否有变化，风机叶轮与电机转子是否有碰撞或摩擦；轴承箱是否漏油，油温不应超过 65℃，轴承温度正常(滑动轴承最高温度不超过 70℃，滚动轴承的最高温度不超过 80℃)；电机电流不超过规定值，以免烧毁电机；风机中不应有多余的冷凝水。发现任何异常情况都应停止并调查原因，方法是立即切断电源，停止机组运行，然后仔细检查具体情况。

正常停机和停机后的维护：关闭风机启动阀后，切断风机电源，风机停止工作；停机后维护工作的主要内容是处理本次作业中发现的问题，擦拭灰尘，清除污垢，清理工具和物品，做好作业登记，为接下来的工作创造良好条件。

2)通风机的选择

如果风机因为长期使用,性能参数下降,或因损坏或服务区域扩大而不能满足要求,则应选择新的风机进行更换。

设备更新时有两种选择:原型号更新和新产品更换。原型号更新是根据原型号购买并按原样安装。新产品更换是根据原风量、气压、转速、出口方向等要求,在新产品目录或样品中选择参数相近的产品。正常情况下,更新产品的性能应优于旧产品。

当因服务区域扩大等原因需要选择新通风机时,可考虑以下方面。首先,确定新的风量要求,计算新管网中最长管道的总阻力,并确定新选择的风机的风量和压力值。从安全角度来看,确定的最大风量和空气压力也应增加10%~20%的不可预测范围。其次,计算所需轴功率,考虑到安全,也应将其扩大1.2~1.5倍。最后,根据以上参数选择风机型号,同时确定风机转速、出风口方向、原动机(新选电机)型号、传动方式、皮带轮尺寸等。

2. 轴流式通风机

轴流式通风机按其风压可分为低压轴流式和高压轴流式,高压风机风压≥500 Pa,低压风机风压<500 Pa。与离心式通风机相比,轴流式通风机具有结构简单、体积小、重量轻、风量大、风压低的特点,某些型号也可以直接在风道中吊起而不占用地面。

图9-14为轴流风机。从图中可以看出,这种风机的叶轮安装在圆柱形壳体中,叶轮直接与电机轴连接,电机也安装在壳体中。一些型号的发动机也有一个流线型的外罩,包括吸气口和排气口,端口和壳体一起形成一个气流通道。当叶轮在电机的驱动下旋转时,空气从入口(电机端)吸入,然后在叶轮和扩散器的压力增加后排入风道。由于机壳中的气流从电机端部进入,从叶轮端部流出,自始至终沿轴方向流动,因此其被称为轴流风机。

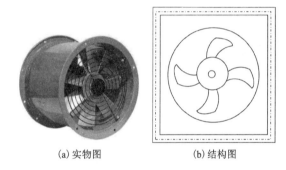

(a)实物图　　　　(b)结构图

图9-14　轴流式通风机示意图

与离心式风机一样,轴流风机的性能也由压力、流量、轴功率和效率等参数表示。它们之间的关系可以通过试验得到,也可以由产品相应的性能曲线获得。轴流式通风机和离心式通风机的主要区别如表9-10所示。

表9-10　轴流式通风机与离心式通风机主要特点比较

风机类型	轴流式	离心式
气流进出风机方向	轴向	进轴向,出径向
旋转方向	一般左转,改向后气流方向改变,风量、风压并不减小	有左、右转向,以右为主,改向后无风流出
风量、风压	风量较大而风压较低	风压较高而风量较小
启动操作	打开风机启动阀门	关闭风机启动阀门

9.4.2　粉尘过滤器

粉尘过滤器是过滤地下空间生产和运营过程中产生的粉尘的重要设备。通常滤毒通风设施是由粗滤器、滤尘器、过滤吸收器、通风机和管道设施组成的。

1. 粗滤器

粗滤器安装在进风总管上，用于空气预过滤和除尘，主要类型有 LWP（轻量级进程）型油网过滤器、泡沫塑料过滤器和粗（中）效无纺布过滤器。

（1）LWP 型油网过滤器。

LWP 型油网过滤器安装在清洁式和滤毒式通风合用的管道上，作为预过滤除尘器，如图 9-15 所示。该过滤器平时过滤空气中较大的粉尘颗粒，战时过滤掉爆炸残留物的粗颗粒。根据风管的方向和空间位置，LWP 过滤器可以水平或垂直安装，框架可以自己制作。安装时，应在进风端放置带有大孔的网层，管道间的焊接要求严密不漏气。一般有两种安装方法：管式安装（也称为匣式安装）和墙体加固安装。

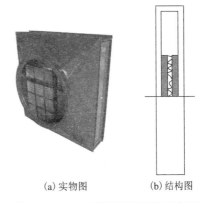

（a）实物图　　（b）结构图

图 9-15　LWP 型油网过滤器示意图

LWP 型油网过滤器的使用应符合以下规定：选择 LWP 型油网过滤器时，应根据工程项目最大风量组合选择多个过滤器，每个过滤器的平均风量不大于 1600 m^3/h；滤尘器前后各有测压孔，使用时可连接微型压力表。当电阻上升到最终电阻值时，应将其移除进行清洁。清洗后重新安装时，将带有大网眼的网片放在进气侧；在储存、运输、清洁和安装过程中，不要挤压或掉落，以免使网片变形，影响使用效果。

LWP 型油网过滤器的维护应符合以下规定：①定期维护。从铁壳的内框架上取下金属网，用碱水或苏打水清洗油污。碱水浓度为 10%，水温为 60~70℃。清洁后，用清水冲洗并干燥。按与拆卸过程相反的顺序将其放入框架中，将其浸泡在黏性油中，然后让其干燥。3~5 min 后，安装机架。②战时维修。当滤尘器达到最终阻力时，将其取出进行清洁，方法同上。项目头部的滤尘器由滤毒通风改为清洁通风时，应彻底清洁或更换。此时，工作人员应佩戴防毒面具、防护手套和防护服。清洗后的污水应妥善处理，不得随意排放。

（2）泡沫塑料过滤器。

泡沫塑料过滤器在工程中的使用场合、外观尺寸与 LWP 型过滤器相同，但其效率高、重量轻、易于维护和清洁。其外框由压制金属板制成，框架内装有泡沫塑料过滤体。产品出厂时还配有备用过滤器体，可随时更换和清洁，不影响工作。

泡沫塑料过滤器的使用和维护应符合以下规定：安装前检查有无损坏，压板有无脱落、松动；带有螺栓压板的一侧为含尘气流入口；使用前，滤料应在 5% 氢氧化钠溶液中预浸 3~4 h，取出用清水冲洗，然后用肥皂水擦拭，再用清水反复冲洗，以去除泡沫微间隙中的杂质，降低阻力，去除烟尘，保持进气口新鲜，清洗后挂在阴凉处晾干；在使用中，当达到最终阻力时，应将其拆卸、清洗并重新使用；随时检查密封是否损坏，如果过滤材料损坏，可以修复；泡沫材料不怕汽油、液压油、润滑油、亚麻籽油等，但怕强酸和强碱，不能与丙酮、丁酮、四氯化碳、乙醚等溶液接触；长期日晒易老化。

（3）粗（中）效无纺布过滤器。

后期地下工程还可以采用粗（中）效无纺布过滤器，粗效过滤器可过滤除粒径大于 10 μm 的大颗粒粉尘，中效过滤器可过滤出粒径为 1～10 μm 的粉尘，如图 9-16 所示。这种无纺布过滤器的结构和形状与泡沫过滤器相似，滤芯清洗后即可使用。

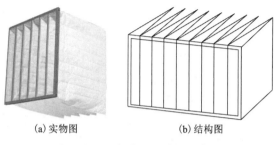

（a）实物图　　　　　　（b）结构图

图 9-16　无纺布式过滤器示意图

2. 滤尘器

地下工程除尘的含义，除了清除空气中的尘埃，还包括战时除去有毒烟尘、毒雾、放射性沾染物和细菌载体等。常用的滤尘器有 FLC02 型滤尘器和 FLC04 型粒子过滤器。

（1）FLC02 型滤尘器。

FLC02 型滤尘器配置在粗滤器和过滤吸收器之间的通风道上，用于过滤空气中的灰尘和颗粒较大的气溶胶，保护和延长过滤吸收器的使用寿命。FLC02 型滤尘器的外形是一个方形壳体，壳体内有一个滤芯，外壳两端各有一个扩散器，滤芯用黏合剂连接到壳体上。当有毒空气通过过滤器时，空气中的粉尘和气溶胶（如有毒烟雾、毒物、放射性粉尘和颗粒较大的细菌）会被滤纸过滤掉。

FLC02 型滤尘器使用和维护应符合以下规定：安装时，拆除扩散器入口和出口端盖，然后按照标记的"空气入口"方向将其安装在通风管道中，扩散器法兰和风管法兰之间有橡胶软接头，用 M10 螺栓连接；安装完成后，通风管道的关闭阀平时处于关闭状态，战时除尘器投入使用时再打开阀门；使用时应满足风量和阻力要求，并注意放射性检测；当 FLC02 滤尘器的阻力升至 600 Pa 时，需要更换；更换除尘器的操作人员需要佩戴防毒面具和防护服，更换的除尘器应使用端盖密封，然后进行去污处置。

（2）FLC04 型粒子过滤器。

FLC04 型粒子过滤器是安装在滤毒通风支路上的过滤吸收器前，其功能是在过滤和通风的条件下过滤掉进气中的细小颗粒（小于 1 μm）的粉尘、有毒烟雾和有毒烟雾中的颗粒，防止过滤吸收器堵塞。该过滤器由过滤单元、生物活体杀灭单元、壳体、防爆板和快速接头等单元组成。过滤装置的作用是过滤掉有毒空气中的放射性粉尘、生物气溶胶和有毒气溶胶；生物活体杀灭单元可以有效杀灭截留在过滤单元上的生物活体；壳体和防爆板可以减弱进入设备残余压力的冲击波，保护过滤单元；快速接头用于实现设备与系统管线之间的快速连接。过滤器采用两级过滤。预过滤层过滤掉有毒空气中较大颗粒的放射性粉尘、有毒烟雾、有毒气溶胶和生物战剂气溶胶，细过滤层过滤掉较小颗粒的气溶胶。在过滤器保护切换到隔离保护后，或在更换设备之前，生物活体杀灭单元使用低温等离子体技术刺激活性物种的产生，有效杀灭截获的生物战剂，避免生物战剂的二次污染。

安装过程中，安装场地应保持清洁无水，防止 FLC04 型粒子过滤器吸收水分，严禁用水。当过滤器和通风保护系统工作时，FFLC04 型粒子过滤器被激活。当其电阻升高 100 Pa 时，应停止工作并更换。为了在战时更换受污染的 FLC04 颗粒过滤器，操作员必须佩戴防毒面具和防护服。

3. 过滤吸收器

通风中的有毒物质以气溶胶和蒸汽两种状态存在。气溶胶是指悬浮在空气中的有毒液滴或固体颗粒的混合物，气溶胶能在空气中长期稳定存在。蒸汽状态意味着毒物以气体分子的状态分散在空气中，并会通过呼吸器官和眼睛对人造成危害。过滤吸收器的作用是进一步过滤和吸收工程进风中的化学毒物、细菌和核战剂，并与上述粗滤器和滤尘器配合使用，用于工程的集体防护。

过滤吸收器是由精滤器和吸收器两部分组成的，如图9-17所示。大多数精滤器采用抗水增强超细玻璃纤维滤纸制成。当有毒气溶胶通过精滤器时，气溶胶中的颗粒与纤维接触并被截留。在这种接触的众多效应中，主要的是截留效应、惯性效应和扩散效应。然而，由于颗粒大小不同和惯性等因素，也有少量颗粒通过精滤器。滤毒器填充有浸渍活性炭（称为浸渍炭、催化炭、防病毒炭）。活性炭是一种优质的炭质选择性吸附剂，孔隙发达，其孔隙按大小可分为微孔、过渡孔和大孔。对于毒物的吸附，最重要的是具有较大表面积的微孔。在活性炭的过渡孔和大孔表面上，负载了铜、银、铬、钼和锌等金属氧化物，即浸渍活性炭。浸渍炭通过添加金属氧化物提高了难吸附毒物的抗毒性。除添加金属氧化物外，为了进一步提高抗病毒性能和稳定性，一些浸渍炭还添加了少量碱、硝基苯、葡萄糖等化学试剂。浸渍炭的含水量和空气的相对湿度对抗病毒能力有显著影响。因此，在储存和使用过滤吸收器时，应特别注意防潮和除湿。和平时期应密封并保存，在战争时期将其连接到通风系统。

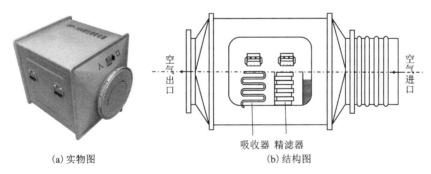

(a) 实物图　　　　　　　　　　(b) 结构图

图9-17　过滤吸收器示意图

过滤吸收器的使用应注意以下事项：设备必须水平安装，安装时气流方向必须与设备指示的方向一致；长时间不用时，不要拆下端盖，不要与通风系统连接，并保持密封，以避免水分流失；如果安装了过滤吸收器，其前后气密阀应关闭。过滤吸收器在密封条件下的保质期为5年；过滤吸收器前后应设压差测量管。当工作阻力达到最终阻力或有毒物质的废气浓度超过规定要求时，过滤能力已丧失，应立即关闭阀门和过滤风机，并更换新的过滤吸收器；通过过滤吸收器的气流不能超过其额定风量，相对湿度应小于90%，否则会影响过滤器性能，减少抗病毒时间，当使用两个以上的过滤吸收器时，应考虑每个过滤吸收器的风量平衡；过滤吸收器不能与酸碱、消毒剂、发烟剂等一起存放，以免破坏内部材料而失效，过滤室应保持清洁、干燥和防潮；更换故障过滤吸收器时，应佩戴防毒面具和防护服，更换后的故障过滤器两端应密封保存。

9.4.3 通风密闭阀门

密闭阀门是确保通风管道气密性和保护通风方式转换的通风控制装置。不能用于风量调节,只能全启或者全闭。选择时,空气通过阀门的风速为 6~8 m/s。根据阀门结构,密闭阀门分为杠杆式和双连杆式。根据阀门驱动方式,密闭阀门分为手动式、手电动两用杠杆式和双连杆型。

1. 手动式密闭阀门

手动密闭阀门主要由壳体、阀门板、驱动装置、密封圈和锁紧装置等组成。关闭阀门板后,依靠锁定装置锁定阀板,以确保气密性。

手动密闭阀门的安装和使用应注意以下事项:阀门安装在水平或垂直管道上,以支架或吊架的形式安装,便于手柄操作和阀门维护;安装前应放在室内干燥处,使阀门板处于关闭位置,橡胶密封面上不允许有任何油脂,外壳的密封面必须涂上防锈剂;安装阀门时,确保阀门压力方向上的箭头与冲击波方向一致,阀门连接的法兰和橡胶垫圈按型号要求制作;使用时,要打开阀门,首先松开锁紧手柄,然后逆时针转动操作手柄,使阀门完全打开,最后拧紧锁紧手柄,防止阀板因振动而移位或自动关闭。

手动密闭阀门维护保养及故障排除方式应注意以下事项:擦拭阀体、内腔、密封面和零件上裸露的油,定期向油杯内注油,以利于润滑和防腐;每月打开和关闭 1~2 次,检查旋转和传动部件是否灵活;定期检查密封面橡胶的老化程度、锁紧装置螺钉的螺纹磨损情况、填料是否压紧、弹簧是否疲劳、壳体和阀门表面是否生锈等。

2. 手电动两用杠杆式密闭阀门

手电动两用杠杆式密闭阀门主要由壳体、阀门板、手动装置、减速箱、电动装置(电动开关、行程开关、电动控制器)等部件组成,如图 9-18 所示。当传动装置用电动操作时,手柄与减速器分离,因此当轴转动时,手柄不能转动;当手动操作时,电机和轴分离,因此即使电机通电,也只能空转;当阀门板处于全开或全关位置时,电动机靠行程开关自动停止。

安装手电动两用杠杆式密闭阀门时,除满足阀门手动密封的所有要求外,还应注意以下事项:电机限位开关等电气设备必须存放在通风、清洁、干燥的地方,不得与酸、碱、氯等腐蚀性物质放在一起,否则会降低绝

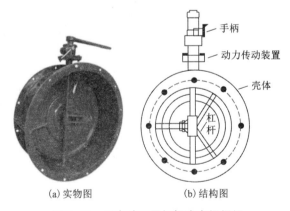

(a) 实物图　　(b) 结构图

图 9-18　手电动两用杠杆式密闭阀门

缘强度;安装时,应检查减速器和齿轮联轴器,用不含水分的煤油清洗零件上的防腐油,用汽油清洗和干燥滚动轴承,减速机应加入清洁的润滑油,注油量应达到螺杆齿面。

除了手动密闭阀门的常见故障和故障排除方法,还存在离合器操作不灵活等故障,其排除方法是:变速箱中的润滑油如干燥,应及时添加润滑油;如果齿轮和离合器之间的间隙不合适,拆下齿轮箱中的零件,并在清洁后安装,安装时,调整间隙,并加润滑油;当齿轮箱中的齿轮、轴、轴套等零件损坏或严重磨损时,应及时修理或更换。

3. 双连杆型密闭阀门

双连杆型密闭阀门与杠杆式密闭阀门的构造基本上是相似的，由双连杆碟阀电动装置组成。其他与上述阀门要求相同。

9.4.4　自动排气活门

自动排气活门是保证工程超压的排气活门，用于工程的排风口。目前有 3 种常用类型：YF 型、PS 型和 FCH（FCS）型。前两者只能承受残余压力，后一种可承受 0.3 MPa 的冲击压力，属于防爆型超压排气活门。

1. YF 型自动排气活门

YF 型自动排气活门主要由活门外套、杠杆、活盘、重锤、偏心轮和绊闩等组成。在过滤通风时，由于只有机械进风，排气机不开，室内侧压力比室外侧高，室内侧空气压力作用于活盘上，从而驱动杠杆改变活门的开度，并自动调节排风量以控制超压排风；并且可以通过调整重锤的位置来改变活门的启动压力。当室内空气压力达到活门启动压力时，活门自动开启；相反，当低于启动压力时，它会自动关闭。

YF 型自动排气活门安装时应注意以下事项：活门安装前，应存放在室内干燥处，活门应处于关闭位置，橡胶密封面不应沾染油脂，以防腐蚀；活门一般安装在墙上，通过法兰与预埋管道连接，预埋短管的长度由壁厚决定，管道内径应与活门的通风口径一致。在预埋短管之前，应清除锈迹，并涂两层红丹防锈漆。短管与密封肋应充分焊接，与法兰的焊接应保证密封，预埋短管时，必须确保法兰面与地面垂直；安装活门时，确保重锤处于最低位置，在活门外套法兰和预埋短管法兰之间，应衬上 5 mm 厚的橡胶板，并拧紧所有螺栓，以确保气密性，还必须确保活门外套和杠杆与水平面垂直，并确保活盘能够灵活打开和关闭。

YF 型自动排气活门使用和维护时应注意以下事项：在滤毒式通风时，应根据要求的超压值调整重锤的位置，使活门在确保超压值的情况下自动排气。隔绝式通风时，应将绊闩锁紧，偏心轮和杠杆应相互靠紧，活门应关闭；定期擦拭，清除灰尘，螺栓和重锤上涂工业凡士林，防止氧化和生锈；检查活门的密封性，必要时更换零件；检查转动是否灵活，定期注油润滑转动部位，保证转动平稳；每 5 年检修一次，检修时拆下清洗零件，更换损坏的零件和老化的密封件，并在检修后的密封试验中将活门闭锁，加压 100 mm H_2O 柱高（约 1 kPa），1 min 不漏气为合格。

2. PS 型超压排气活门

PS 型超压排气活门主要由壳体、限位圈、密封圈、阀盖、扭力弹簧、手动闭锁装置、凸轮、重锤和杠杆组成，该活门的工作原理与 YF 型自动排气活门相同。

3. FCH 型防爆超压排气活门

FCH 型防爆超压排气活门的活门能直接承受冲击波压力的影响，具有保护和密封的功能，能满足 5 级人防的防爆要求。因此，该活门可安装在 5 级及以下的人防工程排放口。风口部分靠近空墙，直接替代原防爆波活门和自动排气活门组成的排气消波系统。它也可以单独用作超压排气活门。

FCH 型防爆超压排气活门有两个功能：一是通过内外空气的超压自动开启和关闭阀门，确保工程内部通风良好；二是在冲击波到达时立即自动关闭阀门，减少 90% 以上的冲击波能量，起到防爆作用。战时需要隔离和保护时，锁紧活盘可以达到保护和密闭的效果。

9.4.5 其他防护设备

1. 风量调节阀

用于调节风量的阀门主要是手柄式和拉链式碟阀。蝶阀由带法兰的短管、阀板轴和阀板组成。与密闭式蝶阀相比，它不仅具有最大开启位置(阀板平面平行于风管轴线)和关闭位置(阀板平面垂直于风管轴线)，而且具有不同的开启角度位置，因此可以根据风管风量进行调节，拉链式和手柄式可以起到相同的作用，但结构尺寸不一定相同，更换时必须检查具体尺寸。在系统调试期间，一旦风量调整完成，阀门开度将固定。一般情况下，在使用、管理中不宜随意改变开启位置，以免影响系统设定的风量分配。正常检修时，应检查阀件是否变形、调整旋转是否灵活、开关位置标记是否清晰等。

2. 插板阀、止回阀、旁通阀

通风和空调系统也常用到插板阀、止回阀、旁通阀等。插板阀主要用于离心式风机的进风管上，启动时关闭该阀门，可使离心风机空载启动；调节风量时，关闭阀门会增加风道的局部阻力，减少风量。插板阀通过拉出和插入风道的金属板来调节风量，结构简单，使用方便。止回阀由一个钢阀体、两个铝阀板、橡胶垫圈和密封圈组成。该阀仅用于允许单向气流流经的场合，如柴油机排风管和工程排气风共用一个扩散室时，安装在扩散室的排风管上。当工程排风机不启动时，它会阻止柴油机排烟倒流入工程内。其也可用于柴油机的排烟管上，以防止排烟回流。旁通阀的结构与蝶阀相似，其功能是切换通风路径。例如安装在除湿器的旁通管路上，在冬季打开，使气流不通过除湿器，只通过加热器和加湿器，从而控制通风路径，平衡空气路径的阻力。

参考文献

[1] JTG/T D70/2—022014. 公路隧道通风设计细则[S].

[2] 北京市朝阳医院. 职业病医疗手册[M]. 北京，人民卫生出版社，1971.

[3] JTJ 073—1985. 公路养护技术规范[S].

[4] JTJ 026—1990. 公路隧道设计规范[S].

[5] JTJ 026.1—1999. 公路隧道通风照明设计规范[S].

[6] JTG/T D70/2-02—2014. 公路隧道通风设计细则[S].

[7] DG/T J08-2033—2017. 道路隧道设计标准[S].

[8] GB 3095—2012. 环境空气质量标准[S].

[9] TB 10068—2010. 铁路隧道运营通风设计规范[S].

[10] GB/T 17094—1997. 室内空气中二氧化碳卫生标准[S].

[11] GB/T 18883—2002. 室内空气质量标准[S].

[12] GB 50157—2003. 地铁设计规范[S].

[13] GB 37488—2019. 公共场所卫生指标及限值要求[S].

[14] 应急管理部. 煤矿安全规程[M]. 中国法制出版社，2016.

[15] GB/T 17216—2012. 人防工程平时使用环境卫生要求[S].

[16] 张旭，叶蔚，徐琳. 城市地下空间通风与环境控制技术[M]. 上海：同济大学出版社，2018.

[17] 胡汉华，吴超，李茂楠. 地下工程通风与空调[M]. 长沙：中南大学出版社，2005.

[18] 郭春. 地下工程通风与防灾[M]. 成都：西南交通大学出版社，2017.

[19] 胡卫民，高新春，鹿广利. 矿井通风与安全[M]. 徐州：中国矿业大学出版社，2008.

[20] 倪文耀，朱锴. 矿井通风工程[M]. 徐州：中国矿业大学出版社，2014.

[21] 吴超. 矿井通风与空气调节[M]. 长沙：中南大学出版社，2008.

[22] 徐强伟，宋瑞刚. 地铁车站候车区间空气监测及空调系统控制装置[J]. 轻工科技，2019，35(8)：114-115+168.

[23] 李赵翔，王煊军，慕晓刚，等. 空气中二氧化氮检测技术的研究进展[J]. 装备环境工程，2022，19(2)：124-131.

[24] 周秀欢，陈炜，傅家乐. 二氧化碳气体传感器研究进展及计量现状[J]. 计量与测试技术，2018，45(9)：29-30.

[25] 王清. 有毒有害气体安全防护必读[M]. 北京：中国石化出版社，2007.

[26] 李光耀，田大庆，龙伟. 隧道有毒气体预警应急救护一体化监控系统研究[J]. 现代隧道技术，2013，50(5)：29-33.

[27] 刘志强，陈旭东. 化工园区有毒有害气体环境风险预警体系研究[J]. 资源节约与环保，2021(9)：145-146.

[28] 刘顺波. 地下工程通风与空气调节[M]. 西安，西北工业大学出版社，2015.

第10章 核废料深地处置与应急监测

近年来，世界各国的工业发展导致化石能源逐渐枯竭，伴随的污染以及气候问题得到世界范围内越来越多的关注。人们对清洁能源的追求促进了核工业的发展，有些放射性核素的半衰期比核技术和辐射技术的使用要长得多。因此，必须有可靠的技术和社会制度来管理这些放射性废料，以确保今世后代的安全。

扫码查看本章彩图

深部地质处置作为放射性物质最安全、最有效的最终处置方法，在过去的半个世纪里，几乎所有核国家都选择、发展和实施了这种方法。地质处置的目标很简单，就是让危险的放射性废物远离人们。由于自发的放射性衰变，核废料的放射性危险随着时间的推移而减少。因此，如果我们能成功地将放射性废物隔离"足够长"的时间，那么我们就能实现限制放射性材料对未来人口的辐射量的目标。

自20世纪70年代以来，国际上有关核废料地质处置的讨论和合作发挥了重要作用。现在人们了解到，核废料地质储存库的构建不仅仅是一个建造一堆含有放射性废料罐的隧道的大型土木工程项目，而是必须要有一套科学的原则、独立的监管审查以及与公众进行信息交流和决策的方法。本章首先分析核废料的产生和危害，总结建设核废料深地处置库的防护要求；然后介绍现有核废料深地处置库的技术标准和设计流程；最后针对处置库的长期运行监测总结应急处理方案。

10.1 核辐射与核废料

理解核辐射和核废料的产生和处理是研究核废料处置库的前提。本节主要介绍核辐射的来源与特征、核辐射的危害、核废料的产生以及核废料的处理。通过了解核废料的上述基本属性进而得到核废料处置库建设的基本要求，同时根据核辐射的特性可以针对性地设计屏蔽和储存核废料的处置库。因此，有必要针对核辐射和核废料的基本特性展开讨论。

10.1.1 核辐射的来源与特征

1. 辐射

辐射是一个不稳定的原子在经历一个变得稳定或不太稳定的过程时释放出来的能量。辐射是原子核从一种结构或一种能量状态转变为另一种结构或另一种能量状态过程中所释放出来的微观粒子流。因此，只要一个不稳定的原子存在，辐射就会产生。已知存在1000多个不稳定的原子，包括自然产生的和人类引发核反应创造的。

根据辐射是否引起传播介质的电离，人类所经受的辐射可以分为非电离辐射和电离辐射两大类，如图10-1所示。能量比较低，不能使受到照射物体的分子或原子发生电离的辐射，称为非电离辐射，无线电波、红外线、可见光、紫外线等电磁波的辐射都属于非电离辐射。

电离是原子或分子中的一个电子被除去的过程。电离发生在电子被入射粒子撞击而脱离轨道时，喷射出的电子被另一个分子迅速捕获，产生负离子。因此，电离的结果是形成两个离子，一个负离子和一个正离子(即失去一个电子的原子)，称为离子对。这种离子对的产生和随后的能量转移会导致相互作用介质中的有害变化。电离是辐射与物质相互作用最直接、最基本的结果之一。

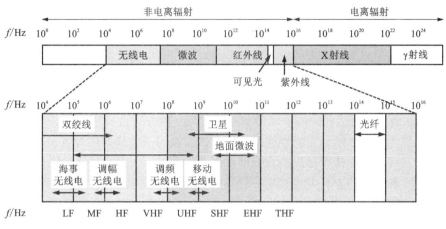

图 10-1　辐射的分类及其能谱(扫码查看彩图)

电离辐射是任何能量大于从原子中移除电子所需能量的辐射粒子。它由直接或间接电离的粒子或两者的混合物组成。它包括带电粒子和不带电粒子，能够通过初级或次级过程引起电离。相比之下，当辐射能量不足以产生原子和分子电离时，辐射被归类为非电离辐射。例如，氢原子中电子的结合能是 13.6 eV，然而，要从氢原子中除去电子，需要比结合能大 2~3 倍的能量。所需的额外能量是在从原子上剥离之前激发电子(将轨道电子提升到更高但仍为束缚态)。因此，产生氢电离大约需要 34 eV。只要辐射携带的能量足以引起电离，它就是电离辐射。电离辐射包括紫外线、X 射线、伽马射线和其他类型的高能粒子，如 α 粒子和 β 粒子等具有相当的能量，作用于传播途径上的物质后，引起其中的电子游离产生带电离子，X 射线、中子流等不带电粒子间接引起电离辐射。

2. 核辐射

由原子核发出的射线通称为核辐射，核辐射又称为放射线。核辐射是放射性物质以波或微粒形式发射出能量。一些放射性元素的原子核携带有很高能量的质子或中子，在结构或能量状态转化过程中释放出的微观粒子流，即为核辐射。微观粒子流可以是高速运动的带电粒子(α 粒子、β 粒子、质子等)，也可以是不带电粒子(X 射线、γ 射线、中子流等)。核辐射可以使射程上的物质电离或激发，所以都属于电离辐射。

放射性是指元素从不稳定的原子核自发地放出射线或高能辐射(如 α 射线、β 射线、γ 辐射等)衰变形成稳定的元素而停止放射(衰变产物)现象，如图 10-2

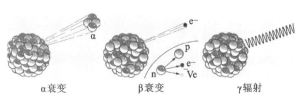

图 10-2　常见的放射现象

所示，为 α 衰变、β 衰变和 γ 辐射的示意图。1896 年，法国物理学家贝克勒尔在研究铀盐的实验中，首先发现了铀原子核的天然放射性。在进一步研究中，他发现铀盐放出的这种射线能使空气电离，也可以穿透黑纸使照相底片感光。他还发现，外界压强和温度等因素的变化不会对实验产生任何影响。他将这种射线命名为 X 射线。从此，人类开始认识放射性的存在，并由此打开了原子核物理学的大门。

3. 放射性衰变与活度

放射性衰变是在单个原子水平上发生的随机过程，当一个不稳定的原子通过发射辐射而失去能量时发生。因此，放射性衰变是指放射性核素自发释放辐射，以提高其稳定程度。核素中发生衰变的类型取决于核素的原子质量及其质子与中子的比率。

在放射性衰变过程中，母体的原子数随时间不断减少，子体的原子数则不断增加。若放射性母体经过一次衰变就转变成一种稳定的子体，称为单衰变。有时，放射性母体可经历若干次衰变，每次衰变所形成的中间子体都是不稳定的，本身又会发生衰变，一直持续到产生稳定的最终子体为止，这种衰变叫作连续衰变。由这样的一个放射性母体、若干个放射性中间子体和一个最终稳定子体所形成的衰变链称作衰变系列。大多数放射性同位素是按一种母体只转变成另一种子体的方式发生衰变。少数放射性同位素可以有两种或多种衰变方式，形成不同的子体，即一种母体能同时产生两种子体，这样的衰变称为分支衰变。自然界中这几种衰变类型都存在。

在放射性衰变过程中，放射性母体同位素的原子数衰减到原有数目的一半所需要的时间称为半衰期，记作 $T_{1/2}$。放射性母体同位素在衰变前所存在的平均时间称为平均寿命，记作 τ。半衰期是放射性同位素衰变的一个主要特征常数，它不随外界条件、元素状态或质量变化而变，放射性同位素的半衰期的长短差别很大，短的仅千万分之一秒，长的可达数百亿年，半衰期愈短的同位素，放射性愈强。处于某一特定能态的放射性核素在单位时间内的衰变数用放射性活度描述，用 A 表示：

$$A = \frac{\mathrm{d}N}{\mathrm{d}t} \tag{10-1}$$

式中：$\mathrm{d}t$ 是时间间隔；$\mathrm{d}N$ 为在时间间隔 $\mathrm{d}t$ 内处于特定能态的一定量的核素发生自发核跃迁数目的期望值。

放射性活度单位的专用名称为贝可勒尔，简称贝可，用符号 Bq 表示。常用单位还有居里（Ci）。1 Ci 定义为 1 g 的镭每秒钟衰变的数目。居里与贝可的换算关系为

$$1 \text{ Ci} = 3.7 \times 10^{10} \text{ Bq} \tag{10-2}$$

放射性活度是指放射性核素的转化率，而不是指某种放射性核素所包含的原子核的数量，也不是指某一定量的放射性核素放射出的粒子的数目。若无特别说明，上述所说的"特定能态"是指放射性核素的基态。实际计算时，处于特定能态的放射性核素的活度等于此种核素衰变常数 λ 与其数目 N 的乘积。

$$A = \lambda N = \lambda N_0 \mathrm{e}^{-\lambda t} = A_0 \mathrm{e}^{-\lambda t} \tag{10-3}$$

式中：A_0 为 $t=0$ 时刻放射性核素的活度。人体受到的辐射剂量用希沃特（Sv）表示。

放射性核素常常与该元素的稳定同位素同时存在，或包含在其他固体、液体或气态的物质内，或吸附在其他固体、液体或气态物质上，此时需用其他物理量来表示活度。

一个样品中某种特定放射性核素的比活度 A_m，也称质量活度或活度质量比，或单位质量

的活度，为该样品中放射核素的活度 A 除以样品的总质量 m。一定体积中某种特定放射性核素的活度浓度 A_V，也称体活度或活度体积比或单位体积的活度，为该体积中放射性核素的活度 A 除以该体积 V。某一表面上某一特定放射性核素的表面的活度浓度 A_F，也称面活度或面积活度浓度，为表面积 F 上该放射性核素的活度 A 除以表面积 F。

国际标准化组织 ISO 921 对比活度和活度浓度这两个术语进行了区分，即比活度是指单位质量的活度，而活度浓度是指单位体积的活度。对于纯的或无载体的放射性核素样品，即未混入任何其他核素，或不太严格地讲对于放射性核素故有存在某物质中的情况（如天然铀中的铀-235、有机物中的碳-14），或在放射性核素的丰度经人工改变的情况下用比活度，比活度可由下式计算：

$$A_m = \lambda N_A / M \tag{10-4}$$

式中：A_m 为比活度；λ 为放射性核素的衰变常数；N_A 为阿伏伽德罗常数；M 为样品的摩尔质量。

4. 核辐射的特征

综合以上原理，可以总结得到核辐射的特征如下：

①放射性核素的衰变是自发性反应。放射性核素自发性地发生衰变，任何物理或化学手段都无法干涉和改变。

②带电粒子受电场影响。α、β 粒子带有电荷，行进轨迹中会受电场影响偏转，γ 射线不带电荷，不受电场影响。

③放射性活度随时间递减。放射性核素的活度随时间递减，其减少一半所需要的时间称为半衰期。各种放射性核素的半衰期都是固定的。

④不同的射线穿透能力不同（图 10-3）。α 射线穿透能力最弱，一张纸就可以全部挡住它。β 射线能穿透纸张，但无法穿透铝板。γ 或 X 射线的穿透力更强，需要一定厚度的混凝土或铅板才能有效地阻挡它。中子辐射穿透性更强，需要水完全屏蔽，这也是核电站将核燃料棒完全置于水中的原因。

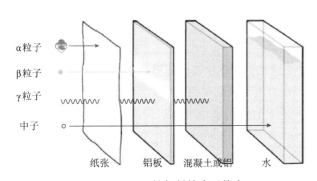

图 10-3　不同核辐射的穿透能力

10.1.2　核辐射的危害

1. 辐射的生物效应

放射性核素产生的射线有可能给人类带来危害，辐射对人体的作用是通过辐射生物效应来表现的，辐射生物效应的全称是电离辐射生物效应，它是指电离辐射的能量传递给生物机体后所引起的变化和反应。电离辐射生物效应一方面可导致人体的辐射损伤，另一方面，掌握得恰当又可将其应用于疾病治疗。

辐射生物效应涉及体内许多复杂的变化过程，从生物体吸收辐射能量到损伤、死亡或康复，要经历许多性质不同而又相互联系的物理、化学和生物学方面的变化，涉及组成机体的生物大分子的变化、细胞功能和代谢的变化，以及机体各个组成部分之间相互关联的变化等，这些变化可分为原发作用和继发作用，两者对生物遗传物质的影响如图 10-4 所示。

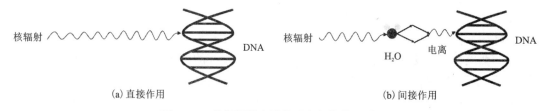

(a) 直接作用   (b) 间接作用

图 10-4 核辐射的直接作用和间接作用对比

对于原发作用，机体在射线作用下产生生物大分子和细胞微结构的损伤，辐射能量的吸收和传递使细胞中排列有序的生物大分子处于激发和电离状态。放射线直接作用于具有生物活性的核酸、蛋白质(包括酶类)等大分子，发生电离、激发或化学键的断裂而造成分子结构和性质的改变，从而引起功能和代谢的障碍，称为直接作用。放射线作用于体液中的水分子，引起水分子的电离和激发，形成化学性质非常活泼的自由基等，继而作用于生物大分子引起损伤，此为间接作用。多数机体细胞含水量高，细胞内生物大分子存在于含大量水分子的环境中，因此间接作用在辐射生物学效应的发生上占有十分重要的地位。

电离辐射的继发作用是指在生物大分子损伤的基础上，细胞代谢发生变化、功能和结构遭到破坏，从而导致组织和器官发生一系列病理变化。机体的细胞、组织和器官一方面受到辐射能的损伤，并通过神经体液的作用引起继发损伤；另一方面生物分子和细胞也有修复、再生和代偿能力。损伤和修复的最后结果决定机体的预后。有时在损伤修复后，还可能由于生物大分子DNA 改变，引起染色体畸变，基因突变、移位或丢失、而有可能出现远期效应，如致癌效应或遗传效应。如图 10-5 所示为不同能量密度的核辐射对 DNA 分子的损伤。

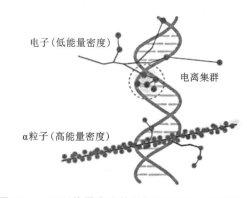

图 10-5 不同能量密度的核辐射对 DNA 分子的损伤

当辐射与重要的生物分子，即细胞中的关键目标相互作用时，目标本身的原子可能被电离或激发，从而引发导致生物变化的一系列反应。辐射对生物系统的影响有以下几个阶段。第一阶段是物理阶段。这一阶段发生在相互作用的 10^{-15} s 内，包括通过电子喷射对目标分子进行激发和电离。入射辐射的能量通过电离(或激发)转移到生物分子或相互作用的介质中。考虑辐射与水相互作用的情况：一个电子从水分子中射出，产生一个自由电子和一个带正电的分子。在物理阶段持续 $10^{-15} \sim 10^{-11}$ s 之后是下一个阶段——前化学阶段。在这个阶段，物理阶段产生的离子只持续很短的时间，并发生反应形成自由基。相比之下，在自由基的最外层存在未配对的电子和未配对的自旋，会产生高度的化学反应性。自由基中未配对的电子很容易与另一个自由基中类似的电子配对。在电子转移反应中，原子也可以消除奇数的未配对电子。最后，前化学阶段的产物是自由基、电子和其他自由基相互作用的产物。第三个阶段是化学阶段，持续时间为 $10^{-11} \sim 10^{-3}$ s。在这个阶段，包括自由基在内的所有电离分子产物在细胞周围扩散，并与细胞内的生物分子相互作用。激进分子的平均寿命是 10^{-6} s，自由基在这段时间内四处移动并找到目标。大多数自由基诱导的反应将在 10^{-3} s 内完成。

2. 辐射的风险评估

辐射效应的严重程度取决于照射剂量的大小，效应的严重程度取决于细胞群中受损细胞的数量或百分率，其严重程度与剂量有关。此种效应有一个明确的剂量阈值，在该阈值以下不会发生有害效应。在辐射暴露风险定量评估（以下简称风险评估）中，癌症是主要的焦点。这是因为癌症是健康影响的最重要结果。除癌症外，辐射照射已被证明会增加患某些良性肿瘤或其他疾病的风险，如心血管疾病。然而，低剂量水平下非癌症疾病风险增加的直接证据尚未充分了解，缺乏支持风险量化的数据。因此，目前的辐射风险评估主要集中在癌症方面。

风险评估以使用相关数据为基础。理想情况下，数据应该来自暴露在辐射中的人。然而，由于现实和道德原因，获得这些数据是非常困难的，或者是不可能的。可以考虑使用动物数据，但动物数据不一定代表辐射如何影响人体的生物和生理反应。只有在没有相关的人类数据时，才可以使用动物数据。衡量由电离辐射导致的"能量吸收剂量"（简称吸收剂量）的物理单位为戈瑞（Gy），不同辐射剂量下的人体反应统计结果如表 10-1 所示。

表 10-1　不同辐射剂量下的人体反应

剂量/Gy	类型		初期症状或损伤程度
<0.25			不明显和不易觉察的病变，可恢复的机能变化
0.25~0.5			可能有血液学的变化
0.5~1			机能变化，血液变化，但不伴有临床症状
1~2	骨髓型急性放射病	轻度	乏力，不适，食欲减退
2~3.5		中度	头昏，乏力，食欲减退，恶心，呕吐，白细胞短暂上升后期下降
3.5~5.5		重度	多次呕吐，可有腹泻，白细胞明显下降
5.5~10		极重度	多次呕吐，腹泻，休克，白细胞急剧下降
10~50	肠型急性放射病		频繁呕吐，腹泻严重，腹疼，血红蛋白升高
>50	脑型急性放射病		频繁呕吐，腹泻，休克，共济失调，肌张力增高，震颤，抽搐，昏睡，定向和判断力减退

统计发现一般肿瘤潜伏期约 25 年，核辐射影响下白血病潜伏期为 10~13 年，甲状腺癌潜伏期 20 年，乳腺癌潜伏期 23 年。这表明核辐射作用可不同程度上对癌症的发病潜伏期产生影响。关于辐射诱发癌症的人类数据可从过去不幸的辐射暴露事件中获得。这类数据中最大的一部分来自对日本原子弹幸存者的研究，这项研究被称为原子弹幸存者研究，其他数据来自职业辐射照射或辐射医疗的各种事件，结果统计如表 10-2 所示。

表 10-2　不同辐射影响下人体器官反应

肿瘤部位和类型	肿瘤自发程度	辐射致癌的相对敏感性	备注
1. 较高的辐射致癌率			
乳腺	非常高	高	青春期增加敏感性
甲状腺	低	女性非常高	低死亡率
肺(支气管)	很高	中等	吸烟的定量影响不确知
白血病	中等	很高	尤其骨髓性白血病
消化道	高	中到低	结肠特别易发生
2. 较低的辐射致癌率			
咽	低	中	
肝胆道	低	中	
胰腺	中	中	
淋巴瘤	中	中	淋巴肉瘤和多发性骨髓瘤
肾和膀胱	中	低	
大脑和神经系统	低	低	
唾液腺	很低	低	
骨	很低	低	
皮肤	高	低	低死亡率
喉	中	低	
鼻窦	很低	低	
甲状旁腺	很低	低	
卵巢	中	低	
结缔组织	很低	低	

10.1.3　核废料的产生

1. 铀矿开采过程中的核废料

核废料的产生贯穿核燃料循环的前端和后端以及从核反应堆运行的各个环节。铀的开采主要采用三种不同的技术，即地下开采、露天开采和溶浸/地浸开采。地下采矿用于深埋或被坚硬岩层覆盖的铀矿床，主要用于核技术发展的早期。近年来，露天采矿变得更加普遍，当铀矿位于地表附近，且无须过度爆破即可移除覆盖层时，可使用该方法。露天开采具有生产率高、回收率高、脱水更容易、工作条件更安全、成本通常更低等优点；而缺点是采矿活动干扰的地表面积较大，因此对环境的影响较大。

铀研磨产生的黄饼含有杂质，在将铀用作燃料之前，需要去除这些杂质。杂质包括硼、镉和稀土元素等物质。这些材料具有相当大的中子吸收截面，因此在核反应堆中用作中子吸收剂。黄饼的提纯过程称为精炼。精炼过程也基于溶剂萃取技术。将黄饼溶解在硝酸中，并在有机相中使用有机溶剂萃取铀，然后对提取的有机络合物进行处理，在水相中以硝酸铀酰溶液的形式反萃取铀。铀浓缩和燃料制造也会产生类似的放射性废料。

2. 反应堆产生的核废料

除了核反应后核燃料产生的乏燃料，核反应堆运行过程中还会产生气态、液态和固态的核废料。主要的核废料产生于压水堆和沸水堆。核废料主要来源于铀的裂变，在中子轰击作用下铀原子 U-235 分裂成 Kr-92、Ba-141 以及 3 个中子，前两者不能参与后续裂变反应，因此成为核废料，如图 10-6 所示。

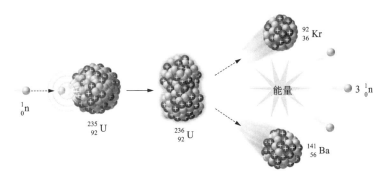

图 10-6 铀的核裂变示意图

常见的核反应堆分为压水堆和沸水堆，虽然能量利用方式有所不同但反应堆结构相似，图 10-7 为典型核反应堆结构，即沸水堆和压水堆。沸水堆中，冷却剂在反应堆内直接转化为蒸汽，汽轮机和发电机可直接受到污染。沸水堆产生的气体废物来自涡轮、安全壳/干井或涡轮压盖密封中的蒸汽喷射空气喷射器。蒸汽喷射式空气喷射器是通过高压蒸汽膨胀在汽轮机内产生真空。收集到的气态废物储存在储气罐中，用于短寿命裂变产物稀有气体的衰变，并用木炭床进行碘去除处理，以及用高效微粒空气过滤器（HEPA）去除微粒物质。液体废物必须符合规定的标准才能排放到环境中。为了满足标准，液体废物可以通过额外的离子交换器或反渗透装置进一步处理。

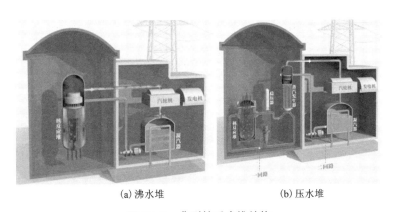

(a) 沸水堆　　　　　　　　(b) 压水堆

图 10-7 典型核反应堆结构

压水堆中，气态废物由一次系统、二次系统和厂房通风系统产生。相比沸水堆核电站，压水堆核电站的发电厂房能与核反应堆完全分离进而隔绝放射性物质，大大降低了设备检修的难度。主系统的气体来自化学和体积控制系统、稳压器减压罐和废液滞留罐。化学和体积控制系统还用于添加适当的化学品，以控制临界或材料腐蚀。该系统的功能之一也是通过向体积控制箱中添加氢气和氮气来控制一次系统的压力。所以主要的系统气体包括裂变产物气体，氢和氮气气体。这些气体被收集在一个储罐中，通过一个催化重组器过滤。收集的气体储存在 60 天的储气罐中，以防止短寿命惰性气体的衰变，并经过过滤器处理以去除颗粒物，然后排放。高效微粒空气过滤器对各种大小颗粒的捕集效率为 99.97%。二次系统气体中所含的放射性气体通常比一次系统的气体要低得多，这可能来自蒸汽发生器管道上的孔洞，允许放射性气体从一次系统中移动。汽轮机压盖密封是指利用辅助蒸汽供汽或进口蒸汽，防止或减少汽轮机旋转和静止部件之间的蒸汽泄漏。建筑物通风排出的空气体积大，但放射性物质含量低。这些气态废物在排放前经过过滤去除活性。

核电站运行过程中释放的放射性物质主要通过液体和气体排出。最主要的活动释放来自裂变产物惰性气体（主要是氙 Xe-133、Xe-135，氪 Kr-85），从核反应堆中释放出的惰性气体的总活度为 330 TBq。核反应堆活动释放的第二大贡献者是气态和液体流出物中的氚。其他释放的重要放射性核素包括 C-14、I-131 和各种裂变产物或活化腐蚀产物。

由于放射性物质分布在整个核电站，核反应堆操作也产生了各种类型的固体放射性废物，这些废物一般是中、低水平废物。这些废物的很大一部分是由于处理放射性液体和气体排出物，如废离子交换树脂、废弃滤料或蒸发器残渣而产生的。有时，树脂会固化。蒸发器的浓缩液体是由各种反应器液体流的蒸发产生的。这些浓缩的液体在水泥等各种材料中固化。过滤污泥是由预涂层过滤器产生的废物，由过滤器材料（颗粒状、粉状、纤维状）和被过滤器保留的溶解的放射性固体的薄层组成。其他低水平废物包括各种类型的活性反应堆硬件，废弃的设备和工具，或被污染的垃圾（称为干活性废物）。这些材料通常存放在现场，并定期运至授权的废物储存设施，并在设计的处置设施中进行长期隔离处理。

3. 核废料的分类

由于核电站或核燃料循环设施产生的核废料种类繁多，具有不同的物理和化学形态，为了提高管理效率，需要对这些废料进行分类。核废料的潜在危害取决于：①所含放射性核素的数量和类型；②所含放射性核素的活度和半衰期；③所含放射性核素的环境行为；④放射性核素的化学、物理形式。国际原子能机构（IAEA）提供了一个全面的废物分类框架，涵盖所有类型的核废料，包括豁免废物、非常短寿命的废物、非常低水平的废物、低水平的废物、中间水平的废物和高水平的废物，如图 10-8 所示。

原子能机构的框架直接将核废料的类别与处置办法联系起来。虽然这

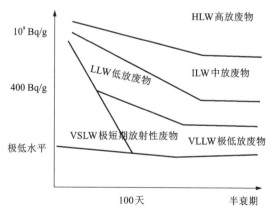

图 10-8　原子能机构建议的放射性废物分类
计划的概念性说明

种方法侧重于固体放射性废物，但原子能机构指出，这种分类也适用于液体和气体废物的管理。放射性废物分类方法中放射性废物的许多性质都可以作为分类的依据。例如，按废物的物理、化学形态分为气体废物、液体废物、固体废物；按放射性水平分为免管废物、极低放废物、低放废物、中放废物、高放废物；按所含核素半衰期分为长寿命废物、短寿命废物；按所含核素毒性分为低毒废物、中毒废物、高毒废物、极毒废物；按放射性废物来源分为核燃料循环废物、核技术利用废物、退役废物；等等。固体废物还有可燃性废物、不可燃性废物，可压缩性废物、不可压缩性废物，干固体废物、湿固体废物等之分。

常见的放射性废物包括以下几类。

①极低放废物：放射性水平极低，经核安全监管机构批准，可在不专为低、中放废物设计的处置设施中处置的放射性废物。②低放废物：放射性核素的活度浓度较低，在正常操作和运输过程中通常不需要屏蔽的废物。③中放废物：放射性核素的活度浓度及释热率虽然均低于高放废物，但在正常操作和运输过程中需要采取适当屏蔽防护措施的废物。④高放废物：放射性核素的活度浓度及释热率高，在正常操作和运输过程中均需要屏蔽防护措施的废物。高放废物通常指乏燃料后处理第一溶剂萃取循环产生的含有锕系元素和大部分裂变产物的高放废液及其固化体；被认定作为废物的乏燃料；或其他有相似放射性特性的废物。⑤α废物：含半衰期大于 30 年的 α 发射体，其 α 放射性活度浓度在单个包装中大于 4×10^5 Bq/kg，多个包装的平均 α 活度浓度大于 4×10^5 Bq/kg 的废物。

国际原子能机构于 2009 年发布的分类标准从处置角度将固体废物分为 6 类：免管废物、极短寿命废物、极低放废物、低放废物、中放废物、高放废物。中国现行的放射性废物分类法《放射性废物的分类》（GB 9133—1995）所作分类如下。①免管废物。对公众成员照射所造成的剂量<0.01 mSv/a，对公众的集体剂量≤1 人·Sv/a 的含极少量放射性核素的废物。②放射性气载废物。第Ⅰ级（低放废气）：浓度≤4×10^7 Bq/m³。第Ⅱ级（中放废气）：浓度>4×10^7 Bq/m³。③放射性液体废物。第Ⅰ级（低放废液）：浓度≤4×10^6 Bq/L。第Ⅱ级（中放废液）：浓度为 $4\times10^6\sim4\times10^{10}$ Bq/L。第Ⅲ级（高放废液）：浓度>4×10^{10} Bq/L。④放射性固体废物，首先按核素半衰期和辐射类型分为 5 种，然后按放射性比活度水平分为不同等级，如表 10-3 所示。

表 10-3　中国现行的放射性固体废物分类标准

序号	放射性固体废物类型	特征
1	α 废物	含有半衰期大于 30 年的 α 辐射核素，单个货包中 α 比活度>4×10^6 Bq/kg，多个货包平均 α 比活度>4×10^5 Bq/kg
2	含有半衰期小于等于 60 d（包括碘-125）的放射性核素的废物	第Ⅰ级（低放废物）：比活度≤4×10^6 Bq/kg 第Ⅱ级（中放废物）：比活度>4×10^6 Bq/kg
3	含有半衰期大于 60 d，小于等于 5 年（包括钴-60）的放射性核素的废物	第Ⅰ级（低放废物）：比活度≤4×10^6 Bq/kg 第Ⅱ级（中放废物）：比活度>4×10^6 Bq/kg

序号	放射性固体废物类型	特征
4	含有半衰期大于 5 年, 小于等于 30 年(包括铯-137)的放射性核素的废物	第Ⅰ级(低放废物): 比活度≤$4×10^5$ Bq/kg 第Ⅱ级(中放废物): 比活度为 $4×10^5 ~ 4×10^{11}$ Bq/kg, 且释热率≤2 kW/m^3 第Ⅲ级(高放废物): 比活度>$4×10^{11}$ Bq/kg 或释热率>2 kW/m^3
5	含有半衰期大于 30 年的放射性核素的废物(不包括 α 废物)	第Ⅰ级(低放废物): 比活度≤$4×10^6$ Bq/kg; 第Ⅱ级(中放废物): 比活度为 $4×10^6 ~ 4×10^{10}$ Bq/kg, 且释热率≤2 kW/m^3; 第Ⅲ级(高放废物): 比活度>$4×10^{10}$ Bq/kg 或释热率>2 kW/m^3

10.1.4 核废料的处理

核废料的处理是为安全或经济目的而改变废物特性的各种操作。其基本目的是减容, 从废物中除去放射性核素和改变废物的组成。放射性废物处理是放射性废物治理的中心环节, 包括废物预处理和废物整备。废物预处理为安全高效处理创造必要条件; 废物整备则为经济、安全地形成适用于贮存、运输和处置的废物包提供良好的条件。放射性废物处理分为放射性气载废物处理、放射性液态废物处理以及放射性固体废物处理。

1. 气载废物的处理

气载废物主要来自工艺系统或厂房和实验室的排风系统。气载废物可能含有放射性气体、气溶胶、颗粒物和非放射性有害气体。铀矿冶厂废气中主要核素是铀(钍)、镭、氡及其子体; 核电厂工艺废气主要组分是惰性气体、碘、颗粒物、气溶胶、氚和碳-14。气载废物中除含有放射性核素外, 还可能含有非放射性有害组分, 如 HF、F_2、NO_x、SO_2、H_2 等。气载废物的处理方法很多, 常用的有过滤、洗涤、吸附、贮存衰变等。通常, 工艺废气需要采用多级净化综合处理流程的废气净化系统来处理。对于厂房和实验室的排风, 经过过滤之后一般就可向环境排放。放射性碘通常以碘过滤器净化。以浸渍活性炭为介质的碘过滤器对无机碘除去率可达到 99%, 对有机碘除去率可达到 95%。氟的物理化学性质与氢相似, 氟的去除十分困难, 但氟的毒性低, 允许排放浓度相对较高。氟不仅从铀(钍)矿井、废石场和废矿库析出, 花岗岩、煤灰砖等建材也释出氟。氟容易被吸附于活性炭、硅胶、橡胶等物质上, 加热可解吸。短寿命惰性气体的去除主要靠贮存衰变作用(压缩贮存衰变或活性炭吸附床滞留衰变), 贮存衰变是核电厂废气处理的重要措施。

放射性气溶胶是载有放射性核素的固体或液体微粒(粒径为 $0.05 ~ 50$ μm)在空气或其他气体中形成的分散系。它们主要产生于核燃料循环系统的生产运行过程和核爆炸。气溶胶可以长久地悬浮在空气中随气流移动, 很容易被吸入肺中, 对人体危害很大。因此, 在放射性作业现场, 特别是开放性操作和铀矿开采现场, 要按标准设置可靠的进、排风系统。此外, 作业人员要佩戴安全口罩或面具, 并定期进行体检。

通常空气净化装置由预过滤器和高效微粒空气过滤器构成。前者去除粒径较大的微粒, 以延长过滤器的工作寿命和提高过滤器的净化效率。在某些特殊场合, 如空气中含其他有害气体时，还要在过滤器之前增加气体洗涤或特殊吸附过滤器。

2. 液态废物的处理

液态废物，即废液，包括水基废液和有机废液，按放射性水平可分为高放、中放和低放废液。水基废液的常用处理方法有过滤、蒸发、离子交换和膜技术等。有机废液包括从乏燃料后处理产生的废磷酸三丁酯(TBP)-煤油萃取剂、被放射性污染的润滑油和检测用的废有机闪烁液等。处理方法有热解焚烧、急骤蒸馏、湿法氧化和吸附固定等。高放废液目前普遍使用玻璃固化工艺，将它转化成适于长期贮存的稳定的硼硅酸盐玻璃废物，经过一定时间暂存后，送地质库处置；中、低放废液也需要处理，当前使用较多的是水泥固化方法，根据废物固化体的特性，进行深层或浅层埋藏处置；固体废物经整备后处置。

3. 固体废物的处理

放射性固体废物按其放射性比活度分为高放、中放、低放、极低放和α废物。放射性固体废物按其形状和物化特性可分为可燃与不可燃、可压实与不可压实、干废物与湿废物等。固体废物的处理方法有数十种，但功能和目的各有不同，应根据实际情况优选。固体废物的处理主要为使废物适应后续的贮存、运输和处置，以及实现废物最小化。随着核电和核技术的发展，低、中放固体废物量日益增加，废物最小化备受关注。可有效实现固体废物减容的许多方法，如焚烧、压缩、废金属熔炼等，正日益受到重视并获得发展。如图10-9所示为典型核废料储运罐结构。

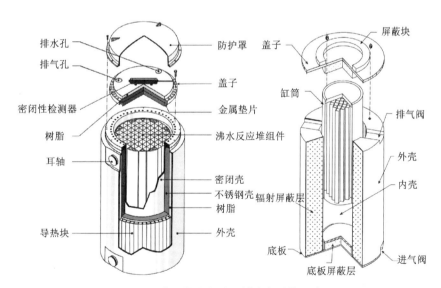

图 10-9 典型核废料储运罐内部结构示意图

10.2 核废料深地处置技术

核废料深地处置技术是目前公认的、经过实践证明有效的核废料处置方式，本节主要介绍核废料深地处置原则、核废料深地处置库设计、核废料深地处置库建设以及目前我国核废物深地处置库研究进展。

10.2.1 核废料深地处置原则

1. 核废料的处置目标

核废料的处置是指把废物安放进经过批准的设施中，提供安全隔离，确保进入环境的放射性核素的浓度处于可接受的水平。放射性废物处置必须确保处置库(场)从选址、设计、建造、试运行、运行、关闭到监护各阶段都遵守有关法规和标准，严格执行许可审批制度，保护工作人员和公众健康，保护生态环境，保护子孙后代，不给后代人带来不适当的负担。20世纪50—60年代，美、英、法等国家曾将低、中水平放射性固体废物投弃入大西洋和太平洋中。1972年，71个国家签字通过的《防止倾倒废弃物及其他物质污染海洋的公约》禁止了在海上倾倒核废料。

《中华人民共和国放射性污染防治法》明确规定，我国低、中水平放射性固体废物实行近地表处置；高水平放射性固体废物和 α 废物实行深地质处置。低、中放废物的处置不含或只含很少的长寿命核素的低、中水平放射性固体废物(简称低、中放废物)，隔离300~500年，就可达到安全水平。

1)极低放废物的处置

极低放废物是放射性水平很低，但没有达到解控水平的放射性废物。极低放废物产生于核电站、核燃料循环设施、核技术应用和核研究开发的许多活动和部门。特别是核设施退役和环境整治会产生大量极低放废物。分出极低放废物作填埋处置，可大大减少低、中放废物处置场的负担和降低处置费用。

国际上较多国家建设填埋场来处理极低放废物。法国和西班牙考虑今后30年核电站退役会产生大量的极低放废物，专门建设了极低放废物填埋场，集中处置极低放废物。日本原子力研究所把日本核动力示范堆退役产生的极低放废物处置在东海村场址内特建的填埋设施中。美国能源部允许把放射性水平很低的低放废物送获许可接收这类废物的工业垃圾填埋场或危险废物处置场处置，其所产生的公众个人剂量不超过 0.25 mSv/a。瑞典核电厂运行产生的极低放废物填埋处置在核电厂的填埋场中。英国也批准把极低放废物处置在工业垃圾填埋场中。我国《极低水平放射性废物的填埋处置》(GB/T 28178—2011)按放射性残留物的场址对公众有效年剂量≤0.1 mSv 规定了接受废物核素的活度浓度指导值。填埋场应重视减少渗漏液的产生和防止其渗透泄漏进入蓄水层，以免造成对地下水和周围环境的污染；填埋场不得填埋有潜在利用价值的物料；填埋场的选址和建造必须得到批准，不允许自行随意挖坑填埋。

2)低、中放废物的处置

低、中放废物处置场选择地质构造稳定，无不良地质作用，水文地质、气象条件、地下资源、运输道路、人口分布和经济发展满足要求，并为公众所接受的场址，建设适宜的处置设施。低、中放废物的处置，各国从国情出发，因地制宜采用多种方式，包括地面上混凝土窖仓或近地表混凝土沟壕、窖仓处置，井穴或洞穴处置，废矿井处置，等等。现在，国际上多数国家采用近地表混凝土工程构筑设施进行低、中放废物的处置，但这只适宜不含或只含很少量长寿命核素的低、中放废物。

3)长寿命核素低、中放废物的处置

对含较高浓度长寿命核素的废物，如废弃的镭源、镭-铍中子源、镅-铍中子源、钚-铍中子源, 含碳-14 废物, 废弃的反应堆石墨套管和石墨砌块 (含碳-14、氯-36 等长寿命核素) 等, 虽然它们的比活度和释热率不属高放废物或 α 废物, 不必做深地处置, 但它们含有较高浓度的长寿命核素, 不能作近地表处置。国外许多国家采用中等深度 (地下几十米到一二百米深度) 地质处置进行包容隔离。我国正在制定相关标准和导则, 以便安全处置好这类废物。

4) 高放废物和 α 废物的处置

高放废物要深部地质处置, 采用多重屏障纵深防御体系, 与人类生活圈安全隔离万年以上。我国高放废物处置库的建设自 20 世纪 80 年代中期以来, 在选址、核素迁移和安全评价等方面已做了不少开发研究工作, 为高放废物处置库的建设和运行打下了初步基础。α 废物的处置也要求采用多重屏障纵深防御体系实现与人类生活圈安全隔离万年以上。美国在新墨西哥州建造的超铀废物隔离验证设施, 1999 年正式投入使用的隔离验证设施位于离地面 650 m 深地下的盐层中, 只处置美国能源部军工超铀废物, 这些废物来自美国军工后处理厂、钚生产基地、核武器制造和试验场址以及实验设施。

2. 核废料深地处置库设计建造标准

在高放废物处置的备选方案中, 在地质构造中处置核废料的研究和实践最为广泛。这类处置方法包括极深孔处置、深井注液、无人居住的小岛地质处置、与熔融岩石混合注入多孔或裂隙地层、建设地质储存库地质处置等多种选择。在矿山地质库中处置核废料是目前研究最多的方法。该方法是将高放废料放置于深部地质构造的采空区中, 然后用回填体封闭采空区, 最终关闭矿山。这一办法自 1970 年代以来在全世界得到了重视。世界上许多正在运行的低放废物处理设施都属于这一类。在美国, 这种方法在 1980 年被美国能源部正式选定为高水平废物管理战略的核心部分。在利用开采的地质储存库进行高水平废物处置方面也存在国际共识。

国际上有采用废盐矿、废铁矿、废铀矿、废石膏矿等处置低、中放废物的做法。莫斯莱本 (Morsleben) 处置库就是由废盐矿改建的处置库, 在 320~630 m 深层上处置了大量低、中放废物, 现已关闭。德国现改建了康拉德 (Konrad) 废铁矿, 在 850 m 深层上建处置单元, 已获许可待投入运行。废矿井深度大, 人类活动和自然干扰的影响小, 处置放射性废物安全性好。

该方法使用自然屏障和工程屏障隔离核废料。天然屏障是完整的基岩, 而工程屏障是废物容器。隔离主要是针对渗入的地下水。工程屏障将保护废物免受腐蚀, 以防止放射性核素释放到基岩中。如果发生泄漏, 基岩的化学和物理特性限制了放射性核素的迁移速率。由于放射性核素滞留在基岩系统中, 在受污染的地下水到达生物圈之前将有很长一段时间的延迟。因此, 自然屏障和工程屏障起着互补作用。这种工程屏障为核废料的隔离提供了保证, 直到核废料容器失效。自然屏障覆盖了工程屏障失效后的剩余隔离, 最终达到了所需的安全水平。只要这两个屏障都能长期隔离核废料, 就能提供冗余, 以确保核废料处置的安全, 最大限度地减少辐射对人类和生态系统的潜在影响。

原子能机构编制了一份清单, 列出了在实施地下核废料处置系统时应考虑的 12 项标准:

①应在储存库区域以外调查该地区的地质情况, 以便能够有效地评价其性能。

②这些废物应放置得足够深, 以免在其放射性水平高得无法接受的情况下, 因自然过程 (例如侵蚀或隆起) 而暴露出来。应考虑未来可能的气候变化。

③废物放置区的地质介质应足够厚, 横向延伸足够远, 以在废物贮存库周围提供足够的

保护区域。这样一个带将有助于在一定程度上与下覆岩层、侧翼过渡带和断层等分离。

④地质介质及其周围环境在地质上应是稳定的，并应处于预期在关注期间持续地质稳定的地区。

⑤开挖区域和勘探钻孔应回填和/或密封，以确保废物成分向生物圈的迁移受到令人满意的限制。

⑥储存库应位于一个预计不会对未来勘探产生兴趣的地点，以减少废物限制的完整性。

⑦一般来说，储存库的整个地质环境的水文地质特征应该尽量减少通过放置废物的水流。

⑧地下储存库的建设应使其对地质环境造成的不良影响微乎其微，并在可能的情况下改变其水文地质特征。

⑨有必要考虑有条件的废物及其包装与地下水之间的不良化学反应。在选择废物包装材料时，应考虑到放射性分解产物可能增强地下水的腐蚀性。

⑩应考虑通过与地下天然或安装的缓冲材料相互作用延缓放射性核素的潜在迁移。

⑪工程结构和地质地层应能承受废弃物产生的辐射和热量的影响。

⑫储存库的设计应尽量减少因工程结构失效而可能产生的废物迁移路径。

高放废物库在概念上可以看作由 4 个部分组成：天然地质体、缓冲材料、废物罐和废物固化体。如图 10-10 所示，每个部分的设计都是为了在足够长的时间内将废物保持在里面，而地下水在外面，以确保在 10 万年或更长的时间内，没有任何放射性核素会回到生物圈中。

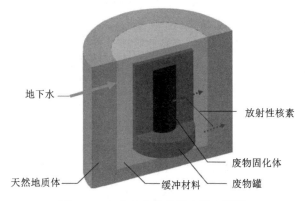

图 10-10　高放废物处置库概念模型

（图中标注：地下水、放射性核素、废物固化体、天然地质体、缓冲材料、废物罐）

10.2.2　核废料深地处置库设计

1. 选址依据

确定潜在的托管地点是地质存储库开发的一个关键前提。美国尤卡山项目立项之初共举行了 126 次公开听证会，并花费 2.4 亿美元支持州和地方政府选址。尽管该场地已被批准并宣布为国家高放废物处置场，但由于所在州的反对，该项目后来被取消，这个案例清楚地说明了核废料深地处置库选址的挑战性。

地质库的开发在这一步中应考虑场地的地层、水文和地球化学特征、气象条件以及地震或火山活动的稳定性。从地层学角度看，场地的岩体深度应足够深。这是为了排除或尽量减少地表破坏的影响，如洪水、风暴、降雨、风化或冰川现象，从而有效地将储存库与生物圈分离。这就要求储存库位于离地面几百米的地方。该区域也应该足够大，以容纳设施的物理足迹——通常需要几平方公里的面积。岩体在垂直和水平方向上都应合理均匀，以方便场地描述和水文地质分析。为了系统的稳定性和放射性核素的长期隔离，也希望有一个厚的岩体

（约 100 m），倾斜程度相对较平。

至于水文特征，地下水的运动应该是缓慢的，在到达生物圈之前最好遵循较长的路径长度。此外，在理想情况下，地下水应与当地居民使用的含水层隔离开来。岩石内部存在可还原的化学条件，以便最大限度地减少工程屏障材料的降解，并最大限度地提高放射性核素隔离的程度。

场址理想的气象条件是低降水量，以减少渗水和水压变化，以减少压力引起的放射性核素气态释放。该地区地壳的稳定性也应加以考虑。如果该地区是构造不稳定的，该地点的岩石变形很可能是由于岩体之间的相对运动，例如通过地震。这种变形包括断层和褶皱。断层是由岩石表面的相对运动引起的岩石体积中的裂缝或平面裂缝。褶皱是岩石中的弯曲。

构造不稳定可能导致大面积的区域性隆起或沉降，影响储存库系统和废物包装的完整性。此外，还应检查是否存在可能的火山活动或影响流动物质储存库或流动稳定性的任何干扰。另一个需要考虑的重要因素是有价值的自然资源的存在，如石油、天然气或金属。理想的地点是远离这些资源，因为未来一代的人可能会被吸引到该地区，以获得这些资源。

非技术因素必须在场地评估中得到认真考虑。这些非技术因素包括该区域的人口密度、当地人口的社会经济状况以及该区域对该储存库的社会接受程度。该地区的任何文化意义或该地区存在的具有文化意义的文物也应进行检查。这些非技术处理核废料的地质屏障因素可能是选址过程中的潜在障碍。通过地面运输进入拟议设施的便利程度也应作为仓库建造费用的一部分予以考虑。对这些非技术问题的考虑和技术调查成为关于这项工作是否将转移到存储库发展的下一阶段，即选址的建议的基础。这样的考虑可在进行场地发展的主要工作之前，尽量减少社会和政治影响带来的潜在不利影响。

2. 处置库设施建设

在成功地选择场地和确定场地特征之后，一旦确定了所需的处置能力和在该场地的废物放置位置的布局，以及该场地的设计规范，就开始建造储存库。首先是建设地面设施，然后利用隧道掘进机挖掘地下隧道。在挖掘过程中，对储存库设计的细节可以进行修改，以适应局部岩体的变化和扰动以及故障的存在。

地质储存库的不同设计概念考虑了废物如何安置在设施中。这些概念包括隧道内侵位、钻孔侵位和洞室侵位。隧道和处置库之间的距离主要是根据散热的热设计要求来确定的。在隧道内放置的情况下（瑞士和美国模式），废物容器沿放置隧道的轴线水平放置，如图 10-11。在每个隧道中依次放置垃圾包装。通常，垃圾包装外面的空地被回填，隧道被密封。这种方

图 10-11　典型卧式放置高放射性废物容器

法具有易于施工和操作简单的优点，但可能需要大量回填。此外，由于核废料包周围存在辐射场，回填就位作业需要远程完成。

如图 10-12，在钻孔埋设的情况下(瑞典和芬兰模式)，在隧道的底板(用于垂直埋设)或墙壁(用于水平埋设)中开挖额外的钻孔。然后将一个或多个废物容器装入这些钻孔和回填。垂直井眼侵位可以对暴露在井眼中的岩石进行表征，并提供屏蔽，使其不受废物包裹的影响，便于在废物侵位后进入。该方法的缺点是成本高，钻井和就位作业复杂。当采用水平钻孔时，侵位操作简单，但钻孔仍很复杂，且成本较高。在洞穴放置中，多个废物容器被堆放在一个由工程屏障组成的大筒仓中，主要的处置库设计方案如图 10-13 所示。

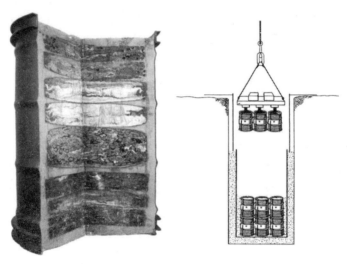

图 10-12　典型立式放置高放射性废物容器(扫码查看彩图)

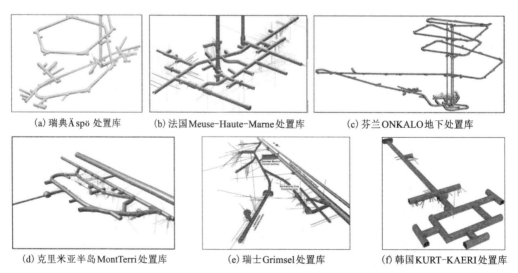

(a) 瑞典 Äspö 处置库　　(b) 法国 Meuse-Haute-Marne 处置库　　(c) 芬兰 ONKALO 地下处置库

(d) 克里米亚半岛 MontTerri 处置库　　(e) 瑞士 Grimsel 处置库　　(f) 韩国 KURT-KAERI 处置库

图 10-13　典型核废料深地质处置库示意图

通风系统的安装是储库设计的一个重要考虑因素。通风系统使用强制或自然对流在操作期间散热，并控制隧道内的温度。通常通风系统可以去除垃圾包装产生的80%以上的热量。

为了获得启动存储库建设/运行的许可证，需要对存储库进行安全评估，即性能评估给出了库设计的"建成"条件。性能评估还允许早期确定场地的适宜性(作为场地特性的一部分)，并为仓库设计提供必要的见解，以满足保护人类和环境的安全需求。

3. 处置库密封设计

许多废物处置模型设想在废物罐和储存库之间放置一个缓冲区或回填材料。通常回填的主要材料是黏土、砂和页岩，并加入了各种增加吸附潜力的添加剂。各种充填材料的有效性在很大程度上取决于其长期的化学和物理稳定性。

当水与膨润土接触时，膨润土开始向外扩展，进入地下水到达的裂缝中，这样就部分封闭了裂缝，从而大大减少了水进一步向内的运移。添加干燥剂，如 CaO 和 MgO，也可以通过生产 Ca(OH)$_2$ 和 Mg(OH)$_2$ 来减小液体的体积，特别是在蒸发岩储存库中。导热性也可以通过加入一定比例的石墨和木炭来提高，这些石墨和木炭的额外优势是在锝和碘的吸附中具有更大的选择性。

图 10-14 为处置库中核废料罐所处环境概念图。显然，任何特定工程回填土的最终混合可能是各种成分的物理和化学性质之间的折中。而以蒙脱土为主的膨润土具有良好的吸附和吸水能力。核废料罐外层主要由膨润土组成，目的是防止地下水进入；而内层主要由膨润土、其他黏土、石英、磷酸盐、沸石、玄武岩、钠长石和斑岩等物质组成，主要用于保留放射性核素。缓冲材料和回填材料使用的地方是根据储存库中可能发现的最高温度，它们将在帮助热量从储存库转移到周围岩石中发挥重要作用。温度对于膨润土缓冲液的长期作用也很重要。在390℃左右膨润土的脱水会导致钠基膨润土黏土不可逆转地丧失膨胀能力，而在 100℃以上的温度下可能会产生更渐进的效应。

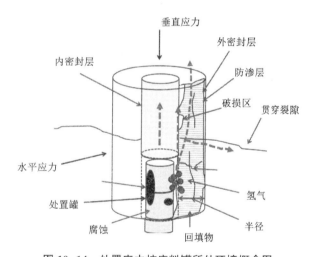

图 10-14　处置库中核废料罐所处环境概念图

4. 热负荷

热设计极限是为了防止温度过高而导致高放废物容器的失效，并在处置阶段保护岩石和工程屏障的完整性。这些作为热约束的限制将影响废弃包的大小、存储库布局设计和存储库的操作。这些限制还有效地控制在地质储存库处置的核废料总量，因此控制了该储存库的处置能力。地质储存库的热设计限制是通过限制工程屏障系统的温度以及工程屏障附近和远处的岩石温度来实现的。

限制岩石的温度是为了使岩石中的热应力或位移最小化，限制岩石温度还限制了新的水文流动路径、热驱动耦合过程和大规模热膨胀的形成。这也有助于防止沿断层或裂缝诱发的岩石破裂或位移。限制岩石温度还有助于减少工程屏障附近岩石的微裂缝或矿物学变化，因为这些地方的温度要高得多。

温度限制也施加在废物封装表面温度，例如，在永久性处理期间，花费燃料的包层温度应低于350℃，以防止隔离层失效。在操作阶段期间，包层温度的极限可以更高（400℃）。此外，硼硅酸盐玻璃废物形式的峰值中心线温度应始终低于500℃。美国Yucca山存储库设计基于所谓"高温运行模式"（HTOM），该方法是将储库系统的温度保持在水的沸点以上，以防止水渗入储库系统。一般来说，岩石的温度限制是为了防止岩石通过热降解产生微裂纹。对于黏土岩石，温度升高也会导致岩石的矿物学变化。在使用黏土作为垃圾包装周围的回填。此外，作为一种与温度相关的测量方法，考虑了储存库上方地表由于热膨胀而产生的最大变形。

要证明符合规定的温度限制，需要对储存库系统进行热传递分析。通常，这种分析是通过使用描述存储库的三维温度分布的计算模型来进行的。另一种方法是使用线性平均负载或面积功率密度的概念。线性平均负载表示在隧道内放置废弃物的总热能除以隧道总长度，APD被定义为储存库表面上处置废物产生的热能平均功率密度。这两个概念都有助于将核废料装载到地质储存库，同时满足施加的温度限制。在Yucca山储存库的情况下，预期的APD估计为57千瓦/英亩（1英亩≈4046.86 m²），因此应当限制核废料容器的中心温度使其低于350℃。

5. 处置库运行管理

一旦核设施开始运作，核废料的运输和安置就开始了。放置遵循按照热设计限制包装之间的间隔要求，以控制废物包装和储存系统的温度。高燃耗的乏燃料组件可以与低燃耗组件或废物包装内的其他较冷的废物类型相结合，以保持均匀分布的热负荷。必须制订应急计划，直到达到提供保护的全部处置能力为止。根据对废物可回收性的要求，储存库可以在指定期间保持打开状态。可检索性是指在存储库操作期间纠正任何观察到的故障。永久关闭储存库需要使用回填物和封条，并建立安全和监测系统。安全评估的最后阶段在存储库关闭之前执行，以支持存储库关闭的决策。一旦储存库关闭，人类进入处置的核废料区域是严格禁止的。在储存库表面的外围设置了特殊的标志，以警告人们该地区的危险。

地质储存库的安全监测系统的实现需要对地质储存库进行制度控制。这种监测是为了查明任何废物包装的故障和放射性物质的释放。制度控制的周期通常在100～300年。建立永久性的特殊标记，以提醒或警告后代，即使在机构记忆丧失的情况下，也要禁止试图获取核废料。这些标记需要仔细设计，不依赖特定的语言，并考虑到机构记忆丧失的各种情况。

10.2.3 核废料深地处置库建设

目前地下隧道和洞室的建设主要采用两种方法。在较硬的岩石中，需要爆破来松动岩石，而在较软的地层中，可以使用连续的掘进机。使用掘进机的主要优点是，它趋向于使挖掘的空隙表面更光滑，更重要的是，与爆破技术相比，对围岩的损伤更小。值得注意的是，新的预裂爆破技术已经在瑞典Stripa项目花岗岩中证明，扰动渗透性区域可以限制在距离开挖墙约1 m的范围内。隧道掘进机的使用也将超挖程度从爆破方法的25%降低到5%左右。

表10-4给出了各国核废料深地质处置库的开发状况。虽然许多国家尚未启动选址程序，但芬兰、瑞典等国的成功案例给核废料地质处置库建设提供了先例，以下重点介绍目前较成功的深地质处置库案例。

表 10-4 各国核废料深地质处置库现状

国家	机构名称	地质条件	深度/m	运营状态
阿根廷	Sierra del Medio	花岗岩		拟议中
比利时		黏土	~225	拟议中
加拿大	Ontario Power Generation's Deep Geologic Repository	石灰岩	680	2011 年申请执照
芬兰	VLJ	英云闪长岩	60~100	1992 年开始运营
芬兰		花岗岩	120	1998 年开始运营
芬兰	Onkalo repository	花岗岩	400	在建
法国	Onkalo	花岗岩	400	在建
德国	盐矿（Schacht Asse II）	盐穴	750	1995 年关闭
德国	Morsleben	盐穴	630	1998 年关闭
德国	格尔雷本（Gorleben）	盐穴		计划暂停
德国	盐矿（Schacht Konrad）	沉积岩	800	在建
日本				拟议中
韩国	庆州市		80	在建
瑞典	SFR	花岗岩	50	1988 年开始运营
瑞典	Forsmark	花岗岩	450	2020 年运行
瑞士		黏土		预计 2040 年前启动
英国				拟议中
美国	核废弃物隔离先导厂	盐穴	655	1999 年开始运营

1）芬兰

2001 年 5 月芬兰国会以 159 票赞成、3 票反对的表决结果最终确定将 Olkiluoto 核电站的花岗岩体作为处置库场址。芬兰拟采用"深部地质处置"的技术路线最终确定乏燃料处置库拟建在深 500 m 左右的花岗岩基岩之中，为竖井-巷道型或竖井-斜井-巷道型。该基地还拥有两座正在运行的核电站。这是 1987 年提出的 5 个潜在地点之一，虽然当时当地议会坚决反对这些提议，但通过核电站运营核电公司和各种社区参与项目作出的努力，获得了民众的广泛认可。当地社区也获得了可观的经济利益。在最后的遴选阶段（1999 年），地方议会实际上自愿担任东道主。

2）瑞典

瑞典是另一个在存储库开发方面取得重大进展的国家。瑞典从 20 世纪 70 年代即开始系统、详细的研究工作，其研究计划及成果被国际社会所认可，是在花岗岩介质中开展高放废物地质处置工作的"领头羊"。20 世纪 80 年代，瑞典在 Stripa 铁矿建造了位于花岗岩中的地下实验室，在 1995 年又建成了位于花岗岩中的 Aspo 地下实验室；同时开展了大量试验，包括场址评价方法学、新型仪器试制（如地质雷达等）、核素迁移、工程屏障性能、深部地质环境等研究，并有十几个国家或组织参加了该项研究。1992 年，在 5 个不同的社区进行了试点研究后,奥斯卡山和福斯马克两个地点(均为花岗岩地点)成为候选地点,并从 2002 年到 2007 年进行了进一步调查。瑞典有 4 个核电站,共 12 个机组(包括已退役的 2 个机组),乏燃料存放在 Simpevap 核电站附近的乏燃料中间储存设施之中。由核电站出资成立的瑞典核燃料与废物管理公司负责高放废物地质处置工作。

3)美国

美国共有上万个民用反应堆正在运行,其乏燃料同军事高放废物放在一起作最终处置。据预测,到 2030 年,美国将积累 9.0×10^3 t 国防高放废物和 8.5×10^4 t 从商用反应堆中卸出的乏燃料。美国的高放废物地质处置计划由能源部负责执行。该国采取乏燃料直接处置的技术路线,处置库概念设计为平巷型,位于地下水位以上的地层中,处置后的乏燃料可在 100 年内回取。处置库候选场址位于内华达州的 Yucca 山,到目前为止,详细的场址评价工作已完成,性能评价也已完成。整个处置计划约需 587 亿美元,经费主要来自电费的提成,每年能收取费用约 6 亿美元。

4)德国

德国有 20 个核电机组(其中 1 个已经关闭),核电占总发电量的 39%。德国将采取对乏燃料直接处置的技术方案,处置库围岩为岩盐。据预测,到 2040 年,德国将有 297×100 m³ 非发热废物、2.4×10 m³ 发热废物。发热废物中 908 m³ 为高放废液玻璃固化体、2.814×10^3 m³ 为中放废物,其余为乏燃料。除已处理的乏燃料外,德国将采取对乏燃料直接处置的技术方案。鉴于德国北部有 200 个大小不同的盐丘及岩盐,德国于 20 世纪 60 年代就选定岩盐作为放射性废物处置库的围岩,并建造有位于盐矿中的 Asse 试验处置库;1977 年把戈勒本盐矿选为高放废物地质处置库候选场址;1979—1984 年开展了地质调查;1986—1994 年开挖完成 2 个深达 840 m 的竖井;1996 年起开展了综合的坑道场址调查工作。2000 年德国绿党执政之后于 2001 年 6 月 11 日通过一项协议,决定德国今后放弃核电并决定暂停戈勒本场址的工作。

5)法国

法国共有 59 个机组,核电厂高度重视废物最少化,拥有成熟的核工业体系和目前世界上最强大的后处理工业,建有完整的核燃料体系;其后处理厂不仅承担本国的乏燃料处理,还为别国处理乏燃料。并且法国积极参加国际合作活动,退役技术不仅仅只是简单的开发验证,如今已经成为商业化的运作,是能够实现环境友好的运作方式。法国在高放废物处置技术研究方面上成果很丰厚,在场址安全方面做了大量工作,同时也考虑了一些国际机构的建议。法国于 20 世纪 80 年代筛选出 3 处场址;1991 年立法要求开展高放废物深地处置调查研究;1996 年申请地下研究设施的建造许可证;1998 年法国核与辐射安全研究院(IRSN)在法国南部城市附近一个废弃的火车隧道中改扩建了一个地下实验室,并且开发了 MELODIE 软件模拟计算核素在地层中的迁移情况;2000 年开始建设地下实验室并于 2004 年建成;随后根据可行性报告,处置库将运用地质处置的核心技术进行建造,选择黏土岩作为处置库的天然屏障;2010 年启动了地质处置计划;2013 年进行了公开论证;2015 年法国国家放射性废物管理中心(ANDRA)提交了建库申请;提交申请后,于 2022 年获得授权许可开展计划,随后就对处置库进行初步建设;2025—2035 年开展试运行试验。

10.2.4　我国高放废物深地处置库研究进展

我国高放废物地质处置研究工作起步于 20 世纪 80 年代中,20 多年来,在处置选址和场址评价、核素迁移、处置工程和安全评价等方面均取得了不同程度的进展。核工业北京地质研究院等单位开展了高放废物处置库场址预选研究。在对华东、华南、西南、内蒙古和西北等 5 个预选区进行初步比较的基础上，重点研究了西北甘肃北山地区。1999—2006 年，核工业北京地质研究院开展了"甘肃北山深部地质环境研究和场址评价研究"。高放废物地质处置地下实验室建设项目作为我国"十三五"规划的重点项目，启动了该实验室的建设，建成并完成评估后即可作为核废料处置库运行。

1）建设计划

1985 年 9 月核工业总公司科技核电局提出了"中国高放废物深地质处置研究发展计划"。该计划分 4 个阶段，即技术准备阶段、地质研究阶段、现场试验阶段和处置库建造阶段。该计划以高放玻璃固化体和超铀废物以及少量重水堆乏燃料为处置对象，以花岗岩为处置围岩，采用深地质处置技术路线，目标是在 2030—2040 年建成一座国家处置库。具体计划在 2015 年以前，以处置库选址和场址评价为主，通过地质调查和地质研究，掌握场址评价技术，完成地段预选，确定地下实验室场址。2015—2035 年，在选定的特定场址上建设地下实验室，开展深部地质环境的评价研究，以及现场试验研究。最后阶段是在完成地下实验室研究的基础上，开始地下处置库的建设。

2）选址

选址和场址特性评价研究一直是高放废物地质处置研究工作的重点。整个选址工作分为 4 个阶段，即全国筛选、地区筛选、地段筛选和场址筛选。在选址工作中考虑了社会因素和自然因素，包括核工业的布局、人口、经济发展潜力、动植物资源、矿产资源、土地资源、废物运输的可行性、公众和当地政府的态度、国家环境保护法律要求、处置库建造和运行的可行性、自然地理因素（地形、地貌、气候、水文等）、地质因素（围岩类型、地壳稳定性、地震、火山、活动断层、地壳应力、大地热流）、水文地质和工程地质因素等。自 1985 年以来，选址工作经历了 3 个阶段，即全国筛选、地区筛选和地段筛选。

（1）全国筛选（1985—1986）。根据初步拟定的选址标准，在全国范围内初步筛选了 5 个地区，即西南地区、华南地区、内蒙古地区、华东地区（浙、皖、苏交界地区）和西北地区，初步收集了各区的社会经济资料和地质资料，并进行了综合对比。

（2）地区筛选（1986—1989）。在前阶段工作的基础上，在前述 5 个地区中又进一步选出了 21 个地段供进一步工作。在西南地区选择了 3 个地段，即汉王山、中坝和汉南地区，岩性为页岩和花岗岩。在广东北部地区选择了 2 个地段，即佛岗花岗岩和九峰花岗岩体。在内蒙古地区选择了帕尔江海子和大宝力兔 2 个地段，围岩为花岗岩。在西北地区选择了甘肃北山地区的 6 个地段，即头道河—下天津卫矿区、白圆头山、前红泉、旧井、新场和饮马场北山地段，岩性为花岗岩和泥岩——后来又选出了野马泉和向阳山地段。

（3）地段筛选（1990—2011）。自 1990 年以来，选址工作集中在西北地区进行，选出的几个预选区如图 10-15 所示，具体研究了甘肃北山及其邻区的地壳稳定性、构造格架、地震地质特征、水文地质条件和工程地质条件等，还运用地球物理方法和遥感地质方法研究了该区的地壳稳定性。初步结果表明，甘肃北山地区是一个非常有前景的、适宜最终处置高放废物的地区。从 1999 年开始，开展了实质性的地段筛选及相关研究工作，即在甘肃北山地区开始对 3 个重点地段（旧井地段、野马泉地段和向阳山地段）开展平行性评价工作。

2011 年核工业北京地质研究院提交了《中国高放废物处置库场址区域筛选》，从地理位

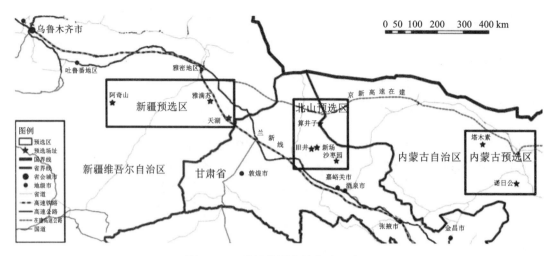

图10-15　我国处置库的选址预选区

置、水文条件和地质条件等角度进行了仔细分析，并取得了岩样、水样等样本资料，经过系统对比最终确定甘肃北山为我国高放废物处置库首选预选区。该区域地处戈壁，地形平缓、地壳稳定、花岗岩体完整、人口稀少、交通便利，地形地质条件适宜，具有良好的岩体工程施工条件。

2019年5月6日，我国国防科工局同意在中国北山建立相关的实验工程项目，并且对建设项目建议书进行了批复，这也意味着我国正式进入了下一阶段，即地下实验室的建设，图10-16为北山处置库的入口，图10-17为北山处置库的结构示意图。

图10-16　北山处置库的入口

图10-17　北山高放废物深地质处置库结构

3）处置库场址安全评价

从确定选址之初，对于处置库场址的安全评价也同步开始进行。在对北山预选区的地壳稳定性进行分析的基础上，通过钻取的北山场址1号孔的深部岩石样品，获得了场址内部的详细数据和资料。然后从北山场址深部进行各项指标的分析，对高放废物处置的适应性和安全性进行细致考察，并在此基础上创立了一整套完善的处置场址评价方法技术体系和选址准则。其中包括利用岩石质量指标和岩体块度指数进行岩体质量评价、围岩节理抗剪强度经验估算、地下水对核素迁移的影响等。随后我国与美国 INTERA 公司进行了项目的深度合作，对新场处置库性能进行了全方位的评价，一致认为新场的岩体作为处置库包裹岩体是极度安全可靠的，为下一步地下实验室和处置库的工作奠定了基础。

4）缓冲材料的研究

缓冲材料的主要作用是阻滞核素迁移、传导和散热等重要作用，是填充在废物罐和地质体之间的最后一道人工屏障。缓冲材料保证其在地质处置库中的高温环境下，或者受到化学、辐射的作用，还能够保持与常规行为一样的能力，不会有很大的差别。将我国的材料和国外的缓冲材料进行了对比测试，在一系列测试后最终将内蒙古高庙子膨润土作为主要的基材，并确定了添加剂的配方，还建立了我国首台缓冲材料大型试验台架，获得了模拟处置库环境下的缓冲材料的长期特性参数，最终研制出的缓冲材料具有放射性核素吸附能力强、渗透性弱、力学强度较高、热传导系数较大、膨胀力适中、热稳定性和化学稳定性好的特点，其性能经过测试优于世界其他国家的缓冲材料。

5）法律法规

2003 年 6 月 28 日，我国第十届全国人民代表大会常务委员会第三次会议通过了《中华人民共和国放射性污染防治法》，规定高水平放射性固体废物需要进行集中处理，并且在深部地层中完成。2011 年颁布的《放射性废物安全管理条例》提出了同样的处理规范。2006 年 2 月在各部门共同研究决定后，联合发布了《高放废物地质处置研究开发规划指南》，提出中国要在 2020 年完成地下实验室的建设，并在 2050 年完成处理库的建设。2007 年国务院批准了《核电中长期发展规划（2005—2020 年）》。受日本福岛核事故影响，2018 年我国颁布了《中华人民共和国核安全法》，根据相关规定，放射性废物要分类处置，高放废物实行深层地质处置，并由国务院指定单位专营。

6）国际合作

我国十分注重同世界其他国家在放射性废物处置方面的交流与合作，与国际原子能机构（IAEA）开展了长期的技术交流，承担了高放废物地质处置领域的欧盟合作项目、双边合作项目（中日、中法、中德等）。1999 年 IAEA 派遣了专家来华对甘肃北山的场址进行考察，专家认为甘肃北山可能是世界最好的处置库场址之一。在与欧盟合作方面，重点开展了工程屏障的长期性能以及膨润土在耦合条件下的特性研究。我国与法国、德国、日本、美国、瑞典和芬兰签订了合作备忘录，重点开展地下实验室设计方面的合作；也曾多次组织代表团了解国外放射性处置研究开发进展情况，促进双方在此领域的合作研究。

10.3　地下核废料处置库安全评价

关于高放射性废物深层地质处置的讨论总是会涉及处置库的安全性问题。负责废物管理或处置的行业和机构，负责保护公众健康和安全的监管机构，以及具体处置方案的反对者和倡导者都希望对这些问题给出可信的答案。在地质处置系统运行时，公众关注的焦点往往是处置库退役后的长期安全。处置系统的风险评估与核电厂或其他工业设施的评估类似，然而，许多人认为，在可能存在大量放射性物质的漫长地质时期，确保处置系统的安全是一个更为困难的问题。

安全评估是系统地分析与设施相关的危险，以及现场和设施设计提供安全功能和满足技术要求的能力的过程。安全评估包括性能总体水平的量化、相关不确定性的分析以及与相关设计要求和安全标准的比较。对地下核废料处置库的安全评估至少包括：确定可能影响处置系统的流程和事件；检查这些过程和事件对处置系统性能的影响；考虑所有重大过程和事件引起的相关不确定性，估算放射性核素的累积释放。在可行范围内，这些估算应纳入累积释放的总体概率分布中。

10.3.1　安全评价的目标

总的来说，安全评估的主要目标很简单：对潜在设施的长期安全性进行评估。在更精细的层面，如何定义这一目标的细节变得非常重要。我们应该如何衡量安全？多安全才足够安全？保护多长时间？什么程度的不确定性是可以接受的？在多大程度上可以保护后代免受人为故意破坏处置系统的影响？总的来说，这些问题的答案是社会性的，也许是政治性的，科学可能会给出答案，但不仅仅是决定答案。可以根据未来健康影响的风险、未来辐射剂量的估计或处置系统的辐射释放来评估安全性。可以为环境标准（例如地下水中放射性物质的浓度）或保护假定的未来公众制定保护标准。只要废物仍然具有危险性（可能是数百万年），标准就可以适用。标准可能通过侧重于释放或剂量来强调整个系统的性能，但也可能需要解释系统的各个组件如何提供有助于全面展示安全性的特定安全功能。这些方法在国际上都有实例。在美国建造的用于处理超铀废物的废物隔离试验工厂（WIPP）对 1 万年的累积放射性核素排放设定了监管限制；美国先前提议的尤卡山高放射性废物处置库对假设未来个人 1 百万年的年平均辐射剂量设定了监管限制；瑞典潜在的候选场地的安全评估解决了长达 1 百万年的有害人类健康的影响风险。有些国家对最大允许辐射剂量或对人类健康或环境的影响设定了无限期的限制（例如加拿大、瑞士）。

除用于 WIPP 的累积释放标准外，解决"多安全才足够安全"这一基本问题最常见的，是构建基于风险或基于剂量的标准。国际上，基于风险的限值范围为 10^{-6}/年 ~ 10^{-5}/年有害健康影响的概率，基于剂量的限值通常为 0.1 ~ 1 mSv/年，在"不确定性过大，以至于标准可能不再作为决策的合理依据"之前，IAEA 建议的数值为 0.3 mSv/年。许多国家将数量限制的适用时间定义为 1 万年或更短。例如芬兰为"人类辐射暴露可被充分可靠地评估期间，且至少应延长几千年"以及超过该期间的受辐射最多的个人设定了 0.1 mSv 的定量剂量限值，以及"处置造成的辐射影响可能相当于地壳中天然放射性物质造成的辐射影响"。美国将 1 万年标准定义为 0.15 mSv/年，并将单独且更高的剂量标准定义为 1 mSv/年，以在 1 万年至 1 百万年之间适用于之前提议的尤卡山储存库。一些国家还对涉及人类入侵存储库的场景设定了更高的标准（最高 1 mSv/年）。

不同什么监管方法，都有一个共同的目标，即在放射性衰变降低废物造成的危害之前，保护未来人类和环境，但监管结构的差异可能会对安全评估的设计产生重大影响，并因此对储存库的设计和选址产生重大影响。如适用于美国 WIPP 的法规中所述，对标准化为处置系统总存量的放射性核素的允许累积释放量设定限制，可以通过允许较大设施按比例进行更大的释放，鼓励开发具有更大库存量的集中开采储存库，这种方法还避免了对多个分散的存储库产生的监管。

10.3.2　安全评价步骤

目前针对各国的不同情况,国际原子能机构 IAEA 提出了多种安全评价模型及技术文本。一旦确定了候选处置场并确定了安全评估的目标,基本的安全评估通常至少通过四个步骤进行,如图 10-18 所示。实际上,所有四项活动都是一起进行的,安全评估往往通过多次迭代发展。首先,有关潜在处置库选址的基本信息必须通过描述地质环境、废物和设施的概念设计来实现。第二,必须建立能够代表相关系统未来可能状态的场景进行安全评估。第三,开发可以模拟与所选场景相关的特征、事件和过程(即 FEPs)的计算模型,并考虑系统行为的不确定性。第四,计算模型应能被整合到总体性能的评估中,以支持设计优化和监管决策。

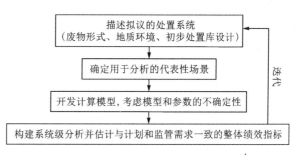

图 10-18　安全评估的步骤

在基本模型的基础上许多学者开发了更详细的安全评价模型,图 10-19 为凌辉提出的北山高放废物处置库关闭后的安全评价体系。

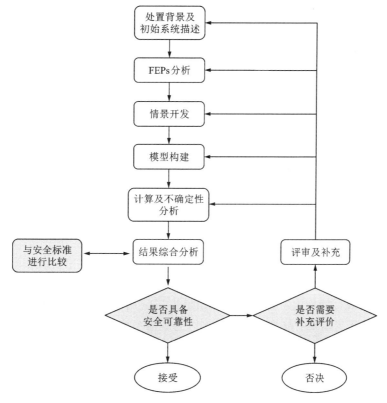

图 10-19　北山高放废物处置库关闭后的安全评价体系

1. 处置系统的特征

一般处置系统可分为三个主要组成部分，即高放废物本体、地质环境和设施设计，处置系统的特征描述通常被视为三条独立的研究路线，这些任务通常在一个项目内的不同主体之间划分。然而，对于多屏障概念的安全评估需要三者的同等投入，总体性能取决于现场地质设计和拟处置高放废物的综合评估。高放废物本身决定了处置系统的放射性核素总量，并通过其物理和化学特性影响处置系统的性能。例如，乏核燃料放射性衰变产生的热量可能是处置系统设计和性能的一个重要因素，乏燃料贮存库可能需要不同于储存玻璃化高放废物的设计方案。

2. 分析场景

分析处置系统的所有可能的未来状态是不现实的，基本上所有安全评估都选择将主要问题集中在相对较小的场景上，这些场景广泛代表了未来状态的重要方面。一般选择用于分析的方案必须适合使用计算机模型进行定量分析，并且方案集必须满足与评估的全面性有关的程序或监管要求。如果在安全评估中需要定量考虑未来的任何方面，则必须在选择用于分析的一个或多个场景中考虑。如果可以确定现有分析中未考虑的相关情景，并且不能证明这些情景无关紧要，则应扩展情景集，将其包括在内。

证明情景开发过程全面性的一种常用方法是，首先确定与处置系统长期性能潜在相关的所有因素。通常，使用术语的常识定义，这些因素被归类为特征、事件或过程（FEPs）。例如美国核管理委员会将处置系统的特征定义为"可能影响 456 个地质处置库系统安全处置乏核燃料和放射性废物处置系统性能的物体、结构或条件"，这是一个"可能影响处置系统性能的自然或人为现象，且发生在与性能期相比较短的时间间隔内"，以及"可能影响处置系统性能且在整个或大部分性能期内运行的自然或人为现象"。

在初始列表中识别和编目潜在相关的"FEP"后，使用发生概率或与其发生相关的后果的重要性等标准对其进行评估或筛选，然后使用符合筛选标准的 FEP 构建分析场景。所有潜在相关的 FEP 应可映射到已评估的 FEP，并且应具有明确的可追溯性，以记录在系统级分析中如何解释 FEP，或如何证明其排除是合理的。在选择 FEP 时不可避免地具有主观性，因为任何单个 FEP 都可以被狭义地细分或粗略地集中。例如，"放射性核素的胶体迁移"可以视为单个 FEP，或者如果每个环境中的每个放射性核素的迁移都被单独处理，则可以定义为多个单独的 FEP。在实践中，像这样的主观区别对列表的整体评估几乎没有影响；一个单一的FEP 描述了如何评估每个场景下的放射性核素的胶体迁移，完全等同于多个单独的 FEP。一般来说，如果 FEP 是在最广泛的层面上定义的，并且可以进行完备的技术讨论，那么 FEP 是最有用的；定义多个类似的 FEP 是没有必要的。

如果监管机构和利益相关者明确记录并事先认同 FEP 的筛选标准，则这些标准可以被采纳。美国环保局法规直接规定了筛选标准：如果可以证明 FEP 的年发生概率小于千万分之一，或者如果可以证明如果省略 FEP，性能评估的结果不会发生显著变化，则可以将其排除在性能评估之外。如果法规没有规定正式的 FEP 筛选标准，FEP 分析仍然可以为构建系统级模型时所做的选择提供有价值的理由，并且 FEP 过程的记录可以是建立安全评估信心的重要步骤。

通过对可能的 FEP 之间的相互作用进行系统评估，可以获得更完备的系统级建模。通过将 FEP 映射到相关组件（天然屏障和工程屏障）的安全功能，逻辑上可以将保留用于分析的

FEP 分组到场景中。该方法允许识别对系统或子系统组件性能潜在重要的 FEP，并通过单独分析对其影响进行定量或定性评估。

3. 计算模型

一旦选择了初步方案进行分析，就会开发计算模型来模拟与系统行为相关的主要物理和化学过程。安全评估至少需要地质环境中工程屏障行为的模型，包括降解机制、放射性核素从废物体和工程屏障中的释放，以及放射性核素从安置区向人类环境的运输。全面开展安全评估可能需要对该地区的地下水流动、工程材料在不断变化的化学环境中的腐蚀和降解、废物形式的溶解和移动以及污染物作为溶解和胶体物种的迁移进行详细建模。

根据安全处置废核燃料和放射性废物的地质处置库系统的规划和监管要求，可能还需要人体暴露路径和辐射剂量估算模型。模型可能需要考虑随时间变化的边界条件，例如，由于长期气候变化，应该考虑耦合的相互作用，例如水文、化学和废物产生的热量之间的相互作用。必须收集足够的数据，以支持这些模型的开发和参数化，从而需要在模型开发和场地特征描述工作之间进行持续迭代。

1）工程屏障放射性物质迁移模型

当处置库封闭后，随着时间的推移，地下水终将重返处置库中，废物固化体中的放射性物质经地下水浸出，向近场释放并向远场迁移。分析放射性核素在工程屏障中的迁移时应考虑固化体中放射性核素的溶解；回填缓冲材料中的扩散与吸附作用；放射性核素的放射性衰变和增长；放射性核素向周围围岩的释放，如图 10-20。

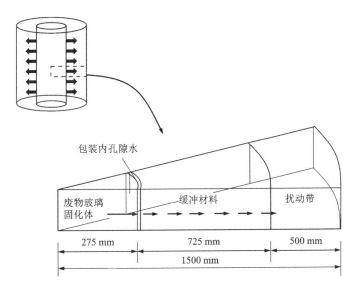

图 10-20　工程屏障组成概念模型

在此假设基础之上，根据质量守恒/能量守恒方程，即可得到描述玻璃体的溶解、放射性物质在回填缓冲材料中迁移以及核素通过扰动区向围岩释放的方程，结合相应的边界条件，即可得到不同条件下的数学模型。美国给出了计算废物罐破损、泄露情况下，描述核素迁移的程序 BLT，用于工程屏障系统中多场耦合研究的 TOUGH 与 TOUGHREACT 等；加拿大则给出了描述地下水流、热及溶质运移的一个耦合程序 MOTIF；日本、瑞典等国家也给出了相应的计算程序。

2）地质屏障放射性物质迁移模型

当工程屏障失效后，就必须依靠地质屏障来实现阻滞放射性物质向生物圈的迁移。目前，大多数国家都选择低渗透的坚硬岩体作为地质屏障，但这种低渗透的坚硬岩体中含有不规则的交错裂隙，它们构成了放射性物质在地质屏障中的主要迁移通道，当放射性物质从工程屏障中释放出来后将随地下水沿裂隙进行迁移，并于下游释放到生物圈，地质屏障中的放射性物质迁移如图10-21所示。因此，地质屏障是高放废物深地处置系统中的最后一条防线，建立合理的迁移模型模拟放射性物质的迁移行为是十分必要的。研究描述溶质在裂隙网络介质中的运移模型一般有等效连续介质模型、高散裂隙网络模型、双重连续介质模型、随机模型、沟槽流模型等。

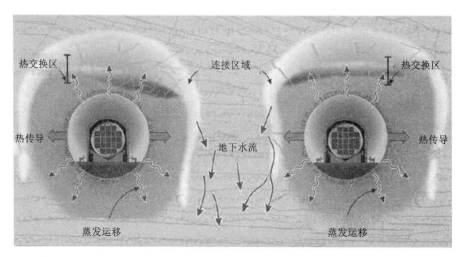

图10-21　放射性物质在地质屏障中迁移示意图

4.系统级分析

由于安全评估可能会持续几年，并在不同的开发阶段添加不同的组件模型，因此最终结果可能合理地被预期为具有不同复杂程度的结合体。1996年的WIPP性能评估旨在采用蒙特卡罗方法处理不确定性，从而促进对大量参数进行相对快速的计算。因此，系统级模型通过使用越来越详细的过程模型和在合理时间内运行数百或数千个参数所需的计算效率，代表了分辨率和现实性之间的折中。虽然计算能力随着时间的推移而增强，但过程模型中可能存在的复杂性也在增加。安全评估一般需要依赖系统模型，这些模型是在单个过程水平上开发的完整模型的简化。例如，2008年的尤卡山总体系统性能评估在很大程度上依赖于使用由详细过程模型开发的响应面来输入简化的抽象链接，但即便如此，拟议的尤卡山存储库的整体系统模型比初始的WIPP模型要复杂得多。

5.安全评估的迭代性质

安全评估的迭代为决策者提供了有关现场和设施设计可行性的信息。初步安全评估可识别和确认与处置系统特定功能相关的安全功能，以及那些对性能估计的置信度影响最大的功能相关的不确定性。

随着现场特征描述和处置系统设计活动的进展以及安全评估的逐渐完善，长期性能评估越来越适合与项目目标和监管标准进行直接比较。监管过程的细节因国而异，但在大多数项目中，安全评估最终成为安全案例的关键组成部分，为运行处置系统的最终决定提供信息。因此，安全评估的最终迭代必须满足技术卓越性和完整文档的最高标准，并且必须适合在法律和监管环境中进行审查。

10.3.3 不确定性分析

在所有大型环保事业中，不确定性是不可避免的，放射性废物处理也不例外。安全评估中的不确定性来源可以通过各种方式进行分类和分析，虽然不能全方位地对不确定性进行分析，但从安全评估的实用性和可信度的角度来看，在分析中公开承认并考虑所有来源的不确定性是必要的。四种主要的不确定性类型包括：与处置系统不完整特征相关的系统不确定性；与所选分析情景的全面性相关的情景不确定性；与用于表示系统行为的概念模型和计算模型选择相关的模型不确定性；与用于表征作为模型输入的材料特性的特定参数值的参数不确定性。

不确定性也可以根据其内在属性和模型中的处理进行分类。因此，在设计安全评估时，区分偶然不确定性（通常源于未来事件发生的不确定性）和认知不确定性（源于系统物理特性的不完整知识）是有必要的。偶然的不确定性可以被认为是不能由外部干预制约的，例如，再多的研究也无法提供关于地震是否会在遥远的未来某一特定日期发生的确切答案。另外，认知不确定性可以被认为是可还原的。

原则上，通过足够的钻探和测试项目，可以在任何指定地点收集更多用于安全处置废核燃料和放射性废物的地质处置库系统，以完整描述岩石性质。然而，在实践中，即使是在成熟的安全评估中，仍会存在大量的认知不确定性。

1）使用确定性方法和概率不确定性

概率不确定性分析有许多优点：它们提供了灵敏度分析结果，可以帮助指导研究项目；它们为决策者提供了对未来绩效评估的中心趋势（即平均值或中位数）的无偏估计，以及该测量的不确定性显示；而且，重要的是，当模型耦合在一起时，当子系统级被认为是保守的选择在系统级导致不可预见的后果时，它们有助于防止意外的不保守，从而进入系统分析。很难先验地断言某些条件总是会导致较差的性能和更大的放射性核素释放，例如，处置库的渗流加速可能会导致放射性核素的更大范围的扩散和输运，但也可能会降低环境温度，导致水化学侵蚀性减弱，在某些情况下，可能会延长工程材料的预期寿命。包括美国环境保护局和美国核管理委员会在内的监管机构特别呼吁，在支持许可的安全评估中进行概率不确定性分析，强调安全评估应侧重于对实际可能发生的情况的预期。

对于不确定性的确定性边界方法也有许多优势，既可以在分析中进行显著简化，也可以提高对拟议系统安全性的信心和公众接受度。然而，这种方法也有缺点，因为它们可能会模糊人们对系统如何运行的理解，并且会使模拟程序的灵敏度分析的设计变得非常复杂。保守的假设可能会导致性能看起来比实际情况更差，从而降低公众对存储库的接受度。尽管如此，保守的假设在完全概率评估中也有作用，允许实施者为潜在的复杂 FEP 制定简化的筛选理由，或放弃对性能几乎没有影响或没有影响的潜在昂贵研究或建模项目。例如，考虑 1996 年 WIPP 高放射性废物深部地质处置绩效评估安全评估中的假设，即放射性核素将在主要地层的夹层中无延迟地运输。即使不考虑延迟过程，这些单元也没有提供重要的释放途径，也不需要实验项目来支持反应性运输模型。在其他情况下，保守主义可能允许实施者简化对困难或棘手技术问题的处理，以使公众和监管机构都满意的方式，即安全没有受到损害。

2) 概率安全评估的设计

安全评估依赖于两种基本方法来考虑不确定性。在一种方法中，可以使用多个确定性场景设计分析，每个场景代表系统的不同可能状态，例如，两个单独的场景可能考虑具有高渗透性或低渗透性释放路径的同一系统，并且可以通过分配给每个场景的概率或权重来量化不确定性。可以计算每个场景的后果，如果需要，可以将后果的加权和表示为考虑不确定性的平均绩效估计。或者，安全评估可以依赖基于蒙特卡罗模拟的技术，其中不确定参数的值从预定分布函数中采样(适当考虑参数值之间可能的相关性)，并使用不同的采样值集进行多个确定性模拟。每个模拟代表了系统未来状态的不同可能实现，取决于所选模型和特定的采样输入值集，并且，对于不在权重中引入偏差的采样方案，每个实现提供了模型同样可能的结果。结果的平均值提供了对系统平均性能的估计，结果的完整总体提供了与模型输入中的不确定性相关的不确定性度量。

通常根据重大事件的发生(或未发生)来定义相对较少的场景，并结合正在进行的与过程相关的不确定性，这些过程通过对每个场景进行单独的蒙特卡罗分析来描述系统的行为。这种方法的一个优点是，它允许对与罕见事件相关的后果的不确定性进行全面抽样，否则可能只会在单个情景分析的少量实现中发生。极为罕见但具有潜在后果的事件，如火山爆发，可能需要数百万次蒙特卡罗实现，然后才能进行足够数量的随机抽样，从而产生稳定的平均结果和有用的不确定性分析。

10.3.4 安全评估的应用

无论是与适用监管标准的直接比较，还是支持有关现场可行性和概念设计的方案决策，安全评估的主要作用是告知决策者拟议处置系统的长期安全性。在处置计划及其支持研发活动的多年开发过程中，出现了多种辅助应用，增加了进行安全评估建模的价值。

1) 与监管标准的直接比较

绩效评估与监管标准的直接比较是安全评估在法规规定符合定量限值的项目中的基本应用。模型结果的呈现必须符合适用的监管要求。例如，对于在所有场景中设置总允许剂量限制的法规，每个场景的性能度量必须汇总到适当的总剂量历史记录中。对于为意外中断后的性能规定单独标准的法规，结果必须针对不同的场景单独显示。对于要求识别和评估与处置系统单个组件相关的安全功能的法规，安全评估可为理解整个系统中的组件性能提供基础。如上所述，定量标准的定义方式可能是安全评估设计中的一个主要方法。

近年来，高放废物深地处置安全评价研究得到广泛关注。首先，国际放射防护委员会(ICRP)先后颁布了《放射性废物处置的辐射性防护政策》《用于长寿命固体放射性废物处置的辐射防护建议》等文件。另外，国际原子能机构(IAEA)制定了《地质处置库选址标准》，颁布了《放射性废物地质处置安全评价的安全指标》《放射性废物地质处置的科学和技术基础》等文件，提出了高放废物地质处置的基本安全要求，对安全目标和安全评价方法学也提出了相关的建议；其次，各有关国家分别建立了高放废物深地处置的国家标准，并开展安全评价的研究，如美国环保局颁布了《尤卡山公众健康和辐射环境保护标准》、中国辐射防护研究院撰写了《中低放水平放射性废物的安全处置》。这些研究既相互衔接，又相互影响、相互促进，为高放废物深地质处置的安全评价奠定了基础。

2）为研究和模型开发提供指导

由于选择和评估开挖的地质存储库需要几年甚至几十年的时间，因此有很多机会进行安全评估，以帮助指导现场测试、实验研究和模型开发项目。在项目历史的早期，系统地识别和筛选潜在相关的 FEP，可以识别可能被忽略的信息需求。系统级建模早期迭代的不确定性和敏感性分析结果，可以定量确认对总体性能不确定性贡献最大的不确定性。同样重要的是，即使不确定性仍然存在 FEP 筛查和早期敏感性分析都可以确定现有知识足以支持决策的技术领域。如果可以通过边界分析证明潜在相关的 FEP 对性能没有影响，或者如果可以证明系统模型中包含的 FEP 特征参数的不确定性对整体性能有可接受的小影响，无论不确定性的大小，有限的资源可以集中在最需要的地方。

然而，在使用安全评估来指导科学项目时，谨慎是必要的。在随后的迭代中，应重新评估将 FEP 从系统模型中排除的理由，以确认新信息没有改变先前的结论。在解释系统级不确定性和灵敏度分析结果时，应认识到结论取决于用于表征组件子系统不确定性的模型和参数值。模型结果只能揭示对模型输入中确认和包含的不确定性的敏感性，模型或其输入的变化可能会改变关于不同过程和参数相对重要性的结论。应在安全评估的每次迭代中评估和确认模型和参数值中的不确定性特征，以确保它们与当前的理解一致。

3）评估设计备选方案

安全评估可用于评估和比较处置系统工程组件的替代设计，包括废物形式。在处置计划的早期，有价值的见解可能来自概念层面的多种替代方案的比较，例如，哪种类型的罐在估计的处置环境范围内表现最佳？随着设计概念和安全评估的成熟，设计备选方案的比较会变得越来越具体，例如，安全评估可以评估增加罐壁的厚度将如何改变对长期性能的估计。由此产生的信息对于考虑运营安全和成本以及长期性能的决策者可能很有价值，有助于项目实现必须满足多个竞争标准的设计目标。

在某些情况下，设计替代方案可能导致差异很大的处置方案。从根本上改变处置系统的概念或任务的备选方案之间的比较是有用的，但分析人员应小心验证组件模型是否仍然适用于改变的组件和条件。每当产生结果时，应明确说明改变结果真正可比程度的假设（例如，处置系统中设置的 FEPs 清单的变化）。

也可能要求安全评估使用不确定性分析技术对可能设计的范围或范围内的处置系统性能进行概率评估，但应了解该方法的局限性。与设计备选方案的不确定性和系统未来行为的不确定性不同，因为在处置系统建成、运行和退役后，设计不确定性将不再存在。对每种设计备选方案组合的性能进行严格评估需要对每种设计参数组合完成所有其他不确定性的单独抽样，这可能会导致分析过于复杂。在实践中，安全评估可以解决评估可能设计选择范围的愿望，方法是关注单一的首选设计进行主要分析，并提供一组有限的补充分析，对有代表性的替代设计进行定性选择，以找出合理的界限。

4）加强对系统行为的科学理解

在实现其评估长期性能的主要目标时，安全评估履行了一个必然的功能，应该承认它具有同等的甚至更重要的意义，也就是，安全评估增强了对系统行为的科学理解，从而成为系统的关键组成部分。安全评估不仅仅是对已知事物的描述性模型，相反，它们成为研究工具,用于扩展有关耦合过程如何在存储库的复杂自然和工程环境中交互的知识。应彻底分析安全评估的结果,以验证它们与对基本过程的基本理解一致,并且应解决明显的不一致。当作为一个强调解释、分析和解释的迭代过程来处理时,安全评估本身就是一门科学,并且有可能提供超出其部分总和的新见解。无论是在处置计划内部还是外部,安全评估使项目科学家和工程师对拟议系统如何在一系列不确定的未来条件下发挥作用有充分的理解。

10.4 核废料深地处置库应急处理

构建完备的应急处理预案是建设核废料深地处置库的重要前提和应对核泄漏事故的重要安全保障。本节主要从辐射事故卫生应急预案、核废料处置库应急监测和核废料处置库应急响应三个方面展开。

10.4.1 辐射事故卫生应急预案

1)辐射事故的卫生应急响应分级

为适应当前我国核事故应急的新形势,进一步做好核事故和辐射事故卫生应急工作,卫生部组织对《卫生部核事故与辐射事故应急预案》(卫法监发〔2003〕53号)进行了修订,修订后的条文如下:

根据辐射事故的性质、严重程度、可控性和影响范围等因素,将辐射事故的卫生应急响应分为特别重大辐射事故、重大辐射事故、较大辐射事故和一般辐射事故四个等级。

特别重大辐射事故,是指Ⅰ类、Ⅱ类放射源丢失、被盗、失控造成大范围严重辐射污染后果,或者放射性同位素和射线装置失控导致3人以上(含3人)受到全身照射剂量大于8 Gy。

重大辐射事故,是指Ⅰ类、Ⅱ类放射源丢失、被盗、失控,或者放射性同位素和射线装置失控导致2人以下(含2人)受到全身照射剂量大于8 Gy或者10人以上(含10人)急性重度放射病、局部器官残疾。

较大辐射事故,是指Ⅲ类放射源丢失、被盗、失控,或者放射性同位素和射线装置失控导致9人以下(含9人)急性重度放射病、局部器官残疾。

一般辐射事故,是指Ⅳ类、Ⅴ类放射源丢失、被盗、失控,或者放射性同位素和射线装置失控导致人员受到超过年剂量限值的照射。

特别重大辐射事故的卫生应急响应。卫生部接到特别重大辐射事故的通报或报告中有人员受到放射损伤时,立即启动特别重大辐射事故卫生应急响应工作,并上报国务院应急管理部,同时通报生态环境部。卫生部核事故和辐射事故卫生应急领导小组组织专家组对损伤人员和救治情况进行综合评估,根据需要及时派专家或应急队伍赴事故现场开展卫生应急,开展医疗救治和公众防护工作。

辐射事故发生地的省、自治区、直辖市卫生行政部门在卫生部的指挥下,组织实施辐射事故卫生应急响应工作。

重大辐射事故、较大辐射事故和一般辐射事故的卫生应急响应。省、自治区、直辖市卫生行政部门接到重大辐射事故、较大辐射事故和一般辐射事故的通报、报告或指令,并存在人员受到超剂量照射时,组织实施辖区内的卫生应急工作,立即派遣卫生应急队伍赴事故现场开展现场处理和人员救护，必要时可请求卫生部支援。

卫生部在接到支援请求后，卫生部核和辐射应急办主任组织实施卫生应急工作，根据需要及时派遣专家或应急队伍赴事故现场开展卫生应急。

辐射事故发生地的市(地)、州和县级卫生行政部门在省、自治区、直辖市卫生行政部门的指导下，组织实施辐射事故卫生应急工作。

2)卫生应急响应评估

(1)进程评估。针对辐射事故卫生应急响应过程的各个环节、处理措施的有效性和负面效应进行评估，对伤员和公众健康的危害影响进行评估和预测，及时总结经验与教训，修订技术方案。

(2)终结评估。辐射事故卫生应急响应完成后，各相关部门应对卫生应急响应过程中的成功经验及时进行总结，针对出现的问题及薄弱环节加以改进，及时修改、完善辐射事故卫生应急预案，完善人才队伍和体系建设，不断提高辐射事故卫生应急能力。评估报告上报本级人民政府应急办公室和上级卫生行政部门。

10.4.2 核废料处置库应急监测

核废料处置库应急监测是指在核与辐射应急情况下，为发现和查明放射性污染情况和辐射水平而进行的辐射监测。应急决策和事故评价将是一种反复和动态的过程，通过获得更详细和更完整的信息，不断对初始评价作出改进，而应急监测就是获得所需信息的一个主要来源。核与辐射应急监测属于应急响应行动的一个组成部分，一般指进入核与辐射应急状态以后所进行的非常规性环境监测(广义的应急监测还包括对人员的应急监测)。随着应急响应体系的启动，环境监测也将根据应急监测实施程序的要求在应急组织的统一指挥下逐步展开。

1)目的和要求

尽可能及时地提供关于核与辐射事故对环境及公众可能带来辐射影响方面的监测数据，以便为剂量评价和防护行动决策提供技术依据，这是应急监测的基本目的。当然，由于时间的紧迫性以及照射途径的不同，不同事故阶段的应急监测的目的和任务也不尽相同。在事故早期，主要是尽可能多地获取关于烟羽放射性特性(放射性烟云飘移的方向、高度、核素组成及其分布)以及地面上的辐射水平(地表、空气中的浓度)等方面的资料。而在事故中后期是要获取关于地面上的辐射水平以及与食物链(特别是饮用水和食物)污染相关的资料。

应急监测的具体目的是：①为事故分级提供信息；②为决策者根据操作干预水平(OILs)采取防护行动和进行干预决策方面提供依据；③为防止污染扩散提供帮助；④为应急工作人员的防护提供信息；⑤及时、准确地确定放射性污染的水平、范围、持续时间以及物理和化学特性；⑥验证补救措施(诸如去污程序等)的效能。

相对于常规监测而言，对应急监测方法的要求，应该特别注意如下3个方面：①要有足够快的测量速度和足够宽的测量量程。应急监测对速度的要求一般要比常规监测高。在事故早期，对取样代表性和测量的精度要求只能在保证必要监测速度的前提下考虑。应急监测不同于常规监测，需要有宽的量程以满足事故释放条件下的测量要求。②事故释放在环境中的时空分布是变化很大的，因此测量的设计要尽可能反映测量值的时空分布，以及与释放源的相关性。此外，应保证仪器设备在恶劣的环境下正常工作。③应尽量与常规监测网络系统积极兼容，满足监测点位要求并具有较宽的量程和较低的能耗。这样做，不仅可以节约大量开支，更重要的是可以保证监测系统处于良好的运行状态，这对于保证应急监测水平是至关重要的。

为判断和确定释放的严重性，在放射性物质释放后或疑似放射性物质释放后，应将应急监测的结果与天然本底辐射水平和释放前实施的环境监测结果进行比较。

2）应急监测计划

一个应急监测和取样计划，取决于已确定的基本目的。需先提出需要给予回答的一些问题，然后再对确定资源需求（专业人员、设备和实验室设施）的大纲进行设计。

在设计应急监测大纲时，需要对现有的能力和技术经验加以确认。只要还存在着不足，就清楚地表明，需要在诸如经验和能力方面进行建设和改进。在这个过程中，重要的是要确定响应机构和技术专家的作用和责任，以及为每一种操作或功能确定标准的操作程序。那些负责开发监测能力的负责人，还应当考虑与其他管辖区之间建立在共享资源和能力方面的协作和相互支援的协议，以缩短调动时间和响应时间。

在一次核或辐射事故期间，以及紧接着的一段时间内，响应资源很可能会严重超负荷运行，此时最关键的一点是要在获得附加支援以前，保证做到这些资源能尽可能可靠和高效地得到利用。在事故开始阶段，应当利用所有可获得的气象信息以及评价模式的评价结果来确定放射性物质释放可能影响到的有人地区的范围。在安排监测和取样的优先顺序时，应当考虑该区域的功能，即是否是居住区、农业区、郊区、商业区，以及它是否对工业活动、公众服务和基础设施有重要作用；是否需要对人员、家畜、谷物、水源等实施附加防护行动，是否要对饮用水和食物实施禁用，以及对关键基础设施进行维护或恢复。这些都应当根据操作干预水平和其他因素来确定。

在响应的初始阶段，优先要做的应当是确定哪些受影响地区确实是"脏"的（受到污染），而不是苛求准确的定量分析，这一点在响应资源有限时显得特别重要。在一次严重核事故中，可能需要对一个大的地域（100～1000 km^2）展开即时监测。在考虑到释放源项、气象条件等因素的情况下，利用计算机对放射性烟羽扩散进行模拟，可以帮助确定监测的优先顺序和范围，如图10-22为核废料处置库原位长期扩散监测方案。

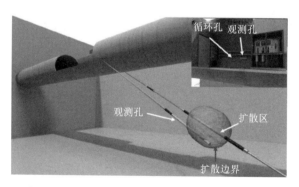

图10-22 核废料处置库原位长期扩散监测方案

释放到环境的放射性核素组成取决于核设施事故情景。对于反应堆事故，挥发性放射性核素碘-131、碘-132、碘-133、碲-131、碲-132、铯-134、铯-137、钌-103、钌-106和惰性气体是最可能释放的核素。在一次事故之后的最初几天和几周内，对剂量贡献最大的可能是一些寿命较短的放射性核素，如碘-132、碘-131、碲-132、钌-103、钡-140和铈-141。在制订一个监测和取样计划时，必须考虑这一点。

应急监测和取样计划的设计，取决于可能遇到的事故的规模以及对辐射应急作出响应的资源的可获得情况。例如，对于涉及如源的丢失、小型运输事故、少量放射性物质泄漏这些小规模事故，此时的全部需求可能只是几个熟练掌握辐射防护监测技术的人员，配备基本的辐射监测设备和通信设备，开展必要的辐射监测，熟练解释监测结果，并提出处理建议；对于一次中到大规模的大气释放事故，将需要若干个监测组，通过测定烟羽中空气浓度及来自烟羽的沉积来确定对居民的危害。监测组需要测量由烟云照射、地表照射或直接来自源的周围剂量率。在确定了最直接的一些情况和采取了适当的紧急行动之后，就需要制订取样计划来判明是否需要对人员进行临时性避迁和对动物做隐蔽安排，以及换用不受污染的饲料。蔬菜和其他当地生长的作物、饮用水源和由当地饲料喂养奶牛的牛奶等都需加以检测，并与应急行动水平做比较。这类取样计划的规模和特点将取决于释放的范围和规模，以及当地的农业实践和居民分布方面的人口统计资料。

3）实施

省级应急组织负责组织核事故环境应急监测和辐射事故现场的应急监测工作，确定污染范围，提供监测数据，为辐射事故应急决策提供依据。必要时，国务院环境保护主管部门指派辐射环境应急监测技术中心对事故发生地的省级环境保护部门提供辐射环境应急监测技术支援，或组织力量直接负责辐射事故的辐射环境应急监测工作。

在实施应急监测时，重要的一点是要使用这样的人员：技术熟练，有经验，对其常规工作中的监测设备、样品采集、制备程序以及样品分析熟悉，并接受过非常规的、应急的监测和取样方面的专门培训。在这类工作中，可能会遇到更高的读数，可能需要在样品操作中更加小心，还可能需要采用一些不是很精密的技术来筛选大量样品的非正规做法。特别要注意，在应急监测中使用没有经验的人员和采用未经验证的技术是不适当的，因为这样可能导致不适当的或有误的判断，或不恰当地分配本来就不充足的资源。

作为培训和准备的一部分，必须准备和定期进行比对性演练，以全程检验监测队伍的响应能力，并对取样、测量程序和其他程序进行检验。所有去现场的人员，可能会遇到高水平的外照射、吸入危害和表面污染问题。因此，这些人员应当经过很好的培训和佩戴有恰当的个人防护装备，以及知道个人累积剂量达到回撤剂量指导水平的要求，此时，不宜继续在污染区域工作，必须从污染区域中撤出。此外，假若一次事故或应急有可能延续一个较长的时间，那么应当安排好替换那些在现场的监测人员。

4）主要内容

核与辐射应急监测的主要内容有：①烟羽监测，通过对放射性烟羽进行循迹剂量率测量确定烟羽的走向和边界；②环境剂量、剂量率的测量，通过对环境外照射剂量率和累积剂量的测量评估事故释放引起的环境辐射水平的变化情况；③地面沉积测量，通过车载或航空测量，评估地面沉积放射性水平，包括地面沉积剂量率、沉积放射性核素组分及分布状况；④人员车辆等的污染测量和表面污染测量；⑤水源、奶和一次性污染食品的活度浓度测量等。

5）主要手段

核与辐射应急监测的主要手段有固定的监测站网、车载监测系统、水上移动监测和航空测量系统。

(1)固定的监测站网。为了早期监测和烟羽追踪，通常在核电厂和其他重要核设施周围建立有若干个辐射监测自动站，形成了固定的监测站网。这些自动监测站将连续测定环境中的剂量率,其中有些站点还能测量气载微尘和气态碘,并把监测信息传至应急中心。还要准备好标有事先选定取样点的地图。

(2)车载监测系统。在事故放射性释放开始后,采用车载的辐射监测仪表实施应急监测是一种快速而方便的手段。应急车载监测系统通常具有如下功能:①测量γ辐射剂量率;②采集和测量空气中气溶胶和碘的活度浓度;③测量地面污染。通常,还配置有能够为后续实验室分析而采集水、土壤和农作物(包括牧草)样品的工具。

(3)水上移动监测。如果核设施靠近大的水体,而该水体又可能受到核事故的影响,并可能成为应急计划的一部分,则有必要利用船只在水上进行应急辐射监测,测量的主要作用是确定烟羽的分布范围,以及一旦有放射性废液泄漏到水体后按照应急监测计划开展水上监测和取样(水和水生动植物样品)。

此外,根据不同事故阶段应急监测的目的,综合考虑和利用上述监测手段,并适时启动地面监测小组,对于了解事故释放在环境中的时空分布以及与释放源的相关性是非常重要的。

6)环境本底调查

环境本底调查是指新建核设施首次装料(或运行)之前,或在某项设施实践开始之前,对特定区域环境中已存在的辐射水平、环境介质中放射性核素含量,以及为评价公众剂量所需的环境参数、社会状况所进行的全面调查。对于像核电厂这样的核设施,要求在首次装料前必须完成连续两年以上的环境放射性本底调查。

主要任务:①获得核设施附近的自然环境和社会环境资料,包括水文、地质、气象、生态、人口分布、饮食及生活习惯、交通、工农业生产、土地利用等;②获得关于运行前环境中的辐射水平和放射性含量及其变化规律的资料;③识别可能的关键核素、关键途径及关键人群组,识别可能的生物指示体(即对放射性核素具有浓集作用而可以作为指示性监测对象的生物)。

调查内容:调查环境γ辐射水平和主要环境介质中重要放射性核素的活度浓度,辐射监测搜寻可能存在的辐射热点(区)及分辨可能存在人工放射性核素的污染。

调查时间:环境辐射水平调查的时段不得少于连续两年,并应在核设施投入运行前一年完成。

调查范围:针对核废料处置库,环境γ辐射水平调查范围为半径50 km范围内区域,环境介质中放射性核素含量的监测范围为20~30 km,重点监测处置库周围10 km范围。而其他核与辐射设施或装置的调查范围,应视具体情况而定,也可参考核电厂的做法。

监测项目与频次:由于各核设施的自然环境、气象因素及所选堆型不同,监测方案有所差别。

测量分析方法:在选定测量分析方法时,凡有国家标准的,一律使用国家标准;没有国家标准的,优先选用行业标准。有关测量分析方法的国家或行业标准统计如表10-5所示。

表 10-5 放射性核素测量分析方法的现行标准

监测项目	监测对象	标准编号	标准名称
γ辐射空气吸收剂量率	地表	GB/T 14583—1993	环境地表γ辐射剂量率测定规范
		GB 12379—1990	环境核辐射监测规定
γ辐射累积剂量	空间	JJG 593—2006	个人和环境监测用热释光剂量测量系统
		JJG 593—2006	个人与环境监测用 X、γ 热释光剂量测量(装置)
γ核素	水	GB/T 16140—1995	水中放射性核素的γ能谱分析方法
	可转化为固液态的均匀样品	GB 11713—1989	用半导体γ谱仪分析低比活度γ放射性样品的标准方法
	生物	GB/T 6145—1995	生物样品中放射性核素的γ能谱分析方法
	土壤	GB 11743—1989	土壤中放射性核素的γ能谱分析方法
	饮用水	GB/T 8538—2008	饮用天然矿泉水检验方法
	水	EJ/T 900—1994	水中总β放射性测定 蒸发法
	水	EJ/T 1075—1998	水中总α放射性浓度测定 厚源法
氚	水	GB 12375—1990	水中氚的分析方法
碳-14	空气	EJ/T 1008—1996	空气中碳-14 的取样与测定方法
钾-40	水	GB 11338—1989	水中钾-40 的分析方法
钴-60	水	GB/T 15221—1994	水中钴-60 的分析方法
镍-63	水	GB/T 14502—1993	水中镍-63 的分析方法
锶-90	水	GB 6764—1986	水中锶-90 放射化学分析方法 发烟硝酸沉淀法
	水	GB 6765—1986	水中锶-90 放射化学分析方法 离子交换法
	水	GB 6766—1986	水中锶-90 放射化学分析方法 二-(2-乙基己基)磷酸萃取色层法
	生物	GB 11222.1—1989	生物样品灰中锶-90 的放射化学分析方法 二-(2-乙基己基)磷酸酯萃取色层法
	土壤	EJ/T 1035—2011	土壤中锶-90 的分析方法
碘-131	空气	GB/T 14584—1993	空气中碘-131 的取样与测定
	水	GB/T 13272—1991	水中碘-131 的分析方法
	生物	GB/T 13273—1991	植物、动物甲状腺中碘-131 的分析方法
	牛奶	GB/T 14674—1993	牛奶中碘-131 的分析方法
铯-137	水	GB 6767—1986	水中铯-137 放射化学分析方法
	生物	GB 11221—1989	生物样品灰中铯-137 的放射化学分析方法

续表10-5

监测项目	监测对象	标准编号	标准名称
铀	水	GB 6768—1986	水中微量铀分析方法
	土壤	GB 11220.1—1989	土壤中铀的测定 CL-5209萃淋树脂分离2-(5-溴-2-吡啶偶氮)-5-二乙氨基苯酚分光光度法
		EJ/T 550—2000	土壤、岩石等样品中铀的测定 激光荧光法
	生物	GB/T 1123.1—1989	生物样品灰中铀的测定 固体荧光法
	空气	GB 12377—1990	空气中微量铀的分析方法 激光荧光法
钍	水	GB 11224—1989	水中钍的分析方法
钚	水	GB 11225—1989	水中钚的分析方法
	土壤	GB 11219.1—1989	土壤中钚的测定 萃取色层法
		GB 11219.2—1989	土壤中钚的测定 离子交换法
镭	生物	GB 14883.6—1994	食品中放射性物质检验镭-226和镭-228的测定
	水	GB 11214—1989	水中镭-226的分析测定
		GB 11218—1989	水中镭的α放射性核素的测定

10.4.3 核废料处置库应急响应

核与辐射应急响应是指在发生了核或辐射事故时,为控制或减轻事故后果而紧急采取的行动及措施。

1)应急响应级别

核事故应急响应是指核设施发生或潜在发生核事故时所采取的应急响应行动。核设施应急状态按其事件或事故的实际辐射后果或预期可能的辐射后果的严重程度和影响范围一般分为四级:应急待命、厂房应急、场区应急和场外应急。核设施的应急状态一般分为三级,即应急待命、厂房应急和场区应急。潜在危险较大的其他核设施可能实施场外应急。辐射事故应急主要指除核设施事故以外,当发生放射性物质丢失、被盗、失控,或者放射性物质造成人员受到意外的异常照射或环境放射性污染的事件时,采取的应急响应行动。辐射事故根据其性质、严重程度、可控性和影响范围等因素,分为特别重大辐射事故、重大辐射事故、较大辐射事故和一般辐射事故四个等级。辐射事故应急响应遵循属地为主的原则,特别重大辐射事故的应急响应由环境保护部组织实施。重大辐射事故、较大辐射事故和一般辐射事故的应急响应由省级环境保护部门全面负责。

2)应急通知

通告当核设施进入应急待命状态时,核设施核事故应急机构应当及时向上级主管部门和国务院核安全部门报告情况,并视情况决定是否向省级人民政府指定的部门报告。当出现可能或者已经有放射性物质释放的情况时,应当根据情况,及时决定进入厂房应急或者场区应急状态,并迅速向上级主管部门、国务院核安全部门和省级人民政府指定的部门报告情况;在放射性物质可能或者已经扩散到场区以外时,应当迅速向省级人民政府指定的部门提出进入场外应急状态并采取应急防护措施的建议。省级人民政府指定的部门接到核设施核事故应急机构的事故情况报告后，应当迅速采取相应的核事故应急对策和应急防护措施，并及时向国务院指定的部门报告情况。需要决定进入场外应急状态时，应当经国务院指定的部门批准；在特殊情况下，省级人民政府指定的部门可以先行决定进入场外应急状态，但是应当立即向国务院指定的部门报告。

3）应急响应内容

核事故应急响应行动通常包括应急监测、事故评价、应急通信与报警、工程补救措施、防护措施（隐蔽、服药、撤离、食物与水源控制）的实施、交通管制以及实施医学救护等。

我国的《核电厂核事故应急管理条例》明确规定了核事故应急工作实行国家、地方和核电厂三级管理体系。

国家核事故应急协调委员会负责全国的核事故应急管理工作，统一协调国务院有关部门、军队和地方人民政府的核事故应急工作，组织制定和实施国家核事故应急计划，审查批准场外核事故应急计划，适时批准进入和终止场外应急状态，提出实施核事故应急响应行动的建议，审查批准核事故公报、国际通报，提出请求国际援助的方案。

地方核事故应急协调委员会负责本行政区域内的核事故应急管理工作，组织制订场外核事故应急计划，做好核事故应急准备工作，统一指挥场外核事故应急响应行动，组织支援核事故应急响应行动，及时向相邻的省、自治区、直辖市通报核事故情况。

核设施运营单位设置应急指挥部及应急响应组，负责本设施的应急响应工作；制定场内核事故应急计划，做好核事故应急准备工作，确定核事故应急状态等级，统一指挥本单位的核事故应急响应行动，及时向上级主管部门、国务院核安全部门和省级人民政府指定的部门报告事故情况，提出进入场外应急状态和采取应急防护措施的建议，协助和配合省级人民政府指定的部门做好核事故应急管理工作。辐射事故应急响应的原则是以人为本、预防为主，统一领导、分类管理，属地为主、分级响应，专兼结合、充分利用现有资源。辐射应急响应行动包括信息的通知与通告、指挥和协调、应急监测、辐射评价和安全防护的实施。

参考文献

［1］陈绍亮，许兰文.身边的辐射：谈核无须色变［M］.身边的辐射：谈核无须色变，2013.

［2］ACADEMIES N. Health risks from exposure to low levels of ionizing radiation［J］. BEIR VII phase 2, 2006, 311.

［3］SHAPIRO J. Radiation protection：A guide for scientists and physicians. Third edition［J］. Harvard Univ, 1990.

［4］ILIAKIS G, MLADENOV E, MLADENOVA V. Necessities in the processing of DNA Double Strand Breaks and Their Effects on Genomic Instability and Cancer［J］. Cancers, 2019, 11(11)：1671.

［5］YIM M. Nuclear Waste Management：Science, Technology, and Policy［M］. Springer Nature, 2022.

［6］星球研究所.小心，前方核能！［EB/OL］. https：//www.bilibili.com/read/cv15488893.

［7］AGENCY I A E. Classification of Radioactive Waste, IAEA Safety Standards Series No. GSG-1［M］. Vienna, 2009.

［8］潘自强.核与辐射安全［M］.北京：中国环境出版社，2015.

［9］KESSLER J H. 2-Effects of very long-term interim storage of spent nuclear fuel and HLW on subsequent geological disposal［M］//Apted M J, Ahn J. Geological Repository Systems for Safe Disposal of Spent Nuclear Fuels and Radioactive Waste (Second Edition). Woodhead Publishing, 2017：27-56.

［10］SCHNEIDER K J, PLATT A M. High-level radioactive waste management alternatives［R］. Battelle Pacific Northwest Labs. , Richland, Wash. (USA), 1974.

［11］WANG J, CHEN L, SU R, et al. The Beishan underground research laboratory for geological disposal of high-level radioactive waste in China：planning, site selection, site characterization and in situ tests［J］. Journal of Rock Mechanics and Geotechnical Engineering, 2018, 10(3)：411-435.

［12］EWING R C, WHITTLESTON R A, YARDLEY B W. Geological disposal of nuclear waste：a primer［J］. Elements, 2016, 12(4)：233-237.

［13］王灿州. 高放废物地质处置安全评价研究［D］. 衡阳：南华大学, 2020.

［14］LONG J C, EWING R C. Yucca Mountain：Earth-science issues at a geologic repository for high-level nuclear waste［J］. Annu. Rev. Earth Planet. Sci. , 2004, 32：363-401.

［15］APTED M J, AHN J. Geological repository systems for safe disposal of spent nuclear fuels and radioactive waste［M］. Woodhead Publishing, 2017.

［16］王驹, 苏锐, 陈亮, 等. 论我国高放废物地质处置地下实验室发展战略［J］. 中国核电, 2018, 11(1)：109-115.

［17］王驹. 高水平放射性废物地质处置：关键科学问题和相关进展［J］. 科技导报, 2016, 34(15)：51-55.

［18］王驹, 徐国庆, 郑华铃, 等. 中国高放废物地质处置研究进展：1985—2004［J］. 世界核地质科学, 2005 (1)：5-16.

［19］张华祝. 中国高放废物地质处置：现状和展望［J］. 铀矿地质, 2004, 20(4)：193-195.

［20］王驹, 徐国庆, 金远新, 等. 我国高放废物处置库甘肃北山预选区地壳稳定性研究［J］. 中国核科技报告, 1999(S4)：19-30.

［21］王驹, 陈伟明, 张鹏, 等. 钻孔雷达在高放废物处置库场址评价中的应用——以北山1号孔为例［J］. 铀矿地质, 2005(06)：42-45.

［22］徐健, 王驹. 利用岩石质量指标和岩体块度指数进行岩体质量评价研究——以高放废物地质处置库预选场址甘肃北山1号钻孔为例［J］. 铀矿地质, 2006(5)：295-299.

［23］杜时贵, 胡晓飞, 王驹, 等. 甘肃北山地质处置库围岩节理抗剪强度经验估算［J］. 工程地质学报, 2006, 14(4)：502-507.

［24］吴晓翠, 康明亮, 蔡智毅, 等. 北山地下水氧化还原电势及其对可变价核素迁移的影响［J］. 核化学与放射化学, 2017, 39(3)：227-234.

［25］郭永海, 王驹, 王志明, 等. 高放废物处置库甘肃北山预选区地下水位动态特征［J］. 铀矿地质, 2010, 26(1)：46-50.

［26］郭永海, 王驹, 王志明, 等. 高放废物处置库甘肃北山预选区地下水资源的分布和形成［J］. 工程勘察, 2008(S1)：194-197.

［27］郭永海, 王驹, 吕川河, 等. 高放废物处置库甘肃北山野马泉预选区地下水化学特征及水-岩作用模拟［J］. 地学前缘, 2005(S1)：117-123.

［28］王驹. 高放废物深地质处置：回顾与展望［J］. 铀矿地质, 2009, 25(2)：71-77.

［29］王驹. 中国高放废物地质处置21世纪进展［J］. 原子能科学技术, 2019, 53(10)：2072-2082.

［30］王驹, 徐国庆, 郑华铃, 等. 中国高放废物地质处置研究进展：1985—2004［J］. 世界核地质科学, 2005 (01)：5-16.

［31］王驹. 美国专家考察我国高放废物处置库甘肃北山预选场址［J］. 国外铀金地质, 2000(01)：94-96.

［32］王驹. 国际原子能机构专家访问高放废物处置库甘肃北山预选场址［J］. 国外铀金地质, 2001 (03)：186.

［33］ VIRA J. Geological repository for high‐level nuclear waste becoming reality in Finland［M］//Geological Repository Systems for Safe Disposal of Spent Nuclear Fuels and Radioactive Waste. Elsevier, 2017: 645-666.

［34］ LITMANEN T, KARI M, KOJO M, et al. Is there a Nordic model of final disposal of spent nuclear fuel? Governance insights from Finland and Sweden［J］. Energy research & social science, 2017, 25: 19-30.

［35］ 凌辉.甘肃北山高放废物地质处置库关闭后安全评价［D］.核工业北京地质研究院, 2018.

［36］ SWIFT P N. Safety assessment for deep geological disposal of high‐level radioactive waste［J］. Geological repository systems for safe disposal of spent nuclear fuels and radioactive waste, 2017: 451-473.

［37］ 罗力, 周奕男, 金超, 等.核与辐射事故卫生应急预案技术操作方案和关键技术［J］.中国卫生资源, 2014, 17(05): 334-336.

［38］ 刘英, 李正懋, 韩玉红, 等.《卫生部核事故和辐射事故卫生应急预案》的解读［J］.中华放射医学与防护杂志, 2011, 31(1): 59-62.